"十四五"普通高等教育力学基础课程系列教材

弹性力学简明教程

（中英双语版）

冯文杰　刘灵灵◎主编

中国铁道出版社有限公司
CHINA RAILWAY PUBLISHING HOUSE CO., LTD.

内 容 简 介

本书基于石家庄铁道大学工程力学系弹性力学教学团队多年的教学研究和实践经验,参考大量国内外优秀教材,并结合教学大纲和学时调整等需求编写而成。本书系统论述了弹性力学的基本概念与基本理论,包括应力理论、应变理论、弹性本构关系、弹性力学问题的建立和一般原理、平面问题的直角坐标解答、平面问题的极坐标解答、简单空间问题的解答、柱形杆的扭转和弯曲、能量原理及变分法等内容。

本书在内容编排上采用从一般到特殊的演绎法叙述,先全面阐述应力理论、应变理论、本构关系和基本方法与原理,再分析弹性力学平面问题和空间问题;利用标量与张量表达相结合的方式,让学生既理解了弹性力学公式,又掌握了张量表达;同时给出所有内容的英文表述,为学生将来阅读相关专业英文文献打下坚实的基础;注重从工程实际问题引入力学概念和方法,强调力学问题的工程应用。

本书适合作为普通高等学校力学类本科生的教材,也可作为土木类、机械类及航空航天类相关专业研究生的教材,还可作为相关研究人员和工程技术人员的参考书。

图书在版编目(CIP)数据

弹性力学简明教程:中英双语版/冯文杰,刘灵灵主编.—北京:中国铁道出版社有限公司,2024.2

"十四五"普通高等教育力学基础课程系列教材

ISBN 978-7-113-30773-8

Ⅰ.①弹… Ⅱ.①冯… ②刘… Ⅲ.①弹性力学-高等学校-教材-汉、英 Ⅳ.①O343

中国国家版本馆 CIP 数据核字(2023)第 235934 号

书 名:**弹性力学简明教程(中英双语版)**
作 者:冯文杰 刘灵灵

策 划:何红艳 **编辑部电话**:(010)63560043
责任编辑:何红艳 徐盼欣
封面设计:刘 颖
责任校对:安海燕
责任印制:樊启鹏

出版发行:中国铁道出版社有限公司(100054,北京市西城区右安门西街8号)
网 址:http://www.tdpress.com/51eds/
印 刷:天津嘉恒印务有限公司
版 次:2024年2月第1版 2024年2月第1次印刷
开 本:787 mm×1 092 mm 1/16 **印张**:25 **字数**:620千
书 号:ISBN 978-7-113-30773-8
定 价:69.80元

前　言

弹性力学属于固体力学的重要分支,是工程力学、土木工程、机械工程、水利工程、航空航天工程等工科专业重要的专业基础课,主要研究弹性体在外力和其他外界因素作用下产生的应力、应变和位移。弹性力学课程逻辑性强、理论系统性强,通过课程学习可以培养学生的逻辑推理能力和解决工程实际问题的能力,同时为后续相关专业课程学习提供重要的理论基础。

本书基于石家庄铁道大学工程力学系弹性力学教学团队多年的教学研究和实践经验,参考大量的国内外优秀教材,并结合教学大纲和学时调整等需求编写而成。本书在编写过程中注重吸收同类教材的优点,结合编者多年的教学研究和实践经验,力求将基本概念、基本原理和基本方程交代清楚,叙述由浅入深、突出重点,相关内容较好地联系了工程实际问题。全书共10章,包括绪论、应力理论、应变理论、弹性本构关系、弹性力学问题的建立和一般原理、平面问题的直角坐标解答、平面问题的极坐标解答、简单空间问题的解答、柱形杆的扭转和弯曲、能量原理及变分法等内容。对比传统的弹性力学教材,本书具有如下特色:

(1)本书采用从一般到特殊的演绎法讲授方式,先介绍应力理论、应变理论和本构关系,接着建立弹性力学问题的基本方程,然后再讨论具体问题,这种方式理论性强,起点较高,有助于学生较快掌握弹性力学的完整体系和内在规律。

(2)张量分析可以使烦琐的数学推导及表达式变得简明清晰,突出问题的物理本质,近代力学及相关工科专业的科技文献和参考书广泛采用了张量的表达形式,故本书在基本理论和基本方程的阐述过程中,同时给出了方程的标量表示和张量表示,两种表达形式相结合,为学生的科学研究工作奠定坚实的基础。

(3)本书采用了中文和英文两种语言编写,国内尚未见到类似的教材。英文部分查阅了大量国外优秀的英文版弹性力学教材,力求做到专业术语准确、精练。英文对照的内容可以方便学生阅读相关专业的英文科技文献,紧跟科学前沿问题的研究,提升创新能力。

本书适合作为普通高等学校力学类本科生的教材,也可作为土木类、机械类及航空航天类相关专业研究生的教材,还可作为相关研究人员和工程技术人员的参考书。

本书由冯文杰、刘灵灵担任主编。具体编写分工如下:冯文杰负责制订编写提纲和全书统稿,并编写第1~2章;刘灵灵编写第3~9章;徐步青编写第10章;英文部分刘灵灵翻译第1~3章,李炎森翻译第4~6章,剧成健翻译第7~9章,徐步青翻译第10章。刘灵灵负责各章相关习题的编写工作,徐步青负责书中所有插图的绘制。

本书编写过程中得到了河北省研究生教育教学改革研究项目(YJG2024064)和河北省研究生示范课程"弹性理论"(KCJSX2022075)的资助,以及石家庄铁道大学工程力学系和中国铁道出版社有限公司的大力支持,在此一并表示感谢。

由于编者水平所限,书中难免会存在不妥或疏漏之处,恳请广大读者给予批评指正。

编　者

2023年8月

目录

第 1 章 绪论 …… 1

§1.1 弹性力学的任务 …… 1

§1.2 弹性力学的基本假设 …… 2

§1.3 弹性力学的研究方法 …… 3

§1.4 弹性力学的发展简史 …… 4

§1.5 笛卡尔张量简介 …… 5

§1.6 正交曲线坐标系 …… 13

习题 1 …… 17

第 2 章 应力理论 …… 18

§2.1 外力与应力 …… 18

§2.2 应力状态与应力张量 …… 20

§2.3 平衡微分方程 …… 21

§2.4 斜截面上的应力与应力边界条件 …… 23

§2.5 应力分量的坐标变换 …… 24

§2.6 主应力与应力张量不变量 …… 25

§2.7 最大切应力 …… 27

§2.8 正交曲线坐标系中的平衡方程 …… 29

习题 2 …… 31

第 3 章 应变理论 …… 33

§3.1 位移分量与应变分量 …… 33

§3.2 几何方程 …… 34

§3.3 一点的应变状态 …… 36

§3.4 应变协调方程 …… 38

§3.5 由应变求位移 …… 40

§3.6 正交曲线坐标系中的几何方程 …… 42

习题 3 …… 43

第 4 章 弹性本构关系 …… 45

§4.1 广义胡克定律 …… 45
§4.2 弹性应变能 …… 46
§4.3 各向异性弹性体 …… 48
§4.4 各向同性弹性体 …… 52
§4.5 各弹性常数的关系 …… 54
习题 4 …… 55

第 5 章 弹性力学问题的建立和一般原理 …… 57

§5.1 基本方程和边界条件 …… 57
§5.2 弹性力学问题的求解方法 …… 58
§5.3 轴对称问题的基本方程及其解法 …… 62
§5.4 球对称问题的基本方程与位移解法 …… 64
§5.5 弹性力学的一般原理 …… 65
习题 5 …… 68

第 6 章 平面问题的直角坐标解答 …… 70

§6.1 平面应力问题和平面应变问题 …… 70
§6.2 平面问题的基本方程和求解方法 …… 71
§6.3 平面问题的应力函数解法 …… 74
§6.4 多项式解平面问题 …… 75
§6.5 悬臂梁的弯曲 …… 77
§6.6 简支梁的弯曲 …… 81
§6.7 三角形水坝 …… 84
习题 6 …… 85

第 7 章 平面问题的极坐标解答 …… 88

§7.1 平面问题极坐标中的基本方程 …… 88
§7.2 轴对称应力问题的解 …… 91
§7.3 承受均布压力作用的厚壁圆筒 …… 93
§7.4 曲梁的纯弯曲 …… 94

§7.5 带有小圆孔平板的均匀拉伸 …… 96
§7.6 楔形体在楔顶或楔面受力 …… 99
§7.7 半无限平面边界上受法向集中力作用 …… 103
§7.8 半无限平面边界上受法向分布力作用 …… 104
习题7 …… 106

第8章 简单空间问题的解答 …… 109

§8.1 几个简单空间问题的解 …… 109
§8.2 回转体匀速转动时的应力 …… 116
§8.3 半无限体受重力和均布压力作用 …… 117
§8.4 空心圆球受均布压力的解 …… 119
习题8 …… 120

第9章 柱形杆的扭转和弯曲 …… 121

§9.1 任意截面柱形杆扭转的基本理论 …… 121
§9.2 扭转问题的应力函数解法 …… 123
§9.3 扭转问题的若干普遍性质 …… 126
§9.4 椭圆截面杆的扭转 …… 128
§9.5 带半圆形槽的圆轴的扭转 …… 130
§9.6 同心圆管的扭转 …… 131
§9.7 矩形截面杆的扭转 …… 132
§9.8 扭转问题的薄膜比拟法 …… 134
§9.9 等截面悬臂柱形杆的弯曲 …… 136
§9.10 圆形截面悬臂梁的弯曲 …… 139
§9.11 椭圆截面悬臂梁的弯曲 …… 140
§9.12 矩形截面悬臂梁的弯曲 …… 141
习题9 …… 143

第10章 能量原理及变分法 …… 145

§10.1 泛函、变分及变分法基本知识 …… 145
§10.2 弹性体的应变能和应变余能 …… 147
§10.3 位移变分方程与最小势能原理 …… 150
§10.4 位移变分法 …… 153

§10.5 位移变分法的应用 …… 156
§10.6 应力变分方程和最小余能原理 …… 161
§10.7 应力变分法与应用 …… 164
习题 10 …… 170

弹性力学常用专业名词中英文对照表 …… 173

参考文献 …… 179

第 1 章 绪 论

人类利用物体的弹性进行生产活动可以追溯到十分久远的年代，但弹性力学作为一门科学是随着大工业的兴起而诞生的。弹性力学又称弹性理论，是固体力学的一个重要分支。弹性力学发展至今已有 300 余年的历史，被广泛应用于土木工程、机械工程、水利工程、交通运输工程、航空航天工程等领域。本书主要介绍弹性力学的基本理论、基本方法、典型问题，使学生掌握一般的工程结构在外力作用下的应力分布、变形和承载能力的分析方法，为进一步研究工程结构的强度、刚度、稳定性、振动等力学问题打下坚实的理论基础。

§1.1 弹性力学的任务

弹性力学的主要任务是研究弹性体在外力、边界约束或温度变化等外界因素作用下所产生的应力、应变和位移，从而解决各类工程中所提出的强度、刚度和稳定性问题。所研究的弹性体是指引起其变形的外界因素被消除后能完全恢复原状的物体。

弹性力学课程是材料力学课程的延续，与材料力学相比，在研究任务、研究对象、基本假设和研究方法等方面，既有相同之处，又有不同之处。

从研究任务和对象来看，弹性力学和材料力学都属于变形体力学的范畴，在研究任务上基本是相同的，但弹性力学的研究对象比材料力学要广泛得多。材料力学基本只研究杆状构件在拉压、剪切、扭转、弯曲情况下的应力和变形，而弹性力学既研究杆状构件，又研究深梁、板壳、挡土墙、堤坝、地基等实体结构。

从基本假设来看，为了突出问题的力学本质，紧紧抓住问题的主要矛盾，材料力学和弹性力学引进一些简化和假设是必要的，从而建立起一种代替工程中研究对象的理想化的力学模型。但二者在解决实际问题时所采用的一些假设是不同的，故得到的结果亦有所不同。例如，研究直梁在横向载荷作用下的弯曲问题时，材料力学除了必要的基本假设外，还引进了未加证明的“平面假设”这一附加假设，由此得出梁横截面上的弯曲正应力沿梁高线性分布。但弹性力学求解这一问题时不再引用这种附加假设，得到梁的高度和跨度属于同阶时弯曲正应力并不是线性变化，这个结果比材料力学得到的结果更为精确，所以可以用来校核材料力学中平面假设的正确性，从而确定这个假设所带来的条件性和局限性。

从研究方法来看，弹性力学在研究具体问题时，要求在弹性体区域内严格考虑静力学、几何学、物理学三方面的条件，在边界上严格考虑受力条件和约束条件，在此基础上建立微分方程和边界条件并进行求解，得出的解答较为精确。材料力学虽然也考虑这些方面的条件，但为了简化计算，还会对构件的应力分布和变形状态做出某些附加的假设，如梁弯问题中忽略了纵向纤维之间的相互挤压作用，构件中的平衡条件和边界条件不是严格满足的。

一般而言，材料力学建立的是近似理论，得到的解答是近似的。对于细长构件，材料力学的解答是足够精确的，完全可以满足工程要求；对于非杆状构件，材料力学得到的解答往往具有较大的误差，应当利用弹性力学的方法进行精确求解。

总之，与材料力学相比，弹性力学的研究对象更加广泛，研究方法更加严密，能够解决更为复杂的实际问题，得到的结果也更加精确，同时需要的数学工具也会增多。从数学上来看，弹性力学问题归结为在边界条件下求解偏微分方程，属于偏微分方程的边值问题。常用的解法有分离变量法、级数解法、复变函数解法、积分变换法等，其解答为封闭的精确解。

弹性力学是固体力学的分支学科，也是其他固体力学分支学科如塑性力学、有限单元法、板壳力学、断裂力学、复合材料力学的基础。弹性力学在区域内和边界上所考虑的一些条件，也是其他固体力学分支学科必须考虑的基本条件，同时弹性力学的许多基本解答也常供其他固体力学应用或参考。

弹性力学问题来源于生产实践，反过来又为生产实践服务，与社会生产的发展有密切关系。经过 300 多年的发展，弹性力学已逐步形成了一套比较完善的经典理论和方法，是工程领域一门重要的技术基础课，是学习土木、水利、机械、交通、海洋、航空航天等专业课程所必备的理论基础。对于工科学生而言，弹性力学是进行工程结构分析的一门非常重要的课程。

§1.2 弹性力学的基本假设

弹性力学问题分析中，弹性体内各点的应力、应变和位移都是位置坐标的函数，为了能通过一些已知量求出这些未知量，需要考虑静力学、几何学和物理学三方面的条件，建立这些未知量所满足的弹性力学基本方程和对应的边界条件。由于实际问题是极其复杂的，如果不分主次地考虑各方面的因素，势必会造成数学推导上的困难；而且，由于方程过于复杂，数学上也不可能求解。因此，有必要按照物体的性质以及求解的范围，忽略一些可暂不考虑的因素，提出一些基本假设，使在此基础上建立的理想模型既符合客观实际和工程要求，又便于用数学方法进行有效处理。本书属于经典弹性力学的范畴，书中讨论的问题建立在以下几个基本假设基础之上。

1. 连续性假设

假设物体内部是由密实的连续介质组成的，物体中没有空隙，并且在整个变形过程中保持连续性，不会出现开裂或重叠的现象，物体中的应力、应变、位移等均是连续的，可以用坐标的连续函数表示，这样就可以使用数学分析中的连续和极限的概念。事实上，所有的物体是由原子、分子构成的，而原子与原子之间、分子与分子之间必然是存在间隙的，但这个间隙相对于物体的宏观尺寸来说是很微小的，工程实际中采用这一假设所得的结果与实验结果是符合的，不会引起明显的误差。

2. 均匀性假设

假设所研究的物体是由同一类均匀材料组成的，整个物体所有各部分具有相同的物理性质，不会因为坐标位置的变化而变化。根据这一假设，由物体的某一部分测定的弹性常数，其结果适用于整个物体。金属材料一般可认为是均匀材料，如果物体由两种或两种以上的材料组成，如混凝土、玻璃钢等，只要每种材料的颗粒远小于物体的几何尺寸，且在物体内均匀分布，从宏观意义上讲，可认为是均匀的。

3. 各向同性假设

假设物体在不同方向具有相同的物理性质，物体的弹性常数不随坐标方向的改变而变化。钢材由无数个各向异性的晶体组成，但由于晶体很小，其排列是杂乱无章的，从宏观上看，钢材可以认为是各向同性的。许多材料不具有这种性质，如木材、竹材、复合材料等，本书不讨论这类材料。

4. 完全弹性假设

物体在外加因素（载荷、温度变化等）作用下发生变形，外加因素去除后，能完全恢复原来的形状而没有任何残余变形，这种变形称为完全弹性变形。当物体发生完全弹性变形时，在加载和卸载的整个过程中，应力应变是一一对应的。这种一一对应关系可以是线性的或非线性的，取决于材料的性质与变形大小。大多数工程材料在应力未达到弹性极限之前，应力应变关系是线性的，服从胡克定律，称为线性弹性材料。也有少数材料的弹性应力应变关系是非线性的，称为非线性弹性材料。经典弹性力学着重研究线性弹性材料。

符合以上四个假设的物体，称为理想弹性体。

5. 小变形假设

假设物体在力和温度变化等外界因素作用下所产生的位移远小于物体的原始尺寸，在研究物体受力后的平衡状态时，可不考虑由于变形引起的物体尺寸和位置的变化，只需按变形前的几何尺寸及载荷状态进行分析。在研究应变和位移时，可略去应变和转角的二次幂或二次乘积以上的项。在微小应变情况下，弹性力学的基本方程均是线性偏微分方程，使求解问题大为简化。

6. 无初应力假设

假设物体处于自然状态，即载荷或温度变化等作用之前物体内部没有应力，弹性力学所得到的应力仅是由于载荷或温度变化所产生的。若物体内有初应力，则由弹性力学所求得的应力加上初应力才是物体中的实际应力。焊接结构中，初应力一般是有害的，而土建工程中，常采用一些预应力结构，以便充分利用材料。

基于上述基本假设建立的弹性力学，称为数学弹性力学，亦称线性弹性力学，也是本书所要阐述的内容。如果对物体变形或应力分布再做某些附加假设，如梁弯时的平截面假设，板壳弯曲的直法线假设，使问题在符合工程要求的精度下进一步简化，更便于求解和应用，称为应用弹性力学，这些内容已超出本书的研究范畴。

§1.3 弹性力学的研究方法

材料力学中常采用截面法计算物体中的应力，假想将物体分成两部分，移去其中一部分，用内力来代替它对留下部分的作用。由于研究的是连续体，在分析应力时，需要根据实验结果对截面变形的状态做出合适的附加几何假定，再结合应力和应变之间的物理关系，用应力来表示这些几何关系。最后利用静力平衡条件，求得截面上的应力。材料力学解决问题的方法，需要借助静力学、几何学和物理学三方面的关系来分析。

弹性力学解决问题时也要从这三方面考虑，但具体的处理办法不同。弹性力学中，假想物体内部由无数个微小六面体元组成，表面由无数个微小四面体元组成。考虑这些体元的平衡，可得到一组平衡微分方程，但未知应力个数总是比微分方程个数多，所有弹性力学问题总是超静定的，必须考虑变形条件。由于物体变形后仍保持连续，所以微小体元之间的变形必须是协调的,可得到一组表示变形连续的微分方程,还要用广义胡克定律表示应力与应变之间的关系。在物体表面上需要考虑物体内部应力和外载荷之间的平衡,外加约束对物体变形的限制,称为边界条件。这样就有足够的微分方程用以求解未知的应力、应变和位移。解决弹性力学问题,必须考虑平衡条件、应变连续条件和广义胡克定律,即考虑静力学、几何学和物理学三方面关系以及边界条件。

以上方程可以简化为以位移为基本未知函数的微分方程,或以应力为基本未知函数的微分方程。这些方程都是偏微分方程,往往不能求得通解,常用的方法是逆解法和半逆解法。逆解法是先设一解答,如果这个解答能满足所有的偏微分方程,同时也满足边界条件,这一解答就是正确的解答,也是唯一的解答。半逆解法是先设一部分解答,另一部分在解题过程中求出。由于实际结构和载荷的复杂性,能够用严格的数学方法求解的弹性力学问题是十分有限的,对于复杂的工程实际问题,常采用差分法、变分法、有限元法等近似的数值方法来解决。

§1.4 弹性力学的发展简史

弹性力学是在不断解决工程实际问题的过程中得到发展的,大致分为以下四个时期。

1. 弹性力学的萌芽时期(约 1678—1820 年)

萌芽时期主要是通过实验探索受力与变形的关系,1678 年英国科学家胡克(R. Hooke,1635—1703)在大量实验的基础上,揭示了弹性体的变形和受力之间成正比的规律,被后人称为胡克定律。1686 年,马略特(E. Mariotte,1620—1684)讨论了梁的应力分布,认为梁横截面上的应力沿高度方向线性分布。1687 年,牛顿(I. Newton,1643—1727)的经典巨著《自然哲学的数学原理》出版,确立了运动三大定律。17 世纪末,伯努利(J. Bernoulli,1654—1705)建立了梁的弯曲理论。18 世纪中叶,欧拉(L. Euler,1707—1783)讨论了压杆的稳定性问题,建立了受压柱体的微分方程及其失稳的临界值公式。萌芽时期变形体力学的发展基本属于材料力学的范畴,但所提出的应力的概念以及数学理论的飞速发展,为弹性力学理论的建立奠定了坚实的基础。

2. 弹性力学理论基础建立时期(约 1821—1852 年)

18 世纪中后期,工业革命结束,随着制造业和交通运输业的迅速发展,工程中提出了各种更加复杂的强度和应力分析问题,如应力集中问题、平面板件的应力分析、非圆截面杆的扭转等,材料力学所依据的理论和方法已不再适用,迫切需要发展新的力学理论。弹性力学理论最早是由法国桥梁道路学院的三个人架构的,其中工程师纳维(C. Navier,1785—1836)利用分子理论,第一个建立了各向同性弹性体的平衡微分方程。纳维的研究引起了数学家柯西(A. Cauchy,1789—1857)的重视,柯西发表了一系列论文,从数学的角度给出了一点的应力和应变的严格定义,引进了应力张量和主应力的概念,建立了弹性力学的全部基本方程。纳维的学生圣维南(Saint-Venant,1797—1886)修订了纳维编写的力学讲义《力学在结构和机械方面的应用》,使原书篇幅增加了九倍,第一个验证了弯曲基本假设的精确性,提出和发展了求解弹性力学的半逆解法。自纳维以来,人们对各向同性材料的独立弹性系数的个数有过长期的争论。纳维认为独立参数只有一个,柯西认为是两个,但其中的力学意义不明确。法国数学家拉梅(G. Lamé,1795—1870)采用实验的方法明确了各向同性材料的弹性常数为两个,被称为拉梅常数,1852 年出版了第一部弹性力学著作《固体弹性的数学理论教程》,标志着弹性力学理论框架的形成。

3. 弹性力学理论发展成熟时期(约 1853—1906 年)

这一时期数学家和力学家利用已建立的弹性力学理论,提出了各种解析解法和数值解法,并广泛应用于解决工程实际问题,在理论上也更加完善。1850 年,基尔霍夫(G. R. Kirchhoff,1824—1887)解决了平板的平衡和振动问题。1855 年,圣维南解决了柱体的自由扭转和弯曲问题,并提出了圣维南原理。1862 年,英国科学家艾里(G. B. Airy,1801—1892)提出了求解平面问题的应力函数方法。1873 年,意大利工程师卡斯提利亚诺(A. Castigliano,1847—1884)提出了卡氏第一和第二定理。1882 年,赫兹(H. R. Hertz,1857—1894)解决了接触问题。1898 年,德国的基尔斯(G. Kirsch,1841—1901)解决了孔边的应力集中问题。1877 年和 1908 年,英国的瑞利(L. Rayleigh,1842—1919)和瑞士的里兹(W. Ritz,1878—1909)分别从弹性体的虚功原理和最小势能原理出发,提出了后来被人们称为瑞利-里兹法的变分问题直接解法。这一时期弹性力学得到了飞跃式的发展。

4. 弹性力学理论发展的深化期(约 1907 年至今)

这个时期弹性力学由线性理论向非线性理论发展,美国航天工程学家西奥多·冯·卡门(Theodore von Kármán,1881—1963)提出了薄板的大挠度问题。1939 年又与钱学森(1911—2009)提出了薄壳的非线性稳定问题。1948—1957 年间,钱伟长(1912—2010)用摄动法求解了薄板的大挠度问题。这些力学家的工作为非线性弹性力学的发展做出了重要贡献。同时,薄壁构件和薄壳的线性理论有了较大的发展,出现了许多分支和边缘学科,如厚板和厚壳理论、薄壳力学、热弹性力学、黏弹性力学、各向异性和非均匀体的弹性力学等。这一时期,数值解法也广泛应用于弹性力学问题,相继出现了差分法、有限单元法、边界元法、半解析数值法以及加权残值法等近似计算方法。尤其是随着电子计算机的问世,以变分原理为基础的有限单元法已成为解决工程技术问题和进行科学研究的不可或缺的技术手段。弹性力学虽是一门古老的学科,但现代科学技术的发展给弹性力学提出了越来越多的理论问题和工程应用问题,随着新兴、交叉学科的不断涌现,既丰富了弹性力学理论的内容,又体现了它在认识自然规律中不可低估的作用。

§1.5 笛卡尔张量简介

物理规律可用不同的数学方法描述,但规律本身不应当依赖于研究者为了描述某一物理现象所选择的坐标系。张量分析给人们提供了一种数学工具,用张量表示的物理量及其满足的基本方程具有形式简洁和统一、物理意义明确的特点,能清楚反映出物理规律的客观性,即与坐标系选择的无关性。因此,张量表示已在力学领域得到广泛应用,掌握张量的基础知识对于力学和工程技术人员来说是必不可少的。本章仅介绍三维空间直角坐标系下的笛卡尔张量,采用笛卡尔张量记法得到的公式和方程只适用于直角坐标系。

1.5.1 指标符号和求和约定

n 个变量或数 $x_1, x_2, \cdots, x_n$ 可记作 $x_i(i=1,2,\cdots,n)$,当 x_i 单独出现而不标明 $i=1,2,\cdots,n$ 时,代表 $x_1, x_2, \cdots, x_n$ 中的任意一个,i 的集合从 1 到 n 须加以规定,这一符号称为指标。笛卡尔坐标系下指标 i 通常采用下指标。笛卡尔坐标系下,一点的坐标 x_1, x_2, x_3 可表示为 $x_i(i=1,2,3)$,这种采用相同字母加上不同指标的符号系统,称为指标符号。

求和式

$$S = a_1x_1 + a_2x_2 + \cdots + a_nx_n \tag{1-1}$$

可以用求和符号写为

$$S = \sum_{i=1}^{n} a_ix_i \tag{1-2}$$

为了进一步简化上式的记法，约定：指标符号中，在同一项中重复出现两次的指标称为哑指标，并限定同一项中不能有同一下标出现三次或三次以上，凡针对哑指标，则应将指标遍历其整个集合求和，称为求和约定或 Einstein 求和约定。故式(1-2)可写成

$$S = a_ix_i \tag{1-3}$$

又如

$$x_{ii} = x_{11} + x_{22} + x_{33} \quad (i = 1,2,3) \tag{1-4}$$

方程组

$$\begin{cases} p_1 = a_{11}x_1 + a_{12}x_2 + a_{13}x_3 \\ p_2 = a_{21}x_1 + a_{22}x_2 + a_{23}x_3 \\ p_3 = a_{31}x_1 + a_{32}x_2 + a_{33}x_3 \end{cases} \tag{1-5}$$

上式可以写为

$$p_i = a_{ij}x_j \tag{1-6}$$

式中，i 称为自由指标，同一项中只出现一次，同一方程中各项的自由指标应相同；j 为哑指标，表示求和，同一项中重复出现一次。故指标符号是一种简洁的符号系统，它通过哑指标对求和起缩写作用，通过自由指标将方程组缩写为一个指标方程。哑指标仅用来表示遍历集合求和，具体采用哪个字母表示是无关紧要的。例如

$$A_iB_i \equiv A_kB_k = A_1B_1 + A_2B_2 + A_3B_3 \tag{1-7}$$

$$\frac{\partial f_i}{\partial x_i} \equiv \frac{\partial f_k}{\partial x_k} = f_{ii} = \frac{\partial f_1}{\partial x_1} + \frac{\partial f_2}{\partial x_2} + \frac{\partial f_3}{\partial x_3} \tag{1-8}$$

1.5.2 克罗内克尔符号和排列(置换)符号

克罗内克尔(Kronecker)符号 δ_{ij}是指标符号中的一个常用符号，其定义为

$$\delta_{ij} = \delta_{ji} = \begin{cases} 1, & i = j \\ 0, & i \neq j \end{cases} \tag{1-9}$$

符号 δ_{ij}在运算中起到指标置换的作用，当 δ_{ij}中的某一指标与任意一个指标符号的一个指标构成哑指标时，所起的作用是将该指标符号的这个指标换成 δ_{ij}的另一指标，所以该符号也称换名算子。例如

$$\delta_{ij}a_j = a_i, \quad \delta_{ij}a_{jk} = a_{ik} \tag{1-10}$$

结合求和约定，可以推出有关 δ_{ij}的下列性质：

$$\begin{cases} \delta_{ii} = \delta_{11} + \delta_{22} + \delta_{33} = 3 \\ \delta_{ik}\delta_{kj} = \delta_{ij} \\ \delta_{ij}\delta_{ij} = \delta_{ii} = \delta_{jj} = 3 \\ \delta_{ij}\delta_{jk}\delta_{kl} = \delta_{il} \\ a_{ij}\delta_{ij} = a_{ii} = a_{11} + a_{22} + a_{33} \\ \boldsymbol{e}_i \cdot \boldsymbol{e}_j = \delta_{ij} \end{cases} \tag{1-11}$$

式中，$\boldsymbol{e}_i$ 为直角坐标系的单位基矢量。

排列符号(或置换符号)e_{ijk} 也是一个常用的特定指标符号，当 $i,j,k=1,2,3$ 时，它有 27 个分量，定义为

$$e_{ijk}=\begin{cases}1, & i,j,k\ 为偶排列\\ -1, & i,j,k\ 为奇排列\\ 0, & 有两个或三个指标相等\end{cases} \tag{1-12}$$

指标取值按 123 这样的顺序，称为顺序排列，其中任意两数交换一次称为一次置换，比如将 12 交换成 21，或者将 23 交换成 32。由顺序排列经奇数次置换所得称为奇排列，如 213 是奇排列，由顺序排列经偶数次置换所得称为偶排列，如 312 为偶排列，偶排列时排列符号为 1，奇排列时为 -1，三个指标中有两个或三个相等时为零。

利用克罗内克尔符号 δ_{ij}、排列符号 e_{ijk} 和求和约定，可以把许多冗长的公式写得非常简洁。例如，三阶行列式的展开可以简写为

$$\det|(a_{mn})|=e_{ijk}a_{1i}a_{2j}a_{3k} \tag{1-13}$$

1.5.3 矢量的坐标变换

为了确切描述物体的形状、位置以及发生在空间中的物理现象，人们经常借助于参考坐标系，最常见的是笛卡尔坐标系，又称直角坐标系。设空间任意点 P 的矢径为 $\boldsymbol{r}$，如图 1-1 所示，在笛卡尔坐标系中的分解式为

$$\boldsymbol{r}(x_1,x_2,x_3)=x_1\boldsymbol{e}_1+x_2\boldsymbol{e}_2+x_3\boldsymbol{e}_3=x_i\boldsymbol{e}_i \tag{1-14}$$

式中，$x_i(i=1,2,3)$ 是点 P 的三个坐标；$\boldsymbol{e}_1,\boldsymbol{e}_2,\boldsymbol{e}_3$ 为原坐标系 $Ox_1x_2x_3$ 的单位基矢量。

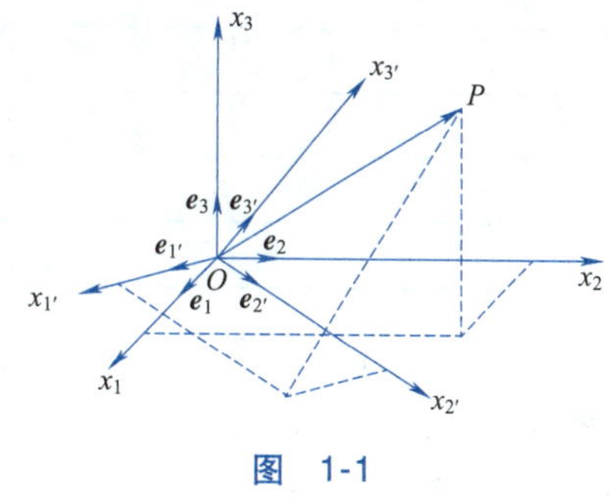

图 1-1

虽然矢量本身与坐标系的选择无关，但它的分量将随着坐标系的不同而异。一般说来，同一矢量在不同的坐标系中，将由不同的分量表示。固定原点 O，把原坐标系转到新的位置，得到一新坐标系 $Ox_{1'}x_{2'}x_{3'}$，设其对应的单位基矢量为 $\boldsymbol{e}_{1'},\boldsymbol{e}_{2'},\boldsymbol{e}_{3'}$，矢径 $\boldsymbol{r}(x_{1'},x_{2'},x_{3'})=x_{i'}\boldsymbol{e}_{i'}$。

新旧坐标系下的基矢量可以互相表示，即

$$\boldsymbol{e}_{i'}=\beta_{i'k}\boldsymbol{e}_k,\ \boldsymbol{e}_i=\beta_{j'i}\boldsymbol{e}_{j'} \tag{1-15}$$

用 $\boldsymbol{e}_j$ 点积式(1-15)第一式，得到 $\beta_{i'j}=\boldsymbol{e}_{i'}\cdot\boldsymbol{e}_j$，$\beta_{i'j}$ 是 $\boldsymbol{e}_{i'}$ 和 $\boldsymbol{e}_j$ 之间夹角的余弦，称为变换系数。任一矢径 $\boldsymbol{r}=x_i\boldsymbol{e}_i=x_{i'}\boldsymbol{e}_{i'}$，对该式两边点乘 $\boldsymbol{e}_{k'}$，得到

$$x_{k'}=x_i\beta_{ik'} \tag{1-16a}$$

式(1-16a)便是矢径 $\boldsymbol{r}$ 的分量 x_i 从原坐标系变换到新坐标系的公式，同理可以导出从新坐标系变换到原坐标系的公式，即

$$x_k=x_{i'}\beta_{i'k} \tag{1-16b}$$

其中，$\beta_{i'k}=\boldsymbol{e}_{i'}\cdot\boldsymbol{e}_k=\cos(\boldsymbol{e}_{i'},\boldsymbol{e}_k)=\beta_{ki'}$。

当坐标系选定后，一个矢量完全由它的三个分量 x_i 确定，当坐标变换时，这些分量必须按照式(1-16)变换，故可以给出矢量的新定义：在给定的坐标系下，有三个数 $x_i(i=1,2,3)$，在坐标变换时，按式(1-16a)变换成三个新数，则这三个数作为一个有序整体称为一个矢量。

1.5.4 笛卡尔张量

将上节矢量的概念加以推广，给出张量的定义。在三维空间中利用下面的变换规则定义一个数学对象 $\boldsymbol{T}$，它有九个分量 T_{ij}，用两个下标表示。当直角坐标系旋转变换时，分量 T_{ij} 遵循如下变换规则：

$$\begin{cases} T_{i'j'} = \beta_{i'i}\beta_{j'j}T_{ij} \\ T_{ij} = \beta_{ii'}\beta_{jj'}T_{i'j'} \end{cases} \tag{1-17}$$

我们将这一组九个分量的整体 $\boldsymbol{T}$ 定义为一个二阶张量。我们把由若干当坐标系改变时，满足坐标转换关系的有序数组成的集合称为张量。张量中指标的个数称为阶数，下标的取值范围称为维数，张量的分量个数在三维空间为 3^n，二维空间为 2^n。式(1-17)还可以进一步推广，得到更高阶的张量。可知标量和矢量分别为零阶和一阶张量，见表 1-1。

表 1-1　笛卡尔张量的阶

张量的阶数 n	分量的数目 3^n(三维空间)	变换规则
0	1	$T' = T$
1	3	$T_{i'} = \beta_{i'i}T_i$
2	9	$T_{i'j'} = \beta_{i'i}\beta_{j'j}T_{ij}$
3	27	$T_{i'j'k'} = \beta_{i'i}\beta_{j'j}\beta_{k'k}T_{ijk}$
4	81	$T_{i'j'k'l'} = \beta_{i'i}\beta_{j'j}\beta_{k'k}\beta_{l'l}T_{ijkl}$
…	…	…

依据式(1-17)的定义，可以证明克罗内克尔符号 δ_{ij} 是二阶张量，排列符号 e_{ijk} 是三阶张量。

用坐标变换规则定义张量，可给力学和物理学研究带来许多方便。每项都由张量组成的方程称为张量方程。张量方程具有与坐标选择无关的重要性质，可用于描述客观物理现象的固有特性和普遍规律。张量方程的这种性质，对于力学和物理学的研究是十分有用的。许多著作中通常只给出物理定律在笛卡尔坐标下中的特定表达形式，当选用另一种参考坐标系(如柱坐标系、球坐标系等)时，要重新进行冗长的推导，其结果仍是依赖于新参考坐标系的特定表达形式。引进张量分析的工具后，可以把笛卡尔坐标系中的特定方程改写成适用于任意坐标系的张量方程的普遍形式，然后用坐标转换规律直接写出该方程在其他坐标系中的特定表达形式。

一个二阶或更高阶的张量 $S_{ijk\cdots}$ 满足 $S_{ijk\cdots} = S_{jik\cdots}$ 则称张量 $S_{ijk\cdots}$ 对于指标 i,j 是对称的，即若将指标 i,j 互换，相应的分量数值不变。

一个二阶或更高阶的张量 $A_{ijk\cdots}$ 满足 $A_{ijk\cdots} = -A_{jik\cdots}$ 则称张量 $A_{ijk\cdots}$ 对于指标 i,j 是反对称。在笛卡尔坐标系中克罗内克尔符号 δ_{ij} 是二阶对称张量，排列符号 e_{ijk} 是三阶反对称张量。

一个张量在某个坐标系中是对称的(或反对称的)，则在其他坐标系中也是对称的(或反对称的)。设二阶张量 T_{ij} 在某个坐标系中是对称的，即 $T_{ij} = T_{ji}$，则

$$T_{i'j'} = \beta_{i'i}\beta_{j'j}T_{ij} = \beta_{i'i}\beta_{j'j}T_{ji} = \beta_{j'j}\beta_{i'i}T_{ji} = T_{j'i'}$$

还有一类张量在三维空间中与坐标系的转动无关，即张量在坐标系作任意转动时，其分量都保持不变，即

$$T_{ij}=T_{i'j'},\quad T_{ijk}=T_{i'j'k'} \tag{1-18}$$

这种张量称为各向同性张量。零阶张量是最简单的一种各向同性张量，矢量不是各向同性张量，δ_{ij}是二阶各向同性张量，排列符号 e_{ijk}是三阶各向同性张量。弹性力学中许多物理量都属于张量，应力和应变是二阶张量，弹性模量是四阶张量。

矢量或张量的记法有三种：

(1)实体记法：把矢量或张量的整个物理实体用一个黑体字母表示。例如，位移矢量记为 $\boldsymbol{u}$，应力张量记为 $\boldsymbol{\sigma}$ 等。

(2)分解式记法：同时写出矢量或张量的分量和相应分解方向的基矢量。例如，位移矢量记为 $\sum\limits_{i}u_i\boldsymbol{e}_i$，应力张量记为 $\sum\limits_{i,j}\sigma_{ij}\boldsymbol{e}_i\boldsymbol{e}_j$。

(3)分量记法：把矢量或张量用其全部分量的集合来表示，省略相应的基矢量。例如，位移分量记为 $u_i(i=1,2,3)$，应力分量记为 $\sigma_{ij}(i,j=1,2,3)$。

1.5.5 张量的运算

1. 张量的加(减)法

凡是同阶的两个张量可以相加减，并得到与原来同阶的张量，其分量等于原来相加(减)的张量中标号相同的各分量的代数和(差)，如二阶张量 A_{ij}与 B_{ij}之和为 C_{ij}，则

$$C_{ij}=A_{ij}+B_{ij} \tag{1-19}$$

张量加法满足交换律和结合律，即

$$A_{ij}+B_{ij}+C_{ij}=(A_{ij}+C_{ij})+B_{ij} \tag{1-20}$$

2. 张量的并乘

两个张量的并乘定义为第一个张量中的每一个分量乘以第二个张量中的每一个分量所组成的集合，称为这两个张量的并积或外积，它的阶数等于相乘两张量的阶数之和。

$$C_{ijkl}=A_{ij}B_{kl} \tag{1-21}$$

张量的并乘不服从交换律，如 $C_{ijkl}=A_{ij}B_{kl}\neq C_{klij}=A_{kl}B_{ij}$，但服从分配律和结合律，即

$$\begin{cases}(A_{ij}+B_{ij})C_k=A_{ij}C_k+B_{ij}C_k\\ A_{ij}B_{ij}C_k=(A_{ij}B_{ij})C_k=A_{ij}(B_{ij}C_k)\end{cases} \tag{1-22}$$

3. 张量的缩并

如果令一个 n 阶($n\geqslant2$)张量中的两个指标相同(即成为哑指标)，然后按照求和约定求和，这种运算称为张量的缩并或缩阶。张量缩并后仍为张量，其阶数为 $n-2$。

设张量 A_{ijk}为三阶张量，则有

$$A_{i'j'k'}=\beta_{i'i}\beta_{j'j}\beta_{k'k}A_{ijk} \tag{1-23}$$

对前两个指标求和，即令 $i'=j'$，则

$$A_{i'i'k'}=\beta_{i'i}\beta_{i'j}\beta_{k'k}A_{ijk}=\delta_{ij}\beta_{k'k}A_{ijk}=\beta_{k'k}A_{jjk} \tag{1-24}$$

上式中 $A_{i'j'k'}$遵循矢量的变换规律，即三阶张量缩并以后为一个矢量。只有大于二阶的张量才能缩并，阶数大于四的张量，缩并一次后还可以再次缩并。故阶数为偶数的张量，如果连续地缩并，最后可得到一个标量，而奇数阶的张量将得到一个矢量。

4. 张量的内积

两个张量先并乘，然后对前后并乘的两个张量各取一个指标加以缩并，即先并乘后缩并的运算称为张量的内积或点积。设 T_{ijk}为三阶张量，S_{lm}为二阶张量，其并乘为 $U_{ijklm}=T_{ijk}S_{lm}$，

按 $l=j$ 缩并为 $V_{ikm}=T_{ijk}S_{jm}$，按 $l=k$ 缩并为 $V_{ijm}=T_{ijk}S_{km}$。如果两个张量的阶数分别为 m、n 阶，那么经过点积后得到的新张量为 $m+n-2$ 阶。张量的内积兼具并乘和缩并的特点，在运算中既要区分前后两个张量的次序，又要注意是对哪一对指标进行缩并，取不同位置的指标缩并，一般而言得到的内积是不同的，即 $A_{ijk}B_{jm}\neq A_{ijk}B_{im}$。

在张量的内积运算中，并乘之后可进行两次或更多次的缩并，进行两次缩并称为双点积，有两种特殊情况：

并双点积

$$T_{ijk}S_{jk}=U_i \qquad \text{或记作} \quad \boldsymbol{T}:\boldsymbol{S}=\boldsymbol{U} \tag{1-25}$$

串双点积

$$T_{ijk}S_{kj}=V_i \qquad \text{或记作} \quad \boldsymbol{T}\cdot\cdot\,\boldsymbol{S}=\boldsymbol{v} \tag{1-26}$$

1.5.6 二阶张量

二阶张量又称仿射量，是弹性力学中遇到最多的张量。二阶张量 $\boldsymbol{T}$ 和矢量 $\boldsymbol{u}$ 的点积是一个矢量 $\boldsymbol{v}=\boldsymbol{T}\cdot\boldsymbol{u}$，可把二阶张量看作一个线性变换，这个线性变换把一个矢量变换成了另一个矢量。下面讨论有关二阶张量的一些特性。

1. 用矩阵表示的二阶张量

三维空间中，任意二阶张量 $\boldsymbol{T}$ 可用矩阵形式表示为

$$\boldsymbol{T}=\begin{pmatrix} T_{11} & T_{12} & T_{13} \\ T_{21} & T_{22} & T_{23} \\ T_{31} & T_{32} & T_{33} \end{pmatrix} \tag{1-27}$$

它有九个独立的分量，如果二阶张量 $\boldsymbol{T}$ 的分量满足 $T_{ij}=T_{ji}$，则 $\boldsymbol{T}$ 为二阶对称张量，它仅有六个独立分量。可用对称矩阵表示为

$$\boldsymbol{T}=\begin{pmatrix} T_{11} & T_{12} & T_{13} \\ T_{12} & T_{22} & T_{23} \\ T_{13} & T_{23} & T_{33} \end{pmatrix} \tag{1-28}$$

如果二阶张量 $\boldsymbol{T}$ 的分量满足 $T_{ij}=-T_{ji}$，则 $\boldsymbol{T}$ 为二阶反对称张量，它仅有三个独立分量。可用反对称矩阵表示为

$$\boldsymbol{T}=\begin{pmatrix} 0 & T_{12} & T_{13} \\ -T_{12} & 0 & T_{23} \\ -T_{13} & -T_{23} & 0 \end{pmatrix} \tag{1-29}$$

2. 二阶张量的分解

第一种分解方式：任何一个二阶张量都可以分解为一个二阶对称张量和一个二阶反对称张量之和。根据张量加法有

$$T_{ij}=\frac{1}{2}(T_{ij}+T_{ji})+\frac{1}{2}(T_{ij}-T_{ji})=A_{ij}+B_{ij} \tag{1-30}$$

式中，$A_{ij}=\frac{1}{2}(T_{ij}+T_{ji})=A_{ji}$ 为对称二阶张量；$B_{ij}=\frac{1}{2}(T_{ij}-T_{ji})=-B_{ji}$ 为反对称二阶张量。

第二种分解方式：任何一个二阶张量都可以分解为一个球张量和一个偏张量之和。设二阶张量 $\boldsymbol{T}$ 可表示为

$$\boldsymbol{T}=\boldsymbol{B}+\boldsymbol{D}$$

$$T_{ij}=B_{ij}+D_{ij}\qquad (i,j=1,2,\cdots)\tag{1-31}$$

令其中

$$B_{ij}=\frac{1}{3}T_{kk}\delta_{ij}\qquad (i,j,k=1,2,\cdots)\tag{1-32}$$

$\boldsymbol{B}$ 称为张量 $\boldsymbol{T}$ 的球张量。张量 $\boldsymbol{D}$ 是原张量 $\boldsymbol{T}$ 与球张量 $\boldsymbol{B}$ 的差,即

$$D_{ij}=T_{ij}-\frac{1}{3}T_{kk}\delta_{ij}\qquad (i,j,k=1,2,\cdots)\tag{1-33}$$

$\boldsymbol{D}$ 称为张量 $\boldsymbol{T}$ 的偏张量。

3. 二阶张量的主方向和主值

设任意实二阶张量 $\boldsymbol{T}$ 和分量为 a_i 的任意矢量 $\boldsymbol{a}$,则 $\boldsymbol{a}$ 经过 $\boldsymbol{T}$ 所代表的线性变换后的映射为 $\boldsymbol{b}=\boldsymbol{T}\cdot\boldsymbol{a}$ 或 $b_i=T_{ij}a_j$。一般而言,矢量 $\boldsymbol{b}$ 和 $\boldsymbol{a}$ 并不同向。试问:对于给定的二阶张量 $\boldsymbol{T}$ 能否找到某个矢量 $\boldsymbol{v}$,它在线性变换后能保持方向不变,而只改变大小呢?即

$$\boldsymbol{T}\cdot\boldsymbol{v}=\lambda\boldsymbol{v}\text{ 或 }T_{ij}v_j=\lambda v_i\tag{1-34}$$

或写成

$$(T_{ij}-\lambda\delta_{ij})v_j=\boldsymbol{0}\qquad (i,j=1,2,3)\tag{1-35}$$

上式中 λ 为一标量,表征 $\boldsymbol{v}$ 的放大倍数,称为张量 $\boldsymbol{T}$ 的主值或特征值。矢量 $\boldsymbol{v}$ 称为 $\boldsymbol{T}$ 的特征矢量,它的方向称为张量 $\boldsymbol{T}$ 的主方向。式(1-35)是求 v_j 的线性齐次代数方程组,展开后得到

$$\begin{cases}(T_{11}-\lambda)v_1+T_{12}v_1+T_{13}v_3=0\\ T_{21}v_1+(T_{22}-\lambda)v_2+T_{23}v_3=0\\ T_{31}v_1+T_{32}v_2+(T_{33}-\lambda)v_3=0\end{cases}\tag{1-36}$$

这个方程组存在非零解的条件是系数行列式为零,即

$$\begin{vmatrix}T_{11}-\lambda & T_{12} & T_{13}\\ T_{21} & T_{22}-\lambda & T_{23}\\ T_{31} & T_{32} & T_{33}-\lambda\end{vmatrix}=0\tag{1-37}$$

方程(1-37)称为张量 T_{ij} 的特征方程,是关于 λ 的一元三次方程。假定 T_{ij} 是一个对称的笛卡尔张量,则特征方程(1-37)必有三个实根,即任一实对称张量的主值都是实的。因此任一实对称张量至少存在三个实特征矢量和三个主方向。进一步可以证明,若三个主值 $\lambda_1\neq\lambda_2\neq\lambda_3$,则三个主方向相互垂直;对于二重根情况,例如 $\lambda_1=\lambda_2\neq\lambda_3$,则垂直于特征矢量 $\boldsymbol{v}_3$ 的任何方向都是主方向;若出现三重根,$\lambda_1=\lambda_2=\lambda_3$,则任何方向都是主方向,任一矢量都可作为特征矢量。

二阶张量 T_{ij} 的特征方程(1-37)展开得到关于 λ 的三次方程,即

$$\lambda^3-(T_{11}+T_{22}+T_{33})\lambda^2+\left(\begin{vmatrix}T_{22} & T_{23}\\ T_{32} & T_{33}\end{vmatrix}+\begin{vmatrix}T_{11} & T_{12}\\ T_{21} & T_{22}\end{vmatrix}+\begin{vmatrix}T_{11} & T_{13}\\ T_{31} & T_{33}\end{vmatrix}\right)\lambda-\begin{vmatrix}T_{11} & T_{12} & T_{13}\\ T_{21} & T_{22} & T_{23}\\ T_{31} & T_{32} & T_{33}\end{vmatrix}=0\tag{1-38}$$

解此方程可求得三个实根 $\lambda_1,\lambda_2,\lambda_3$,该特征方程是一个与坐标选择无关的普遍方程,它的三个系数 I_1,I_2,I_3 分别称为张量 $\boldsymbol{T}$ 的第一、第二、第三不变量,根据方程式的根与系数的关系可知

$$
\begin{cases}
I_1 = T_{11} + T_{22} + T_{33} = \lambda_1 + \lambda_2 + \lambda_3 \\
I_2 = \begin{vmatrix} T_{22} & T_{23} \\ T_{32} & T_{33} \end{vmatrix} + \begin{vmatrix} T_{11} & T_{12} \\ T_{21} & T_{22} \end{vmatrix} + \begin{vmatrix} T_{11} & T_{13} \\ T_{31} & T_{33} \end{vmatrix} = \lambda_1\lambda_2 + \lambda_1\lambda_3 + \lambda_2\lambda_3 \\
I_3 = \begin{vmatrix} T_{11} & T_{12} & T_{13} \\ T_{21} & T_{22} & T_{23} \\ T_{31} & T_{32} & T_{33} \end{vmatrix} = \lambda_1\lambda_2\lambda_3
\end{cases}
\tag{1-39}
$$

三个不变量在坐标变换时保持不变,二阶张量有三个独立的不变量,由此还可以组合出无数多个不变量,如 $I_1^2 = T_{ii}^2, I_1^2 - 2I_2 = T_{ik}T_{ik}$ 等。

1.5.7 场论基础

(1)标量场:三维空间 D 的每点 $M(x_1,x_2,x_3)$ 唯一对应一个标量值 $\varphi(x_1,x_2,x_3)$,它在空间区域 D 上构成一个标量场,用 M 点的标函数 $\varphi(x_1,x_2,x_3)$ 表示。例如,温度场 $T(x_1,x_2,x_3)$、密度场 $\rho(x_1,x_2,x_3)$、电位场 $e(x_1,x_2,x_3)$ 都是标量场。

(2)矢量场:三维空间 D 的每点 $M(x_1,x_2,x_3)$ 唯一对应一个矢量值 $\boldsymbol{R}(x_1,x_2,x_3)$,它在空间区域 D 上构成一个矢量场,用 M 点的矢量函数 $\boldsymbol{R}(x_1,x_2,x_3)$ 表示。例如,流速场 $\boldsymbol{v}(x_1,x_2,x_3)$、电场 $\boldsymbol{E}(x_1,x_2,x_3)$、磁场 $\boldsymbol{H}(x_1,x_2,x_3)$ 都是矢量场。

(3)张量场:三维空间 D 的每点 $M(x_1,x_2,x_3)$ 唯一对应一个张量值 $\boldsymbol{T}(x_1,x_2,x_3)$,它在空间区域 D 上构成一个张量场。例如,固体介质中的应力和应变都是二阶张量场。

场论中的三个基本概念为梯度、散度和旋度,下面给出每个概念的定义。

设 $\varphi(x_1,x_2,x_3)$ 为三维空间 D 中的标量场,在该函数的连续可微点定义梯度为

$$
\operatorname{grad}\varphi = \nabla\varphi = \boldsymbol{e}_1\frac{\partial\varphi}{\partial x_1} + \boldsymbol{e}_2\frac{\partial\varphi}{\partial x_2} + \boldsymbol{e}_3\frac{\partial\varphi}{\partial x_3} = \boldsymbol{e}_i\varphi_{,i} \tag{1-40}
$$

式中,$\boldsymbol{e}_1,\boldsymbol{e}_2,\boldsymbol{e}_3$ 为笛卡尔坐标的基矢量。梯度的算子

$$
\nabla = \boldsymbol{e}_i\frac{\partial}{\partial x_i} = \boldsymbol{e}_1\frac{\partial}{\partial x_1} + \boldsymbol{e}_2\frac{\partial}{\partial x_2} + \boldsymbol{e}_3\frac{\partial}{\partial x_3} \tag{1-41}
$$

称为哈密顿算子,或者纳伯拉算子。标量场的梯度 $\operatorname{grad}\varphi$ 为一个矢量场,其方向与过 M 点的等值面 $\varphi = C$ 的法线方向重合,并指向 φ 增加的一方。

设 $\boldsymbol{R}(x_1,x_2,x_3)$ 为三维空间 D 中的矢量场,在该函数的连续可微点定义散度为

$$
\operatorname{div}\boldsymbol{R} = \nabla\cdot\boldsymbol{R} = \left(\boldsymbol{e}_i\frac{\partial}{\partial x_i}\right)\cdot(\boldsymbol{e}_k R_k) = \frac{\partial R_i}{\partial x_i} = R_{i,i} \tag{1-42}
$$

矢量场的散度 $\operatorname{div}\boldsymbol{R}$ 是一个标量场。

定义矢量场 $\boldsymbol{R}(x_1,x_2,x_3)$ 的旋度为

$$
\begin{aligned}
\operatorname{curl}\boldsymbol{R} &= \operatorname{rot}\boldsymbol{R} = \nabla\times\boldsymbol{R} = \left(\boldsymbol{e}_i\frac{\partial}{\partial x_i}\right)\times(\boldsymbol{e}_k R_k) \\
&= \begin{vmatrix} \boldsymbol{e}_1 & \boldsymbol{e}_2 & \boldsymbol{e}_3 \\ \dfrac{\partial}{\partial x_1} & \dfrac{\partial}{\partial x_2} & \dfrac{\partial}{\partial x_3} \\ R_1 & R_2 & R_3 \end{vmatrix} = e_{ijk}R_{k,j}\boldsymbol{e}_i
\end{aligned}
\tag{1-43}
$$

矢量场的旋度仍是一个矢量场。从上面分析可知,哈密顿算子∇可以像矢量一样作点积或叉

积运算,只是它必须置于作用量的前面。

另外一个常用的算子为拉普拉斯算子,由式(1-40)和式(1-42)得到

$$\mathrm{divgrad}\ \varphi=\nabla^2\varphi=\nabla\cdot\nabla\varphi=\boldsymbol{e}_i\frac{\partial}{\partial x_i}\cdot\boldsymbol{e}_k\frac{\partial}{\partial x_k}\varphi=\frac{\partial^2\varphi}{\partial x_i\partial x_i} \tag{1-44}$$

场论中的两个基本公式是高斯公式和斯托克斯公式。

(1)高斯(Gauss)公式:又称散度定理或格林(Green)定理。三维域 D 上有矢量场 $\boldsymbol{R}$,域的封闭边界曲面为 S,$\boldsymbol{n}$ 为曲面 S 的单位外法线矢量,且矢量在域 D 及边界曲面 S 上有连续的偏导数,则有

$$\int_D\nabla\cdot\boldsymbol{R}\mathrm{d}V=\int_S\boldsymbol{R}\cdot\boldsymbol{n}\mathrm{d}S \tag{1-45a}$$

或写成分量形式为

$$\int_D R_{ii}\mathrm{d}V=\int_S R_i n_i\mathrm{d}S \tag{1-45b}$$

高斯公式给出了体积分和面积分的变换关系,在弹性力学的空间问题和能量原理中有重要应用。

(2)斯托克斯(Stokes)公式:设有一曲面 S,$\boldsymbol{n}$ 为曲面 S 的单位外法线矢量,曲面 S 具有封闭边界曲线 L,L 的正方向与 $\boldsymbol{n}$ 的正方向按右手法则联系。$\boldsymbol{R}$ 是曲面 S 上的单值矢量函数,且 $\boldsymbol{R}$ 在与 S 足够靠近的点处有连续的偏导数,则下列积分式成立:

$$\int_S(\nabla\times\boldsymbol{R})\cdot\boldsymbol{n}\mathrm{d}S=\oint_L\boldsymbol{R}\cdot\mathrm{d}\boldsymbol{L} \tag{1-46a}$$

或写成分量形式为

$$\int_S e_{ijk}R_{k,j}n_i\mathrm{d}S=\oint_L R_i\mathrm{d}x_i \tag{1-46b}$$

§1.6 正交曲线坐标系

上节中的讨论均采用笛卡尔坐标,但是在求解具有曲线或曲面边界的弹性力学问题时,选用正交曲线坐标系往往比笛卡尔坐标系更为方便。下面介绍正交曲线坐标系的一些基本概念和有关公式。

1.6.1 正交曲线坐标系

三维空间中的一点 P 的位置可用笛卡尔坐标 x_j 表示,也可选三个任意独立参数 α_i($i=1,2,3$)作参考坐标,两组坐标间的转换关系为

$$x_j=x_j(\alpha_i) \tag{1-47a}$$

或

$$\alpha_i=\alpha_i(x_j) \tag{1-47b}$$

相对应的雅可比行列式满足条件

$$J=\left|\frac{\partial\alpha_i}{\partial x_j}\right|\neq 0 \tag{1-48}$$

则两组坐标间存在一一对应的互逆关系。

如图1-2所示,由空间点 P 出发,让坐标 α_1 任意变化而 α_2 和 α_3 保持不变。由式(1-47a)

可得到一串空间点的轨迹，描出一条空间曲线，称为过 P 点的坐标线 α_1，同理可得到坐标线 α_2 和 α_3。若令 α_1 和 α_2 任意变化而 α_3 不变，则相应空间点的轨迹构成坐标面 $\alpha_1\alpha_2$，同样可得坐标面 $\alpha_2\alpha_3$ 和 $\alpha_1\alpha_3$，相邻坐标面的交线就是坐标线。过每个空间点都有三个坐标面和三根坐标线，许多曲线坐标系都是按坐标面(坐标线)的形状和性质命名的，如球坐标、柱坐标、极坐标等。本节讨论三个坐标面(坐标线)处处正交的正交曲线坐标系，常用的直角坐标、柱坐标、球坐标、极坐标都是它的特例。

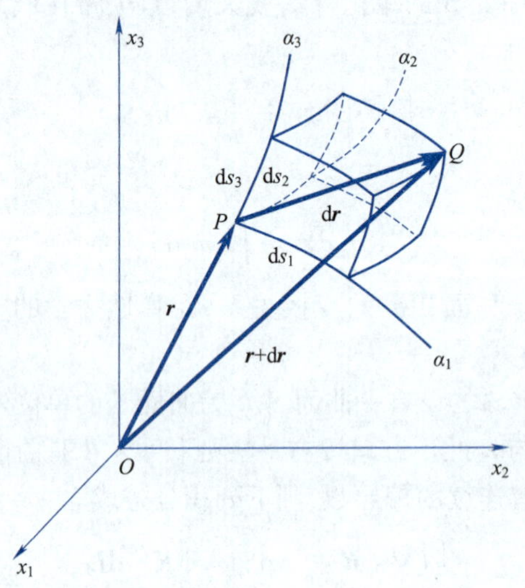

图 1-2

考虑图 1-2 中的相邻两点 $P(\alpha_1,\alpha_2,\alpha_3)$ 和 $Q(\alpha_1+d\alpha_1,\alpha_2+d\alpha_2,\alpha_3+d\alpha_3)$，它们的矢径分别是 $\boldsymbol{r}$ 和 $\boldsymbol{r}+d\boldsymbol{r}$，其中

$$d\boldsymbol{r}=\frac{\partial \boldsymbol{r}}{\partial \alpha_1}d\alpha_1+\frac{\partial \boldsymbol{r}}{\partial \alpha_2}d\alpha_2+\frac{\partial \boldsymbol{r}}{\partial \alpha_3}d\alpha_3 \tag{1-49}$$

上式中把矢径对曲线坐标的三个偏导数记为

$$\boldsymbol{g}_i=\frac{\partial \boldsymbol{r}}{\partial \alpha_i}\quad (i=1,2,3) \tag{1-50}$$

它们分别是沿坐标线 α_i 的切线方向并指向坐标值增加一方的矢量，称为该曲线坐标的基矢量。由以上两式可知

$$d\boldsymbol{r}=\boldsymbol{g}_i d\alpha_i \tag{1-51}$$

式(1-51)表明，矢径微分对基矢量 $\boldsymbol{g}_i$ 分解所得的分量就是曲线坐标的微分 $d\alpha_i$。但应指出，与笛卡尔坐标不同，曲线坐标中矢径对基矢量 $\boldsymbol{g}_i$ 分解所得的分量并不是相应曲线坐标 α_i。

在正交系中三个基矢量 $\boldsymbol{g}_i$ 相互垂直，但不一定是单位矢量，其长度为

$$h_i=|\boldsymbol{g}_i|=\sqrt{\boldsymbol{g}_i\cdot\boldsymbol{g}_i}\quad (\text{对 } i \text{ 不求和}) \tag{1-52}$$

式中，h_i 称为拉梅(Lamé)系数，它的几何意义为：当 α_i 坐标改变时，α_i 线的弧长增量与坐标 α_i 增量之间的比值。可以证明，拉梅系数的计算公式也可写为

$$h_i=\sqrt{\left(\frac{\partial x_1}{\partial \alpha_i}\right)^2+\left(\frac{\partial x_2}{\partial \alpha_i}\right)^2+\left(\frac{\partial x_3}{\partial \alpha_i}\right)^2}\quad (i=1,2,3) \tag{1-53}$$

将基矢量除以长度,得到如下一组沿坐标线方向的单位基矢量:

$$\boldsymbol{e}_i=\frac{\boldsymbol{g}_i}{h_i}\quad(\text{对 } i \text{ 不求和})\tag{1-54}$$

正交曲线坐标系中单位基矢量的长度处处为1,但与笛卡尔坐标系不同,它的方向随着点的位置而变化,同时满足关系式

$$\boldsymbol{e}_i\cdot\boldsymbol{e}_j=\delta_{ij}\tag{1-55a}$$

$$\boldsymbol{e}_i\times\boldsymbol{e}_j=e_{ijk}\boldsymbol{e}_k\tag{1-55b}$$

将式(1-54)代入式(1-51)得到

$$\mathrm{d}\boldsymbol{r}=h_i\mathrm{d}\alpha_i\,\boldsymbol{e}_i=\mathrm{d}s_i\,\boldsymbol{e}_i\tag{1-56a}$$

式中

$$\mathrm{d}s_i=h_i\mathrm{d}\alpha_i\quad(\text{对 } i \text{ 不求和})\tag{1-56b}$$

$\mathrm{d}s_i$ 是矢径微分对单位基矢量$\boldsymbol{e}_i$分解时的分量,表示坐标线 α_i 上相应于坐标增量 $\mathrm{d}\alpha_i$ 的线元长度。当可以从几何上直接确定线元长度 $\mathrm{d}s_i$ 时,利用式(1-56b)计算拉梅系数是十分方便的。例如,笛卡尔坐标系中 $\mathrm{d}s_i$ 等于坐标增量 $\mathrm{d}x_i$,所有 $h_i=1(i=1,2,3)$。平面极坐标系中径向和周向的线元长度分别为 $\mathrm{d}s_1=\mathrm{d}r,\mathrm{d}s_2=r\mathrm{d}\theta$,相应的坐标增量 $\mathrm{d}\alpha_1=\mathrm{d}r,\mathrm{d}\alpha_2=\mathrm{d}\theta$,故拉梅系数 $h_1=1,h_2=r$。

1.6.2 正交曲线坐标系的场论基础

正交系中哈密顿算子定义为

$$\nabla(\ )=\boldsymbol{e}_i\frac{1}{h_i}\frac{\partial}{\partial\alpha_i}\tag{1-57a}$$

$$(\ )\nabla=\frac{1}{h_i}\frac{\partial}{\partial\alpha_i}\boldsymbol{e}_i\tag{1-57b}$$

以上两式分别称为物理量的左梯度和右梯度。标量场的左右梯度相等,但对于矢量场和张量场,由于基矢量的排列顺序不同,其左右梯度不相等。

标量场 φ 的梯度

$$\nabla\varphi=\boldsymbol{e}_i\varphi_i=\boldsymbol{e}_1\frac{1}{h_1}\frac{\partial\varphi}{\partial\alpha_1}+\boldsymbol{e}_2\frac{1}{h_2}\frac{\partial\varphi}{\partial\alpha_2}+\boldsymbol{e}_3\frac{1}{h_3}\frac{\partial\varphi}{\partial\alpha_3}\tag{1-58}$$

矢量场 $\boldsymbol{v}$ 的梯度

$$\nabla\boldsymbol{v}=\boldsymbol{e}_i\boldsymbol{v}_i=\boldsymbol{e}_1\frac{1}{h_1}\frac{\partial\boldsymbol{v}}{\partial\alpha_1}+\boldsymbol{e}_2\frac{1}{h_2}\frac{\partial\boldsymbol{v}}{\partial\alpha_2}+\boldsymbol{e}_3\frac{1}{h_3}\frac{\partial\boldsymbol{v}}{\partial\alpha_3}\tag{1-59}$$

矢量场 $\boldsymbol{v}$ 的散度

$$\nabla\cdot\boldsymbol{v}=\boldsymbol{e}_i\cdot\frac{1}{h_i}\frac{\partial\boldsymbol{v}}{\partial\alpha_i}=\frac{1}{h_1h_2h_3}\left[\frac{\partial(\boldsymbol{v}_1h_2h_3)}{\partial\alpha_1}+\frac{\partial(\boldsymbol{v}_2h_1h_3)}{\partial\alpha_2}+\frac{\partial(\boldsymbol{v}_3h_2h_1)}{\partial\alpha_3}\right]\tag{1-60}$$

若令 $\boldsymbol{v}=\nabla\varphi$ 并代入散度公式(1-60),可得到正交曲线坐标系的拉普拉斯算子表达式

$$\nabla\cdot\nabla\varphi=\frac{1}{h_1h_2h_3}\left[\frac{\partial}{\partial\alpha_1}\left(\frac{h_2h_3}{h_1}\frac{\partial\varphi}{\partial\alpha_1}\right)+\frac{\partial}{\partial\alpha_2}\left(\frac{h_1h_3}{h_2}\frac{\partial\varphi}{\partial\alpha_2}\right)+\frac{\partial}{\partial\alpha_3}\left(\frac{h_1h_2}{h_3}\frac{\partial\varphi}{\partial\alpha_3}\right)\right]\tag{1-61}$$

矢量场 $\boldsymbol{v}$ 的旋度

$$\nabla\times\boldsymbol{v}=\boldsymbol{e}_i\times\frac{1}{h_i}\frac{\partial\boldsymbol{v}}{\partial\alpha_i}=\frac{1}{h_1h_2h_3}\begin{vmatrix}h_1\boldsymbol{e}_1&h_2\boldsymbol{e}_2&h_3\boldsymbol{e}_3\\\frac{\partial}{\partial\alpha_1}&\frac{\partial}{\partial\alpha_2}&\frac{\partial}{\partial\alpha_3}\\h_1\boldsymbol{v}_1&h_2\boldsymbol{v}_2&h_3\boldsymbol{v}_3\end{vmatrix}\tag{1-62}$$

张量场 $\boldsymbol{T}$ 的梯度

$$\nabla \boldsymbol{T} = \boldsymbol{e}_i \boldsymbol{T}_{,i} = \boldsymbol{e}_1 \frac{1}{h_1}\frac{\partial \boldsymbol{T}}{\partial \alpha_1} + \boldsymbol{e}_2 \frac{1}{h_2}\frac{\partial \boldsymbol{T}}{\partial \alpha_2} + \boldsymbol{e}_3 \frac{1}{h_3}\frac{\partial \boldsymbol{T}}{\partial \alpha_3} \tag{1-63}$$

张量场 $\boldsymbol{T}$ 的散度

$$\nabla \cdot \boldsymbol{T} = \boldsymbol{e}_i \cdot \frac{1}{h_i}\frac{\partial \boldsymbol{T}}{\partial \alpha_i} = \boldsymbol{e}_i \cdot \boldsymbol{T}_{,i} \tag{1-64}$$

张量场 $\boldsymbol{T}$ 的旋度

$$\nabla \times \boldsymbol{T} = \boldsymbol{e}_i \times \frac{1}{h_i}\frac{\partial \boldsymbol{T}}{\partial \alpha_i} = \boldsymbol{e}_i \times \boldsymbol{T}_{,i} \tag{1-65}$$

1.6.3 圆柱坐标和球坐标公式

圆柱坐标系如图 1-3 所示,坐标与基矢量分别为

$$\begin{gathered} \alpha_1 = r, \quad \alpha_2 = \theta, \quad \alpha_3 = z \\ \boldsymbol{e}_1 = \boldsymbol{e}_r, \quad \boldsymbol{e}_2 = \boldsymbol{e}_\theta, \quad \boldsymbol{e}_3 = \boldsymbol{e}_z \end{gathered} \tag{1-66}$$

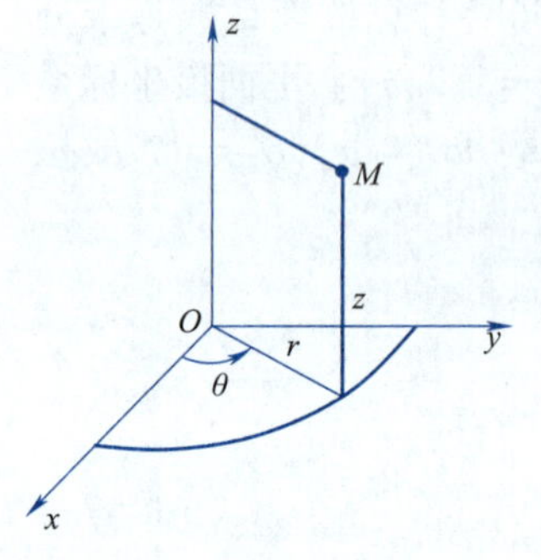

图 1-3

拉梅系数为

$$h_1 = 1, \quad h_2 = r, \quad h_3 = 1 \tag{1-67}$$

矢量分解式为

$$\boldsymbol{v} = v_i\, \boldsymbol{e}_i = \boldsymbol{v}_r \boldsymbol{e}_r + \boldsymbol{v}_\theta \boldsymbol{e}_\theta + \boldsymbol{v}_z \boldsymbol{e}_z \tag{1-68}$$

哈密顿算子为

$$\nabla = \boldsymbol{e}_i \frac{1}{h_i}\frac{\partial}{\partial \alpha_i} = \boldsymbol{e}_r \frac{\partial}{\partial r} + \boldsymbol{e}_\theta \frac{1}{r}\frac{\partial}{\partial \theta} + \boldsymbol{e}_z \frac{\partial}{\partial z} \tag{1-69}$$

梯度为

$$\nabla \varphi = \boldsymbol{e}_r \frac{\partial \varphi}{\partial r} + \boldsymbol{e}_\theta \frac{1}{r}\frac{\partial \varphi}{\partial \theta} + \boldsymbol{e}_z \frac{\partial \varphi}{\partial z} \tag{1-70}$$

散度为

$$\nabla \cdot \boldsymbol{v} = \frac{1}{r}\frac{\partial}{\partial r}(r\boldsymbol{v}_r) + \frac{1}{r}\frac{\partial \boldsymbol{v}_\theta}{\partial \theta} + \frac{\partial \boldsymbol{v}_z}{\partial z} \tag{1-71}$$

旋度为

$$\nabla \times \boldsymbol{v} = \boldsymbol{e}_r\left(\frac{1}{r}\frac{\partial \boldsymbol{v}_z}{\partial \theta} - \frac{\partial \boldsymbol{v}_\theta}{\partial \theta}\right) + \boldsymbol{e}_\theta\left(\frac{\partial \boldsymbol{v}_r}{\partial z} - \frac{\partial \boldsymbol{v}_z}{\partial r}\right) + \boldsymbol{e}_z\left[\frac{1}{r}\frac{\partial (r\boldsymbol{v}_\theta)}{\partial r} - \frac{1}{r}\frac{\partial \boldsymbol{v}_r}{\partial \theta}\right] \tag{1-72}$$

拉普拉斯算子为

$$\nabla \cdot \nabla \varphi = \frac{1}{r}\frac{\partial}{\partial r}\left(r\frac{\partial \varphi}{\partial r}\right) + \frac{1}{r^2}\frac{\partial^2 \varphi}{\partial \theta^2} + \frac{\partial^2 \varphi}{\partial z^2} \tag{1-73a}$$

或表示为

$$\nabla \cdot \nabla \varphi = \frac{\partial^2 \varphi}{\partial r^2} + \frac{1}{r}\frac{\partial \varphi}{\partial r} + \frac{1}{r^2}\frac{\partial^2 \varphi}{\partial \theta^2} + \frac{\partial^2 \varphi}{\partial z^2} \tag{1-73b}$$

球坐标系如图 1-4 所示,坐标与基矢量分别为

$$\begin{cases} \alpha_1 = r, \quad \alpha_2 = \theta, \quad \alpha_3 = \varphi \\ \boldsymbol{e}_1 = \boldsymbol{e}_r, \quad \boldsymbol{e}_2 = \boldsymbol{e}_\theta, \quad \boldsymbol{e}_3 = \boldsymbol{e}_\varphi \end{cases} \tag{1-74}$$

拉梅系数为

$$h_1 = 1, \quad h_2 = r, \quad h_3 = r\sin\theta \tag{1-75}$$

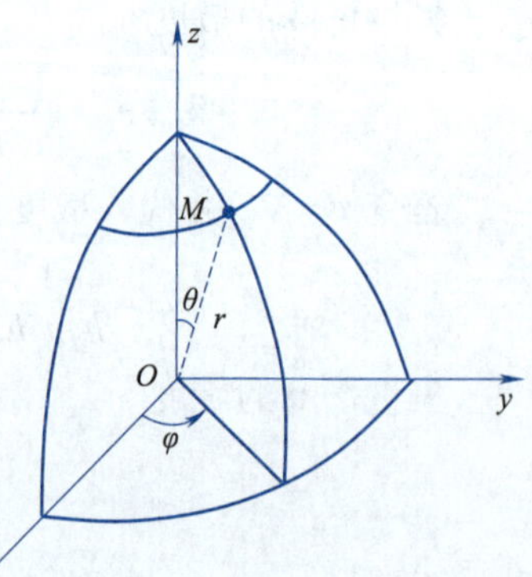

图 1-4

矢量分解式为

$$\boldsymbol{v}=v_i\,\boldsymbol{e}_i=v_r\boldsymbol{e}_r+v_\theta\boldsymbol{e}_\theta+v_\varphi\boldsymbol{e}_\varphi \tag{1-76}$$

哈密顿算子为

$$\nabla=\boldsymbol{e}_i\frac{1}{h_i}\frac{\partial}{\partial\alpha_i}=\boldsymbol{e}_r\frac{\partial}{\partial r}+\boldsymbol{e}_\theta\frac{1}{r}\frac{\partial}{\partial\theta}+\boldsymbol{e}_\varphi\frac{1}{r\sin\theta\partial\varphi} \tag{1-77}$$

梯度为

$$\nabla\Phi=\boldsymbol{e}_r\frac{\partial\Phi}{\partial r}+\boldsymbol{e}_\theta\frac{1}{r}\frac{\partial\Phi}{\partial\theta}+\boldsymbol{e}_z\frac{1}{r\sin\theta}\frac{\partial\Phi}{\partial\varphi} \tag{1-78}$$

散度为

$$\nabla\cdot\boldsymbol{v}=\frac{1}{r^2}\frac{\partial}{\partial r}(r^2v_r)+\frac{1}{r\sin\theta}\frac{\partial(v_\theta\sin\theta)}{\partial\theta}+\frac{1}{r\sin\theta}\frac{\partial v_\varphi}{\partial\varphi} \tag{1-79}$$

旋度为

$$\nabla\times\boldsymbol{v}=\frac{\boldsymbol{e}_r}{r\sin\theta}\left(\frac{\partial(v_\varphi\sin\theta)}{\partial\theta}-\frac{\partial v_\theta}{\partial\varphi}\right)+\frac{\boldsymbol{e}_\theta}{r}\left(\frac{1}{\sin\theta}\frac{\partial v_r}{\partial\varphi}-\frac{\partial(rv_\varphi)}{\partial r}\right)+\frac{\boldsymbol{e}_z}{r}\left[\frac{\partial(rv_\theta)}{\partial r}-\frac{\partial v_r}{\partial\theta}\right] \tag{1-80}$$

拉普拉斯算子为

$$\nabla\cdot\nabla\Phi=\frac{1}{r^2}\frac{\partial}{\partial r}\left(r^2\frac{\partial\Phi}{\partial r}\right)+\frac{1}{r^2\sin\theta}\frac{\partial}{\partial\theta}\left(\frac{\partial\Phi}{\partial\theta}\sin\theta\right)+\frac{1}{r^2\sin^2\theta}\frac{\partial^2\Phi}{\partial\varphi^2} \tag{1-81a}$$

或表示为

$$\nabla\cdot\nabla\Phi=\frac{\partial^2\Phi}{\partial r^2}+\frac{2}{r}\frac{\partial\Phi}{\partial r}+\frac{1}{r^2}\frac{\partial^2\Phi}{\partial\theta^2}+\frac{\cot\theta}{r^2}\frac{\partial\Phi}{\partial\theta}+\frac{1}{r^2\sin^2\theta}\frac{\partial^2\Phi}{\partial\varphi^2} \tag{1-81b}$$

习　题　1

1-1　弹性力学和材料力学相比,其研究对象和研究方法有什么区别?

1-2　弹性力学的基本任务是什么?

1-3　为什么要引进一些基本假设?如果放弃其中的任一条假设会出现什么情况?

1-4　为什么说“假设固体材料是连续介质”是固体力学的一条最基本假设?提出这一基本假设的意义何在?

1-5　在弹性力学研究的范围内,变形前连续的物体在变形后是否允许出现重叠或产生裂缝?

1-6　关于工程上的一个弹性力学问题,通常其已知条件和待求量各是什么?

1-7　什么是自由下标?什么是哑指标?什么是克罗尼克尔符号?

1-8　张量基本运算(加法、减法、乘法,以及求导)需要注意些什么?

1-9　求柱坐标系及球坐标系中的拉梅系数。

1-10　已知$\boldsymbol{\sigma}$为二阶张量,$\boldsymbol{f}$为矢量,写出张量方程$\nabla\cdot\boldsymbol{\sigma}+\boldsymbol{f}=0$在直角坐标系与柱坐标系中的分量形式。

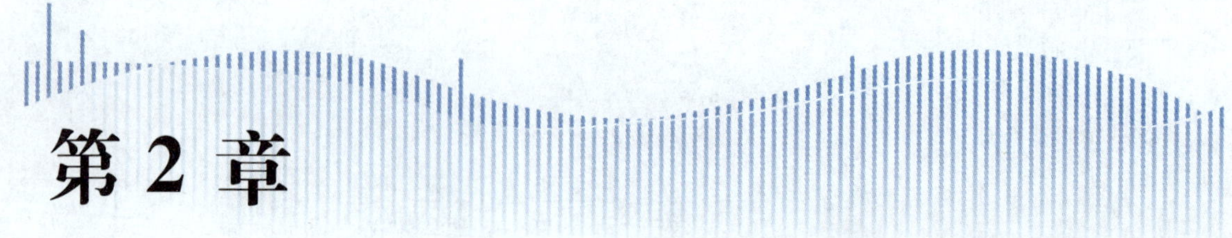

第 2 章 应力理论

弹性力学主要研究弹性体在外力作用下所产生的效应，即应力和变形，所研究的内容均为超静定问题，要解决此类问题，必须从静力学、几何学和物理学三方面来分析。本章主要从静力学观点出发，分析弹性体内一点的应力状态，建立连续介质力学普遍适用的平衡微分方程和应力边界条件。本章的推导中将忽略物体的变形，显然对于小变形物体而言不会引起明显误差。另外，分析中不涉及材料的物理性质，所得结论适用于任何小变形连续介质。

本章以三维物体作为研究对象，除最后一节外，均采用笛卡尔坐标系。弹性力学的许多物理量具有张量的性质，利用张量的指标符号法推演方程，具有简洁、方便、有律可循、不易出错等特点，但张量分析相对抽象、不易理解。标量表示相对直观、容易理解，但公式推导繁杂。故从本章开始，公式推导采用标量形式与张量形式相结合的方式，从而为将来的学习研究打下坚实的基础。

§2.1　外力与应力

2.1.1　外　　力

根据外力作用方式的不同，作用在物体上的外力有两种，分别是体力和面力。

体力是指分布在物体内所有质点上的力，如重力、惯性力、离心力、电磁力等。物体内部各点所受的体力一般是不相同的，体力是坐标的函数。为表示物体内一点所受体力的大小和方向，可取一包含 M 点的微元体，如图 2-1(a)所示，微元的体积为 ΔV，假设作用在体元内所有质点上的合力为 $\Delta \boldsymbol{F}$，则体力的平均集度为$\dfrac{\Delta \boldsymbol{F}}{\Delta V}$，令 ΔV 无限缩小而趋于 M 点，则$\dfrac{\Delta \boldsymbol{F}}{\Delta V}$将趋于一定的极限，即

$$\boldsymbol{f}=\lim_{\Delta V\to 0}\frac{\Delta \boldsymbol{F}}{\Delta V} \tag{2-1}$$

极限矢量 $\boldsymbol{f}$ 即为 M 点体力的集度，体力矢量 $\boldsymbol{f}$ 的方向与 $\Delta \boldsymbol{F}$ 的极限方向一致。$\boldsymbol{f}$ 在直角坐标系轴 x_i 上的投影 f_i 称为 M 点的体力分量，并规定指向坐标轴正向的分量为正，反之为负。体力的国际单位为 $\mathrm{N/m^3}$。

面力指作用在物体表面上的力，如风力、液体压力、接触力等。物体表面上各点所受的面力一般也是不同的，为表示物体表面任一点 M 所受面力的大小和方向，在 M 点的邻域内取一包含该点的微面积 ΔS，如图 2-1(b)所示，设 ΔS 的面力为 $\Delta \boldsymbol{P}$，则面力的平均集度为$\dfrac{\Delta \boldsymbol{P}}{\Delta S}$，令

ΔS 无限缩小而趋于 M 点，则$\dfrac{\Delta \boldsymbol{P}}{\Delta S}$将趋于一定的极限，即

$$\bar{\boldsymbol{f}} = \lim_{\Delta S \to 0} \frac{\Delta \boldsymbol{P}}{\Delta S} \tag{2-2}$$

极限矢量 $\bar{\boldsymbol{f}}$ 即为 M 点面力的集度，面力矢量 $\bar{\boldsymbol{f}}$ 的方向与 $\Delta \boldsymbol{P}$ 的极限方向一致。$\bar{\boldsymbol{f}}$ 在直角坐标系轴 x_i 上的投影 $\bar{f}_i$ 称为 M 点的面力分量，并规定指向坐标轴正向的分量为正，反之为负。面力的国际单位为 $\mathrm{N/m^2}$ 或 Pa。

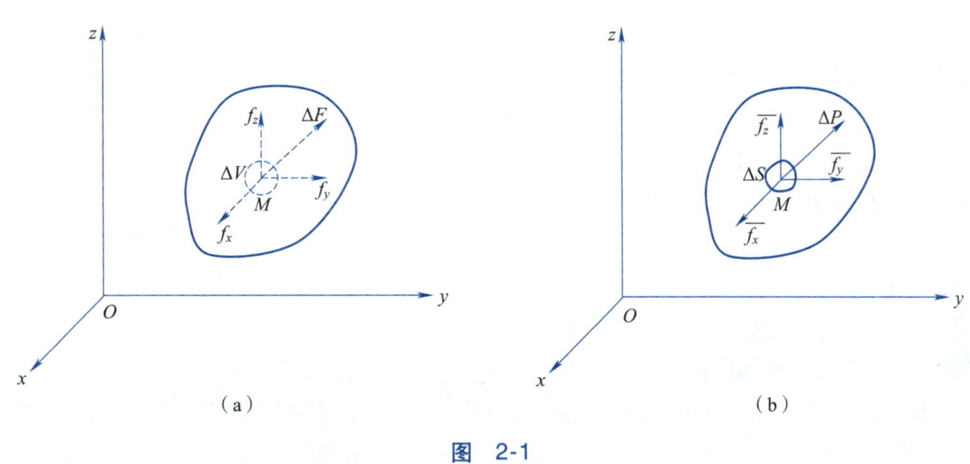

（a）　　（b）

图 2-1

2.1.2 应　　力

物体受到外力的作用后，其内部将引起附加内力，简称内力，确定内力的方法为截面法。如图 2-2 所示，为了研究体内部某点 P 处的内力，假想用一个平面 MN 将物体截开，分为 A，B 两部分，这两部分在 MN 面上将有内力相互作用，移去 A 部分，A 部分对 B 部分的作用以内力表示，根据连续性假设，截面 MN 上的内力是连续分布的，但一般而言不是均匀分布的。围绕 P 点取微面积 ΔS，作用于其上的内力为 $\Delta \boldsymbol{Q}$，其外法线为 $\boldsymbol{n}$，则内力的平均集度为$\dfrac{\Delta \boldsymbol{Q}}{\Delta S}$，令 ΔS 无限缩小而趋于 P 点，则$\dfrac{\Delta \boldsymbol{Q}}{\Delta S}$将趋于一定的极限，即

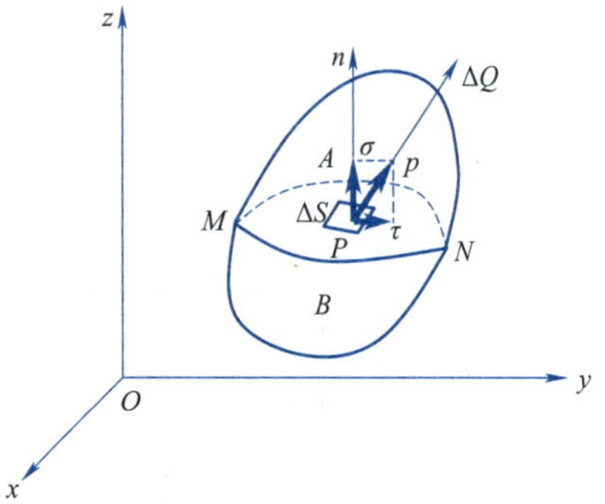

图 2-2

$$\boldsymbol{p} = \lim_{\Delta S \to 0} \frac{\Delta \boldsymbol{Q}}{\Delta S} \tag{2-3}$$

极限矢量 $\boldsymbol{p}$ 称为截面 MN 上 P 点的应力矢量，又称为总应力或全应力，国际单位为 $\mathrm{N/m^2}$ 或 Pa。$\boldsymbol{p}$ 的方向与 $\Delta \boldsymbol{Q}$ 的极限方向一致。考虑到应用方便，通常把总应力分解为沿其所在截面的法线方向和切线方向的分量，沿截面法线方向的应力分量称为正应力，用 $\boldsymbol{\sigma}$ 表示；沿截面切线方向的应力分量称为切应力，用 $\boldsymbol{\tau}$ 表示。

显然

$$\boldsymbol{p}^2 = \boldsymbol{\sigma}^2 + \boldsymbol{\tau}^2 \tag{2-4}$$

对比式(2-2)和式(2-3)可见，面力矢量和应力矢量的数学定义和物理单位是相同的，区

别在于：面力是作用在物体外表面上的已知外力，而应力是作用在物体内截面上的未知内力。

§2.2 应力状态与应力张量

一般而言，作用于物体内同一点的不同截面上的应力是不同的，过同一点不同方向截面上应力的总体称为该点的应力状态。上节中提到的过 P 点的 MN 截面是任选的，这样的平面可以做无穷多个。那么如何描绘一点处的应力状态呢？下面进行该问题的讨论。

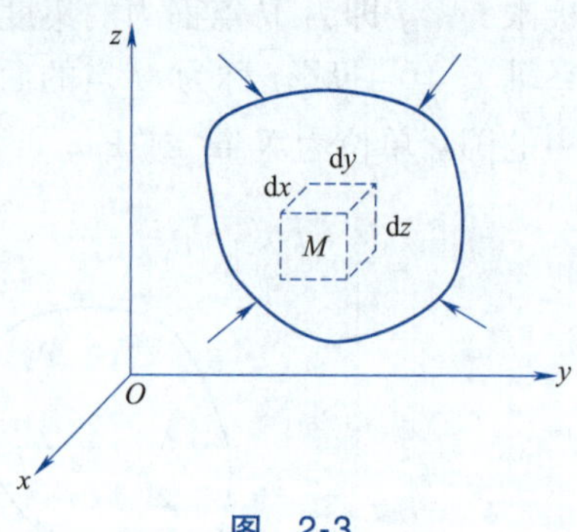

图 2-3

为了表示一点的应力状态，围绕物体内某点 M 用平行坐标面的三对平行面切出一微分六面体元，如图 2-3 所示，体元各边长为 dx, dy, dz，当边长无限缩小时，体元趋向于 M 点。

现考查体元表面上的应力。由于微分六面体元的各面是无限小的，作用在体元各截面上的应力可看作均布的，各应力矢量可分解为一个正应力和两个切应力，显然，体元的六个面上共有九个应力分量，即 $\sigma_x, \tau_{xy}, \tau_{xz}, \tau_{yx}, \sigma_y, \tau_{yz}, \tau_{zx}, \tau_{zy}, \sigma_z$，如图 2-4(a)所示。这九个应力分量，当坐标变换时服从一定的坐标变换式，它们作为一个整体称为应力张量，各应力分量是应力张量的元素，应力张量通常用 $\boldsymbol{\sigma}$ 表示，它是一个二阶对称张量。后面可以证明，过 M 点任意斜截面上的应力都可以用这九个应力分量来表示，$\boldsymbol{\sigma}$ 给出了物体内一点应力状态的全面描述。根据二阶张量的特性，应力张量可以写成矩阵形式

$$\boldsymbol{\sigma} = \begin{pmatrix} \sigma_{11} & \sigma_{12} & \sigma_{13} \\ \sigma_{21} & \sigma_{22} & \sigma_{23} \\ \sigma_{31} & \sigma_{32} & \sigma_{33} \end{pmatrix} \tag{2-5}$$

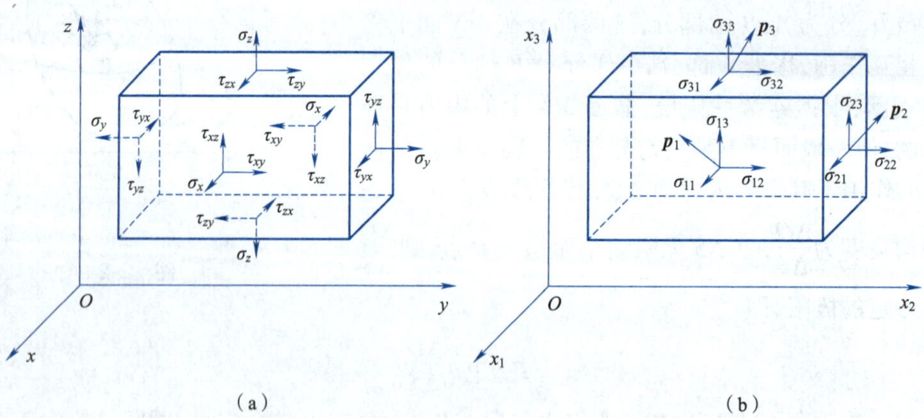

(a)　　(b)

图 2-4

应力张量中 σ_{ij} 第一个下标表示作用面的法线方向，第二个下标表示应力分量本身的方向，如图 2-4(b)所示，两个下标相同的应力分量为正应力，如 $\sigma_{11}, \sigma_{22}, \sigma_{33}$，其余下标不同的为切应力，如 $\sigma_{12}, \sigma_{23}, \sigma_{13}, \cdots$。应力分量正负号规定：当应力分量所在作用面的外法线与坐标轴的正方向一致时，这个面称为正面，作用在正面上的应力分量以沿坐标轴正向为正，反之

为负;当应力分量所在作用面的外法线与坐标轴的负方向一致时,这个面称为负面,作用在负面上的应力分量以沿坐标轴负向为正,反之为负。根据上述规定,图 2-4 中所有的应力分量都是正的。注意,按照上述规定得出的正应力的正负号与材料力学中的规定相同,即拉为正,压为负;但对切应力则与材料力学中的规定不完全一致。

§2.3 平衡微分方程

若物体在外力作用下处于平衡状态,则将其分割成的若干任意形状微元体,每一个也将保持平衡。假想利用三个坐标平面,在物体内部截出一个微小的平行六面体,三条棱边的长度为 dx_1, dx_2, dx_3,如图 2-5 所示。

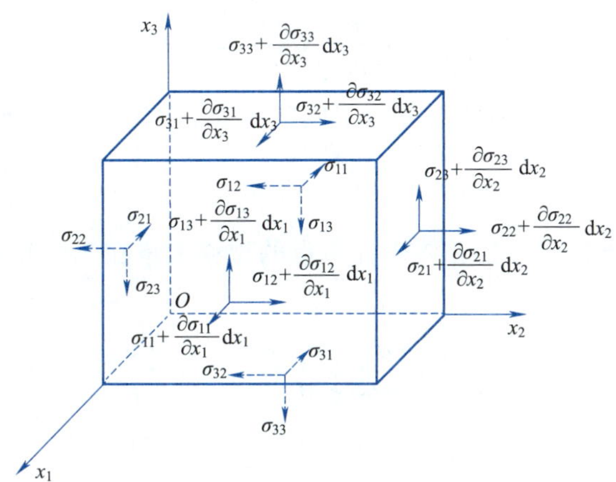

图 2-5

作用在单元体上的力分为两部分:一是相邻部分对体元的作用力,作用在体元的各个表面上;二是作用在体元各质点上的体力。由于体元很小,故可认为作用在各微面元上的应力是均布的,体力在体元内部也是均布的。一般而言,应力分量是位置坐标的函数,作用于前、后或左、右或上、下微分面上的应力分量不完全相同。例如,假设作用于后微分面上的正应力为 $\sigma_{11}=f(x_1,x_2,x_3)$,前微分面上坐标 x_1 得到增量 dx_1,这个面上的正应力为 $\sigma'_{11}=f(x_1+dx_1,x_2,x_3)$,按多元函数泰勒级数展开,得到

$$f(x_1+dx_1,y,z)=f(x_1,x_2,x_3)+\frac{\partial f(x_1,x_2,x_3)}{\partial x_1}dx_1+\frac{1}{2!}\frac{\partial^2 f(x_1,x_2,x_3)}{\partial x_1^2}(dx_1)^2+\cdots$$

略去含一阶以上的高阶微量的所有各项,得到

$$\sigma'_{11}=\sigma_{11}+\frac{\partial\sigma_{11}}{\partial x_1}dx_1$$

其他各应力可依此类推。作用在体元上的体力的三个分量用 $f_i(i=1,2,3)$ 表示。由于体元是平衡的,所以需满足以下六个静力平衡方程

$$\sum F_{x_1}=0,\quad \sum F_{x_2}=0,\quad \sum F_{x_3}=0$$

$$\sum M_{x_1}=0,\quad \sum M_{x_2}=0,\quad \sum M_{x_3}=0$$

利用平衡方程 $\sum F_{x_1}=0$,列式如下

$$\left(\sigma_{11}+\frac{\partial\sigma_{11}}{\partial x_1}\mathrm{d}x_1\right)\mathrm{d}x_2\mathrm{d}x_3-\sigma_{11}\mathrm{d}x_2\mathrm{d}x_3+\left(\sigma_{21}+\frac{\partial\sigma_{21}}{\partial x_2}\mathrm{d}x_2\right)\mathrm{d}x_1\mathrm{d}x_3-\sigma_{21}\mathrm{d}x_1\mathrm{d}x_3+$$

$$\left(\sigma_{31}+\frac{\partial\sigma_{31}}{\partial x_3}\mathrm{d}x_3\right)\mathrm{d}x_1\mathrm{d}x_2-\sigma_{31}\mathrm{d}x_1\mathrm{d}x_2+f_1\mathrm{d}x_1\mathrm{d}x_2\mathrm{d}x_3=0$$

将上式约简，再除以体元的体积 $\mathrm{d}x_1\mathrm{d}x_2\mathrm{d}x_3$，得到如下方程（后两式由 $\sum F_{x_2}=0$，$\sum F_{x_3}=0$ 导出）

$$\begin{cases}\dfrac{\partial\sigma_{11}}{\partial x_1}+\dfrac{\partial\sigma_{21}}{\partial x_2}+\dfrac{\partial\sigma_{31}}{\partial x_3}+f_1=0\\[2ex]\dfrac{\partial\sigma_{12}}{\partial x_1}+\dfrac{\partial\sigma_{22}}{\partial x_2}+\dfrac{\partial\sigma_{32}}{\partial x_3}+f_2=0\\[2ex]\dfrac{\partial\sigma_{13}}{\partial x_1}+\dfrac{\partial\sigma_{23}}{\partial x_2}+\dfrac{\partial\sigma_{33}}{\partial x_3}+f_3=0\end{cases}\tag{2-6}$$

式(2-6)给出了应力分量和体力分量之间的关系，称为平衡微分方程，又称纳维方程。如果物体处于运动状态，根据达朗贝尔原理，体力项中引入惯性力 $-\rho\dfrac{\partial^2u_i}{\partial t^2}$即可。这里 ρ 为材料密度，t 为时间，$u_i(i=1,2,3)$为物体内任一点的位移矢量在三个坐标轴的分量，由此得到运动微分方程

$$\begin{cases}\dfrac{\partial\sigma_{11}}{\partial x_1}+\dfrac{\partial\sigma_{21}}{\partial x_2}+\dfrac{\partial\sigma_{31}}{\partial x_3}+f_1=\rho\dfrac{\partial^2u_1}{\partial t^2}\\[2ex]\dfrac{\partial\sigma_{12}}{\partial x_1}+\dfrac{\partial\sigma_{22}}{\partial x_2}+\dfrac{\partial\sigma_{32}}{\partial x_3}+f_2=\rho\dfrac{\partial^2u_2}{\partial t^2}\\[2ex]\dfrac{\partial\sigma_{13}}{\partial x_1}+\dfrac{\partial\sigma_{23}}{\partial x_2}+\dfrac{\partial\sigma_{33}}{\partial x_3}+f_3=\rho\dfrac{\partial^2u_3}{\partial t^2}\end{cases}\tag{2-7a}$$

式(2-6)和式(2-7a)写成张量方程的分量形式为

$$\sigma_{ji,j}+f_i=0\left(=\rho\frac{\partial^2u_i}{\partial t^2}\right)\tag{2-7b}$$

将式中哑指标改成点积，并引进哈密顿算子，得到上式的实体形式为

$$\nabla\cdot\boldsymbol{\sigma}+\boldsymbol{f}=\boldsymbol{0}(=\rho\boldsymbol{a})\tag{2-7c}$$

下面考虑体元的力矩平衡，利用$\sum M_{x_1}=0$，$\sum M_{x_2}=0$，$\sum M_{x_3}=0$，经整理并忽略四阶微量，得到

$$\tau_{23}=\tau_{32},\quad\tau_{31}=\tau_{13},\quad\tau_{12}=\tau_{21}\tag{2-8a}$$

或写为

$$\sigma_{ij}=\sigma_{ji}\tag{2-8b}$$

由上式可知，切应力是成对出现的，九个应力分量中，只有六个是独立的。上式被称为切应力互等定理，与体力无关，在运动状态下仍然成立。式(2-6)的三个微分方程中包含了六个应力分量，故弹性力学问题是超静定问题，还必须从几何和物理方面去寻找补充方程。推导平衡微分方程时，没有区分变形前和变形后，因为利用了小变形假设，故式(2-6)～式(2-8)只适用于小变形情况。

§2.4 斜截面上的应力与应力边界条件

研究一点的应力状态就是要研究过该点任意斜截面上的应力情况，过物体内一点 M 取出一个微四面体 $Mabc$（设 M 点与坐标原点 O 重合），如图 2-6 所示，该四面体由三个坐标负面和一个斜截面组成，坐标负面上的九个应力分量 σ_{ij} 为已知，现在要求通过 M 点的斜面上的应力。

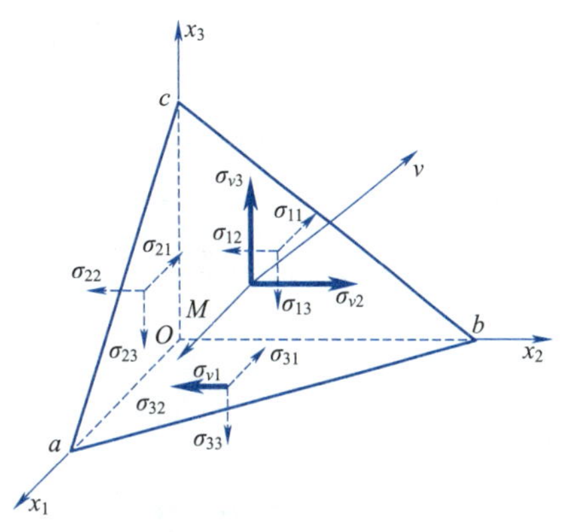

图 2-6

设斜截面 abc 上的应力矢量为 $\boldsymbol{\sigma}_v$，外法线 $\boldsymbol{v}$ 与各坐标轴的方向余弦为

$$n_i = \cos(\boldsymbol{v}, \boldsymbol{e}_i) = \boldsymbol{v} \cdot \boldsymbol{e}_i$$

现在建立斜面上的应力与同一点的九个应力分量 σ_{ij} 之间的关系，为此需要研究四面体的平衡。设斜面 abc 的面积为 $\mathrm{d}A$，则三个坐标负面的面积为 $n_1\mathrm{d}A, n_2\mathrm{d}A, n_3\mathrm{d}A$。自 M 点至斜面 abc 的垂直距离 Δh 是一个微量，四面体的体积 $\mathrm{d}V = \frac{1}{3}\Delta h\mathrm{d}A$。四面体所受载荷为四个微分面上的面力和体力，各微分面面积很小，其上作用的应力可以看作均布的。整个物体处于平衡状态，四面体也应当满足平衡条件。用 σ_{vi} 表示应力矢量为 $\boldsymbol{\sigma}_v$ 沿坐标轴方向的分量，由平衡条件 $\sum F_{x_1} = 0$ 得到

$$\sigma_{v1}\mathrm{d}A - \sigma_{11}n_1\mathrm{d}A - \sigma_{21}n_2\mathrm{d}A - \sigma_{31}n_3\mathrm{d}A + f_1 \times \frac{1}{3}\Delta h\mathrm{d}A = 0$$

将上式除以 $\mathrm{d}A$，并注意到当斜面 abc 无限趋于 M 点时，$\Delta h \to 0$，于是得到（其中后两式由 $\sum F_{x_2} = 0, \sum F_{x_3} = 0$ 导出）

$$\begin{cases} \sigma_{v1} = \sigma_{11}n_1 + \sigma_{21}n_2 + \sigma_{31}n_3 \\ \sigma_{v2} = \sigma_{12}n_1 + \sigma_{22}n_2 + \sigma_{32}n_3 \\ \sigma_{v3} = \sigma_{13}n_1 + \sigma_{23}n_2 + \sigma_{33}n_3 \end{cases} \tag{2-9a}$$

上式写成张量分量形式为

$$\sigma_{vi} = \sigma_{ji}n_j \quad (i,j = 1,2,3) \tag{2-9b}$$

写成实体形式为

$$\boldsymbol{\sigma}_v = \boldsymbol{v} \cdot \boldsymbol{\sigma} \tag{2-9c}$$

其中应力张量 $\boldsymbol{\sigma}$ 可表示为 $\boldsymbol{\sigma} = \sigma_{ij}\boldsymbol{e}_i\boldsymbol{e}_j$。

式(2-9)给出了物体内一点的九个应力分量和通过同一点的各微分面上的应力之间的关系，称为斜截面应力公式，又称柯西公式。将 σ_{vi} 投影到外法线 $\boldsymbol{v}$ 上，得到斜截面上的正应力为

$$\begin{aligned} \sigma_n &= n_1\sigma_{v1} + n_2\sigma_{v2} + n_3\sigma_{v3} \\ &= n_1^2\sigma_{11} + n_2^2\sigma_{22} + n_3^2\sigma_{33} + 2n_2n_3\sigma_{23} + 2n_1n_3\sigma_{13} + 2n_1n_2\sigma_{12} \end{aligned} \tag{2-10a}$$

上式写成张量的分量形式为

$$\sigma_n = \sigma_{ij}n_jn_i \tag{2-10b}$$

写为实体形式为

$$\boldsymbol{\sigma}_n = \boldsymbol{\sigma}_v \cdot \boldsymbol{v} \tag{2-10c}$$

斜截面上的总应力大小为

$$\sigma_v^2 = \sigma_{v1}^2 + \sigma_{v2}^2 + \sigma_{v3}^2 \tag{2-11}$$

斜截面上的切应力大小可由下式求得

$$\tau^2 = \sigma_v^2 - \sigma_n^2 \tag{2-12}$$

如果斜面 abc 取为物体的边界表面,则斜截面上的应力分量 σ_{vi} 就是作用在边界面上的面力分量 $\bar{f}_i$,因此,式(2-9)建立了作用在物体边界面上 M 点的面力和与它紧接的物体内应力分量之间的平衡关系,即

$$\begin{cases} \bar{f}_1 = \sigma_{11}n_1 + \sigma_{21}n_2 + \sigma_{31}n_3 \\ \bar{f}_2 = \sigma_{12}n_1 + \sigma_{22}n_2 + \sigma_{32}n_3 \\ \bar{f}_3 = \sigma_{13}n_1 + \sigma_{23}n_2 + \sigma_{33}n_3 \end{cases} \tag{2-13a}$$

上式写为张量方程形式为

$$\bar{f}_i = \sigma_{ji}n_j \tag{2-13b}$$

这里 $\bar{f}_i$ 是面力沿坐标轴方向的分量,n_j 是物体表面外法线的方向余弦。式(2-13)称为应力边界条件,它是弹性力学中的重要方程之一。

§2.5 应力分量的坐标变换

物体内一点的应力状态可以用过该点的三个正交直角坐标面上的六个应力分量表示,当坐标系绕该点转动而变换为另一坐标系时,点的应力状态不会改变,但是新坐标系中表示该点应力状态的六个应力分量将会发生改变。

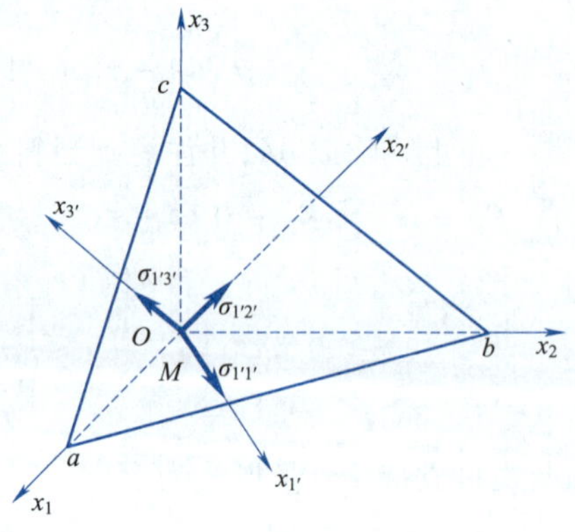

图 2-7

设物体内任一点 M 在坐标系 $Ox_1x_2x_3$ 中的应力分量为 σ_{ij},M 点与坐标原点重合,令坐标系绕原点 O 转动而得到新坐标系 $Ox_{1'}x_{2'}x_{3'}$,如图 2-7 所示,试求在新坐标系中的六个应力分量 $\sigma_{i'j'}$。

新旧坐标系间的方向余弦见表 2-1。

表 2-1 新旧坐标系间的方向余弦

坐标	x_1	x_2	x_3
$x_{1'}$	$n_{1'1} = \cos(x_{1'}, x_1)$	$n_{1'2} = \cos(x_{1'}, x_2)$	$n_{1'3} = \cos(x_{1'}, x_3)$
$x_{2'}$	$n_{2'1} = \cos(x_{2'}, x_1)$	$n_{2'2} = \cos(x_{2'}, x_2)$	$n_{2'3} = \cos(x_{2'}, x_3)$
$x_{3'}$	$n_{3'1} = \cos(x_{3'}, x_1)$	$n_{3'2} = \cos(x_{3'}, x_2)$	$n_{3'3} = \cos(x_{3'}, x_3)$

上表中 $n_{i'j}$ 的下标 $i'=1',2',3'$ 对应于新坐标 $x_{1'},x_{2'},x_{3'}$,下标 $j=1,2,3$ 对应于旧坐标 x_1,x_2,x_3。显然,可以将新坐标系中各坐标平面看作旧坐标系的斜截面。例如,图 2-7 所示截面 abc 可以看作外法线为 $x_{1'}$ 轴的斜截面,根据式(2-9)可得该截面上的总应力沿原坐标轴方向的三个应力分量为

$$\begin{cases} f_{1'1}=\sigma_{11}n_{1'1}+\sigma_{21}n_{1'2}+\sigma_{31}n_{1'3} \\ f_{1'2}=\sigma_{12}n_{1'1}+\sigma_{22}n_{1'2}+\sigma_{32}n_{1'3} \\ f_{1'3}=\sigma_{13}n_{1'1}+\sigma_{23}n_{1'2}+\sigma_{33}n_{1'3} \end{cases} \tag{2-14}$$

将$f_{1'1}$,$f_{1'2}$,$f_{1'3}$向坐标轴 $x_{1'}$ 方向投影,将式(2-14)代入式(2-10),可得到沿 $x_{1'}$ 的正应力 $\sigma_{1'1'}$

$$\sigma_{1'1'}=n_{1'1}^2\sigma_{11}+n_{1'2}^2\sigma_{22}+n_{1'3}^2\sigma_{33}+2(n_{1'1}n_{1'2}\sigma_{12}+n_{1'2}n_{1'3}\sigma_{23}+n_{1'3}n_{1'1}\sigma_{31})$$

类似地,将$f_{1'1}$,$f_{1'2}$,$f_{1'3}$向坐标轴 $x_{2'}$,$x_{3'}$方向投影,得到切应力 $\sigma_{1'2'}$,$\sigma_{1'3'}$

$$\begin{aligned} \sigma_{1'2'}=&n_{1'1}n_{2'1}\sigma_{11}+n_{1'2}n_{2'2}\sigma_{22}+n_{1'3}n_{2'3}\sigma_{33}+(n_{1'1}n_{2'2}+n_{2'1}n_{1'2})\sigma_{12}+ \\ &(n_{1'2}n_{2'3}+n_{2'2}n_{1'3})\sigma_{23}+(n_{1'1}n_{2'3}+n_{2'1}n_{1'3})\sigma_{13} \\ \sigma_{1'3'}=&n_{3'1}n_{1'1}\sigma_{11}+n_{3'2}n_{1'2}\sigma_{22}+n_{3'3}n_{1'3}\sigma_{33}+(n_{3'1}n_{1'2}+n_{1'1}n_{3'2})\sigma_{12}+ \\ &(n_{3'2}n_{1'3}+n_{1'2}n_{3'3})\sigma_{23}+(n_{3'1}n_{1'3}+n_{1'1}n_{3'3})\sigma_{13} \end{aligned}$$

同理,可以求得以 $x_{2'}$,$x_{3'}$为外法线的微分面上的正应力和切应力

$$\begin{aligned} \sigma_{2'2'}=&n_{2'1}^2\sigma_{11}+n_{2'2}^2\sigma_{22}+n_{2'3}^2\sigma_{33}+2(n_{2'1}n_{2'2}\sigma_{12}+n_{2'2}n_{2'3}\sigma_{23}+n_{2'3}n_{2'1}\sigma_{31}) \\ \sigma_{3'3'}=&n_{3'1}^2\sigma_{11}+n_{3'2}^2\sigma_{22}+n_{3'3}^2\sigma_{33}+2(n_{3'1}n_{3'2}\sigma_{12}+n_{3'2}n_{3'3}\sigma_{23}+n_{3'3}n_{3'1}\sigma_{31}) \\ \sigma_{2'3'}=&n_{2'1}n_{3'1}\sigma_{11}+n_{2'2}n_{3'2}\sigma_{22}+n_{2'3}n_{3'3}\sigma_{33}+(n_{2'1}n_{3'2}+n_{3'1}n_{2'2})\sigma_{12}+ \\ &(n_{2'2}n_{3'3}+n_{3'2}n_{2'3})\sigma_{23}+(n_{2'1}n_{3'3}+n_{3'1}n_{2'3})\sigma_{13} \\ \sigma_{2'1'}=&\sigma_{1'2'},\sigma_{3'1'}=\sigma_{1'3'},\sigma_{2'3'}=\sigma_{3'2'} \end{aligned}$$

以上各式可统一表示为张量形式

$$\sigma_{i'j'}=n_{i'i}n_{j'j}\sigma_{ij} \tag{2-15}$$

由式(2-15)可知,当坐标作转轴变换时,应力分量遵循二阶张量的变换规则式(1-17),再次证明应力是二阶张量。式(2-15)称为应力张量转轴公式。已知旧坐标系中通过物体内一点的三个相互垂直的微分面上的应力分量,通过应力张量转轴公式(2-15),可以得到新坐标系下的各应力分量。

§2.6 主应力与应力张量不变量

由前面的分析可知,经过物体内一点的任意截面的应力矢量,不仅与该点的应力张量的分量有关,而且依赖于截面的方向。那么,是否存在这样的截面,其应力矢量沿着截面的法线方向,即应力矢量是作用在该截面上的正应力,而切应力为零?这个问题实际是第1章1-1~1-5节中讨论的二阶张量的主值问题。我们将具有上述特性的正应力称为主应力,它是应力张量的主值,作用截面称为主平面,主平面的法线方向为应力张量的主方向。

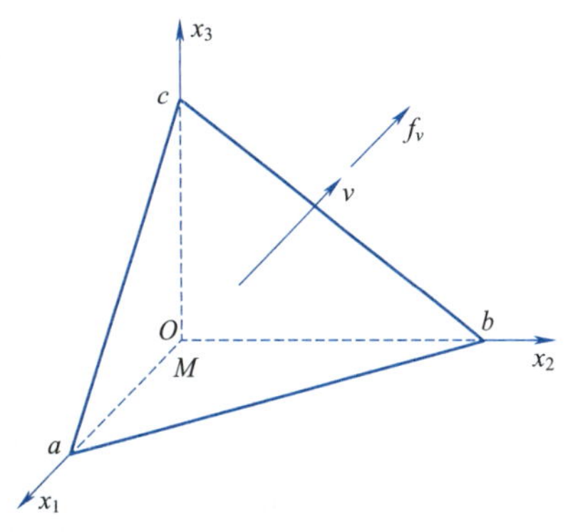

图 2-8

下面根据主应力和主方向的定义建立所需要满足的方程。如图2-8所示,设通过 M 点(M 点为坐标原点)与坐标倾斜的微分面 abc 为主平面,将该面上的主应力记为 σ,法线方向(即主方向)$\boldsymbol{v}$ 的三个方向余弦为 n_1,n_2,n_3,其上应力矢量 $\boldsymbol{f}_v$ 沿坐标轴的三个分量为f_{v1},f_{v2},f_{v3},则有

$$f_{v1}=n_1\sigma,\quad f_{v2}=n_2\sigma,\quad f_{v3}=n_3\sigma \quad 或 \quad f_{vi}=\sigma n_i \tag{2-16}$$

另一方面，利用柯西公式(2-9)，与式(2-16)联立并移项得到

$$\begin{cases}(\sigma_{11}-\sigma)n_1+\sigma_{21}n_2+\sigma_{31}n_3=0\\ \sigma_{12}n_1+(\sigma_{22}-\sigma)n_2+\sigma_{32}n_3=0\\ \sigma_{13}n_1+\sigma_{23}n_2+(\sigma_{33}-\sigma)n_3=0\end{cases} \tag{2-17a}$$

或用张量符号表示为

$$(\sigma_{ij}-\delta_{ij}\sigma)n_j=0 \tag{2-17b}$$

上式为应力主方向所要满足的线性齐次代数方程组，同时根据方向余弦的特点 $n_1^2+n_2^2+n_3^2=1$，方向余弦一定存在非零解，其系数行列式必为零，即

$$\begin{vmatrix}\sigma_{11}-\sigma & \sigma_{21} & \sigma_{31}\\ \sigma_{12} & \sigma_{22}-\sigma & \sigma_{32}\\ \sigma_{13} & \sigma_{23} & \sigma_{33}-\sigma\end{vmatrix}=0 \tag{2-18}$$

展开上式得

$$\sigma^3-I_1\sigma^2+I_2\sigma-I_3=0 \tag{2-19}$$

其中

$$\begin{cases}I_1=\sigma_{11}+\sigma_{22}+\sigma_{33}=\sigma_{ii}\\ I_2=\sigma_{11}\sigma_{22}+\sigma_{22}\sigma_{33}+\sigma_{33}\sigma_{11}-(\sigma_{12}^2+\sigma_{23}^2+\sigma_{13}^2)=\dfrac{1}{2}(I_1^2-\sigma_{ij}\sigma_{ij})\\ I_3=\begin{vmatrix}\sigma_{11} & \sigma_{12} & \sigma_{13}\\ \sigma_{21} & \sigma_{22} & \sigma_{23}\\ \sigma_{31} & \sigma_{32} & \sigma_{33}\end{vmatrix}=\sigma_{11}\sigma_{22}\sigma_{33}+2\sigma_{12}\sigma_{23}\sigma_{13}-(\sigma_{11}\sigma_{23}^2+\sigma_{22}\sigma_{13}^2+\sigma_{33}\sigma_{12}^2)\\ \quad =e_{ijk}\sigma_{1i}\sigma_{2j}\sigma_{3k}\end{cases} \tag{2-20}$$

式(2-19)称为应力状态特征方程，系数 I_1，I_2 和 I_3 称为应力张量的第一、第二、第三不变量。不变的含义是指当坐标系旋转时，每个应力分量会随之改变，但这三个量保持不变。因为特征方程的根代表主应力，主应力仅决定于该点的应力状态，而与描述应力分量的参考坐标系无关，方程(2-19)的根不变，其系数也应不变。

可以证明，方程(2-19)有三个实根，用 σ_i 表示这三个根，它们代表了该点的三个主应力，假设主应力 σ_i 的方向分别为$\overset{i}{n}_j$，它们均要满足方程(2-17)，得到

$$\begin{cases}(\sigma_{11}-\sigma_1)\overset{1}{n}_1+\sigma_{21}\overset{1}{n}_2+\sigma_{31}\overset{1}{n}_3=0\\ \sigma_{12}\overset{1}{n}_1+(\sigma_{22}-\sigma_1)\overset{1}{n}_2+\sigma_{32}\overset{1}{n}_3=0\\ \sigma_{13}\overset{1}{n}_1+\sigma_{23}\overset{1}{n}_2+(\sigma_{33}-\sigma_1)\overset{1}{n}_3=0\end{cases} \tag{2-21a}$$

$$\begin{cases}(\sigma_{11}-\sigma_2)\overset{2}{n}_1+\sigma_{21}\overset{2}{n}_2+\sigma_{31}\overset{2}{n}_3=0\\ \sigma_{12}\overset{2}{n}_1+(\sigma_{22}-\sigma_2)\overset{2}{n}_2+\sigma_{32}\overset{2}{n}_3=0\\ \sigma_{13}\overset{2}{n}_1+\sigma_{23}\overset{2}{n}_2+(\sigma_{33}-\sigma_2)\overset{2}{n}_3=0\end{cases} \tag{2-21b}$$

$$\begin{cases}(\sigma_{11}-\sigma_3)\overset{3}{n}_1+\sigma_{21}\overset{3}{n}_2+\sigma_{31}\overset{3}{n}_3=0\\ \sigma_{12}\overset{3}{n}_1+(\sigma_{22}-\sigma_3)\overset{3}{n}_2+\sigma_{32}\overset{3}{n}_3=0\\ \sigma_{13}\overset{3}{n}_1+\sigma_{23}\overset{3}{n}_2+(\sigma_{33}-\sigma_3)\overset{3}{n}_3=0\end{cases} \tag{2-21c}$$

以上三式用张量符号统一表示为

$$(\sigma_{ij}-\delta_{ij}\sigma_k)\overset{k}{n}_j=0(\text{对 } k \text{ 不求和}) \tag{2-21d}$$

以上任意一组方程组中仅有两个是独立的，联立几何关系 $n_in_i=1$ 即可确定各个主应力所对应的主方向。分别把式(2-21a)乘以$(\overset{2}{n}_1,\overset{2}{n}_2,\overset{2}{n}_3)$，式(2-21b)乘以$(-\overset{1}{n}_1,-\overset{1}{n}_2,-\overset{1}{n}_3)$，然后将六个式子相加得到

$$(\sigma_1-\sigma_2)(\overset{1}{n}_1\overset{2}{n}_1+\overset{1}{n}_2\overset{2}{n}_2+\overset{1}{n}_3\overset{2}{n}_3)=0 \tag{2-22}$$

同理可得

$$(\sigma_1-\sigma_3)(\overset{1}{n}_1\overset{3}{n}_1+\overset{1}{n}_2\overset{3}{n}_2+\overset{1}{n}_3\overset{3}{n}_3)=0 \tag{2-23}$$

$$(\sigma_2-\sigma_3)(\overset{2}{n}_1\overset{3}{n}_1+\overset{2}{n}_2\overset{3}{n}_2+\overset{2}{n}_3\overset{3}{n}_3)=0 \tag{2-24}$$

若 $\sigma_1\neq\sigma_2\neq\sigma_3$，则有

$$\begin{cases}\overset{1}{n}_1\overset{2}{n}_1+\overset{1}{n}_2\overset{2}{n}_2+\overset{1}{n}_3\overset{2}{n}_3=0\\ \overset{1}{n}_1\overset{3}{n}_1+\overset{1}{n}_2\overset{3}{n}_2+\overset{1}{n}_3\overset{3}{n}_3=0\\ \overset{2}{n}_1\overset{3}{n}_1+\overset{2}{n}_2\overset{3}{n}_2+\overset{2}{n}_3\overset{3}{n}_3=0\end{cases} \tag{2-25}$$

根据解析几何知识可知，三个主方向是相互垂直的。如 $\sigma_1=\sigma_2\neq\sigma_3$，则式(2-25)的后两式必须满足，而第一式可以满足，也可以不满足，说明 σ_3 的方向同时与 σ_1，σ_2 的方向垂直，σ_1 与 σ_2 的方向可以垂直，也可以不垂直，即与 σ_3 垂直的方向均为主方向。如 $\sigma_1=\sigma_2=\sigma_3$，则式(2-25)可以满足，也可以不满足，说明三个主方向可以相互垂直，也可以不垂直，即任何方向都是主方向。

已知主应力和主方向后，以应力的主方向为坐标轴建立几何空间，该坐标空间称为主向空间，沿一点应力主方向的直线称为该点的应力主轴，如图 2-9 所示，图中 x_1,x_2,x_3 轴为应力主轴。

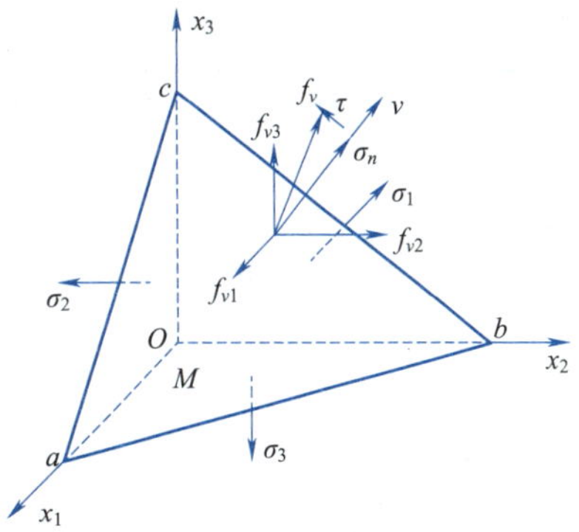

主向空间中某斜截面的外法线为 $\boldsymbol{v}$，方向余弦为 n_i，由式(2-10)得该斜截面上的正应力为 $\sigma_n=\sigma_in_i^2$，另根据 $n_in_i=1$，正应力可写成

$$\sigma_n=\sigma_1-(\sigma_1-\sigma_2)n_2^2-(\sigma_1-\sigma_3)n_3^2 \tag{2-26}$$

或

$$\sigma_n=(\sigma_1-\sigma_3)n_1^2+(\sigma_2-\sigma_3)n_2^2+\sigma_3 \tag{2-27}$$

图 2-9

假设 $\sigma_1\geqslant\sigma_2\geqslant\sigma_3$，则式(2-26)后两项为非正数，式(2-27)前两项为非负数，故有 $\sigma_1\geqslant\sigma_n\geqslant\sigma_3$，即最大和最小主应力是通过一点所有截面上正应力的最大和最小值。

§2.7 最大切应力

下面考查物体内一点 M 的最大切应力及其作用面，取主向空间，如图 2-9 所示，设斜截面 abc 的应力矢量为 $\boldsymbol{f}_v$，各应力分量为 f_{vi}，则

$$f_{vi}=\sigma_in_i \tag{2-28}$$

该截面上的正应力为

$$\sigma_n=\sigma_1n_1^2+\sigma_2n_2^2+\sigma_3n_3^2 \tag{2-29}$$

代入斜截面上切应力公式(2-12)得

$$\tau^2=\sigma_1^2n_1^2+\sigma_2^2n_2^2+\sigma_3^2n_3^2-(\sigma_1n_1^2+\sigma_2n_2^2+\sigma_3n_3^2)^2 \tag{2-30}$$

利用几何关系 $n_in_i=1$,消去三个方向余弦之一,例如 n_1,得

$$\tau^2=(1-n_2^2-n_3^2)\sigma_1^2+n_2^2\sigma_2^2+n_3^2\sigma_3^2-[(1-n_2^2-n_3^2)\sigma_1+n_2^2\sigma_2+n_3^2\sigma_3]^2 \tag{2-31}$$

为求极值,令 $\dfrac{\partial\tau^2}{\partial n_2}=0,\dfrac{\partial\tau^2}{\partial n_3}=0$,得到

$$\begin{cases}n_2(\sigma_2^2-\sigma_1^2)-2n_2[n_2^2(\sigma_2-\sigma_1)+n_3^2(\sigma_3-\sigma_1)+\sigma_1](\sigma_2-\sigma_1)=0\\n_3(\sigma_3^2-\sigma_1^2)-2n_3[n_2^2(\sigma_2-\sigma_1)+n_3^2(\sigma_3-\sigma_1)+\sigma_1](\sigma_3-\sigma_1)=0\end{cases} \tag{2-32}$$

下面分三种情况讨论:

(1)若 $\sigma_1\neq\sigma_2\neq\sigma_3$,将式(2-32)的第一式除以 $(\sigma_2-\sigma_1)$,第二式除以 $(\sigma_3-\sigma_1)$,经整理得

$$\begin{cases}n_2\{(\sigma_2-\sigma_1)-2[n_2^2(\sigma_2-\sigma_1)+n_3^2(\sigma_3-\sigma_1)]\}=0\\n_3\{(\sigma_3-\sigma_1)-2[n_2^2(\sigma_2-\sigma_1)+n_3^2(\sigma_3-\sigma_1)]\}=0\end{cases} \tag{2-33}$$

式(2-33)有三组解答:①$n_2=0,n_3=0$;②$n_2=0,n_3=\pm\dfrac{1}{\sqrt2}$;③$n_2=\pm\dfrac{1}{\sqrt2},n_3=0$。

有了 n_2,n_3,由 $n_in_i=1$ 求得 n_1,再由式(2-31)求出 τ。同理,利用式(2-30)和式(2-31)可分别消去 n_2,n_3,重复上述步骤,又得到六组解,其中三组是重复的,独立解答共有六组,见表 2-2。

表 2-2 切应力的驻值解

	1	2	3	4	5	6
n_1	0	0	±1	0	$\pm\frac{1}{\sqrt2}$	$\pm\frac{1}{\sqrt2}$
n_2	0	±1	0	$\pm\frac{1}{\sqrt2}$	0	$\pm\frac{1}{\sqrt2}$
n_3	±1	0	0	$\pm\frac{1}{\sqrt2}$	$\pm\frac{1}{\sqrt2}$	0
τ_v	0	0	0	$\pm\frac{\sigma_2-\sigma_3}{2}$	$\pm\frac{\sigma_3-\sigma_1}{2}$	$\pm\frac{\sigma_1-\sigma_2}{2}$
σ_v	σ_3	σ_2	σ_1	$\frac{\sigma_2+\sigma_3}{2}$	$\frac{\sigma_3+\sigma_1}{2}$	$\frac{\sigma_1+\sigma_2}{2}$

上表中前三组解答对应主平面,其上切应力为零;后三组解答对应经过主轴之一而平分其他两主轴夹角的平面,这些面上的切应力称为主切应力,如图 2-10 所示。

若 $\sigma_1>\sigma_2>\sigma_3$,则最大切应力为

$$\tau_{\max}=\frac{\sigma_1-\sigma_3}{2} \tag{2-34}$$

(2)若有两主应力相等,如 $\sigma_1=\sigma_2>\sigma_3$,则式(2-32)的第一式已经满足,由第二式得到 $n_3(1-2n_3^2)=0$,其解为 $n_3=0,n_3=\pm\dfrac{1}{\sqrt2}$。第一个解 $n_3=0$ 表示平面通过 Ox_3 轴,代入式(2-31),此时 $\tau=0$,即过 Ox_3 轴的平面都是主平面;第二个解 $n_3=\pm\dfrac{1}{\sqrt2}$,代入式(2-30),得

到 $n_1^2+n_2^2=\frac{1}{2}$,式中 n_1 可以由 0 变到 $\pm\frac{1}{\sqrt{2}}$,n_2 可以由 $\pm\frac{1}{\sqrt{2}}$变到 0,表示最大切应力发生在与一个与圆锥面相切的微分面上,如图 2-11 所示,圆锥面与 x_2 轴呈 45°,其值为 $\tau_{\max}=\frac{\sigma_1-\sigma_3}{2}$。

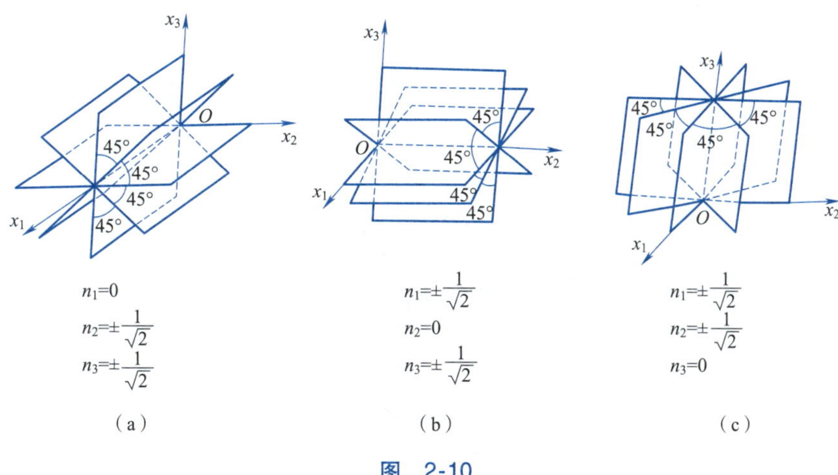

图 2-10

(3)若三个主应力相等,即 $\sigma_1=\sigma_2=\sigma_3$,则由式(2-31)可知任意方向 $\tau=0$,即任意平面都是主平面。

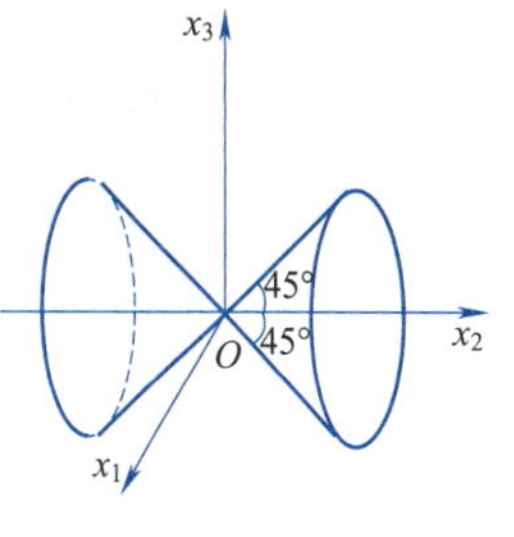

图 2-11

§2.8 正交曲线坐标系中的平衡方程

前面几节均采用笛卡尔坐标系,但许多工程实际中的物体具有曲线边界,对于这种形状的物体,采用曲线坐标系更为方便。解决此类问题需要采用普遍张量,普遍张量与笛卡尔张量的主要区别在于普遍张量的基矢量不一定是单位矢量,大小和方向可能随点的位置而变化,也不一定正交,故在求导时不能把基矢量当作常量,使得问题大为复杂化。本节仅给出正交曲线坐标系下的平衡方程,从而导出柱坐标系和球坐标系下的平衡方程。

用 $\alpha_i,\boldsymbol{e}_i,h_i(i=1,2,3)$分别表示正交坐标系的曲线坐标、单位基矢量和拉梅系数,图 2-12 给出用六个相邻坐标面取出的正交微元体,与笛卡尔直角坐标不同,现在的六面体侧面均为曲面微元,相对的正负两个面元不再平行,面积也不相等,微元的边长也是变化的。下面建立微元体的力平衡条件。先考虑法线沿坐标线 α_1 的一对正负面,负面上的作用力为 $-\boldsymbol{\sigma}_{v1}h_2h_3\mathrm{d}\alpha_2\mathrm{d}\alpha_3$,由于正交系中的拉梅系数随点而异,故正面上的作用力为$\left[\boldsymbol{\sigma}_{v1}h_2h_3+\frac{\partial}{\partial\alpha_1}(\boldsymbol{\sigma}_{v1}h_2h_3)\mathrm{d}\alpha_1\right]\mathrm{d}\alpha_2\mathrm{d}\alpha_3$,上述二者的合力为$\frac{\partial}{\partial\alpha_1}\boldsymbol{\sigma}_{v1}(h_2h_3)\mathrm{d}\alpha_1\mathrm{d}\alpha_2\mathrm{d}\alpha_3$,同理可导出法线沿坐标线 α_2 和 α_3 方向的两对正负面上的合力$\frac{\partial}{\partial\alpha_2}(\boldsymbol{\sigma}_{v2}h_1h_3)\mathrm{d}\alpha_2\mathrm{d}\alpha_3\mathrm{d}\alpha_1$,$\frac{\partial}{\partial\alpha_3}(\boldsymbol{\sigma}_{v3}h_2h_1)\mathrm{d}\alpha_3\mathrm{d}\alpha_1\mathrm{d}\alpha_2$,体力合力为$\boldsymbol{f}h_1h_2h_3\mathrm{d}\alpha_2\mathrm{d}\alpha_3\mathrm{d}\alpha_1$。

微元体平衡要求上述四项之和为零,除以微元体积 $h_1h_2h_3\mathrm{d}\alpha_2\mathrm{d}\alpha_3\mathrm{d}\alpha_1$,得到正交系中矢量形式的平衡方程

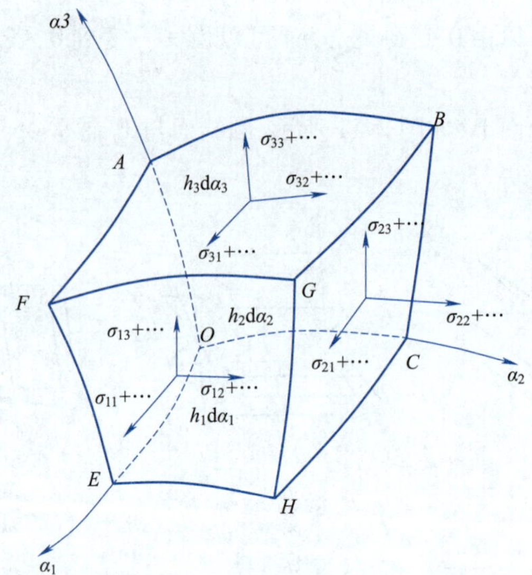

图 2-12

$$\frac{1}{h_1h_2h_3}\left[\frac{\partial}{\partial\alpha_1}(h_2h_3\boldsymbol{\sigma}_{v1})+\frac{\partial}{\partial\alpha_2}(h_3h_1\boldsymbol{\sigma}_{v2})+\frac{\partial}{\partial\alpha_3}(h_1h_2\boldsymbol{\sigma}_{v3})\right]+\boldsymbol{f}=\boldsymbol{0} \tag{2-35}$$

把 $\boldsymbol{\sigma}_{vi}=\sigma_{ij}\boldsymbol{e}_j$，$\boldsymbol{f}=f_i\,\boldsymbol{e}_j$代入上式，并利用下面单位基矢量的求导公式

$$\frac{\partial\boldsymbol{e}_i}{\partial\alpha_j}=\frac{1}{h_i}\frac{\partial h_j}{\partial\alpha_i}\boldsymbol{e}_j \tag{2-36}$$

$$\frac{\partial\boldsymbol{e}_i}{\partial\alpha_i}=-\frac{1}{h_k}\frac{\partial h_i}{\partial\alpha_k}\boldsymbol{e}_k-\frac{1}{h_j}\frac{\partial h_i}{\partial\alpha_j}\boldsymbol{e}_j \tag{2-37}$$

以上两式中，i,j,k 表示三个取值不同的指标，取消求和约定。进一步可得到分量形式的正交曲线坐标系下的平衡方程

$$\frac{1}{h_1h_2h_3}\left[\frac{\partial}{\partial\alpha_1}(h_2h_3\sigma_{11})+\frac{\partial}{\partial\alpha_2}(h_1h_3\sigma_{21})+\frac{\partial}{\partial\alpha_3}(h_1h_2\sigma_{31})+h_2\frac{\partial h_1}{\partial\alpha_3}\sigma_{13}+h_3\frac{\partial h_1}{\partial\alpha_2}\sigma_{12}-h_3\frac{\partial h_2}{\partial\alpha_1}\sigma_{22}-h_2\frac{\partial h_3}{\partial\alpha_1}\sigma_{33}\right]+f_1=0 \tag{2-38a}$$

$$\frac{1}{h_1h_2h_3}\left[\frac{\partial}{\partial\alpha_2}(h_3h_1\sigma_{22})+\frac{\partial}{\partial\alpha_3}(h_1h_2\sigma_{32})+\frac{\partial}{\partial\alpha_1}(h_2h_3\sigma_{12})+h_3\frac{\partial h_2}{\partial\alpha_1}\sigma_{21}+h_1\frac{\partial h_2}{\partial\alpha_3}\sigma_{23}-h_1\frac{\partial h_3}{\partial\alpha_2}\sigma_{33}-h_3\frac{\partial h_1}{\partial\alpha_2}\sigma_{11}\right]+f_2=0 \tag{2-38b}$$

$$\frac{1}{h_1h_2h_3}\left[\frac{\partial}{\partial\alpha_3}(h_1h_2\sigma_{33})+\frac{\partial}{\partial\alpha_1}(h_2h_3\sigma_{13})+\frac{\partial}{\partial\alpha_2}(h_3h_1\sigma_{23})+h_1\frac{\partial h_3}{\partial\alpha_2}\sigma_{32}+h_2\frac{\partial h_3}{\partial\alpha_1}\sigma_{31}-h_2\frac{\partial h_1}{\partial\alpha_3}\sigma_{11}-h_1\frac{\partial h_2}{\partial\alpha_3}\sigma_{22}\right]+f_3=0 \tag{2-38c}$$

柱坐标系中有 $\alpha_1=r,\alpha_2=\theta,\alpha_3=z,h_1=1,h_2=r,h_3=1$，代入式(2-38a,b,c)，可得到柱坐标系平衡方程

$$\begin{cases}\dfrac{\partial\sigma_r}{\partial r}+\dfrac{1}{r}\dfrac{\partial\tau_{\theta r}}{\partial\theta}+\dfrac{\partial\tau_{zr}}{\partial z}+\dfrac{\sigma_r-\sigma_\theta}{r}+f_r=0\\ \dfrac{\partial\tau_{r\theta}}{\partial r}+\dfrac{1}{r}\dfrac{\partial\sigma_\theta}{\partial\theta}+\dfrac{\partial\tau_{z\theta}}{\partial z}+\dfrac{2\tau_{r\theta}}{r}+f_\theta=0\\ \dfrac{\partial\tau_{rz}}{\partial r}+\dfrac{1}{r}\dfrac{\partial\tau_{\theta z}}{\partial\theta}+\dfrac{\partial\sigma_z}{\partial z}+\dfrac{\tau_{rz}}{r}+f_z=0\end{cases} \tag{2-39}$$

球坐标系中有 $\alpha_1=r,\alpha_2=\theta,\alpha_3=\varphi,h_1=1,h_2=r,h_3=r\sin\theta$，代入(2-38a,b,c)，可得到球坐标系平衡方程

$$\begin{cases}\dfrac{\partial\sigma_r}{\partial r}+\dfrac{1}{r}\dfrac{\partial\tau_{\theta r}}{\partial\theta}+\dfrac{1}{r\sin\theta}\dfrac{\partial\tau_{\varphi r}}{\partial\varphi}+\dfrac{1}{r}(2\sigma_r-\sigma_\theta-\sigma_\varphi+\tau_{r\theta}\cot\theta)+f_r=0\\ \dfrac{\partial\tau_{r\theta}}{\partial r}+\dfrac{1}{r}\dfrac{\partial\sigma_\theta}{\partial\theta}+\dfrac{1}{r\sin\theta}\dfrac{\partial\tau_{\varphi\theta}}{\partial\varphi}+\dfrac{1}{r}[(\sigma_\theta-\sigma_\varphi)\cot\theta+3\tau_{r\theta}]+f_\theta=0\\ \dfrac{\partial\tau_{r\varphi}}{\partial r}+\dfrac{1}{r}\dfrac{\partial\tau_{\theta\varphi}}{\partial\theta}+\dfrac{1}{r\sin\theta}\dfrac{\partial\sigma_\varphi}{\partial\varphi}+\dfrac{1}{r}(3\tau_{r\varphi}+2\tau_{\theta\varphi}\cot\theta)+f_\varphi=0\end{cases}\tag{2-40}$$

习 题 2

2-1 试叙述平衡微分方程和静力边界条件的物理意义。满足平衡微分方程和静力边界条件的应力是否是实际存在的应力？为什么？

2-2 如何理解“转轴后同一点的各应力分量都改变了，但它们作为一个整体所描绘的一点的应力状态是不变的”？

2-3 在应力张量的不变量概念中，“不变”的含义是什么？

2-4 已知物体内一点的应力张量矩阵(单位：MPa)为 $\boldsymbol{\sigma}=\begin{pmatrix}3&1&1\\1&0&2\\1&2&0\end{pmatrix}$，试求主应力及其相应的主方向。

2-5 设弹性体内对于直角坐标系 $Oxyz$ 的六个应力分量中，$\sigma_z=\tau_{zx}=\tau_{zy}=0$(平面应力状态)，试求对于新坐标系 $Ox'y'z'$ 的应力分量表达式，并导出主应力公式。新坐标系是由 x,y 轴绕 z 轴逆时针方向转过 θ 角而得到，如图2-13所示。

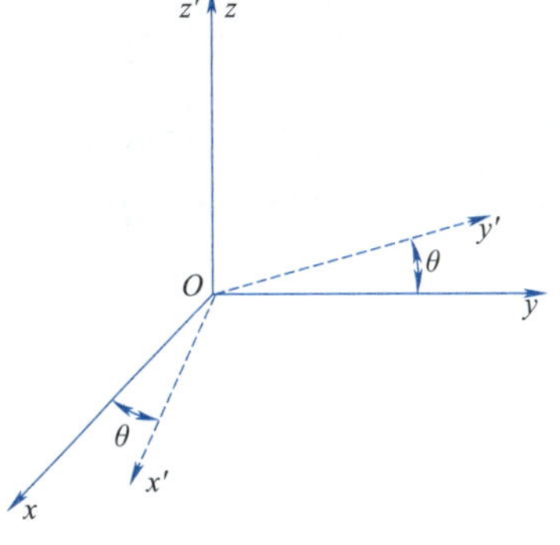

图 2-13

2-6 一受力物体内的应力分布规律由应力分量函数所确定。其应力分量函数(单位：MPa)写成 $\boldsymbol{\sigma}=\begin{pmatrix}\sigma_x&\tau_{yx}&\tau_{zx}\\\tau_{xy}&\sigma_y&\tau_{zy}\\\tau_{xz}&\tau_{yz}&\sigma_z\end{pmatrix}=\begin{pmatrix}x^2y&(1-y^2)x&0\\(1-y^2)x&\dfrac{(y^3-3y)}{3}&0\\0&0&2z^2\end{pmatrix}$，试求：

(1)若此应力场满足平衡微分方程，其体力如何分布？

(2)在物体内一点 $P(x,y,z)=P(a,0,2\sqrt{a})$($a$ 为大于零的常数)处的主应力大小是多少？

2-7 已知受力物体内某点的应力状态为 $\boldsymbol{\sigma}=\begin{pmatrix}0&a&2a\\a&2a&0\\2a&0&a\end{pmatrix}$(单位：MPa)，试求作用在过此点的微截面沿坐标轴方向的应力分量，以及该截面上的正应力和切应力。该截面的平面方程为 $x+3y+z=1$。

2-8 已知应力分量为，$\sigma_x=-Axy^2+C_1x^3$，$\sigma_y=-\dfrac{3}{2}C_2xy^2$，$\tau_{xy}=-C_2y^3-C_3x^2y$，其余应力分量和体力分量为零。式中 A 为已知量，C_1，C_2，C_3 为待定系数。试用平衡微分方程确定系数 C_1，C_2，C_3。

2-9 图 2-14 所示一薄板悬臂梁，跨度为 l，梁上表面承受三角形分布载荷作用，试确定此问题的边界条件。

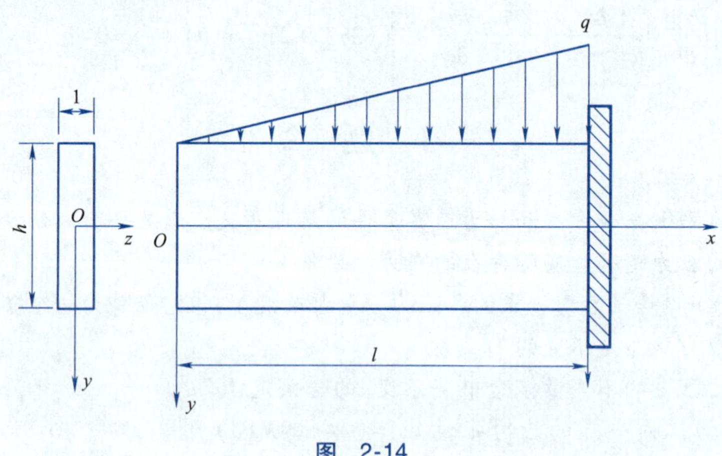

图 2-14

2-10 图 2-15 所示坝体，横截面为等腰梯形，z 方向长度远大于其横截面尺寸。左侧面受静水压力 $p=\rho gy$，右侧面自由，坝顶作用有均布荷重，每单位面积为 q。试列出其两个侧面及上表面的应力边界条件。

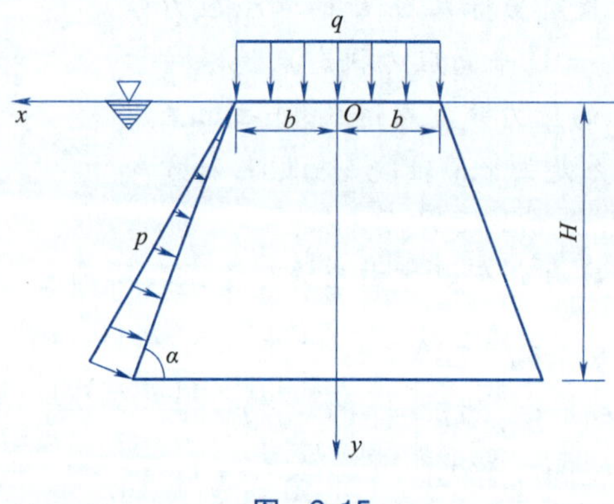

图 2-15

第 3 章 应变理论

弹性体在外力、温度变化或其他因素作用下，物体内部各点之间的距离发生了改变，造成物体的变形，确定弹性体的变形是弹性力学的另一重要课题。本章将从几何学角度出发，分析物体的变形，旨在建立描述连续介质变形特征的方程，如描述位移与应变之间关系的几何方程、应变协调方程等。由于本章仅是从几何学观点研究变形，而不涉及材料的物理性质及产生变形的原因，故所得结果适用于一切连续介质的力学问题。

§3.1 位移分量与应变分量

3.1.1 位移分量

由于外力作用或温度的变化，物体内各点在空间的位置将发生变化，即产生位移。物体内各点的位移分为两种：一种是位移发生后，物体内各点仍保持初始状态的相对位置不变，这种位移是由于物体在空间做刚体运动引起的，称为刚体位移；另一种位移发生时改变了物体内各点的相对位置，这是由物体的变形所引起的位移。一般而言，物体发生位移时上述两种位移往往是同时存在的，但弹性力学更关注后一种位移，因为这种位移与物体内的应力有关。

物体中每点的位移一般是不同的，每点的位移是坐标 x,y,z 的函数。设在坐标系 $Oxyz$ 中，物体中任取一点 $M(x,y,z)$，变形后移至 $M_1(x_1,y_1,z_1)$，如图 3-1 所示，则矢量 $\overrightarrow{MM_1}$ 是物体变形时 M 点的位移矢量。用 u,v,w 表示位移矢量沿三个坐标方向的分量，称为位移分量，并规定沿坐标轴正向的位移分量为正，反之为负。根据连续性假设，位移矢量及位移分量应是坐标 x,y,z 的单值连续函数，即

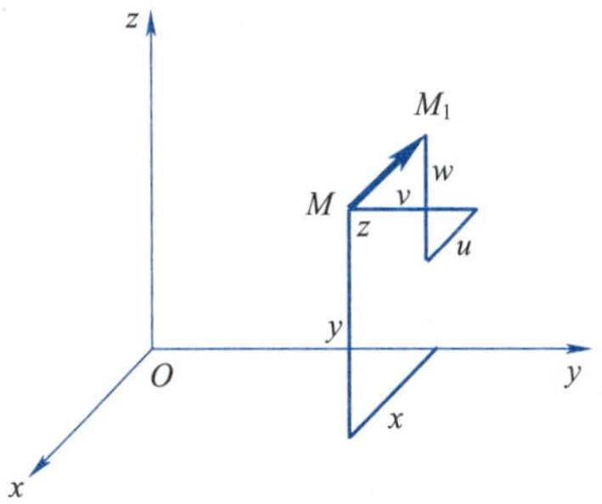

$$\begin{cases} u = x_1 - x = u(x,y,z) \\ v = y_1 - y = v(x,y,z) \\ w = z_1 - z = w(x,y,z) \end{cases} \tag{3-1a}$$

图 3-1

用张量分量的形式表示上式为

$$u_i = u_i(x_j), \quad i,j = 1,2,3 \tag{3-1b}$$

3.1.2 应变分量

质点间相对位置的变化，可以通过一点并与其邻近点连接的线元的相对伸长及过该点两线元间夹角的变化来表示。在进行变形分析时，常取过一点与三个坐标轴平行的正交线

元 dx,dy,dz 进行研究,变形后各线元的长度为 dx′,dy′,dz′,dx′与 dy′、dy′与 dz′、dx′与 dz′之间的夹角变为 α,β,γ,如图 3-2 所示。

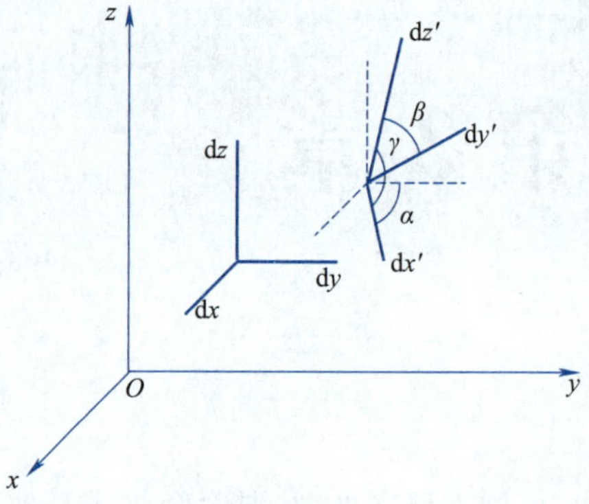

线元的相对伸长称为正应变,沿 x,y,z 方向线元 dx,dy,dz 的正应变分别用 $\varepsilon_x,\varepsilon_y,\varepsilon_z$ 表示,定义为

$$\begin{cases} \varepsilon_x = \dfrac{dx' - dx}{dx} \\ \varepsilon_y = \dfrac{dy' - dy}{dy} \\ \varepsilon_z = \dfrac{dz' - dz}{dz} \end{cases} \tag{3-2}$$

图 3-2

正交线元直角的变化称为切应变,沿 x,y,z 方向三个正交线元 dx,dy,dz 直角的变化分别用 $\gamma_{xy},\gamma_{yz},\gamma_{zx}$ 表示,分别为

$$\begin{cases} \gamma_{xy} = \dfrac{\pi}{2} - \alpha \\ \gamma_{yz} = \dfrac{\pi}{2} - \beta \\ \gamma_{zx} = \dfrac{\pi}{2} - \gamma \end{cases} \tag{3-3}$$

以上六个应变称为应变分量,正应变以伸长为正,缩短为负;切应变以直角减小为正,增大为负。由应变的定义可知,正应变和切应变都是无量纲的量。一般而言,变形前与坐标轴平行的线元 dx,dy,dz 在变形后要各自旋转一个角度,但利用变形后线元的空间几何形态计算应变大小是十分困难的,在小变形假设条件下,问题可以得到简化。假设物体内各点位移不包括刚体运动的部分,即各点位移完全由线元自己的大小和形状的变化引起,则上述各线元旋转的角度是极其微小的。以后研究变形时,只需考虑线元沿坐标轴或坐标面上投影的几何关系即可,这样做不会导致明显的误差,却使问题大为简化。

§3.2 几 何 方 程

上节中引入了位移和应变来描述物体的运动和变形,本节研究二者之间的关系。由前面的讨论可知,为了简化计算,原来与坐标轴平行的正交线元 dx,dy,dz,变形后通过对坐标面上投影的变形分析建立位移与应变的关系。

如图 3-3 所示,考虑在 Oxy 坐标面上投影的变形,变形前正交线元 MA,MB 分别与 x,y 轴平行,其长度为 dx,dy,变形后移至 $M'A',M'B'$的位置。设 M 点的坐标为(x,y),变形后 M 点的位移为 $u(x,y),v(x,y)$。A、B 点的坐标分别为$(x+dx,y)$,$(x,y+dy)$,A、B 点的位移按多元函数泰勒级数在 M 点展开,并略去二阶以上的无穷小量,得到

$$A\text{ 点}:u + \frac{\partial u}{\partial x}dx, v + \frac{\partial v}{\partial x}dx \qquad B\text{ 点}:u + \frac{\partial u}{\partial y}dy, v + \frac{\partial v}{\partial y}dy$$

考虑小变形假设,图 3-3 中,水平线元 MA 向 y 轴转过的角度 α,垂直线元 MB 向 x 轴转过的角度 β 均很小,$M'A',M'B'$可以认为分别与在 x,y 轴上的投影 $M'A'',M'B''$近似相等。根据应变的定义,得到线元 MA,MB 的正应变为

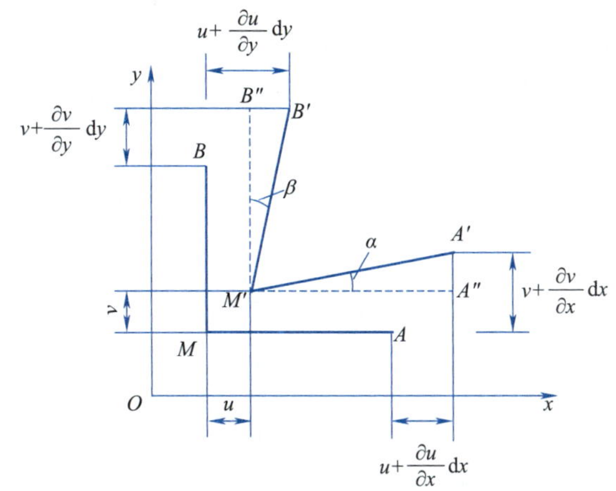

图 3-3

$$\varepsilon_x=\frac{M'A'-MA}{MA}\approx\frac{M'A''-MA}{MA}=\frac{\left[\left(\mathrm{d}x+u+\frac{\partial u}{\partial x}\mathrm{d}x\right)-u\right]-\mathrm{d}x}{\mathrm{d}x}=\frac{\partial u}{\partial x} \tag{3-4}$$

$$\varepsilon_y=\frac{M'B'-MB}{MB}\approx\frac{M'B''-MB}{MB}=\frac{\left[\left(\mathrm{d}y+v+\frac{\partial v}{\partial y}\mathrm{d}y\right)-v\right]-\mathrm{d}y}{\mathrm{d}y}=\frac{\partial v}{\partial y} \tag{3-5}$$

切应变为

$$\gamma_{xy}=\alpha+\beta \tag{3-6}$$

式中

$$\alpha\approx\tan\alpha=\frac{\frac{\partial v}{\partial x}\mathrm{d}x}{\mathrm{d}x+\frac{\partial u}{\partial x}\mathrm{d}x}=\frac{\frac{\partial v}{\partial x}}{1+\frac{\partial u}{\partial x}}\approx\frac{\partial v}{\partial x} \tag{3-7}$$

$$\beta\approx\tan\beta=\frac{\frac{\partial u}{\partial y}\mathrm{d}y}{\mathrm{d}y+\frac{\partial v}{\partial y}\mathrm{d}y}=\frac{\frac{\partial u}{\partial y}}{1+\frac{\partial v}{\partial y}}\approx\frac{\partial u}{\partial y} \tag{3-8}$$

小变形假设下,式(3-7)和式(3-8)中$\frac{\partial u}{\partial x}=\varepsilon_x\ll1$,$\frac{\partial v}{\partial y}=\varepsilon_y\ll1$,可忽略不计。将式(3-7)和式(3-8)代入式(3-6),得到

$$\gamma_{xy}=\alpha+\beta=\frac{\partial v}{\partial x}+\frac{\partial u}{\partial y} \tag{3-9}$$

用同样的方法分析 Oyz 和 Oxz 坐标面上投影线元的变形,还可以得到三个不同的关系式,总之描述位移和应变之间关系可以用以下六个式子给出

$$\begin{cases}\varepsilon_x=\frac{\partial u}{\partial x}, & \gamma_{xy}=\frac{\partial v}{\partial x}+\frac{\partial u}{\partial y}\\ \varepsilon_y=\frac{\partial v}{\partial y}, & \gamma_{yz}=\frac{\partial w}{\partial y}+\frac{\partial v}{\partial z}\\ \varepsilon_z=\frac{\partial w}{\partial z}, & \gamma_{zx}=\frac{\partial u}{\partial z}+\frac{\partial w}{\partial x}\end{cases} \tag{3-10a}$$

式(3-10a)称为几何方程,又称柯西方程,给出了六个应变分量和三个位移分量之间的关系,是线弹性力学的基本方程之一,在固体力学中有广泛应用。该方程是从几何变形分析得到的结果,对一切连续介质力学问题均适用。如果已知位移分量,则通过上式的偏导运算即可得到应变分量;若已知应变分量求位移分量,则需要进行积分运算,给定的应变分量必须满足一定的条件,计算相对要复杂一些,这一问题将在后面章节讨论。

式(3-10a)写成张量分量形式为

$$\varepsilon_{ij}=\frac{1}{2}(u_{ij}+u_{ji}) \tag{3-10b}$$

实体形式可表示为

$$\boldsymbol{\varepsilon}=\frac{1}{2}(\boldsymbol{u}\nabla+\nabla\boldsymbol{u}) \tag{3-10c}$$

上式中 $\boldsymbol{\varepsilon}$ 称为应变张量或柯西应变张量,它是一个二阶对称张量,用矩阵形式表示为

$$\boldsymbol{\varepsilon}=\begin{pmatrix}\varepsilon_{11} & \varepsilon_{12} & \varepsilon_{13}\\ \varepsilon_{21} & \varepsilon_{22} & \varepsilon_{23}\\ \varepsilon_{31} & \varepsilon_{32} & \varepsilon_{33}\end{pmatrix} \tag{3-11}$$

式(3-10b)的展开形式与式(3-10a)的对应关系如下

$$\begin{cases}\varepsilon_{11}=\varepsilon_x=\dfrac{\partial u}{\partial x}, & \varepsilon_{12}=\varepsilon_{21}=\dfrac{1}{2}\gamma_{xy}=\dfrac{1}{2}\left(\dfrac{\partial v}{\partial x}+\dfrac{\partial u}{\partial y}\right)\\ \varepsilon_{22}=\varepsilon_y=\dfrac{\partial v}{\partial y}, & \varepsilon_{23}=\varepsilon_{32}=\dfrac{1}{2}\gamma_{yz}=\dfrac{1}{2}\left(\dfrac{\partial w}{\partial y}+\dfrac{\partial v}{\partial z}\right)\\ \varepsilon_{33}=\varepsilon_z=\dfrac{\partial w}{\partial z}, & \varepsilon_{13}=\varepsilon_{31}=\dfrac{1}{2}\gamma_{zx}=\dfrac{1}{2}\left(\dfrac{\partial u}{\partial z}+\dfrac{\partial w}{\partial x}\right)\end{cases} \tag{3-12}$$

习惯上 $\varepsilon_x,\varepsilon_y,\varepsilon_z$ 称为工程正应变,$\gamma_{xy},\gamma_{yz},\gamma_{zx}$ 称为工程切应变。值得注意的是,工程正应变与应变张量对应分量是相同的,工程切应变是应变张量对应分量的 2 倍。

§3.3 一点的应变状态

同应力张量表达了一点的应力状态相似,应变张量可以表达一点的变形状态,如果应变张量的各分量已知,则一点附近的变形状态就可以完全确定。过受力物体内某点可以取无限多个方向,任意一方向上都有该点沿该方向上的正应变,任意两相互垂直方向所夹直角的改变量表示了该点的一个切应变。给出如下定义:受力物体内某点处所取无限多方向上的正应变和切应变的总和,称为一点的应变状态。

3.3.1 坐标变换

应变张量是二阶张量,根据二阶张量的普遍意义,在上一章中对于应力张量建立起来的结论全都适用于应变张量,它们所遵循的坐标变换法则是一致的。如图 3-4 所示,设在物体内一点 O 有两套笛卡尔坐标系 $Ox_1x_2x_3$ 和 $Ox_{1'}x_{2'}x_{3'}$,后者相对于前者转过了任意角度。

已知在坐标系 $Ox_1x_2x_3$ 内的应变张量 ε_{ij},根据应力分量的坐标转换公式(2-15),新坐标系 $Ox_{1'}x_{2'}x_{3'}$ 下的应变分量 $\varepsilon_{i'j'}$ 可以表示为

$$\varepsilon_{i'j'}=n_{i'i}n_{j'j}\varepsilon_{ij} \tag{3-13}$$

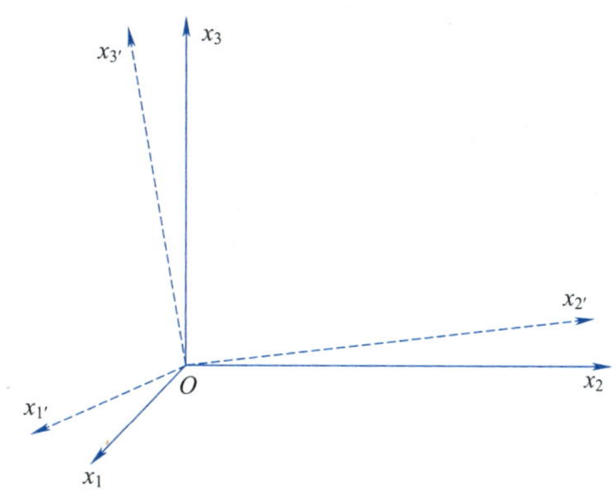

图 3-4

上式中 $n_{i'i}$ 为新旧两套坐标系中坐标轴之间的方向余弦，同样可以用表 2-1 表示。将式(3-13)展开，得到应变分量坐标变换的常用公式

$$\left\{\begin{aligned}
\varepsilon_{1'1'} &= n_{1'1}^2\varepsilon_{11} + n_{1'2}^2\varepsilon_{22} + n_{1'3}^2\varepsilon_{33} + 2(n_{1'1}n_{1'2}\varepsilon_{12} + n_{1'2}n_{1'3}\varepsilon_{23} + n_{1'3}n_{1'1}\varepsilon_{31})\\
\varepsilon_{2'2'} &= n_{2'1}^2\varepsilon_{11} + n_{2'2}^2\varepsilon_{22} + n_{2'3}^2\varepsilon_{22} + 2(n_{2'1}n_{2'2}\varepsilon_{12} + n_{2'2}n_{2'3}\varepsilon_{23} + n_{2'3}n_{2'1}\varepsilon_{31})\\
\varepsilon_{3'3'} &= n_{3'1}^2\varepsilon_{11} + n_{3'2}^2\varepsilon_{22} + n_{3'3}^2\varepsilon_{33} + 2(n_{3'1}n_{3'2}\varepsilon_{12} + n_{3'2}n_{3'3}\varepsilon_{23} + n_{3'3}n_{3'1}\varepsilon_{31})\\
\varepsilon_{1'2'} &= (n_{1'1}n_{2'1}\varepsilon_{11} + n_{1'2}n_{2'2}\varepsilon_{22} + n_{1'3}n_{2'3}\varepsilon_{33}) + (n_{1'1}n_{2'2} + n_{2'1}n_{1'2})\varepsilon_{12} +\\
&\quad (n_{1'2}n_{2'3} + n_{2'2}n_{1'3})\varepsilon_{23} + (n_{1'1}n_{2'3} + n_{2'1}n_{1'3})\varepsilon_{31}\\
\varepsilon_{1'3'} &= (n_{3'1}n_{1'1}\varepsilon_{11} + n_{3'2}n_{1'2}\varepsilon_{22} + n_{3'3}n_{1'3}\varepsilon_{33}) + (n_{3'1}n_{1'2} + n_{1'1}n_{3'2})\varepsilon_{12} +\\
&\quad (n_{3'2}n_{1'3} + n_{1'2}n_{3'3})\varepsilon_{23} + (n_{3'1}n_{1'3} + n_{1'1}n_{3'3})\varepsilon_{31}\\
\varepsilon_{2'3'} &= (n_{2'1}n_{3'1}\varepsilon_{11} + n_{2'2}n_{3'2}\varepsilon_{22} + n_{2'3}n_{3'3}\varepsilon_{33}) + (n_{2'1}n_{3'2} + n_{3'1}n_{2'2})\varepsilon_{12} +\\
&\quad (n_{2'2}n_{3'3} + n_{3'2}n_{2'3})\varepsilon_{23} + (n_{2'1}n_{3'3} + n_{3'1}n_{2'3})\varepsilon_{31}
\end{aligned}\right. \tag{3-14}$$

由式(3-14)可以看出，当给定物体内任意一点的六个应变分量时，就可以适当选取新坐标系，利用相关公式求得经过该点的任意斜截面上的正应变，以及该点处任意两个相互垂直方向间的切应变，即应变张量的六个独立分量完全决定了一点的应变状态。由上述分析可知，虽然经转轴后应变张量的各个分量改变了，但它们作为一个"整体"所描绘的一点的变形状态是不变的。

3.3.2 主应变和应变主方向

物体内的每一点，至少存在三个相互垂直的方向，在这些方向上只有正应变，没有切应变，这三个方向称为该点的应变主方向，相应的三个正应变称为主应变。三个主应变按代数值大小排序 $\varepsilon_1 \geqslant \varepsilon_2 \geqslant \varepsilon_3$，其中 ε_1 是该点的最大正应变，ε_3 是该点的最小正应变，三个主应变是应变张量的特征方程的三个实根，特征方程为

$$\varepsilon^3 - J_1\varepsilon^2 + J_2\varepsilon - J_3 = 0 \tag{3-15}$$

为了确定物体内某一点应变张量的主方向，可以把主应变 $\varepsilon_1,\varepsilon_2,\varepsilon_3$ 逐个代入下列方程

$$(\varepsilon_{ij} - \delta_{ij}\varepsilon)n_j = 0 \tag{3-16}$$

利用关系式 $n_in_i = 1$ 可以确定应变主方向的方向余弦 n_j。如果上式没有重根，则三个应变主方向互相垂直，且是唯一的。若有重根如 $\varepsilon_1 = \varepsilon_2 \neq \varepsilon_3$，则 ε_1 与 ε_2 对应的方向与 ε_3 对应的方向垂

直，但 ε_1 与 ε_2 对应的方向可以垂直，也可以不垂直，即与 ε_3 对应的方向垂直的方向均为应变主方向。若三个主应变相等，则三个应变主方向可以垂直也可以不垂直，即任意方向均为应变主方向。对各向同性材料而言，物体内任意一点的应变主方向与应力主方向是一致的。

3.3.3 应变张量不变量与主切应变

一定的应变状态下，物体内任意一点的主应变与坐标系的选择无关，故式(3-15)中的三个系数 J_1, J_2, J_3 保持不变，称为应变张量的第一、第二和第三不变量，不论该点的坐标系如何旋转，这三个量保持不变，其值为

$$\begin{cases} J_1 = \varepsilon_1 + \varepsilon_2 + \varepsilon_3 = \varepsilon_x + \varepsilon_y + \varepsilon_z = \varepsilon_{ii} \\ J_2 = \varepsilon_1\varepsilon_2 + \varepsilon_2\varepsilon_3 + \varepsilon_3\varepsilon_1 = \varepsilon_x\varepsilon_y + \varepsilon_y\varepsilon_z + \varepsilon_z\varepsilon_x - \dfrac{1}{4}(\gamma_{xy}^2 + \gamma_{yz}^2 + \gamma_{zx}^2) \\ \quad = \dfrac{1}{2}(\varepsilon_{ii}\varepsilon_{jj} - \varepsilon_{ij}\varepsilon_{ij}) \\ J_3 = \varepsilon_1\varepsilon_2\varepsilon_3 = \varepsilon_x\varepsilon_y\varepsilon_z + \dfrac{1}{4}\gamma_{xy}\gamma_{yz}\gamma_{zx} - \dfrac{1}{4}(\varepsilon_x\gamma_{yz}^2 + \varepsilon_y\gamma_{zz}^2 + \varepsilon_z\gamma_{xy}^2) \\ \quad = e_{ijk}\varepsilon_{1i}\varepsilon_{2j}\varepsilon_{3k} \end{cases} \tag{3-17}$$

与应力分析理论相类似，可以求出一点处的主切应变 γ_i，其大小为

$$\begin{cases} \gamma_1 = \pm(\varepsilon_2 - \varepsilon_3) \\ \gamma_2 = \pm(\varepsilon_3 - \varepsilon_1) \\ \gamma_3 = \pm(\varepsilon_1 - \varepsilon_2) \end{cases} \tag{3-18}$$

它们分别表示沿着垂直于一个主方向而平分另外两个主方向的线段夹角的改变，最大切应变 $\gamma_{\max} = |\gamma_2| = \varepsilon_1 - \varepsilon_3$。

3.3.4 体应变

一般情况下，产生弹性变形，物体的体积要发生改变，单位体积的体积改变称为体应变，用 θ 表示。在物体内任一点附近截取一个微分六面体元，其棱边长度分别为 $\mathrm{d}x, \mathrm{d}y, \mathrm{d}z$，微元体变形前的体积为 $\mathrm{d}V = \mathrm{d}x\mathrm{d}y\mathrm{d}z$。物体发生变形后，微元体各棱边会伸长或缩短，但在线性变形下，切应变不会引起棱边长度的变化，切应变引起的体积改变为高阶微量，可略去不计，故分析体积改变只需考虑正应变产生的影响即可，变形后微元体的体积为

$$\mathrm{d}V' = \mathrm{d}x(1 + \varepsilon_x)\mathrm{d}y(1 + \varepsilon_y)\mathrm{d}z(1 + \varepsilon_z)$$

体积应变为

$$\theta = \frac{\mathrm{d}V' - \mathrm{d}V}{\mathrm{d}V} = (1 + \varepsilon_x)(1 + \varepsilon_y)(1 + \varepsilon_z) - 1$$

将上式展开并略去二阶以上的微量得到

$$\theta = \varepsilon_x + \varepsilon_y + \varepsilon_z = \varepsilon_{ii} \tag{3-19}$$

由上式可知，一点处的体积应变在数值上等于应变张量的第一不变量 J_1，θ 大于零表示微元体膨胀，θ 小于零表示微元体缩小。

§3.4 应变协调方程

根据连续性假设，物体内的介质在变形前是连续的，变形之后应仍保持连续，即要求位

移在域内是单值连续函数。把物体假想地看作由无数个微小的平行六面体和四面体组成，物体变形时所有微元体将产生程度不同的变形，各相邻微元体的变形应是相互关联的，它们的变形应相互协调，不至于因变形产生重叠或开裂，物体变形后应是一个连续体。3-2 节中给出了物体内一点处三个位移分量与六个应变分量之间的关系，即几何方程，由已知的位移分量求应变分量，可得到一组唯一的应变分量，但由应变分量求位移分量时，就要积分仅包含三个未知函数的六个偏微分方程。由于方程的数目大于未知函数的个数，方程组可能是矛盾的，为了保证方程组有单值连续的解，六个应变分量必须满足一定的条件。

首先，从式(3-10a)消去位移分量，将式(3-10a)的左列第一式和第二式分别对 y,x 求二阶偏导数，然后相加，再利用它的右列第一式则有

$$\frac{\partial^2 \varepsilon_y}{\partial x^2}+\frac{\partial^2 \varepsilon_x}{\partial y^2}=\frac{\partial^2}{\partial x \partial y}\left(\frac{\partial v}{\partial x}+\frac{\partial u}{\partial y}\right)=\frac{\partial^2 \gamma_{xy}}{\partial x \partial y} \tag{3-20}$$

将式(3-10a)中的 γ_{xy},γ_{yz},γ_{zx}分别对 z,x,y 求一次偏导数得到

$$\begin{cases}\dfrac{\partial \gamma_{xy}}{\partial z}=\dfrac{\partial^2 u}{\partial y \partial z}+\dfrac{\partial^2 v}{\partial x \partial z}\\[2ex] \dfrac{\partial \gamma_{yz}}{\partial x}=\dfrac{\partial^2 v}{\partial z \partial x}+\dfrac{\partial^2 w}{\partial y \partial x}\\[2ex] \dfrac{\partial \gamma_{zx}}{\partial y}=\dfrac{\partial^2 w}{\partial x \partial y}+\dfrac{\partial^2 u}{\partial z \partial y}\end{cases} \tag{3-21}$$

将式(3-21)第一式和第三式相加再减去第二式，得到

$$-\frac{\partial \gamma_{yz}}{\partial x}+\frac{\partial \gamma_{zx}}{\partial y}+\frac{\partial \gamma_{xy}}{\partial z}=2\frac{\partial^2 u}{\partial z \partial y} \tag{3-22}$$

再将式(3-22)对 x 求一次偏导数，并利用式(3-10)的第一式，得到

$$\frac{\partial}{\partial x}\left(-\frac{\partial \gamma_{yz}}{\partial x}+\frac{\partial \gamma_{zx}}{\partial y}+\frac{\partial \gamma_{xy}}{\partial z}\right)=2\frac{\partial^2 \varepsilon_x}{\partial z \partial y} \tag{3-23}$$

轮换 x,y,z,可得到与式(3-20)和式(3-23)相对应的其他两式，共得到六个关系式

$$\begin{cases}\dfrac{\partial^2 \varepsilon_y}{\partial x^2}+\dfrac{\partial^2 \varepsilon_x}{\partial y^2}=\dfrac{\partial^2 \gamma_{xy}}{\partial x \partial y}\\[2ex] \dfrac{\partial^2 \varepsilon_z}{\partial y^2}+\dfrac{\partial^2 \varepsilon_y}{\partial z^2}=\dfrac{\partial^2 \gamma_{zy}}{\partial y \partial z}\\[2ex] \dfrac{\partial^2 \varepsilon_x}{\partial z^2}+\dfrac{\partial^2 \varepsilon_z}{\partial x^2}=\dfrac{\partial^2 \gamma_{xz}}{\partial x \partial z}\\[2ex] \dfrac{\partial}{\partial x}\left(-\dfrac{\partial \gamma_{yz}}{\partial x}+\dfrac{\partial \gamma_{zx}}{\partial y}+\dfrac{\partial \gamma_{xy}}{\partial z}\right)=2\dfrac{\partial^2 \varepsilon_x}{\partial z \partial y}\\[2ex] \dfrac{\partial}{\partial y}\left(-\dfrac{\partial \gamma_{xz}}{\partial y}+\dfrac{\partial \gamma_{yz}}{\partial x}+\dfrac{\partial \gamma_{xy}}{\partial z}\right)=2\dfrac{\partial^2 \varepsilon_y}{\partial x \partial z}\\[2ex] \dfrac{\partial}{\partial z}\left(-\dfrac{\partial \gamma_{xy}}{\partial z}+\dfrac{\partial \gamma_{yz}}{\partial x}+\dfrac{\partial \gamma_{xz}}{\partial y}\right)=2\dfrac{\partial^2 \varepsilon_z}{\partial x \partial y}\end{cases} \tag{3-24a}$$

式(3-24a)称为应变协调方程，又称圣维南方程。上述六个方程可以分为两组，前三式分别是 xy,yz,zx 平面内的三个应变分量之间的协调关系，后三式分别是正应变 ε_x,ε_y,ε_z 和三个切应变 γ_{xy},γ_{yz},γ_{zx}之间的协调关系。要使以位移分量为未知函数的六个几何方程不相矛

盾,则六个应变分量必须满足应变协调方程。应变分量满足了应变协调方程后,就保证了物体在变形后不会出现撕裂、套叠等现象,保证了位移解的单值和连续性。

式(3-24a)可用张量的分量形式表示为

$$\varepsilon_{ij,kl}e_{ikm}e_{jln}=0 \tag{3-24b}$$

式(3-24b)只有 m,n 两个自由指标,共九个方程,但可进一步证明该式对 m,n 是对称的,故协调方程数目减为六个。

实体形式表示为

$$\nabla\times\boldsymbol{\varepsilon}\times\nabla=\mathbf{0} \tag{3-24c}$$

如果物体所占的域是单连通域,应变分量满足应变协调方程,是保证物体连续的一个充分必要条件。如果所考查的域为多连通的,则应变分量满足应变协调方程是位移单值的必要条件,位移仍可能是多值的,另还需要补充条件。对于多连通物体,总可以适当切割,把多连通物体变为单连通物体。如图 3-5 所示具有两个空洞的物体,在 ab 和 cd 处截开,物体变为单连通的。若应变分量满足应变协调方程,则在割开区域里一定能得到单值连续的位移函数,但当点从截面两侧趋向于截面上的某点时,位移函数将趋于不同的值,分别 u_i^+,u_i^- 用表示,为使多连通物体在变形后仍保持为连续体,则需要加上如下附加条件

$$u^+=u^-,v^+=v^-,w^+=w^-\text{或 }u_i^+=u_i^- \tag{3-25}$$

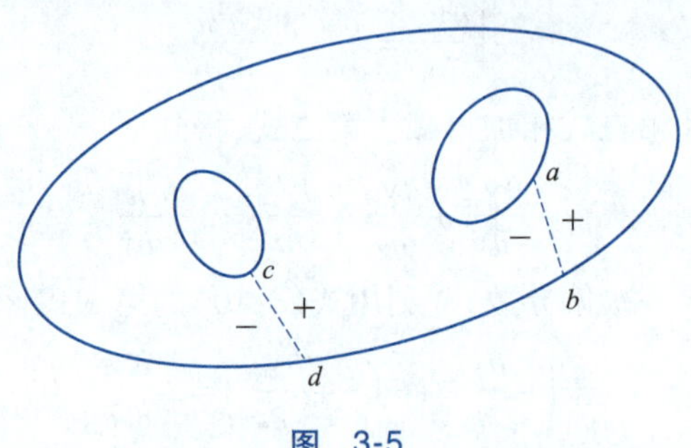

图 3-5

§3.5 由应变求位移

下面介绍如何根据已知满足应变协调方程的应变,从几何方程出发确定位移的具体方法。应变分量只能确定物体内各点间的相对位置,而刚体位移并不包含在应变分量中,即单凭应变并不能唯一地确定位移。首先考查无应变状态下物体的刚体位移。令几何方程(3-10a)中的 $\varepsilon_x=0,\varepsilon_y=0,\varepsilon_z=0$,则有

$$\begin{cases}\dfrac{\partial u}{\partial x}=0, & \dfrac{\partial v}{\partial x}+\dfrac{\partial u}{\partial y}=0\\[2mm] \dfrac{\partial v}{\partial y}=0, & \dfrac{\partial w}{\partial y}+\dfrac{\partial v}{\partial z}=0\\[2mm] \dfrac{\partial w}{\partial z}=0, & \dfrac{\partial u}{\partial z}+\dfrac{\partial w}{\partial x}=0\end{cases} \tag{3-26}$$

将式(3-26)左列的三个式子积分得到

$$u=f_1(y,z),\quad v=f_2(z,x),\quad w=f_3(x,y) \tag{3-27}$$

这里 f_1,f_2,f_3 为任意函数,将上式代入式(3-26)右列的三个式子,得到

$$\begin{cases} \dfrac{\partial f_2(z,x)}{\partial x}+\dfrac{\partial f_1(y,z)}{\partial y}=0 \\ \dfrac{\partial f_3(x,y)}{\partial y}+\dfrac{\partial f_2(z,x)}{\partial z}=0 \\ \dfrac{\partial f_1(y,z)}{\partial z}+\dfrac{\partial f_3(x,y)}{\partial x}=0 \end{cases} \tag{3-28}$$

为了求出函数f_1，将上式中的第一式和第三式分别对y，z求导，得到

$$\frac{\partial^2 f_1(y,z)}{\partial y^2}=0,\quad \frac{\partial^2 f_1(y,z)}{\partial z^2}=0 \tag{3-29}$$

由上式可知函数f_1只能包含常数项，z，y的一次项和zy项，设$f_1(y,z)=a_1+a_2y+a_3z+a_4yz$，其中$a_1$，$a_2$，$a_3$，$a_4$均为常数。同理可求得$f_2(z,x)=b_1+b_2z+b_3x+b_4xz$，$f_3(x,y)=c_1+c_2x+c_3y+c_4xy$。

将求得的函数f_1，f_2，f_3代入式(3-28)，得到

$$\begin{cases} (a_2+b_3)+(a_4+b_4)z=0 \\ (b_2+c_3)+(b_4+c_4)x=0 \\ (a_3+c_2)+(a_4+c_4)y=0 \end{cases} \tag{3-30}$$

对任意x，y，z式(3-30)这些条件都要满足，则必须有

$$\begin{aligned} b_3&=-a_2, & b_4&=-a_4 \\ c_3&=-b_2, & c_4&=-b_4 \\ a_3&=-c_2, & a_4&=-c_4 \end{aligned} \tag{3-31}$$

由上式右列三式可知$a_4=b_4=c_4=0$，利用左列三式，可得到函数f_1，f_2，f_3的表达式

$$\begin{cases} f_1(y,z)=a_1-b_3y+a_3z \\ f_2(z,x)=b_1-c_3z+b_3x \\ f_3(x,y)=c_1-a_3x+c_3y \end{cases} \tag{3-32}$$

将式(3-32)代入式(3-27)，并将常数a_1，b_1，c_1，a_3，b_3，c_3用u_0，v_0，w_0，ω_y，ω_z，ω_x代替，得到位移分量的表达式

$$\begin{cases} u=u_0-\omega_z y+\omega_y z \\ v=v_0-\omega_x z+\omega_z x \\ w=w_0-\omega_y x+\omega_x y \end{cases} \tag{3-33}$$

上式所示的位移为应变为零时的位移，即物体的刚体位移，u_0，v_0，w_0代表物体沿坐标轴的刚体平动，ω_x，ω_y，ω_z代表物体绕坐标轴的刚体转动，刚体位移是任意的，它不影响应变。一般而言，具有位移边界条件的物体，其整体刚体位移是可以确定的，对于全部应力边界条件或有部分位移边界条件仍不能完全确定全部刚体位移时，必须给物体适当的约束来确定刚体位移。

以上给出的是无应变状态时刚体位移的计算，当各应变分量不为零时，在求解时要多出一些与应变积分有关的项。为了求得位移分量，需要先求出它们对x，y，z的一阶偏导数，通过下式求得位移分量u

$$u=\int_c\left(\frac{\partial u}{\partial x}\mathrm{d}x+\frac{\partial u}{\partial y}\mathrm{d}y+\frac{\partial u}{\partial z}\mathrm{d}z\right)+u_0 \tag{3-34}$$

其中 u_0 为待定积分常数。

式(3-34)中的三个偏导数可以通过几何方程(3-10)由已知的应变表示为

$$\frac{\partial u}{\partial x}=\varepsilon_x,\quad \frac{\partial u}{\partial y}=\gamma_{xy}-\frac{\partial v}{\partial x},\quad \frac{\partial u}{\partial z}=\gamma_{zx}-\frac{\partial w}{\partial x} \tag{3-35}$$

将上式第二式对 y 求偏导,得到$\frac{\partial}{\partial y}\left(\frac{\partial u}{\partial y}\right)=\frac{\partial \gamma_{xy}}{\partial y}-\frac{\partial \varepsilon_y}{\partial x}$;对 x 求偏导得到$\frac{\partial}{\partial x}\left(\frac{\partial u}{\partial y}\right)=\frac{\partial \varepsilon_x}{\partial y}$;对 z 求偏导得到

$$\begin{aligned}\frac{\partial}{\partial z}\left(\frac{\partial u}{\partial y}\right)&=\frac{1}{2}\left[\frac{\partial}{\partial z}\left(\frac{\partial u}{\partial y}\right)+\frac{\partial}{\partial y}\left(\frac{\partial u}{\partial z}\right)\right]\\&=\frac{1}{2}\left[\frac{\partial}{\partial z}\left(\gamma_{xy}-\frac{\partial v}{\partial x}\right)+\frac{\partial}{\partial y}\left(\gamma_{zx}-\frac{\partial w}{\partial x}\right)\right]\\&=\frac{1}{2}\left(\frac{\partial \gamma_{xy}}{\partial z}+\frac{\partial \gamma_{zx}}{\partial y}-\frac{\partial \gamma_{yz}}{\partial x}\right)\end{aligned}$$

于是得到 $\frac{\partial u}{\partial y}=\int_c\left[\frac{\partial}{\partial x}\left(\frac{\partial u}{\partial y}\right)\mathrm{d}x+\frac{\partial}{\partial y}\left(\frac{\partial u}{\partial y}\right)\mathrm{d}y+\frac{\partial}{\partial z}\left(\frac{\partial u}{\partial y}\right)\mathrm{d}z\right]+c_1$

利用同样的方法可以求得$\frac{\partial u}{\partial z}$。$u$ 对 x,y,z 的三个一阶偏导数均表示为应变分量的积分,通过式(3-34)可求得位移分量 u。按照同样的方法可求出位移分量 v,w,此处不再赘述。

§3.6 正交曲线坐标系中的几何方程

本节将前面导出的关于直角坐标系小变形情况下的几何方程和应变协调方程转化为正交曲线坐标系下的相应方程。

实体形式的几何方程 $\boldsymbol{\varepsilon}=\frac{1}{2}(\boldsymbol{u}\nabla+\nabla\boldsymbol{u})$ 在任何坐标系内均成立,利用哈密顿算子在正交系中的定义式(1-57)和单位基矢量求导公式(2-36)和式(2-37),可以导出正交曲线坐标系中小变形情况下几何方程的分量表达式。

设 $\boldsymbol{u}=u_i\boldsymbol{e}_i$,则

$$\boldsymbol{\varepsilon}=\frac{1}{2}(\boldsymbol{u}\nabla+\nabla\boldsymbol{u})=\frac{1}{2}\sum_{i,j}\left(\frac{1}{h_j}\frac{\partial u_i}{\partial x_j}\boldsymbol{e}_i\boldsymbol{e}_j+\frac{1}{h_j}\frac{\partial u_i}{\partial x_j}\boldsymbol{e}_j\boldsymbol{e}_i+\frac{u_i}{h_j}\frac{\partial \boldsymbol{e}_i}{\partial x_j}\boldsymbol{e}_j+\frac{u_i}{h_j}\boldsymbol{e}_j\frac{\partial \boldsymbol{e}_i}{\partial x_j}\right) \tag{3-36}$$

用 $\boldsymbol{e}_r$ 和 $\boldsymbol{e}_s$ 分别左乘和右乘上式,经过进一步化简得到正应变($r=s$)为

$$\varepsilon_{rr}=\frac{1}{h_r}\frac{\partial u_r}{\partial x_r}+\frac{u_k}{h_rh_k}\frac{\partial h_r}{\partial x_k}+\frac{u_l}{h_rh_l}\frac{\partial h_r}{\partial x_l}\quad (r,k,l\text{ 互不相等}) \tag{3-37a}$$

切应变($r\neq s$)为

$$\varepsilon_{rs}=\frac{1}{2}\left(\frac{1}{h_s}\frac{\partial u_r}{\partial x_s}+\frac{1}{h_r}\frac{\partial u_s}{\partial x_r}-\frac{u_s}{h_sh_r}\frac{\partial h_s}{\partial x_r}-\frac{u_r}{h_sh_r}\frac{\partial h_r}{\partial x_s}\right) \tag{3-37b}$$

式(3-37)中取消求和约定,该式对 $r,s=1,2,3$ 展开,得到正交曲线坐标系小变形情况下的几何方程为

$$\begin{cases}\varepsilon_{11}=\dfrac{1}{h_1}\dfrac{\partial u_1}{\partial x_1}+\dfrac{u_2}{h_1h_2}\dfrac{\partial h_1}{\partial x_2}+\dfrac{u_3}{h_1h_3}\dfrac{\partial h_1}{\partial x_3}\\ \varepsilon_{22}=\dfrac{1}{h_2}\dfrac{\partial u_2}{\partial x_2}+\dfrac{u_3}{h_2h_3}\dfrac{\partial h_2}{\partial x_3}+\dfrac{u_1}{h_2h_1}\dfrac{\partial h_2}{\partial x_1}\\ \varepsilon_{33}=\dfrac{1}{h_3}\dfrac{\partial u_3}{\partial x_3}+\dfrac{u_1}{h_3h_1}\dfrac{\partial h_3}{\partial x_1}+\dfrac{u_2}{h_3h_2}\dfrac{\partial h_3}{\partial x_2}\\ \varepsilon_{12}=\varepsilon_{21}=\dfrac{1}{2}\left(\dfrac{1}{h_2}\dfrac{\partial u_1}{\partial x_2}+\dfrac{1}{h_1}\dfrac{\partial u_2}{\partial x_1}-\dfrac{u_1}{h_1h_2}\dfrac{\partial h_1}{\partial x_2}-\dfrac{u_2}{h_2h_1}\dfrac{\partial h_2}{\partial x_1}\right)\\ \varepsilon_{23}=\varepsilon_{32}=\dfrac{1}{2}\left(\dfrac{1}{h_3}\dfrac{\partial u_2}{\partial x_3}+\dfrac{1}{h_2}\dfrac{\partial u_3}{\partial x_2}-\dfrac{u_2}{h_2h_3}\dfrac{\partial h_2}{\partial x_3}-\dfrac{u_3}{h_3h_2}\dfrac{\partial h_3}{\partial x_2}\right)\\ \varepsilon_{31}=\varepsilon_{13}=\dfrac{1}{2}\left(\dfrac{1}{h_1}\dfrac{\partial u_3}{\partial x_1}+\dfrac{1}{h_3}\dfrac{\partial u_1}{\partial x_3}-\dfrac{u_3}{h_3h_1}\dfrac{\partial h_3}{\partial x_1}-\dfrac{u_1}{h_1h_3}\dfrac{\partial h_1}{\partial x_3}\right)\end{cases}\tag{3-38}$$

柱坐标系下，$x_1=r,x_2=\theta,x_3=z,h_1=1,h_2=r,h_3=1,u_1=u_r,u_2=u_\theta,u_3=u_z$，代入式(3-38)可得到柱坐标系下的几何方程为

$$\begin{cases}\varepsilon_r=\dfrac{\partial u_r}{\partial r},\quad \varepsilon_\theta=\dfrac{1}{r}\dfrac{\partial u_\theta}{\partial\theta}+\dfrac{u_r}{r},\quad \varepsilon_z=\dfrac{\partial u_z}{\partial z}\\ \gamma_{r\theta}=\dfrac{1}{r}\dfrac{\partial u_r}{\partial\theta}+\dfrac{\partial u_\theta}{\partial r}-\dfrac{u_\theta}{r},\quad \gamma_{\theta z}=\dfrac{\partial u_\theta}{\partial z}+\dfrac{1}{r}\dfrac{\partial u_z}{\partial\theta}\\ \gamma_{zr}=\dfrac{\partial u_z}{\partial r}+\dfrac{\partial u_r}{\partial z}\end{cases}\tag{3-39}$$

球坐标系下，$x_1=r,x_2=\theta,x_3=\varphi,h_1=1,h_2=r,h_3=r\sin\theta,u_1=u_r,u_2=u_\theta,u_3=u_\varphi$，代入式(3-38)可得到球坐标系下的几何方程为

$$\begin{cases}\varepsilon_r=\dfrac{\partial u_r}{\partial r},\quad \varepsilon_\theta=\dfrac{1}{r}\dfrac{\partial u_\theta}{\partial\theta}+\dfrac{u_r}{r},\quad \varepsilon_\varphi=\dfrac{1}{r\sin\theta}\dfrac{\partial u_\varphi}{\partial\varphi}+\dfrac{u_\theta}{r}\cot\theta+\dfrac{u_r}{r}\\ \gamma_{r\theta}=\dfrac{1}{r}\dfrac{\partial u_r}{\partial\theta}+\dfrac{\partial u_\theta}{\partial r}-\dfrac{u_\theta}{r},\quad \gamma_{r\varphi}=\dfrac{1}{r\sin\theta}\dfrac{\partial u_r}{\partial\varphi}+\dfrac{\partial u_\varphi}{\partial r}-\dfrac{u_\varphi}{r}\\ \gamma_{\theta\varphi}=\dfrac{1}{r}\left(\dfrac{\partial u_\varphi}{\partial\theta}-u_\varphi\cot\theta\right)+\dfrac{1}{r\sin\theta}\dfrac{\partial u_\theta}{\partial\varphi}\end{cases}\tag{3-40}$$

习 题 3

3-1 如何描绘一点邻近的变形情况？

3-2 在推导几何方程过程中作了哪些近似？为什么能作这样的近似？

3-3 试叙述应变协调方程的物理意义及其用途。为什么说它对多连通物体来说，仅是能求得单值连续位移的必要条件而非充分条件？

3-4 已知物体的位移场 $u=x^2+y^2+2,v=3x+4y^2,w=2x^3+4z$，试计算：(1)物体变形前的点(1,2,3)在变形后的新位置；(2)应变 ε_{ij} 在点(1,2,3)的值。

3-5 已知某物体变形后的位移分量为 $u=\dfrac{z^2+\upsilon(x^2-y^2)}{2a},v=\dfrac{\upsilon xy}{a},w=-\dfrac{xz}{a}$，式中 a 为常数。试求应变分量，并指出它们是否满足应变协调方程。

3-6 已知物体内某点的应变张量为 $\boldsymbol{\varepsilon}=\begin{pmatrix}4 & 1 & 0\\ 1 & 0 & -2\\ 0 & -2 & 6\end{pmatrix}\times10^{-6}$，试求：

(1)应变张量不变量；

(2)体积应变；

(3)主应变；

(4)最大正应变的方向。

3-7 图3-6所示圆截面杆件扭转时的位移分量为 $u=-\theta yz+ay+bz+c$，$v=\theta xz+ez-ax+f$，$w=-bx-ey+k$，分别按照下列边界条件确定各系数：O 点不动；杆件微段 dz 在 xOz 和 yOz 平面内不能转动；$z=0$ 截面内微段 dx 和 dy 在 xOy 平面内不能转动。

3-8 已知某物体的应变分量为 $\varepsilon_x=\varepsilon_y=-\upsilon\dfrac{\rho z}{E}$，$\varepsilon_z=\dfrac{\rho z}{E}$，$\gamma_{xy}=\gamma_{yz}=\gamma_{xz}=0$，式中 E 和 υ 分别为材料的弹性模量和泊松比，ρ 为物体的密度，试求位移分量 u，v，w。(任意常数不需给出)

3-9 在单连通域内，试说明下列应变分量是否可能发生：

(1)$\varepsilon_x=k(x^2+y^2)$，$\varepsilon_y=ky^2z$，$\varepsilon_z=0$，$\gamma_{xy}=2kxyz$，$\gamma_{yz}=\gamma_{xz}=0$，式中 k 为常数；

(2)$\varepsilon_x=k(x^2+y^2)$，$\varepsilon_y=ky^2$，$\varepsilon_z=0$，$\gamma_{xy}=2kxy$，$\gamma_{yz}=\gamma_{xz}=0$；

(3)$\varepsilon_x=axy^2$，$\varepsilon_y=ax^2y$，$\varepsilon_z=axy$，$\gamma_{xy}=0$，$\gamma_{yz}=az^2+by$，$\gamma_{xz}=ax^2+by^2$。

3-10 试写出平面应变($\varepsilon_z=\gamma_{yz}=\gamma_{xz}=0$)情况下应变张量的不变量及主应变的表达式。

3-11 图3-7所示一平行六面体，位移分量为 $u=c_1xyz$，$v=c_2xyz$，$w=c_3xyz$，变形前 E 点坐标(1.5,1.0,2.0)，变形后 E 点坐标(1.503,1.001,1.997)，单位为 cm，试确定：

(1)E 点的应变状态；

(2)E 点在 EA 方向的正应变。

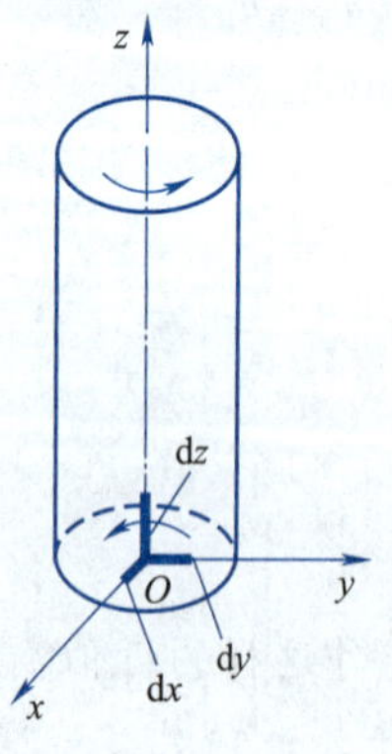

图 3-6

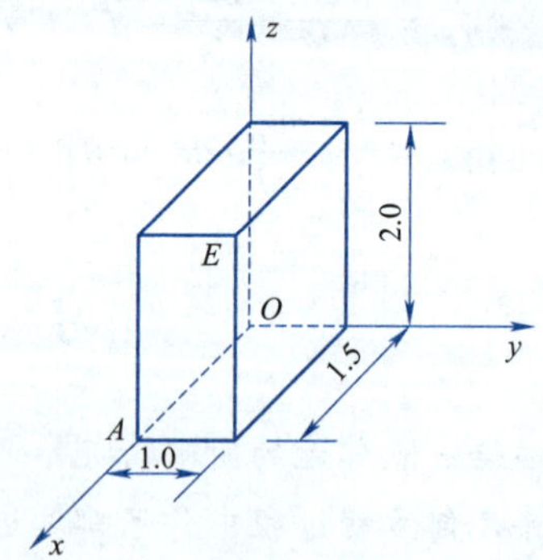

图 3-7

第 4 章

弹性本构关系

前面分别从静力学和几何学角度出发，得到了连续介质的平衡微分方程和几何方程，这些方程只反映物体变形过程中所遵循的机械运动规律和连续性要求，而不涉及材料的物理特性，对一切连续体都适用。但仅有这些方程是不足以解决问题的，还必须建立一组把应力、变形和温度变化联系起来的方程，它反映材料固有的物理特性，称为本构方程。物体中一点的应力状态由六个应力分量确定，而同一点附近的变形状态由六个应变分量确定，应力和应变是相辅相成的，对每种材料而言，在一定温度下，它们之间存在确定的关系，本章的目的是建立在弹性阶段内应力和应变的物理关系。

§4.1 广义胡克定律

应力和应变之间最一般的物理关系可用下列解析形式的函数表示为

$$\begin{cases}\sigma_x=f_1(\varepsilon_x,\varepsilon_y,\varepsilon_z,\gamma_{xy},\gamma_{xz},\gamma_{yz})\\ \sigma_y=f_2(\varepsilon_x,\varepsilon_y,\varepsilon_z,\gamma_{xy},\gamma_{xz},\gamma_{yz})\\ \sigma_z=f_3(\varepsilon_x,\varepsilon_y,\varepsilon_z,\gamma_{xy},\gamma_{xz},\gamma_{yz})\\ \tau_{xy}=f_4(\varepsilon_x,\varepsilon_y,\varepsilon_z,\gamma_{xy},\gamma_{xz},\gamma_{yz})\\ \tau_{yz}=f_5(\varepsilon_x,\varepsilon_y,\varepsilon_z,\gamma_{xy},\gamma_{xz},\gamma_{yz})\\ \tau_{zx}=f_6(\varepsilon_x,\varepsilon_y,\varepsilon_z,\gamma_{xy},\gamma_{xz},\gamma_{yz})\end{cases} \tag{4-1}$$

可以看出，每一个应力分量都是六个应变分量的多元函数，函数 $f_i(i=1,2,\cdots,6)$ 取决于材料本身的物理特性。在弹性小变形条件下，式(4-1)可展开为泰勒级数，略去二阶以上的小量，第一式展开为

$$\sigma_x=(f_1)_0+\left(\frac{\partial f_1}{\partial\varepsilon_x}\right)_0\varepsilon_x+\left(\frac{\partial f_1}{\partial\varepsilon_y}\right)_0\varepsilon_y+\left(\frac{\partial f_1}{\partial\varepsilon_z}\right)_0\varepsilon_z+\left(\frac{\partial f_1}{\partial\gamma_{yz}}\right)_0\gamma_{yz}+\left(\frac{\partial f_1}{\partial\gamma_{xz}}\right)_0\gamma_{xz}+\left(\frac{\partial f_1}{\partial\gamma_{xy}}\right)_0\gamma_{xy}$$

其中，$(f_1)_0$ 为函数 f_1 在各应变分量为零时的值，即初始应力，由无初应力假设可知 $(f_1)_0$ 应为零；$\left(\frac{\partial f_1}{\partial\varepsilon_{ij}}\right)_0$ 表示函数 f_1 对不同应变分量的一阶偏导数在各应变分量为零时的值，在初始状态各一阶偏导数应为常数。经过上述分析，小变形下式(4-1)可简化为

$$\begin{cases}\sigma_x=c_{11}\varepsilon_x+c_{12}\varepsilon_y+c_{13}\varepsilon_z+c_{14}\gamma_{yz}+c_{15}\gamma_{xz}+c_{16}\gamma_{xy}\\ \sigma_y=c_{21}\varepsilon_x+c_{22}\varepsilon_y+c_{23}\varepsilon_z+c_{24}\gamma_{yz}+c_{25}\gamma_{xz}+c_{26}\gamma_{xy}\\ \sigma_z=c_{31}\varepsilon_x+c_{32}\varepsilon_y+c_{33}\varepsilon_z+c_{34}\gamma_{yz}+c_{35}\gamma_{xz}+c_{36}\gamma_{xy}\\ \tau_{yz}=c_{41}\varepsilon_x+c_{42}\varepsilon_y+c_{43}\varepsilon_z+c_{44}\gamma_{yz}+c_{45}\gamma_{xz}+c_{46}\gamma_{xy}\\ \tau_{xz}=c_{51}\varepsilon_x+c_{52}\varepsilon_y+c_{53}\varepsilon_z+c_{54}\gamma_{yz}+c_{55}\gamma_{xz}+c_{56}\gamma_{xy}\\ \tau_{xy}=c_{61}\varepsilon_x+c_{62}\varepsilon_y+c_{63}\varepsilon_z+c_{64}\gamma_{yz}+c_{65}\gamma_{xz}+c_{66}\gamma_{xy}\end{cases} \tag{4-2a}$$

其中，系数 $c_{mn}(m,n=1,2,\cdots,6)$ 为材料的弹性常数，共 36 个，如果物体是由非均匀材料组成，c_{mn} 是位置坐标的函数；若物体是均匀材料，对物体内各点，承受同样的应力，必产生相同的应变，如果各点的应变相同，必承受同样的应力，反映在式(4-2a)中，系数 c_{mn} 应为常数。

若采用张量表示，式(4-2a)可写为

$$\sigma_{ij}=C_{ijkl}\varepsilon_{kl}\quad(i,j,k,l=1,2,3)\tag{4-2b}$$

其中，$c_{11}=C_{1111}$；$c_{12}=C_{1122}$；$c_{14}=C_{1112}\cdots$，即 c 的下角标 1、2、3、4、5、6 分别对应于 C 的双指标 11、22、33、12、23、31。式(4-2)所建立的应力和应变之间的关系，称为广义胡克定律或弹性本构方程，可知应力与应变在复杂应力状态下仍为线性关系。

§4.2 弹性应变能

设弹性体在外力作用下处于平衡状态，在弹性变形过程中，外力沿其作用线方向的位移上做了功。对于静载作用下的物体，在其产生弹性变形的过程中可以不计能量(包括动能与热量)的损失，根据能量守恒定律可知：产生此变形的外力在加载过程中所做的功将以一种能的形式被积累在物体内，此能量称为弹性应变能，在数值上等于外力功。若弹性应变能用 V_ε 表示，外力功用 W_e 表示，则有

$$W_e=V_\varepsilon\tag{4-3}$$

加载过程中，弹性体的外力和内力都要做功。在小变形条件下，根据机械能守恒定理，这一过程中的外力功和内力功(W_i)之和为零，即

$$W_i+W_e=0\tag{4-4}$$

故有

$$V_\varepsilon=W_e=-W_i\tag{4-5}$$

这里的内力实际上是指物体内的应力，即微元体各截面上作用的应力。显然，整个物体的内力功，就等于物体内每一点处(微元体)由于变形应力所做的内力功的总和。当取物体内一点(微元体)作为研究对象时，该微元体各截面上作用的应力，应视为该微元体的外力，如图 4-1 所示。当微元体各边长 $\mathrm{d}x,\mathrm{d}y,\mathrm{d}z$ 因变形产生位移分量 $\delta_u,\delta_v,\delta_w$ 时，应力分量 σ_{ij} 和应变分量 ε_{ij} 也应有相应的增量，由此可计算出微元体上应力所做的功。

考查微元体上外法线与 x 轴相平行的微截面上拉力(或压力)所做的功，如图 4-2(a)所示。当有应变增量 $\delta\varepsilon_x$ 时，则两平行微截面间的相对位移为 $\delta\varepsilon_x\mathrm{d}x$。略去右侧截面上正应力增量 $\dfrac{\partial\sigma_x}{\partial x}\mathrm{d}x$ 一项(因该项力所做的功为高阶微量)，则得微元体 x 方向的拉力(或压力)$\sigma_x\mathrm{d}y\mathrm{d}z$ 所做的功为式(4-6)第一项。同理可得微元体 y,z 方向上的拉力(或压力)所做的功为式(4-6)后两项

$$\sigma_x\mathrm{d}x\mathrm{d}y\mathrm{d}z\delta\varepsilon_x,\quad\sigma_y\mathrm{d}x\mathrm{d}y\mathrm{d}z\delta\varepsilon_y,\quad\sigma_z\mathrm{d}x\mathrm{d}y\mathrm{d}z\delta\varepsilon_z\tag{4-6}$$

再考查微元体 xOy 平面内剪力在剪变形上所做的功。如图 4-2(b)所示，当有切应变增加 $\delta\gamma_{xy}$ 时，同理略去切应力增量 $\dfrac{\partial\tau_{xy}}{\partial x}\mathrm{d}x$ 的影响，微元体两侧面上作用的剪力 $\tau_{xy}\mathrm{d}y\mathrm{d}z$ 组成力偶 $\tau_{xy}\mathrm{d}y\mathrm{d}z\mathrm{d}x$，则该力偶所做的功为式(4-7)第一项。同理再考查微元体 yOz,xOz 截面上剪力做的功，可得式(4-7)后两项

$$\tau_{xy}\mathrm{d}x\mathrm{d}y\mathrm{d}z\delta\gamma_{xy},\quad\tau_{yz}\mathrm{d}x\mathrm{d}y\mathrm{d}z\delta\gamma_{yz},\quad\tau_{zx}\mathrm{d}x\mathrm{d}y\mathrm{d}z\delta\gamma_{zx}\tag{4-7}$$

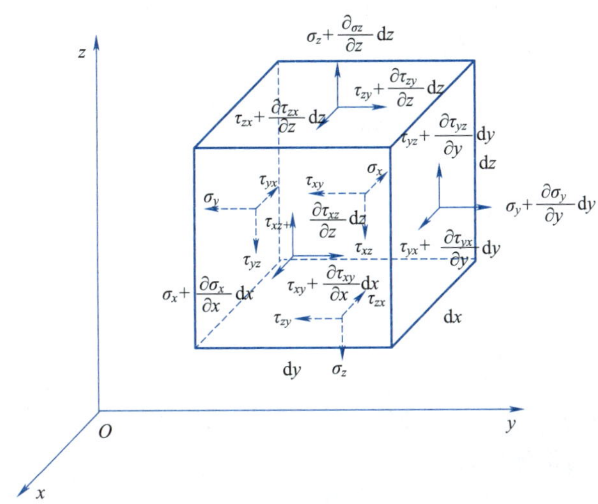

图 4-1

综上所述,物体内一点微元体各截面上的全部外力在微小变形增量上所做的功为

$$(\sigma_x\delta\varepsilon_x+\sigma_y\delta\varepsilon_y+\sigma_z\delta\varepsilon_z+\tau_{xy}\delta\gamma_{xy}+\tau_{xz}\delta\gamma_{xz}+\tau_{yz}\delta\gamma_{yz})\mathrm{d}x\mathrm{d}y\mathrm{d}z \tag{4-8}$$

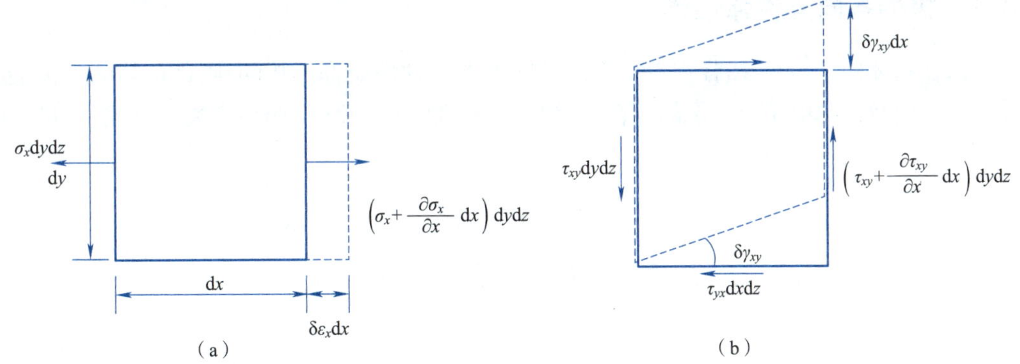

图 4-2

$\mathrm{d}x\mathrm{d}y\mathrm{d}z$ 是微元体的体积,因此微元体中单位体积内外力在微小应变增量上所做的功为

$$\delta W=\sigma_x\delta\varepsilon_x+\sigma_y\delta\varepsilon_y+\sigma_z\delta\varepsilon_z+\tau_{xy}\delta\gamma_{xy}+\tau_{xz}\delta\gamma_{xz}+\tau_{yz}\delta\gamma_{yz} \tag{4-9}$$

根据外力功与应变能的关系,单位体积内外力在微小应变增量上所做的功应等于单位体积内应变能的全部增量 δv_ε,即

$$\delta v_\varepsilon=\delta W=\sigma_x\delta\varepsilon_x+\sigma_y\delta\varepsilon_y+\sigma_z\delta\varepsilon_z+\tau_{xy}\delta\gamma_{xy}+\tau_{xz}\delta\gamma_{xz}+\tau_{yz}\delta\gamma_{yz}=\sigma_{ij}\delta\varepsilon_{ij} \tag{4-10}$$

从零应变状态到达某一应变状态 ε_{ij} 的过程中,弹性体单位体积内存储的应变能,称为应变能密度或应变比能,记为 v_ε,则为

$$v_\varepsilon=\int_0^{\varepsilon_{ij}}\delta v_\varepsilon=\int_0^{\varepsilon_{ij}}\sigma_{ij}\delta\varepsilon_{ij} \tag{4-11}$$

于是整个弹性体内的应变能为

$$V_\varepsilon=\int_V v_\varepsilon\mathrm{d}V=\int_V\int_0^{\varepsilon_{ij}}\delta v_\varepsilon\mathrm{d}V==\iint_V{}_0^{\varepsilon_{ij}}\sigma_{ij}\delta\varepsilon_{ij}\mathrm{d}V \tag{4-12}$$

由式(4-10)知,δv_ε 是单位体积应变能增量,因而由式(4-11)知应变能密度 v_ε 是应变状态的函数,即 $v_\varepsilon = v_\varepsilon(\varepsilon_{ij})$,该函数的全微分可表示为

$$\delta v_\varepsilon = \frac{\partial v_\varepsilon}{\partial \varepsilon_x}\delta\varepsilon_x + \frac{\partial v_\varepsilon}{\partial \varepsilon_y}\delta\varepsilon_y + \frac{\partial v_\varepsilon}{\partial \varepsilon_z}\delta\varepsilon_z + \frac{\partial v_\varepsilon}{\partial \gamma_{xy}}\delta\gamma_{xy} + \frac{\partial v_\varepsilon}{\partial \gamma_{xz}}\delta\gamma_{xz} + \frac{\partial v_\varepsilon}{\partial \gamma_{yz}}\delta\gamma_{yz} \tag{4-13}$$

与式(4-10)相比较,可得

$$\sigma_x = \frac{\partial v_\varepsilon}{\partial \varepsilon_x},\quad \sigma_y = \frac{\partial v_\varepsilon}{\partial \varepsilon_y},\quad \sigma_z = \frac{\partial v_\varepsilon}{\partial \varepsilon_z},\quad \tau_{xy} = \frac{\partial v_\varepsilon}{\partial \gamma_{xy}},\quad \tau_{xz} = \frac{\partial v_\varepsilon}{\partial \gamma_{xz}}, \tau_{yz} = \frac{\partial v_\varepsilon}{\partial \gamma_{yz}} \tag{4-14a}$$

上式可缩记为

$$\sigma_{ij} = \frac{\partial v_\varepsilon(\varepsilon_{ij})}{\partial \varepsilon_{ij}} \tag{4-14b}$$

式(4-14)表明,应力分量等于弹性应变能密度对相应的应变分量求一阶偏导数,且该式适用于一般弹性体,称为格林公式。

§4.3 各向异性弹性体

本节建立几种常见的各向异性弹性体的应力应变之间的关系。

4.3.1 极端各向异性弹性体

如果在物体内任一点,沿任何两个不同方向上的弹性性质都不相同,则称该物体为极端各向异性体。现在证明由于应变能的存在,极端各向异性体只有21个弹性常数。将式(4-14a)的 σ_y 与式(4-2)的第二式联立,得到

$$\frac{\partial v_\varepsilon}{\partial \varepsilon_y} = c_{21}\varepsilon_x + c_{22}\varepsilon_y + c_{23}\varepsilon_z + c_{24}\gamma_{yz} + c_{25}\gamma_{xz} + c_{26}\gamma_{xy}$$

上式两边对应变分量求一阶偏导数,例如对 γ_{xz} 求偏导数,有

$$\frac{\partial^2 v_\varepsilon}{\partial \varepsilon_y \partial \gamma_{xz}} = c_{25} \tag{4-15}$$

再将式(4-14a)的 τ_{xz} 与式(4-2)的第五式联立,得

$$\frac{\partial v_\varepsilon}{\partial \gamma_{xz}} = c_{51}\varepsilon_x + c_{52}\varepsilon_y + c_{53}\varepsilon_z + c_{54}\gamma_{yz} + c_{55}\gamma_{xz} + c_{56}\gamma_{xy}$$

上式两边对 ε_y 求偏导数,有

$$\frac{\partial^2 v_\varepsilon}{\partial \gamma_{xz} \partial \varepsilon_y} = c_{52} \tag{4-16}$$

比较式(4-15)和式(4-16),由于偏导数次序可交换,于是得到 $c_{25} = c_{52}$,同理可以证明 $c_{mn} = c_{nm}$,故对于极端各向异性体,独立的弹性常数为21个。

4.3.2 具有一个弹性对称面的各向异性弹性体

如果物体内的每一点都存在这样一个平面,与该面对称的两个方向具有相同的弹性,则该平面称为物体的弹性对称面,而垂直于弹性对称面的方向,称为物体的弹性主方向。根据弹性的对称特性(即当弹性主方向的指向改为相反时,弹性常数应保持不变),可以讨论弹性常数的独立性问题。

如图 4-3 所示，设 yOz 平面为弹性对称面，即 x 轴为弹性主方向，于是作图示坐标变换后，应力和应变关系应保持不变。

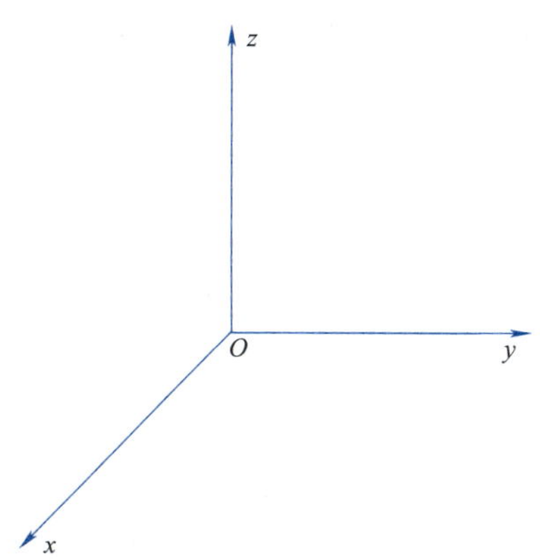

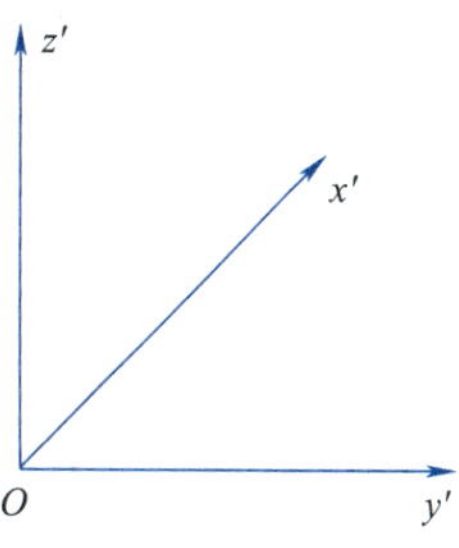

图 4-3

利用应力转轴公式(2-15)和应变转轴公式(3-13)可以得到上述坐标转换后的应力分量和应变分量

$$\begin{cases}\sigma_{x'}=\sigma_x,\sigma_{y'}=\sigma_y,\sigma_{z'}=\sigma_z\\ \tau_{y'z'}=\tau_{yz},\tau_{x'z'}=-\tau_{xz},\tau_{x'y'}=-\tau_{xy}\\ \varepsilon_{x'}=\varepsilon_x,\varepsilon_{y'}=\varepsilon_y,\varepsilon_{z'}=\varepsilon_z\\ \gamma_{y'z'}=\gamma_{yz},\gamma_{x'z'}=-\gamma_{xz},\gamma_{x'y'}=-\gamma_{xy}\end{cases}\tag{4-17}$$

将上式代入式(4-2)得到

$$\begin{cases}\sigma_{x'}=c_{11}\varepsilon_{x'}+c_{12}\varepsilon_{y'}+c_{13}\varepsilon_{z'}+c_{14}\gamma_{y'z'}-c_{15}\gamma_{x'z'}-c_{16}\gamma_{x'y'}\\ \sigma_{y'}=c_{21}\varepsilon_{x'}+c_{22}\varepsilon_{y'}+c_{23}\varepsilon_{z'}+c_{24}\gamma_{y'z'}-c_{25}\gamma_{x'z'}-c_{26}\gamma_{x'y'}\\ \sigma_{z'}=c_{31}\varepsilon_{x'}+c_{32}\varepsilon_{y'}+c_{33}\varepsilon_{z'}+c_{34}\gamma_{y'z'}-c_{35}\gamma_{x'z'}-c_{36}\gamma_{x'y'}\\ \tau_{y'z'}=c_{41}\varepsilon_{x'}+c_{42}\varepsilon_{y'}+c_{43}\varepsilon_{z'}+c_{44}\gamma_{y'z'}-c_{45}\gamma_{x'z'}-c_{46}\gamma_{x'y'}\\ -\tau_{x'z'}=c_{51}\varepsilon_{x'}+c_{52}\varepsilon_{y'}+c_{53}\varepsilon_{z'}+c_{54}\gamma_{y'z'}-c_{55}\gamma_{x'z'}-c_{56}\gamma_{x'y'}\\ -\tau_{x'y'}=c_{61}\varepsilon_{x'}+c_{62}\varepsilon_{y'}+c_{63}\varepsilon_{z'}+c_{64}\gamma_{y'z'}-c_{65}\gamma_{x'z'}-c_{66}\gamma_{x'y'}\end{cases}\tag{4-18}$$

将式(4-18)与式(4-2)进行比较，要使经过上述变换后的应力与应变关系不变，则有

$$c_{15}=c_{16}=c_{25}=c_{26}=c_{35}=c_{36}=c_{45}=c_{46}=0$$

这样弹性常数由 21 个减少到 13 个，式(4-2)简化为

$$\begin{cases}\sigma_x=c_{11}\varepsilon_x+c_{12}\varepsilon_y+c_{13}\varepsilon_z+c_{14}\gamma_{yz}\\ \sigma_y=c_{21}\varepsilon_x+c_{22}\varepsilon_y+c_{23}\varepsilon_z+c_{24}\gamma_{yz}\\ \sigma_z=c_{31}\varepsilon_x+c_{32}\varepsilon_y+c_{33}\varepsilon_z+c_{34}\gamma_{yz}\\ \tau_{yz}=c_{41}\varepsilon_x+c_{42}\varepsilon_y+c_{43}\varepsilon_z+c_{44}\gamma_{yz}\\ \tau_{xz}=c_{55}\gamma_{xz}+c_{56}\gamma_{xy}\\ \tau_{xy}=c_{65}\gamma_{xz}+c_{66}\gamma_{xy}\end{cases}\tag{4-19}$$

4.3.3 正交各向异性弹性体

若 xOz 平面也为弹性对称面，即 y 轴为弹性主方向，如图 4-4 所示，坐标变换后，应力与应变关系应保持不变。

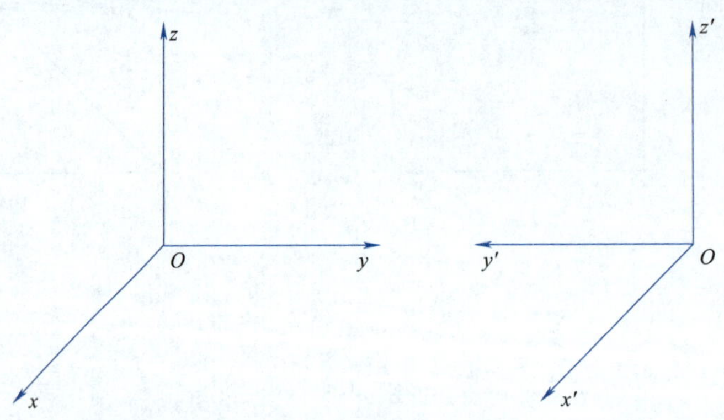

图 4-4

坐标转换后，与式(4-17)类似得到

$$\begin{cases}\sigma_{x'}=\sigma_x, \quad \sigma_{y'}=\sigma_y, \quad \sigma_{z'}=\sigma_z \\ \tau_{y'z'}=-\tau_{yz}, \quad \tau_{x'z'}=\tau_{xz}, \quad \tau_{x'y'}=-\tau_{xy} \\ \varepsilon_{x'}=\varepsilon_x, \quad \varepsilon_{y'}=\varepsilon_y, \quad \varepsilon_{z'}=\varepsilon_z \\ \gamma_{y'z'}=-\gamma_{yz}, \quad \gamma_{x'z'}=\gamma_{xz}, \quad \gamma_{x'y'}=-\gamma_{xy}\end{cases} \tag{4-20}$$

将式(4-20)代入式(4-19)，要使经过上述变换后的应力与应变关系不变，则有

$$c_{14}=c_{24}=c_{34}=c_{56}=0$$

式(4-19)简化为

$$\begin{cases}\sigma_x=c_{11}\varepsilon_x+c_{12}\varepsilon_y+c_{13}\varepsilon_z \\ \sigma_y=c_{21}\varepsilon_x+c_{22}\varepsilon_y+c_{23}\varepsilon_z \\ \sigma_z=c_{31}\varepsilon_x+c_{32}\varepsilon_y+c_{33}\varepsilon_z \\ \tau_{yz}=c_{44}\gamma_{yz} \\ \tau_{xz}=c_{55}\gamma_{xz} \\ \tau_{xy}=c_{65}\gamma_{xy}\end{cases} \tag{4-21}$$

再设 xOy 平面为弹性对称面，此时 z 轴为弹性主方向，则经过与上面相同的推演，不会得到新的结果。这表明，如果互相垂直的三个平面中有两个是弹性对称面，则第三个平面必然也是弹性对称面，这时弹性常数只有九个，这种弹性体称为正交各向异性弹性体。式(4-21)说明当坐标轴方向与弹性主方向一致时，正应力只与正应变有关，切应力只与对应的切应变有关，故拉压与剪切之间，以及不同平面内的切应力与切应变之间不存在耦合作用，各种增强纤维复合材料和木材等均属于这种弹性体。

4.3.4 横观各向同性弹性体

如果物体内每一点都有一个弹性对称轴，即每一点都有一个各向同性平面，在这个平面内，沿各个方向具有相同的弹性，这种弹性体称为横观各向同性弹性体。设 xOy 平面为各向同性平面，即 z 轴为弹性对称轴。由式(4-21)，先让坐标系绕 z 轴旋转 90°，如图 4-5 所示。

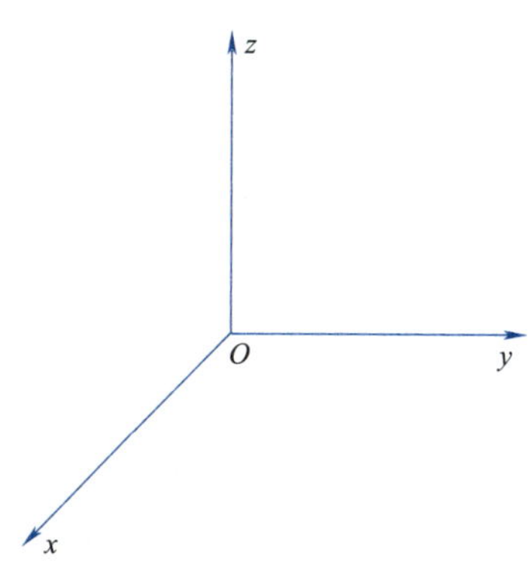

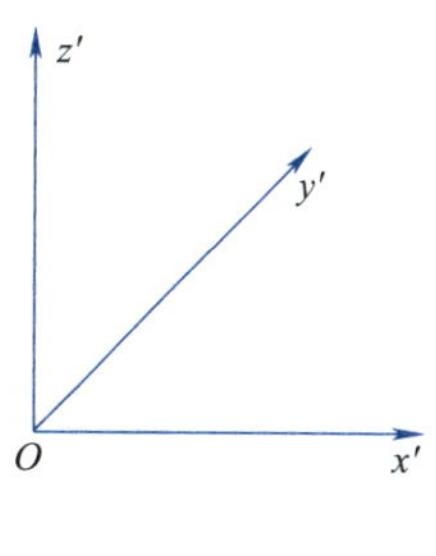

图 4-5

由应力转轴公式(2-15)和应变转轴公式(3-13)得到

$$\begin{cases} \sigma_{x'} = \sigma_y, \quad \sigma_{y'} = \sigma_x, \quad \sigma_{z'} = \sigma_z \\ \tau_{y'z'} = -\tau_{xz}, \quad \tau_{x'z'} = \tau_{yz}, \quad \tau_{x'y'} = -\tau_{xy} \\ \varepsilon_{x'} = \varepsilon_y, \quad \varepsilon_{y'} = \varepsilon_x, \quad \varepsilon_{z'} = \varepsilon_z \\ \gamma_{y'z'} = -\gamma_{xz}, \quad \gamma_{x'z'} = \gamma_{yz}, \quad \gamma_{x'y'} = -\gamma_{xy} \end{cases} \tag{4-22}$$

将式(4-22)代入式(4-21)可得

$$\begin{cases} \sigma_{y'} = c_{11}\varepsilon_{y'} + c_{12}\varepsilon_{x'} + c_{13}\varepsilon_{z'} \\ \sigma_{x'} = c_{12}\varepsilon_{y'} + c_{22}\varepsilon_{x'} + c_{23}\varepsilon_{z'} \\ \sigma_{z'} = c_{13}\varepsilon_{y'} + c_{23}\varepsilon_{x'} + c_{33}\varepsilon_{z'} \\ \tau_{x'z'} = c_{44}\gamma_{x'z'} \\ -\tau_{y'z'} = -c_{55}\gamma_{y'z'} \\ -\tau_{x'y'} = -c_{66}\gamma_{x'y'} \end{cases} \tag{4-23}$$

比较式(4-23)和式(4-21)可以发现，要使经过这一变换后应力与应变关系不变，须有

$$c_{11} = c_{22}, \quad c_{13} = c_{23}, \quad c_{44} = c_{55}$$

弹性常数减少为六个，式(4-21)简化为

$$\begin{cases} \sigma_x = c_{11}\varepsilon_x + c_{12}\varepsilon_y + c_{13}\varepsilon_z \\ \sigma_y = c_{12}\varepsilon_x + c_{11}\varepsilon_y + c_{13}\varepsilon_z \\ \sigma_z = c_{13}\varepsilon_x + c_{13}\varepsilon_y + c_{33}\varepsilon_z \\ \tau_{yz} = c_{44}\gamma_{yz} \\ \tau_{xz} = c_{44}\gamma_{xz} \\ \tau_{xy} = c_{66}\gamma_{xy} \end{cases} \tag{4-24}$$

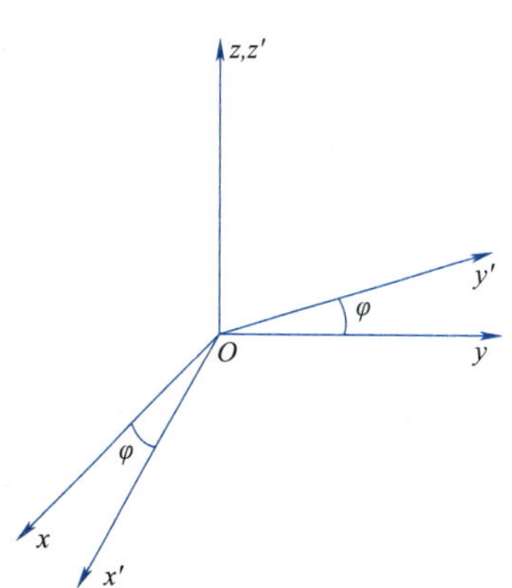

图 4-6

再将坐标轴绕 z 轴旋转任意角度 φ，如图 4-6 所示。

由式(2-15)和式(3-13)得到

$$\begin{cases} \tau_{x'y'} = \frac{1}{2}(\sigma_y - \sigma_x)\sin 2\varphi + \tau_{xy}\cos 2\varphi \\ \gamma_{x'y'} = (\varepsilon_y - \varepsilon_x)\sin 2\varphi + \gamma_{xy}\cos 2\varphi \end{cases} \tag{4-25}$$

经过上述变换后,式(4-24)的第六个关系仍应成立,即

$$\tau_{x'y'} = c_{66}\gamma_{x'y'} \tag{4-26}$$

进一步化简后得到

$$2c_{66} = c_{11} - c_{12} \tag{4-27}$$

可知横观各向同性弹性体有五个弹性常数,其应力与应变的关系如下

$$\begin{cases} \sigma_x = c_{11}\varepsilon_x + c_{12}\varepsilon_y + c_{13}\varepsilon_z \\ \sigma_y = c_{12}\varepsilon_x + c_{11}\varepsilon_y + c_{13}\varepsilon_z \\ \sigma_z = c_{13}\varepsilon_x + c_{13}\varepsilon_y + c_{33}\varepsilon_z \\ \tau_{yz} = c_{44}\gamma_{yz} \\ \tau_{xz} = c_{44}\gamma_{xz} \\ \tau_{xy} = \dfrac{1}{2}(c_{11} - c_{12})\gamma_{xy} \end{cases} \tag{4-28}$$

§4.4 各向同性弹性体

如果一个物体内所有方向的弹性性质都相同,称该物体为各向同性弹性体。这一物理上完全对称的特性,反映在数学上,就是应力与应变的关系在所有方位不同的坐标系中都一样。下面,由式(4-28)经过进一步的简化,建立各向同性弹性体的应力与应变的关系。

式(4-28)反映的是这样一个弹性体,xOy 平面既是它的各向同性面,又是它的弹性对称面,这样,既保证了沿 xOy 平面内任一方向具有相同的弹性,又保证了沿 z 轴的正负两个方向也具有相同的弹性。但 xOy 平面内的弹性性质和 z 轴方向的弹性性质对各向异性体是不同的;对各向同性体来说,它们应该相同。为此,以式(4-28)为基础,再作图 4-7 所示的坐标变换,如果在这样的变换下应力应变关系保持不变,即可保证是各向同性的。

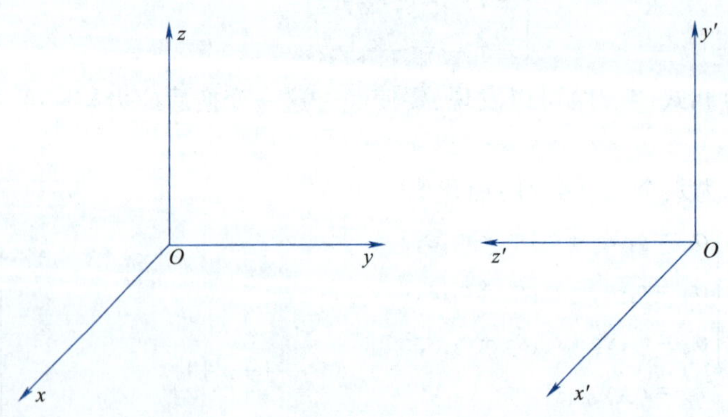

图 4-7

在上图的坐标变换下,应力分量和应变分量的变换关系如下

$$\begin{cases} \sigma_{x'} = \sigma_x, \quad \sigma_{y'} = \sigma_z, \quad \sigma_{z'} = \sigma_y \\ \tau_{y'z'} = -\tau_{yz}, \quad \tau_{x'z'} = -\tau_{xy}, \quad \tau_{x'y'} = \tau_{xz} \\ \varepsilon_{x'} = \varepsilon_x, \quad \varepsilon_{y'} = \varepsilon_z, \quad \varepsilon_{z'} = \varepsilon_y \\ \gamma_{y'z'} = -\gamma_{yz}, \quad \gamma_{x'z'} = -\gamma_{xy}, \quad \gamma_{x'y'} = \gamma_{xz} \end{cases} \tag{4-29}$$

将式(4-29)代入式(4-28)可得

$$\begin{cases}\sigma_{x'}=c_{11}\varepsilon_{x'}+c_{12}\varepsilon_{z'}+c_{13}\varepsilon_{y'}\\ \sigma_{z'}=c_{12}\varepsilon_{x'}+c_{11}\varepsilon_{z'}+c_{13}\varepsilon_{y'}\\ \sigma_{y'}=c_{13}\varepsilon_{x'}+c_{13}\varepsilon_{z'}+c_{33}\varepsilon_{y'}\\ -\tau_{y'z'}=-c_{44}\gamma_{y'z'}\\ \tau_{x'y'}=c_{44}\gamma_{x'y'}\\ -\tau_{x'z'}=-\dfrac{1}{2}(c_{11}-c_{12})\gamma_{x'z'}\end{cases}\tag{4-30}$$

将式(4-30)与式(4-28)进行对比,要求经上述变换后应力应变关系不变,则得到

$$c_{12}=c_{13},\quad c_{11}=c_{33},\quad c_{44}=\frac{1}{2}(c_{11}-c_{12})\tag{4-31}$$

由以上推导可知,对于各向同性的弹性体,只有两个独立的弹性常数。将式(4-31)代入式(4-28),稍加整理得到

$$\begin{cases}\sigma_x=c_{12}\theta+(c_{11}-c_{12})\varepsilon_x\\ \sigma_y=c_{12}\theta+(c_{11}-c_{12})\varepsilon_y\\ \sigma_z=c_{12}\theta+(c_{11}-c_{12})\varepsilon_z\\ \tau_{xy}=\dfrac{1}{2}(c_{11}-c_{12})\gamma_{xy}\\ \tau_{xz}=\dfrac{1}{2}(c_{11}-c_{12})\gamma_{xz}\\ \tau_{yz}=\dfrac{1}{2}(c_{11}-c_{12})\gamma_{yz}\end{cases}\tag{4-32}$$

这里 $\theta=\varepsilon_x+\varepsilon_y+\varepsilon_z$ 称为体应变,令 $c_{12}=\lambda$,$c_{11}-c_{12}=2\mu$,则式(4-32)可表示为

$$\begin{cases}\sigma_x=\lambda\theta+2\mu\varepsilon_x\\ \sigma_y=\lambda\theta+2\mu\varepsilon_y\\ \sigma_z=\lambda\theta+2\mu\varepsilon_z\\ \tau_{xy}=\mu\gamma_{xy}\\ \tau_{xz}=\mu\gamma_{xz}\\ \tau_{yz}=\mu\gamma_{yz}\end{cases}\tag{4-33a}$$

上式简化为张量形式表示为

$$\sigma_{ij}=\lambda\varepsilon_{kk}\delta_{ij}+2\mu\varepsilon_{ij}\tag{4-33b}$$

式(4-33)称为各向同性弹性体的广义胡克定律,λ,μ 称为拉梅常数。从式(4-33)容易看出,在各向同性体内的各点,应力主方向和应变主方向是一致的。令 $\Theta=\sigma_x+\sigma_y+\sigma_z$,式(4-33)也可改写为

$$\begin{cases}\varepsilon_x=\dfrac{\sigma_x}{2\mu}-\dfrac{\lambda}{2\mu(3\lambda+2\mu)}\Theta,\quad \gamma_{yz}=\dfrac{1}{\mu}\tau_{yz}\\ \varepsilon_y=\dfrac{\sigma_y}{2\mu}-\dfrac{\lambda}{2\mu(3\lambda+2\mu)}\Theta,\quad \gamma_{xz}=\dfrac{1}{\mu}\tau_{xz}\\ \varepsilon_z=\dfrac{\sigma_z}{2\mu}-\dfrac{\lambda}{2\mu(3\lambda+2\mu)}\Theta,\quad \gamma_{xy}=\dfrac{1}{\mu}\tau_{xy}\end{cases}\tag{4-34a}$$

上式用张量形式可简记为

$$\varepsilon_{ij}=\frac{\sigma_{ij}}{2\mu}-\frac{\lambda}{2\mu(3\lambda+2\mu)}\sigma_{kk}\delta_{ij} \tag{4-34b}$$

式(4-33)和式(4-34)是各向同性弹性体的两种不同形式(分别以应变表示应力和以应力表示应变)的本构关系,是弹性力学的重要基本方程。

下面推导各向同性体的体积应变变化规律,将式(4-33)前三式相加,得到

$$\Theta=(3\lambda+2\mu)\theta \tag{4-35}$$

式中,$\Theta=\sigma_x+\sigma_y+\sigma_z=3\sigma_m$,$\sigma_m$ 为平均正应力;$\theta=\varepsilon_x+\varepsilon_y+\varepsilon_z=3\varepsilon_m$,$\varepsilon_m$ 为平均正应变。令 $K=\dfrac{3\lambda+2\mu}{3}$,则式(4-35)可改写为

$$\sigma_m=K\theta=3K\varepsilon_m \tag{4-36}$$

式(4-35)或式(4-36)称为体应变胡克定律,从该式可以看出,体应变与平均应力成正比,式中的比例系数 K 称为体积模量。

由于柱坐标系、球坐标系与直角坐标系均属于正交系,故这两种坐标系与直角坐标系下的物理方程具有相同的形式,只需将式(4-33)各应力、应变分量的坐标替换为 r,θ,z 或 r,θ,φ,相对应的体应变表示为 $\theta=\varepsilon_r+\varepsilon_\theta+\varepsilon_z$ 或 $\theta=\varepsilon_r+\varepsilon_\theta+\varepsilon_\varphi$ 即可。

§4.5 各弹性常数的关系

上节证明了各向同性的弹性体仅有两个独立的弹性常数 λ,μ,工程中也可以用其他弹性常数表示应力与应变之间的关系,当然这些常数与上述两个基本常数之间存在确定的关系。下面讨论这些弹性常数的相互关系。

上节给出的应力与应变关系式(4-33)或式(4-34)也包括简单拉伸和纯剪的特殊情况,故借助同一材料的简单拉伸与纯剪试验可以测定弹性常数 λ 和 μ。

4.5.1 单向拉伸

简单拉伸的情况下,将试件拉伸方向作为 x 轴方向,则

$$\sigma_y=\sigma_z=\tau_{yz}=\tau_{xz}=\tau_{xy}=0$$

将上式代入式(4-34)

$$\begin{cases}\varepsilon_x=\dfrac{\lambda+\mu}{\mu(3\lambda+2\mu)}\sigma_x\\ \varepsilon_y=\varepsilon_z=-\dfrac{\lambda}{2\mu(3\lambda+2\mu)}\sigma_x\\ \gamma_{yz}=\gamma_{xz}=\gamma_{xy}=0\end{cases} \tag{4-37}$$

另一方面,根据简单拉伸试验的结果,有如下关系

$$\begin{cases}\varepsilon_x=\dfrac{\sigma_x}{E}\\ \varepsilon_y=\varepsilon_z=-\dfrac{\upsilon}{E}\sigma_x\\ \gamma_{yz}=\gamma_{xz}=\gamma_{xy}=0\end{cases} \tag{4-38}$$

这里的 E 和 υ 为工程中使用的杨氏模量和泊松比。比较式(4-37)和式(4-38),则有

$$E=\frac{\mu(3\lambda+2\mu)}{\lambda+\mu},\quad \upsilon=\frac{\lambda}{2(\lambda+\mu)} \tag{4-39}$$

或

$$\lambda=\frac{E\upsilon}{(1+\upsilon)(1-2\upsilon)},\quad \mu=\frac{E}{2(1+\upsilon)} \tag{4-40}$$

4.5.2 纯剪切

假定切应力作用在 xOy 平面内,则有

$$\sigma_x=\sigma_y=\sigma_z=\tau_{yz}=\tau_{xz}=0$$

将上式代入式(4-34)

$$\begin{cases}\varepsilon_x=\varepsilon_y=\varepsilon_z=\gamma_{yz}=\gamma_{xz}=0\\ \gamma_{xy}=\dfrac{\tau_{xy}}{\mu}\end{cases} \tag{4-41}$$

根据纯剪切实验可知

$$\begin{cases}\varepsilon_x=\varepsilon_y=\varepsilon_z=\gamma_{yz}=\gamma_{xz}=0\\ \gamma_{xy}=\dfrac{\tau_{xy}}{G}\end{cases} \tag{4-42}$$

G 为材料的切变模量,对比式(4-41)和式(4-42)得

$$\mu=G \tag{4-43}$$

将式(4-40)代入式(4-34a),经整理,各向同性体的广义胡克定律又可表示成如下形式

$$\begin{cases}\varepsilon_x=\dfrac{1}{E}[\sigma_x-\upsilon(\sigma_y+\sigma_z)],\quad \gamma_{yz}=\dfrac{2(1+\upsilon)}{E}\tau_{yz}\\ \varepsilon_y=\dfrac{1}{E}[\sigma_y-\upsilon(\sigma_x+\sigma_z)],\quad \gamma_{xz}=\dfrac{2(1+\upsilon)}{E}\tau_{xz}\\ \varepsilon_z=\dfrac{1}{E}[\sigma_z-\upsilon(\sigma_x+\sigma_y)],\quad \gamma_{xy}=\dfrac{2(1+\upsilon)}{E}\tau_{xy}\end{cases} \tag{4-44a}$$

或简记为

$$\varepsilon_{ij}=\frac{1}{E}[(1+\upsilon)\sigma_{ij}-\upsilon\sigma_{kk}\delta_{ij}] \tag{4-44b}$$

由式(4-35)和式(4-40)又可得到体应变胡克定律的另外一种表示形式

$$\Theta=\frac{E}{1-2\upsilon}\theta \tag{4-45}$$

体积弹性模量用杨氏模量和泊松比可表示为 $K=\dfrac{E}{3(1-2\upsilon)}$。

由以上讨论可以看出,针对各向同性体引进了 λ,μ,E,υ,K 五个弹性常数,其中只有两个是独立的,不管用其中哪两个,都可以作为独立常数,完整表达出各向同性体的广义胡克定律。

习　题　4

4-1　试证明对各向同性弹性体,主应力方向与主应变方向互相重合。

4-2 正交各向异性体、横观各向同性体、各向同性体,各自独立的弹性常数分别有几个?

4-3 试证明弹性常数 E、G、v 之间的关系为 $G=E/2(1+v)$。

4-4 弹性体内某点的主应变之间的比例为 $\varepsilon_1:\varepsilon_2:\varepsilon_3=3:4:5$,最大主应力 $\sigma_1=140$ MPa,试求主应力之比 $\sigma_1:\sigma_2:\sigma_3$ 及 σ_2,σ_3 的值。取弹性模量 $E=200$ GPa,泊松比 $\nu=0.3$。

4-5 将某一小的物体放入高压容器中,在静水压力(三向均压)$p=0.45\ \text{N/mm}^2$ 作用下,测得体积应变 $\theta=-3.6\times10^{-5}$,若物体的泊松比 $\upsilon=0.3$,试求该物体的弹性模量 E。

4-6 已知某弹性体中的应力场为 $\begin{pmatrix} ky^2 & 0 \\ 0 & -kx^2 \end{pmatrix}$,其中 k 为常数,材料的弹性常数为 E,υ。试导出物体中位移分量 $u(x,y)$,$v(x,y)$ 的表达式。

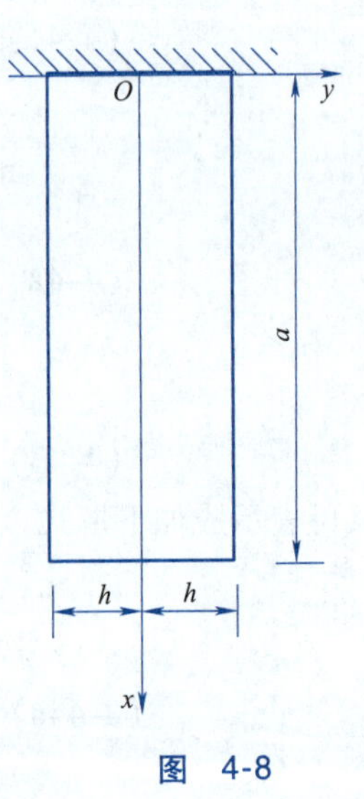

图 4-8

4-7 等截面薄板的密度为 ρ,上边悬挂于铅垂平面内,如图 4-8 所示,由于自重产生的位移场为 $u(x,y)=\dfrac{\rho g(2xa-x^2-\upsilon y^2)}{2E}$,$v(x,y)=-\dfrac{\upsilon\rho g}{E}(a-x)y$,若省略 z 方向的位移和应力,试求板内的应力和应变,并校核求得的应力是否满足边界条件。

4-8 已知钢材的 $E=200$ GPa,$G=80$ GPa,在该材料中

(1)给出某点应变张量为 $\begin{pmatrix} 0.002 & 0.001 & 0 \\ 0.001 & 0.003 & 0.004 \\ 0 & 0.004 & 0 \end{pmatrix}$,试确定应力张量的对应分量;

(2)给出某点应力张量为 $\begin{pmatrix} 20 & -4 & 5 \\ -4 & 0 & 10 \\ 5 & 10 & 15 \end{pmatrix}$ MPa,试确定应变张量的对应分量。

4-9 试由以应变分量表示应力分量的关系式

$$\sigma_x=\lambda\theta+2\mu\varepsilon_x,\quad \tau_{xy}=\mu\gamma_{xy}$$
$$\sigma_y=\lambda\theta+2\mu\varepsilon_y,\quad \tau_{xz}=\mu\gamma_{xz}$$
$$\sigma_z=\lambda\theta+2\mu\varepsilon_z,\quad \tau_{yz}=\mu\gamma_{yz}$$

推导出以应力分量表示应变分量的关系式,注意关系式中利用弹性常数 E,υ 来表示。

4-10 将橡皮块放在与它同样体积的铁盒中,在上面用铁盖封闭,使铁盖上面承受均匀压力 q 作用,如图 4-9 所示,假设铁盒和和铁盖可以作为刚体看待,而且橡皮与铁盒之间无摩擦力。试求铁盒内侧面所受的压力及橡皮块的体积应变。若将橡皮块换成刚体,其体积应变有何变化?

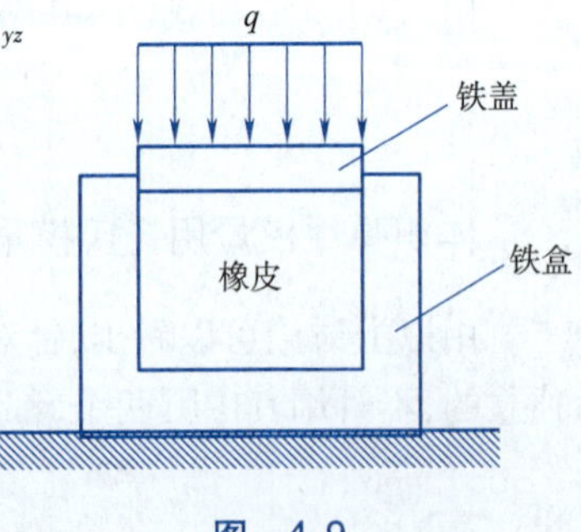

图 4-9

第 5 章 弹性力学问题的建立和一般原理

前面三章导出了弹性力学的基本方程和一些常用公式，本章主要讨论如何把弹性力学问题正确地描述为一个数学问题，并对解决这些问题的方法、途径作原则性的阐述。主要任务包括：(1)结合弹性力学的基本方程，按边界条件的性质将问题分类；(2)给出解决弹性力学问题的两种常用方法：位移解法和应力解法，并给出对应的方程；(3)讨论柱坐标和球坐标系下基本方程的形式，并给出空间轴对称和球对称问题的基本方程及其求解方法；(4)介绍三个带有普遍意义的原理，即解的唯一性原理、叠加原理和圣维南原理，这些原理对于解决具体问题、扩大解的应用范围是很重要的。

§5.1 基本方程和边界条件

5.1.1 基本方程

弹性力学的任务是研究弹性体在外因作用下产生的应力与变形。在解决这个任务时，规定三个要求或前提，即：(1)物体在变形过程中几何上始终是一个连续体；(2)物体的变形在力学上是一种宏观的机械运动；(3)物体在物理上是一种理想弹性体。在这些前提下，我们在前面建立了三组方程，小变形、各向同性、线性弹性并采用直角坐标系的情况下，它们可以表示如下：

平衡(运动)微分方程

$$\sigma_{ij,j}+f_i=0\left(=\rho\frac{\partial^2 u_i}{\partial t^2}\right) \tag{5-1}$$

几何方程——应变和位移的关系

$$\varepsilon_{ij}=\frac{1}{2}(u_{i,j}+u_{j,i}) \tag{5-2}$$

物理方程——应力和应变的关系

$$\varepsilon_{ij}=\frac{1}{E}[(1+\upsilon)\sigma_{ij}-\upsilon\sigma_{kk}\delta_{ij}] \quad (以应力表示应变) \tag{5-3}$$

或

$$\sigma_{ij}=\lambda\varepsilon_{kk}\delta_{ij}+2\mu\varepsilon_{ij} \quad (以应变表示应力) \tag{5-4}$$

这些方程组表示满足上述三个要求的各有关物理量在物体内部的变化规律。当把弹性力学问题作为数学问题来描述时，这些方程组就构成了数学弹性理论的控制方程。

5.1.2 边界条件

上述基本方程共15个,包含6个应力分量,6个应变分量和3个位移分量,共15个变量。解这些方程,还需给出边界条件。弹性力学按工程实际问题可能出现的情况,边界条件可归结为以下三种:

(1)在全部边界上已知面力 $\overline{f_i}$,若将边界记作 S,则边界条件为

$$\sigma_{ij}n_j = \overline{f_i} \quad (\text{在 } S \text{ 上}) \tag{5-5}$$

式(5-5)称为应力边界条件。

(2)在全部边界 S 上已知边界位移 $\overline{u_i}$,边界条件为

$$u_i = \overline{u_i} \quad (\text{在 } S \text{ 上}) \tag{5-6}$$

式(5-6)称为位移边界条件。

(3)在部分边界 S_σ 上已知面力,在另一部分边界 S_u 上已知边界位移,边界条件为

$$\sigma_{ij}n_j = \overline{f_i} \quad (\text{在 } S_\sigma \text{ 上}) \tag{5-7a}$$

$$u_i = \overline{u_i} \quad (\text{在 } S_u \text{ 上}) \tag{5-7b}$$

式(5-7)称为混合边界条件。

在给定的边界条件下求解偏微分方程组的问题,称为偏微分方程组的边值问题。在上述三种边界条件下求解弹性力学的基本方程,依次称为弹性力学的第一类、第二类和第三类边值问题,第三类边值问题又称混合边值问题。

§5.2 弹性力学问题的求解方法

上节所给方程组中包含着三类变量,即位移 u_i、应变 ε_{ij}、应力 σ_{ij},这就是弹性力学问题的全部未知量,弹性体占据的区域是这些未知量的场,而基本方程则是相应的场方程。按照数学的提法,弹性力学问题归结为从这15个场方程中求解15个未知量,使其满足已知的定解条件。一般而言,要同时求出全部未知量是一个十分困难的问题,因此在具体求解时,通常选取某一类变量作为基本未知量,首先求出它的解,然后再求其余未知量。根据选取基本未知量的不同,有下列两种基本方法:位移解法和应力解法,下面进行分别阐述。

5.2.1 位移解法

在位移解法中,把位移分量 u_i 作为首先要求的基本未知量,一般包含三个独立的分量。这时须从上述15个基本方程中消去应变分量和应力分量,最后得到只包含位移分量的三个方程,同时边界条件也要用位移分量表示。为此,首先把几何方程(5-2)代入物理方程(5-4)得到位移与应力的关系

$$\begin{cases} \sigma_x = \lambda\theta + 2\mu \dfrac{\partial u}{\partial x}, & \tau_{xy} = \mu\left(\dfrac{\partial u}{\partial y} + \dfrac{\partial v}{\partial x}\right) \\ \sigma_y = \lambda\theta + 2\mu \dfrac{\partial v}{\partial y}, & \tau_{yz} = \mu\left(\dfrac{\partial w}{\partial y} + \dfrac{\partial v}{\partial z}\right) \\ \sigma_z = \lambda\theta + 2\mu \dfrac{\partial w}{\partial z}, & \tau_{xz} = \mu\left(\dfrac{\partial u}{\partial z} + \dfrac{\partial w}{\partial x}\right) \end{cases} \tag{5-8a}$$

或用张量的分量形式表示为

$$\sigma_{ij} = \lambda u_{k,k}\delta_{ij} + \mu(u_{i,j} + u_{j,i}) \tag{5-8b}$$

将式(5-8)代入式(5-1),整理得到

$$\begin{cases} (\lambda+\mu)\dfrac{\partial\theta}{\partial x} + \mu\nabla^2 u + f_x = 0\left(=\rho\dfrac{\partial^2 u}{\partial t^2}\right) \\ (\lambda+\mu)\dfrac{\partial\theta}{\partial y} + \mu\nabla^2 v + f_y = 0\left(=\rho\dfrac{\partial^2 v}{\partial t^2}\right) \\ (\lambda+\mu)\dfrac{\partial\theta}{\partial z} + \mu\nabla^2 w + f_z = 0\left(=\rho\dfrac{\partial^2 w}{\partial t^2}\right) \end{cases} \tag{5-9a}$$

或简记为

$$(\lambda+\mu)u_{j,ji} + \mu\nabla^2 u_i + f_i = 0(=\rho\ddot{u}_i) \tag{5-9b}$$

这里的$\nabla^2(\,)$是拉普拉斯算子,$\nabla^2(\,) = \left(\dfrac{\partial^2}{\partial x^2} + \dfrac{\partial^2}{\partial y^2} + \dfrac{\partial^2}{\partial z^2}\right)(\,) = (\,)_{,jj}$。

式(5-9)是以位移表示的平衡微分方程,也称纳维-拉梅方程,简称 N-L 方程。

对于边界条件,如物体表面处的位移是给定的,则直接通过位移的形式给出,如式(5-6)所示;如物体表面处的面力是给定的,则应借助式(5-5),等号左边的应力用位移表示。为此,将式(5-8)代入式(5-5),整理后得到用位移分量表示的应力边界条件

$$\begin{cases} \lambda\theta l + \mu\left(\dfrac{\partial u}{\partial x}l + \dfrac{\partial u}{\partial y}m + \dfrac{\partial u}{\partial z}n\right) + \mu\left(\dfrac{\partial u}{\partial x}l + \dfrac{\partial v}{\partial x}m + \dfrac{\partial w}{\partial x}n\right) = \bar{f}_x \\ \lambda\theta m + \mu\left(\dfrac{\partial v}{\partial x}l + \dfrac{\partial v}{\partial y}m + \dfrac{\partial v}{\partial z}n\right) + \mu\left(\dfrac{\partial u}{\partial y}l + \dfrac{\partial v}{\partial y}m + \dfrac{\partial w}{\partial y}n\right) = \bar{f}_y \\ \lambda\theta n + \mu\left(\dfrac{\partial w}{\partial x}l + \dfrac{\partial w}{\partial y}m + \dfrac{\partial w}{\partial z}n\right) + \mu\left(\dfrac{\partial u}{\partial z}l + \dfrac{\partial v}{\partial z}m + \dfrac{\partial w}{\partial z}n\right) = \bar{f}_z \end{cases} \tag{5-10a}$$

或简记为

$$\lambda u_{k,k}n_i + \mu(u_{i,j} + u_{j,i})n_j = \bar{f}_i \tag{5-10b}$$

以位移作为基本变量求解时,归结为在给定的边界条件下求解 N-L 方程。求得了位移分量,就可以通过式(5-2)和式(5-4)求出应变分量和应力分量。

5.2.2 应力解法

应力解法中,取应力分量 σ_{ij}为基本未知量,一般包含 6 个独立的分量。从基本方程中消去位移和应变,得到关于应力的偏微分方程组。以应力作为基本变量求解,待求的应力分量应满足平衡微分方程,但平衡微分方程还不足以求解应力分量,必须建立有关应力的补充方程。为此,先从应变和位移关系中消去位移 u_i,这就是第 3 章所推导的应变协调方程(3-24)

$$\begin{cases}\dfrac{\partial^2\varepsilon_y}{\partial x^2}+\dfrac{\partial^2\varepsilon_x}{\partial y^2}=\dfrac{\partial^2\gamma_{xy}}{\partial x\partial y}\\ \dfrac{\partial^2\varepsilon_z}{\partial y^2}+\dfrac{\partial^2\varepsilon_y}{\partial z^2}=\dfrac{\partial^2\gamma_{zy}}{\partial y\partial z}\\ \dfrac{\partial^2\varepsilon_x}{\partial z^2}+\dfrac{\partial^2\varepsilon_z}{\partial x^2}=\dfrac{\partial^2\gamma_{xz}}{\partial x\partial z}\\ \dfrac{\partial}{\partial x}\left(-\dfrac{\partial\gamma_{yz}}{\partial x}+\dfrac{\partial\gamma_{zx}}{\partial y}+\dfrac{\partial\gamma_{xy}}{\partial z}\right)=2\dfrac{\partial^2\varepsilon_x}{\partial z\partial y}\\ \dfrac{\partial}{\partial y}\left(-\dfrac{\partial\gamma_{xz}}{\partial y}+\dfrac{\partial\gamma_{yz}}{\partial x}+\dfrac{\partial\gamma_{xy}}{\partial z}\right)=2\dfrac{\partial^2\varepsilon_y}{\partial x\partial z}\\ \dfrac{\partial}{\partial z}\left(-\dfrac{\partial\gamma_{xy}}{\partial z}+\dfrac{\partial\gamma_{yz}}{\partial x}+\dfrac{\partial\gamma_{xz}}{\partial y}\right)=2\dfrac{\partial^2\varepsilon_z}{\partial x\partial y}\end{cases}\tag{5-11}$$

现在需要从物理方程式(5-3)和变形协调方程式(5-11)中消去应变分量，首先将式(5-3)改写为如下形式

$$\begin{cases}\varepsilon_x=\dfrac{1+\upsilon}{E}\sigma_x-\dfrac{\upsilon}{E}\Theta, & \gamma_{xy}=\dfrac{2(1+\upsilon)}{E}\tau_{xy}\\ \varepsilon_y=\dfrac{1+\upsilon}{E}\sigma_y-\dfrac{\upsilon}{E}\Theta, & \gamma_{xz}=\dfrac{2(1+\upsilon)}{E}\tau_{xz}\\ \varepsilon_z=\dfrac{1+\upsilon}{E}\sigma_z-\dfrac{\upsilon}{E}\Theta, & \gamma_{yz}=\dfrac{2(1+\upsilon)}{E}\tau_{yz}\end{cases}\tag{5-12}$$

将式(5-12)代入式(5-11)的第二式和第四式，得到

$$\frac{\partial^2\sigma_z}{\partial y^2}+\frac{\partial^2\sigma_y}{\partial z^2}-\frac{\upsilon}{1+\upsilon}\left(\frac{\partial^2\Theta}{\partial y^2}+\frac{\partial^2\Theta}{\partial z^2}\right)=2\frac{\partial^2\tau_{yz}}{\partial y\partial z}\tag{5-13}$$

$$\frac{\partial^2\sigma_x}{\partial y\partial z}-\frac{\upsilon}{1+\upsilon}\frac{\partial^2\Theta}{\partial y\partial z}=\frac{\partial}{\partial x}\left(-\frac{\partial\tau_{yz}}{\partial x}+\frac{\partial\tau_{zx}}{\partial y}+\frac{\partial\tau_{xy}}{\partial z}\right)\tag{5-14}$$

为了使以上两式具有更简单的形式，可以利用平衡微分方程式(5-1)再次进行简化。将式(5-1)的第二式和第三式分别对 y,z 求一阶偏导数然后相加，并利用第一式，得到

$$2\frac{\partial^2\tau_{yz}}{\partial y\partial z}=\frac{\partial^2\sigma_x}{\partial x^2}-\frac{\partial^2\sigma_y}{\partial y^2}-\frac{\partial^2\sigma_z}{\partial z^2}-\left(\frac{\partial f_x}{\partial x}+\frac{\partial f_y}{\partial y}+\frac{\partial f_z}{\partial z}\right)+2\frac{\partial f_x}{\partial x}\tag{5-15}$$

利用 $\sigma_y+\sigma_z=\Theta-\sigma_x$，将式(5-15)代入式(5-13)的右端，化简后得到

$$\frac{1}{1+\upsilon}\nabla^2\Theta-\nabla^2\sigma_x-\frac{1}{1+\upsilon}\frac{\partial^2\Theta}{\partial x^2}=-\left(\frac{\partial f_x}{\partial x}+\frac{\partial f_y}{\partial y}+\frac{\partial f_z}{\partial z}\right)+2\frac{\partial f_x}{\partial x}\tag{5-16}$$

轮换 x,y,z,可得到类似的两个关系式，将式(5-16)与轮换后的其他两式相加，得到

$$\nabla^2\Theta=-\frac{1+\upsilon}{1-\upsilon}\left(\frac{\partial f_x}{\partial x}+\frac{\partial f_y}{\partial y}+\frac{\partial f_z}{\partial z}\right)\tag{5-17}$$

将式(5-17)代入式(5-16)，则有

$$\nabla^2\sigma_x+\frac{1}{1+\upsilon}\frac{\partial^2\Theta}{\partial x^2}=-\frac{\upsilon}{1-\upsilon}\left(\frac{\partial f_x}{\partial x}+\frac{\partial f_y}{\partial y}+\frac{\partial f_z}{\partial z}\right)-2\frac{\partial f_x}{\partial x}\tag{5-18}$$

轮换 x,y,z,可得到类似的其他两个关系式。下面简化式(5-14)，将式(5-1)的第二式和

第三式分别对 z,y 求一阶偏导数然后相加,得到

$$\frac{\partial^2\tau_{xy}}{\partial x\partial z}+\frac{\partial^2\sigma_y}{\partial y\partial z}+\frac{\partial^2\tau_{yz}}{\partial z^2}+\frac{\partial^2\tau_{xz}}{\partial x\partial y}+\frac{\partial^2\tau_{yz}}{\partial y^2}+\frac{\partial^2\sigma_z}{\partial y\partial z}=-\left(\frac{\partial f_y}{\partial z}+\frac{\partial f_z}{\partial y}\right) \tag{5-19}$$

将式(5-19)和式(5-14)相加,整理后得到

$$\nabla^2\tau_{yz}+\frac{1}{1+\upsilon}\frac{\partial^2\Theta}{\partial y\partial z}=-\left(\frac{\partial f_y}{\partial z}+\frac{\partial f_z}{\partial y}\right) \tag{5-20}$$

轮换 x,y,z,可得到类似的其他两个关系式。综上所述,共得到如下六个关系式

$$\begin{cases}\nabla^2\sigma_x+\dfrac{1}{1+\upsilon}\dfrac{\partial^2\Theta}{\partial x^2}=-\dfrac{\upsilon}{1-\upsilon}\left(\dfrac{\partial f_x}{\partial x}+\dfrac{\partial f_y}{\partial y}+\dfrac{\partial f_z}{\partial z}\right)-2\dfrac{\partial f_x}{\partial x}\\ \nabla^2\sigma_y+\dfrac{1}{1+\upsilon}\dfrac{\partial^2\Theta}{\partial y^2}=-\dfrac{\upsilon}{1-\upsilon}\left(\dfrac{\partial f_x}{\partial x}+\dfrac{\partial f_y}{\partial y}+\dfrac{\partial f_z}{\partial z}\right)-2\dfrac{\partial f_y}{\partial y}\\ \nabla^2\sigma_z+\dfrac{1}{1+\upsilon}\dfrac{\partial^2\Theta}{\partial z^2}=-\dfrac{\upsilon}{1-\upsilon}\left(\dfrac{\partial f_x}{\partial x}+\dfrac{\partial f_y}{\partial y}+\dfrac{\partial f_z}{\partial z}\right)-2\dfrac{\partial f_z}{\partial z}\\ \nabla^2\tau_{yz}+\dfrac{1}{1+\upsilon}\dfrac{\partial^2\Theta}{\partial y\partial z}=-\left(\dfrac{\partial f_y}{\partial z}+\dfrac{\partial f_z}{\partial y}\right)\\ \nabla^2\tau_{xz}+\dfrac{1}{1+\upsilon}\dfrac{\partial^2\Theta}{\partial x\partial z}=-\left(\dfrac{\partial f_x}{\partial z}+\dfrac{\partial f_z}{\partial x}\right)\\ \nabla^2\tau_{xy}+\dfrac{1}{1+\upsilon}\dfrac{\partial^2\Theta}{\partial x\partial y}=-\left(\dfrac{\partial f_y}{\partial x}+\dfrac{\partial f_x}{\partial y}\right)\end{cases} \tag{5-21a}$$

或简记为

$$\nabla^2\sigma_{ij}+\frac{1}{1+\upsilon}\Theta_{,ij}=-\frac{\upsilon}{1-\upsilon}f_{k,k}\delta_{ij}-(f_{i,j}+f_{j,i}) \tag{5-21b}$$

式(5-21)即为应力解法的控制微分方程,通常称为贝尔特拉米-米切尔(Beltrami-Michell)方程,简称B-M方程。如果体力可忽略或为常数,则上式可简化为

$$\begin{cases}\nabla^2\sigma_x+\dfrac{1}{1+\upsilon}\dfrac{\partial^2\Theta}{\partial x^2}=0, & \nabla^2\tau_{xy}+\dfrac{1}{1+\upsilon}\dfrac{\partial^2\Theta}{\partial x\partial y}=0\\ \nabla^2\sigma_y+\dfrac{1}{1+\upsilon}\dfrac{\partial^2\Theta}{\partial y^2}=0, & \nabla^2\tau_{yz}+\dfrac{1}{1+\upsilon}\dfrac{\partial^2\Theta}{\partial y\partial z}=0\\ \nabla^2\sigma_z+\dfrac{1}{1+\upsilon}\dfrac{\partial^2\Theta}{\partial z^2}=0, & \nabla^2\tau_{xz}+\dfrac{1}{1+\upsilon}\dfrac{\partial^2\Theta}{\partial x\partial z}=0\end{cases} \tag{5-22a}$$

或简记为

$$\sigma_{ij,kk}+\frac{1}{1+\upsilon}\sigma_{kk,ij}=0 \tag{5-22b}$$

贝尔特拉米-米切尔方程的本质与应变协调方程是一致的,故又称应力协调方程。同应变协调方程类似,六个应力协调方程也可能不完全独立,所以以应力为基本变量求解时,通常要求在域内同时满足六个B-M方程(5-21)和三个平衡方程(5-1),且在边界上满足应力边界条件(5-5)。

以上分别推导了两类基本解法的控制微分方程。从原理上说,不论采用何种解法,最终总可以求得所有未知量。但实践表明,对一个具体问题采用不同的解法,有时数学上的难易

程度可能相差很大，这主要取决于未知量的多寡以及控制微分方程、边界条件的复杂程度。因此，具体求解时，应根据问题的要求，选择未知量较少、控制方程和边界条件尽可能简单的方法来求解。

5.2.3 求解途径

选定求解方法后，还应该考虑具体求解的途径。一般而言有下列三种途径：

(1)直接积分法：直接求控制微分方程的积分，这通常在数学上十分困难，因此只适用于少数简单的问题。

(2)逆解法：选择某些已知函数来表示待求的未知量，而由场方程和边界条件确定它对应于怎样的外界作用。这种方法数学上比较简单，但针对性不强，难以解决实际问题。

(3)半逆解法：首先从实验结果或通过其他分析，确定一部分未知量，再根据基本方程和边界条件，用直接积分法求出其余未知量，这种方法在实际中用得很多。

§5.3 轴对称问题的基本方程及其解法

5.3.1 空间轴对称问题的基本方程

在空间问题中，如果弹性体的几何形状以及荷载都关于某一轴对称(如 z 轴，通过这个轴的任一平面都是对称面)，则其应力、应变均对称于该轴，这类问题称为空间轴对称问题。在适当地排除刚体位移(包括轴对称几何约束)以后，则位移也是轴对称的。在轴对称问题中，所有量都与坐标 θ 无关，切应力 $\tau_{\theta z}=\tau_{z\theta}=0, \tau_{\theta r}=\tau_{r\theta}=0$，需要求解的应力分量为 $\sigma_r, \sigma_\theta, \sigma_z, \tau_{rz}$，应变分量为 $\varepsilon_r, \varepsilon_\theta, \varepsilon_z, \gamma_{rz}$，位移分量为 u_r, u_z，且它们都只是 r 和 z 的函数，因而基本方程得到很多简化。

1. 平衡微分方程

略去式(2-39)与 θ 有关的项，即可得到空间轴对称问题的平衡微分方程

$$\begin{cases}\dfrac{\partial\sigma_r}{\partial r}+\dfrac{\partial\tau_{zr}}{\partial z}+\dfrac{\sigma_r-\sigma_\theta}{r}+f_r=0\\[2ex]\dfrac{\partial\sigma_z}{\partial z}+\dfrac{\partial\tau_{rz}}{\partial r}+\dfrac{\tau_{rz}}{r}+f_z=0\end{cases}\tag{5-23}$$

2. 几何方程

对于空间轴对称问题，在位移对称性条件下，位移与 θ 无关，且环向位移 $u_\theta=0$，切应变 $\gamma_{\theta z}=0, \gamma_{\theta r}=0$，略去式(3-39)中与 θ 有关的项，得到空间轴对称问题的几何方程

$$\begin{cases}\varepsilon_r=\dfrac{\partial u_r}{\partial r},\quad \varepsilon_\theta=\dfrac{u_r}{r},\quad \varepsilon_z=\dfrac{\partial u_z}{\partial z}\\[2ex]\gamma_{zr}=\dfrac{\partial u_z}{\partial r}+\dfrac{\partial u_r}{\partial z}\end{cases}\tag{5-24}$$

3. 物理方程

空间轴对称问题的应变表示应力的本构关系为

$$\begin{cases}\sigma_r=\dfrac{E}{1+\upsilon}\left(\dfrac{\upsilon}{1-2\upsilon}\theta+\varepsilon_r\right)\\ \sigma_\theta=\dfrac{E}{1+\upsilon}\left(\dfrac{\upsilon}{1-2\upsilon}\theta+\varepsilon_\theta\right)\\ \sigma_z=\dfrac{E}{1+\upsilon}\left(\dfrac{\upsilon}{1-2\upsilon}\theta+\varepsilon_z\right)\\ \tau_{rz}=\dfrac{E}{2(1+\upsilon)}\gamma_{rz}\end{cases}\tag{5-25}$$

同样可以得到用应力表示应变的本构关系

$$\begin{cases}\varepsilon_r=\dfrac{1}{E}[\sigma_r-\upsilon(\sigma_\theta+\sigma_z)]\\ \varepsilon_\theta=\dfrac{1}{E}[\sigma_\theta-\upsilon(\sigma_r+\sigma_z)]\\ \varepsilon_z=\dfrac{1}{E}[\sigma_z-\upsilon(\sigma_r+\sigma_\theta)]\\ \gamma_{zr}=\dfrac{2(1+\upsilon)}{E}\tau_{zr}\end{cases}\tag{5-26}$$

5.3.2　应力函数解法

用应力法求解时需要给出协调方程。与5.2.2节直角坐标系下应力解法的处理方法类似，通过几何方程消去位移得到用应变表示的协调方程，将用应力表示应变的本构关系代入，即可得到用应力表示的协调方程。略去相关推导过程，体力不计情况下，柱坐标系下空间轴对称问题的应力协调方程表示如下

$$\begin{cases}\nabla^2\sigma_r-\dfrac{2}{r^2}(\sigma_r-\sigma_\theta)+\dfrac{1}{1+\upsilon}\dfrac{\partial^2\Theta}{\partial r^2}=0\\ \nabla^2\sigma_\theta+\dfrac{2}{r^2}(\sigma_r-\sigma_\theta)+\dfrac{1}{1+\upsilon}\dfrac{1}{r}\dfrac{\partial\Theta}{\partial r}=0\\ \nabla^2\sigma_z+\dfrac{1}{1+\upsilon}\dfrac{\partial^2\Theta}{\partial z^2}=0\\ \nabla^2\tau_{zr}-\dfrac{\tau_{zr}}{r^2}+\dfrac{1}{1+\upsilon}\dfrac{\partial^2\Theta}{\partial r\partial z}=0\end{cases}\tag{5-27}$$

式中，$\Theta=\sigma_r+\sigma_\theta+\sigma_z$。

引入应力函数 $\Phi(r,z)$，使得

$$\begin{cases}\sigma_r=\dfrac{E}{2(1-\upsilon^2)}\dfrac{\partial}{\partial z}\left(\upsilon\nabla^2-\dfrac{\partial^2}{\partial r^2}\right)\Phi\\ \sigma_\theta=\dfrac{E}{2(1-\upsilon^2)}\dfrac{\partial}{\partial z}\left(\upsilon\nabla^2-\dfrac{1}{r}\dfrac{\partial}{\partial r}\right)\Phi\\ \sigma_z=\dfrac{E}{2(1-\upsilon^2)}\dfrac{\partial}{\partial z}\left[(2-\upsilon)\nabla^2-\dfrac{\partial^2}{\partial z^2}\right]\Phi\\ \tau_{rz}=\dfrac{E}{2(1-\upsilon^2)}\dfrac{\partial}{\partial r}\left[(1-\upsilon)\nabla^2-\dfrac{\partial^2}{\partial z^2}\right]\Phi\end{cases}\tag{5-28}$$

则平衡方程(5-23)的第一式自动满足,将式(5-28)代入式(5-23)的第二个方程及应力协调方程(5-27),则共同要求满足双调和方程

$$\nabla^2\nabla^2\Phi=0 \tag{5-29}$$

式中,$\nabla^2=\dfrac{\partial^2}{\partial r^2}+\dfrac{1}{r}\dfrac{\partial}{\partial r}+\dfrac{\partial^2}{\partial z^2}$。

5.3.3 位移解法

将几何方程(5-24)代入物理方程(5-25),得到

$$\begin{cases}\sigma_r=\dfrac{E}{1+\upsilon}\left(\dfrac{\upsilon}{1-2\upsilon}\theta+\dfrac{\partial u_r}{\partial r}\right)\\ \sigma_\theta=\dfrac{E}{1+\upsilon}\left(\dfrac{\upsilon}{1-2\upsilon}\theta+\dfrac{u_r}{r}\right)\\ \sigma_z=\dfrac{E}{1+\upsilon}\left(\dfrac{\upsilon}{1-2\upsilon}\theta+\dfrac{\partial u_z}{\partial z}\right)\\ \tau_{rz}=\dfrac{E}{2(1+\upsilon)}\left(\dfrac{\partial u_z}{\partial r}+\dfrac{\partial u_r}{\partial z}\right)\end{cases} \tag{5-30}$$

式中,$\theta=\dfrac{\partial u_r}{\partial r}+\dfrac{u_r}{r}+\dfrac{\partial u_z}{\partial z}$。再将式(5-30)代入平衡微分方程(5-23)得到

$$\begin{cases}\dfrac{E}{2(1+\upsilon)}\left(\dfrac{1}{1-2\upsilon}\dfrac{\partial\theta}{\partial r}+\nabla^2 u_r-\dfrac{u_r}{r^2}\right)+f_r=0\\ \dfrac{E}{2(1+\upsilon)}\left(\dfrac{1}{1-2\upsilon}\dfrac{\partial\theta}{\partial z}+\nabla^2 u_z\right)+f_z=0\end{cases} \tag{5-31}$$

上式即为按位移求解空间轴对称问题所需的基本微分方程。

§5.4 球对称问题的基本方程与位移解法

在空间问题中,如果弹性体的几何形状以及荷载都对称于某一点,则所有的应力、应变也要对称于这一点,且它们都只是径向坐标 r 的函数,与 φ 和 θ 无关,这类问题称为球对称问题,又称点对称问题。适当排除刚体位移(包括球对称几何约束)以后,则位移也是球对称的。显然,球对称问题只可能发生于空心或实心的圆球体中。

球对称问题中,由于对称性,径向平面上的切向正应力 $\sigma_\varphi=\sigma_\theta$,并统一用 σ_T 表示,切向正应变 $\varepsilon_\varphi=\varepsilon_\theta$,统一用 ε_T 表示;不存在切应力,即 $\tau_{r\theta}=\tau_{\theta\varphi}=\tau_{\varphi r}=0$。对位移球对称问题,位移也与 φ 和 θ 无关,且环向位移 $u_\theta=u_\varphi=0$。球对称问题的未知量为 $\sigma_T,\sigma_r,\varepsilon_T,\varepsilon_r,u_r$。

1. 平衡微分方程

略去式(2-40)与 φ 和 θ 有关的项,即可得到球对称问题的平衡微分方程

$$\frac{d\sigma_r}{dr}+\frac{2}{r}(\sigma_r-\sigma_T)+f_r=0 \tag{5-32}$$

2. 几何方程

如果位移是球对称的,位移与 φ 和 θ 无关,且环向位移 $u_\theta=u_\varphi=0$,略去式(3-40)中与 φ 和 θ 有关的项,得到球对称问题的几何方程

$$\varepsilon_r = \frac{\mathrm{d}u_r}{\mathrm{d}r}, \quad \varepsilon_T = \frac{u_r}{r} \tag{5-33}$$

3. 物理方程

利用应力和应变的对称性，球对称问题的本构关系表示为

$$\begin{cases} \sigma_r = \dfrac{E}{1+\upsilon}\left(\dfrac{\upsilon}{1-2\upsilon}\theta + \varepsilon_r\right) \\ \sigma_T = \dfrac{E}{1+\upsilon}\left(\dfrac{\upsilon}{1-2\upsilon}\theta + \varepsilon_T\right) \end{cases} \tag{5-34a}$$

式中，$\theta = \varepsilon_r + 2\varepsilon_T$。式(5-34a)又可写为

$$\begin{cases} \sigma_r = \dfrac{E}{(1+\upsilon)(1-2\upsilon)}[(1-\upsilon)\varepsilon_r + 2\upsilon\varepsilon_T] \\ \sigma_T = \dfrac{E}{(1+\upsilon)(1-2\upsilon)}(\varepsilon_T + \upsilon\varepsilon_r) \end{cases} \tag{5-34b}$$

同样可以得到用应力分量表示应变分量的本构关系

$$\begin{cases} \varepsilon_r = \dfrac{1}{E}(\sigma_r - 2\upsilon\sigma_T) \\ \varepsilon_T = \dfrac{1}{E}[(1-\upsilon)\sigma_T - \upsilon\sigma_r] \end{cases} \tag{5-34c}$$

设体力不计，将式(5-33)代入式(5-34b)，再代入式(5-32)，得到球对称问题以位移表示的平衡微分方程，即球对称问题位移解法的控制微分方程

$$\frac{\mathrm{d}^2u_r}{\mathrm{d}r^2} + \frac{2}{r}\frac{\mathrm{d}u_r}{\mathrm{d}r} - \frac{2}{r^2}u_r = 0 \tag{5-35}$$

这个常微分方程的解为

$$u_r = Ar + \frac{B}{r^2} \tag{5-36}$$

式中，A，B 为积分常数，由边界条件确定。

§5.5 弹性力学的一般原理

本节介绍三个具有普遍意义的原理：圣维南原理、叠加原理和解的唯一性定理。这些原理对于解决具体问题，扩大解的应用范围是极为重要的。

5.5.1 圣维南原理

在解决弹性力学具体问题时，必须知道外力在物体表面上的分布情况，才能精确写出它的边界条件。但在实际中往往遇到两种困难。一是只知道作用于物体某一部分面力的合力，而不知道其分布情况。例如，梁的支座反力通常可由静力平衡条件求得，但支反力在支座处的分布规律却很难精确给出。二是如果边界条件按外力的真实分布情况给出，则问题往往复杂到数学上很难求解的程度。

为了克服上述困难，圣维南提出下述假设：若作用在物体上某一个小区域中的力系，用作用在同一区域中的另一静力等效力系来代替，则对应力和变形的影响仅限于该区域附近的范围内，此即所谓圣维南原理。该原理说明，作用于物体局部表面上的外力系，无论其分

布情况如何，都可用与之静力等效的力系代替。例如，图 5-1 所示的四根悬臂梁，假设梁的高度远小于梁的长度，则这些静力等效的外力，除了在靠近端面附近的小区域有明显差异外，其余部分应力和变形本质上是一样的，图中的四种情况可相互替代。圣维南原理的应用，意味着可将边界条件的限制放松，即可允许用静力等效的力系来代替边界上实际的分布外力，从而使许多具体问题的求解成为可能。

由刚体静力学可知，两静力等效力系之间相差的只是一个平衡力系，因此，在局部边界上采用放松边界条件，相当于在这局部边界上增减一个平衡力系所带来的影响。由圣维南原理可知，这种影响是局部的。故圣维南原理又可以陈述为：如果在物体的小区域内作用着一个自相平衡的力系，则只是在该区域附近范围内才引起应力和变形，而对离该区域稍远处，几乎不受影响。例如，用钳子剪钢丝（见图 5-2），即使外力大到可以把钢丝剪断，但所产生的应力和变形却局限于钳口附近，随着离开钳口距离的增大，应力和变形迅速趋向零。

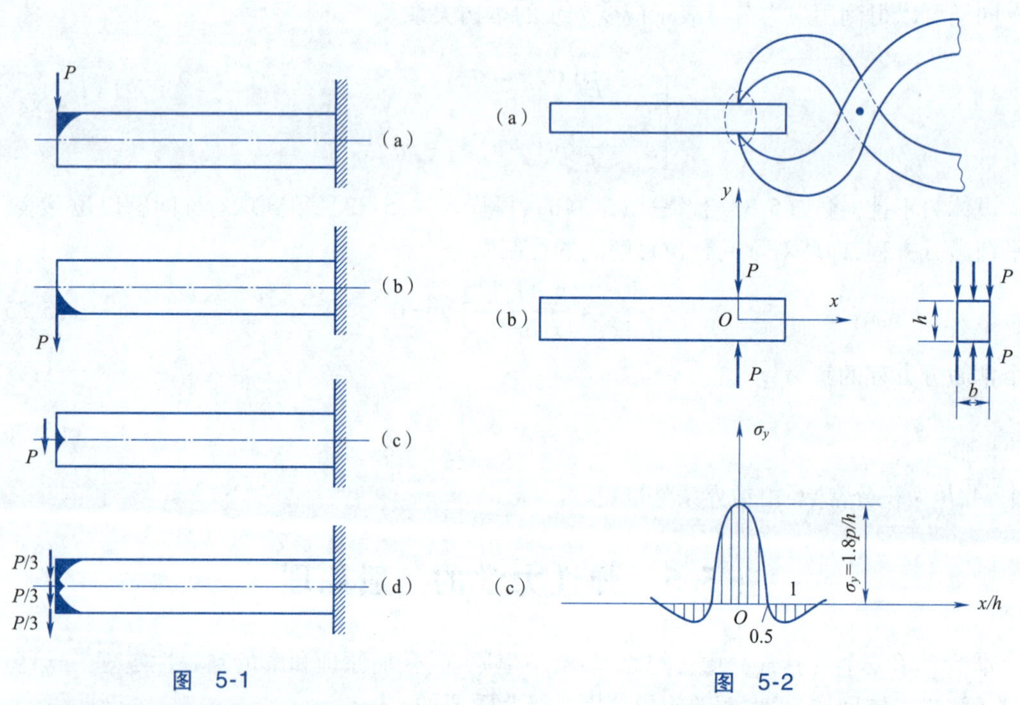

图 5-1　　图 5-2

圣维南原理目前尚无法从理论上给予严格的证明，但是大量实验和数值解的结果均表明该原理是正确的。关于圣维南原理所指的影响区域，根据古迪尔(Goodier)等的研究，它大概和外力作用区域的大小相当。

5.5.2　叠加原理

实际的构件往往同时受有几种载荷，如果直接求所有载荷作用下弹性力学问题的解可能很复杂，而求单一载荷作用下的解，一般则要简单得多。下面给出叠加原理的内容并加以证明：在小变形和线弹性情况下，作用在物体上的几组载荷产生的总效应（应力和变形）等于每组载荷单独作用效应的总和。下面以两组载荷为例，对这个原理进行简单证明。

设第一组载荷包括体力 f'_i，面力 $\overline{f'_i}$（在 S_σ 上）和固定约束 $u'_i=0$（在 S_u 上），它在物体内引

起的应力为 σ'_{ij}、应变为 ε'_{ij}、位移为 u'_i，第二组载荷包括体力 f''_i，面力 $\overline{f''_i}$（在 S_σ 上）和固定约束 $u''_i=0$（在 S_u 上），它在物体内引起的应力、应变和位移分别为 σ''_{ij}、ε''_{ij}、u''_i，这些量均应满足弹性力学基本方程和边界条件，针对第一组载荷有

$$\left.\begin{aligned}&\sigma'_{ij,j}+f'_i=0\\&\varepsilon'_{ij}=\frac{1}{E}[(1+\upsilon)\sigma'_{ij}-\upsilon\sigma'_{kk}\delta_{ij}]\\&\varepsilon'_{ij}=\frac{1}{2}(u'_{i,j}+u'_{j,i})\end{aligned}\right\}(\text{在 } V \text{ 上})$$

$$\sigma'_{ij}n_j=\overline{f'_i}\quad(\text{在 } S_\sigma)$$

$$u'_i=0\quad(\text{在 } S_u)$$

同理针对第二组载荷有

$$\left.\begin{aligned}&\sigma''_{ij,j}+f''_i=0\\&\varepsilon''_{ij}=\frac{1}{E}[(1+\upsilon)\sigma''_{ij}-\upsilon\sigma''_{kk}\delta_{ij}]\\&\varepsilon''_{ij}=\frac{1}{2}(u''_{i,j}+u''_{j,i})\end{aligned}\right\}(\text{在 } V \text{ 上})$$

$$\sigma''_{ij}n_j=\overline{f''_i}\quad(\text{在 } S_\sigma)$$

$$u''_i=0\quad(\text{在 } S_u)$$

上述所有方程均为线性的，把两组方程相加得到

$$\left.\begin{aligned}&(\sigma'_i+\sigma''_{ij})_{,j}+(f'_i+f''_i)=0\\&\varepsilon'_{ij}+\varepsilon''_{ij}=\frac{1}{E}[(1+\upsilon)(\sigma'_i+\sigma''_{ij})-\upsilon(\sigma'_{kk}+\sigma''_{kk})\delta_{ij}]\\&\varepsilon'_{ij}+\varepsilon''_{ij}=\frac{1}{2}[(u'_{i,j}+u''_{i,j})+(u'_{j,i}+u''_{j,i})]\end{aligned}\right\}(\text{在 } V \text{ 上})$$

$$(\sigma'_i+\sigma''_{ij})n_j=\overline{f'_i}+\overline{f''_i}\quad(\text{在 } S_\sigma \text{ 上})$$

$$u'_i+u''_i=0\quad(\text{在 } S_u \text{ 上})$$

由上述分析可知，两组载荷单独作用产生的应力、应变、位移之和与总载荷一起满足弹性力学的全部方程和边界条件，即前者是后者产生的总效应，这样就证明了叠加原理。从上述证明过程可以看出，叠加原理只有在所有方程和边界条件都是线性的情况下才能成立，即材料必须是线性弹性的，变形必须是微小的，对于非线性弹性材料或是大变形的情况就不适用。此外，它还要求一种载荷的作用不会引起另一种载荷的作用发生性质的变化，否则此原理也不适用。例如，对于杆的纵横弯曲问题，横向载荷引起的弯曲变形将使轴向载荷发生附加的弯曲效应，而叠加原理却没有考虑这种效应。

5.5.3 解的唯一性定理

在求解弹性力学具体问题时，为了克服数学上的困难，往往采用逆解法或半逆解法，这就提出一个问题：根据这种试凑方法求出的解是否是唯一的，是否有可能得到两种解，它们都满足同样的弹性力学方程和边界条件，下述定理否定了这种可能性。解的唯一性定理：在给定的载荷作用下处于平衡状态的弹性体，其内部各点的应力、应变的解是唯一的，如果物体的刚体位移受到约束，则位移解也是唯一的。

此定理的证明可以采用反证法，假设问题的解不是唯一的，即在相同的边界条件和体积力作用下存在两组不同的解，记为$\sigma'_{ij},\varepsilon'_{ij},u'_i;\sigma''_{ij},\varepsilon''_{ij},u''_i$。这些解应该满足相同的基本方程和边界条件：

$$\left.\begin{array}{ll}\sigma'_{ij,j}+f'_i=0, & \sigma''_{ij,j}+f''_i=0\\ \varepsilon'_{ij}=\dfrac{1}{E}[(1+\upsilon)\sigma'_{ij}-\upsilon\sigma'_{kk}\delta_{ij}], & \varepsilon''_{ij}=\dfrac{1}{E}[(1+\upsilon)\sigma''_{ij}-\upsilon\sigma''_{kk}\delta_{ij}]\\ \varepsilon'_{ij}=\dfrac{1}{2}(u'_{i,j}+u'_{j,i}), & \varepsilon''_{ij}=\dfrac{1}{2}(u''_{i,j}+u''_{j,i})\end{array}\right\}(\text{在 } V \text{ 上})$$

$$\sigma'_{ij}n_j=\overline{f'_i},\qquad \sigma''_{ij}n_j=\overline{f''_i}\quad(\text{在 } S_\sigma \text{ 上})$$

$$u'_i=0,\qquad u''_i=0\quad(\text{在 } S_u \text{ 上})$$

按照叠加原理，给出上述两组解的差值$\sigma_{ij}=\sigma'_{ij}-\sigma''_{ij},\varepsilon_{ij}=\varepsilon'_{ij}-\varepsilon''_{ij},u_i=u'_i-u''_i$可以看作某个弹性力学问题的解。将上述两组式子中对应的方程相减，得到该组差值解应满足的方程：

$$\left.\begin{array}{l}\sigma_{ij,j}=0\\ \varepsilon_{ij}=\dfrac{1}{E}[(1+\upsilon)\sigma_{ij}-\upsilon\sigma_{kk}\delta_{ij}]\\ \varepsilon_{ij}=\dfrac{1}{2}(u_{i,j}+u_{j,i})\end{array}\right\}(\text{在 } V \text{ 上})$$

$$\sigma_{ij}n_j=0\quad(\text{在 } S_\sigma)$$

$$u_i=0\quad(\text{在 } S_u)$$

可以看出该差值解对应的是无面力、无体力的自然状态，而无面力、无体力作用的自然状态是无应力、无应变的状态，解的唯一性定理得证。

习　题　5

5-1　通常解一个弹性力学的问题，已知的条件是什么？未知待求条件是什么？

5-2　弹性力学根据具体问题边界条件类型的不同，常把边值问题分为哪几类？针对这几类问题提出了什么解法？

5-3　何谓圣维南原理？该原理的主要作用是什么？在应用该原理时，必须满足的基本原则是什么？

5-4　弹性力学的应力解在物体内部和边界上应满足的条件是什么？

5-5　已知应力张量$\boldsymbol{\sigma}=\begin{pmatrix}\sigma_x(x,y) & \tau_{xy}(x,y) & 0\\ \tau_{xy}(x,y) & \sigma_y(x,y) & 0\\ 0 & 0 & 0\end{pmatrix}$。

(1)写出各应力分量间需要满足的平衡方程；

(2)引入一个标量函数$\Phi(x,y)$，使得$\sigma_x=\dfrac{\partial^2\Phi}{\partial y^2},\sigma_y=\dfrac{\partial^2\Phi}{\partial x^2},\tau_{xy}=-\dfrac{\partial^2\Phi}{\partial x\partial y}$，证明以$\Phi(x,y)$表示的上述应力分量满足无体力时的平衡方程。

5-6　当体力为零时，各向同性弹性体内部的应力分量为

$$\sigma_x = A[y^2 + \upsilon(x^2 - y^2)], \quad \tau_{yz} = 0$$
$$\sigma_y = A[x^2 + \upsilon(y^2 - x^2)], \quad \tau_{xz} = 0$$
$$\sigma_z = A\upsilon(x^2 + y^2), \quad \tau_{xy} = -2A\upsilon xy$$

式中，$A \neq 0$，试检查它们是否可能发生。

5-7　如图 5-3 所示厚度为 1 的平板，两端作用着均匀压力 p，上下边界面为刚性约束，不计体力，试用位移法计算板的应力分量和位移分量。

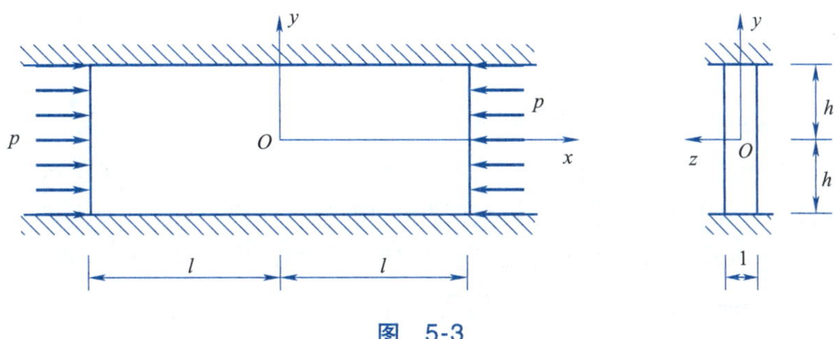

图　5-3

5-8　如图 5-4 所示矩形平板，已知只有 AB，AD，BC 三条边上作用着外力，且在 AB 边上切应力等于零，设应力分量可表示为

$$\sigma_x = qx^2y - \frac{2}{3}qy^3, \quad \sigma_y = \frac{1}{3}qy^3 - C_1y + C_2, \quad \tau_{xy} = -qxy^2 + C_1x$$

若体力可以忽略，试确定常数 C_1，C_2，并说明该应力对应于怎样的外部作用。

5-9　如图 5-5 所示，截面宽度为 1 的狭长矩形板，两端承受弯矩 M 的作用，若已知应力分量为

$$\sigma_x = \frac{M}{I}y, \quad \sigma_y = 0, \quad \tau_{xy} = 0$$

试证明：当无体力时，上下侧面无面力作用，所给的应力分量是该问题的解。

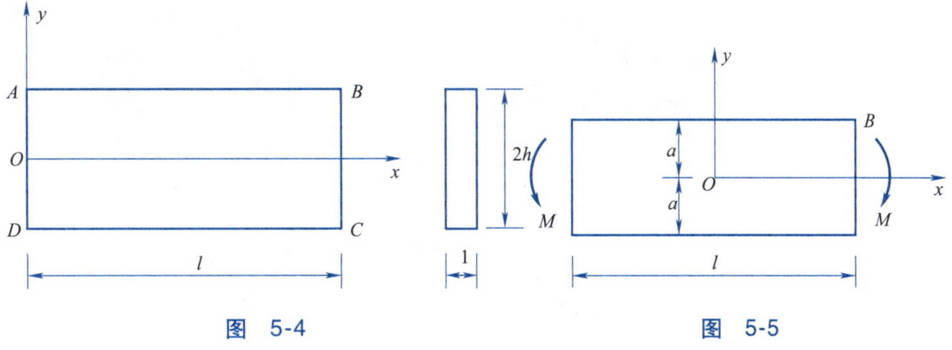

图　5-4　　　　图　5-5

第 6 章 平面问题的直角坐标解答

实际的工程构件都是一个空间物体,所承受的载荷一般也是空间力系,因此弹性力学问题本质上是一个三维问题。第 5 章中,弹性力学问题归结为包含 15 个场方程和相应边界条件的边值问题,要求解这样的数学问题,通常存在很大的困难,有的甚至根本无法实现。但工程中有许多实际问题,其变形和应力可以近似地看成只发生在与某一坐标面平行的平面内,而沿垂直该平面的方向则保持不变或者等于零,这类问题称为平面问题,数学上属于二维问题。本章首先导出这类问题的基本方程和定解条件,然后通过一些典型案例说明其求解方法。

§6.1 平面应力问题和平面应变问题

在工程中有一类构件,如高压管道[见图 6-1(a)],滚动轴承的长滚柱[见图 6-1(b)],拦水坝、挡土墙[见图 6-1(c)]等,其几何形状基本上是一个等截面的长柱体,所承受的载荷和约束沿轴线方向均布并与之垂直。对于这类同题,如果假想用相邻的横截面把柱体切成许多薄片,则可近似认为每个薄片所受的载荷以及由它引起的应力和变形都相同。特别是如柱体两端受到刚性约束(如水坝两端受到岩层的限制),不能有轴向位移,则可认为柱体内的每一点都没有轴向位移,这样每个横截面的变形都只是发生在本身平面内,这类问题称为平面应变问题。

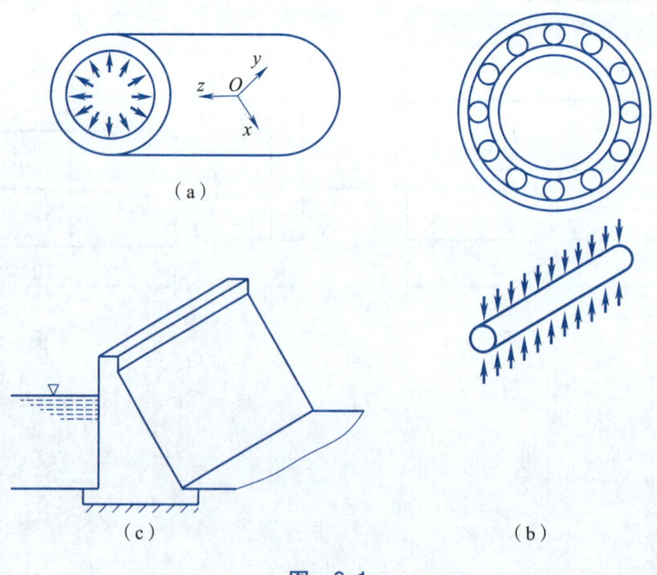

图 6-1

另一类构件,如汽轮机转子的叶轮、砂轮[见图6-2(a)],薄板梁[见图6-2(b)]等,其几何形状为一薄板,承受平行于板的中面(平分厚度的平面)、沿厚度方向均匀分布的载荷和约束作用,因为板的两底面是自由表面,没有应力,而载荷沿厚度均匀分布,因此如果板的厚度很小,则可以近似地假设在板的内部与中面垂直的应力分量均为零,而其余应力分量沿厚度保持不变。这样,板内的应力只发生在与板的中面平行的平面内,这类问题称为平面应力问题。

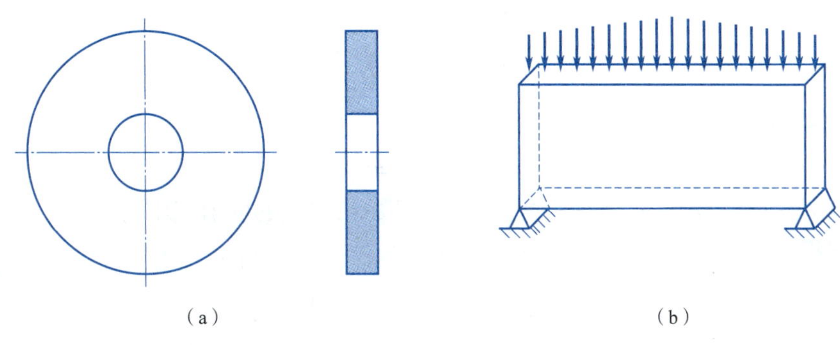

(a) (b)

图 6-2

§6.2 平面问题的基本方程和求解方法

6.2.1 平面应变问题

考查一个母线与 z 轴平行且很长的柱体,承受的外力与 z 轴垂直,且它们的分布规律不随坐标 z 而改变,如图6-1(a)所示。假设柱体是无限长的,如果从中任意取出一个横截面,则柱体的形状和受载情况对此截面是对称的。因此,在柱体变形时,截面上的各点只能在其自身平面(xOy 平面)内移动,而沿 Oz 轴方向的位移为零。另外,由于不同的横截面都同样处于对称面的地位,故其上只要具有相同的 x 和 y 坐标,就具有完全相同的位移,于是有

$$u=u(x,y),\quad v=v(x,y),\quad w=0 \tag{6-1}$$

将上式代入几何方程式(5-2)得到

$$\begin{cases}\varepsilon_x=\dfrac{\partial u}{\partial x}=f_1(x,y), & \varepsilon_y=\dfrac{\partial v}{\partial y}=f_2(x,y), \quad \varepsilon_z=0\\ \gamma_{xy}=\dfrac{\partial v}{\partial x}+\dfrac{\partial u}{\partial y}=f_3(x,y), & \gamma_{yz}=0, \quad \gamma_{xz}=0\end{cases} \tag{6-2}$$

显然这些应变分量均与坐标 z 无关。将式(6-2)代入式(4-44a)左列第三式得到

$$\sigma_z=\upsilon(\sigma_x+\sigma_y) \tag{6-3}$$

将式(6-3)代入式(4-44a)左列第一和第二式,并令

$$E_1=\frac{E}{1-\upsilon^2},\quad \upsilon_1=\frac{\upsilon}{1-\upsilon} \tag{6-4}$$

则有

$$\varepsilon_x=\frac{1}{E_1}(\sigma_x-\upsilon_1\sigma_y),\quad \varepsilon_y=\frac{1}{E_1}(\sigma_y-\upsilon_1\sigma_x) \tag{6-5}$$

式(4-44)右列第三式可写为

$$\gamma_{xy}=\frac{2(1+\upsilon_1)}{E_1}\tau_{xy} \tag{6-6}$$

可见在平面应变情况下，只有应力 $\sigma_x,\sigma_y,\sigma_z=\upsilon(\sigma_x+\sigma_y),\tau_{xy}$ 存在，且这些应力只是 x 和 y 的函数，与 z 无关。根据上述分析，平面应变问题的弹性力学基本方程可总结如下：

平衡微分方程

$$\begin{cases}\dfrac{\partial\sigma_x}{\partial x}+\dfrac{\partial\tau_{xy}}{\partial y}+f_x=0\\[2ex]\dfrac{\partial\tau_{yx}}{\partial x}+\dfrac{\partial\sigma_y}{\partial y}+f_y=0\end{cases} \tag{6-7a}$$

或用张量形式表示为

$$\sigma_{\alpha\beta,\beta}+f_\alpha=0 \tag{6-7b}$$

今后针对平面问题，张量下标符号由 α,β,ζ 表示，它们的取值范围为 1，2。

几何方程

$$\varepsilon_x=\frac{\partial u}{\partial x},\quad \varepsilon_y=\frac{\partial v}{\partial y},\quad \gamma_{xy}=\frac{\partial v}{\partial x}+\frac{\partial u}{\partial y} \tag{6-8a}$$

或用张量形式表示为

$$\varepsilon_{\alpha\beta}=\frac{1}{2}(u_{\alpha,\beta}+u_{\beta,\alpha}) \tag{6-8b}$$

物理方程

$$\varepsilon_x=\frac{1}{E_1}(\sigma_x-\upsilon_1\sigma_y),\quad \varepsilon_y=\frac{1}{E_1}(\sigma_y-\upsilon_1\sigma_x),\quad \gamma_{xy}=\frac{2(1+\upsilon_1)}{E_1}\tau_{xy} \tag{6-9a}$$

或用张量形式表示为

$$\varepsilon_{\alpha\beta}=\frac{1}{E_1}[(1+\upsilon_1)\sigma_{\alpha\beta}-\upsilon_1\sigma_{\zeta\zeta}\delta_{\alpha\beta}] \tag{6-9b}$$

应力边界条件

$$l\sigma_x+m\tau_{yx}=\overline{f}_x,\quad l\tau_{xy}+m\sigma_y=\overline{f}_y \tag{6-10a}$$

或用张量形式表示为

$$\sigma_{\alpha\beta}n_\beta=\overline{f}_\alpha \tag{6-10b}$$

利用式(6-7)～式(6-10)，即可求解平面应变问题。

应变协调方程式(3-24)简化为

$$\frac{\partial^2\varepsilon_y}{\partial x^2}+\frac{\partial^2\varepsilon_x}{\partial y^2}=\frac{\partial^2\gamma_{xy}}{\partial x\partial y} \tag{6-11}$$

将式(6-9)代入式(6-11)，经整理得到应力表示的协调方程

$$\frac{\partial^2\sigma_y}{\partial x^2}+\frac{\partial^2\sigma_x}{\partial y^2}-\frac{2\partial^2\tau_{xy}}{\partial x\partial y}=\upsilon_1\left(\frac{\partial^2\sigma_x}{\partial x^2}+\frac{\partial^2\sigma_y}{\partial y^2}+\frac{2\partial^2\tau_{xy}}{\partial x\partial y}\right) \tag{6-12}$$

将式(6-7)写为

$$\begin{cases}\dfrac{\partial\tau_{xy}}{\partial y}=-\dfrac{\partial\sigma_x}{\partial x}-f_x\\[2ex]\dfrac{\partial\tau_{yx}}{\partial x}=-\dfrac{\partial\sigma_y}{\partial y}-f_y\end{cases}$$

上式第一式对 x 求导，第二式对 y 求导并相加得到

$$\frac{2\partial^2\tau_{xy}}{\partial x\partial y} = -\frac{\partial^2\sigma_x}{\partial x^2} - \frac{\partial^2\sigma_y}{\partial y^2} - \frac{\partial f_x}{\partial x} - \frac{\partial f_y}{\partial y}$$

将上式代入式(6-12)，并利用式(6-4)的第二式，化简之后得到平面应变问题应力表示的协调方程

$$\nabla^2(\sigma_x + \sigma_y) = -\frac{1}{1-\upsilon}\left(\frac{\partial f_x}{\partial x} + \frac{\partial f_y}{\partial y}\right) \tag{6-13}$$

式中，$\nabla^2() = \left(\frac{\partial^2}{\partial x^2} + \frac{\partial^2}{\partial y^2}\right)() = ()_{,\alpha\alpha}$代表平面问题的拉普拉斯算子。当体力为常量时，式(6-13)具有更简洁的形式

$$\nabla^2(\sigma_x + \sigma_y) = 0 \tag{6-14}$$

式(6-14)为常体力下弹性力学平面应变问题的应力协调方程，又称相容方程或莱维(Lévy)方程。式(6-13)和式(6-14)也可以由贝尔特拉米-米切尔方程式(5-21)和式(5-22)退化得到。

6.2.2　平面应力问题

考查一块薄板，其所受外力(包括体力和作用于板边的面力)平行于板平面(xOy 平面)，并沿厚度方向不变，在板的两表面上不受外力作用，如图 6-3 所示。

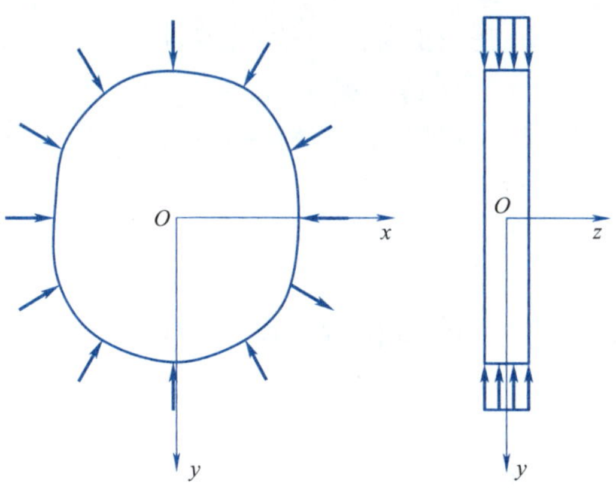

图　6-3

由于板很薄，所以可认为板内各应力分量为

$$\begin{cases}\sigma_z = 0, \quad \tau_{yz} = 0, \quad \tau_{xz} = 0 \\ \sigma_x = f_1(x,y), \quad \sigma_y = f_2(x,y), \quad \tau_{xy} = f_3(x,y)\end{cases} \tag{6-15}$$

由式(4-44)可知平面应力问题的各应变分量有如下特点

$$\begin{cases}\varepsilon_x = \varphi_1(x,y), \quad \varepsilon_y = \varphi_2(x,y), \quad \varepsilon_z = -\frac{\upsilon}{E}(\sigma_x + \sigma_y) \\ \gamma_{xy} = \varphi_3(x,y), \quad \gamma_{xz} = 0, \quad \gamma_{yz} = 0\end{cases} \tag{6-16}$$

与平面应变相比所不同的是 $\varepsilon_z \neq 0$，表示薄板变形时两底面将发生畸变。但由于板很薄，这种畸变也是很小的。

根据上述分析，平面应力问题的弹性力学基本方程可总结如下

平衡微分方程

$$\begin{cases}\dfrac{\partial\sigma_x}{\partial x}+\dfrac{\partial\tau_{xy}}{\partial y}+f_x=0\\ \dfrac{\partial\tau_{yx}}{\partial x}+\dfrac{\partial\sigma_y}{\partial y}+f_y=0\end{cases}\tag{6-17}$$

几何方程

$$\varepsilon_x=\frac{\partial u}{\partial x},\quad \varepsilon_y=\frac{\partial v}{\partial y},\quad \gamma_{xy}=\frac{\partial v}{\partial x}+\frac{\partial u}{\partial y}\tag{6-18}$$

物理方程

$$\varepsilon_x=\frac{1}{E}(\sigma_x-\upsilon\sigma_y),\quad \varepsilon_y=\frac{1}{E}(\sigma_y-\upsilon\sigma_x),\quad \gamma_{xy}=\frac{2(1+\upsilon)}{E}\tau_{xy}\tag{6-19}$$

应变协调方程

$$\frac{\partial^2\varepsilon_y}{\partial x^2}+\frac{\partial^2\varepsilon_x}{\partial y^2}=\frac{\partial^2\gamma_{xy}}{\partial x\partial y}\tag{6-20}$$

将式(6-19)代入式(6-20),并利用平衡微分方程(6-17)简化,得到平面应力问题应力表示的协调方程

$$\nabla^2(\sigma_x+\sigma_y)=-(1+\upsilon)\left(\frac{\partial f_x}{\partial x}+\frac{\partial f_y}{\partial y}\right)\tag{6-21}$$

当体力为常量时,式(6-21)进一步简化,得到常体力下平面应力问题的相容方程

$$\nabla^2(\sigma_x+\sigma_y)=0\tag{6-22}$$

同样,式(6-21)和式(6-22)也可以由贝尔特拉米-米切尔方程式(5-21)和式(5-22)退化得到。由式(6-14)和式(6-22)可以看出在常体力情况下,平面应变问题和平面应力问题的相容方程是相同的。

§6.3 平面问题的应力函数解法

用应力作为基本变量求解弹性力学的平面问题,在体力为常量时归结为在给定的边界条件下求解由平衡微分方程和相容方程所组成的偏微分方程组

$$\begin{cases}\dfrac{\partial\sigma_x}{\partial x}+\dfrac{\partial\tau_{xy}}{\partial y}+f_x=0\\ \dfrac{\partial\tau_{yx}}{\partial x}+\dfrac{\partial\sigma_y}{\partial y}+f_y=0\end{cases}\tag{6-23}$$

$$\nabla^2(\sigma_x+\sigma_y)=0\tag{6-24}$$

方程(6-23)是线性非齐次方程,其通解为对应齐次方程的通解与方程(6-23)的特解之和,方程(6-23)的特解可以取为

$$\sigma_x=-f_x x,\quad \sigma_y=-f_y y,\quad \tau_{xy}=0\tag{6-25}$$

对应的齐次方程为

$$\sigma_{\alpha\beta,\beta}=0\tag{6-26}$$

为了求式(6-26)的通解,引入任意函数 $A(x,y)$,利用偏导数的相容性,则有

$$\sigma_x=\frac{\partial A}{\partial y},\quad \tau_{xy}=-\frac{\partial A}{\partial x}\tag{6-27}$$

同理引入任意函数 $B(x,y)$，使

$$\tau_{xy}=\frac{\partial B}{\partial y},\quad \sigma_y=-\frac{\partial B}{\partial x} \tag{6-28}$$

由式(6-27)的第二式和式(6-28)的第一式可知，函数 A 和 B 之间应存在如下关系

$$\frac{\partial A}{\partial x}+\frac{\partial B}{\partial y}=0 \tag{6-29}$$

再引入任意函数 $\Phi(x,y)$，使

$$A=\frac{\partial \Phi}{\partial y},\quad B=-\frac{\partial \Phi}{\partial x} \tag{6-30}$$

将式(6-30)分别代入式(6-27)和式(6-28)，得到齐次方程式(6-26)的通解

$$\sigma_x=\frac{\partial^2 \Phi}{\partial y^2},\quad \sigma_y=\frac{\partial^2 \Phi}{\partial x^2},\quad \tau_{xy}=-\frac{\partial^2 \Phi}{\partial x\partial y} \tag{6-31}$$

将通解式(6-31)和特解式(6-25)叠加，得到式(6-23)的通解

$$\sigma_x=\frac{\partial^2 \Phi}{\partial y^2}-f_x x,\quad \sigma_y=\frac{\partial^2 \Phi}{\partial x^2}-f_y y,\quad \tau_{xy}=-\frac{\partial^2 \Phi}{\partial x\partial y} \tag{6-32}$$

无论函数 $\Phi(x,y)$ 是什么样的形式，应力分量(6-32)总能满足平衡微分方程，函数 $\Phi(x,y)$ 称为平面问题的应力函数，也称艾里应力函数。应力分量(6-32)必须同时满足相容方程式(6-24)，将式(6-32)代入式(6-24)，同时注意 f_x、f_y 为常量，得到

$$\left(\frac{\partial^2}{\partial x^2}+\frac{\partial^2}{\partial y^2}\right)\left(\frac{\partial^2 \Phi}{\partial x^2}+\frac{\partial^2 \Phi}{\partial y^2}\right)=0$$

将上式进一步展开，得到

$$\frac{\partial^4 \Phi}{\partial x^4}+2\frac{\partial^4 \Phi}{\partial x^2\partial y^2}+\frac{\partial^4 \Phi}{\partial y^4}=0 \tag{6-33a}$$

式(6-33a)还可以简写为

$$\nabla^2\nabla^2\Phi=\nabla^4\Phi=0 \tag{6-33b}$$

式(6-33)称为用应力函数表示的相容方程，该方程为双调和方程，应力函数 $\Phi(x,y)$ 应当是双调和函数。

当应力函数 $\Phi(x,y)$ 满足双调和方程(6-33)，则由式(6-32)所给出的应力分量，不仅满足了平衡微分方程，而且满足了以应力表示的相容方程。于是，按应力求解应力边界问题时，若体力是常量，则只需由微分方程(6-33)求解应力函数，然后利用式(6-32)求出各应力分量，同时应力分量在边界上应满足应力边界条件即可。求出应力分量后，利用式(6-9)(平面应变问题)或式(6-19)(平面应力问题)求出各应变分量，再通过几何方程的积分进一步求得位移分量。

§6.4 多项式解平面问题

式(6-33)为偏微分方程，它的解答一般都不可能直接求出，在求解具体问题时，只能采用逆解法或半逆解法。前一种方法是先设定某种双调和函数，然后考查它能满足怎样的边界条件。如果该边界条件与所考查的问题相同，即为所要求的解，否则要对函数进行修正，直至满足为止。后一种方法是先根据物体的边界条件和对内部应力的粗略分析，假设部分或全部应力分量为某种形式的函数，从而推出可能的应力函数，再考查这个函数是否满足相

容方程,若满足则选为应力函数,还要进一步考查原来所假设的应力分量和由这个应力函数求得的其余应力分量是否满足应力边界条件和位移单值条件。若各方面条件均能满足,所得结果即为正确解答,若某一方面条件不能满足,则要另作假设,重新考查。

最简单的应力函数形式为多项式,本节利用逆解法给出几个具有矩形边界且体力不计的平面问题(矩形板或梁)的多项式解答。其基本思想是:在给定的坐标系下分别给出幂次不同且满足方程(6-33)的代数多项式应力函数,由此求得应力分量,然后考查这些应力对应于边界上什么样的面力,从而得知该应力函数能解决什么问题。

(1)取一次多项式

$$\Phi = a + bx + cy \tag{6-34}$$

不论系数取何值,都能满足式(6-33)。由式(6-32)求出对应的应力分量为

$$\sigma_x = 0, \quad \sigma_y = 0, \quad \tau_{xy} = 0$$

这对应于无应力状态。不论弹性体为任何形状,也不论坐标系如何选择,由应力边界条件总能得出 $\overline{f}_x = 0$,$\overline{f}_y = 0$。因此,线性应力函数对应于无面力、无体力的状态,也就是说,在任何平面问题的应力函数中加上或减掉一个线性函数,并不影响应力分量的值。

(2)取二次多项式

$$\Phi = ax^2 + bxy + cy^2 \tag{6-35}$$

不论系数取何值,都能满足方程(6-33)。对应的应力分量为

$$\sigma_x = \frac{\partial^2 \Phi}{\partial y^2} = 2c, \quad \sigma_y = \frac{\partial^2 \Phi}{\partial x^2} = 2a, \quad \tau_{xy} = -\frac{\partial^2 \Phi}{\partial x \partial y} = -b$$

代表了均匀应力状态(见图 6-4)。特别地,如果 $b = 0$,则代表双向均匀拉伸;如 $a = c = 0$,则代表纯剪。

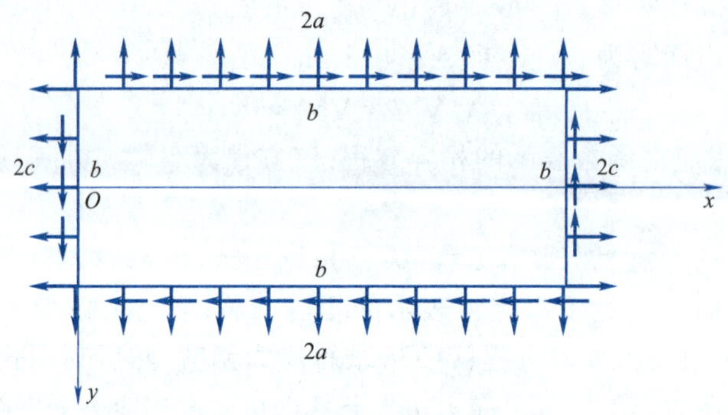

图 6-4

(3)取三次多项式

$$\Phi = ax^3 + bx^2y + cxy^2 + dy^3 \tag{6-36}$$

不论系数取何值,都能满足方程(6-33)。考虑 $\Phi = dy^3$ 的情况,对应的应力分量为

$$\sigma_x = \frac{\partial^2 \Phi}{\partial y^2} = 6dy, \quad \sigma_y = \frac{\partial^2 \Phi}{\partial x^2} = 0, \quad \tau_{xy} = -\frac{\partial^2 \Phi}{\partial x \partial y} = 0$$

考虑矩形窄梁两端承受弯矩 M,如图 6-5 所示,则由 $M = \int_{-\frac{h}{2}}^{\frac{h}{2}} y\sigma_x \mathrm{d}y$ 解得 $d = \frac{2M}{h^3}$,可见应力函数 $\Phi = dy^3$ 能解决矩形梁纯弯曲的问题。

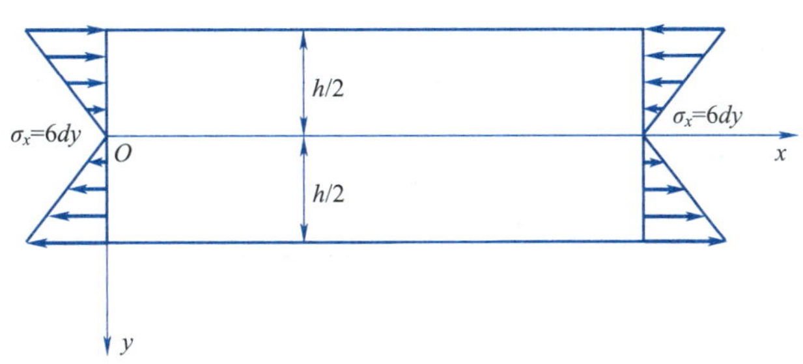

图 6-5

(4)取四次多项式

$$\Phi = ax^4 + bx^3y + cx^2y^2 + dxy^3 + ey^4 \tag{6-37}$$

要使上式满足方程(6-33),各系数必须要满足一定的关系,将式(6-37)代入方程(6-33)得到 $3a + c + 3e = 0$。考虑特殊情况 $a = b = c = e = 0$,此时 $\Phi = dxy^3$,对应的应力分量为

$$\sigma_x = \frac{\partial^2 \Phi}{\partial y^2} = 6dxy, \quad \sigma_y = \frac{\partial^2 \Phi}{\partial x^2} = 0, \quad \tau_{xy} = -\frac{\partial^2 \Phi}{\partial x \partial y} = -3dy^2$$

这个应力状态由作用于矩形梁边界上的以下三部分外力产生:①在边界 $y = \pm\frac{h}{2}$ 上,受有均布的切向力 $\tau_{yx} = -\frac{3}{4}dh^2$;②在 $x = 0$ 的边界上,受有按抛物线分布的切应力 $\tau_{xy} = -3dy^2$;③在 $x = L$ 的边界上(L 为梁的长度),受有按抛物线分布的切应力 $\tau_{xy} = -3dy^2$ 和静力上等效于弯矩的正应力 $\sigma_x = 6dLy$,如图 6-6 所示。

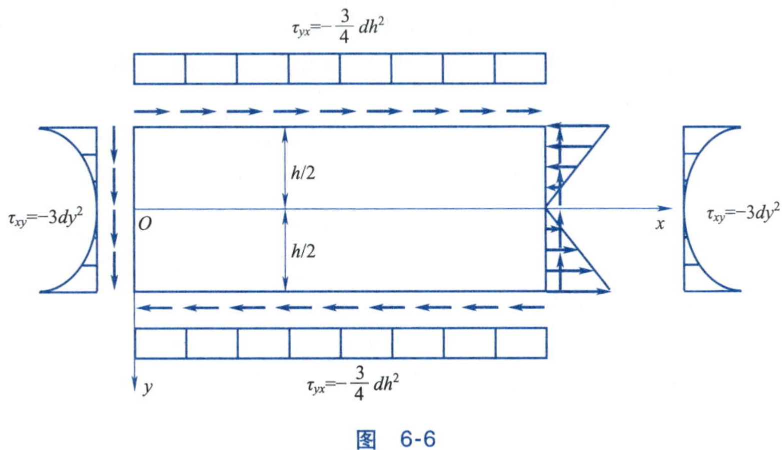

图 6-6

§6.5 悬臂梁的弯曲

如图 6-7 所示矩形截面薄板悬臂梁,右端固定,左端承受集中力 F 而弯曲,设梁的长度为 L,高度为 h,厚度为一个单位,自重忽略不计,试分析梁的应力和变形。

此问题的边界条件可表示为

$$(\sigma_y)_{y=\pm\frac{h}{2}} = 0, \quad (\tau_{xy})_{y=\pm\frac{h}{2}} = 0 \tag{6-38}$$

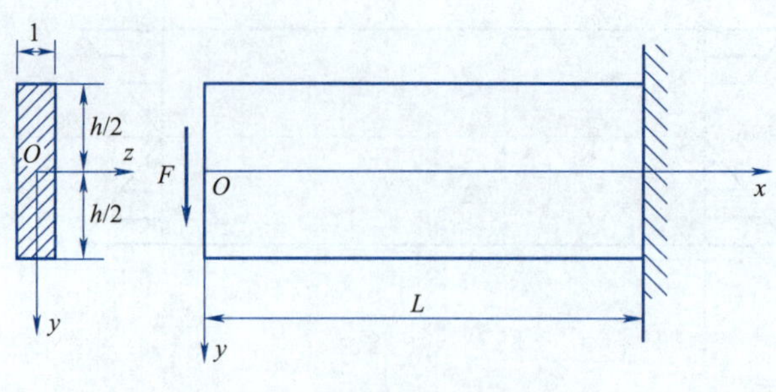

图 6-7

$$(\sigma_x)_{x=0}=0,\quad \int_{-\frac{h}{2}}^{\frac{h}{2}}(\tau_{xy})_{x=0}\mathrm{d}y=-F \tag{6-39}$$

$$(u)_{x=L}=0,\quad (v)_{x=L}=0 \tag{6-40}$$

要严格满足上列所有条件非常困难,但仔细分析可知,如果梁比较细长($L\gg h$),则上、下表面的边界条件是主要的,必须精确满足;而两端面的边界条件,根据圣维南原理,可以用静力等效的应力分布来代替,这对离端面稍远处的应力分布并无实质性的影响,因此对两端面的边界条件可以放松为静力等效的条件。此外,由于所考查的梁是外力静定的,固定端的反力可由其他三面的载荷完全确定,这样在求应力函数时,只要满足其他三面的边界条件就足以定解,而固定端的约束条件只是在确定位移时才用到。现在问题的关键是选择适当的应力函数,使能满足上述边界条件。

6.5.1 应力函数的确定

这是一个平面应力问题,可采用半逆解法进行分析。在主要边界上没有任何面力作用,特别是 y 方向上,面力分量 $\overline{f}_y=0$。由于挤压应力 σ_y 主要是由面力 $\overline{f}_y$ 引起的,可以假定应力分量 $\sigma_y=0$。根据应力分量与应力函数之间的关系 $\sigma_y=\dfrac{\partial^2\Phi}{\partial x^2}$ 得到

$$\Phi(x,y)=xf_1(y)+f_2(y) \tag{6-41}$$

将式(6-41)代入相容方程(6-33)中,得到

$$xf_1^{(4)}(y)+f_2^{(4)}(y)=0$$

这是关于 x 的一次方程,它的系数和自由项都必须等于零,即

$$\frac{\mathrm{d}^4f_1(y)}{\mathrm{d}y^4}=0,\quad \frac{\mathrm{d}^4f_2(y)}{\mathrm{d}y^4}=0$$

上述两个常微分方程的解为

$$f_1(y)=\frac{A}{6}y^3+\frac{B}{2}y^2+Cy,\quad f_2(y)=\frac{D}{6}y^3+\frac{E}{2}y^2 \tag{6-42}$$

其中一次项和常数项均被忽略(因为它们不影响应力分量)。将式(6-42)代入式(6-41)中,得到应力函数

$$\Phi(x,y)=x\left(\frac{A}{6}y^3+\frac{B}{2}y^2+Cy\right)+\frac{D}{6}y^3+\frac{E}{2}y^2 \tag{6-43}$$

6.5.2 应力分量

将式(6-43)代入式(6-32),得到各应力分量的表达式

$$\begin{cases}\sigma_x=\dfrac{\partial^2\Phi}{\partial y^2}=Axy+By+Dy+E\\\sigma_y=\dfrac{\partial^2\Phi}{\partial x^2}=0\\\tau_{xy}=\dfrac{\partial^2\Phi}{\partial x\partial y}=-\dfrac{A}{2}y^2-By-C\end{cases}\tag{6-44}$$

这些应力分量是满足平衡微分方程和相容方程的,因此如果能适当选取待定系数 A,B,C,D,E 的值,使所有的边界条件都被满足,则应力分量式(6-44)就是正确的解答。

6.5.3 由边界条件确定待定系数

将式(6-44)的第一式代入边界条件式(6-39)的第一式,可得

$$D=E=0$$

将式(6-44)的第三式代入边界条件式(6-38)的第二式,可得

$$\begin{cases}-\dfrac{Ah^2}{8}-\dfrac{Bh}{2}-C=0\\-\dfrac{Ah^2}{8}+\dfrac{Bh}{2}-C=0\end{cases}\tag{6-45}$$

将式(6-44)的第三式代入边界条件式(6-39)的第二式,可得

$$\frac{Ah^3}{24}+Ch=F\tag{6-46}$$

联立式(6-45)和式(6-46),解得

$$A=-\frac{12F}{h^3},\quad B=0,\quad C=\frac{3F}{2h}$$

于是各应力分量可表示为

$$\sigma_x=-\frac{12F}{h^3}xy,\quad \sigma_y=0,\quad \tau_{xy}=\frac{6F}{h^3}y^2-\frac{3F}{2h}\tag{6-47}$$

注意到梁截面的惯性矩 $I_z=\dfrac{h^3}{12}$,力 F 对任一截面的弯矩 $M=-Fx$,静矩 $S_z^*=\dfrac{h^2}{8}-\dfrac{y^2}{2}$。于是,各应力分量又可表示为

$$\sigma_x=\frac{My}{I_z},\quad \sigma_y=0,\quad \tau_{xy}=-\frac{FS_z^*}{I_z}\tag{6-48}$$

上述解答与材料力学的结果完全一致。

6.5.4 位移分量

先由物理方程(6-19)求得应变分量,再利用几何方程(6-18)得到

$$\begin{cases}\dfrac{\partial u}{\partial x}=-\dfrac{F}{EI_z}xy\\\dfrac{\partial v}{\partial y}=\dfrac{\upsilon F}{EI_z}xy\\\dfrac{\partial v}{\partial x}+\dfrac{\partial u}{\partial y}=\dfrac{F}{\mu I_z}\left(\dfrac{y^2}{2}-\dfrac{h^2}{8}\right)\end{cases}\tag{6-49}$$

分别将方程(6-49)的第一式和第二式积分,得

$$\begin{cases} u = -\dfrac{F}{2EI_z}x^2 y + f_1(y) \\ v = \dfrac{\upsilon F}{2EI_z}xy^2 + f_2(x) \end{cases} \tag{6-50}$$

其中$f_1(y)$,$f_2(x)$为待定函数,将式(6-50)代入式(6-49)的第三式,整理后得到

$$\left[\frac{\mathrm{d}f_2(x)}{\mathrm{d}x} - \frac{F}{2EI_z}x^2\right] + \left[\frac{\mathrm{d}f_1(y)}{\mathrm{d}y} + \frac{\upsilon F}{2EI_z}y^2 - \frac{F}{2\mu I_z}y^2\right] = -\frac{Fh^2}{8\mu I_z}$$

要使上式恒成立,只有

$$\begin{cases} \dfrac{\mathrm{d}f_2(x)}{\mathrm{d}x} - \dfrac{F}{2EI_z}x^2 = a \\ \dfrac{\mathrm{d}f_1(y)}{\mathrm{d}y} + \dfrac{\upsilon F}{2EI_z}y^2 - \dfrac{F}{2\mu I_z}y^2 = b \end{cases} \tag{6-51}$$

这里的a,b均为常数,它们满足

$$a + b = -\frac{Fh^2}{8\mu I_z} \tag{6-52}$$

将式(6-51)积分得到

$$f_2(x) = \frac{Fx^3}{6EI_z} + ax + c,\quad f_1(y) = \frac{Fy^3}{6\mu I_z} - \frac{\upsilon Fy^3}{6EI_z} + by + d \tag{6-53}$$

其中c,d为任意常数,将式(6-53)代入式(6-50),得到

$$\begin{cases} u = -\dfrac{F}{2EI_z}x^2 y + \dfrac{Fy^3}{6\mu I_z} - \dfrac{\upsilon Fy^3}{6EI_z} + by + d \\ v = \dfrac{\upsilon F}{2EI_z}xy^2 + \dfrac{Fx^3}{6EI_z} + ax + c \end{cases} \tag{6-54}$$

任意常数a,b,c和d由悬臂梁的约束条件确定。式(6-40)是梁的右端严格的位移边界条件,但在多项式解答中,这个条件往往是无法满足的,而且在工程实际中,这种完全固定的约束条件也是不大可能实现的。与材料力学一样,假定右端面的中点不移动,过该点的水平线段不转动,此时约束条件可放松为

$$(u)_{x=L,y=0} = (v)_{x=L,y=0} = 0,\quad \left(\frac{\partial v}{\partial x}\right)_{x=L,y=0} = 0 \tag{6-55}$$

将式(6-54)代入式(6-55),并联立式(6-52),得到a,b,c,d的解

$$a = -\frac{FL^2}{2EI_z},\quad b = \frac{FL^2}{2EI_z} - \frac{Fh^2}{8\mu I_z},\quad c = \frac{FL^3}{3EI_z},\quad d = 0$$

此时的位移分量为

$$\begin{cases} u = -\dfrac{F}{2EI_z}x^2 y + \dfrac{Fy^3}{6\mu I_z} - \dfrac{\upsilon Fy^3}{6EI_z} + \left(\dfrac{FL^2}{2EI_z} - \dfrac{Fh^2}{8\mu I_z}\right)y \\ v = \dfrac{\upsilon F}{2EI_z}xy^2 + \dfrac{Fx^3}{6EI_z} - \dfrac{FL^2}{2EI_z}x + \dfrac{FL^3}{3EI_z} \end{cases} \tag{6-56}$$

当$y=0$时,得到梁轴线的挠度方程

$$v(x,0) = \frac{Fx^3}{6EI_z} - \frac{FL^2}{2EI_z}x + \frac{FL^3}{3EI_z}$$

悬臂梁自由端的挠度 $f=\dfrac{FL^3}{3EI_z}$，上述结果与材料力学的结果是一致的。

悬臂梁还可以给出另外一种常见的固定方式，即假定右端截面的中点不移动，过该点的铅垂线段不转动，此时约束条件变为

$$(u)_{x=L,y=0}=(v)_{x=L,y=0}=0,\quad \left(\frac{\partial u}{\partial y}\right)_{x=L,y=0}=0 \tag{6-57}$$

同理可得位移分量为

$$\begin{cases} u=-\dfrac{Fx^2y}{2EI_z}+\dfrac{Fy^3}{6\mu I_z}-\dfrac{\upsilon Fy^3}{6EI_z}+\dfrac{FL^2y}{2EI_z} \\ v=\dfrac{\upsilon Fxy^2}{2EI_z}+\dfrac{Fx^3}{6EI_z}-\left(\dfrac{FL^2}{2EI_z}+\dfrac{Fh^2}{8\mu I_z}\right)x+\dfrac{Fh^2L}{8\mu I_z}+\dfrac{FL^3}{3EI_z} \end{cases} \tag{6-58}$$

而梁轴线的挠度方程变为

$$v(x,0)=\frac{Fx^3}{6EI_z}-\left(\frac{FL^2}{2EI_z}+\frac{Fh^2}{8\mu I_z}\right)x+\frac{Fh^2L}{8\mu I_z}+\frac{FL^3}{3EI_z}$$

自由端的挠度为

$$f=\frac{FL^3}{3EI_z}+\frac{Fh^2L}{8\mu I_z}$$

§6.6　简支梁的弯曲

考查一承受均布载荷 q 的简支薄板梁，如图 6-8 所示，梁的跨度为 $2L$，横截面高度为 $h(L\gg h)$，厚度为 1 个单位，梁的自重可以忽略不计，求梁的应力和变形。

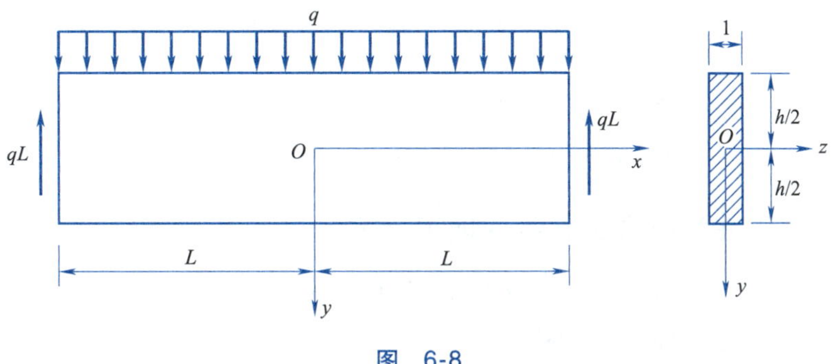

图　6-8

6.6.1　应力函数的确定

此问题可采用半逆解法求解。由材料力学知识可知，弯曲正应力 σ_x 主要是由弯矩引起的，切应力 τ_{xy} 主要由剪力引起，挤压应力 σ_y 主要由载荷 q 引起，而 q 是不随 x 而变的常量，故可以假设 σ_y 不随 x 而变，是关于 y 的函数

$$\sigma_y=\frac{\partial^2\Phi}{\partial x^2}=f(y) \tag{6-59}$$

将式(6-59)对 x 积分两次得到

$$\Phi=\frac{x^2}{2}f(y)+xf_1(y)+f_2(y) \tag{6-60}$$

式中,$f(y)$,$f_1(y)$,$f_2(y)$为待定函数。

将式(6-60)代入相容方程(6-33)得到

$$\frac{1}{2}\frac{\mathrm{d}^4f(y)}{\mathrm{d}y^4}x^2+\frac{\mathrm{d}^4f_1(y)}{\mathrm{d}y^4}x+\frac{\mathrm{d}^4f_2(y)}{\mathrm{d}y^4}+2\frac{\mathrm{d}^2f(y)}{\mathrm{d}y^2}=0$$

这是关于 x 的二次方程,对域内的任意 x 上式均应成立,故这个二次方程的系数和自由项都必须等于零,即

$$\frac{\mathrm{d}^4f(y)}{\mathrm{d}y^4}=0,\quad \frac{\mathrm{d}^4f_1(y)}{\mathrm{d}y^4}=0,\quad \frac{\mathrm{d}^4f_2(y)}{\mathrm{d}y^4}+2\frac{\mathrm{d}^2f(y)}{\mathrm{d}y^2}=0 \tag{6-61}$$

由前两个方程解得

$$f(y)=Ay^3+By^2+Cy+D,\quad f_1(y)=Ey^3+Fy^2+Gy \tag{6-62}$$

将式(6-62)的第一式代入式(6-61)的第三式并积分得到

$$f_2(y)=-\frac{A}{10}y^5-\frac{B}{6}y^4+Hy^3+Ky^2 \tag{6-63}$$

式(6-62)和式(6-63)中均已略去与应力无关的各项,将以上二式代入式(6-60)得到应力函数的表达式为

$$\Phi=\frac{x^2}{2}(Ay^3+By^2+Cy+D)+x(Ey^3+Fy^2+Gy)-\frac{A}{10}y^5-\frac{B}{6}y^4+Hy^3+Ky^2 \tag{6-64}$$

6.6.2 应力分量

将式(6-64)代入式(6-32)得到各应力分量的表达式

$$\begin{cases}\sigma_x=\dfrac{x^2}{2}(6Ay+2B)+x(6Ey+2F)-2Ay^3-2By^2+6Hy+2K\\ \sigma_y=Ay^3+By^2+Cy+D\\ \tau_{xy}=-x(3Ay^2+2By+C)-(3Ey^2+2Fy+G)\end{cases} \tag{6-65}$$

6.6.3 利用对称性和应力边界条件确定待定系数

利用问题的对称性常可以减少一些计算工作量,本问题中,梁的几何形状和外载荷均对称于 yOz 面,梁内的应力分布也应对称于 yOz 面,正应力 σ_x,σ_y 应是 x 的偶函数,切应力 τ_{xy}是 x 的奇函数,于是得到

$$E=F=G=0$$

上下边界条件为

$$(\sigma_y)_{y=-\frac{h}{2}}=-q,\quad (\sigma_y)_{y=\frac{h}{2}}=0,\quad (\tau_{xy})_{y=\pm\frac{h}{2}}=0 \tag{6-66}$$

将应力分量式(6-65)的第二式和第三式代入式(6-66),并利用 $E=F=G=0$,联立求解后得到

$$A=-\frac{2q}{h^3},\quad B=0,\quad C=\frac{3q}{2h},\quad D=-\frac{q}{2}$$

将已确定的系数代入式(6-65)得到各应力分量为

$$\begin{cases}\sigma_x = -\dfrac{6q}{h^3}x^2y + \dfrac{4q}{h^3}y^3 + 6Hy + 2K \\ \sigma_y = -\dfrac{2q}{h^3}y^3 + \dfrac{3q}{2h}y - \dfrac{q}{2} \\ \tau_{xy} = \dfrac{6q}{h^3}xy^2 - \dfrac{3q}{2h}x\end{cases} \tag{6-67}$$

下面考虑左右两边的边界条件(次要边界条件),由于问题的对称性,只需考虑一边即可,如右边。梁的右边无水平面力,要求$(\sigma_x)_{x=L}=0$,但由式(6-67)第一式可以看出σ_x为y的三次函数,无法满足这一条件,同时端部的剪切面力分布未知,故只能利用圣维南原理放松,于是得到

$$\begin{cases}\int_{-\frac{h}{2}}^{\frac{h}{2}}(\sigma_x)_{x=L}\mathrm{d}y = 0 \\ \int_{-\frac{h}{2}}^{\frac{h}{2}}y(\sigma_x)_{x=L}\mathrm{d}y = 0 \\ \int_{-\frac{h}{2}}^{\frac{h}{2}}(\tau_{xy})_{x=L}\mathrm{d}y = -qL\end{cases} \tag{6-68}$$

将式(6-67)的第三式代入式(6-68)的第三式,该条件自动满足。将式(6-67)的第一式代入式(6-68)的第一、二式,联立解得

$$K=0,\quad H=\frac{ql^2}{h^3}-\frac{q}{10h}$$

整理之后得到各应力分量的最后解答如下

$$\begin{cases}\sigma_x = \dfrac{M}{I_z}y + \dfrac{q}{h}y\left(\dfrac{4}{h^2}y^2 - \dfrac{3}{5}\right) \\ \sigma_y = -\dfrac{q}{2}\left(1+\dfrac{y}{h}\right)\left(1-\dfrac{2y}{h}\right)^2 \\ \tau_{xy} = \dfrac{F_sS_z^*}{I_zb}\end{cases} \tag{6-69}$$

其中$M=\dfrac{q}{2}(l^2-x^2)$为梁的任意截面上的弯矩,$F_s=-qx$为任意截面上的剪力,$b=1$,惯性矩$I_z=\dfrac{h^3}{12}$,静矩$S_z^*=\dfrac{h^2}{8}-\dfrac{y^2}{2}$。

各应力分量沿高度的变化规律如图6-9所示。

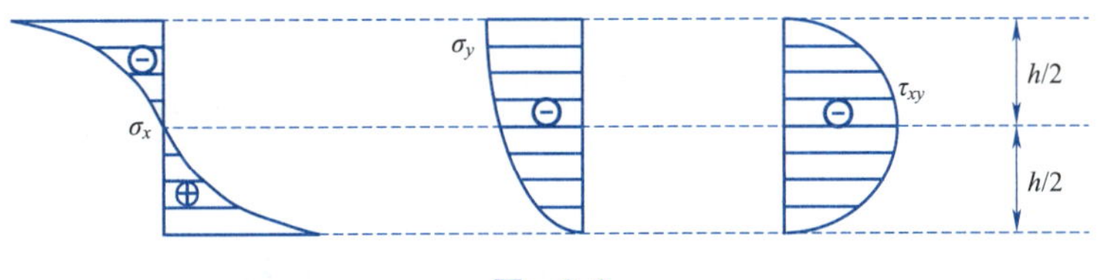

图　6-9

由式(6-69)可知,正应力σ_x的表达式中第一项是主要项,与材料力学解答相同,第二项是弹性力学提出的修正项,对于通常的长而低的梁,修正项很小,可以忽略不计。对于短而

高的梁,则需注意修正项。应力分量 σ_y 是梁的各纤维之间的挤压应力,它的最大绝对值为 q,发生在梁顶部,向下逐渐减小,在下表面等于零,在材料力学中一般不考虑这个应力分量。切应力 τ_{xy} 的表达式与材料力学的结果完全一致。

§6.7 三角形水坝

工程中常见的水坝截面为三角形,左面铅直,右面与铅垂面成 α 角,下端可认为伸向无穷远处,承受坝的自重和水压力作用,水坝与水的密度分别为 ρ 和 γ,坐标选取如图 6-10(a)所示,试求其应力分量。

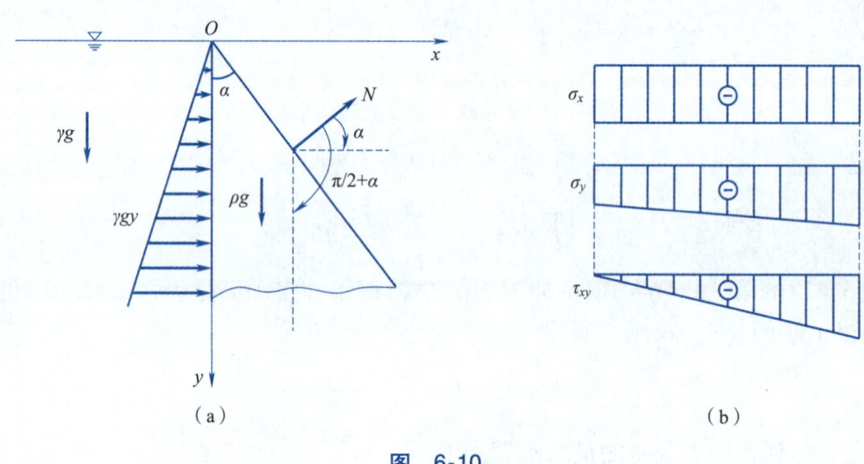

图 6-10

6.7.1 应力函数的确定

该问题可作为平面应变问题,采用量纲分析法。对坝体内任一点,每个应力分量都应该是由两部分组成的:第一部分由重力产生,与 ρg 成正比;第二部分由水压力产生,与 γg 成正比,另外每一部分与坝体的几何形状 α 和该点的坐标 x,y 有关。由于应力分量的量纲是 $\mathrm{L^{-1}MT^{-2}}$,ρg 和 γg 的量纲是 $\mathrm{L^{-2}MT^{-2}}$,α 是量纲一的量,而 x 和 y 的量纲是 L。如果应力分量具有多项式解答,为了保证量纲的一致性,那么它们可用 $N_1(\alpha)\gamma gx$,$N_2(\alpha)\gamma gy$,$N_3(\alpha)\rho gx$,$N_4(\alpha)\rho gy$ 及其线性组合来表达。可见,各应力分量的表达式只可能是 x,y 的纯一次式。

根据应力函数和应力分量之间的关系式(6-32)可知,应力函数比应力分量的长度量纲高二次,即应力函数可以用坐标的纯三次式表示,假设应力函数为

$$\Phi = Ax^3 + Bx^2y + Cxy^2 + Dy^3 \tag{6-70}$$

式中,系数 A,B,C,D 由边界条件确定。另外上述应力函数恒满足相容方程 $\nabla^4\Phi = 0$。

6.7.2 应力分量

将式(6-70)代入式(6-32),本问题中体力 $f_x = 0$,$f_y = \rho g$,得到

$$\begin{cases} \sigma_x = 2Cx + 6Dy \\ \sigma_y = 6Ax + 2By - \rho gy \\ \tau_{xy} = -2Bx - 2Cy \end{cases} \tag{6-71}$$

6.7.3 由边界条件确定待定系数

左侧面

$$(\sigma_x)_{x=0}=-\gamma g y,\quad (\tau_{xy})_{x=0}=0 \tag{6-72}$$

斜面($x=y\tan\alpha$)

$$l=\cos\alpha,\quad m=\cos\left(\alpha+\frac{\pi}{2}\right)=-\sin\alpha,\quad \overline{f}_x=\overline{f}_y=0 \tag{6-73}$$

将式(6-73)代入应力边界条件式(6-10)得到

$$\begin{cases}(\sigma_x)_{x=y\tan\alpha}\cos\alpha-(\tau_{xy})_{x=y\tan\alpha}\sin\alpha=0\\(\tau_{xy})_{x=y\tan\alpha}\cos\alpha-(\sigma_y)_{x=y\tan\alpha}\sin\alpha=0\end{cases} \tag{6-74}$$

将式(6-71)代入式(6-72)和式(6-74)中可解得各待定系数为

$$A=\frac{\rho g}{6}\cot\alpha-\frac{\gamma g}{3}\cot^3\alpha,\quad B=\frac{\gamma g}{2}\cot^2\alpha,\quad C=0,\quad D=-\frac{\gamma g}{6}$$

将以上系数代回式(6-71)得到各应力分量的表达式为

$$\begin{cases}\sigma_x=-\gamma g y\\\sigma_y=(\rho g\cot\alpha-2\gamma g\cot^3\alpha)x+(\gamma g\cot^2\alpha-\rho g)y\\\tau_{xy}=-\gamma g x\cot^2\alpha\end{cases} \tag{6-75}$$

沿着任一水平截面上应力变化如图6-10(b)所示。应力 σ_x 为常数,这结果不能用材料力学中的公式求得。应力 σ_y 按直线变化,在左面和右面上分别等于

$$(\sigma_y)_{x=0}=(\gamma g\cot^2\alpha-\rho g)y,\quad (\sigma_y)_{x=y\tan\alpha}=-\gamma g y\cot^2\alpha$$

上述结果与材料力学中偏心受压公式求得的结果相同。应力 τ_{xy} 也按直线变化,在左面和右面上分别为

$$(\tau_{xy})_{x=0}=0,\quad (\tau_{xy})_{x=y\tan\alpha}=-\gamma g y\cot\alpha$$

上述解答为三角形水坝中应力的基本解答,但要注意其适用范围:

(1)沿着坝轴,坝身常具有不同截面,坝身也不是无限长的,严格讲这不是平面问题。如果沿着坝轴设置一些伸缩缝,在每一段内坝身截面可认为没有变化,且 τ_{zx},τ_{zy} 可当作等于零,计算时可以把问题当作平面问题处理。

(2)本问题假定水坝的下端是无限长的,能够自由变形,但实际坝身都是有限高度,坝底与地基相连,底部的变形受到地基的约束,对于坝底以上所得解答是不精确的。

(3)实际工程中坝顶不会是一个尖顶,总是具有一定的宽度,而且顶部还会受到其他载荷,故在靠近坝顶处,以上所得解答也不适用。

习 题 6

6-1 平面应变问题和平面应力问题的几何特征和受力特点各是什么?试作简要分析。

6-2 满足什么条件的函数才是应力函数?应力函数解法的基本方程是什么?

6-3 为什么同一问题的材料力学的解答往往不满足弹性力学的相容条件?

6-4 列出图6-11所示悬臂梁的边界条件。

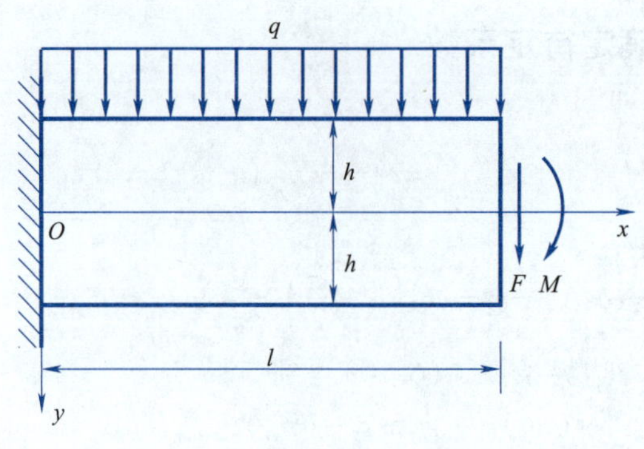

图 6-11

6-5 已知应力函数 $\Phi=a(x^4-y^4)$，试检验它能否作为应力函数？若能，写出应力分量，并给出图 6-12 所示矩形薄板边界上的面力。

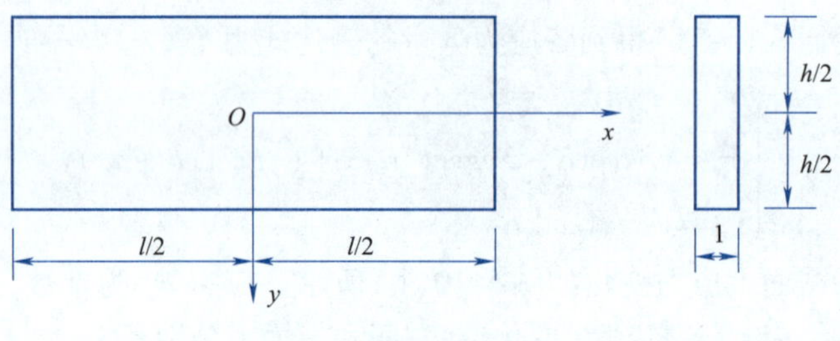

图 6-12

6-6 长 3 cm、宽 2 cm 的矩形薄板，O 点为固定铰支座，C 点为水平链杆（见图 6-13），已知板内的应变分量为

$$\varepsilon_x=(1+2x+y)\times10^{-4},\quad \varepsilon_y=(1+2x-2y)\times10^{-4},\quad \gamma_{xy}=(3+3x)\times10^{-4}$$

求 A，B 点的位移。

6-7 图 6-14 所示细长矩形截面立柱，其密度为 ρ，在左侧面受均布侧向力 q 作用，试计算立柱内的应力分量。

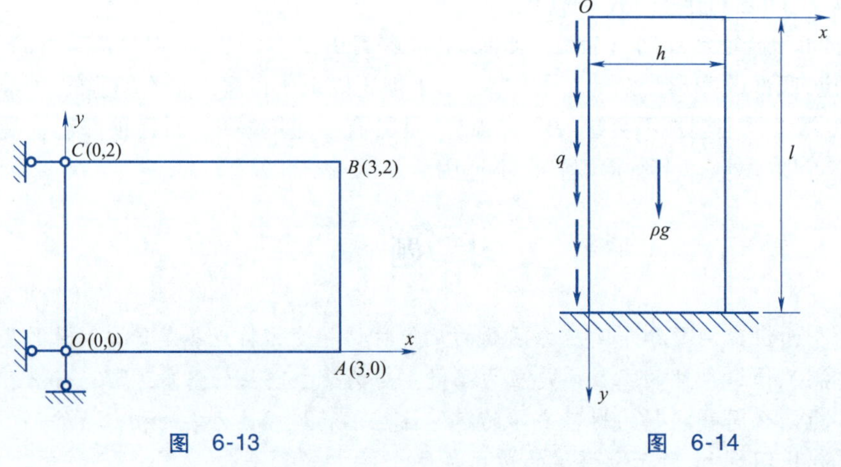

图 6-13　　图 6-14

6-8 很长的直角六面体在均匀压力 q 作用下，放置在绝对刚性和光滑的基础上，应力函

数取为 $\Phi = ay^2$，如图 6-15 所示，试确定其应力分量和位移分量。

6-9 图 6-16 所示三角形坝体，取厚度为 1，下端无限长，在坝的左侧承受液体的压力，液体的密度为 ρ_1，坝体材料的密度为 ρ_2，试用 x 和 y 的纯三次式作应力函数，并求出各应力分量。

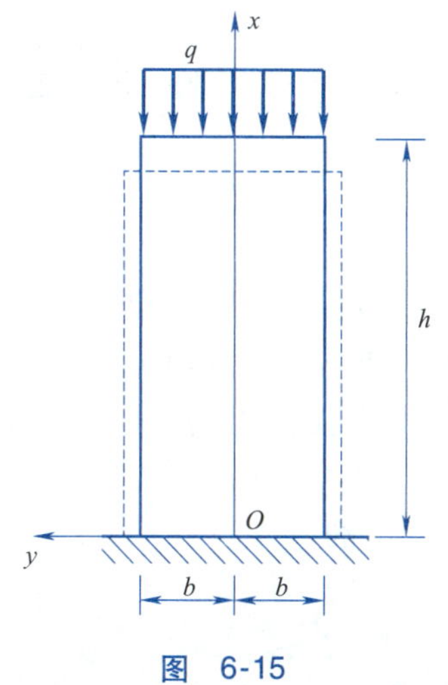

图 6-15

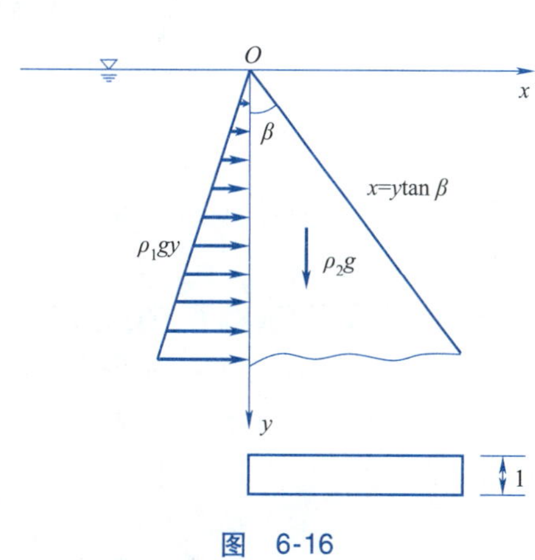

图 6-16

6-10 图 6-17 所示矩形截面柱体承受偏心压力 P 作用，试求应力分量和位移分量，以及轴线的位移方程式。设自重忽略不计，且底面形心 O 点处的水平线元不能转动。

6-11 矩形截面梁右端固定，左端受力偶 M 作用，O 点为铰支承，如图 6-18 所示，试取应力函数 $\Phi = Ay^3 + Bxy + Cxy^3$，体力不计，试计算各应力分量。

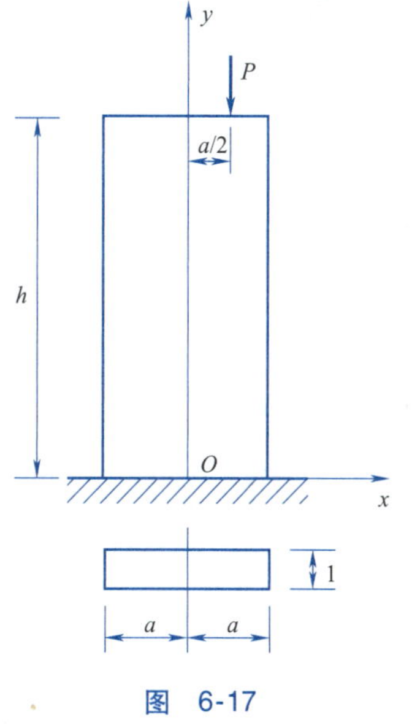

图 6-17

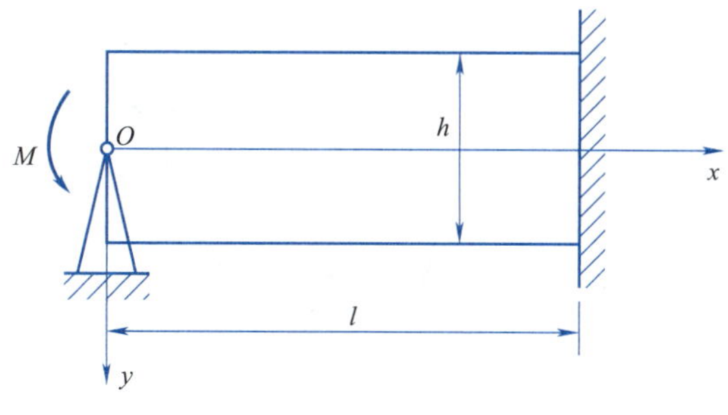

图 6-18

第 7 章

平面问题的极坐标解答

在处理弹性力学问题时,无论选取什么形式的坐标系都不会影响问题本质的描述,却涉及解决问题的难易程度。对于像矩形梁、矩形截面水坝和三角形水坝等问题,宜采用直角坐标系。但对于像圆盘、圆筒、尖劈、扇形板等工程中常见的构件,采用柱面坐标系(r,θ,z)将比直角坐标系更方便。如果主要的应力和变形都发生在$r\theta$平面内,则柱面坐标又可用平面极坐标来代替。本章首先给出平面问题极坐标的基本方程,然后再利用它求解几个具体问题。

§7.1 平面问题极坐标中的基本方程

7.1.1 极坐标中的基本方程

前面我们在 2-8 节和 3-6 节分别讨论了正交曲线坐标系中的平衡方程和几何方程,极坐标系作为三维柱坐标系的特例,其基本方程可直接由柱坐标系的基本方程简化得到,只需在柱坐标系基本方程中舍去沿z轴方向的分量,并设余下的分量与坐标z无关即可。

1. 平衡方程

略去式(2-39)中与z有关的项得到

$$\begin{cases}\dfrac{\partial\sigma_r}{\partial r}+\dfrac{1}{r}\dfrac{\partial\tau_{r\theta}}{\partial\theta}+\dfrac{\sigma_r-\sigma_\theta}{r}+f_r=0\\[2ex]\dfrac{1}{r}\dfrac{\partial\sigma_\theta}{\partial\theta}+\dfrac{\partial\tau_{r\theta}}{\partial r}+\dfrac{2\tau_{r\theta}}{r}+f_\theta=0\end{cases}\tag{7-1}$$

上式即为平面问题极坐标下的平衡微分方程,包含三个未知函数σ_r,σ_θ和$\tau_{r\theta}$,是一次超静定问题,为了求解问题,还必须考虑形变和位移。

2. 几何方程

略去式(3-39)中与z有关的项得到

$$\begin{cases}\varepsilon_r=\dfrac{\partial u_r}{\partial r}\\[2ex]\varepsilon_\theta=\dfrac{u_r}{r}+\dfrac{1}{r}\dfrac{\partial u_\theta}{\partial\theta}\\[2ex]\gamma_{r\theta}=\dfrac{1}{r}\dfrac{\partial u_r}{\partial\theta}+\dfrac{\partial u_\theta}{\partial r}-\dfrac{u_\theta}{r}\end{cases}\tag{7-2}$$

上式即为平面问题极坐标下的几何方程,u_r,u_θ为极坐标系下的径向和环向位移。

3. 物理方程

由于极坐标与直角坐标都是正交坐标系，所以极坐标的物理方程与直角坐标的物理方程具有同样的形式，只需把角码 x,y 用 r,θ 替换即可。平面应力情况下，物理方程为

$$\begin{cases}\varepsilon_r=\dfrac{1}{E}(\sigma_r-\upsilon\sigma_\theta)\\ \varepsilon_\theta=\dfrac{1}{E}(\sigma_\theta-\upsilon\sigma_r)\\ \gamma_{r\theta}=\dfrac{2(1+\upsilon)}{E}\tau_{r\theta}\end{cases}\tag{7-3}$$

平面应变情况下，只需将式(7-3)中的 E、υ 分别替换为$\dfrac{E}{1-\upsilon^2}$，$\dfrac{\upsilon}{1-\upsilon}$即可。

4. 边界条件

应力边界条件为

$$\left.\begin{aligned}\sigma_r l+\tau_{r\theta}m=\overline{f}_r\\ \tau_{r\theta}l+\sigma_\theta m=\overline{f}_\theta\end{aligned}\right\}(\text{在 }S_\sigma\text{ 上})\tag{7-4}$$

其中 l,m 为外法线的方向余弦，$\overline{f}_r$，$\overline{f}_\theta$表示沿 r,θ 方向给定的面力分量。

位移边界条件为

$$\left.\begin{aligned}u_r=\overline{u}_r\\ u_\theta=\overline{u}_\theta\end{aligned}\right\}(\text{在 }S_u\text{ 上})\tag{7-5}$$

7.1.2 极坐标中的应力函数与相容方程

应力函数解法中，需要定义一个应力函数 $\Phi(r,\theta)$，用以表示三个应力分量，同时要满足平衡微分方程(7-1)，但极坐标系下该方程的形式较直角坐标系复杂，因而要直接根据平衡方程定义应力函数比较困难。为了导出极坐标下的相容方程，下面通过坐标变换方法，把有关方程的直角坐标形式变换为极坐标形式。

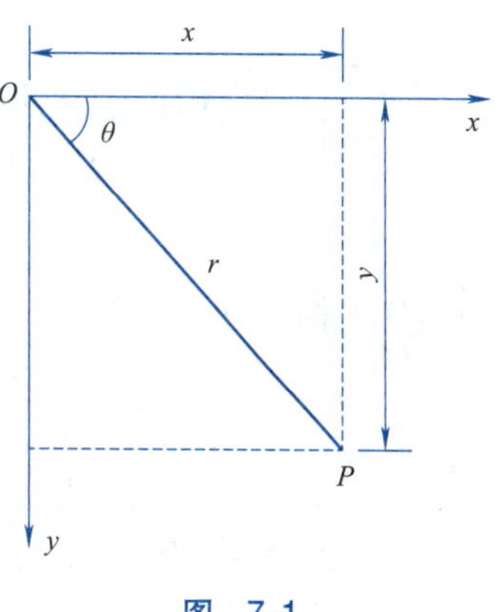

图 7-1

如图 7-1 所示，取极坐标(r,θ)，直角坐标与极坐标的关系如下

$$x=r\cos\theta,\quad y=r\sin\theta$$

$$r=\sqrt{x^2+y^2},\quad \theta=\arctan\frac{y}{x}$$

将 r,θ 分别对 x,y 求偏导数得到

$$\frac{\partial r}{\partial x}=\frac{x}{r}=\cos\theta,\quad \frac{\partial r}{\partial y}=\frac{y}{r}=\sin\theta$$

$$\frac{\partial\theta}{\partial x}=-\frac{y}{r^2}=-\frac{\sin\theta}{r},\quad \frac{\partial\theta}{\partial y}=\frac{x}{r^2}=\frac{\cos\theta}{r}$$

引进应力函数 Φ，注意它既是 x,y 的函数，又是 r,θ 的函数，由复合函数求导的链式法则得到

$$\begin{cases} \dfrac{\partial\Phi}{\partial x}=\dfrac{\partial\Phi}{\partial r}\dfrac{\partial r}{\partial x}+\dfrac{\partial\Phi}{\partial\theta}\dfrac{\partial\theta}{\partial x}=\cos\theta\dfrac{\partial\Phi}{\partial r}-\dfrac{\sin\theta}{r}\dfrac{\partial\Phi}{\partial\theta} \\ \dfrac{\partial\Phi}{\partial y}=\dfrac{\partial\Phi}{\partial r}\dfrac{\partial r}{\partial y}+\dfrac{\partial\Phi}{\partial\theta}\dfrac{\partial\theta}{\partial y}=\sin\theta\dfrac{\partial\Phi}{\partial r}+\dfrac{\cos\theta}{r}\dfrac{\partial\Phi}{\partial\theta} \end{cases} \tag{7-6}$$

利用上式，对坐标 x,y 求二阶偏导可导出以下运算符号

$$\begin{cases} \dfrac{\partial^2}{\partial x^2}=\left(\cos\theta\dfrac{\partial}{\partial r}-\dfrac{\sin\theta}{r}\dfrac{\partial}{\partial\theta}\right)\left(\cos\theta\dfrac{\partial}{\partial r}-\dfrac{\sin\theta}{r}\dfrac{\partial}{\partial\theta}\right) \\ \quad=\cos^2\theta\dfrac{\partial^2}{\partial r^2}-\dfrac{2\sin\theta\cos\theta}{r}\dfrac{\partial^2}{\partial r\partial\theta}+\dfrac{\sin^2\theta}{r}\dfrac{\partial}{\partial r}+ \\ \quad\dfrac{2\sin\theta\cos\theta}{r^2}\dfrac{\partial}{\partial\theta}+\dfrac{\sin^2\theta}{r^2}\dfrac{\partial^2}{\partial\theta^2} \\ \dfrac{\partial^2}{\partial y^2}=\left(\sin\theta\dfrac{\partial}{\partial r}+\dfrac{\cos\theta}{r}\dfrac{\partial}{\partial\theta}\right)\left(\sin\theta\dfrac{\partial}{\partial r}+\dfrac{\cos\theta}{r}\dfrac{\partial}{\partial\theta}\right) \\ \quad=\sin^2\theta\dfrac{\partial^2}{\partial r^2}+\dfrac{2\sin\theta\cos\theta}{r}\dfrac{\partial^2}{\partial r\partial\theta}+\dfrac{\cos^2\theta}{r}\dfrac{\partial}{\partial r}- \\ \quad\dfrac{2\sin\theta\cos\theta}{r^2}\dfrac{\partial}{\partial\theta}+\dfrac{\cos^2\theta}{r^2}\dfrac{\partial^2}{\partial\theta^2} \\ \dfrac{\partial^2}{\partial x\partial y}=\left(\cos\theta\dfrac{\partial}{\partial r}-\dfrac{\sin\theta}{r}\dfrac{\partial}{\partial\theta}\right)\left(\sin\theta\dfrac{\partial}{\partial r}+\dfrac{\cos\theta}{r}\dfrac{\partial}{\partial\theta}\right) \\ \quad=\sin\theta\cos\theta\dfrac{\partial^2}{\partial r^2}+\dfrac{\cos^2\theta-\sin^2\theta}{r}\dfrac{\partial^2}{\partial r\partial\theta}-\dfrac{\sin\theta\cos\theta}{r}\dfrac{\partial}{\partial r}- \\ \quad\dfrac{\cos^2\theta-\sin^2\theta}{r^2}\dfrac{\partial}{\partial\theta}-\dfrac{\sin\theta\cos\theta}{r^2}\dfrac{\partial^2}{\partial\theta^2} \end{cases} \tag{7-7}$$

将$\dfrac{\partial^2}{\partial x^2}$和$\dfrac{\partial^2}{\partial y^2}$相加，经化简得到极坐标系下的拉普拉斯算子

$$\nabla^2=\frac{\partial^2}{\partial x^2}+\frac{\partial^2}{\partial y^2}=\frac{\partial^2}{\partial r^2}+\frac{1}{r}\frac{\partial}{\partial r}+\frac{1}{r^2}\frac{\partial^2}{\partial\theta^2} \tag{7-8}$$

代入相容方程$\nabla^4\Phi=0$，得到常体力下极坐标系中应力函数表示的相容方程

$$\left(\frac{\partial^2}{\partial r^2}+\frac{1}{r}\frac{\partial}{\partial r}+\frac{1}{r^2}\frac{\partial^2}{\partial\theta^2}\right)^2\Phi=0 \tag{7-9}$$

如图 7-1 所示，如果把 x 和 y 轴分别转到 r 和 θ 的方向，使 θ 成为零，则 σ_x，σ_y 和 τ_{xy} 分别成为 σ_r，σ_θ 和 $\tau_{r\theta}$，体力不计时，可借助式(7-7)得到极坐标下应力与应力函数的关系

$$\begin{cases} \sigma_r=(\sigma_x)_{\theta=0}=\left(\dfrac{\partial^2\Phi}{\partial y^2}\right)_{\theta=0}=\dfrac{1}{r}\dfrac{\partial\Phi}{\partial r}+\dfrac{1}{r^2}\dfrac{\partial^2\Phi}{\partial\theta^2} \\ \sigma_\theta=(\sigma_y)_{\theta=0}=\left(\dfrac{\partial^2\Phi}{\partial x^2}\right)_{\theta=0}=\dfrac{\partial^2\Phi}{\partial r^2} \\ \tau_{r\theta}=(\tau_{xy})_{\theta=0}=\left(-\dfrac{\partial^2\Phi}{\partial x\partial y}\right)_{\theta=0}=-\dfrac{1}{r}\dfrac{\partial^2\Phi}{\partial r\partial\theta}+\dfrac{1}{r^2}\dfrac{\partial\Phi}{\partial\theta}=-\dfrac{\partial}{\partial r}\left(\dfrac{1}{r}\dfrac{\partial\Phi}{\partial\theta}\right) \end{cases} \tag{7-10}$$

这里的 $\Phi(r,\theta)$ 为极坐标下的艾里应力函数，假定有连续到四阶的偏导数。用极坐标按应力函数法求解常体力平面问题，就是寻求满足边界条件的微分方程(7-9)的解。求出应力函数后代入式(7-10)可求得应力分量，再由式(7-3)和(7-2)求应变分量和位移分量。

§7.2　轴对称应力问题的解

轴对称是指物体的形状或某物理量绕某一轴对称,通过该对称轴的任何面都是对称面。结构物的几何形状和受力对称于它的中心轴,应力只与 r 有关,与 θ 无关,由式(7-10)可知,物体上只有正应力而无切应力,这类问题称为轴对称应力问题。在轴对称应力问题中,如果物体几何形状和受力(或几何约束)也是轴对称的,此时物体内各点只有径向位移而没有环向位移,则问题的位移也是轴对称的,这类问题称为轴对称位移问题。

轴对称应力问题采用逆解法分析,设应力函数只是径向坐标 r 的函数,其形式为 $\Phi=\Phi(r)$,则相容方程式(7-9)简化为

$$\left(\frac{\mathrm{d}^2}{\mathrm{d}r^2}+\frac{1}{r}\frac{\mathrm{d}}{\mathrm{d}r}\right)^2\Phi=0 \tag{7-11}$$

展开上式得到

$$r^4\frac{\mathrm{d}^4\Phi}{\mathrm{d}r^4}+2r^3\frac{\mathrm{d}^3\Phi}{\mathrm{d}r^3}-r^2\frac{\mathrm{d}^2\Phi}{\mathrm{d}r^2}+r\frac{\mathrm{d}\Phi}{\mathrm{d}r}=0$$

这是一个变系数欧拉方程,其通解为

$$\Phi=A\ln r+Br^2\ln r+Cr^2+D \tag{7-12}$$

式中,A,B,C,D 为待定系数。将式(7-12)代入式(7-10)得到各应力分量

$$\begin{cases}\sigma_r=\dfrac{1}{r}\dfrac{\mathrm{d}\Phi}{\mathrm{d}r}=\dfrac{A}{r^2}+B(1+2\ln r)+2C\\ \sigma_\theta=\dfrac{\mathrm{d}^2\Phi}{\mathrm{d}r^2}=-\dfrac{A}{r^2}+B(3+2\ln r)+2C\\ \tau_{r\theta}=0\end{cases} \tag{7-13}$$

由上式可以看出正应力分量只是 r 的函数,切应力分量不存在,故应力状态对称于通过 z 轴的任一平面,这种应力为轴对称应力。

将式(7-13)代入式(7-3),得到平面应力情况下的应变分量

$$\begin{cases}\varepsilon_r=\dfrac{1}{E}\left[(1+\upsilon)\dfrac{A}{r^2}+(1-3\upsilon)B+2(1-\upsilon)B\ln r+2(1-\upsilon)C\right]\\ \varepsilon_\theta=\dfrac{1}{E}\left[-(1+\upsilon)\dfrac{A}{r^2}+(3-\upsilon)B+2(1-\upsilon)B\ln r+2(1-\upsilon)C\right]\\ \gamma_{r\theta}=0\end{cases} \tag{7-14}$$

将式(7-14)代入几何方程式(7-2)的第一、第二式,并积分得到

$$u_r=\frac{1}{E}\left[-(1+\upsilon)\frac{A}{r}+(1-3\upsilon)Br+2(1-\upsilon)Br(\ln r-1)+2(1-\upsilon)Cr\right]+f(\theta) \tag{7-15}$$

$$u_\theta=\frac{4Br\theta}{E}-\int f(\theta)\mathrm{d}\theta+g(r) \tag{7-16}$$

这里的 $f(\theta)$ 为 θ 的任意函数,$g(r)$ 为 r 的任意函数。将式(7-15)和式(7-16)代入几何方程式(7-2)的第三式化简后得到

$$g(r)-r\frac{\mathrm{d}g(r)}{\mathrm{d}r}=\frac{\mathrm{d}f(\theta)}{\mathrm{d}\theta}+\int f(\theta)\mathrm{d}\theta \tag{7-17}$$

若要使上式对所有的 r 和 θ 恒成立,只可能方程两边都等于某个常数,即

$$
\begin{cases}
g(r)-r\dfrac{\mathrm{d}g(r)}{\mathrm{d}r}=F \\
\dfrac{\mathrm{d}f(\theta)}{\mathrm{d}\theta}+\int f(\theta)\mathrm{d}\theta=F
\end{cases}
\tag{7-18}
$$

由式(7-18)第一式解得

$$
g(r)=Hr+F \tag{7-19}
$$

将式(7-18)第二式的两边对 θ 求导,得到

$$
\frac{\mathrm{d}^2f(\theta)}{\mathrm{d}\theta^2}+f(\theta)=0 \tag{7-20}
$$

上式的解为

$$
f(\theta)=I\cos\theta+K\sin\theta \tag{7-21}
$$

将式(7-19)和式(7-21)代入式(7-15)和式(7-16),得到轴对称应力问题的位移分量为

$$
\begin{cases}
u_r=\dfrac{1}{E}\left[-(1+\upsilon)\dfrac{A}{r}+(1-3\upsilon)Br+2(1-\upsilon)Br(\ln r-1)+2(1-\upsilon)Cr\right]+ \\
\quad I\cos\theta+K\sin\theta \\
u_\theta=\dfrac{4Br\theta}{E}+Hr-I\sin\theta+K\cos\theta
\end{cases}
\tag{7-22}
$$

式中,A,B,C,H,K,I 为待定系数,由边界条件和约束条件确定。由式(7-13)可知,待定系数 H,K,I 与应力无关,它们代表刚体位移,其值取决于约束条件,故对应于无应力状态的位移为

$$
\begin{cases}
u_r=I\cos\theta+K\sin\theta \\
u_\theta=Hr-I\sin\theta+K\cos\theta
\end{cases}
\tag{7-23}
$$

直角坐标下的位移与极坐标下位移的关系为

$$
\begin{cases}
u=u_r\cos\theta-u_\theta\sin\theta \\
v=u_r\sin\theta+u_\theta\cos\theta
\end{cases}
\tag{7-24}
$$

将式(7-23)代入式(7-24)得到直角坐标下的刚体位移

$$
\begin{cases}
u=I-Hr\sin\theta \\
v=K+Hr\cos\theta
\end{cases}
\tag{7-25}
$$

可见 I,K 分别表示物体沿 x 和 y 方向的刚体位移,H 代表绕对称轴的刚体转动。

式(7-22)表示,应力轴对称并不代表位移也是轴对称的。但在轴对称应力情况下,如果物体的几何形状和受力(或几何约束)也是轴对称的,则位移也是轴对称的。这时,物体内各点都不会有环向位移,即不论 r,θ 取什么值,都有 $u_\theta=0$。由式(7-22)的第二式得到 $B=H=I=K=0$,此时式(7-13)简化为

$$
\begin{cases}
\sigma_r=\dfrac{A}{r^2}+2C \\
\sigma_\theta=-\dfrac{A}{r^2}+2C \\
\tau_{r\theta}=0
\end{cases}
\tag{7-26}
$$

式(7-22)简化为

$$
\begin{cases}
u_r=\dfrac{1}{E}\left[-(1+\upsilon)\dfrac{A}{r}+2(1-\upsilon)Cr\right] \\
u_\theta=0
\end{cases}
\tag{7-27}
$$

上述讨论结果若应用于计算平面应变情况下的应变和位移,只需将式中的 E,υ 分别替换为$\frac{E}{1-\upsilon^2},\frac{\upsilon}{1-\upsilon}$即可。

§7.3　承受均布压力作用的厚壁圆筒

工程中的化工反应塔,高压输油、输气管道,气缸、炮筒等都是圆筒形的构件,沿内壁或外壁承受均布压力,因此都可以简化为相同的力学模型。由于这类构件的几何形状和所受载荷都关于中心轴对称,故其应力和变形也一定是轴对称的,属于轴对称位移问题,可以直接利用上节推导得到的相关结果。

考查一厚壁圆筒,设圆筒的内外半径分别为 a,b,内外壁分别受到均布压力 q_1,q_2 作用,如图 7-2 所示,不考虑刚体位移,圆筒两端面假设为刚性约束,即沿轴向的位移为零,径向位移不受限制,本问题属于平面应变问题。试分析圆筒内的应力及位移。

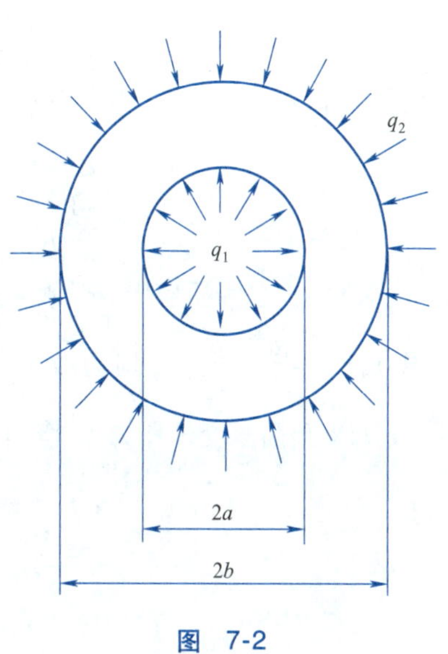

图 7-2

内外边界上的应力边界条件为

$$\begin{aligned}&(\sigma_r)_{r=a}=-q_1,\quad(\tau_{r\theta})_{r=a}=0\\&(\sigma_r)_{r=b}=-q_2,\quad(\tau_{r\theta})_{r=b}=0\end{aligned}\tag{7-28}$$

切应力的边界条件已自动满足,将式(7-26)的第一式代入式(7-28)得到

$$\frac{A}{a^2}+2C=-q_1$$

$$\frac{A}{b^2}+2C=-q_2$$

解得

$$A=\frac{a^2b^2(q_2-q_1)}{b^2-a^2},\quad C=\frac{q_1a^2-q_2b^2}{2(b^2-a^2)}\tag{7-29}$$

将上述系数代入式(7-26),经整理后得到应力分量的拉梅解答

$$\begin{cases}\sigma_r=-\dfrac{\dfrac{b^2}{r^2}-1}{\dfrac{b^2}{a^2}-1}q_1-\dfrac{1-\dfrac{a^2}{r^2}}{1-\dfrac{a^2}{b^2}}q_2\\[2ex]\sigma_\theta=\dfrac{\dfrac{b^2}{r^2}+1}{\dfrac{b^2}{a^2}-1}q_1-\dfrac{1+\dfrac{a^2}{r^2}}{1-\dfrac{a^2}{b^2}}q_2\\[2ex]\tau_{r\theta}=0\end{cases}\tag{7-30}$$

将系数 A,C 的值代入式(7-27),并注意平面应变问题需要将 E,υ 分别替换为$\frac{E}{1-\upsilon^2}$,

$\frac{v}{1-v}$,得到位移分量的表达式为

$$\begin{cases} u_r = \frac{1+v}{E}\frac{(q_1-q_2)a^2b^2}{(b^2-a^2)r} + \frac{(1+v)(1-2v)}{E}\frac{(q_1a^2-q_2b^2)}{b^2-a^2}r \\ u_\theta = 0 \end{cases} \tag{7-31}$$

如果圆筒只受内压力 q_1 作用,则相应的应力和位移为

$$\sigma_r = -\frac{\frac{b^2}{r^2}-1}{\frac{b^2}{a^2}-1}q_1, \quad \sigma_\theta = \frac{\frac{b^2}{r^2}+1}{\frac{b^2}{a^2}-1}q_1 \tag{7-32}$$

$$u_r = \frac{1+v}{E}\frac{q_1a^2b^2}{(b^2-a^2)r} + \frac{(1+v)(1-2v)}{E}\frac{q_1a^2}{b^2-a^2}r \tag{7-33}$$

显然 σ_r 总为压应力,σ_θ 总为拉应力,二者的最大值均发生在圆筒的内壁,环向最大拉应力$(\sigma_\theta)_{\max} = \frac{a^2+b^2}{b^2-a^2}q_1$。应力沿厚度的分布规律如图 7-3(a)所示。

如果圆筒只受外压力 q_2 作用,则相应的应力和位移为

$$\sigma_r = -\frac{1-\frac{a^2}{r^2}}{1-\frac{a^2}{b^2}}q_2, \quad \sigma_\theta = -\frac{1+\frac{a^2}{r^2}}{1-\frac{a^2}{b^2}}q_2 \tag{7-34}$$

$$u_r = -\frac{1+v}{E}\frac{q_2a^2b^2}{(b^2-a^2)r} - \frac{(1+v)(1-2v)}{E}\frac{q_2b^2}{b^2-a^2}r \tag{7-35}$$

此时 σ_r 和 σ_θ 均为压应力,二者的最大值分别发生在外壁和内壁。应力沿厚度的分布规律如图 7-3(b)所示。

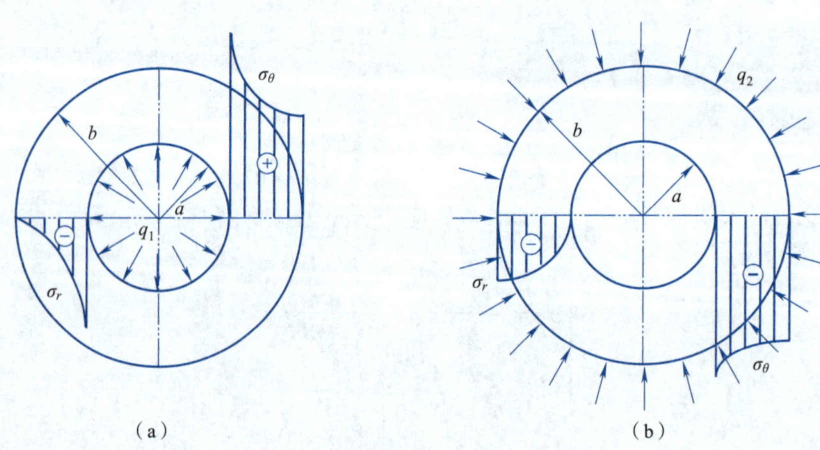

图 7-3

§7.4 曲梁的纯弯曲

设有一内半径为 a、外半径为 b 的矩形截面圆弧形曲梁,单位厚度,两端承受大小相同、

方向相反的力矩 M 作用,如图 7-4(a)所示。试计算曲梁中的应力分量和位移分量。

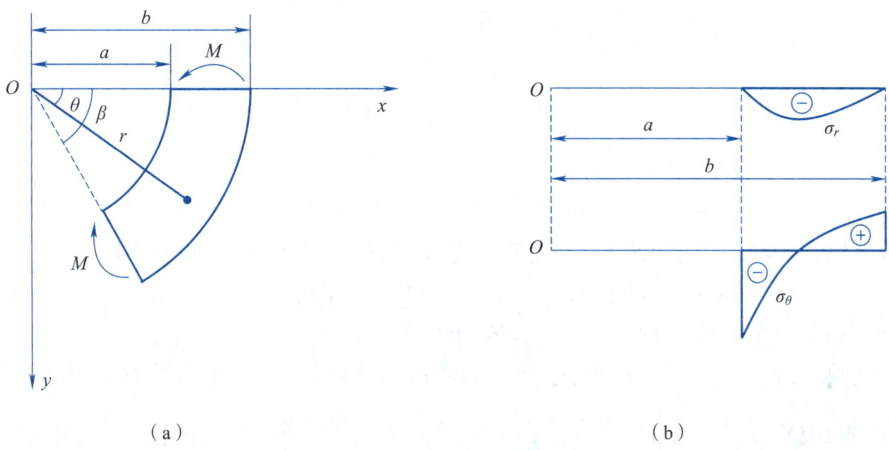

图　7-4

由平衡条件可知,任意径向截面上的弯矩均等于 M,因此可以假设各截面上应力分布也相同,故曲梁的纯弯曲属于轴对称应力问题,但由于几何结构不满足轴对称条件,应力分量和位移分量应采用式(7-13)和式(7-22),其中待定系数 A,B,C 由边界条件确定。本问题的边界条件为

$$
\begin{aligned}
(\sigma_r)_{r=a}=0, \quad (\tau_{r\theta})_{r=a}=0 \\
(\sigma_r)_{r=b}=0, \quad (\tau_{r\theta})_{r=b}=0
\end{aligned}
\tag{7-36}
$$

显然,$(\tau_{r\theta})_{r=a,b}=0$ 的条件能自动满足。将式(7-13)的第一式代入其余两个条件,得到

$$
\begin{cases}
\dfrac{A}{a^2}+B(1+2\ln a)+2C=0 \\
\dfrac{A}{b^2}+B(1+2\ln b)+2C=0
\end{cases}
\tag{7-37}
$$

在梁的任一端面,环向正应力 σ_θ 应当合成为弯矩 M,因此要求

$$
\begin{cases}
\displaystyle\int_a^b(\sigma_\theta)_{\theta=0}\mathrm{d}r = 0 \\
\displaystyle\int_a^b r(\sigma_\theta)_{\theta=0}\mathrm{d}r = M
\end{cases}
\tag{7-38}
$$

将式(7-13)的第二式代入式(7-38)

$$
\begin{cases}
b\left[\dfrac{A}{b^2}+B(1+2\ln b)+2C\right]-a\left[\dfrac{A}{a^2}+B(1+2\ln a)+2C\right]=0 \\
A\ln\dfrac{b}{a}+B(b^2\ln b-a^2\ln a)+C(b^2-a^2)=-M
\end{cases}
\tag{7-39}
$$

式(7-37)和式(7-39)联立解得

$$
\begin{cases}
A=\dfrac{4M}{N}a^2b^2\ln\dfrac{b}{a}, \quad B=\dfrac{2M}{N}(b^2-a^2) \\
C=-\dfrac{M}{N}[b^2-a^2+2(b^2\ln b-a^2\ln a)] \\
N=(b^2-a^2)^2-4a^2b^2\left(\ln\dfrac{b}{a}\right)^2
\end{cases}
\tag{7-40}
$$

将式(7-40)代入式(7-13)求得应力分量为

$$
\begin{cases}
\sigma_r = \dfrac{4M}{N}\left(\dfrac{a^2b^2}{r^2}\ln\dfrac{b}{a} + b^2\ln\dfrac{r}{b} + a^2\ln\dfrac{a}{r}\right) \\
\sigma_\theta = \dfrac{4M}{N}\left(-\dfrac{a^2b^2}{r^2}\ln\dfrac{b}{a} + b^2\ln\dfrac{r}{b} + a^2\ln\dfrac{a}{r} + b^2 - a^2\right) \\
\tau_{r\theta} = 0
\end{cases}
\tag{7-41}
$$

这一解答首先由郭洛文(Golovin)给出。应力沿径向截面的分布规律大致如图7-4(b)所示。可以看出,它与直梁纯弯曲不同,弯曲应力 σ_θ 沿横截面高度不再是线性分布,最大值发生在内边界处,而中性层($\sigma_\theta=0$)则向内侧移动,同时除了内外边界面外,其他地方还存在挤压应力 σ_r,其最大值发生在比中性轴更靠近内边界的位置。

在曲梁的一端施加适当的约束,以消除刚体运动,即可求得待定系数 H,K,I,从而求得曲梁纯弯曲时的位移分量。例如,假定梁在上端面的中点$\left(\dfrac{a+b}{2},0\right)$处,位移约束条件为

$$
u_r=0,\quad u_\theta=0,\quad \frac{\partial u_\theta}{\partial r}=0 \tag{7-42}
$$

将所得到的 A,B,C 代入式(7-22)中,同时应用式(7-42)可求出积分常数 H,K,I,即可求得位移分量,此处略去了繁杂的计算,只给出环向位移

$$
u_\theta = \frac{4Br\theta}{E} - I\sin\theta \tag{7-43}
$$

曲梁纯弯曲时,曲梁截面上任一径向线段 dr 的转角 $\alpha=\dfrac{\partial u_\theta}{\partial r}$,将式(7-22)的第二式代入得到 $\alpha=\dfrac{4B\theta}{E}+H$,可以看出对于曲梁的某一截面($\theta$ 为常数),转角 α 为常数,表明任一截面上的所有径向线段的转角相同,曲梁的截面保持为平面。

§7.5 带有小圆孔平板的均匀拉伸

工程结构中开孔用来达到某种工程要求是常见的现象,例如机械结构中的连接件、隧洞开挖、水利工程中的泄洪口等。由于孔的存在,破坏了材料的连续性,在靠近孔口的区域应力将远大于无孔时的应力,也远大于远离孔口处的应力,这种现象称为孔口应力集中。通常用应力集中系数 $k=\dfrac{\sigma_{\max}}{\sigma_0}$来表示它的严重程度,其中 $\sigma_{\max}$ 为最大局部应力,σ_0 为相应点处不考虑局部效应时的计算应力,称为名义应力,局部应力需要用弹性理论分析。由于局部高应力是引起疲劳裂纹或脆性断裂的根源,所以应力集中的计算具有重要的实际意义。

考虑内部有一圆孔的矩形薄板,在离开边界较远处有半径为 a 的小圆孔,相对于圆孔,平板可看作无限大,平板两端受有均匀拉力 q 作用,坐标原点取在圆孔的中心,坐标轴平行于边界,如图7-5所示。

在该问题中,外边界是直线边界,宜用直角坐标;内边界为圆曲线边界,宜用极坐标。因为这里主要考查圆孔附近的应力,所以选用极坐标求解,需要将直边界变换为圆边界。为此取一与圆孔同心、半径为 b 的大圆,$b\gg a$,此时大圆上每一点应力分量由受单向均匀拉伸的无孔板应力场确定,即大圆边界上有 $\sigma_x=q,\sigma_y=0,\tau_{xy}=0$,利用直角坐标和极坐标下的应力变换公式:

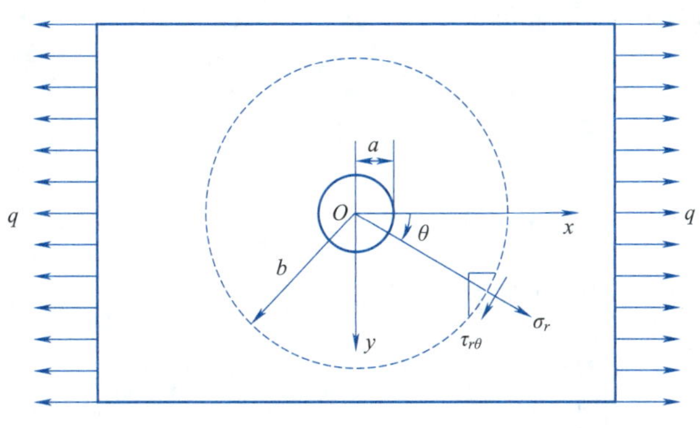

图　7-5

$$\begin{cases}\sigma_r=\sigma_x\cos^2\theta+\sigma_y\sin^2\theta+2\tau_{xy}\sin\theta\cos\theta\\ \sigma_\theta=\sigma_x\sin^2\theta+\sigma_y\cos^2\theta-2\tau_{xy}\sin\theta\cos\theta\\ \tau_{r\theta}=(\sigma_y-\sigma_x)\sin\theta\cos\theta+\tau_{xy}(\cos^2\theta-\sin^2\theta)\end{cases}\tag{7-44}$$

得到大圆边界上极坐标下的应力分量

$$\begin{cases}\sigma_r=\dfrac{q}{2}+\dfrac{q}{2}\cos2\theta\\ \tau_{r\theta}=-\dfrac{q}{2}\sin2\theta\end{cases}\tag{7-45}$$

原来的问题变为如下新问题:内半径为 a、外半径为 b 的圆环或圆筒,在外边界受到式(7-45)所示的面力,该面力可以分解为两部分,第一部分为

$$(\sigma_r)_{r=b}^{(1)}=\frac{q}{2},\quad(\tau_{r\theta})_{r=b}^{(1)}=0\tag{7-46}$$

第二部分为

$$(\sigma_r)_{r=b}^{(2)}=\frac{q}{2}\cos2\theta,\quad(\tau_{r\theta})_{r=b}^{(2)}=-\frac{q}{2}\sin2\theta\tag{7-47}$$

第一部分面力所对应的问题是圆环外边界受均匀拉力的问题,应用解答式(7-34),令其中 $q_2=-\dfrac{q}{2}$,同时近似取 $\dfrac{a}{b}=0$,得到

$$\sigma_r^{(1)}=\frac{q}{2}\left(1-\frac{a^2}{r^2}\right),\quad\sigma_\theta^{(1)}=\frac{q}{2}\left(1+\frac{a^2}{r^2}\right),\quad\tau_{r\theta}^{(1)}=0\tag{7-48}$$

第二部分面力所引起的应力,可以采用半逆解法。由应力函数与应力分量的关系

$$\sigma_r=\frac{1}{r}\frac{\partial\Phi}{\partial r}+\frac{1}{r^2}\frac{\partial^2\Phi}{\partial\theta^2},\quad\sigma_\theta=\frac{\partial^2\Phi}{\partial r^2},\quad\tau_{r\theta}=-\frac{\partial}{\partial r}\left(\frac{1}{r}\frac{\partial\Phi}{\partial\theta}\right)\tag{7-49}$$

可以看出,要满足外边界条件(7-47),则应力函数 Φ 中应当含有 $\cos2\theta$ 因子。而从内边界到外边界 σ_r 和 $\tau_{r\theta}$都是变化的,即 σ_r,$\tau_{r\theta}$与 r 有关,Φ 是 r 的函数,由此可假设应力函数为

$$\Phi=f(r)\cos2\theta\tag{7-50}$$

Φ 必须满足相容方程 $\left(\dfrac{\partial^2}{\partial r^2}+\dfrac{1}{r}\dfrac{\partial}{\partial r}+\dfrac{1}{r^2}\dfrac{\partial^2}{\partial\theta^2}\right)^2\Phi=0$,由此可得

$$\left[\frac{d^4f(r)}{dr^4}+\frac{2}{r}\frac{d^3f(r)}{dr^3}-\frac{9}{r^2}\frac{d^2f(r)}{dr^2}+\frac{9}{r^3}\frac{df(r)}{dr}\right]\cos2\theta=0$$

这是欧拉型常微分方程，求解可得

$$f(r)=Ar^4+Br^2+C+\frac{D}{r^2}$$

应力函数可表示为

$$\Phi=\left(Ar^4+Br^2+C+\frac{D}{r^2}\right)\cos 2\theta \tag{7-51}$$

将式(7-51)代入式(7-49)得到各应力分量的表达式

$$\begin{cases}\sigma_r^{(2)}=-\left(2B+\dfrac{4C}{r^2}+\dfrac{6D}{r^4}\right)\cos 2\theta\\ \sigma_\theta^{(2)}=\left(12Ar^2+2B+\dfrac{6D}{r^4}\right)\cos 2\theta\\ \tau_{r\theta}^{(2)}=\left(6Ar^2+2B-\dfrac{2C}{r^2}-\dfrac{6D}{r^4}\right)\sin 2\theta\end{cases} \tag{7-52}$$

将边界条件式(7-47)代入式(7-52)，得到各待定系数为

$$A=0,\quad B=-\frac{q}{4},\quad C=\frac{qa^2}{2},\quad D=-\frac{qa^4}{4}$$

将以上各系数代回式(7-52)得到

$$\begin{cases}\sigma_r^{(2)}=\dfrac{q}{2}\left(1-\dfrac{4a^2}{r^2}+\dfrac{3a^4}{r^4}\right)\cos 2\theta\\ \sigma_\theta^{(2)}=-\dfrac{q}{2}\left(1+\dfrac{3a^4}{r^4}\right)\cos 2\theta\\ \tau_{r\theta}^{(2)}=-\dfrac{q}{2}\left(1+\dfrac{2a^2}{r^2}-\dfrac{3a^4}{r^4}\right)\sin 2\theta\end{cases} \tag{7-53}$$

根据叠加原理，将与两组面力相对应的两组解答，即式(7-48)和式(7-53)相加，即得到问题的基尔斯(Kirsch)解答

$$\begin{cases}\sigma_r=\sigma_r^{(1)}+\sigma_r^{(2)}=\dfrac{q}{2}\left(1-\dfrac{a^2}{r^2}\right)+\dfrac{q}{2}\left(1-\dfrac{4a^2}{r^2}+\dfrac{3a^4}{r^4}\right)\cos 2\theta\\ \sigma_\theta=\sigma_\theta^{(1)}+\sigma_\theta^{(2)}=\dfrac{q}{2}\left(1+\dfrac{a^2}{r^2}\right)-\dfrac{q}{2}\left(1+\dfrac{3a^4}{r^4}\right)\cos 2\theta\\ \tau_{r\theta}=\tau_{r\theta}^{(1)}+\tau_{r\theta}^{(2)}=-\dfrac{q}{2}\left(1+\dfrac{2a^2}{r^2}-\dfrac{3a^4}{r^4}\right)\sin 2\theta\end{cases} \tag{7-54}$$

下面重点考查环向正应力的分布特点。

(1)沿径向方向

当$\theta=\dfrac{\pi}{2}$，$\theta=\dfrac{3\pi}{2}$时，环向正应力$\sigma_\theta=q\left(1+\dfrac{a^2}{2r^2}+\dfrac{3a^4}{2r^4}\right)$，$r=a$处，$\sigma_\theta=3q$；当$\theta=0$，$\theta=\pi$时，环向正应力$\sigma_\theta=-\dfrac{qa^2}{2r^2}\left(\dfrac{3a^2}{r^2}-1\right)$，$r=a$处，$\sigma_\theta=-q$，$r=\sqrt{3}\,a$处，$\sigma_\theta=0$。具体的分布情况如图7-6(a)所示。

(2)沿孔边周向

沿着孔边，$r=a$，环向正应力$\sigma_\theta=q(1-2\cos 2\theta)$，具体的分布情况如图7-6(b)所示。

由以上分析可见，最大环向正应力发生在孔的边缘处，其值为$3q$，随着距孔边距离的增

大,环向应力迅速衰减至无孔状态时的应力 q。矩形薄板左右受均拉时应力集中系数为 3。孔边应力集中现象是一种局部现象,在 $r \geqslant 5a$ 处,应力已不受孔的影响,这也从数值上验证了圣维南原理。最后需指出的是,利用上述结果,通过叠加原理,可以得到两个垂直方向受拉或受压的解答。两个垂直方向均受拉应力 σ 时,应力集中系数为 2;两个垂直方向中一个方向受拉应力 σ 作用,另一个方向受压应力 σ 作用(即纯剪切情况),则应力集中系数为 4。

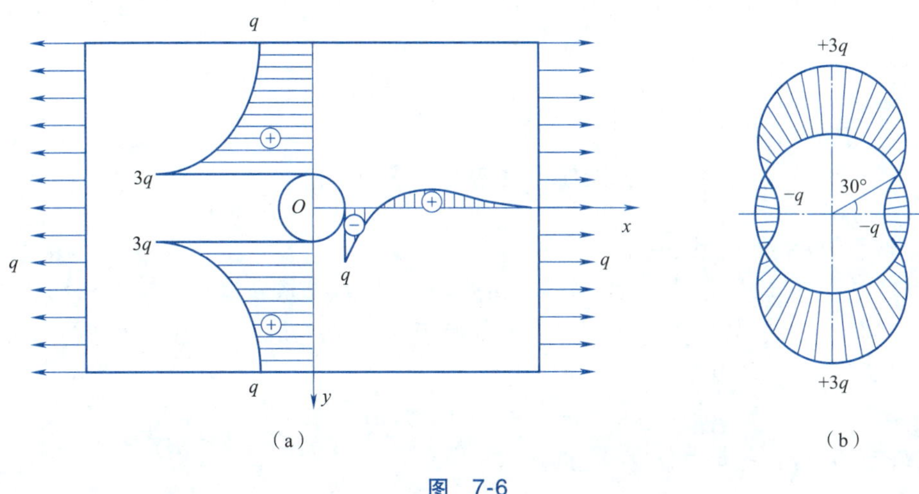

图 7-6

§7.6 楔形体在楔顶或楔面受力

楔形体是一种重要的力学模型,该模型的应力分析是对工程结构中的某些构件的应力进行精确分析的基础。楔形体可以承受多种荷载形式,本节主要考查楔形体在顶端受一集中力、在顶端受集中力偶和在侧面受均布剪力三种情况。它们的求解有许多相似之处,其解答有较广泛的应用。

7.6.1 楔顶受集中力作用的情况

考查一楔形体,其顶角为 α,下端可认为伸向无限远,体力不计,取单位厚度考虑,并设单位厚度上所受的力为 F,力与楔体中心线成 β 角,坐标选取如图 7-7(a)所示。

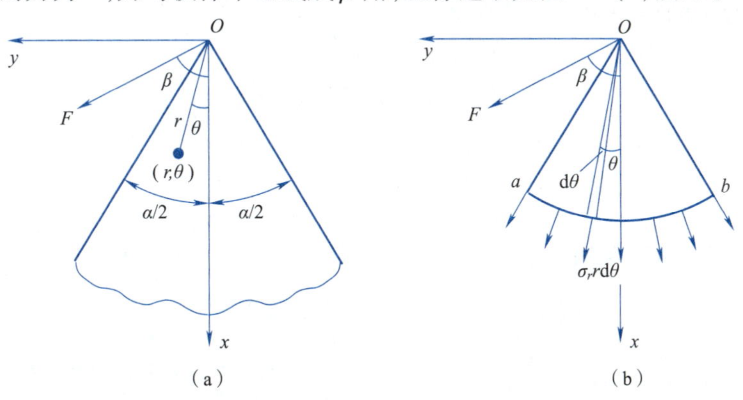

图 7-7

采用量纲分析方法寻求问题的应力函数。楔体内任一点的应力分量取决于 F,α,β,r,θ，由于 F 的量纲为 MT^{-2}，r 的量纲为 L，α,β,θ 为量纲一的量，各个应力分量的量纲为 $\mathrm{L}^{-1}\mathrm{MT}^{-2}$，故应力表达式只能取 $\frac{F}{r}N(\alpha,\beta,\theta)$ 的形式，这里的 $N(\alpha,\beta,\theta)$ 为无量纲函数。同时从应力分量与应力函数的关系式(7-10)可以看出，应力函数中 r 的幂次要比各应力分量中的 r 的幂次高两次，即应力函数中只能包含 r 的一次项，故该问题的应力函数应取如下形式

$$\Phi = rf(\theta) \tag{7-55}$$

代入相容方程 $\left(\frac{\partial^2}{\partial r^2}+\frac{1}{r}\frac{\partial}{\partial r}+\frac{1}{r^2}\frac{\partial^2}{\partial\theta^2}\right)^2\Phi=0$，化简后得到

$$\frac{\mathrm{d}^4 f(\theta)}{\mathrm{d}\theta^4}+2\frac{\mathrm{d}^2 f(\theta)}{\mathrm{d}\theta^2}+f(\theta)=0 \tag{7-56}$$

这是一个常系数常微分方程，其解为

$$f(\theta)=A\cos\theta+B\sin\theta+\theta(C\cos\theta+D\sin\theta) \tag{7-57}$$

将式(7-57)代入式(7-55)，并注意到式中的前两项 $Ar\cos\theta+Br\sin\theta=Ax+By$ 为坐标的一次项，对应力无影响，故可删去，应力函数简化为

$$\Phi=\theta r(C\cos\theta+D\sin\theta) \tag{7-58}$$

由式(7-10)得到各应力分量为

$$\sigma_r=\frac{2}{r}(D\cos\theta-C\sin\theta),\quad \sigma_\theta=0,\quad \tau_{r\theta}=0 \tag{7-59}$$

上式中的待定系数 C,D 由边界条件确定。

楔形体左右两面的应力边界条件 $(\sigma_\theta)_{\theta=\pm\frac{\alpha}{2}}=0$，$(\tau_{r\theta})_{\theta=\pm\frac{\alpha}{2}}=0$ 已自动满足。在楔顶附近的一小部分边界上有一组面力，它的分布没有给出，仅知道在单位宽度上合成为 F，需应用圣维南原理进行放松。如果取任意一个截面，例如圆柱面 ab[见图 7-7(b)]，则该截面上的应力必然和上述面力合成平衡力系，因而也就必然和力 F 合成平衡力系，于是得到由应力边界条件转换而来的平衡条件

$$\begin{aligned}&\sum F_x=0,\quad \int_{-\frac{\alpha}{2}}^{\frac{\alpha}{2}}\sigma_r r\mathrm{d}\theta\cos\theta+F\cos\beta=0\\&\sum F_y=0,\quad \int_{-\frac{\alpha}{2}}^{\frac{\alpha}{2}}\sigma_r r\mathrm{d}\theta\sin\theta+F\sin\beta=0\end{aligned} \tag{7-60}$$

将式(7-59)中的第一式代入式(7-60)并积分得到

$$D(\sin\alpha+\alpha)+F\cos\beta=0$$
$$C(\sin\alpha-\alpha)+F\sin\beta=0$$

由此解得

$$C=\frac{F\sin\beta}{\alpha-\sin\alpha},\quad D=-\frac{F\cos\beta}{\alpha+\sin\alpha}$$

代入式(7-59)，得到本问题的密切尔(Michell)解答

$$\begin{cases}\sigma_r=-\dfrac{2F}{r}\left(\dfrac{\cos\beta\cos\theta}{\alpha+\sin\alpha}+\dfrac{\sin\beta\sin\theta}{\alpha-\sin\alpha}\right)\\\sigma_\theta=0\\\tau_{r\theta}=0\end{cases} \tag{7-61}$$

7.6.2 楔顶受集中力偶作用的情况

设楔形体在顶端受力偶作用,如图7-8(a)所示,同样地从量纲分析入手寻找应力函数,这里的力偶矩是单位厚度上的力偶矩M,其量纲是LMT^{-2},各个应力分量的量纲为$L^{-1}MT^{-2}$,故应力表达式只能取$\frac{M}{r^2}N(\alpha,\theta)$的形式,而应力函数应该与$r$无关,其形式为

$$\Phi=f(\theta) \tag{7-62}$$

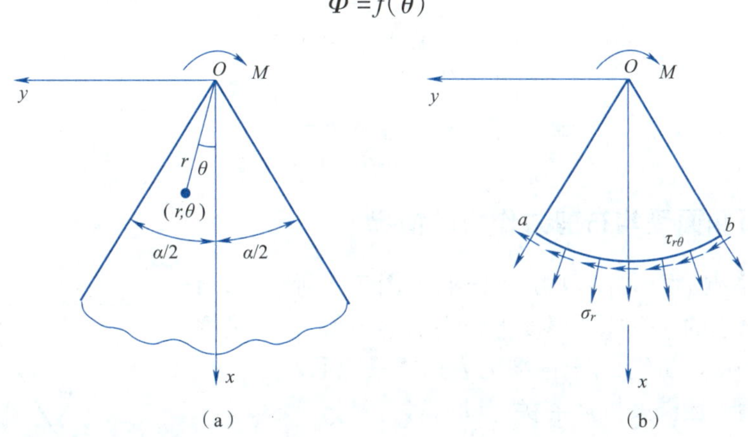

图 7-8

将式(7-62)代入相容方程(7-9),化简后得到

$$\frac{\mathrm{d}^4f(\theta)}{\mathrm{d}\theta^4}+4\frac{\mathrm{d}^2f(\theta)}{\mathrm{d}\theta^2}=0 \tag{7-63}$$

求解该常微分方程得

$$\Phi=f(\theta)=A\cos2\theta+B\sin2\theta+C\theta+D \tag{7-64}$$

该问题是一个反对称问题,σ_r,σ_θ是关于θ的奇函数,$\tau_{r\theta}$是关于θ的偶函数,由应力分量与应力函数的关系可知,应力函数Φ应是θ的奇函数,故式(7-64)中$A=D=0$,应力函数简化为

$$\Phi=B\sin2\theta+C\theta \tag{7-65}$$

由式(7-10)得到各应力分量为

$$\begin{cases}\sigma_r=-\dfrac{4B\sin2\theta}{r}\\ \sigma_\theta=0\\ \tau_{r\theta}=\dfrac{2B\cos2\theta+C}{r^2}\end{cases} \tag{7-66}$$

式中,待定系数B,C由边界条件确定。

在楔形体的左右两面上,边界条件为$(\sigma_\theta)_{\theta=\pm\frac{\alpha}{2}}=0$,$(\tau_{r\theta})_{\theta=\pm\frac{\alpha}{2}}=0$,显然,第一式已自动满足。将式(7-66)的第三式代入第二式,得

$$C=-2B\cos\alpha \tag{7-67}$$

在楔顶处,采取与前一问题相似的处理办法。在楔块端部,截取一小扇形体Oab,如图7-8(b)所示。为了求出常数B,考虑ab以上部分的平衡条件,可得

$$\sum M_O=0,\quad \int_{-\frac{\alpha}{2}}^{\frac{\alpha}{2}}(\tau_{r\theta}r\mathrm{d}\theta)r+M=0 \tag{7-68}$$

将式(7-66)的第三式代入式(7-68),并与式(7-67)联立解得

$$B=-\frac{M}{2(\sin\alpha-\alpha\cos\alpha)},\quad C=-\frac{M\cos\alpha}{\sin\alpha-\alpha\cos\alpha}$$

将 B,C 值代回到式(7-66),得到英格利斯(Inglis)解答

$$\begin{cases}\sigma_r=-\dfrac{2M\sin2\theta}{(\sin\alpha-\alpha\cos\alpha)r^2}\\ \sigma_\theta=0\\ \tau_{r\theta}=-\dfrac{M(\cos2\theta-\cos\alpha)}{(\sin\alpha-\alpha\cos\alpha)r^2}\end{cases} \tag{7-69}$$

7.6.3 楔顶侧面受均布剪力作用的情况

设楔形体两侧面受均布剪力 q 作用,如图 7-9 所示,采用量纲分析法,这里的 q 是单位厚度上作用的均布剪力,其量纲是 $\mathrm{L^{-1}MT^{-2}}$,与应力量纲相同,故应力表达式只能取 $qN(\alpha,\theta)$ 的形式,而应力函数应该与 r^2 有关,其形式为

$$\Phi=r^2f(\theta) \tag{7-70}$$

将式(7-70)代入相容方程,化简后得到

$$\frac{\mathrm{d}^4f(\theta)}{\mathrm{d}\theta^4}+4\frac{\mathrm{d}^2f(\theta)}{\mathrm{d}\theta^2}=0 \tag{7-71}$$

求解该常微分方程并将结果代入式(7-70),得到应力函数的表达式为

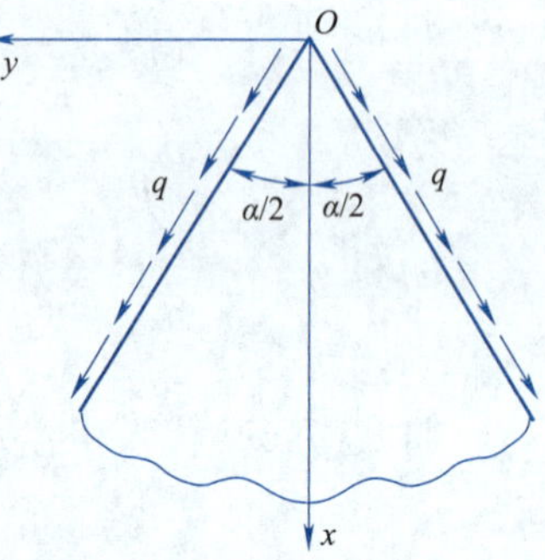

图 7-9

$$\Phi=r^2(A\cos2\theta+B\sin2\theta+C\theta+D) \tag{7-72}$$

各应力分量为

$$\begin{cases}\sigma_r=-2A\cos2\theta-2B\sin2\theta+2C\theta+2D\\ \sigma_\theta=2A\cos2\theta+2B\sin2\theta+2C\theta+2D\\ \tau_{r\theta}=2A\sin2\theta-2B\cos2\theta-C\end{cases} \tag{7-73}$$

边界条件为

$$(\sigma_\theta)_{\theta=\pm\frac{\alpha}{2}}=0,\quad (\tau_{r\theta})_{\theta=\frac{\alpha}{2}}=q,\quad (\tau_{r\theta})_{\theta=-\frac{\alpha}{2}}=-q \tag{7-74}$$

将式(7-73)代入式(7-74)可解得各待定系数为

$$A=\frac{q}{2\sin\alpha},\quad B=C=0,\quad D=-\frac{q}{2\tan\alpha}$$

将以上待定系数代入式(7-73),得到应力分量的表达式为

$$\begin{cases}\sigma_r=-q\left(\dfrac{\cos2\theta}{\sin\alpha}+\cot\alpha\right)\\ \sigma_\theta=q\left(\dfrac{\cos2\theta}{\sin\alpha}-\cot\alpha\right)\\ \tau_{r\theta}=q\dfrac{\sin2\theta}{\sin\alpha}\end{cases} \tag{7-75}$$

§7.7　半无限平面边界上受法向集中力作用

现考虑集中铅垂力 F 作用在半无限大板的水平直边界上，如图7-10所示，沿着板的厚度，载荷的分布是均匀的，板的厚度取为一个单位，F 便是单位厚度上的荷载。本问题可看作楔顶受集中力的特例，只需令 $\alpha=\pi,\beta=0$ 即可得到该问题的解答，这就是著名的符拉芒(Flamant)问题。

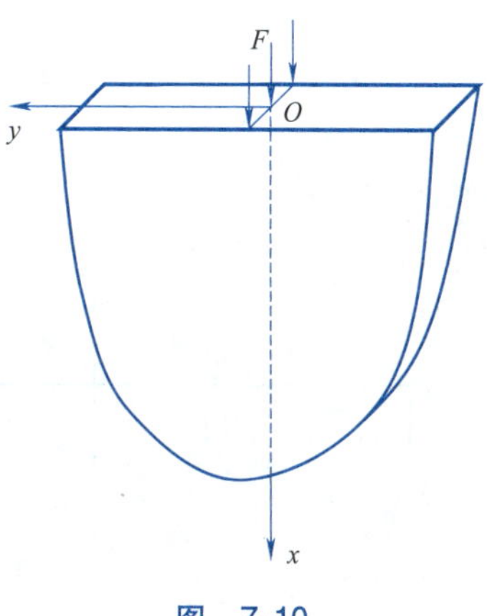

图　7-10

将 $\alpha=\pi,\beta=0$ 代入式(7-61)，则应力分量为

$$\begin{cases}\sigma_r=-\dfrac{2F}{\pi}\dfrac{\cos\theta}{r}\\ \sigma_\theta=0\\ \tau_{r\theta}=0\end{cases}\tag{7-76}$$

利用直角坐标和极坐标下的应力变换公式

$$\begin{cases}\sigma_x=\sigma_r\cos^2\theta+\sigma_\theta\sin^2\theta-2\tau_{r\theta}\sin\theta\cos\theta\\ \sigma_y=\sigma_r\sin^2\theta+\sigma_\theta\cos^2\theta+2\tau_{r\theta}\sin\theta\cos\theta\\ \tau_{xy}=(\sigma_r-\sigma_\theta)\sin\theta\cos\theta+\tau_{r\theta}(\cos^2\theta-\sin^2\theta)\end{cases}\tag{7-77}$$

得到直角坐标中各应力分量

$$\begin{cases}\sigma_x=-\dfrac{2F}{\pi}\dfrac{x^3}{(x^2+y^2)^2}\\ \sigma_y=-\dfrac{2F}{\pi}\dfrac{xy^2}{(x^2+y^2)^2}\\ \tau_{xy}=-\dfrac{2F}{\pi}\dfrac{x^2y}{(x^2+y^2)^2}\end{cases}\tag{7-78}$$

式(7-78)是土力学及弹性地基应力计算的重要公式。

半无限平面体在法向集中力作用下，边界上的铅垂位移在工程中具有重要的应用价值，故接下来计算任一点的位移。本问题属于平面应力情况，将式(7-76)代入物理方程(7-3)，得到应变分量

$$\begin{cases}\varepsilon_r=-\dfrac{2F}{\pi E}\dfrac{\cos\theta}{r}\\ \varepsilon_\theta=\dfrac{2\upsilon F}{\pi E}\dfrac{\cos\theta}{r}\\ \gamma_{r\theta}=0\end{cases}\tag{7-79}$$

并利用几何方程(7-2)，可得

$$\begin{cases}\dfrac{\partial u_r}{\partial r}=-\dfrac{2F}{\pi E}\dfrac{\cos\theta}{r}\\ \dfrac{u_r}{r}+\dfrac{1}{r}\dfrac{\partial u_\theta}{\partial\theta}=\dfrac{2\upsilon F}{\pi E}\dfrac{\cos\theta}{r}\\ \dfrac{1}{r}\dfrac{\partial u_r}{\partial\theta}+\dfrac{\partial u_\theta}{\partial r}-\dfrac{u_\theta}{r}=0\end{cases}$$

进行积分运算，并考虑对称条件$(u_\theta)_{\theta=0}=0$，最后得到位移分量为

$$\begin{cases} u_r=-\dfrac{2F}{\pi E}\cos\theta\ln r-\dfrac{(1-\upsilon)F}{\pi E}\theta\sin\theta+I\cos\theta \\ u_\theta=\dfrac{2F}{\pi E}\sin\theta\ln r-\dfrac{(1-\upsilon)F}{\pi E}\theta\cos\theta+\dfrac{(1+\upsilon)F}{\pi E}\sin\theta-I\sin\theta \end{cases} \tag{7-80}$$

式中，常数I代表铅直方向的刚体位移，如果半平面体不受沿铅垂方向的约束，则常数I不能确定。

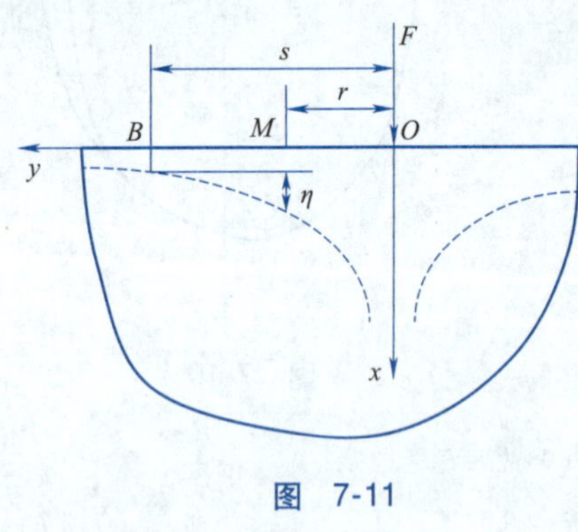

图 7-11

如图7-11所示，为了求得边界上任意一点M向下的铅垂位移即所谓沉陷，可应用式(7-80)的第二式。注意位移u_θ以沿θ正方向时为正，故M点的沉陷为

$$-(u_\theta)^M_{\theta=\frac{\pi}{2}}=-\frac{2F}{\pi E}\ln r-\frac{(1+\upsilon)F}{\pi E}+I \tag{7-81}$$

在半平面体不受铅垂约束时，I不能确定，因此沉陷也不能确定。这时，只能求相对沉陷。在边界上取定一基点B，它距载荷作用点的距离为s，边界上任意点M对于基点B的相对沉陷为

$$\eta=-(u_\theta)^M_{\theta=\frac{\pi}{2}}-\left[-(u_\theta)^B_{\theta=\frac{\pi}{2}}\right]=-\frac{2F}{\pi E}\ln r+\frac{2F}{\pi E}\ln s$$

化简后得到本问题的符拉芒(Flament)解答

$$\eta=\frac{2F}{\pi E}\ln\frac{s}{r} \tag{7-82}$$

如果在弹性半平面边界上同时受到几个集中力作用，则通过叠加，就能求出体内任一点的应力和表面的沉陷。

对于平面应变问题，在以上关于应变或位移的公式中，须将E，υ分别替换为$\dfrac{E}{1-\upsilon^2}$，$\dfrac{\upsilon}{1-\upsilon}$。

§7.8 半无限平面边界上受法向分布力作用

基于上节关于半平面体在边界上受法向集中力作用时的应力公式和沉陷公式，可通过叠加得到法向分布力作用时的应力和沉陷公式。本节考虑弹性半平面AB段上受法向连续分布荷载作用的情况，设载荷的集度为$q(y)$，如图7-12所示。

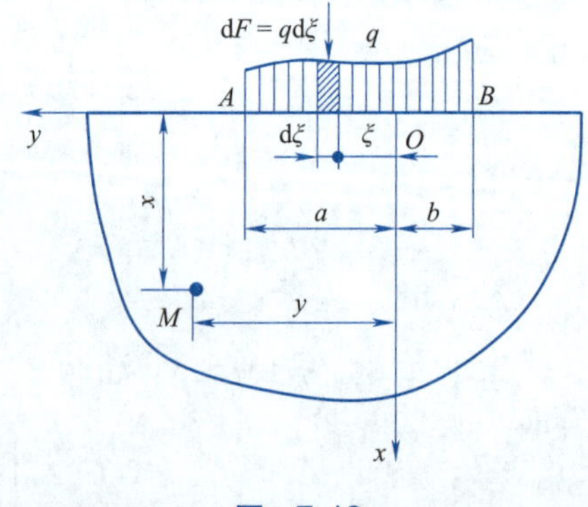

图 7-12

为了求得弹性半平面内某点M的应力，在AB上距坐标原点ξ处，取微分线段$d\xi$，其上所受的力$dF=qd\xi$可视为微小集中力，由此产生的应力可以应用式(7-78)计算。注意到式(7-78)中的x和y分别表示欲求应力点与集中力作用点的铅直距离和水平距离，而由图7-12所示，M点与微小集中力dF的铅直距离和水平距离分别为x和$y-\xi$，于是，得dF在M点引起的应力为

$$d\sigma_x = -\frac{2q d\xi}{\pi} \frac{x^3}{[x^2+(y-\xi)^2]^2}$$

$$d\sigma_y = -\frac{2q d\xi}{\pi} \frac{x(y-\xi)^2}{[x^2+(y-\xi)^2]^2}$$

$$d\tau_{xy} = -\frac{2q d\xi}{\pi} \frac{x^2(y-\xi)}{[x^2+(y-\xi)^2]^2}$$

为了求得全部分布力所引起的应力，只需将所有各个微小集中力所引起的应力叠加即可

$$\begin{cases} \sigma_x = -\dfrac{2}{\pi}\displaystyle\int_{-b}^{a} \frac{qx^3 d\xi}{[x^2+(y-\xi)^2]^2} \\ \sigma_y = -\dfrac{2}{\pi}\displaystyle\int_{-b}^{a} \frac{qx(y-\xi)^2 d\xi}{[x^2+(y-\xi)^2]^2} \\ \tau_{xy} = -\dfrac{2}{\pi}\displaystyle\int_{-b}^{a} \frac{qx^2(y-\xi) d\xi}{[x^2+(y-\xi)^2]^2} \end{cases} \tag{7-83}$$

在应用上述公式时，须将载荷集度 q 表示成 ξ 的函数，然后进行积分。

下面推导半平面体在边界受均布单位力时的沉陷公式。设有单位力均布在半平面体边界的长度 c 上，即分布力的集度为 $1/c$，如图 7-13 所示。

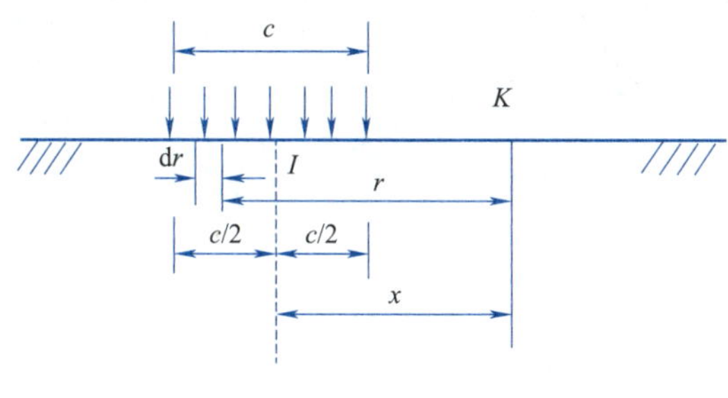

图　7-13

为了求得距均布力中点 I 为 x 的一点 K 的沉陷 η_{ki}，将这个均布力分为无数个微分力 $dF=\frac{1}{c}dr$，其中 r 为该微分力至 K 点的距离。利用沉陷公式(7-82)，得出 K 点由于 dF 作用而引起的微分沉陷

$$d\eta_{ki} = \frac{2dF}{\pi E}\ln\frac{s}{r} = \frac{2}{\pi Ec}\ln\frac{s}{r}dr$$

对 r 进行积分，即可求得沉陷 η_{ki}。如果 K 点在均布力之外，则沉陷为

$$\eta_{ki} = \frac{2}{\pi Ec}\int_{x-c/2}^{x+c/2}\ln\frac{s}{r}dr$$

为简单起见，假定沉陷的基点取得很远，积分时可把 s 当作常数，上式的积分结果为

$$\eta_{ki} = \frac{1}{Ec}(C+F_{ki}) \tag{7-84}$$

其中 $C=2\left(\ln\frac{s}{c}+1+\ln 2\right)$，$F_{ki}=-2\frac{x}{c}\ln\left(\dfrac{2\frac{x}{c}+1}{2\frac{x}{c}-1}\right)-\ln\left(4\frac{x^2}{c^2}-1\right)$。

如果 K 点在均布力中点 I,则沉陷为 $\eta_{ki}=\dfrac{2}{\pi Ec}2\int_0^{c/2}\ln\dfrac{s}{r}\mathrm{d}r$, 积分的结果仍可以写为式(7-84)的形式,常数 C 不变,$F_{ki}=0$。对于平面应变情况的半平面体,应将式(7-84)中的 E 换为$\dfrac{E}{1-\upsilon^2}$。

习 题 7

7-1 为什么厚壁圆筒的应力解求解过程中,只满足应力边界条件还不够,还必须满足什么条件?满足这一条件的力学意义是什么?

7-2 曲梁$\left(力 F 作用在\dfrac{a+b}{2}处\right)$及悬臂梁的受力情况如图 7-14 所示。试分别列出其应力边界条件(固定端不必列出)。

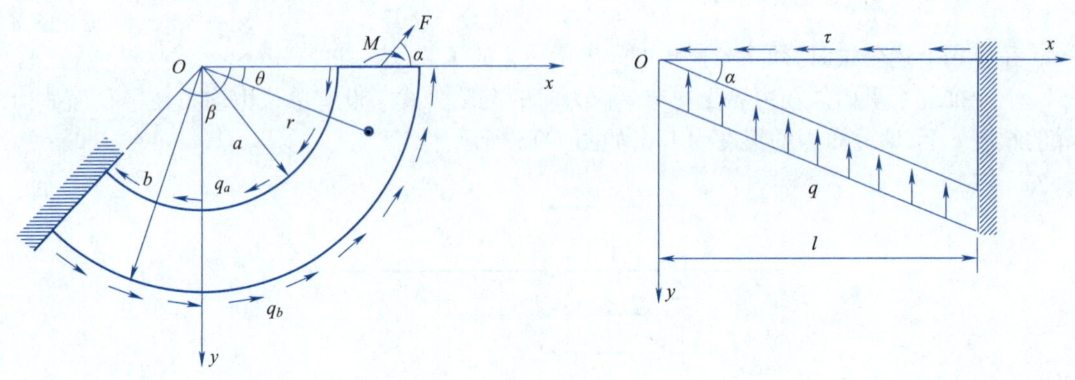

图 7-14

7-3 图 7-15 所示圆筒内半径为 a,外半径为 b,放置在半径为 b 的刚性圆柱形孔道内,圆筒受内压 q 作用,圆筒端部受刚性约束,试计算圆筒的应力分量和位移分量。

7-4 如图 7-16 所示,将开口圆环的两端用焊接方法接合起来,试求焊接后的装配应力。

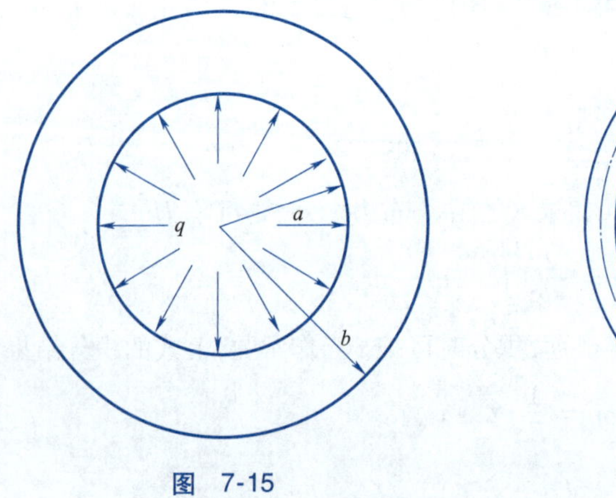

图 7-15

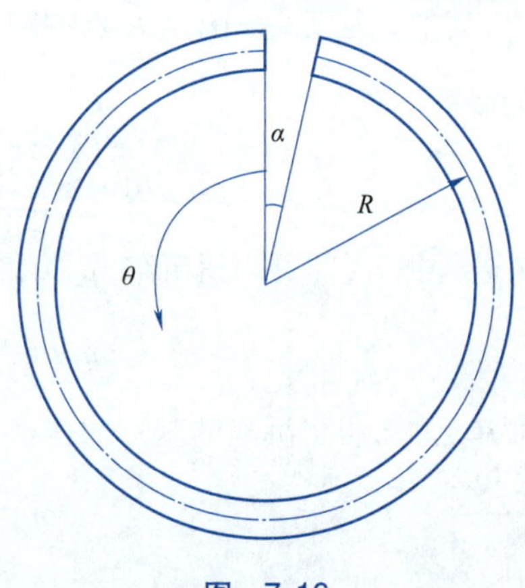

图 7-16

7-5　如图 7-17 所示，圆筒受内外压力作用，试求其壁厚的变化。

7-6　如图 7-18 所示，楔顶角为 2α 的楔形体，侧边受线性分布的剪力 qr 作用，求楔形体内的应力分量。

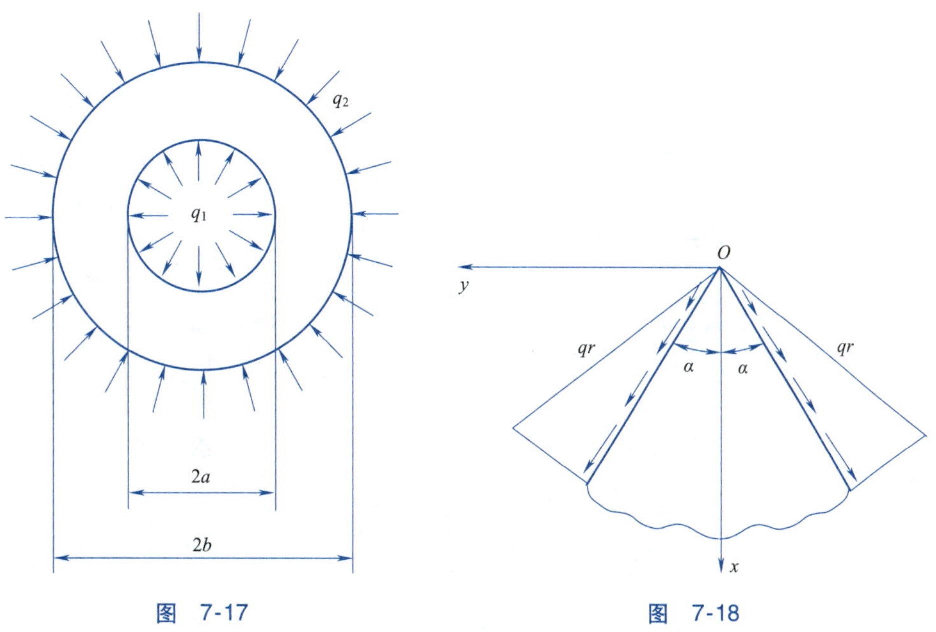

图　7-17　　　　图　7-18

7-7　图 7-19 所示三角形悬臂梁的上表面承受均布压力 q，若用极坐标求解，应力函数可设为 $\Phi = C[r^2(\alpha - \theta) + r^2\sin\theta\cos\theta - r^2\cos^2\theta\tan\theta]$，试求：(1) 按边界条件确定常数 C；(2) 求 $m-n$ 截面上的正应力 σ_x 和切应力 τ_{xy}，并计算 $\theta = 0°, 5°, 10°, 15°, 20°$ 的 σ_x 及 τ_{xy} 值。

7-8　图 7-20 所示曲杆(1/4 圆环)上端承受水平力 p 作用，试求曲杆内的应力和位移。

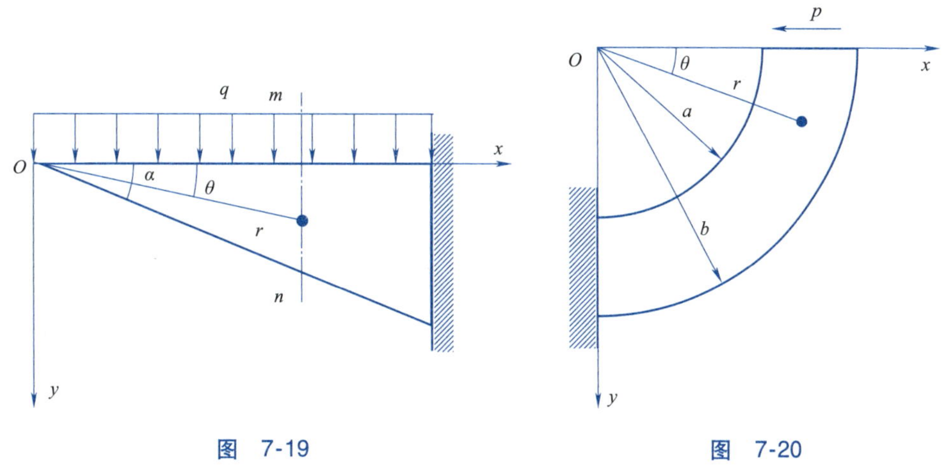

图　7-19　　　　图　7-20

7-9　如图 7-21 所示，设内半径为 a、外半径为 b 的薄圆环，内圈固定，外圈受均布剪力 q 作用，试用应力函数 $\Phi = C\theta$ 求应力和位移分量。

7-10　如图 7-22 所示曲梁(1/2 圆环),自由端作用集中力 p 和集中力偶 M,其中集中力作用点坐标为 $\left(\frac{a+b}{2},0\right)$,应力函数可设为 $\Phi=\left(Ar^3+B\frac{1}{r}+Cr+Dr\ln r\right)\cos\theta$。计算曲梁的应力。

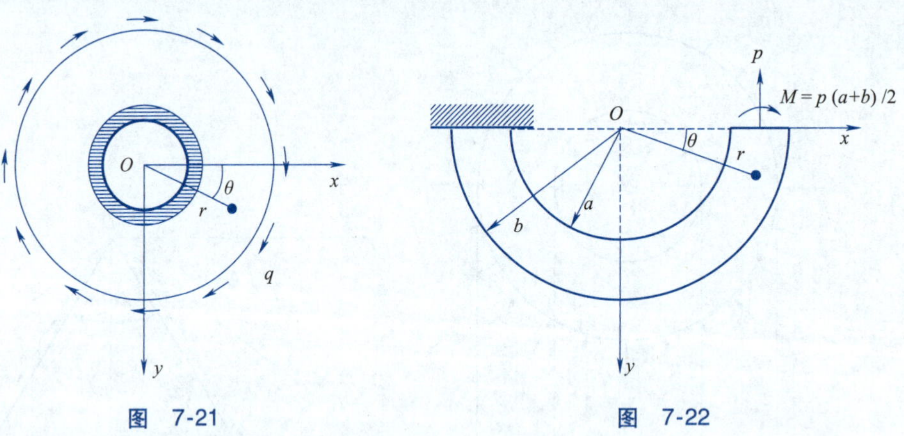

图　7-21　　　　图　7-22

第 8 章 简单空间问题的解答

前面介绍了弹性力学问题的基本方程和基本解法，本章将在前述内容的基础上给出一些典型空间问题的解答，其中包括圆轴的扭转、柱体在自重下的变形、梁的纯弯曲、圆盘匀速转动问题、半无限体受重力和均布压力、空心圆球受均布压力等问题，这些问题在工程中有广泛应用。

§8.1 几个简单空间问题的解

8.1.1 圆杆的扭转

半径为 R，长度为 L 的实心圆截面杆，体力不计，在两端面内承受一对大小相等、方向相反的力偶 M 而扭转，如图 8-1(a)所示。

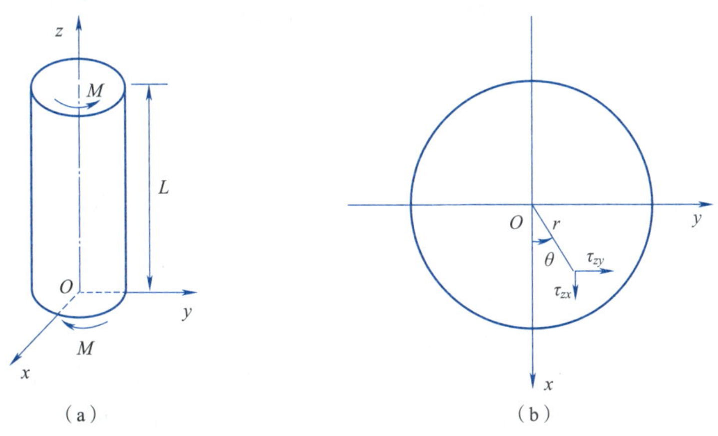

图 8-1

根据材料力学的初等解，杆内横截面上的应力分量只有 τ_{zx}，τ_{zy}，如图 8-1(b)所示，其值为

$$\sigma_x=\sigma_y=\sigma_z=\tau_{xy}=0,\quad \tau_{zx}=-\alpha Gy,\quad \tau_{zy}=\alpha Gx \tag{8-1}$$

式中，α 表示单位长度的扭转角。显然在体力不计情况下，上述应力分量已满足平衡微分方程(5-1)和应力协调方程(5-22)，只需验证它是否满足应力边界条件即可。略去式(5-5)中为零的各项，边界条件可写为

$$\tau_{zx}n=\overline{f}_x,\quad \tau_{zy}n=\overline{f}_y,\quad \tau_{zx}l+\tau_{zy}m=\overline{f}_z \tag{8-2}$$

在圆杆的侧面上，有 $\overline{f_x}=\overline{f_y}=\overline{f_z}=0$，$l=\cos\theta=\dfrac{x}{r}$，$m=\sin\theta=\dfrac{y}{r}$，$n=0$，代入式(8-2)，显然侧面处的边界条件是满足的。

在圆杆的上端面，如图 8-1(a)所示，由于外力的具体分布情况不清楚，只知道它们静力上等效于力矩 M，故只能利用圣维南原理写出它的放松边界条件

$$\iint\tau_{zx}\mathrm{d}x\mathrm{d}y=0,\quad \iint\tau_{zy}\mathrm{d}x\mathrm{d}y=0,\quad M=\iint(x\tau_{zy}-y\tau_{zx})\mathrm{d}x\mathrm{d}y \tag{8-3}$$

将式(8-1)代入上式，由于坐标原点位于横截面的形心，故式(8-3)的第一、二式自然满足，由第三式得到

$$M=\alpha G\iint(x^2+y^2)\mathrm{d}x\mathrm{d}y=\alpha GI_{\mathrm{P}} \tag{8-4}$$

因此端面上的分布力构成一个面内的力偶，且得到 $\alpha=\dfrac{M}{GI_{\mathrm{P}}}$，其中 GI_{P} 为截面的抗扭刚度。由此可见，用材料力学方法所求出的应力初等解，也是弹性力学的精确解。

求出应力分量后，利用几何方程和物理方程，可以求出位移分量。将式(8-1)代入式(5-3)求得应变分量，再利用式(5-2)得到

$$\begin{cases}\dfrac{\partial u}{\partial x}=0,\quad \dfrac{\partial v}{\partial y}=0,\quad \dfrac{\partial w}{\partial z}=0\\ \dfrac{\partial w}{\partial y}+\dfrac{\partial v}{\partial z}=\alpha x\\ \dfrac{\partial u}{\partial z}+\dfrac{\partial w}{\partial x}=-\alpha y\\ \dfrac{\partial v}{\partial x}+\dfrac{\partial u}{\partial y}=0\end{cases} \tag{8-5}$$

由式(8-5)的前三式得到

$$u=f(y,z),\quad v=\varphi(x,z),\quad w=\psi(x,y) \tag{8-6}$$

f,φ,ψ 为任意函数，将式(8-6)代入式(8-5)后三式，通过进一步计算最终解得

$$\begin{cases}u=f(y,z)=-\alpha yz-dy+bz+c\\ v=\varphi(x,z)=\alpha xz+dx-iz+g\\ w=\psi(x,y)=-bx+iy+k\end{cases} \tag{8-7}$$

其中一次项系数和常数项由约束条件来确定。为了使杆不能随便移动，可设杆下端面坐标原点处位移为零，即 $(u)_{x=y=z=0}=(v)_{x=y=z=0}=(w)_{x=y=z=0}=0$。为了使杆不能随便转动，只需规定过坐标原点且与坐标轴平行的三条微线段 $\mathrm{d}x,\mathrm{d}y,\mathrm{d}z$ 中的任意两条保持不动即可。如使 $\mathrm{d}z$ 保持不动，即 $\left(\dfrac{\partial u}{\partial z}\right)_{x=y=z=0}=\left(\dfrac{\partial v}{\partial z}\right)_{x=y=z=0}=0$，再规定 $\mathrm{d}y$ 在 xOy 面内保持不动，则有 $\left(\dfrac{\partial u}{\partial y}\right)_{x=y=z=0}=0$。利用上述条件可得到

$$c=g=k=b=d=i=0 \tag{8-8}$$

此时位移分量的表达式为

$$u=-\alpha yz,\quad v=\alpha xz,\quad w=0 \tag{8-9}$$

这里的 $w=0$ 表明圆杆扭转时横截面保持为平面，只是绕 z 轴转了一个角度 αz。

8.1.2　柱体的自重拉伸

考查一柱体，长度为 L，上端面悬挂，其他各面自由，承受自重作用，采用直角坐标系，坐标的选择如图 8-2(a)所示，柱体材料的密度为 ρ，试分析柱体内的应力分量和位移分量。

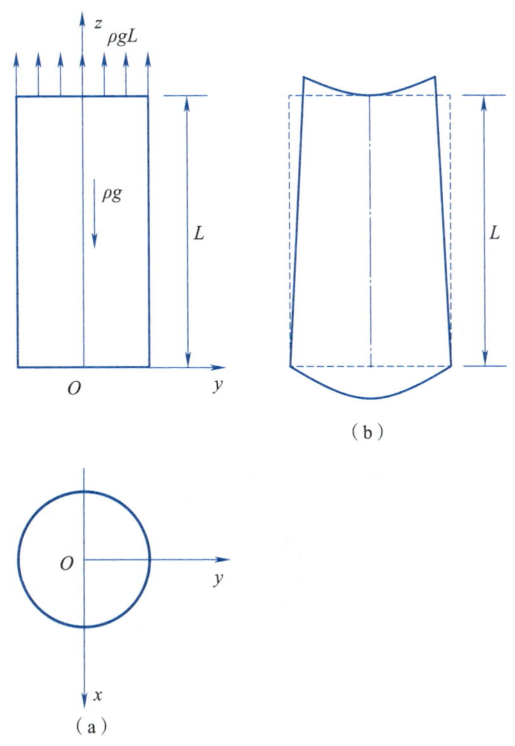

图　8-2

这种情况下，体力的三个分量是 $f_x = f_y = 0$，$f_z = -\rho g$，柱体每个截面上的应力是由截面以下部分的柱体的重量产生的，根据材料力学的初等解，假如应力在横截面上是均布的，则有

$$\sigma_z = \rho g z, \quad \sigma_x = \sigma_y = 0, \quad \tau_{xy} = \tau_{xz} = \tau_{yz} = 0 \tag{8-10}$$

这些应力分量显然已满足平衡微分方程(5-1)和应力协调方程(5-22)，并且满足侧面和下端面的边界条件。在上端面，由于 $n_x = 0, n_y = 0, n_z = 1, \sigma_z = \rho g L$，由式(5-5)可得 $\overline{f_x} = 0$，$\overline{f_y} = 0$，$\overline{f_z} = \rho g L$，表明柱体悬挂面的面力必须均匀分布，这样所假设的应力分量(8-10)才是问题的精确解。

为了求得位移分量，将式(8-10)代入式(5-3)，再代入式(5-2)得到

$$\begin{cases} \dfrac{\partial u}{\partial x} = -\dfrac{\upsilon \rho g z}{E}, & \dfrac{\partial w}{\partial y} + \dfrac{\partial v}{\partial z} = 0 \\ \dfrac{\partial v}{\partial y} = -\dfrac{\upsilon \rho g z}{E}, & \dfrac{\partial u}{\partial z} + \dfrac{\partial w}{\partial x} = 0 \\ \dfrac{\partial w}{\partial z} = \dfrac{\rho g z}{E}, & \dfrac{\partial v}{\partial x} + \dfrac{\partial u}{\partial y} = 0 \end{cases} \tag{8-11}$$

将方程(8-11)左列三式积分得到

$$\begin{cases} u=-\dfrac{\upsilon\rho g}{E}xz+f(y,z) \\ v=-\dfrac{\upsilon\rho g}{E}yz+\varphi(x,z) \\ w=\dfrac{\upsilon\rho g}{2E}z^2+\psi(x,y) \end{cases} \tag{8-12}$$

将式(8-12)代入式(8-11)的右列三式得到

$$\begin{cases} \dfrac{\partial\psi}{\partial y}+\dfrac{\partial\varphi}{\partial z}=\dfrac{\upsilon\rho g}{E}y \\ \dfrac{\partial f}{\partial z}+\dfrac{\partial\psi}{\partial x}=\dfrac{\upsilon\rho g}{E}x \\ \dfrac{\partial\varphi}{\partial x}+\dfrac{\partial f}{\partial y}=0 \end{cases} \tag{8-13}$$

通过阶数升高得到如下方程组

$$\begin{cases} \dfrac{\partial^2 f}{\partial y^2}=0,\quad \dfrac{\partial^2 f}{\partial y\partial z}=0,\quad \dfrac{\partial^2 f}{\partial z^2}=0 \\ \dfrac{\partial^2 \varphi}{\partial x^2}=0,\quad \dfrac{\partial^2 \varphi}{\partial x\partial z}=0,\quad \dfrac{\partial^2 \varphi}{\partial z^2}=0 \\ \dfrac{\partial^2 \psi}{\partial x^2}=\dfrac{\upsilon\rho g}{E},\quad \dfrac{\partial^2 \psi}{\partial x\partial y}=0,\quad \dfrac{\partial^2 \psi}{\partial y^2}=\dfrac{\upsilon\rho g}{E} \end{cases} \tag{8-14}$$

由此得到

$$\begin{cases} f(y,z)=ay+bz+c \\ \varphi(x,z)=dx+ez+g \\ \psi(x,y)=\dfrac{\upsilon\rho g}{2E}(x^2+y^2)+hx+iy+k \end{cases} \tag{8-15}$$

将式(8-15)代入式(8-13)得到 $e+i=0,h+b=0,a+d=0$,于是位移表达式变为

$$\begin{cases} u=-\dfrac{\upsilon\rho g}{E}xz-dy+bz+c \\ v=-\dfrac{\upsilon\rho g}{E}yz+dx-iz+g \\ w=\dfrac{\rho g}{2E}[z^2+\upsilon(x^2+y^2)]-bx+iy+k \end{cases} \tag{8-16}$$

式(8-16)线性部分与应变无关,对应于刚体位移,可以通过对柱体施加适当的约束来消除。因为刚体在空间具有三个移动自由度和三个转动自由度,故必须给出六个约束条件,由此恰好可以确定六个待定常数。根据题设,柱体上端悬挂,因此可以假设上端面形心处的体元不发生移动和转动,即当 $x=y=0,z=L$ 时

$$\begin{cases} u=v=w=0 \\ \dfrac{\partial u}{\partial z}=\dfrac{\partial v}{\partial z}=\dfrac{\partial v}{\partial x}=0 \end{cases} \tag{8-17}$$

将式(8-16)代入式(8-17)得到 $b=c=d=g=i=0,k=-\dfrac{\rho gL^2}{2E}$,再代入式(8-16),位移分量最后可表示为

$$
\begin{cases}
u = -\dfrac{\upsilon\rho g}{E}xz \\
v = -\dfrac{\upsilon\rho g}{E}yz \\
w = \dfrac{\rho g}{2E}[z^2 + \upsilon(x^2 + y^2) - L^2]
\end{cases}
\tag{8-18}
$$

在轴线上的点 $x = y = 0$，位移为 $u = 0, v = 0, w = \dfrac{\rho g}{2E}(z^2 - L^2)$。当 $z = L$ 时，$w = 0$；$z = 0$ 时，$w = -\dfrac{\rho g L^2}{2E}$。由此可见变形后轴线仍为直线，但伸长了$\dfrac{\rho g L^2}{2E}$。

在横截面 $z = c$ 上的点，位移为

$$
\begin{cases}
u = -\dfrac{\upsilon\rho g}{E}cx \\
v = -\dfrac{\upsilon\rho g}{E}cy \\
w = \dfrac{\rho g}{2E}[c^2 + \upsilon(x^2 + y^2) - L^2]
\end{cases}
$$

由此可见，变形后横截面收缩了，越到上部收缩得越厉害，变形后柱体的形状如图 8-2(b)所示。同时横截面上各点向下移动并凹成下列方程表示的抛物面

$$
z' = c + w = c + \frac{\rho g}{2E}[c^2 + \upsilon(x^2 + y^2) - L^2]
$$

8.1.3 梁的纯弯曲

考查一等截面直杆，体力忽略不计，在其两端承受一对大小相等、方向相反的力偶 M 而弯曲，受力及坐标系如图 8-3(a)所示，这里 Oz 轴通过截面的形心，Ox 轴和 Oy 轴为截面的形心主轴。

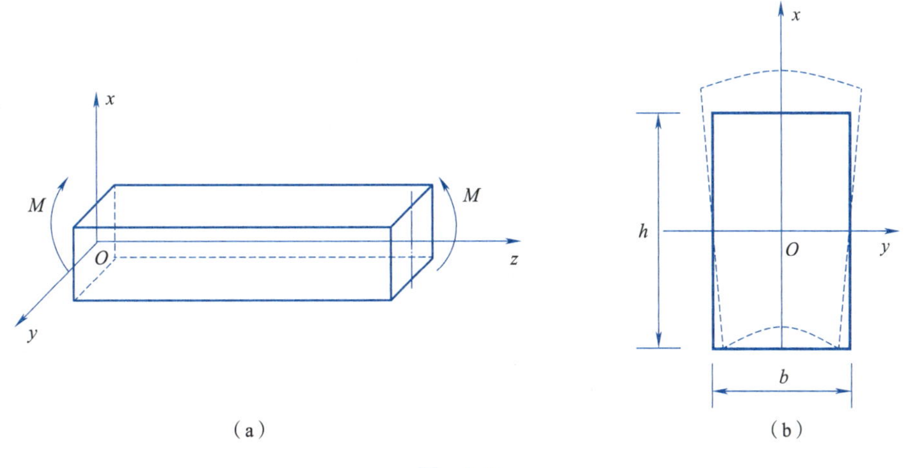

图 8-3

根据材料力学初等解，假设梁的纵向纤维处于单向应力状态，应力的大小与点到中性层的距离成正比，应力分量可表示为

$$\sigma_z=-\frac{Ex}{\rho},\quad \sigma_x=\sigma_y=0,\quad \tau_{xy}=\tau_{xz}=\tau_{yz}=0 \tag{8-19}$$

这里ρ表示弯曲后中性层的曲率半径。这些应力分量已满足平衡微分方程(5-1)和应力协调方程(5-22),因此只需要检查它是否满足应力边界条件即可。

在梁的侧面上,由于$\bar{f}_x=\bar{f}_y=\bar{f}_z=0,n_z=0$,显然边界条件式(5-5)是满足的。

在梁的两个端面,只要作用在梁的端面上各点的应力σ_z,能简化为与Oy轴平行的力矩,则由式(8-19)给出的应力分量即为本问题的解。由于Oz轴通过截面的形心,且Ox轴与Oy轴为形心主轴,故梁端面上各点应力σ_z的主矢量为

$$\iint_\Omega \sigma_z\mathrm{d}x\mathrm{d}y=-\frac{E}{\rho}\iint_\Omega x\mathrm{d}x\mathrm{d}y=0$$

主矩在Ox轴上的分量为

$$\iint_\Omega \sigma_z y\mathrm{d}x\mathrm{d}y=-\frac{E}{\rho}\iint_\Omega xy\mathrm{d}x\mathrm{d}y=0$$

主矩在Oy轴上的分量为

$$M=-\iint_\Omega \sigma_z x\mathrm{d}x\mathrm{d}y=\frac{E}{\rho}\iint_\Omega x^2\mathrm{d}x\mathrm{d}y=\frac{E}{\rho}I_y$$

由此得到

$$\frac{1}{\rho}=\frac{M}{EI_y} \tag{8-20}$$

I_y表示横截面对中性轴y轴的惯性矩。

总结上面的结果可见,如果外力在端面上按线性规律分布,则材料力学初等解式(8-19)能够满足所有的应力方程和边界条件,因此式(8-19)是梁纯弯曲问题的精确解。

为了求得位移分量,将式(8-19)代入式(5-3),再代入式(5-2),得到下列方程

$$\begin{cases}\dfrac{\partial u}{\partial x}=\dfrac{\upsilon x}{\rho}, & \dfrac{\partial w}{\partial y}+\dfrac{\partial v}{\partial z}=0\\[2mm]\dfrac{\partial v}{\partial y}=\dfrac{\upsilon x}{\rho}, & \dfrac{\partial u}{\partial z}+\dfrac{\partial w}{\partial x}=0\\[2mm]\dfrac{\partial w}{\partial z}=-\dfrac{x}{\rho}, & \dfrac{\partial v}{\partial x}+\dfrac{\partial u}{\partial y}=0\end{cases} \tag{8-21}$$

将式(8-21)的第一列方程分别对x,y,z进行一次积分得到

$$\begin{cases}u=\dfrac{\upsilon x^2}{2\rho}+f(y,z)\\[2mm]v=\dfrac{\upsilon xy}{\rho}+\varphi(x,z)\\[2mm]w=-\dfrac{xz}{\rho}+\psi(x,y)\end{cases} \tag{8-22}$$

将式(8-22)代入式(8-21)的右列三式,得到

$$\begin{cases}\dfrac{\partial\psi}{\partial y}+\dfrac{\partial\varphi}{\partial z}=0\\[2mm]\dfrac{\partial f}{\partial z}+\dfrac{\partial\psi}{\partial x}=\dfrac{z}{\rho}\\[2mm]\dfrac{\partial\varphi}{\partial x}+\dfrac{\partial f}{\partial y}=-\dfrac{\upsilon y}{\rho}\end{cases} \tag{8-23}$$

为了使上列方程中的未知函数分离，通过阶数增高，式(8-23)化为

$$\begin{cases}\dfrac{\partial^2 f}{\partial y^2}=-\dfrac{\upsilon}{\rho}, & \dfrac{\partial^2 f}{\partial y\partial z}=0, & \dfrac{\partial^2 f}{\partial z^2}=\dfrac{1}{\rho}\\ \dfrac{\partial^2 \varphi}{\partial x^2}=0, & \dfrac{\partial^2 \varphi}{\partial x\partial z}=0, & \dfrac{\partial^2 \varphi}{\partial z^2}=0\\ \dfrac{\partial^2 \psi}{\partial x^2}=0, & \dfrac{\partial^2 \psi}{\partial x\partial y}=0, & \dfrac{\partial^2 \psi}{\partial y^2}=0\end{cases} \tag{8-24}$$

由此得到

$$\begin{cases}f(y,z)=-\dfrac{\upsilon y^2}{2\rho}+\dfrac{z^2}{2\rho}+ay+bz+c\\ \varphi(x,z)=dx+ez+g\\ \psi(x,y)=hx+iy+k\end{cases} \tag{8-25}$$

将式(8-25)代入式(8-23)得到

$$i+e=0,\quad b+h=0,\quad a+d=0 \tag{8-26}$$

将式(8-25)代入式(8-22)，并利用式(8-26)得到

$$\begin{cases}u=\dfrac{z^2}{2\rho}+\dfrac{\upsilon(x^2-y^2)}{2\rho}-dy+bz+c\\ v=\dfrac{\upsilon xy}{\rho}+dx-iz+g\\ w=-\dfrac{xz}{\rho}-bx+iy+k\end{cases} \tag{8-27}$$

上式中线性部分与应变无关，一次项和常数项分别表示梁的刚体转动和平移。为使梁不能随便平移和转动，假设施加约束使坐标原点处的微元不发生移动和转动，即当 $x=y=z=0$ 时

$$\begin{cases}u=v=w=0\\ \dfrac{\partial u}{\partial z}=\dfrac{\partial v}{\partial z}=\dfrac{\partial v}{\partial x}=0\end{cases} \tag{8-28}$$

将式(8-27)代入式(8-28)得到 $c=g=k=b=d=i=0$。

于是得到最后的位移分量表达式为

$$\begin{cases}u=\dfrac{z^2+\upsilon(x^2-y^2)}{2\rho}\\ v=\dfrac{\upsilon xy}{\rho}\\ w=-\dfrac{xz}{\rho}\end{cases} \tag{8-29}$$

对于轴线上的各点，即 $x=y=0$ 处，有

$$u=\frac{z^2}{2\rho}=\frac{Mz^2}{2EI_y},\quad v=0,\quad w=0 \tag{8-30}$$

式(8-30)即为梁的挠曲线方程，这一结果与材料力学的结果相同。

根据位移解式(8-29)可以进一步分析梁在纯弯曲时的变形形态：若弯曲变形很小，且梁很细，截面变形后保持为平面，且仍与变形后的挠曲线相垂直，但截面周边的形状将有所改变。对于矩形截面梁，截面变形后的形状如图8-3(b)所示，上下两边变为抛物线。即通过位移分析可以证明在纯弯曲时，材料力学的平面假设是正确的，但材料力学不能给出梁的变形形态的全面描述。

§8.2 回转体匀速转动时的应力

汽轮机的叶轮、砂轮机的砂轮都是高速旋转的回转体，这类构件在工作时由于惯性力作用将引起很大的应力，强度设计时需特别关注。设一回转体，如图 8-4 所示，半径为 a，厚度为 $2c$，假设 c 远小于 a，绕其对称轴 z 轴以等角速度 ω 旋转，单位体积的离心力为 $\rho\omega^2 r$，其中 ρ 为该回转体的密度，试计算回转体内的应力分量。

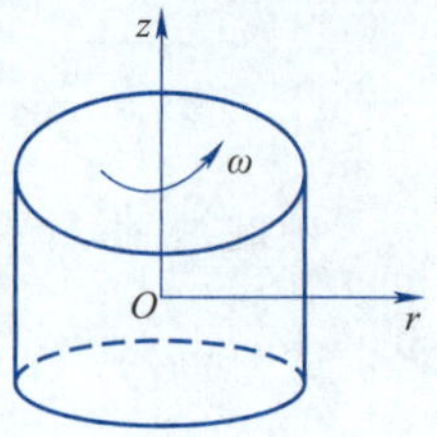

图 8-4

旋转的回转体本属于弹性动力学问题，但根据达朗贝尔原理，原问题可转化为静力学问题，回转体所受体力为

$$f_r=\rho\omega^2 r,\quad f_z=0 \tag{8-31}$$

将式(8-31)代入空间轴对称问题的平衡微分方程式(5-23)得到

$$\begin{cases}\dfrac{\partial\sigma_r}{\partial r}+\dfrac{\partial\tau_{zr}}{\partial z}+\dfrac{\sigma_r-\sigma_\theta}{r}+\rho\omega^2 r=0\\[2mm]\dfrac{\partial\sigma_z}{\partial z}+\dfrac{\partial\tau_{rz}}{\partial r}+\dfrac{\tau_{rz}}{r}=0\end{cases} \tag{8-32}$$

式(8-31)代入空间轴对称问题的应力协调方程式(5-27)得到

$$\begin{cases}\nabla^2\sigma_r-\dfrac{2}{r^2}(\sigma_r-\sigma_\theta)+\dfrac{1}{1+\upsilon}\dfrac{\partial^2\Theta}{\partial r^2}+\dfrac{2\rho\omega^2}{1-\upsilon}=0\\[2mm]\nabla^2\sigma_\theta+\dfrac{2}{r^2}(\sigma_r-\sigma_\theta)+\dfrac{1}{1+\upsilon}\dfrac{1}{r}\dfrac{\partial\Theta}{\partial r}+\dfrac{2\rho\omega^2}{1-\upsilon}=0\\[2mm]\nabla^2\sigma_z+\dfrac{1}{1+\upsilon}\dfrac{\partial^2\Theta}{\partial z^2}+\dfrac{2\rho\omega^2}{1-\upsilon}=0\\[2mm]\nabla^2\tau_{zr}-\dfrac{\tau_{zr}}{r^2}+\dfrac{1}{1+\upsilon}\dfrac{\partial^2\Theta}{\partial r\partial z}=0\end{cases} \tag{8-33}$$

方程组(8-32)、(8-33)的解为它的一个特解再叠加上齐次方程的通解，并满足指定的边界条件。

设各应力分量为 r,z 的二次幂多项式

$$\begin{cases}\sigma_r=A_1r^2+B_1z^2,\quad \sigma_\theta=A_2r^2+B_2z^2\\ \sigma_z=A_3r^2+B_3z^2,\quad \tau_{zr}=A_4r^2+B_4z^2\end{cases} \tag{8-34}$$

将式(8-34)代入式(8-32)和式(8-33)可解得各系数的值，由此得到如下一组特解

$$\begin{cases}\sigma_r=-\dfrac{\rho\omega^2}{3}r^2-\dfrac{\rho\omega^2(1+2\upsilon)(1+\upsilon)}{6\upsilon(1-\upsilon)}z^2,\quad \sigma_\theta=-\dfrac{\rho\omega^2(1+2\upsilon)(1+\upsilon)}{6\upsilon(1-\upsilon)}z^2\\[2mm]\sigma_z=\dfrac{\rho\omega^2(1+2\upsilon)}{6\upsilon}r^2,\quad \tau_{zr}=0\end{cases} \tag{8-35}$$

这组特解适合任意形状的旋转体，一般情况下特解并不能满足问题的边界条件，但问题的特解是否满足边界条件并不重要，因为应力和位移的边界值是由特解和对应齐次方程的通解共同决定的，特解的函数形式可以为通解形式提供参考，下面讨论满足边界条件的齐次方程通解。

圆盘的主要边界条件为

$$(\sigma_z)_{z=\pm c}=0,\quad (\tau_{zr})_{z=\pm c}=0 \tag{8-36}$$

由式(8-35)的后两式可见,边界条件(8-36)的第二式已经满足,而第一式不能满足。需要寻求一个满足齐次方程的补充解,它要求$(\tau_{zr})_{z=\pm c}=0$而σ_z等于特解在该边界面上的负值。采用应力函数方法,由5-3节可知轴对称问题应力函数应满足双调和方程,即应力函数为双调和函数。特解(8-35)包含r和z的二次幂项,由式(5-28)可知应力函数Φ应是r和z的五次幂函数,同时满足边界条件式(8-36),应力函数Φ中应含两个待定常数,试取如下双调和函数

$$\Phi=A_5r^2z(3r^2-4z^2)+B_5z^3(5r^2-2z^2) \tag{8-37}$$

将Φ代入式(5-28),求得相应的应力分量后与式(8-35)叠加,再利用边界条件(8-36)求出常数A_5和B_5,从而得到叠加后的应力分量

$$\sigma_r=-\rho\omega^2\left[\frac{3+\upsilon}{8}r^2+\frac{\upsilon(1+\upsilon)}{2(1-\upsilon)}z^2\right],\quad \sigma_\theta=-\rho\omega^2\left[\frac{1+3\upsilon}{8}r^2+\frac{\upsilon(1+\upsilon)}{2(1-\upsilon)}z^2\right] \tag{8-38}$$

次要边界的边界条件为

$$(\sigma_r)_{r=a}=0 \tag{8-39}$$

为了使该边界条件近似满足,在式(8-38)上叠加齐次方程的一组通解

$$\sigma_r=A_6,\quad \sigma_\theta=A_6,\quad \sigma_z=0,\quad \tau_{rz}=0 \tag{8-40}$$

使叠加后的应力场满足如下放松的边界条件

$$\int_{-c}^{c}(\sigma_r)_{r=a}\mathrm{d}z=0 \tag{8-41}$$

即可求得常数A_6,再将式(8-38)和式(8-40)叠加得到本问题的解答

$$\begin{cases}\sigma_r=\rho\omega^2a^2\left[\dfrac{3+\upsilon}{8}\left(1-\dfrac{r^2}{a^2}\right)+\dfrac{\upsilon(1+\upsilon)}{6(1-\upsilon)}\left(\dfrac{c^2}{a^2}-\dfrac{3z^2}{a^2}\right)\right]\\ \sigma_\theta=\rho\omega^2a^2\left[\dfrac{3+\upsilon}{8}-\dfrac{1+3\upsilon}{8}\cdot\dfrac{r^2}{a^2}+\dfrac{\upsilon(1+\upsilon)}{6(1-\upsilon)}\left(\dfrac{c^2}{a^2}-\dfrac{3z^2}{a^2}\right)\right]\\ \sigma_z=0,\quad \tau_{zr}=0\end{cases} \tag{8-42}$$

最大正应力发生在圆盘中心

$$\sigma_{\max}=(\sigma_r)_{r=0,z=0}=(\sigma_\theta)_{r=0,z=0}=\rho\omega^2a^2\left[\frac{3+\upsilon}{8}+\frac{\upsilon(1+\upsilon)}{6(1-\upsilon)}\frac{c^2}{a^2}\right] \tag{8-43}$$

§8.3 半无限体受重力和均布压力作用

设有半无限体,其密度为ρ,在上边界受均布压力q作用,如图8-5所示,以上边界为xy面,z轴铅垂向下,试求该问题的应力和位移解答。

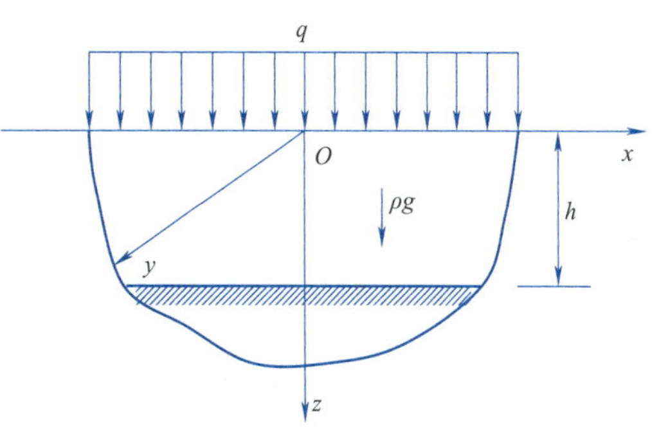

图 8-5

该问题的体力分量为$f_x=f_y=0$,$f_z=\rho g$。由于几何和载荷的对称性,任一铅垂面都是对称面,故假设

$$u=0,\quad v=0,\quad w=w(z) \tag{8-44}$$

这样得到$\theta=\dfrac{\partial u}{\partial x}+\dfrac{\partial v}{\partial y}+\dfrac{\partial w}{\partial z}=\dfrac{\mathrm{d}w}{\mathrm{d}z}$,$\dfrac{\partial\theta}{\partial x}=0$,$\dfrac{\partial\theta}{\partial y}=0$,

$\frac{\partial\theta}{\partial z}=\frac{\mathrm{d}^2 w}{\mathrm{d}z^2}$,代入纳维-拉梅方程式(5-9)可知,前两式自动满足,第三式变为

$$(\lambda+2\mu)\frac{\mathrm{d}^2 w}{\mathrm{d}z^2}+\rho g=0 \tag{8-45}$$

积分后得到

$$\begin{cases}\theta=\frac{\mathrm{d}w}{\mathrm{d}z}=-\frac{\rho g}{\lambda+2\mu}(z+A) & (8\text{-}46)\\ w=-\frac{\rho g}{2(\lambda+2\mu)}(z+A)^2+B & (8\text{-}47)\end{cases}$$

上式中 A,B 为任意常数,由边界条件确定。

将上述结果代入式(5-8),得到

$$\begin{cases}\sigma_x=\sigma_y=-\frac{\rho g\lambda}{\lambda+2\mu}(z+A)\\ \sigma_z=-\rho g(z+A)\\ \tau_{xy}=\tau_{xz}=\tau_{yz}=0\end{cases} \tag{8-48}$$

应力边界条件为

$$(\sigma_z)_{z=0}=-q,\quad (\tau_{zx})_{z=0}=0,\quad (\tau_{zy})_{z=0}=0 \tag{8-49}$$

后两个条件已自动满足,将式(8-48)的第二式代入式(8-49)的第一式,得到 $A=\frac{q}{\rho g}$,代回式(8-48),得到应力分量的解答

$$\begin{cases}\sigma_x=\sigma_y=-\frac{\upsilon}{1-\upsilon}(q+\rho gz)\\ \sigma_z=-(q+\rho gz)\\ \tau_{xy}=\tau_{xz}=\tau_{yz}=0\end{cases} \tag{8-50}$$

并由式(8-47)得到铅垂位移

$$w=-\frac{\rho g}{2(\lambda+2\mu)}\left(z+\frac{q}{\rho g}\right)^2+B \tag{8-51}$$

为了确定常数 B,必须利用位移边界条件。假定半空间体在距表面足够深的 h 处没有位移,则位移边界条件为

$$(w)_{z=h}=0 \tag{8-52}$$

将式(8-51)代入式(8-52),得到 $B=\frac{\rho g}{2(\lambda+2\mu)}\left(h+\frac{q}{\rho g}\right)^2$,再代入式(8-51),简化之后得到位移分量的解答

$$\begin{aligned}w&=\frac{1}{2(\lambda+2\mu)}[\rho g(h^2-z^2)+2q(h-z)]\\&=\frac{(1+\upsilon)(1-2\upsilon)}{2E(1-\upsilon)}[\rho g(h^2-z^2)+2q(h-z)]\end{aligned} \tag{8-53}$$

从求解过程可知,应力解和位移解已满足控制方程(5-9)和所有边界条件,故为问题的正确解答。

显然,最大位移发生在表面上,由式(8-53)可得

$$w=\frac{(1+\upsilon)(1-2\upsilon)}{2E(1-\upsilon)}(\rho gh^2+2qh) \tag{8-54}$$

在土力学中，将铅直面上的正应力与水平面上的正应力的比值称为侧压力系数。由式(8-50)可知，这个比值为

$$\frac{\sigma_x}{\sigma_z}=\frac{\sigma_y}{\sigma_z}=\frac{\upsilon}{1-\upsilon} \tag{8-55}$$

由上式可知，当 $\upsilon \to 0$ 时，σ_x 和 σ_y 趋于零，表明土壤十分松软，将产生很大的地基沉陷量，这种情况在工程中应尽量避免，但在需要时则可加以利用。

§8.4 空心圆球受均布压力的解

设有一空心圆球，内半径为 a，外半径为 b，在内外表面上分别受均布压力 q_a，q_b 作用，体力不计。试求此球体内的应力分量和位移分量。

假设位移为球对称的，可直接利用式(5-36)求解。将式(5-36)代入几何方程式(5-33)，求得应变分量后再代入物理方程式(5-34b)，得到应力分量为

$$\begin{cases}\sigma_r=\dfrac{E}{1-2\upsilon}A-\dfrac{2E}{1+\upsilon}\dfrac{B}{r^3},\\ \sigma_T=\dfrac{E}{1-2\upsilon}A+\dfrac{E}{1+\upsilon}\dfrac{B}{r^3}\end{cases} \tag{8-56}$$

圆球的边界条件为

$$(\sigma_r)_{r=a}=-q_a,\quad (\sigma_r)_{r=b}=-q_b \tag{8-57}$$

将式(8-56)代入式(8-57)，可解得

$$A=\frac{1-2\upsilon}{E}\frac{a^3q_a-b^3q_b}{b^3-a^3},\quad B=\frac{1+\upsilon}{2E}\frac{a^3b^3(q_a-q_b)}{b^3-a^3} \tag{8-58}$$

将式(8-58)代入式(8-56)得到圆球的应力分量为

$$\begin{cases}\sigma_r=-\dfrac{\dfrac{b^3}{r^3}-1}{\dfrac{b^3}{a^3}-1}q_a-\dfrac{1-\dfrac{a^3}{r^3}}{1-\dfrac{a^3}{b^3}}q_b,\\ \sigma_T=\dfrac{\dfrac{b^3}{2r^3}+1}{\dfrac{b^3}{a^3}-1}q_a-\dfrac{1+\dfrac{a^3}{2r^3}}{1-\dfrac{a^3}{b^3}}q_b\end{cases} \tag{8-59}$$

将式(8-58)代入式(5-36)得到圆球的径向位移

$$u_r=\frac{(1+\upsilon)r}{E}\left(\frac{\dfrac{b^3}{2r^3}+\dfrac{1-2\upsilon}{1+\upsilon}}{\dfrac{b^3}{a^3}-1}q_a-\frac{\dfrac{a^3}{2r^3}+\dfrac{1-2\upsilon}{1+\upsilon}}{1-\dfrac{a^3}{b^3}}q_b\right) \tag{8-60}$$

对于厚壁圆球，$b \gg a$，仅受内压作用，此时令 $b\to\infty$，式(8-59)和式(8-60)简化为

$$\sigma_r=-\frac{a^3}{r^3}q_a,\quad \sigma_T=\frac{a^3}{2r^3}q_a,\quad u_r=\frac{(1+\upsilon)a^3}{2Er^2}q_a \tag{8-61}$$

由式(8-61)可见，圆球应力和径向位移分别是按 r^3 和 r^2 的速度衰减。特别要注意的是，在孔边上将发生 $q/2$ 的切向拉应力，它可能引起脆性材料的开裂。

习　题　8

8-1　下列应力场是否为无体力时弹性体中可能存在的应力场？如果是，它们在什么条件下成立？

(1) $\sigma_x = ax + by, \sigma_y = cx + dy, \sigma_z = 0, \tau_{xy} = fx + gy, \tau_{zx} = \tau_{zy} = 0$。

(2) $\sigma_x = ax^2y^2 + bx, \sigma_y = cy^2, \sigma_z = 0, \tau_{xy} = dxy, \tau_{zx} = \tau_{zy} = 0$。

(3) $\sigma_x = a[y^2 + b(x^2 - y^2)], \sigma_y = a[x^2 + b(y^2 - x^2)], \sigma_z = ab(x^2 + y^2), \tau_{xy} = 2abxy$, $\tau_{zx} = \tau_{zy} = 0$。

8-2　试证明对于不计体力的空间轴对称问题，若取 $u_r = \dfrac{1}{2G}\dfrac{\partial \Phi}{\partial r}, u_z = \dfrac{1}{2G}\dfrac{\partial \Phi}{\partial z}$，这里 $\Phi = \Phi(r,z)$，且 $\nabla^2 = \dfrac{\partial^2}{\partial r^2} + \dfrac{1}{r}\dfrac{\partial}{\partial r} + \dfrac{\partial^2}{\partial z^2}$ 为常数，则对应的应力分量满足平衡微分方程。

8-3　如图 8-6 所示各向同性弹性矩形板，一对边均匀受拉，另一对边均匀受压，体力不计，试求板内应力分量和位移分量。

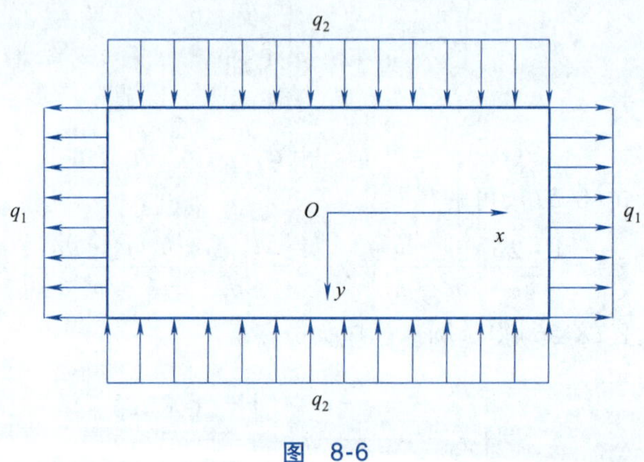

图　8-6

8-4　内半径为 a，外半径为 b 的空心圆球，外表面被固定，内表面受均布压力 q，试求最大径向位移和最大周向拉应力。

第 9 章

柱形杆的扭转和弯曲

本章将研究柱形杆的扭转和弯曲问题。需要指出,要完全精确地求解这类问题是十分困难的。一方面,在实际问题中,柱形杆两端面上外力分布情况往往是不清楚的,仅知道其静力等效的主矢和主矩;另一方面,即使知道了外力在端部的分布情况,也难以得到能够严格满足这部分边界的精确解。但是,如果杆足够长,就能按圣维南原理放松边界条件而求得问题的解答。在一定意义上,这种解答仍可视为精确解。本章中将要研究的柱形杆的扭转和弯曲问题,即属于具有上述情况的典型问题,接下来将采用半逆解法解决这两个问题。

§9.1 任意截面柱形杆扭转的基本理论

柱形杆的扭转问题是工程中广泛存在的一类实际问题。材料力学中研究了圆截面杆的扭转,采用平面假设得到了简单而满意的结果。但对于非圆截面柱形杆的扭转,一般来说横截面不再保持为平面,即同一横截面的不同点将产生不同的轴向位移,这种现象称为翘曲,此时平面假设不再成立。对于两端承受扭力矩的等截面直杆而言,如果截面的翘曲不受限制,这种扭转称为自由扭转;如果截面的翘曲受到限制,会产生附加正应力,称为约束扭转。本章仅讨论任意形状等截面直杆的自由扭转问题。

设有横截面为任意形状的柱形杆,不计其体力,在两端面上受有大小相等而转向相反的力矩 M 作用,如图 9-1(a)所示,取杆的一端面为 xOy 平面,z 轴沿杆的轴向。

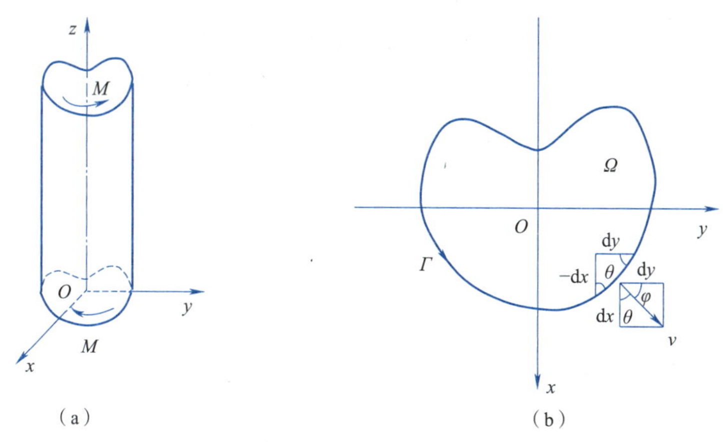

图 9-1

通过扭转试验观察到,变形后杆件表面的母线变成了螺旋线,而原来与母线垂直的横截面的平面边界线,绕着柱的轴线发生转动,一般不再保持为平面曲线,而是沿着轴向发生翘曲;同时可观察到,所有横截面的边界线的翘曲程度都相同。根据上述实验现象,可以认为,在扭转过程中,截面上面内的转动是刚性的,而面外的翘曲与截面位置 z 无关,从而可采用位移的半逆解法求解,假定位移场为

$$\begin{cases} u = -\alpha yz \\ v = \alpha xz \\ w = \alpha\varphi(x,y) \end{cases} \tag{9-1}$$

其中,α 为常数,表示相距单位长度的两横截面的相对转角,称为单位长度扭转角;w 表示横截面的翘曲;函数 $\varphi(x,y)$ 称为翘曲函数。

利用几何方程(5-2)可以得到应变分量为

$$\begin{cases} \varepsilon_x = \varepsilon_y = \varepsilon_z = \gamma_{xy} = 0 \\ \gamma_{xz} = \alpha\left(\dfrac{\partial\varphi}{\partial x} - y\right) \\ \gamma_{yz} = \alpha\left(\dfrac{\partial\varphi}{\partial y} + x\right) \end{cases} \tag{9-2}$$

将式(9-2)代入物理方程式(5-4),得到各应力分量为

$$\begin{cases} \sigma_x = \sigma_y = \sigma_z = \tau_{xy} = 0 \\ \tau_{zx} = G\alpha\left(\dfrac{\partial\varphi}{\partial x} - y\right) \\ \tau_{zy} = G\alpha\left(\dfrac{\partial\varphi}{\partial y} + x\right) \end{cases} \tag{9-3}$$

按照上述假设,由上式可见,作用在横截面上的应力分量只有两个切应力分量不等于零,并且与坐标 z 无关,即在所有横截面上的切应力分布规律都是相同的。

下面推导翘曲函数 $\varphi(x,y)$ 所满足的方程。将式(9-1)代入位移表示的平衡微分方程(5-9),显然该方程组的前两式已得到满足,而最后一式要求

$$\nabla^2\varphi = \frac{\partial^2\varphi}{\partial x^2} + \frac{\partial^2\varphi}{\partial y^2} = 0 \quad (\text{在 } \Omega \text{ 内}) \tag{9-4}$$

这里 Ω 为杆件的横截面所占区域,如图 9-1(b)所示。式(9-4)即为扭转问题位移法求解的控制方程,表明要使位移分量满足平衡微分方程,翘曲函数必须是调和函数。

接下来考查柱形杆的边界条件,杆的侧面上不受外力,则 $\overline{f_x} = \overline{f_y} = \overline{f_z} = 0$,侧面的外法线对 z 轴的方向余弦 $n_z = 0$,对 x,y 轴的方向余弦 $n_x = \dfrac{\mathrm{d}y}{\mathrm{d}s}$,$n_y = -\dfrac{\mathrm{d}x}{\mathrm{d}s}$,将式(9-3)代入应力边界条件式(5-5),前两式恒成立,而第三式成为

$$\left(\frac{\partial\varphi}{\partial x} - y\right)n_x + \left(\frac{\partial\varphi}{\partial y} + x\right)n_y = 0 \quad (\text{在 } \Gamma \text{ 上}) \tag{9-5}$$

其中 $\dfrac{\partial\varphi}{\partial x}n_x + \dfrac{\partial\varphi}{\partial y}n_y = \dfrac{\mathrm{d}\varphi}{\mathrm{d}v}$,式(9-5)可写为

$$\frac{\mathrm{d}\varphi}{\mathrm{d}v} = yn_x - xn_y \quad (\text{在 } \Gamma \text{ 上}) \tag{9-6}$$

式中,Γ 表示横截面的边界;$\dfrac{\mathrm{d}\varphi}{\mathrm{d}v}$ 为翘曲函数 $\varphi(x,y)$ 对于边界 Γ 的外法线方向 v 的方向导数。

式(9-6)即为翘曲函数 φ 在横截面的边界上所要满足的边界条件。

由上述分析可知,控制方程(9-4)的求解域已退化为横截面所占的一个平面域,相应的定解条件为横截面周边边界条件。因此,在给定的边界条件式(9-5)或(9-6)下,求解微分方程(9-4)就可得到柱体自由扭转时的翘曲函数 $\varphi(x,y)$。但这并不是问题的全部,位移解(9-1)中还有一个未知参数 α 需要确定。

下面考查端面处的边界条件。要严格满足两端面上分布外力的边界条件是极其困难的,但可根据圣维南原理放松端面的条件,将其改为满足合力和合力矩条件,即分布在端面上的应力在 x 方向和 y 方向的合力等于零,而对于 z 轴的合力矩等于力矩 M,于是有

$$\begin{cases}\iint_\Omega \tau_{zx}\mathrm{d}x\mathrm{d}y = 0\\ \iint_\Omega \tau_{zy}\mathrm{d}x\mathrm{d}y = 0\\ \iint_\Omega (x\tau_{zy} - y\tau_{zx})\mathrm{d}x\mathrm{d}y = M\end{cases} \tag{9-7}$$

可以证明式(9-7)中前两式已恒满足。证明如下

$$\begin{aligned}\iint_\Omega \tau_{zx}\mathrm{d}x\mathrm{d}y &= G\alpha\iint_\Omega\left(\frac{\partial\varphi}{\partial x} - y\right)\mathrm{d}x\mathrm{d}y\\ &= G\alpha\iint_\Omega\left\{\frac{\partial}{\partial x}\left[x\left(\frac{\partial\varphi}{\partial x} - y\right)\right] + \frac{\partial}{\partial y}\left[x\left(\frac{\partial\varphi}{\partial y} + x\right)\right]\right\}\mathrm{d}x\mathrm{d}y\end{aligned}$$

上式最后一步利用了式(9-4),进一步根据斯托克斯公式,并利用边界条件(9-5),上式可化成

$$\iint_\Omega \tau_{zx}\mathrm{d}x\mathrm{d}y = G\alpha\oint_\Gamma\left[x\left(\frac{\partial\varphi}{\partial x} - y\right)n_x + x\left(\frac{\partial\varphi}{\partial y} + x\right)n_y\right]\mathrm{d}s = 0$$

同理可得 $\iint_\Omega \tau_{zy}\mathrm{d}x\mathrm{d}y = 0$。

将式(9-3)代入式(9-7)的最后一式,得到

$$M = G\alpha\iint_\Omega\left(x^2 + y^2 + x\frac{\partial\varphi}{\partial y} - y\frac{\partial\varphi}{\partial x}\right)\mathrm{d}x\mathrm{d}y = G\alpha D \tag{9-8}$$

其中

$$D = \iint_\Omega\left(x^2 + y^2 + x\frac{\partial\varphi}{\partial y} - y\frac{\partial\varphi}{\partial x}\right)\mathrm{d}x\mathrm{d}y \tag{9-9}$$

称为扭转刚度,表征柱形杆截面抗扭的几何特征。式(9-8)给出了单位长度的扭转角 α 与力矩之间的关系,对于给定的柱形杆,G 和 D 都是已知的,故只要知道力矩即可求出 α;反之知道了 α,也可求出 M。

综上所述,柱形杆扭转的位移法可归结为:首先在边界条件(9-5)下,由拉普拉斯方程(9-4)解出翘曲函数 $\varphi(x,y)$;再由式(9-9)计算 D,由式(9-8)算出 α;最后分别从式(9-1)、式(9-2)和式(9-3)求出位移分量、应变分量和应力分量。上述求解翘曲函数 $\varphi(x,y)$的微分方程定解问题在数学上称为诺依曼(Neumann)问题。

§9.2　扭转问题的应力函数解法

柱形杆的自由扭转问题也可按应力求解,采用半逆解法。参考材料力学对于圆截面杆

扭转的解答,同样可假设:除了横截面上的切应力 τ_{zx} 和 τ_{zy},其余的应力分量均为零,即

$$\sigma_x = \sigma_y = \sigma_z = \tau_{xy} = 0 \tag{9-10}$$

注意到各体力分量为零,于是平衡方程式(5-1)和相容方程式(5-22)分别简化为

$$\frac{\partial \tau_{zx}}{\partial z} = 0, \quad \frac{\partial \tau_{zy}}{\partial z} = 0, \quad \frac{\partial \tau_{zx}}{\partial x} + \frac{\partial \tau_{zy}}{\partial y} = 0 \tag{9-11}$$

$$\nabla^2 \tau_{zx} = 0, \quad \nabla^2 \tau_{zy} = 0 \tag{9-12}$$

式(9-11)的前两个方程表明非零的切应力 τ_{zx} 和 τ_{zy} 仅为 x,y 的函数,即 $\tau_{zx} = \tau_{zx}(x,y)$,$\tau_{zy} = \tau_{zy}(x,y)$。根据微分方程理论,第三个方程表明一定存在一个函数 $\Phi = \Phi(x,y)$ 满足

$$\tau_{zx} = \frac{\partial \Phi}{\partial y}, \quad \tau_{zy} = -\frac{\partial \Phi}{\partial x} \tag{9-13}$$

将式(9-13)代入式(9-12)得到

$$\frac{\partial}{\partial y}\nabla^2 \Phi = 0, \quad \frac{\partial}{\partial x}\nabla^2 \Phi = 0 \tag{9-14}$$

由此可知 $\nabla^2 \Phi$ 应为一常数:

$$\nabla^2 \Phi = C \tag{9-15}$$

满足式(9-15)的函数 $\Phi = \Phi(x,y)$ 称为普朗特(Prandtl)应力函数,简称应力函数。

为了确定常数 C,联立式(9-3)后两式和式(9-13),得到应力函数与翘曲函数的关系为

$$\begin{cases} -\dfrac{\partial \Phi}{\partial x} = G\alpha\left(\dfrac{\partial \varphi}{\partial y} + x\right) \\ \dfrac{\partial \Phi}{\partial y} = G\alpha\left(\dfrac{\partial \varphi}{\partial x} - y\right) \end{cases} \tag{9-16}$$

将以上两式分别对 x 和 y 求一次偏导数,然后用第二式减去第一式,得到:

$$\nabla^2 \Phi = -2G\alpha \quad (\text{在 } \Omega \text{ 内}) \tag{9-17}$$

与式(9-15)对比可知 $C = -2G\alpha$。

方程(9-17)即为用应力函数法求解的控制方程。在物理本质上它是一个协调关系,而在数学上它就是泊松方程。方程的求解域为柱形杆横截面边界线 Γ 所围成的区域 Ω。

下面推导应力函数 $\Phi(x,y)$ 在区域边界上所要满足的边界条件。由于杆的侧面上不受外力,则 $\overline{f}_x = \overline{f}_y = \overline{f}_z = 0$,且侧面的外法线对 z 轴的方向余弦 $n_z = 0$,故应力边界条件式(5-5)前两式恒成立,而 $n_x = \dfrac{\mathrm{d}y}{\mathrm{d}s}$,$n_y = -\dfrac{\mathrm{d}x}{\mathrm{d}s}$,则第三式成为

$$\frac{\partial \Phi}{\partial y}\frac{\mathrm{d}y}{\mathrm{d}s} + \frac{\partial \Phi}{\partial x}\frac{\mathrm{d}x}{\mathrm{d}s} = 0 \quad \text{即} \frac{\mathrm{d}\Phi}{\mathrm{d}s} = 0 \tag{9-18}$$

故有边界条件

$$\Phi = k = \text{const} \quad (\text{在 } \Gamma \text{ 上}) \tag{9-19}$$

式中,k 为常数。注意到式(9-13),常数对应力的大小没有影响,可以任意选取。在单连域中,通常取外边界上 $k = 0$。因此,解单连通截面柱形杆的扭转问题就变成如下寻找应力函数 $\Phi(x,y)$ 的定解问题

$$\nabla^2 \Phi = -2G\alpha \quad (\text{在 } \Omega \text{ 内}) \tag{9-20}$$

$$\Phi = 0 \quad (\text{在 } \Gamma \text{ 上}) \tag{9-21}$$

下面利用端部边界条件式(9-7)建立力矩 M 与 α 之间的关系。在单连通截面情况下,式(9-7)前两式是自动满足的。证明如下:将式(9-13)代入式(9-7)第一式,利用斯托克斯公

式，边界上 $\Phi=0$，可得到端面上 x 方向的合力等于零，即

$$\iint_{\Omega}\tau_{zx}\mathrm{d}x\mathrm{d}y=\iint_{\Omega}\frac{\partial\Phi}{\partial y}\mathrm{d}x\mathrm{d}y=\oint_{\Gamma}\Phi n_y\mathrm{d}s=0$$

同理可证明 y 方向的合力 $\iint_{\Omega}\tau_{zy}\mathrm{d}x\mathrm{d}y=0$。

由式(9-7)的第三式得到对 z 轴的合力矩

$$\begin{aligned}M&=\iint_{\Omega}(x\tau_{zy}-y\tau_{zx})\mathrm{d}x\mathrm{d}y\\&=-\iint_{\Omega}\left(x\frac{\partial\Phi}{\partial x}+y\frac{\partial\Phi}{\partial y}\right)\mathrm{d}x\mathrm{d}y\\&=-\iint_{\Omega}\left[(x\Phi)\frac{\partial\Phi}{\partial x}+(y\Phi)\frac{\partial\Phi}{\partial y}-2\Phi\right]\mathrm{d}x\mathrm{d}y\\&=-\oint_{\Gamma}\Phi(xn_x+yn_y)\mathrm{d}s+2\iint_{\Omega}\Phi\mathrm{d}x\mathrm{d}y\end{aligned}\tag{9-22}$$

对于单连通域，边界上 $\Phi=0$，故有

$$M=2\iint_{\Omega}\Phi(x,y;\alpha)\mathrm{d}x\mathrm{d}y\tag{9-23}$$

由式(9-8)可知抗扭刚度与应力函数之间的关系为

$$D=\frac{M}{G\alpha}=\frac{2}{G\alpha}\iint_{\Omega}\Phi(x,y;\alpha)\mathrm{d}x\mathrm{d}y\tag{9-24}$$

对于多连通的情况，如图9-2所示，Γ_0 为外边界，$\Gamma_i(i=1,2,3,\cdots,n)$ 为内边界，Γ_i 以顺时针方向为正。

图 9-2

因为函数 Φ 虽在同一边界上是一个常数，但不同边界的值一般是不相等的，此时，只能取其中一个边界上的值等于零，例如，在外边界上取 $k_0=0$，而其余各边界上都不等于零，分别记为 $k_i(i=1,2,3,\cdots,n)$。利用格林公式，并考虑到 Γ_i 为顺时针方向，式(9-22)右端第一项积分为

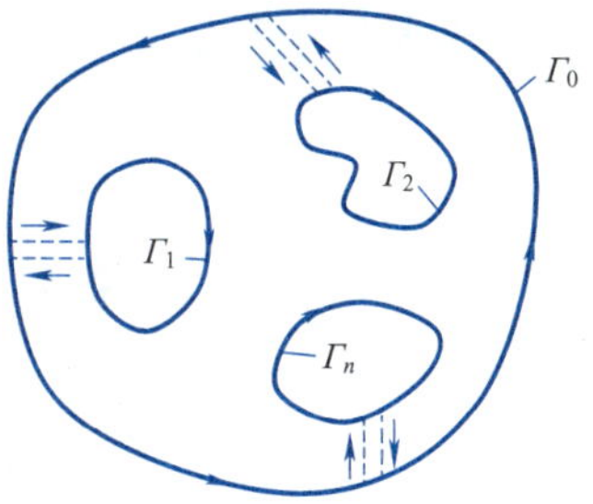

$$\begin{aligned}\oint_{\Gamma}\Phi(xn_x+yn_y)\mathrm{d}s&=\sum_{i=1}^{n}\oint_{\Gamma_i}k_i(xn_x+yn_y)\mathrm{d}s\\&=\sum_{i=1}^{n}\oint_{\Gamma_i}k_i(x\mathrm{d}y-y\mathrm{d}x)\\&=-2\sum_{i=1}^{n}k_i\Omega_i\end{aligned}$$

式中，Ω_i 为内边界 Γ_i 所包围的面积。于是多连通情况下的力矩表达式为

$$M=2\iint_{\Omega}\Phi\mathrm{d}x\mathrm{d}y+2\sum_{i=1}^{n}k_i\Omega_i\tag{9-25}$$

计算 D 的公式与单连通截面情况相同，即

$$D=\frac{1}{G\alpha}\left(2\iint_{\Omega}\Phi\mathrm{d}x\mathrm{d}y+2\sum_{i=1}^{n}k_i\Omega_i\right)\tag{9-26}$$

上述各式中内边界上应力函数的值 k_i 可通过位移单值条件建立 n 个补充方程加以确定，此处不再赘述。

综上所述，用应力函数法求解等直杆的自由扭转问题，是先利用边界条件(9-19)求解方

程(9-17),求出应力函数后代入式(9-13)求得应力分量,再由式(9-23)或式(9-25)确定杆的单位长度的扭转角 α。

§9.3 扭转问题的若干普遍性质

9.3.1 扭转刚度 D 恒为正

翘曲函数表示的扭转刚度为

$$D = \iint_{\Omega}\left(x^2 + y^2 + x\frac{\partial\varphi}{\partial y} - y\frac{\partial\varphi}{\partial x}\right)\mathrm{d}x\mathrm{d}y \tag{9-27}$$

其中被积函数可表示为

$$x^2 + y^2 + x\frac{\partial\varphi}{\partial y} - y\frac{\partial\varphi}{\partial x} = \left(x + \frac{\partial\varphi}{\partial y}\right)^2 + \left(y - \frac{\partial\varphi}{\partial x}\right)^2 - \left[\left(\frac{\partial\varphi}{\partial x}\right)^2 + \left(\frac{\partial\varphi}{\partial y}\right)^2 + x\frac{\partial\varphi}{\partial y} - y\frac{\partial\varphi}{\partial x}\right]$$

利用式(9-4)和式(9-6),并借助格林积分公式对上式中方括号内的函数积分得到

$$\begin{aligned}
&\iint_{\Omega}\left[\left(\frac{\partial\varphi}{\partial x}\right)^2 + \left(\frac{\partial\varphi}{\partial y}\right)^2 + x\frac{\partial\varphi}{\partial y} - y\frac{\partial\varphi}{\partial x}\right]\mathrm{d}x\mathrm{d}y \\
&= \iint_{\Omega}\left\{\left[\frac{\partial}{\partial x}\left(\varphi\frac{\partial\varphi}{\partial x}\right) + \frac{\partial}{\partial y}\left(\varphi\frac{\partial\varphi}{\partial y}\right)\right] - \varphi\left(\frac{\partial^2\varphi}{\partial x^2} + \frac{\partial^2\varphi}{\partial y^2}\right) + \left[\frac{\partial}{\partial y}(x\varphi) - \frac{\partial}{\partial x}(y\varphi)\right]\right\}\mathrm{d}x\mathrm{d}y \\
&= \oint_{\Gamma}\varphi\left(\frac{\partial\varphi}{\partial v} + xn_y - yn_x\right)\mathrm{d}s = 0
\end{aligned}$$

式(9-27)化为

$$D = \iint_{\Omega}\left[\left(x + \frac{\partial\varphi}{\partial y}\right)^2 + \left(y - \frac{\partial\varphi}{\partial x}\right)^2\right]\mathrm{d}x\mathrm{d}y > 0 \tag{9-28}$$

上式不能等于零,如果等于零则有 $\frac{\partial\varphi}{\partial y} = -x$,$\frac{\partial\varphi}{\partial y} = y$,由 $\frac{\partial\varphi}{\partial y} = -x$ 得到 $\frac{\partial^2\varphi}{\partial x\partial y} = -1$,由 $\frac{\partial\varphi}{\partial y} = y$ 得到 $\frac{\partial^2\varphi}{\partial x\partial y} = 1$,前后矛盾,故扭转刚度 D 恒为正。

9.3.2 扭转问题的最大切应力

由式(9-3)后两式可得一点的总切应力

$$\tau^2 = \tau_{zx}^2 + \tau_{zy}^2 = G^2\alpha^2\left[\left(\frac{\partial\varphi}{\partial x} - y\right)^2 + \left(\frac{\partial\varphi}{\partial y} + x\right)^2\right]$$

$$\nabla^2\tau^2 = 2G^2\alpha^2\left[2 + \left(\frac{\partial^2\varphi}{\partial x^2}\right)^2 + \left(\frac{\partial^2\varphi}{\partial y^2}\right)^2 + 2\left(\frac{\partial^2\varphi}{\partial x\partial y}\right)^2\right] \geqslant 4G^2\alpha^2 > 0$$

上式表明 τ^2 为上调和函数,根据上调和函数的性质,函数的最大值发生在边界上,即最大切应力发生在边界上。

9.3.3 与应力函数 Φ 有关的性质

性质 1:柱体扭转时,截面上任一点的切应力,其方向与通过该点的等 Φ 线相切,其值等于等 Φ 线的法向导数。

取柱形杆的横截面为 xy 平面,z 轴与横截面垂直,想象在截面上作曲面 $z = \Phi(x,y)$,称为扭转应力函数曲面。用一系列与 xOy 面平行的平面相截,可得到一系列封闭曲线。显然,这

些曲线在 xy 平面上的投影,便是截面上 Φ 值相等的点的轨迹,称为等 Φ 线。

图 9-3 中点 P 是截面上的任意一点,曲线 AB 是通过该点的横截面上的任意闭合曲线的一部分。点 P 处的切应力在曲线 AB 的法线方向的投影为

$$\begin{aligned}\tau_{zv} &= \tau_{zx}\cos(v,x) + \tau_{zy}\cos(v,y) \\ &= \frac{\partial\Phi}{\partial y}\frac{\mathrm{d}x}{\mathrm{d}v} - \frac{\partial\Phi}{\partial x}\frac{\mathrm{d}y}{\mathrm{d}v} \\ &= \frac{\partial\Phi}{\partial y}\frac{\mathrm{d}y}{\mathrm{d}s} + \frac{\partial\Phi}{\partial x}\frac{\mathrm{d}x}{\mathrm{d}s} \\ &= \frac{\partial\Phi}{\partial s}\end{aligned} \tag{9-29}$$

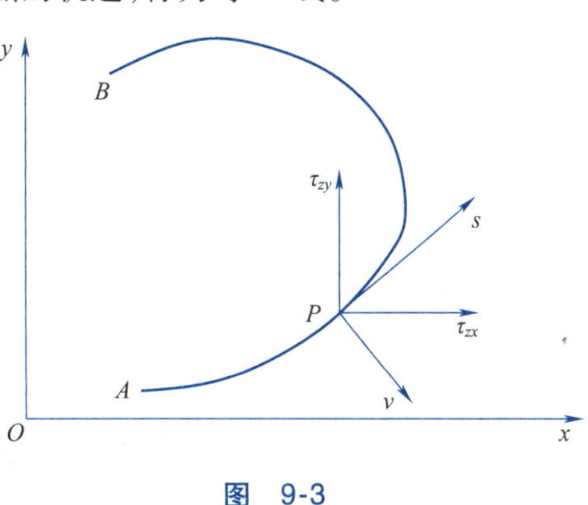

图 9-3

点 P 处的切应力在曲线 AB 的切线方向的投影为

$$\begin{aligned}\tau_{zs} &= \tau_{zx}\cos(s,x) + \tau_{zy}\cos(s,y) \\ &= \frac{\partial\Phi}{\partial y}\frac{\mathrm{d}x}{\mathrm{d}s} - \frac{\partial\Phi}{\partial x}\frac{\mathrm{d}y}{\mathrm{d}s} \\ &= \left(\frac{\partial\Phi}{\partial y}\frac{\mathrm{d}y}{\mathrm{d}v} + \frac{\partial\Phi}{\partial x}\frac{\mathrm{d}x}{\mathrm{d}v}\right) \\ &= -\frac{\partial\Phi}{\partial v}\end{aligned} \tag{9-30}$$

如果曲线 AB 是截面的等 Φ 线,则$\frac{\partial\Phi}{\partial s}=0$,由式(9-29)可知切应力在等 Φ 线法线上的分量等于零,即总切应力与等 Φ 线相切,可见等 Φ 线是切应力的迹线;式(9-30)给出了总切应力的值,它等于过 P 点等 Φ 线的法向导数,或者说等于函数 Φ 在 P 点的最大斜率。由此断定,最大切应力必发生在截面边界上等 Φ 线最稠密处,其方向与边界相切。

性质 2:切应力环量定理

在横截面上不越出边界的任何闭合曲线 Γ 上,沿切线方向的切应力分量绕曲线的积分称为切应力环量,则切应力环量等于积分路径 Γ 所包围的面积 Ω 与常数 $2\Gamma\alpha$ 的乘积。

切应力环量用积分表示如下

$$\begin{aligned}\oint_{\Gamma}\tau_s\mathrm{d}s &= \oint_{\Gamma}[\tau_{zx}\cos(s,x) + \tau_{zy}\cos(s,y)]\mathrm{d}s \\ &= G\alpha\oint_{\Gamma}\left[\left(\frac{\partial\varphi}{\partial x} - y\right)\frac{\mathrm{d}x}{\mathrm{d}s} + \left(\frac{\partial\varphi}{\partial y} + x\right)\frac{\mathrm{d}y}{\mathrm{d}s}\right] \\ &= G\alpha\oint_{\Gamma}\left(\frac{\partial\varphi}{\partial x}\mathrm{d}x + \frac{\partial\varphi}{\partial y}\mathrm{d}y\right) + G\alpha\oint_{\Gamma}(x\mathrm{d}y - y\mathrm{d}x) \\ &= G\alpha\oint_{\Gamma}\mathrm{d}\varphi + 2G\alpha\Omega\end{aligned}$$

由式(9-1)第三式,w 是坐标的单值函数,$\varphi(x,y)$ 也应是单值函数,故上式第一项等于零,于是得到

$$\oint_{\Gamma}\tau_s\mathrm{d}s = 2G\alpha\Omega \tag{9-31}$$

性质 3:扭矩在数值上等于 Φ 曲面与外边界之间体积的两倍。

对于单连通截面

$$M = 2\iint_{\Omega}\Phi(x,y)\,\mathrm{d}x\mathrm{d}y \tag{9-32}$$

对于多连通截面

$$M = 2\left[\iint_{\Omega}\Phi(x,y)\,\mathrm{d}x\mathrm{d}y + \sum_{i=1}^{n}K_i\Omega_i\right] \tag{9-33}$$

上式右边方括号中的第一项积分是截面 Ω 上 Φ 曲面之下的面积,第二项是这样一些柱体的体积之和,柱体的截面形状与各内边界所包围的区域(即截面的孔洞)相同,而柱高等于内边界上的 Φ 值。

§9.4 椭圆截面杆的扭转

本节利用应力函数法求解椭圆截面柱形杆的扭转问题,柱形杆的截面形状如图 9-4 所示。

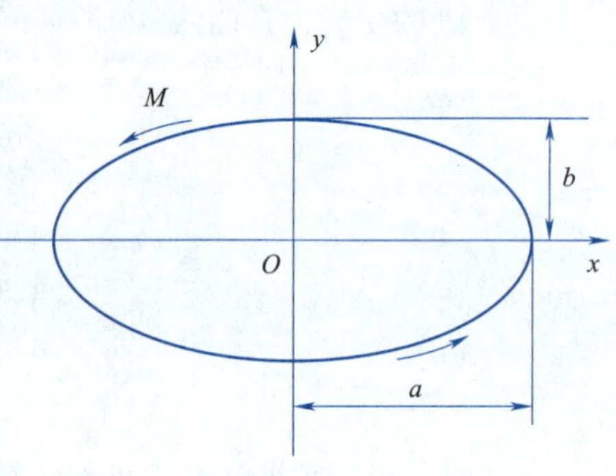

图 9-4

杆的截面为椭圆,截面的边界方程为

$$\frac{x^2}{a^2}+\frac{y^2}{b^2}-1=0 \tag{9-34}$$

应力函数应满足边界条件(9-21),故可试取应力函数为

$$\Phi = A\left(\frac{x^2}{a^2}+\frac{y^2}{b^2}-1\right) \tag{9-35}$$

式中,A 为待定常数。

将式(9-35)代入泊松方程(9-20),得到 $A=-G\alpha\dfrac{a^2b^2}{a^2+b^2}$,代入式(9-35),应力函数为

$$\Phi = -G\alpha\frac{a^2b^2}{a^2+b^2}\left(\frac{x^2}{a^2}+\frac{y^2}{b^2}-1\right) \tag{9-36}$$

将式(9-36)代入式(9-13),得到切应力分量

$$\begin{cases}\tau_{zx}=\dfrac{\partial\Phi}{\partial y}=-\dfrac{2G\alpha a^2}{a^2+b^2}y\\[2ex] \tau_{zy}=-\dfrac{\partial\Phi}{\partial x}=\dfrac{2G\alpha b^2}{a^2+b^2}x\end{cases} \tag{9-37}$$

横截面上的合切应力为

$$\tau=\sqrt{\tau_{zx}^2+\tau_{zy}^2}=\frac{2G\alpha a^2b^2}{a^2+b^2}\sqrt{\frac{x^2}{a^4}+\frac{y^2}{b^4}} \tag{9-38}$$

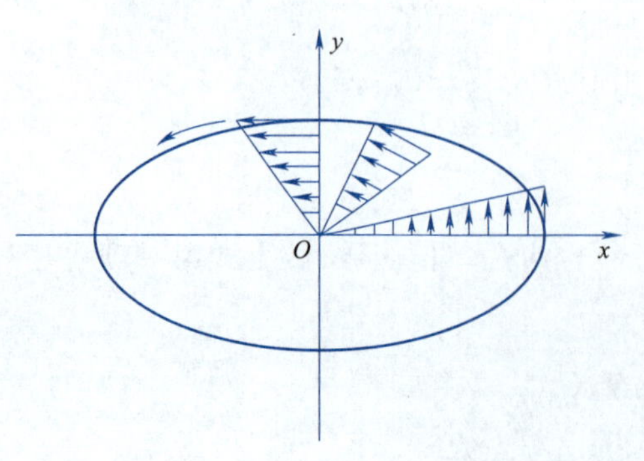

图 9-5

椭圆截面上各点的切应力分布如图 9-5 所示。容易证明,最大切应力发生在椭圆短轴的两端处,其值为

$$\tau_{\max}=\frac{2G\alpha a^2b}{a^2+b^2} \tag{9-39}$$

最小切应力发生在椭圆长轴的两端处,其值为

$$\tau_{\min}=\frac{2G\alpha ab^2}{a^2+b^2} \tag{9-40}$$

将式(9-36)代入式(9-23),得到

$$\begin{aligned} M &= -\frac{2G\alpha a^2b^2}{a^2+b^2}\iint_\Omega\left(\frac{x^2}{a^2}+\frac{y^2}{b^2}-1\right)\mathrm{d}x\mathrm{d}y \\ &= -\frac{2G\alpha}{a^2+b^2}(b^2I_y+a^2I_x-a^2b^2\pi ab) \\ &= \frac{G\alpha\pi a^3b^3}{a^2+b^2} \end{aligned}$$

式中,$I_x=\iint_\Omega y^2\mathrm{d}x\mathrm{d}y=\frac{\pi ab^3}{4}$,$I_y=\iint_\Omega x^2\mathrm{d}x\mathrm{d}y=\frac{\pi a^3b}{4}$分别代表椭圆截面对 x 和 y 轴的惯性矩。由上式可得到椭圆截面柱形杆的单位长度扭转角为

$$\alpha=\frac{M(a^2+b^2)}{G\pi a^3b^3} \tag{9-41}$$

下面计算椭圆截面柱形杆发生自由扭转时的各位移分量,由于式(9-41)已经求得单位长度扭转角,根据解的唯一性原理,可直接代入式(9-1)的前两式,得到

$$\begin{cases} u=-\dfrac{M(a^2+b^2)}{G\pi a^3b^3}yz \\ v=\dfrac{M(a^2+b^2)}{G\pi a^3b^3}xz \end{cases} \tag{9-42}$$

将式(9-42)代入几何方程 $\gamma_{zx}=\frac{\partial w}{\partial x}+\frac{\partial u}{\partial z}$,$\gamma_{zy}=\frac{\partial w}{\partial y}+\frac{\partial v}{\partial z}$,同时利用 $\gamma_{zx}=\frac{\tau_{zx}}{G}$,$\gamma_{zy}=\frac{\tau_{zy}}{G}$,得到

$$\frac{\partial w}{\partial x}=\frac{M(b^2-a^2)}{G\pi a^3b^3}y,\quad \frac{\partial w}{\partial y}=\frac{M(b^2-a^2)}{G\pi a^3b^3}x$$

将以上两式积分得到

$$\begin{cases} w=\dfrac{M(b^2-a^2)}{G\pi a^3b^3}xy+f_1(y) \\ w=\dfrac{M(b^2-a^2)}{G\pi a^3b^3}xy+f_2(x) \end{cases}$$

由上式可知,只能有 $f_1(y)=f_2(x)=w_0$,w_0 为沿 z 轴方向的刚体位移。若不计刚体位移 w_0,则椭圆截面柱体各横截面沿 z 轴方向的位移为

$$w=\frac{M(b^2-a^2)}{G\pi a^3b^3}xy \tag{9-43}$$

此式表明椭圆杆扭转后横截面不再保持为平面,而是翘曲为一个双曲抛物面,曲面的等高线在 xOy 面上的投影为双曲线,这些双曲线的渐近线是 x 轴和 y 轴,如图9-6所示。当 $a>b$ 时,实线部分表示双曲抛物面上凸,而虚线部分表示下凹。当 $a=b$(圆截面)时,才有 $w=0$,即横截面保持为平面。

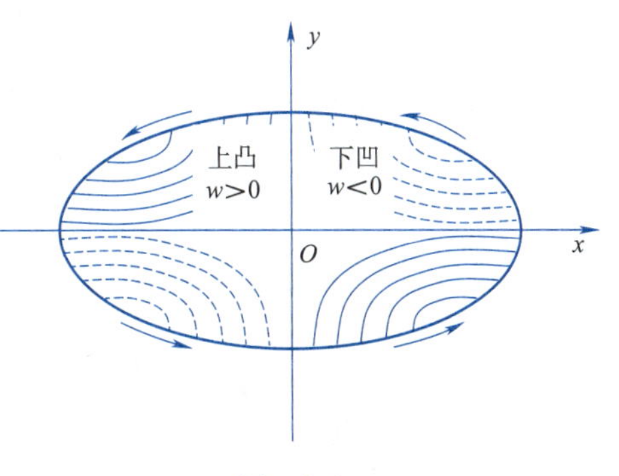

图 9-6

§9.5 带半圆形槽的圆轴的扭转

首先导出极坐标系下扭转切应力的表达式，根据应力张量的坐标变换公式(2-15)，得到

$$\begin{cases}\tau_{zr}=n_{zx}n_{rz}\tau_{xz}+n_{zy}n_{rz}\tau_{yz}+n_{zz}n_{rx}\tau_{zx}+n_{zz}n_{ry}\tau_{zy}\\ \quad=\cos\theta\tau_{zx}+\sin\theta\tau_{zy}\\ \tau_{z\theta}=n_{zx}n_{\theta z}\tau_{xz}+n_{zy}n_{\theta z}\tau_{yz}+n_{zz}n_{\theta x}\tau_{zx}+n_{zz}n_{\theta y}\tau_{zy}\\ \quad=-\sin\theta\tau_{zx}+\cos\theta\tau_{zy}\end{cases}\tag{9-44}$$

将式(9-13)代入上式得到

$$\begin{cases}\tau_{zr}=\cos\theta\dfrac{\partial\Phi}{\partial y}-\sin\theta\dfrac{\partial\Phi}{\partial x}\\ \tau_{z\theta}=-\sin\theta\dfrac{\partial\Phi}{\partial y}-\cos\theta\dfrac{\partial\Phi}{\partial x}\end{cases}\tag{9-45}$$

利用7-1节中的关系式(7-6)

$$\begin{cases}\dfrac{\partial\Phi}{\partial x}=\cos\theta\dfrac{\partial\Phi}{\partial r}-\dfrac{\sin\theta\partial\Phi}{r\quad\partial\theta}\\ \dfrac{\partial\Phi}{\partial y}=\sin\theta\dfrac{\partial\Phi}{\partial r}+\dfrac{\cos\theta\partial\Phi}{r\quad\partial\theta}\end{cases}$$

得到极坐标系下扭转切应力与应力函数的关系

$$\begin{cases}\tau_{zr}=\dfrac{1}{r}\dfrac{\partial\Phi}{\partial\theta}\\ \tau_{z\theta}=-\dfrac{\partial\Phi}{\partial r}\end{cases}\tag{9-46}$$

带半圆形槽的圆轴的横截面如图9-7所示。圆轴的半径为a，槽的半径为b。在以原点为极点的极坐标中，圆槽的方程为

$$f_1(r,\theta)=r^2-b^2=0\tag{9-47}$$

圆轴的方程为

$$f_2(r,\theta)=r-2a\cos\theta=0\tag{9-48}$$

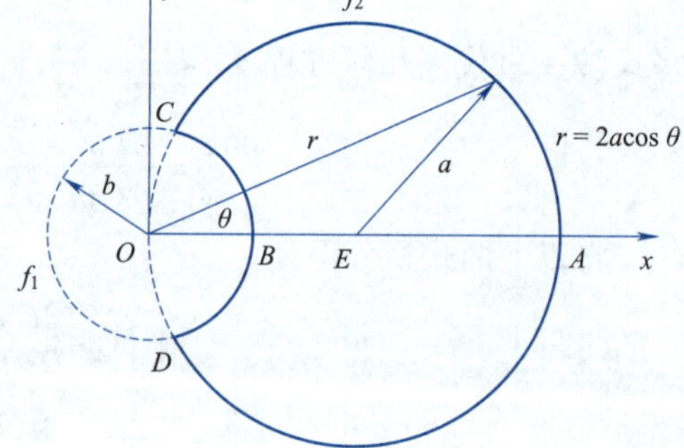

图 9-7

由应力函数在边界上要求$\Phi=0$的条件，可试取如下应力函数

$$\Phi=A\frac{f_1f_2}{r}=A\left(r^2-b^2-2ar\cos\theta+\frac{2ab^2}{r}\cos\theta\right)\tag{9-49}$$

将应力函数的控制方程式(9-17)用极坐标形式表示为

$$\nabla^2\Phi=\frac{\partial^2\Phi}{\partial r^2}+\frac{1}{r}\frac{\partial\Phi}{\partial r}+\frac{1}{r^2}\frac{\partial^2\Phi}{\partial\theta^2}=-2G\alpha\tag{9-50}$$

将式(9-49)代入式(9-50)可得$A=-\dfrac{1}{2}G\alpha$，于是应力函数表示为

$$\Phi=A\frac{f_1f_2}{r}=-\frac{G\alpha}{2}\left(r^2-b^2-2ar\cos\theta+\frac{2ab^2}{r}\cos\theta\right)\tag{9-51}$$

应力分量为

$$\begin{cases}\tau_{zr}=\dfrac{1}{r}\dfrac{\partial\Phi}{\partial\theta}=-G\alpha a\left(1-\dfrac{b^2}{r^2}\right)\sin\theta\\\tau_{z\theta}=-\dfrac{\partial\Phi}{\partial r}=G\alpha\left[r-a\left(1+\dfrac{b^2}{r^2}\right)\cos\theta\right]\end{cases}\tag{9-52}$$

显然,最大切应力发生在槽底($r=b,\theta=0$)处,$\tau_{\max}=|(\tau_{z\theta})_{r=b,\theta=0}|=G\alpha(2a-b)$,当 $b\ll a$ 时,槽底的最大切应力是半径为 a 的无槽圆轴中最大切应力的 2 倍。

§9.6 同心圆管的扭转

作为受扭柱形体的横截面为多连通域的一个实例,考查同心圆管的扭转。设圆管的内半径为 R_1,外半径为 R_0,承受力矩 M 作用,如图 9-8 所示。

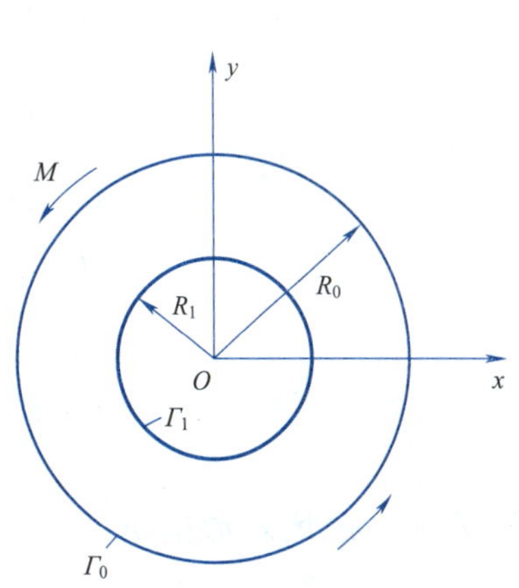

图 9-8

为使外圆边界的应力函数为零,试取如下应力函数

$$\Phi=B(x^2+y^2-R_0^2)=B(r^2-R_0^2)\tag{9-53}$$

将式(9-53)代入 9.5 节的式(9-50)解得 $B=-\dfrac{1}{2}G\alpha$。

应力函数可表示为

$$\Phi=B(x^2+y^2-R_0^2)=-\frac{1}{2}G\alpha(r^2-R_0^2)\tag{9-54}$$

利用内边界 Γ_1 上的边界条件得到

$$k_1=(\Phi)_{r=R_1}=-\frac{1}{2}G\alpha(R_1^2-R_0^2)\tag{9-55}$$

将式(9-54)和式(9-55)代入式(9-26),其中 $n=1$,$\Omega_1=\pi R_1^2$,得到

$$D=\frac{1}{G\alpha}\left(-\int_0^{2\pi}\int_{R_1}^{R_0}G\alpha(r^2-R_0^2)r\mathrm{d}r\mathrm{d}\theta-G\alpha\pi R_1^2\right)=\frac{\pi}{2}(R_0^4-R_1^4)\tag{9-56}$$

单位长度的扭转角为

$$\alpha=\frac{M}{GD}=\frac{2M}{\pi G(R_0^4-R_1^4)}\tag{9-57}$$

将式(9-54)代入式(9-13),得到直角坐标系下的应力分量

$$\begin{cases}\tau_{zx}=\dfrac{\partial\Phi}{\partial y}=-\dfrac{2M}{\pi(R_0^4-R_1^4)}y\\\tau_{zy}=-\dfrac{\partial\Phi}{\partial x}=\dfrac{2M}{\pi(R_0^4-R_1^4)}x\end{cases}\tag{9-58}$$

将式(9-54)代入式(9-46),得到柱坐标下的应力分量为

$$\begin{cases}\tau_{zr}=\dfrac{1}{r}\dfrac{\partial\Phi}{\partial\theta}=0\\\tau_{z\theta}=-\dfrac{\partial\Phi}{\partial r}=G\alpha r\end{cases}\tag{9-59}$$

上述结果与材料力学结果相同。

§9.7 矩形截面杆的扭转

考查图 9-9 所示的矩形截面杆,边长为 $2a$ 和 $2b$,下面分两种情况讨论,一种情况为狭长矩形,另一种情况为一般矩形。在这两种情况下,应力函数 Φ 均应满足控制方程 $\nabla^2\Phi=-2G\alpha$ 和边界条件

$$(\Phi)_{x=\pm a}=0,\quad (\Phi)_{y=\pm b}=0 \tag{9-60}$$

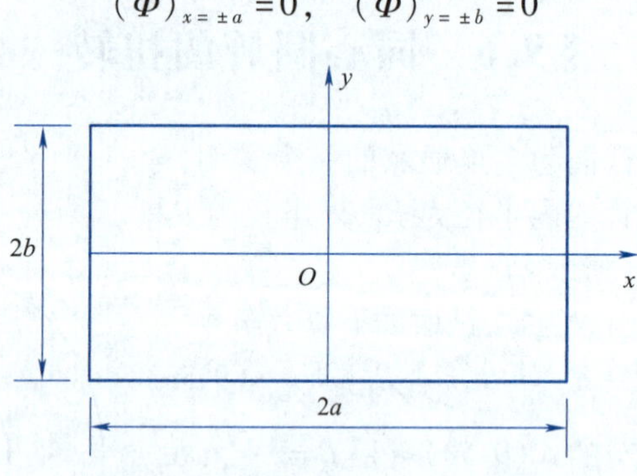

图 9-9

9.7.1 狭长矩形情况

此时 $a\gg b$,因为杆的侧面是自由表面,故截面边界 $y=\pm b$ 处切应力分量 $\tau_{yz}=0$,又因 b 很小,且应力在截面上连续变化,故可推知在截面内部 τ_{yz} 必定很小,可以假设它近似为零。由式(9-13)可推知,在整个截面上 $\dfrac{\partial\Phi}{\partial x}=0$,即 Φ 与 x 无关,此时控制方程简化为

$$\frac{\mathrm{d}^2\Phi}{\mathrm{d}y^2}=-2G\alpha$$

积分两次得到

$$\Phi=-G\alpha y^2+Ay+B$$

式中,A,B 为积分常数,利用边界条件 $(\Phi)_{y=\pm b}=0$ 得到 $A=0$,$B=G\alpha b^2$,故应力函数可表示为

$$\Phi=G\alpha(b^2-y^2) \tag{9-61}$$

将上式代入式(9-13),求得各切应力分量

$$\tau_{zx}=\frac{\partial\Phi}{\partial y}=-2G\alpha y,\quad \tau_{zy}=-\frac{\partial\Phi}{\partial x}=0 \tag{9-62}$$

最大切应力发生在边界 $y=\pm b$ 处,其值为

$$\tau_{\max}=2G\alpha b \tag{9-63}$$

将式(9-61)代入式(9-23),得到施加的扭转力矩为

$$M=2\iint_{\Omega}\Phi\mathrm{d}x\mathrm{d}y=\frac{16}{3}G\alpha ab^3 \tag{9-64}$$

单位长度的相对扭转角为

$$\alpha=\frac{M}{\frac{16}{3}Gab^3}=\frac{M}{GD} \tag{9-65}$$

式中，扭转刚度

$$D=\frac{16}{3}ab^3 \tag{9-66}$$

9.7.2 一般矩形情况

由上述分析可知，应力函数式(9-61)不能满足短边的边界条件，这对于狭长矩形截面是允许的，但对于两边长度属于同样量级的矩形截面则不适用。对于一般矩形截面，假设 $a\geqslant b$，因为控制方程是非齐次的，它的通解可表示为一个特解和相应的齐次方程通解之和。现取上述狭长矩形截面杆的解作为特解，而把 Φ 表示为

$$\Phi=G\alpha(b^2-y^2)+\Phi_1(x,y) \tag{9-67}$$

代入控制方程 $\nabla^2\Phi=-2G\alpha$ 得到

$$\nabla^2\Phi_1=0 \tag{9-68}$$

因此，函数 $\Phi_1(x,y)$ 是控制方程 $\nabla^2\Phi=-2G\alpha$ 相应的齐次方程的解，同时也是对狭长矩形截面解的修正部分。

把式(9-67)代入边界条件式(9-60)，得到函数 $\Phi_1(x,y)$ 应满足的边界条件

$$(\Phi_1)_{x=\pm a}=G\alpha(y^2-b^2),\quad (\Phi_1)_{y=\pm b}=0 \tag{9-69}$$

于是问题归结为寻求一个函数 $\Phi_1(x,y)$，使其在截面内部满足方程(9-68)，在截面边界上满足边界条件式(9-69)。下面采用分离变量法来求解。设方程(9-68)的解可表示为

$$\Phi_1(x,y)=X(x)Y(y) \tag{9-70}$$

将式(9-70)代入式(9-68)得到

$$Y\frac{\mathrm{d}^2X}{\mathrm{d}x^2}+X\frac{\mathrm{d}^2Y}{\mathrm{d}y^2}=0$$

或表示为

$$\frac{\left(\dfrac{\mathrm{d}^2X}{\mathrm{d}x^2}\right)}{X}=-\frac{\left(\dfrac{\mathrm{d}^2Y}{\mathrm{d}y^2}\right)}{Y}$$

上式等号左边只能是 x 的函数，右边只能是 y 的函数，要使两者相等，只能两者为同一常数，设其为 λ^2，于是得到

$$X''-\lambda^2X=0,\quad Y''+\lambda^2Y=0$$

它们的通解为

$$X(x)=C_1\cosh\lambda x+C_2\sinh\lambda x$$
$$Y(y)=C_3\cos\lambda y+C_4\sin\lambda y$$

由问题的对称性可知，X 和 Y 应分别是 x 和 y 的偶函数，故取 $C_2=C_4=0$。将这些结果代入式(9-70)，并引入新常数 $A=C_1C_3$ 得到

$$\Phi_1(x,y)=A\cosh\lambda x\cos\lambda y \tag{9-71}$$

把式(9-71)代入边界条件式(9-69)的第二式得到 $\cos\lambda b=0$，满足条件的 λ 值为

$$\lambda_k=\frac{(2k+1)\pi}{2b}\quad(k=0,1,2,\cdots)$$

与每个 λ 值相应有一个 $\Phi_1(x,y)$ 的解，这些解的线性组合也是所要求的解。因此，满足 $y=\pm b$ 处边界条件的一般解可表示为

$$\Phi_1(x,y) = \sum_{k=0}^{\infty} A_k \cosh\frac{(2k+1)\pi x}{2b}\cos\frac{(2k+1)\pi y}{2b} \tag{9-72}$$

式中,A_k 由 $x = \pm a$ 处的边界条件确定。把式(9-72)代入边界条件式(9-69)的第一式得

$$\sum_{k=0}^{\infty} A_k \cosh\frac{(2k+1)\pi a}{2b}\cos\frac{(2k+1)\pi y}{2b} = G\alpha(y^2 - b^2)$$

该方程的左边可看作右边函数的傅里叶级数,因此按照求傅里叶系数的方法确定常数 A_k。为此将上式右边在区间$(-b,b)$上展为 $\cos\frac{(2k+1)\pi y}{2b}$的级数,然后比较两边的系数,最后得到

$$A_k = -G\alpha\frac{(-1)^k 32b^2}{(2k+1)^3\pi^3\cosh\frac{(2k+1)\pi a}{2b}}$$

将以上结果代入式(9-72),再代入式(9-67),得到应力函数为

$$\Phi = G\alpha\left[(b^2 - y^2) - \frac{32b^2}{\pi^3}\sum_{k=0}^{\infty}\frac{(-1)^k\cosh\frac{(2k+1)\pi x}{2b}\cos\frac{(2k+1)\pi y}{2b}}{(2k+1)^3\cosh\frac{(2k+1)\pi a}{2b}}\right] \tag{9-73}$$

将式(9-73)代入式(9-13)得到切应力分量为

$$\left.\begin{aligned} \tau_{zx} &= -G\alpha\left[2y - \frac{16b}{\pi^2}\sum_{k=0}^{\infty}\frac{(-1)^k\cosh\frac{(2k+1)\pi x}{2b}\sin\frac{(2k+1)\pi y}{2b}}{(2k+1)^2\cosh\frac{(2k+1)\pi a}{2b}}\right] \\ \tau_{zy} &= G\alpha\left[\frac{16b^2}{\pi^2}\sum_{k=0}^{\infty}\frac{(-1)^k\sinh\frac{(2k+1)\pi x}{2b}\cos\frac{(2k+1)\pi y}{2b}}{(2k+1)^2\cosh\frac{(2k+1)\pi a}{2b}}\right] \end{aligned}\right\} \tag{9-74}$$

最大切应力发生在长边的中点处,其值为

$$(\tau_{zx})_{\max} = 2G\alpha b\left[1 - \frac{8}{\pi^2}\sum_{k=0}^{\infty}\frac{1}{(2k+1)^2\cosh\frac{(2k+1)\pi a}{2b}}\right] \tag{9-75}$$

把式(9-73)代入式(9-23)得到

$$M = 2\iint_{\Omega}\Phi\,\mathrm{d}x\mathrm{d}y = G\alpha(2a)(2b)^3\left[\frac{1}{3} - \frac{64}{\pi^5}\frac{b}{a}\sum_{k=0}^{\infty}\frac{\tanh\frac{(2k+1)\pi a}{2b}}{(2k+1)^5}\right] \tag{9-76}$$

其中截面的扭转刚度为

$$D = (2a)(2b)^3\left[\frac{1}{3} - \frac{64}{\pi^5}\frac{b}{a}\sum_{k=0}^{\infty}\frac{\tanh\frac{(2k+1)\pi a}{2b}}{(2k+1)^5}\right] \tag{9-77}$$

由此可求得单位长度扭转角 $\alpha = \frac{M}{GD}$。

§9.8 扭转问题的薄膜比拟法

由前面的讨论可知,即使像矩形这样简单的截面,要求出其扭转问题的解析解已经不

易，对于形状较为复杂的截面更不用说了。然而，自然界中有一些本质上完全不同的物理现象，却可以用同样的数学规律来描述。这样，如果借助于某种实验或近似方法，对其中一种物理现象取得有关的量，从而便能推出另一种物理现象的对应量，这种方法称为比拟法。为了解决扭转问题，普朗特于1903年提出著名的薄膜比拟法，实践证明，该方法对于近似地求解工程上复杂截面杆的扭转问题是十分有效的。

首先介绍薄膜比拟的基本原理。设有一均质薄膜张紧在一个与扭杆截面形状相同的水平孔的边界上（见图9-10）。在薄膜的单位面积上受到微小的铅垂均布压力 q 作用，薄膜各点将沿 z 方向发生微小的垂度。由于薄膜的柔顺性，它不能承受弯矩、扭矩、剪力和压力，而只能承受均匀的张力 T。

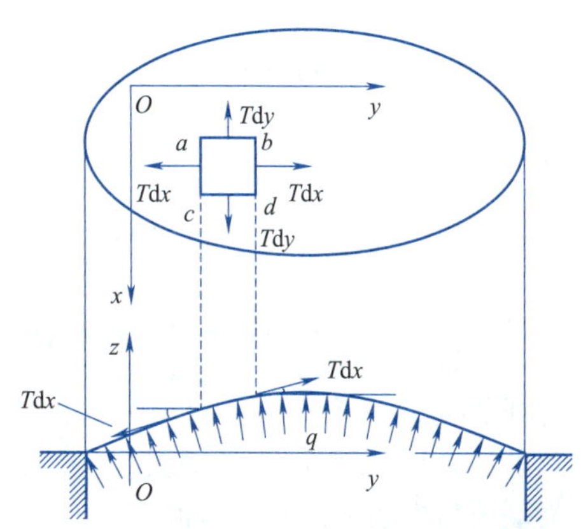

图 9-10

从挠曲薄膜中取出一个矩形微元 $abcd$，研究其在张力（T）和侧压力（q）作用下的平衡问题。微元 ac 边所受的力为 $T\mathrm{d}x$，与 xy 面的夹角为$\frac{\partial z}{\partial y}$，其在 z 轴上的投影为 $-T\mathrm{d}x\frac{\partial z}{\partial y}$；$bd$ 边上的力为 $T\mathrm{d}x$，与 xy 面的夹角为$\frac{\partial z}{\partial y}+\frac{\partial}{\partial y}\left(\frac{\partial z}{\partial y}\right)\mathrm{d}y$，它在 z 轴上的投影为 $T\mathrm{d}x\left(\frac{\partial z}{\partial y}+\frac{\partial^2 z}{\partial y^2}\mathrm{d}y\right)$。同样可以写出 ab 边及 cd 边上的力在 z 方向的投影，分别为 $-T\mathrm{d}y\frac{\partial z}{\partial x}$和 $T\mathrm{d}y\left(\frac{\partial z}{\partial x}+\frac{\partial^2 z}{\partial x^2}\mathrm{d}x\right)$。此外，$abcd$ 面上有向上的压力 $q\mathrm{d}x\mathrm{d}y$。根据薄膜的平衡方程 $\sum F_z=0$，得到

$$-T\mathrm{d}x\frac{\partial z}{\partial y}+T\mathrm{d}x\left(\frac{\partial z}{\partial y}+\frac{\partial^2 z}{\partial y^2}\mathrm{d}y\right)-T\mathrm{d}y\frac{\partial z}{\partial x}+T\mathrm{d}y\left(\frac{\partial z}{\partial x}+\frac{\partial^2 z}{\partial x^2}\mathrm{d}x\right)+q\mathrm{d}x\mathrm{d}y=0$$

整理后得到

$$\frac{\partial^2 z}{\partial x^2}+\frac{\partial^2 z}{\partial y^2}=-\frac{q}{T} \tag{9-78}$$

薄膜的边界条件为在边界 Γ 处垂度应为零，即

$$z_\Gamma=0 \tag{9-79}$$

将式(9-78)、式(9-79)与式(9-20)、式(9-21)进行比较，显然式(9-78)与式(9-20)形式相同，均为泊松方程，这两个方程中的未知函数所满足的边界条件也是相同的。应力函数 Φ 与薄膜垂度 z 之间存在如下关系

$$\Phi=\left(2G\alpha\frac{T}{q}\right)z \tag{9-80}$$

假想调整该薄膜所受的压力 q，使得$\frac{q}{T}=2G\alpha$，则此时有 $\Phi=z$。可见，在此情况下，薄膜的垂度在数值上等于应力函数。

对于单连通截面，由式(9-23)，并利用关系 $\Phi=z$ 得到扭转力矩为

$$M=2\iint_\Omega \Phi\mathrm{d}x\mathrm{d}y2\iint_\Omega z\mathrm{d}x\mathrm{d}y=2V \tag{9-81}$$

即扭转力矩在数值上等于薄膜及其边界平面之间的体积的2倍。

对于多连通截面，各内边界薄膜的垂度 z 为常数 h_i，为了保证这个要求，假想在薄膜的每个内边界粘补上一块无重刚性平板盖住孔洞，并使整个截面区域和刚性平板承受均匀压力而获得垂度时，保持各平板 Ω_i 平行移动，由式(9-25)得到

$$M = 2\left(\iint_{\Omega} z\mathrm{d}z + \sum_{i=1}^{n} h_i \Omega_i\right) = 2V \tag{9-82}$$

上式表明扭矩在数值上等于粘补平板的薄膜及平面与外边界平面之间体积的 2 倍。

根据式(9-13)，同时利用 $\Phi = z$ 得到

$$\tau_{zx} = \frac{\partial \Phi}{\partial y} = \frac{\partial z}{\partial y}, \quad \tau_{zy} = -\frac{\partial \Phi}{\partial x} = -\frac{\partial z}{\partial x} \tag{9-83}$$

显然，$\frac{\partial z}{\partial y}$是薄膜沿 y 方向的斜率，即扭杆横截面上一点处的切应力 τ_{zx} 等于该薄膜上对应点处的斜率$\frac{\partial z}{\partial y}$。因为 x 轴和 y 轴可取在横截面任意两个垂直方向，所以上述结论可推广如下：在扭杆横截面上某点处、沿任一方向的切应力，等于该薄膜在对应点处沿垂直方向的斜率。由此可见，扭杆横截面上的最大切应力，等于该薄膜的最大斜率，但要注意最大切应力的方向与最大斜率的方向是垂直的。

§9.9 等截面悬臂柱形杆的弯曲

现在讨论悬臂柱形杆由于自由端面上受切向集中力 F 作用而产生的横向弯曲问题（见图 9-11）。假设横截面具有任意形状，将固定端面的形心作为坐标原点，z 轴为杆的形心轴，x 和 y 轴与横截面的两形心主轴重合。假设集中力 F 通过自由端截面的弯曲中心，故杆件不会产生扭转变形，同时力 F 与 x 轴平行，对 x 轴的偏心距为 e。

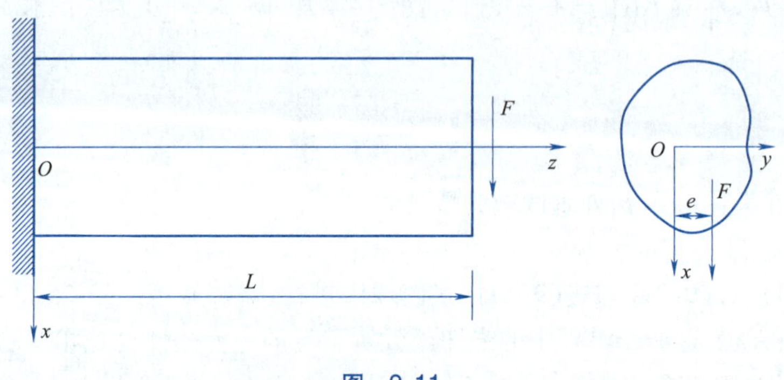

图 9-11

采用半逆解法，依据材料力学的分析结果，给出以下几个应力分量

$$\begin{aligned} &\sigma_x = \sigma_y = \tau_{xy} = 0 \\ &\sigma_z = -\frac{F(L-z)}{I_y}x \end{aligned} \tag{9-84}$$

至于其他应力分量 τ_{zx}，τ_{zy}，应根据弹性力学平衡方程、以应力表示的协调方程和边界条件来确定。

根据上述假设并略去体力，将各应力分量代入平衡方程式(5-1)，得到

$$\frac{\partial \tau_{zx}}{\partial z}=0,\quad \frac{\partial \tau_{zy}}{\partial z}=0 \tag{9-85}$$

$$\frac{\partial \tau_{zx}}{\partial x}+\frac{\partial \tau_{zy}}{\partial y}+\frac{Fx}{I_y}=0 \tag{9-86}$$

将式(9-84)代入应力协调方程式(5-22)，可以发现前四个方程成为恒等式，余下两个方程简化为

$$\begin{aligned}&\nabla^2\tau_{yz}=0,\\&\nabla^2\tau_{xz}=-\frac{F}{(1+\upsilon)I_y}\end{aligned} \tag{9-87}$$

由式(9-85)可知 τ_{zx}，τ_{zy} 只是 x，y 的函数而与 z 无关。引进应力函数 $\Phi(x,y)$，并设

$$\tau_{zy}=-\frac{\partial \Phi}{\partial x} \tag{9-88}$$

将上式代入式(9-86)得到

$$\frac{\partial \tau_{zx}}{\partial x}=\frac{\partial^2 \Phi}{\partial x\partial y}-\frac{Fx}{I_y}$$

上式对 x 积分得到

$$\tau_{zx}=\frac{\partial \Phi}{\partial y}-\frac{Fx^2}{2I_y}+f(y) \tag{9-89}$$

这里 $f(y)$ 是 y 的任意函数，式(9-88)和式(9-89)显然满足平衡方程式(9-85)和(9-86)。将式(9-88)和式(9-89)代入式(9-87)得到

$$\frac{\partial}{\partial x}\nabla^2\Phi=0$$

$$\frac{\partial}{\partial y}\nabla^2\Phi=\frac{\upsilon F}{(1+\upsilon)I_y}-f''(y)$$

由以上二式可知

$$\nabla^2\Phi=\frac{\upsilon F}{(1+\upsilon)I_y}y-f'(y)+k \tag{9-90}$$

式中，k 为积分常数，它有明确的物理意义。图 9-11 给出了悬臂梁截面上任一微面在其所在平面上的刚体转动角度 $\omega_z=\frac{1}{2}\left(\frac{\partial v}{\partial x}-\frac{\partial u}{\partial y}\right)$，它沿 z 方向的变化率为

$$\frac{\partial \omega_z}{\partial z}=\frac{1}{2}\frac{\partial}{\partial z}\left(\frac{\partial v}{\partial x}-\frac{\partial u}{\partial y}\right)=\frac{1}{2}\left[\frac{\partial}{\partial x}\left(\frac{\partial w}{\partial y}+\frac{\partial v}{\partial z}\right)-\frac{\partial}{\partial y}\left(\frac{\partial u}{\partial z}+\frac{\partial w}{\partial x}\right)\right]=\frac{1}{2}\left(\frac{\partial \gamma_{yz}}{\partial x}-\frac{\partial \gamma_{xz}}{\partial y}\right)$$

借助胡克定律得到

$$\frac{\partial \omega_z}{\partial z}=\frac{1}{2G}\left(\frac{\partial \tau_{yz}}{\partial x}-\frac{\partial \tau_{xz}}{\partial y}\right)$$

将式(9-88)和式(9-89)代入上式，并利用式(9-90)和关系式 $G=\frac{E}{2(1+\upsilon)}$ 得到

$$-\frac{\partial \omega_z}{\partial z}=\frac{1}{2G}\frac{\upsilon}{1+\upsilon}\frac{Fy}{I_y}+\frac{k}{2G}=\frac{\upsilon}{E}\frac{Fy}{I_y}+C$$

由上式可见沿 z 方向转动的变化率由两部分组成：其中 y 的一次项部分表示截面上不同 y 坐标的微面，将产生不同的轴向转动率，因此这部分引起横截面的畸变；另一部分常数项

$C=k/2G$ 表示截面上每一微面的转动率都相同，横截面只是刚性地转过某一角度。因此，这部分代表杆的扭转变形，实际上 C 就是单位长度的扭转角。根据题设条件，这里不产生扭转，故应有 $C=0$。于是式(9-90)变为

$$\nabla^2\Phi=\frac{\upsilon F}{(1+\upsilon)I_y}y-f'(y) \tag{9-91}$$

下面考查边界条件。在杆的侧面上，无外力作用，即$\overline{f_x}=\overline{f_y}=\overline{f_z}=0$，且侧面上方向余弦 $n_z=0$，将式(9-84)、式(9-88)和式(9-89)代入式(5-5)，前两式成为恒等式，第三式变为

$$\left[\frac{\partial\Phi}{\partial y}-\frac{Fx^2}{2I_y}+f(y)\right]n_x-\frac{\partial\Phi}{\partial x}n_y=0 \quad (\text{在}\ \Gamma\ \text{上}) \tag{9-92}$$

这里 Γ 指杆件横截面的边界，在横截面边界上

$$n_x=\frac{\mathrm{d}y}{\mathrm{d}s},\quad n_y=-\frac{\mathrm{d}x}{\mathrm{d}s}$$

将上式代入式(9-92)，整理后得到

$$\frac{\mathrm{d}\Phi}{\mathrm{d}s}=\frac{\partial\Phi}{\partial x}\frac{\mathrm{d}x}{\mathrm{d}s}+\frac{\partial\Phi}{\partial y}\frac{\mathrm{d}y}{\mathrm{d}s}=\left[\frac{Fx^2}{2I_y}-f(y)\right]\frac{\mathrm{d}y}{\mathrm{d}s} \quad (\text{在}\ \Gamma\ \text{上}) \tag{9-93}$$

在垂直于 y 轴的边界上$\frac{\mathrm{d}y}{\mathrm{d}s}=0$，故$\frac{\mathrm{d}\Phi}{\mathrm{d}s}=0$，即应力函数为常数。在不垂直于 y 轴的边界上，可以选择 $f(y)$，使得

$$\frac{Fx^2}{2I_y}-f(y)=0 \tag{9-94}$$

此时也有$\frac{\mathrm{d}\Phi}{\mathrm{d}s}=0$，应力函数的边界值也成为常数。因为应力函数相差一个常数对所求应力无影响，因此，总可以将应力函数的边界值取为零，即

$$\Phi=0 \quad (\text{在}\ \Gamma\ \text{上}) \tag{9-95}$$

再考虑自由端面上的边界条件。由于在该端面上外力只给出合力等效于切向力 F 而分布情况未知，故根据圣维南原理把边界条件放松为要求合力满足边界条件。由于在自由端 $\sigma_z=0$，故 z 方向合力以及对于 x 轴和 y 轴的力矩等于零，因此这三个条件都能自动满足。现考虑 x，y 方向的合力，边界条件可写为

$$\iint_\Omega\tau_{zx}\mathrm{d}x\mathrm{d}y=F,\quad \iint_\Omega\tau_{zy}\mathrm{d}x\mathrm{d}y=0 \tag{9-96}$$

将式(9-89)代入式(9-96)的第一式得到

$$\iint_\Omega\tau_{zx}\mathrm{d}x\mathrm{d}y=\iint_\Omega\left[\frac{\partial\Phi}{\partial y}-\frac{Fx^2}{2I_y}+f(y)\right]\mathrm{d}x\mathrm{d}y \tag{9-97}$$

对于上式右端的第一项积分，根据斯托克斯公式，同时利用式(9-95)，有

$$\iint_\Omega\frac{\partial\Phi}{\partial y}\mathrm{d}x\mathrm{d}y=\oint_\Gamma\Phi n_y\mathrm{d}s=0 \tag{9-98}$$

第二项积分中 $\iint_\Omega x^2\mathrm{d}x\mathrm{d}y=I_y$，故有

$$-\iint_\Omega\frac{Fx^2}{2I_y}\mathrm{d}x\mathrm{d}y=-\frac{F}{2} \tag{9-99}$$

第三项积分，利用斯托克斯公式得到

$$\iint_\Omega f(y)\mathrm{d}x\mathrm{d}y=\iint_\Omega\frac{\partial}{\partial x}[xf(y)]\mathrm{d}x\mathrm{d}y$$

$$= \oint_{\Gamma} xf(y) n_x \mathrm{d}s$$

$$= \oint_{\Gamma} xf(y) \mathrm{d}y$$

将式(9-94)代入上式,则有

$$\iint_{\Omega} f(y) \mathrm{d}x\mathrm{d}y = \oint_{\Gamma} \frac{Fx^3}{2I_y} \mathrm{d}y = \frac{3F}{2} \tag{9-100}$$

将式(9-98)~式(9-100)代入式(9-97)得到

$$\iint_{\Omega} \tau_{zx} \mathrm{d}x\mathrm{d}y = -\frac{F}{2} + \frac{3F}{2} = F$$

可见边界条件(9-96)的第一式是满足的。

将式(9-88)代入式(9-96)的第二个条件,利用斯托克斯公式,并注意到式(9-95),有

$$\iint_{\Omega} \tau_{zy} \mathrm{d}x\mathrm{d}y = -\iint_{\Omega} \frac{\partial \Phi}{\partial x} \mathrm{d}x\mathrm{d}y = -\oint_{\Gamma} \Phi n_x \mathrm{d}s = 0$$

可见边界条件(9-96)的第二式也是满足的。

平面弯曲时切应力对截面形心的合力矩为

$$M_z = \iint_{\Omega} (\tau_{zy} x - \tau_{zx} y) \mathrm{d}x\mathrm{d}y$$

要使杆件只弯不扭,上述合力矩应与外力矩 Fe 平衡,由此可解出偏心距为

$$e = \frac{M_z}{F} = \frac{1}{F} \iint_{\Omega} (\tau_{zy} x - \tau_{zx} y) \mathrm{d}x\mathrm{d}y \tag{9-101}$$

上式给出了使梁不产生扭转的外力 F 的作用位置,即弯曲中心的位置。

总之,对于悬臂柱形杆,由于自由端面受切向集中力作用所产生的横向弯曲问题,只需根据式(9-94)选择 $f(y)$,然后在边界条件(9-95)下求解方程(9-91),求得了应力函数 $\Phi(x,y)$,便可由式(9-88)和式(9-89)求出应力分量。方程(9-91)也是泊松方程,同样可以借助于薄膜比拟法求解。

§9.10 圆形截面悬臂梁的弯曲

现取一圆形截面悬臂梁,外力作用在 x 轴方向,如图 9-12 所示,设梁的截面边界方程为

$$x^2 + y^2 = r^2 \tag{9-102}$$

为了使截面边界满足方程式(9-94),可取 $f(y)$ 为下列形式

$$f(y) = \frac{F}{2I_y}(r^2 - y^2) \tag{9-103}$$

于是式(9-91)成为

$$\nabla^2 \Phi = \frac{(1+2\upsilon)F}{(1+\upsilon)I_y} y \tag{9-104}$$

为了满足式(9-104)和截面周边的边界条件 $\Phi = 0$,取应力函数为

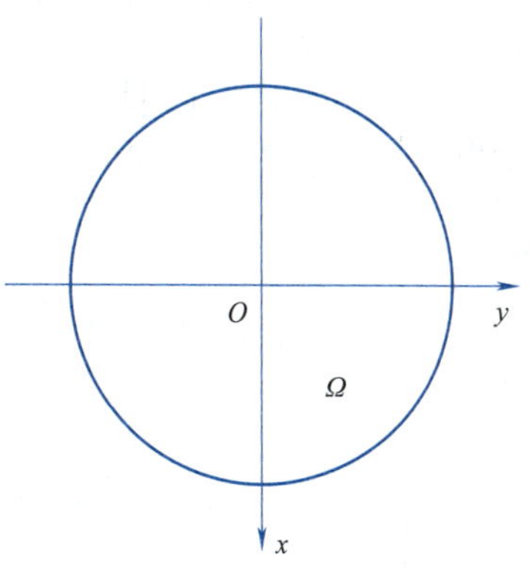

图 9-12

$$\Phi = m(x^2 + y^2 - r^2)y \tag{9-105}$$

其中 m 为常数,将式(9-105)代入式(9-104),求得

$$m = \frac{(1+2\upsilon)F}{8(1+\upsilon)I_y} \tag{9-106}$$

将式(9-106)代入式(9-105)得到

$$\Phi = \frac{(1+2\upsilon)F}{8(1+\upsilon)I_y}(x^2 + y^2 - r^2)y \tag{9-107}$$

将式(9-103)、式(9-107)代入式(9-88)和式(9-89)得到

$$\begin{cases} \tau_{zy} = -\dfrac{(1+2\upsilon)F}{4(1+\upsilon)I_y}xy \\ \tau_{zx} = \dfrac{(3+2\upsilon)F}{8(1+\upsilon)I_y}\left(r^2 - x^2 - \dfrac{1-2\upsilon}{3+2\upsilon}y^2\right) \end{cases} \tag{9-108}$$

令上式中的 $x=0$,得到中性轴上的应力为

$$\begin{cases} \tau_{zy} = 0 \\ \tau_{zx} = \dfrac{(3+2\upsilon)F}{8(1+\upsilon)I_y}\left(r^2 - \dfrac{1-2\upsilon}{3+2\upsilon}y^2\right) \end{cases} \tag{9-109}$$

可见 $x=0$ 处,切应力方向与中性轴垂直,最大切应力发生在圆心处,其值为

$$(\tau_{zx})_{\max} = \frac{(3+2\upsilon)F}{8(1+\upsilon)I_y}r^2 \tag{9-110}$$

最小切应力在水平直径两端,其值为

$$(\tau_{zx})_{\min} = \frac{(1+2\upsilon)F}{4(1+\upsilon)I_y}r^2 \tag{9-111}$$

对于一般钢材,取 $\upsilon=0.3$,则 $(\tau_{zx})_{\max} = 1.38\dfrac{F}{A}$,$(\tau_{zx})_{\min} = 1.23\dfrac{F}{A}$,其中 A 为圆截面的面积。而材料力学初等理论中假设 τ_{zx} 沿水平直径是均布的,其值为 $\tau_{zx} = \dfrac{4}{3}\dfrac{F}{A} = 1.33\dfrac{F}{A}$,与最大切应力相比,误差约为4%。

§9.11 椭圆截面悬臂梁的弯曲

利用与上节相同的方法,可以求解椭圆截面悬臂梁的弯曲问题。如图9-13所示,椭圆截面的边界方程为

$$\frac{x^2}{a^2} + \frac{y^2}{b^2} = 1 \tag{9-112}$$

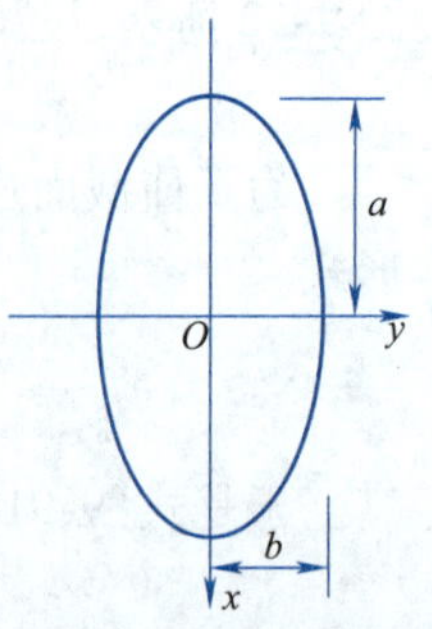

图 9-13

为了使截面边界满足方程式(9-94),可取 $f(y)$ 为下列形式

$$f(y) = -\frac{F}{2I_y}\left(\frac{a^2}{b^2}y^2 - a^2\right) \tag{9-113}$$

将式(9-113)代入式(9-91)得到

$$\nabla^2\Phi = \frac{Fy}{I_y}\left(\frac{a^2}{b^2} + \frac{\upsilon}{1+\upsilon}\right) \tag{9-114}$$

为了满足式(9-114)和截面周边的边界条件 $\Phi=0$,取应力函数为

$$\Phi = m\left(\frac{x^2}{a^2}+\frac{y^2}{b^2}-1\right)y \tag{9-115}$$

将式(9-115)代入式(9-114),求得

$$m=\frac{Fa^2b^2}{2(3a^2+b^2)I_y}\left(\frac{a^2}{b^2}+\frac{\upsilon}{1+\upsilon}\right) \tag{9-116}$$

代回式(9-115)得到应力函数为

$$\Phi=\frac{Fa^2b^2}{2(3a^2+b^2)I_y}\left(\frac{a^2}{b^2}+\frac{\upsilon}{1+\upsilon}\right)\left(\frac{x^2}{a^2}+\frac{y^2}{b^2}-1\right)y \tag{9-117}$$

将式(9-113)、式(9-117)代入式(9-88)和式(9-89)得到

$$\begin{cases}\tau_{zy}=-\dfrac{(1+\upsilon)a^2+\upsilon b^2}{(1+\upsilon)(3a^2+b^2)}\dfrac{F}{I_y}xy\\ \tau_{zx}=\dfrac{2(1+\upsilon)a^2+b^2}{2(1+\upsilon)(3a^2+b^2)}\dfrac{F}{I_y}\left[a^2-x^2-\dfrac{(1-2\upsilon)a^2}{2(1+\upsilon)a^2+b^2}y^2\right]\end{cases} \tag{9-118}$$

在截面的水平轴 $x=0$ 上

$$\begin{cases}\tau_{zy}=0\\ \tau_{zx}=\dfrac{2(1+\upsilon)a^2+b^2}{2(1+\upsilon)(3a^2+b^2)}\dfrac{Fa^2}{I_y}\left[1-\dfrac{(1-2\upsilon)}{2(1+\upsilon)a^2+b^2}y^2\right]\end{cases} \tag{9-119}$$

最大切应力发生在椭圆的中心,其值为

$$(\tau_{zx})_{\max}=\frac{2(1+\upsilon)a^2+b^2}{2(1+\upsilon)(3a^2+b^2)}\frac{Fa^2}{I_y} \tag{9-120}$$

若 $b\ll a$,略去$\frac{b^2}{a^2}$的项,则上式简化为

$$(\tau_{zx})_{\max}=\frac{Fa^2}{3I_y}=\frac{4F}{3\pi ab} \tag{9-121}$$

上述结果与初等理论所得结果相同。

若 $b\gg a$,略去$\frac{a^2}{b^2}$的项,则式(9-120)简化为

$$(\tau_{zx})_{\max}=\frac{2}{1+\upsilon}\frac{F}{\pi ab} \tag{9-122}$$

在水平轴两端的切应力为

$$(\tau_{zx})_{\substack{x=0\\y=\pm b}}=\frac{4\upsilon}{1+\upsilon}\frac{F}{\pi ab} \tag{9-123}$$

可见,在这种情况下,切应力沿水平轴的分布并非均匀,而且与泊松比的大小有关。取 $\upsilon=0.3$,则$(\tau_{zx})_{\max}=1.54\frac{F}{A}$,$(\tau_{zx})_{\substack{x=0\\y=\pm b}}=0.92\frac{F}{A}$,其中 A 为椭圆截面的面积,最大切应力与材料力学初等理论计算结果误差约为14%。

§9.12　矩形截面悬臂梁的弯曲

考查图9-14所示矩形截面悬臂梁的弯曲,则在左、右边界上有 $n_x=\frac{\mathrm{d}y}{\mathrm{d}s}=0$,在上、下边界

上有 $x^2-a^2=0$。

取 $f(y)$ 为下列形式

$$f(y)=\frac{Fa^2}{2I_y} \tag{9-124}$$

在边界 $x=\pm a$ 处，由式(9-93)有 $\frac{\mathrm{d}\Phi}{\mathrm{d}s}=\left[\frac{Fx^2}{2I_y}-\frac{Fa^2}{2I_y}\right]\frac{\mathrm{d}y}{\mathrm{d}s}=0$；在边界 $y=\pm b$ 处，$\frac{\mathrm{d}y}{\mathrm{d}s}=0$，式(9-93)右侧部分仍为零，即截面边界上应力函数 Φ 为常数，可取 $\Phi=0$，满足边界条件式(9-95)，式(9-91)变为

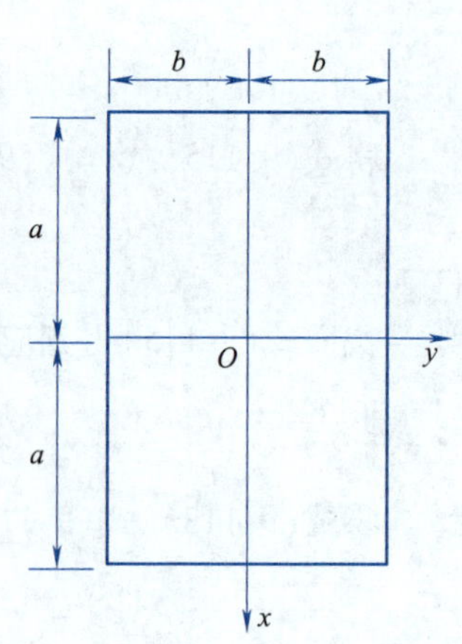

图 9-14

$$\nabla^2\Phi=\frac{\upsilon F}{(1+\upsilon)I_y}y \tag{9-125}$$

取应力函数 Φ 为下列级数的形式

$$\Phi=\sum_{n=1}^{\infty}f_n(x)\sin\frac{n\pi y}{b} \tag{9-126}$$

其中函数 $f_n(x)$ 应满足边界条件

$$[f_n(x)]_{x=\pm a}=0 \tag{9-127}$$

将式(9-126)代入式(9-125)，得到

$$\sum_{n=1}^{\infty}\left[f''_n(x)-\frac{n^2\pi^2}{b^2}f_n(x)\right]\sin\frac{n\pi y}{b}=\frac{\upsilon F}{(1+\upsilon)I_y}y \tag{9-128}$$

将式(9-128)中的右侧部分展开为傅里叶正弦级数

$$\frac{\upsilon F}{(1+\upsilon)I_y}y=\sum_{n=1}^{\infty}\frac{\upsilon F}{(1+\upsilon)I_y}B_n\sin\frac{n\pi y}{b} \tag{9-129}$$

其中常数 B_n 为

$$B_n=\frac{1}{b}\int_{-b}^{b}y\sin\frac{n\pi y}{b}\mathrm{d}y=\frac{2b}{n\pi}(-1)^{n-1} \tag{9-130}$$

将式(9-130)代入式(9-129)，再代入式(9-128)得到

$$f''_n(x)-\frac{n^2\pi^2}{b^2}f_n(x)=\frac{\upsilon F}{(1+\upsilon)I_y}\frac{2b}{n\pi}(-1)^{n-1} \tag{9-131}$$

上述线性微分方程的解为齐次方程的通解和非齐次方程的特解之和，可取为

$$f_n(x)=\frac{\upsilon F}{(1+\upsilon)I_y}\frac{2b^3}{(n\pi)^3}(-1)^n\left(1+C_n\cosh\frac{n\pi x}{b}+D_n\sinh\frac{n\pi x}{b}\right) \tag{9-132}$$

利用边界条件式(9-127)可确定常数 C_n，D_n 为

$$C_n=-\left(\cosh\frac{n\pi a}{b}\right)^{-1},\quad D_n=0$$

于是有

$$f_n(x)=\frac{\upsilon F}{(1+\upsilon)I_y}\frac{2b^3}{(n\pi)^3}(-1)^n\left(1-\frac{\cosh\frac{n\pi x}{b}}{\cosh\frac{n\pi a}{b}}\right) \tag{9-133}$$

将式(9-133)代入式(9-126)，得到应力函数的表达式

$$\Phi = \frac{\upsilon F}{(1+\upsilon)I_y}\frac{2b^3}{\pi^3}\sum_{n=1}^{\infty}\frac{(-1)^n}{n^3}\left(1-\frac{\cosh\frac{n\pi x}{b}}{\cosh\frac{n\pi a}{b}}\right)\sin\frac{n\pi y}{b} \tag{9-134}$$

将式(9-134)代入式(9-88)和式(9-89)得到

$$\tau_{zy} = -\frac{\partial\Phi}{\partial x} = \frac{\upsilon F}{(1+\upsilon)I_y}\frac{2b^2}{\pi^2}\sum_{n=1}^{\infty}\frac{(-1)^n}{n^2}\frac{\sinh\frac{n\pi x}{b}}{\cosh\frac{n\pi a}{b}}\sin\frac{n\pi y}{b} \tag{9-135}$$

$$\begin{aligned}\tau_{zx} &= \frac{\partial\Phi}{\partial y} - \frac{Fx^2}{2I_y} + \frac{Fa^2}{2I_y}\\ &= \frac{F}{2I_y}(a^2-x^2) + \frac{\upsilon F}{(1+\upsilon)I_y}\frac{2b^2}{\pi^2}\sum_{n=1}^{\infty}\frac{(-1)^n}{n^2}\left(1-\frac{\cosh\frac{n\pi x}{b}}{\cosh\frac{n\pi a}{b}}\right)\cos\frac{n\pi y}{b}\end{aligned} \tag{9-136}$$

根据材料力学的初等理论,假设横截面上只有 τ_{zx},且与 y 无关,对于矩形截面其切应力为

$$\tau_{zx} = \frac{FS_y^*}{I_y\cdot 2b} = \frac{F(a^2-x^2)}{2I_y} \tag{9-137}$$

将式(9-137)与式(9-136)比较可知,式(9-136)的第一项即为初等理论的解答,第二项为初等解答的修正项,初等理论中 τ_{zy}则完全被忽略。

习　题　9

9-1　为什么非圆截面柱体受扭后,其截面会发生翘曲?

9-2　试证明柱体扭转时,任一截面上的切应力方向与边界切线重合。(提示:利用柱体侧面的自由边界条件证明)

9-3　若受扭杆件的位移分量为 $u=-\alpha yz, v=\alpha xz, w=0$,试证明该杆的横截面为圆形。

9-4　试证明函数 $\varphi=m(r^2-a^2)$ 可作为圆杆或圆管的扭转应力函数。

9-5　试证明翘曲函数 $\varphi=m(y^3-3x^2y)$ 是图 9-15 所示正三角形杆件受扭时的解,并求最大切应力。

9-6　悬臂梁自由端受铅直集中力 F 作用,杆的横截面如图 9-16 所示,左右两边为铅直边,上下两边为双曲线,其方程为 $(1+\upsilon)x^2-\upsilon y^2=a^2$,求最大切应力。

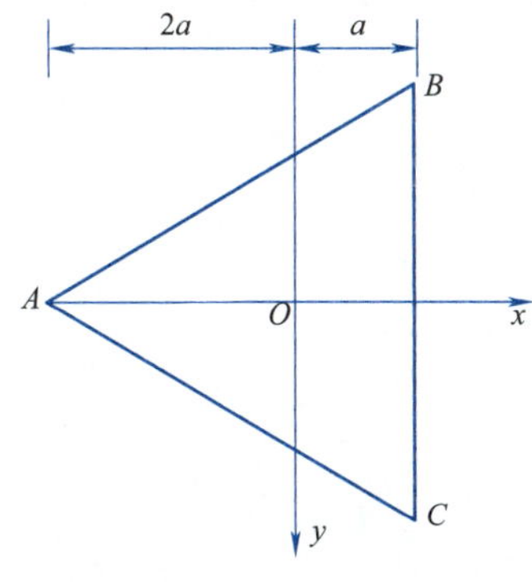

图　9-15

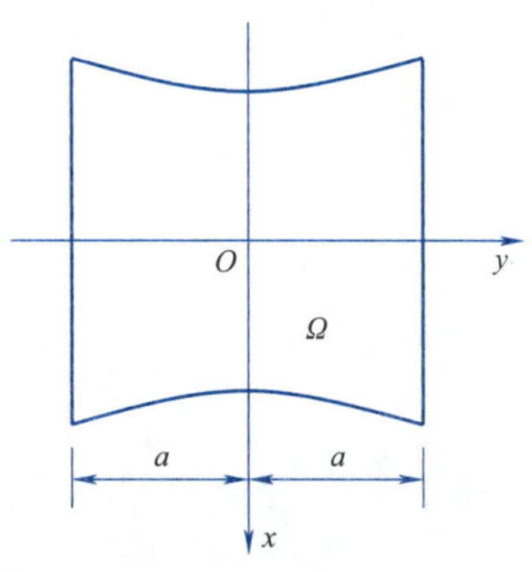

图　9-16

9-7 一根自由端受集中力 F 作用的悬臂梁,横截面是等边三角形,如图 9-17 所示,截面高度为 $3h$,泊松比为 1/2。

(1) 试证明若取 $f(y)=\dfrac{F}{6I_y}(y+2h)^2$,$\Phi=\dfrac{F}{6I_y}\left[x^2-\dfrac{1}{3}(y^2+2h^2)^2\right](y-h)$,可以满足一切条件;

(2) 求应力分量和最大切应力;

(3) 证明横截面上切应力的合力为过 O 点的铅垂力。

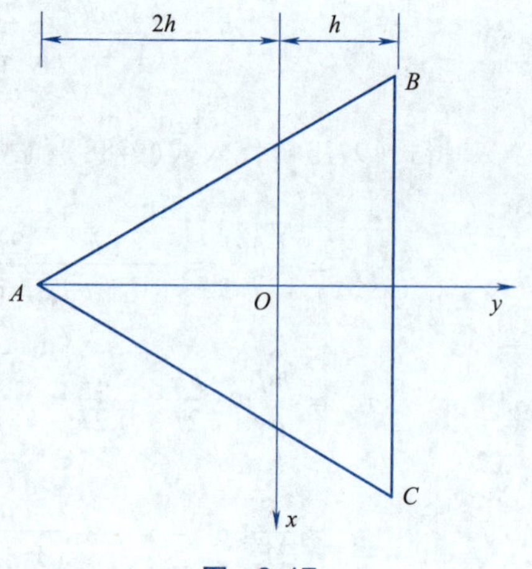

图 9-17

第 10 章

能量原理及变分法

前面各章讨论了弹性力学问题的微分提法及其解法。微分提法从研究弹性体内的一个小微元入手,考虑它的平衡、变形和材料性质,建立起一组弹性力学的基本微分方程,把弹性力学问题归结为在给定边界条件下求解这组偏微分方程的边值问题。

本章将介绍弹性力学问题的变分提法及其解法。变分提法直接处理整个弹性系统,考虑该系统的能量关系,建立一些泛函变分方程,把弹性力学问题归结为在给定约束条件下求泛函极(驻)值的变分问题。由于上述泛函和弹性系统的能量有关,所以弹性力学中的变分原理又称能量原理,相应的各种变分解法称为能量法。

§10.1 泛函、变分及变分法基本知识

变分法是个古老的数学分支,它所研究的对象,用现代数学术语来说,就是泛函的极值问题。

10.1.1 泛函与泛函的变分

我们对函数以及函数的连续性、函数的极值都已有了较好的理解,在这里简单地介绍相应泛函的概念。

1. 函数与泛函

对于自变量 x 在某一域上的每个值,就有一个因变量 y 的值与之对应,这种自变量与因变量的对应关系称为函数,记为 $y=y(x)$。或者说,函数是实数空间到实数空间的映射。

如果对于某一类函数中的每一个函数 $y(x)$,就有一个变量 I 的值与之对应,则称 I 为依赖于函数 $y(x)$ 的泛函。记为

$$I=I[y(x)] \tag{10-1}$$

或者说,泛函是函数空间到实数空间的映射。简单地说,泛函就是函数的函数。

例如,设 xOy 面内有给定的两点 A 和 B。如图 10-1 所示,连接这两点的任一曲线的长度为

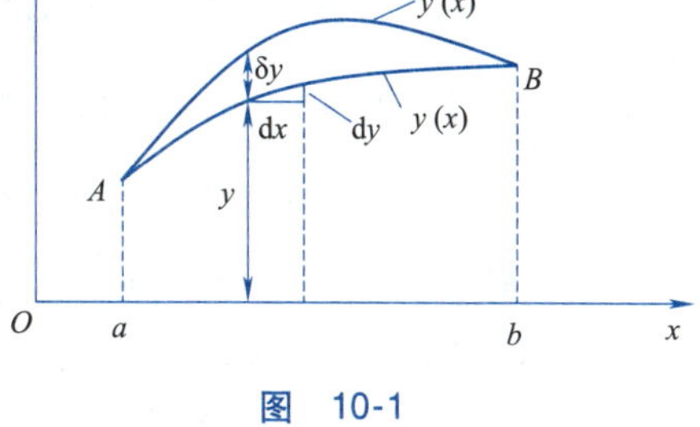

图 10-1

$$L=\int_a^b\sqrt{1+\left(\frac{\mathrm{d}y}{\mathrm{d}x}\right)^2}\,\mathrm{d}x \tag{10-2}$$

显然长度 L 依赖曲线的形状,也就是依赖函数 $y(x)$ 的形式。因此,长度 L 就是函数 $y(x)$ 的泛函。

在较一般的情况下,泛函具有如下的形式:

$$I[y(x)]=\int_a^b f\left(x,y,\frac{\mathrm{d}y}{\mathrm{d}x}\right)\mathrm{d}x$$

简写为

$$I=\int_a^b f(x,y,y')\mathrm{d}x \tag{10-3}$$

即被积函数一般情况是自变量 x,函数 $y(x)$,及其导数 $y'(x)$ 的复合函数。

2. 函数的变分

如果由于自变量 x 有微小增量 $\mathrm{d}x$,函数 $y(x)$ 也有对应的微小增量 $\mathrm{d}y$,则增量 $\mathrm{d}y$ 称为函数 y 的微分。

$$\mathrm{d}y=y'(x)\mathrm{d}x$$

式中,$y'(x)$ 为 y 对于 x 的导数。图 10-1 中的由线 AB 示出 y 与 x 的函数关系及其微分 $\mathrm{d}y$。

现在,假想函数 $y(x)$ 的形式发生改变而成为新函数 $\bar{y}(x)$。函数 $\bar{y}(x)$ 与 $y(x)$ 之差称为函数 $y(x)$ 的变分,记为 δy,即

$$\delta y=\bar{y}(x)-y(x),\quad x\in[a,b] \tag{10-4}$$

显然 δy 也是 x 的函数,图 10-1 中给出了新函数 $\bar{y}(x)$ 及变分 δy 的几何示意。

函数 $y(x)$ 通常要满足一定的边界条件。例如,$y(a)=y_a$,$y(b)=y_b$。因此,函数的变分 δy 应满足齐次边界条件,即

$$\delta y(a)=0,\quad \delta y(b)=0$$

当 y 发生变分 δy,导数 $y'(x)$ 也将产生变分 $\delta(y')$。它等于新函数的导数与原函数的导数之差,即

$$\delta(y')=\bar{y}'(x)-y'(x)$$

由式(10-4)得

$$(\delta y)'=\bar{y}'(x)-y'(x)$$

于是有关系式 $\delta(y')=(\delta y)'$。这就是说,导数的变分等于变分的导数。

3. 泛函的变分

首先考查式(10-3)中的被积函数 $f(x,y,y')$,当函数 $y(x)$ 具有变分 δy 时,导数 y' 也将随着具有变分 $\delta y'$。这时,按照泰勒级数展开法则,被积函数 f 的增量可以写成

$$f(x,y+\delta y,y'+\delta y')-f(x,y,y')=\frac{\partial f}{\partial y}\delta y+\frac{\partial f}{\partial y'}\delta y'+(\delta y\text{ 及 }\delta y'\text{的高阶项})$$

上式中右边的前两项是 f 的增量的主部,定义为 f 的变分,表示为

$$\delta f=\frac{\partial f}{\partial y}\delta y+\frac{\partial f}{\partial y'}\delta y' \tag{10-5}$$

现在进一步考查式(10-3)所示的泛函 I。当函数 $y(x)$ 及导函数 $y'(x)$ 分别具有变分 δy 和 $\delta y'$时,泛函 I 的增量为

$$\begin{aligned}&\int_a^b f(x,y+\delta y,y'(x)+\delta y')\mathrm{d}x-\int_a^b f(x,y,y')\mathrm{d}x\\&=\int_a^b[f(x,y+\delta y,y'+\delta y')-f(x,y,y')]\mathrm{d}x\\&=\int_a^b[\delta f+(\delta y+\delta y'\text{ 的高阶项})]\mathrm{d}x\end{aligned}$$

泛函 I 的变分 δI 定义为

$$\delta I = \int_a^b (\delta f)\,\mathrm{d}x \tag{10-6}$$

将式(10-5)代入式(10-6),得泛函变分的表达式

$$\delta I = \int_a^b \left(\frac{\partial f}{\partial y}\delta y + \frac{\partial f}{\partial y'}\delta y' \right)\mathrm{d}x \tag{10-7}$$

由式(10-3)及式(10-6),可得关系式

$$\delta \int_a^b f\mathrm{d}x = \int_a^b (\delta f)\,\mathrm{d}x$$

这就是说,变分运算与积分运算可以交换次序。

4. 泛函的极值问题

如果函数 $y(x)$ 在 $x = x_0$ 的邻近任一点上的值都不大于或都不小于 $y(x_0)$,即

$$y(x) - y(x_0) \leqslant 0 \text{ 或} \geqslant 0$$

则称函数 $y(x)$ 在 $x = x_0$ 处达到极大值或极小值,而必要的极值条件为 $\frac{\mathrm{d}y}{\mathrm{d}x} = 0$ 或 $\mathrm{d}y = 0$。

对于泛函 $I[y(x)]$,也可以通过分析得出相似的结论:如果泛函 $I[y(x)]$ 在 $y = y_0(x)$ 的临近任意一个函数 $y(x) = y_0(x) + \delta y$ 的值都不大于或都不小于 $I[y_0(x)]$,即

$$I[y(x)] - I[y(x_0)] \leqslant 0 \text{ 或} \geqslant 0$$

则称 $y_0(x)$ 使泛函 $I[y(x)]$ 取极大值或极小值,而必要的极值条件为

$$\delta I = 0 \tag{10-8}$$

曲线 $y = y_0(x)$ 称为泛函 $I[y(x)]$ 的极值曲线。

凡是有关泛函极值的问题,都称为变分问题,而变分法主要就是研究如何求泛函极值的方法。

泛函的极值条件(10-8)又称泛函驻值条件。与函数极值问题类似,为了判别是否真能取极值还需考虑充分条件。如果除了满足取极值的必要条件(10-8)以外,还满足 $\delta^2 I > 0$,则泛函必取极小值。若 $\delta^2 I < 0$,则泛函必取极大值。这里的 $\delta^2 I$ 是泛函 $I[y(x)]$ 的二阶变分,其定义为

$$\delta^2 I = \frac{1}{2}\int_a^b \left[\left(\delta y \frac{\partial}{\partial y} + \delta y' \frac{\partial}{\partial y'} \right)^2 f \right]\mathrm{d}x \tag{10-9}$$

对于有些问题根据问题本身的性质,就可知道所求得的驻值函数(满足驻值条件 $\delta I = 0$ 的函数)就是极值函数,甚至就知道所取得的极值是最小值(或最大值),这时就可不必利用充分条件再作判断。在线弹性问题中所遇到的就属于这类情况,因此在弹性力学中最重要的是泛函极值的必要条件。

§10.2 弹性体的应变能和应变余能

10.2.1 物体变形的热力学过程

研究物体的状态,不仅要知道物体的变形状态,而且要知道物体中每一点的温度。若物体在变形过程中,各点的温度与其周围介质的温度保持平衡,则称这一过程为等温过程。若在变形过程中,物体的温度没有升降,也没有损失或增加热量,则称这一过程为绝热过程。

物体的瞬态高频振动，高速变形过程都可视为绝热过程。

令物体在变形过程中的动能为 E，应变能为 V_ε，则在微小的 δt 时间间隔内，物体从一种状态过渡到另一种状态时，根据热力学第一定律，总能量的变化为

$$\delta E + \delta V_\varepsilon = \delta W + \delta Q \tag{10-10}$$

其中，δW 为作用于物体上的体力和面力所完成的功；δQ 是物体由其周围介质所吸收（或向外发散）的热量，并以等量的功度量。假定弹性变形过程是绝热的，则对于静力平衡问题有

$$\delta E = 0, \quad \delta Q = 0 \tag{10-11}$$

将式（10-11）代入式（10-10），则有

$$\delta V_\varepsilon = \delta W \tag{10-12}$$

10.2.2 应变能和应变余能

对于一维应力状态，在 σ_x-ε_x 平面内，单位体积的应变能 v_ε（应变能密度）实际上就是应力-应变曲线与 ε_x 轴所围成的面积[见图 10-2(a)]，即

$$V_\varepsilon = \int_0^{\varepsilon_x} \sigma_x \mathrm{d}\varepsilon_x \tag{10-13}$$

应变能密度是以应变分量为自变量的泛函。

在图 10-2 中的应力-应变曲线左上方的一部分面积，记为

$$v_c = \int_0^{\sigma_x} \varepsilon_x \mathrm{d}\sigma_x \tag{10-14}$$

式中，v_c 表示单位体积内的应变余能，又称应变余能密度。它是以应力分量为自变量的泛函。

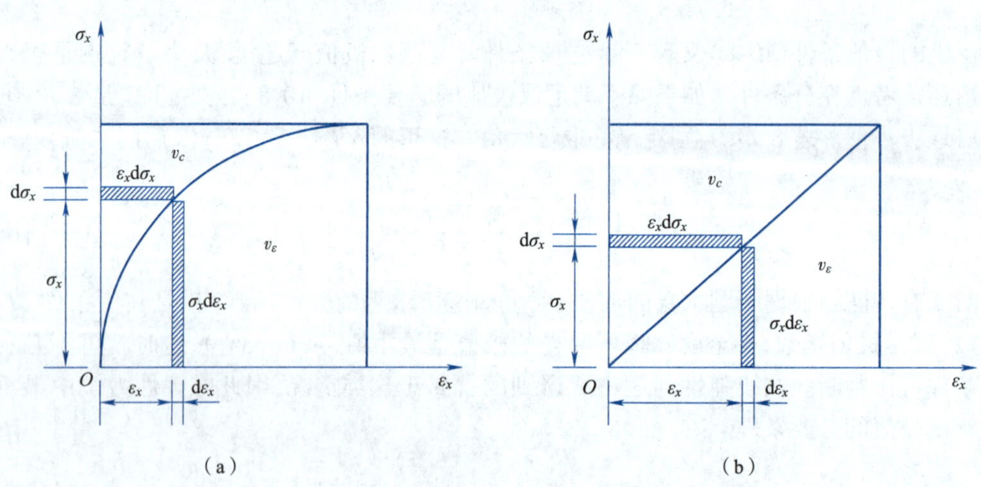

图 10-2

当弹性体的应力-应变关系为线性时，由图 10-2(b)可知

$$v_\varepsilon = \int_0^{\varepsilon_x} \sigma_x \mathrm{d}\varepsilon_x = \frac{1}{2}\sigma_x\varepsilon_x$$

$$v_c = \int_0^{\sigma_x} \varepsilon_x \mathrm{d}\sigma_x = \frac{1}{2}\sigma_x\varepsilon_x$$

在这种状态下,虽然应变能密度和应变余能密度的数值相等,但应注意它们的自变量是不同的。

同样,设弹性体只在某两个互相垂直的方向,例如 x 和 y 方向,受有均匀的切应力 τ_{xy},相应的切应变为 γ_{xy},则其应变能密度为 $\tau_{xy}\gamma_{xy}/2$。

设弹性体受有全部六个应力分量 σ_{ij},则应变能的计算似乎很复杂,因为这时每一个应力分量会引起与另一个应力分量相应的应变分量(例如 σ_x 会引起 ε_y,等),好像应变能将随着弹性体受力的次序不同而不同。但是,根据能量守恒定理,应变能的多少与弹性体受力的次序无关,而完全取决于应力及应变的最终大小。因此,假定六个应力分量和六个应变分量全都同时按同样的比例增加到最后的大小,这样就可以很简单地算出相应于每一个应力分量的应变能密度,然后把它们相叠加,从而得出全部应变能密度为

$$v_\varepsilon = \frac{1}{2}(\sigma_x\varepsilon_x + \sigma_y\varepsilon_y + \sigma_z\varepsilon_z + \tau_{yz}\gamma_{yz} + \tau_{zx}\gamma_{zx} + \tau_{xy}\gamma_{xy}) \tag{10-15a}$$

或

$$v_\varepsilon = \int_0^{\varepsilon_{ij}} \sigma_{ij}\mathrm{d}\varepsilon_{ij} = \frac{1}{2}\sigma_{ij}\varepsilon_{ij} \tag{10-15b}$$

在一般的情况下,弹性体受力并不均匀,各个应力分量和应变分量一般都是位置坐标的函数,因而应变能密度 v_ε 一般也是位置坐标的函数。为了得出整个弹性体的应变能 V_ε,必须把应变能密度 v_ε 在整个弹性体的体积内进行积分,设弹性体的体积为 V,则有

$$V_\varepsilon = \iiint_V v_\varepsilon \mathrm{d}V \tag{10-16}$$

应变能是以应变分量为自变量的泛函。为了将应变能密度和应变能用应变分量表示,将物理方程(5-4)代入式(10-15a),简化以后,得

$$v_\varepsilon = \frac{E}{2(1+v)}\left[\frac{v}{1-2v}\theta^2 + (\varepsilon_x^2 + \varepsilon_y^2 + \varepsilon_z^2) + \frac{1}{2}(\gamma_{xy}^2 + \gamma_{yz}^2 + \gamma_{zx}^2)\right] \tag{10-17}$$

则式(10-16)变为

$$V_\varepsilon = \frac{E}{2(1+v)}\iiint_V \left[\frac{v}{1-2v}\theta^2 + (\varepsilon_x^2 + \varepsilon_y^2 + \varepsilon_z^2) + \frac{1}{2}(\gamma_{xy}^2 + \gamma_{yz}^2 + \gamma_{zx}^2)\right]\mathrm{d}V \tag{10-18}$$

式中,$\theta = \varepsilon_x + \varepsilon_y + \varepsilon_z$。

将式(10-17)分别对六个应变分量求导,再结合式(5-4),有

$$\begin{cases} \dfrac{\partial v_\varepsilon}{\partial \varepsilon_x} = \sigma_x, & \dfrac{\partial v_\varepsilon}{\partial \varepsilon_y} = \sigma_y, & \dfrac{\partial v_\varepsilon}{\partial \varepsilon_z} = \sigma_z \\ \dfrac{\partial v_\varepsilon}{\partial \gamma_{yz}} = \tau_{yz}, & \dfrac{\partial v_\varepsilon}{\partial \gamma_{zx}} = \tau_{zx}, & \dfrac{\partial v_\varepsilon}{\partial \gamma_{xy}} = \tau_{xy} \end{cases} \tag{10-19a}$$

即

$$\sigma_{ij} = \frac{\partial v_\varepsilon}{\partial \varepsilon_{ij}} \tag{10-19b}$$

应变能还可以用位移分量表示。将几何方程(5-2)代入式(10-18),可得

$$\begin{aligned} V_\varepsilon = \frac{E}{2(1+v)}\iiint_V \Bigg[& \frac{v}{1-2v}\left(\frac{\partial u}{\partial x} + \frac{\partial v}{\partial y} + \frac{\partial w}{\partial z}\right)^2 + \left(\frac{\partial u}{\partial x}\right)^2 + \left(\frac{\partial v}{\partial y}\right)^2 + \left(\frac{\partial w}{\partial z}\right)^2 + \\ & \frac{1}{2}\left(\frac{\partial w}{\partial y} + \frac{\partial v}{\partial z}\right)^2 + \frac{1}{2}\left(\frac{\partial u}{\partial z} + \frac{\partial w}{\partial x}\right)^2 + \frac{1}{2}\left(\frac{\partial v}{\partial x} + \frac{\partial u}{\partial y}\right)^2 \Bigg]\mathrm{d}V \end{aligned} \tag{10-20}$$

整个弹性体的应变余能也可类似得出

$$V_c = \iiint_V v_c \mathrm{d}V \tag{10-21}$$

其中应变余能密度 v_c 在应力-应变关系为线性时，同样可以写为

$$v_c = \frac{1}{2}(\sigma_x\varepsilon_x + \sigma_y\varepsilon_y + \sigma_z\varepsilon_z + \tau_{yz}\gamma_{yz} + \tau_{zx}\gamma_{zx} + \tau_{xy}\gamma_{xy}) \tag{10-22a}$$

或

$$v_c = \frac{1}{2}\sigma_{ij}\varepsilon_{ij} \tag{10-22b}$$

应变余能是以应力分量为自变量的泛函。为了将应变余能密度和应变余能用应力分量表示，将物理方程(5-3)代入式(10-22)，简化后得到

$$v_c = \frac{1}{2E}[(\sigma_x^2+\sigma_y^2+\sigma_z^2) - 2\upsilon(\sigma_y\sigma_z+\sigma_z\sigma_x+\sigma_x\sigma_y) + 2(1+\upsilon)(\tau_{yz}^2+\tau_{zx}^2+\tau_{xy}^2)] \tag{10-23}$$

则式(10-21)变为

$$V_c = \frac{1}{2E}\iiint_V[(\sigma_x^2+\sigma_y^2+\sigma_z^2) - 2\upsilon(\sigma_y\sigma_z+\sigma_z\sigma_x+\sigma_x\sigma_y) + 2(1+\upsilon)(\tau_{yz}^2+\tau_{zx}^2+\tau_{xy}^2)]\mathrm{d}V \tag{10-24}$$

将式(10-23)分别对六个应力分量求导，结合式(5-3)，有

$$\begin{cases} \dfrac{\partial v_c}{\partial\sigma_x} = \varepsilon_x, & \dfrac{\partial v_c}{\partial\sigma_y} = \varepsilon_y, & \dfrac{\partial v_c}{\partial\sigma_z} = \varepsilon_z \\ \dfrac{\partial v_c}{\partial\tau_{yz}} = \gamma_{yz}, & \dfrac{\partial v_c}{\partial\tau_{zx}} = \gamma_{zx}, & \dfrac{\partial v_c}{\partial\tau_{xy}} = \gamma_{xy} \end{cases} \tag{10-25a}$$

即

$$\varepsilon_{ij} = \frac{\partial v_c}{\partial\sigma_{ij}} \tag{10-25b}$$

§10-3　位移变分方程与最小势能原理

10.3.1　位移变分方程

设有任一弹性体，在一定的外力作用下处于平衡状态。此处，外力为包括体力分量 f_i 及一部分表面的面力分量 $\bar{f}_i$。假如有一组位移分量 u_i，既能满足用位移表示的平衡方程，又能满足位移边界条件以及用位移分量表示的应力边界条件。现在设想在变形体几何约束所允许的条件下，给它一个任意的微小变化，即所谓虚位移或位移变分 δu_i，得到一组新的位移 $u_i' = u_i + \delta u_i$，外力在虚位移上所做的功(称为虚功)为

$$\delta W = \iiint_V (f_x\delta u + f_y\delta v + f_z\delta w)\mathrm{d}V + \iint_{S_\sigma}(\bar{f}_x\delta u + \bar{f}_y\delta v + \bar{f}_z\delta w)\mathrm{d}S \tag{10-26a}$$

或

$$\delta W = \iiint_V f_i\delta u_i \mathrm{d}V + \iint_{S_\sigma}\bar{f}_i\delta u_i \mathrm{d}S \tag{10-26b}$$

式中，V 为变形体的全部体积；S 为变形体的全部表面积。其中给定面力的表面记为 S_σ，给定位移的表面记为 S_u(见图 10-3)。但面积分仅对给定面力的那一部分表面进行，对于给定位

移的那一部分表面，因无虚位移，故不必考虑。

应该指出，这里所说的虚位移一般并不是由实际外力所引起的，而是由其他因素所引起，或者是为了分析问题而假想的。虚位移发生时，约束反力是不做功的，这是因为在约束力方向不可能产生位移。

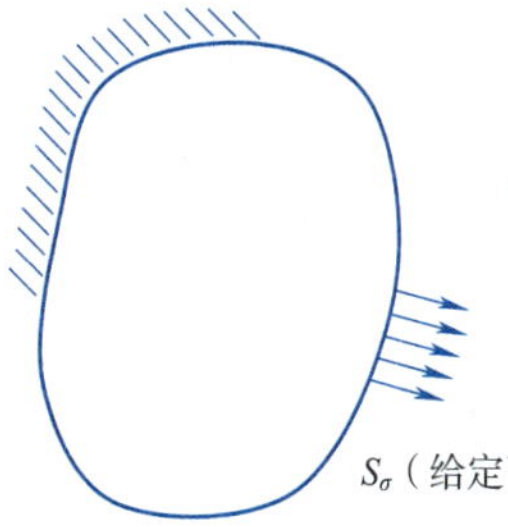

S_u（给定位移）

S_σ（给定面力）

图 10-3

物体产生虚位移的过程中，必然产生微小的虚变形，因此在变形体中就产生虚应变能，即

$$\delta V_\varepsilon = \iiint_V (\sigma_x \delta\varepsilon_x + \sigma_y \delta\varepsilon_y + \sigma_z \delta\varepsilon_z + \tau_{xy}\delta\gamma_{xy} + \tau_{yz}\delta\gamma_{yz} + \tau_{zx}\delta\gamma_{zx})\mathrm{d}V \tag{10-27a}$$

或写为

$$\delta V_\varepsilon = \iiint_V \sigma_{ij}\delta\varepsilon_{ij}\mathrm{d}V \tag{10-27b}$$

假定变形体在虚位移的过程中，并没有温度和速度的改变，因而也没有热能和动能的改变。按照能量守恒定律，应变能在虚位移上的增量 δV_ε，应当等于外力在虚位移上所做的虚功，于是有

$$\begin{aligned}&\iiint_V (\sigma_x \delta\varepsilon_x + \sigma_y \delta\varepsilon_y + \sigma_z \delta\varepsilon_z + \tau_{xy}\delta\gamma_{xy} + \tau_{yz}\delta\gamma_{yz} + \tau_{zx}\delta\gamma_{zx})\mathrm{d}V \\ &= \iiint_V (f_x\delta u + f_y\delta v + f_z\delta w)\mathrm{d}V + \iint_{S_\sigma}(\bar{f}_x\delta u + \bar{f}_y\delta v + \bar{f}_z\delta w)\mathrm{d}S\end{aligned} \tag{10-28a}$$

或

$$\iiint_V \sigma_{ij}\delta\varepsilon_{ij}\mathrm{d}V = \iiint_V f_i\delta u_i\mathrm{d}V + \iint_{S_\sigma}\bar{f}_i\delta u_i\mathrm{d}S \tag{10-28b}$$

式(10-28)即为位移变分方程，也称拉格朗日(Lagrange)变分方程，有时也称虚功方程。

因此，位移变分方程可叙述为：在外力作用下处于平衡状态的可变形体，当给予物体微小虚位移时，外力在虚位移上所做虚功等于物体的虚应变能。

应当指出，由于位移变分方程的成立与材料本构关系无关，因此，位移变分方程既适用于线弹性体、非线性弹性体，也适用于弹塑性体和理想塑性体等固体材料。

10.3.2 最小势能原理

从位移变分方程(10-28)出发，可以导出最小势能原理。假定物体从平衡位置有微小虚位移，物体几何尺寸的变化略去不计，则原来作用在物体上的体力 f_i 和面力 $\bar{f}_i$ 的大小与方向可认为都保持不变。于是，按照变分原理，式(10-28)中变分的运算与积分的运算可以交换次序，故有

$$\begin{aligned}&\delta\iiint_V (\sigma_x \varepsilon_x + \sigma_y \varepsilon_y + \sigma_z \varepsilon_z + \tau_{xy}\gamma_{xy} + \tau_{yz}\gamma_{yz} + \tau_{zx}\gamma_{zx})\mathrm{d}V \\ &= \delta\left[\iiint_V (f_x u + f_y v + f_z w)\mathrm{d}V + \iint_{S_\sigma}(\bar{f}_x u + \bar{f}_y v + \bar{f}_z w)\mathrm{d}S\right]\end{aligned} \tag{10-29a}$$

或

$$\delta V_\varepsilon - \delta\left(\iiint_V f_i u_i\mathrm{d}V + \iint_{S_\sigma}\bar{f}_i u_i\mathrm{d}S\right) = 0 \tag{10-29b}$$

于是有

$$\delta \Pi_P = \delta(V_\varepsilon - W) = 0 \tag{10-30a}$$

也可写为

$$\delta \Pi_P = \delta(V_\varepsilon + V) = 0 \tag{10-30b}$$

其中

$$\Pi_p = \iiint_V [V_\varepsilon(u_i) - f_i u_i] \mathrm{d}V - \iint_{S_\sigma} \bar{f}_i u_i \mathrm{d}S \tag{10-30c}$$

附加条件为

$$u_i = \bar{u}_i \quad (\text{在 } S_u \text{ 上}) \tag{10-30d}$$

式中，Π_p 称为总势能，V_ε 为弹性体的应变能，$V(=-W)$ 称为外力势能。当物体在不受外力作用的自然状态下，应变能与外力势能均为零。式(10-30)说明，在给定的外力作用下，实际的位移应使总势能的一阶变分为零，即使总势能取驻值。

如果考虑二阶变分，则进一步还可得到 $\delta^2 \Pi_p = \delta^2(V_\varepsilon + V) \geqslant 0$。由此就可以证明：对于稳定平衡状态，这个极值是极小值。因此，上述原理称为最小势能原理。

以前已经看到，实际存在的位移，除了满足位移边界条件以外，还应当满足用位移表示的平衡微分方程和应力边界条件；现在又看到，实际存在的位移，除了满足位移边界条件以外，还要满足位移变分方程(或最小势能原理)。而且，通过运算，还可以从位移变分方程导出平衡微分方程和应力边界条件。于是可见，位移变分方程等价于平衡微分方程和应力边界条件。

下面进一步考查，如果位移分量除了满足位移边界条件以外，还满足应力边界条件。那么，从能量观点来看，弹性体的位移变分又应当满足什么条件？

由于位移分量的变分，应变分量也将有相应的变分。按照几何方程，应变分量的变分为

$$\begin{cases} \delta \varepsilon_x = \delta \dfrac{\partial u}{\partial x} = \dfrac{\partial}{\partial x} \delta u, & \cdots \\ \delta \gamma_{yz} = \delta \left(\dfrac{\partial w}{\partial y} + \dfrac{\partial v}{\partial z} \right) = \dfrac{\partial}{\partial y} \delta w + \dfrac{\partial}{\partial z} \delta v, & \cdots \end{cases} \tag{10-31}$$

由于应变分量的变分，应变能也将有相应的变分

$$\delta V_\varepsilon = \iiint_V \delta v_\varepsilon \mathrm{d}V$$

把应变能密度 v_ε 看作应变分量的函数，则上式成为

$$\delta V_\varepsilon = \iiint_V \left(\frac{\partial v_\varepsilon}{\partial \varepsilon_x} \delta \varepsilon_x + \cdots + \frac{\partial v_\varepsilon}{\partial \gamma_{yz}} \delta \gamma_{yz} + \cdots \right) \mathrm{d}V$$

将式(10-19)及式(10-31)代入，得

$$\delta V_\varepsilon = \iiint_V \left[\sigma_x \frac{\partial}{\partial x} \delta u + \cdots + \tau_{yz} \left(\frac{\partial}{\partial y} \delta w + \frac{\partial}{\partial z} \delta v \right) + \cdots \right] \mathrm{d}V \tag{10-32}$$

式(10-32)的右边共有九项，现在来对每一项进行分部积分，并应用高斯积分公式将体积分转换成面积分。例如，对于其中的第一项，有

$$\begin{aligned} \iiint_V \sigma_x \frac{\partial}{\partial x} \delta u \mathrm{d}V &= \iiint_V \frac{\partial}{\partial x} (\sigma_x \delta u) \mathrm{d}V - \iiint_V \frac{\partial \sigma_x}{\partial x} \delta u \mathrm{d}V \\ &= \iint_S l \sigma_x \delta u \mathrm{d}S - \iiint_V \frac{\partial \sigma_x}{\partial x} \delta u \mathrm{d}V \end{aligned}$$

对于其余各项也都进行同样的处理，则式(10-32)成为

$$\delta V_{\varepsilon} = \iint_S [(l\sigma_x + m\tau_{xy} + n\tau_{xz})\delta u + (l\tau_{yx} + m\sigma_y + n\tau_{yz})\delta v + (l\tau_{zx} + m\tau_{zy} + n\sigma_z)\delta w]\mathrm{d}S - \iiint_V \left[\left(\frac{\partial\sigma_x}{\partial x} + \frac{\partial\tau_{xy}}{\partial y} + \frac{\partial\tau_{xz}}{\partial z}\right)\delta u + \left(\frac{\partial\tau_{yx}}{\partial x} + \frac{\partial\sigma_y}{\partial y} + \frac{\partial\tau_{yz}}{\partial z}\right)\delta v + \left(\frac{\partial\tau_{zx}}{\partial x} + \frac{\partial\tau_{zy}}{\partial y} + \frac{\partial\sigma_z}{\partial z}\right)\delta w\right]\mathrm{d}V$$

代入位移变分方程(10-28),由于在位移边界 S_u 上,位移变分 $\delta u_i=0$,进行整理以后,可得

$$\iiint_V \left[\left(\frac{\partial\sigma_x}{\partial x} + \frac{\partial\tau_{xy}}{\partial y} + \frac{\partial\tau_{xz}}{\partial z} + f_x\right)\delta u + \left(\frac{\partial\tau_{yx}}{\partial x} + \frac{\partial\sigma_y}{\partial y} + \frac{\partial\tau_{yz}}{\partial z} + f_y\right)\delta v + \left(\frac{\partial\tau_{zx}}{\partial x} + \frac{\partial\tau_{zy}}{\partial y} + \frac{\partial\sigma_z}{\partial z} + f_z\right)\delta w\right]\mathrm{d}V - \iint_{S_\sigma} [(l\sigma_x + m\tau_{xy} + n\tau_{xz} - \bar{f}_x)\delta u + (l\tau_{yx} + m\sigma_y + n\tau_{yz} - \bar{f}_y)\delta v + (l\tau_{zx} + m\tau_{zy} + n\sigma_z - \bar{f}_z)\delta w]\mathrm{d}S = 0$$

其中,面积分仍然只包括全部受已知面力的边界 S_σ。如果应力边界条件也得到满足,则上式简化为

$$\iiint_V \left[\left(\frac{\partial\sigma_x}{\partial x} + \frac{\partial\tau_{xy}}{\partial y} + \frac{\partial\tau_{xz}}{\partial z} + f_x\right)\delta u + \left(\frac{\partial\tau_{yx}}{\partial x} + \frac{\partial\sigma_y}{\partial y} + \frac{\partial\tau_{yz}}{\partial z} + f_y\right)\delta v + \left(\frac{\partial\tau_{zx}}{\partial x} + \frac{\partial\tau_{zy}}{\partial y} + \frac{\partial\sigma_z}{\partial z} + f_z\right)\delta w\right]\mathrm{d}V = 0 \tag{10-33a}$$

或

$$\iiint_V (\sigma_{ij,j} + f_i)\delta u_i \mathrm{d}V = 0 \tag{10-33b}$$

这就是当位移分量满足位移边界条件及应力边界条件时,位移变分所应满足的方程。这一方程又称伽辽金(Galerkin)变分方程。

§ 10.4 位移变分法

位移变分方程提供了以位移作为基本未知量的弹性力学问题的近似解法,瑞利-里兹(Rayleigh-Ritz)和伽辽金提出了各自解法。

10.4.1 瑞利-里兹法

当给定面力和几何约束条件时,可以利用位移变分方程求解。此时应力边界条件和位移边界条件为已知,由位移变分方程或最小势能原理所导出的变分方程(10-28)和式(10-30a)均等价于平衡方程和应力边界条件。所以采用式(10-28)和式(10-30a)求解时,所选取的位移函数不需要先满足应力边界条件,只需满足位移边界条件。

设位移函数为

$$\begin{cases} u = u_0 + \sum_{m=1}^{n} A_{1m} u_m(x,y,z) \\ v = v_0 + \sum_{m=1}^{n} A_{2m} v_m(x,y,z) \\ w = w_0 + \sum_{m=1}^{n} A_{3m} w_m(x,y,z) \end{cases} \tag{10-34a}$$

或

$$u_i = u_{i0} + A_{im} u_{im}(x_i) \quad (i=1,2,3, m=1,2,3,\cdots,n)(i\text{ 为自由指标},m\text{ 为哑标}) \tag{10-34b}$$

式中，A_{im}为未知的待定常数；u_{i0}满足边界条件，即在已知位移边界 S_u 上，应有

$$u_{i0} = \bar{u}_i$$

而 $u_{im}(x_i)$为坐标线性独立的设定函数，且在已知位移边界 S_u 上满足

$$u_{im}(x_i) = 0$$

此时无论 n 如何取值，位移函数总是能满足位移边界条件。

由于 $u_{im}(x_i)$是设定的已知函数，因此对位移进行一阶变分时，只需对系数 A_{im} 取一阶变分，即

$$\delta u_i = u_{im}(x_i)\delta A_{im} \tag{10-35}$$

而应变能的变分是

$$\delta V_\varepsilon = \frac{\partial V_\varepsilon}{\partial A_{im}} \delta A_{im}$$

将式(10-34)代入位移变分方程(10-28)，可得

$$\frac{\partial V_\varepsilon}{\partial A_{im}} \delta A_{im} = \iiint_V (u_{im} f_i \delta A_{im}) \mathrm{d}V + \iint_{S_\sigma} (u_{im} \bar{f_i} \delta A_{im}) \mathrm{d}S$$

式中系数 δA_{im}的变分是完全任意的，彼此无关。于是，将上式整理后得

$$\begin{cases} \dfrac{\partial V_\varepsilon}{\partial A_{1m}} = \iiint_V f_x u_m \mathrm{d}V + \iint_S \bar{f_x} u_m \mathrm{d}S \\ \dfrac{\partial V_\varepsilon}{\partial A_{2m}} = \iiint_V f_y v_m \mathrm{d}V + \iint_S \bar{f_y} v_m \mathrm{d}S \quad (m=1,2,\cdots,n) \\ \dfrac{\partial V_\varepsilon}{\partial A_{3m}} = \iiint_V f_z w_m \mathrm{d}V + \iint_S \bar{f_z} w_m \mathrm{d}S \end{cases} \tag{10-36a}$$

或

$$\frac{\partial V_\varepsilon}{\partial A_{im}} = \iiint_V f_i u_{im} \mathrm{d}V + \iint_S \bar{f_i} u_{im} \mathrm{d}S \tag{10-36b}$$

由应变能函数表达式(10-20)及位移分量表达式(10-34)可知，应变能 V_ε 是待定系数 A_{im}的二次函数，因而式(10-36)将是各个待定系数的线性方程组，共有 $3n$ 个方程。从方程组(10-36)解出全部系数 A_{im}后，即可由式(10-34)求得位移分量。这一方法称为瑞利-里兹法，也称里兹法。

选择合适的 u_{i0}和 u_{im}，以及项数 n，可以获得精确度较高的位移解。将求得的位移代入用位移表示的应力表达式，在计算应力分量时需对位移求导，通常近似解的精度往往会因求导而降低，因此应力近似解的精度一般较差。要提高精度，只有增加式(10-34)中位移函数的项数 n，当项数 $n\to\infty$ 时，则其解将收敛于精确解。

10.4.2 伽辽金法

如果选择的位移函数表达式(10-34)，不仅能满足位移边界条件，还能满足应力边界条件。那么，将式(10-35)代入式(10-33)，可得

$$\sum_{m=1}^{n}\iiint_V \delta A_{1m}\left(\frac{\partial\sigma_x}{\partial x}+\frac{\partial\tau_{xy}}{\partial y}+\frac{\partial\tau_{xz}}{\partial z}+f_x\right)u_m\mathrm{d}V+\sum_{m=1}^{n}\iiint_V \delta A_{2m}\left(\frac{\partial\tau_{yx}}{\partial x}+\frac{\partial\sigma_y}{\partial y}+\frac{\partial\tau_{yz}}{\partial z}+f_y\right)v_m\mathrm{d}V+$$
$$\sum_{m=1}^{n}\iiint_V \delta A_{3m}\left(\frac{\partial\tau_{zx}}{\partial x}+\frac{\partial\tau_{zy}}{\partial y}+\frac{\partial\sigma_z}{\partial z}+f_z\right)w_m\mathrm{d}V=0\quad(m=1,2,\cdots,n)$$

根据 δA_{im} 的任意性，要使上式成立，它们的系数应当分别为零，于是得

$$\begin{cases}\iiint_V\left(\frac{\partial\sigma_x}{\partial x}+\frac{\partial\tau_{xy}}{\partial y}+\frac{\partial\tau_{xz}}{\partial z}+f_x\right)u_m\mathrm{d}V=0\\ \iiint_V\left(\frac{\partial\tau_{yx}}{\partial x}+\frac{\partial\sigma_y}{\partial y}+\frac{\partial\tau_{yz}}{\partial z}+f_y\right)v_m\mathrm{d}V=0\quad(m=1,2,\cdots,n)\\ \iiint_V\left(\frac{\partial\tau_{zx}}{\partial x}+\frac{\partial\tau_{zy}}{\partial y}+\frac{\partial\sigma_z}{\partial z}+f_z\right)w_m\mathrm{d}V=0\end{cases}\tag{10-37a}$$

或

$$\iiint_V(\sigma_{ij,j}+f_i)u_{im}\mathrm{d}V=0\quad(m=1,2,\cdots,n)(i\text{ 为自由指标})\tag{10-37b}$$

对于各向同性弹性体，将以上三个方程中的应力分量，通过广义胡克定律方程(5-4)、几何方程(5-2)转换为用位移分量表示，可得

$$\begin{cases}\iiint_V\left[\frac{E}{2(1+\upsilon)}\left(\frac{1}{1-2\upsilon}\frac{\partial\theta}{\partial x}+\nabla^2u\right)+f_x\right]u_m\mathrm{d}V=0\\ \iiint_V\left[\frac{E}{2(1+\upsilon)}\left(\frac{1}{1-2\upsilon}\frac{\partial\theta}{\partial y}+\nabla^2v\right)+f_y\right]v_m\mathrm{d}V=0\quad(m=1,2,\cdots,n)\\ \iiint_V\left[\frac{E}{2(1+\upsilon)}\left(\frac{1}{1-2\upsilon}\frac{\partial\theta}{\partial z}+\nabla^2w\right)+f_z\right]w_m\mathrm{d}V=0\end{cases}\tag{10-38}$$

式中，$\theta=u_{i,i}$。由式(10-34)可知，位移分量 u_i 是系数 A_{im} 的线性函数，所以式(10-37)和式(10-38)将是这些系数的线性方程组。求解此方程组，可解得 $3n$ 个系数，从而由式(10-34)求得位移分量，这个方法称为伽辽金法。

比较以上两种基于位移变分方程的近似计算方法可知，在位移函数的选择上，伽辽金法比瑞利-里兹法更为严格，它不仅要满足位移边界条件，还必须满足应力边界条件；但在应用上伽辽金法比较方便，因为可不必导出泛函，仅根据熟知的平衡方程就能列出伽辽金方程。

10.4.3 位移变分法应用于平面问题

在平面应变问题中，有 $w=0$，而且 u 和 v 都不随坐标 z 而变。在 z 方向取一个单位长度，则用位移分量表示的应变能表达式(10-18)简化为

$$V_\varepsilon=\frac{E}{2(1+\upsilon)}\iint_A\left[\frac{\upsilon}{1-2\upsilon}\left(\frac{\partial u}{\partial x}+\frac{\partial v}{\partial y}\right)^2+\left(\frac{\partial u}{\partial x}\right)^2+\left(\frac{\partial v}{\partial y}\right)^2+\frac{1}{2}\left(\frac{\partial v}{\partial x}+\frac{\partial u}{\partial y}\right)^2\right]\mathrm{d}x\mathrm{d}y\tag{10-39}$$

其中的 A 为弹性体 xOy 面的面积。对于平面应力问题，须将上式中的 E 换为$\frac{E(1+2\upsilon)}{(1+\upsilon)^2}$，$\upsilon$ 换为$\frac{\upsilon}{1+\upsilon}$，这样就得到

$$V_\varepsilon=\frac{E}{2(1-\upsilon^2)}\iint_A\left[\left(\frac{\partial u}{\partial x}\right)^2+\left(\frac{\partial v}{\partial y}\right)^2+2\upsilon\frac{\partial u}{\partial x}\frac{\partial v}{\partial y}+\frac{1-\upsilon}{2}\left(\frac{\partial v}{\partial x}+\frac{\partial u}{\partial y}\right)^2\right]\mathrm{d}x\mathrm{d}y\tag{10-40}$$

因为在两种平面问题中都不必考虑 w，所以在位移分量表达式(10-34)中只需保留其前两式，即

$$u = u_0 + \sum_{m=1}^{n} A_m u_m, \quad v = v_0 + \sum_{m=1}^{n} B_m v_m \tag{10-41}$$

在采用里兹法时，为了确定系数 A_m 及 B_m，只需应用式(10-36)中的前两式。在 z 方向取一个单位长度，并注意各量都不随 z 而变，该二式成为

$$\begin{cases} \dfrac{\partial V_\varepsilon}{\partial A_{1m}} = \iint_A f_x u_m \mathrm{d}x\mathrm{d}y + \int_{S_\sigma} \overline{f}_x u_m \mathrm{d}s \\ \dfrac{\partial V_\varepsilon}{\partial A_{2m}} = \iint_A f_y v_m \mathrm{d}x\mathrm{d}y + \int_{S_\sigma} \overline{f}_y v_m \mathrm{d}s \end{cases} \tag{10-42}$$

其中的线积分系沿受已知面力的边界 S_σ 进行。与此相应，在采用伽辽金法时，只需应用式(10-38)中前两式的简化形式。对于平面应变问题，该二式成为

$$\begin{cases} \iint_A \left[\dfrac{E}{2(1+\upsilon)} \left(\dfrac{1}{1-2\upsilon} \dfrac{\partial\theta}{\partial x} + \nabla^2 u \right) + f_x \right] u_m \mathrm{d}x\mathrm{d}y = 0 \\ \iint_A \left[\dfrac{E}{2(1+\upsilon)} \left(\dfrac{1}{1-2\upsilon} \dfrac{\partial\theta}{\partial y} + \nabla^2 v \right) + f_y \right] v_m \mathrm{d}x\mathrm{d}y = 0 \end{cases} \tag{10-43}$$

其中 $\theta = \dfrac{\partial u}{\partial x} + \dfrac{\partial v}{\partial y}$。对于平面应力问题，须将上式中的 E 换为 $\dfrac{E(1+2\upsilon)}{(1+\upsilon)^2}$，$\upsilon$ 换为 $\dfrac{\upsilon}{1+\upsilon}$，这样就得到

$$\begin{cases} \iint_A \left[\dfrac{E}{1-\upsilon^2} \left(\dfrac{\partial^2 u}{\partial x^2} + \dfrac{1-\upsilon}{2} \dfrac{\partial^2 u}{\partial y^2} + \dfrac{1+\upsilon}{2} \dfrac{\partial^2 v}{\partial x \partial y} \right) + f_x \right] u_m \mathrm{d}x\mathrm{d}y = 0 \\ \iint_A \left[\dfrac{E}{1-\upsilon^2} \left(\dfrac{\partial^2 v}{\partial y^2} + \dfrac{1-\upsilon}{2} \dfrac{\partial^2 v}{\partial x^2} + \dfrac{1+\upsilon}{2} \dfrac{\partial^2 u}{\partial x \partial y} \right) + f_y \right] v_m \mathrm{d}x\mathrm{d}y = 0 \end{cases} \tag{10-44}$$

§10.5 位移变分法的应用

下面举例说明瑞利-里兹法和伽辽金法的应用。首先介绍位移变分法在梁的弯曲变形中的应用。

例题1 如图10-4所示，受均布荷载 q 作用的悬臂梁，梁跨长为 l，抗弯刚度为 EI。试根据初等理论，用瑞利-里兹法求梁的挠度和固定端弯矩。体力不计。

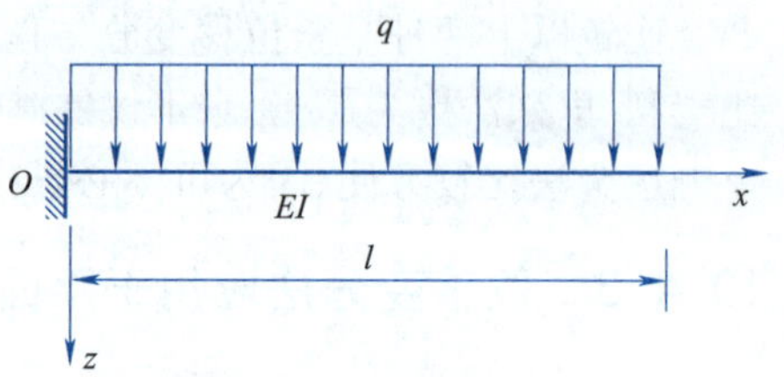

图 10-4

解 不计剪切对挠度的影响，设挠曲线方程为

$$w(x) = A\left(1 - \cos\frac{\pi x}{2l}\right) \tag{10-45}$$

上式满足固定端条件

$$(w)_{x=0} = 0, \quad \left(\frac{\mathrm{d}w}{\mathrm{d}x}\right)_{x=0} = 0$$

由初等理论知，梁的弯矩为

$$M(x) = -EI\frac{\mathrm{d}^2 w}{\mathrm{d}x^2} = EI\left(\frac{\pi}{2l}\right)^2 A\cos\frac{\pi x}{2l}$$

梁的应变能为

$$V_{\varepsilon} = \frac{1}{2EI}\int_0^l M^2(x)\,\mathrm{d}x = \frac{1}{2EI}\int_0^l \left(EI\frac{\pi^2}{4l^2}A\cos\frac{\pi x}{2l}\right)^2 \mathrm{d}x = \frac{EI\pi^4}{64l^3}A^2 \tag{10-46}$$

对于本问题,应用瑞利-里兹法,位移函数表达式(10-34)仅保留第三式。又因所选位移函数式(10-45)满足边界条件,所以相应的线性方程组(10-36)也仅保留第三式。在不计体力的条件下,该式成为

$$\frac{\partial V_{\varepsilon}}{\partial A} = \int_0^l q\left(1 - \cos\frac{\pi x}{2l}\right)\mathrm{d}x \tag{10-47}$$

将式(10-46)代入式(10-47)后,并求解可得

$$A = \frac{ql^4 32}{\pi^4 EI}\left(1 - \frac{2}{\pi}\right) \tag{10-48}$$

将式(10-48)代入式(10-45),得梁的挠曲线表达式为

$$w(x) = \frac{ql^4 32}{\pi^4 EI}\left(1 - \frac{2}{\pi}\right)\left(1 - \cos\frac{\pi x}{2l}\right) \tag{10-49}$$

最大挠度发生在 $x = l$ 处,即

$$w_{\max} = \frac{ql^4 32}{\pi^4 EI}\left(1 - \frac{2}{\pi}\right) = 0.119\,\frac{ql^4}{EI}$$

这个结果与材料力学解 $w_{\max} = \dfrac{ql^4}{8EI} = 0.125\,\dfrac{ql^4}{EI}$的误差仅为4.5%。

利用 $M(x) = -EI\dfrac{\mathrm{d}^2 w}{\mathrm{d}x^2} = -\dfrac{8ql^2}{\pi^2}\left(1 - \dfrac{2}{\pi}\right)\cos\dfrac{\pi x}{2l}$,可得

$$M_{\max} = (M)_{x=0} = -\frac{8ql^2}{\pi^2}\left(1 - \frac{2}{\pi}\right) = -0.295ql^2$$

与精确解$(M)_{x=0} = -0.5ql^2$ 相比,误差达41%。

如果取挠曲线函数为

$$w(x) = A_1\left(1 - \cos\frac{\pi x}{2l}\right) + A_2\left(1 - \cos\frac{3\pi x}{2l}\right) \tag{10-50}$$

此式也能满足前述边界条件。

$$\begin{cases} M(x) = -EI\left[\left(\dfrac{\pi}{2l}\right)^2 A_1\cos\dfrac{\pi x}{2l} + \left(\dfrac{3\pi}{2l}\right)^2 A_2\cos\dfrac{3\pi x}{2l}\right] \\ V_{\varepsilon} = \dfrac{EI}{2}\displaystyle\int_0^l \left[\left(\dfrac{\pi}{2l}\right)^2 A_1\cos\dfrac{\pi x}{2l} + \left(\dfrac{3\pi}{2l}\right)^2 A_2\cos\dfrac{3\pi x}{2l}\right]^2 \mathrm{d}x = \dfrac{EI\pi^4}{64l^3}(A_1^2 + 81A_2^2) \end{cases}$$

根据瑞利-里兹法

$$\begin{cases} \dfrac{\partial V_{\varepsilon}}{\partial A_1} = \dfrac{EI\pi^4}{32l^3}A_1 = \displaystyle\int_0^l q\left(1 - \cos\dfrac{\pi x}{2l}\right)\mathrm{d}x \\ \dfrac{\partial V_{\varepsilon}}{\partial A_2} = \dfrac{81EI\pi^4}{32l^3}A_2 = \displaystyle\int_0^l q\left(1 - \cos\dfrac{3\pi x}{2l}\right)\mathrm{d}x \end{cases}$$

解以上联立方程组,可得参数为

$$A_1 = \frac{ql^4 32}{\pi^4 EI}\left(1 - \frac{2}{\pi}\right),\quad A_2 = \frac{ql^4}{\pi^4}\frac{32}{81EI}\left(1 + \frac{2}{3\pi}\right)$$

故挠曲线为

$$w(x) = \frac{32ql^4}{\pi^4 EI}\left[\left(1 - \frac{2}{\pi}\right)\left(1 - \cos\frac{\pi x}{2l}\right) + \frac{1}{81}\left(1 + \frac{2}{3\pi}\right)\left(1 - \cos\frac{3\pi x}{2l}\right)\right] \tag{10-51}$$

则最大挠度和最大弯矩分别为

$$\begin{cases} w_{\max} = (w)_{x=l} = 0.124\,\dfrac{ql^4}{EI} \\ M_{\max} = (M)_{x=0} = -0.403ql^2 \end{cases}$$

由上式可见，无论挠度还是弯矩，其精度均有所提高，但弯矩提高不大明显。如果将挠曲函数的项数增加，则随着项数的增大，无论是挠度值还是弯矩值均会逐步接近精确值。

例题 2 设有宽度为 a 而高度为 b 的薄板，如图 10-5 所示。左边及下边受连杆支承，右边及上边分别受有均布压力 q_1 及 q_2，不计体力，试求薄板的位移。

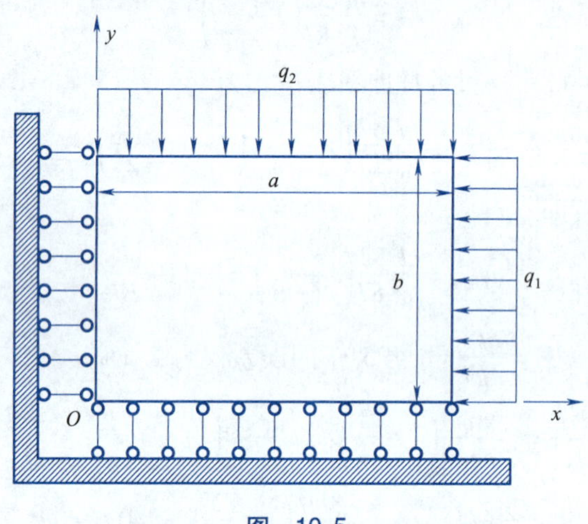

图 10-5

解 取坐标轴如图 10-5 所示。按照表达式(10-34)的形式，把位移分量设定为

$$\begin{cases} u = x(A_1 + A_2x + A_3y + \cdots) \\ v = y(B_1 + B_2x + B_3y + \cdots) \end{cases} \tag{10-52}$$

不论各个系数如何取值，都可以满足左边及下边的位移边界条件，即

$$(u)_{x=0} = 0, \quad (v)_{y=0} = 0$$

在这里，因为边界上并没有不等于零的已知位移，所以在式(10-41)中取 $u_0 = 0, v_0 = 0$。

当式(10-52)中的系数取任意数值时，应力边界条件不一定能满足，因此，只能用里兹法求解，而不能用伽辽金法求解。在式(10-52)中只取 A_1 及 B_1 两个待定系数：

$$u = A_1u_1 = A_1x, \quad v = B_1v_1 = B_1y \tag{10-53}$$

代入式(10-40)，得到

$$V_\varepsilon = \frac{E}{2(1-\upsilon^2)}\int_0^a\int_0^b (A_1^2 + B_1^2 + 2\upsilon A_1B_1)\,dxdy$$

进行积分以后，得到

$$V_\varepsilon = \frac{Eab}{2(1-\upsilon^2)}(A_1^2 + B_1^2 + 2\upsilon A_1B_1) \tag{10-54}$$

因为在这里 $f_x = f_y = 0$，而 $m = 1$，所以式(10-42)简化为

$$\frac{\partial V_\varepsilon}{\partial A_1} = \int_{S_\sigma} \overline{f_x}u_1\,ds, \quad \frac{\partial V_\varepsilon}{\partial B_1} = \int_{S_\sigma} \overline{f_y}v_1\,ds \tag{10-55}$$

现在计算上式第一个方程的右端积分项。在薄板的右边界有

$$\bar{f}_x = -q_1, \quad u_1 = x = a, \quad \mathrm{d}s = \mathrm{d}y$$

在其余的三个边界上,均有 $\int_{S_\sigma} \bar{f}_x u_1 \mathrm{d}s = 0$, 从而得

$$\int \bar{f}_x u_1 \mathrm{d}s = \int_0^b (-q_1) a \mathrm{d}y = -q_1 ab$$

下面计算式(10-55)中第二个方程的右端积分项。在薄板的上边界有

$$\bar{f}_y = -q_2, \quad v_1 = y = b, \quad \mathrm{d}s = \mathrm{d}x$$

在其余的三个边界上,均有 $\int_{S_\sigma} \bar{f}_y v_1 \mathrm{d}s = 0$, 从而得

$$\int \bar{f}_y v_1 \mathrm{d}s = \int_0^a (-q_2) b \mathrm{d}x = -q_2 ab$$

于是由式(10-55)得

$$\frac{\partial V_\varepsilon}{\partial A_1} = -q_1 ab, \quad \frac{\partial V_\varepsilon}{\partial B_1} = -q_2 ab \tag{10-56}$$

将式(10-54)代入式(10-56),得出决定 A_1 及 B_1 的方程

$$\frac{Eab}{2(1-\upsilon^2)}(2A_1 + 2\upsilon B_1) = -q_1 ab$$

$$\frac{Eab}{2(1-\upsilon^2)}(2B_1 + 2\upsilon A_1) = -q_2 ab$$

求解 A_1 及 B_1,得到

$$A_1 = -\frac{q_1 - \upsilon q_2}{E}, \quad B_1 = -\frac{q_2 - \upsilon q_1}{E} \tag{10-57}$$

从而由式(10-53)得到位移分量的解答

$$u = -\frac{q_1 - \upsilon q_2}{E}x, \quad v = -\frac{q_2 - \upsilon q_1}{E}y \tag{10-58}$$

如果在式(10-52)中除了 A_1 及 B_1 以外再取一些其他的待定系数,如 A_2 及 B_2 等,进行与上述相似的计算,这些系数都将等于零,而 A_1 及 B_1 仍然如式(10-57)表示。从而可见,位移分量的解答仍然如式(10-58)所示。

例题 3 设有宽度为 $2a$ 而高度为 b 的矩形薄板,如图 10-6 所示。左右两边及下边均被固定,而上边的位移给定为

$$u = 0, \quad v = -\eta\left(1 - \frac{x^2}{a^2}\right)$$

不计体力,试求薄板的位移和应力。

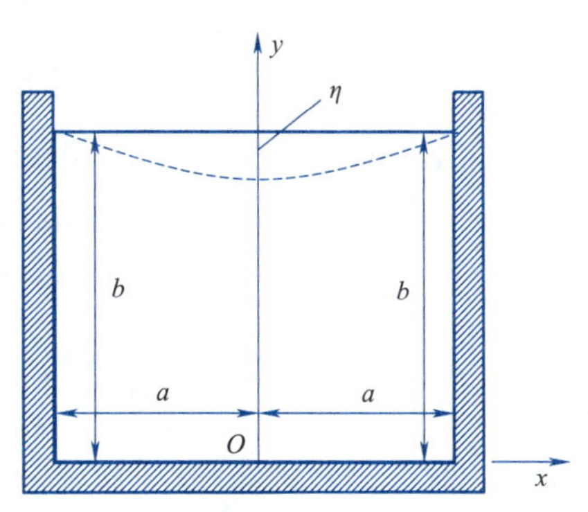

图 10-6

解 取坐标轴如图 10-6 所示。按照式(10-41),取 $m=1$,把位移分量设定为

$$\begin{cases} u = A_1\left(1 - \dfrac{x^2}{a^2}\right)\dfrac{x}{a}\dfrac{y}{b}\left(1 - \dfrac{y}{b}\right) \\ v = -\eta\left(1 - \dfrac{x^2}{a^2}\right)\dfrac{y}{b} + B_1\left(1 - \dfrac{x^2}{a^2}\right)\dfrac{y}{b}\left(1 - \dfrac{y}{b}\right) \end{cases} \tag{10-59}$$

可以满足全部的位移边界条件,即

$$(u)_{x=\pm a}=0,\quad (v)_{x=\pm a}=0$$

$$(u)_{y=0}=0,\quad (v)_{y=0}=0$$

$$(u)_{y=b}=0,\quad (v)_{y=b}=-\eta\left(1-\frac{x^2}{a^2}\right)$$

此外,由于 u 是 x 的奇函数而 v 是 x 的偶函数,对称条件也是满足的(这也是在 u 的表达式中放置因子 x/a 的理由)。

在这一问题中,并没有应力边界条件,因此可以认为,式(10-59)所示的位移既满足了位移边界条件,也满足了应力边界条件。这就可以应用伽辽金法求解,使数学运算简单一些。

注意 $f_x=f_y=0$ 而 $m=1$,可见方程(10-44)在这里成为

$$\begin{cases}\int_{-a}^{a}\int_{0}^{b}\left(\frac{\partial^2 u}{\partial x^2}+\frac{1-v}{2}\frac{\partial^2 u}{\partial y^2}+\frac{1+v}{2}\frac{\partial^2 v}{\partial x\partial y}\right)u_1\mathrm{d}x\mathrm{d}y=0\\ \int_{-a}^{a}\int_{0}^{b}\left(\frac{\partial^2 v}{\partial y^2}+\frac{1-v}{2}\frac{\partial^2 v}{\partial x^2}+\frac{1+v}{2}\frac{\partial^2 u}{\partial x\partial y}\right)v_1\mathrm{d}x\mathrm{d}y=0\end{cases}\tag{10-60}$$

现在,按照式(10-59),求出位移分量的各个二阶导数:

$$\frac{\partial^2 u}{\partial x^2}=-\frac{6A_1}{a^2}\frac{x}{a}\left(\frac{y}{b}-\frac{y^2}{b^2}\right),\quad \frac{\partial^2 u}{\partial y^2}=-\frac{2A_1}{b^2}\left(\frac{x}{a}-\frac{x^3}{a^3}\right)$$

$$\frac{\partial^2 u}{\partial x\partial y}=\frac{A_1}{ab}\left(1-3\frac{x^2}{a^2}\right)\left(1-2\frac{y}{b}\right)$$

$$\frac{\partial^2 v}{\partial x^2}=\frac{2\eta}{a^2}\frac{y}{b}-\frac{2B_1}{a^2}\left(\frac{y}{b}-\frac{y^2}{b^2}\right),\quad \frac{\partial^2 v}{\partial y^2}=-\frac{2B_1}{b^2}\left(1-\frac{x^2}{a^2}\right)$$

$$\frac{\partial^2 v}{\partial x\partial y}=\frac{2\eta}{ab}\frac{x}{a}-\frac{2B_1}{ab}\frac{x}{a}\left(1-2\frac{y}{b}\right)$$

另一方面,由式(10-59)有

$$u_1=\left(\frac{x}{a}-\frac{x^3}{a^3}\right)\left(\frac{y}{b}-\frac{y^2}{b^2}\right)$$

$$v_1=\left(1-\frac{x^2}{a^2}\right)\left(\frac{y}{b}-\frac{y^2}{b^2}\right)$$

将上述各个二阶导数以及 u_1 和 v_1 的表达式代入式(10-60),进行积分以后,得到 A_1 及 B_1 的两个线性方程,从而求得

$$A_1=\frac{35(1+v)\eta}{42\frac{b}{a}+20(1-v)\frac{a}{b}},\quad B_1=\frac{5(1-v)\eta}{16\frac{a^2}{b^2}+2(1-v)}\tag{10-61}$$

代入式(10-59),即得位移分量的解答

$$u=\frac{35(1+v)\eta}{42\frac{b}{a}+20(1-v)\frac{a}{b}}\left(1-\frac{x^2}{a^2}\right)\frac{x}{a}\frac{y}{b}\left(1-\frac{y}{b}\right)$$

$$v=-\eta\left(1-\frac{x^2}{a^2}\right)\frac{y}{b}+\frac{5(1-v)\eta}{16\frac{a^2}{b^2}+2(1-v)}\left(1-\frac{x^2}{a^2}\right)\frac{y}{b}\left(1-\frac{y}{b}\right)$$

当 $b=a$ 而 $v=0.2$ 时,上述解答成为

$$u = 0.724\eta\left(\frac{x}{a} - \frac{x^3}{a^3}\right)\left(\frac{y}{a} - \frac{y^2}{a^2}\right), \quad v = -\eta\left(1 - \frac{x^2}{a^2}\right)\left(0.773\frac{y}{a} + 0.227\frac{y^2}{a^2}\right)$$

应用几何方程及物理方程，可由得到的位移分量求得应力分量：

$$\begin{aligned}
\sigma_x &= \frac{E}{1-\upsilon^2}\left(\frac{\partial u}{\partial x} + \upsilon\frac{\partial v}{\partial y}\right) \\
&= -\frac{E\eta}{a}\left[\left(1 - \frac{x^2}{a^2}\right)\left(0.161 - 0.095\frac{y}{a}\right) - 0.754\left(1 - 3\frac{x^2}{a^2}\right)\left(\frac{y}{a} - \frac{y^2}{a^2}\right)\right] \\
\sigma_y &= \frac{E}{1-\upsilon^2}\left(\frac{\partial v}{\partial y} + \upsilon\frac{\partial u}{\partial x}\right) \\
&= -\frac{E\eta}{a}\left[\left(1 - \frac{x^2}{a^2}\right)\left(0.805 + 0.473\frac{y}{a}\right) - 0.302\left(1 - 3\frac{x^2}{a^2}\right)\left(\frac{y}{a} - \frac{y^2}{a^2}\right)\right] \\
\tau_{xy} &= \frac{E}{2(1+\upsilon)}\left(\frac{\partial v}{\partial x} + \frac{\partial u}{\partial y}\right) \\
&= \frac{E\eta}{a}\left[\frac{x}{a}\left(0.644\frac{y}{a} + 0.189\frac{y^2}{a^2}\right) + 0.302\left(\frac{x}{a} - \frac{x^3}{a^3}\right)\left(1 - 2\frac{y}{a}\right)\right]
\end{aligned}$$

在 $y = b$ 处，相应的面力为

$$\overline{f}_y = (\sigma_y)_{y=b} = -1.278\frac{E\eta}{a}\left(1 - \frac{x^2}{a^2}\right)$$

$$\overline{f}_x = (\tau_{xy})_{y=b} = \frac{E\eta}{a}\left(0.531\frac{x}{a} + 0.302\frac{x^3}{a^3}\right)$$

这就是为了维持薄板边界 $y = b$ 上给定位移而需要在该边界上施加的面力。

顺便指出，本例也可以用里兹法进行求解。由于不计体力，也没有应力边界，式(10-42)简化为

$$\frac{\partial V_\varepsilon}{\partial A_1} = 0, \quad \frac{\partial V_\varepsilon}{\partial B_1} = 0 \tag{10-62}$$

读者可以验证，按照式(10-59)求出位移分量的导数，代入式(10-40)求出应变能，再通过式(10-62)，得到 A_1 和 B_1 的两个线性代数方程，求出 A_1 和 B_1 这个解答与用伽辽金法得到的解(10-61)是相同的。

§10.6 应力变分方程和最小余能原理

位移变分方程从位移变分出发可直接求出位移分量，但在工程实际问题中，往往感兴趣的是直接得到表征结构强度的应力分量。而位移变分法得到的位移分量，必须通过几何方程和本构方程求出变形体内的应力分量，在计算过程中因需经多次微分往往会产生较大的误差。为此，直接以应力分量为未知量求解变形体问题的应力法便具有重要的价值。同时，对一些特殊的问题如平面问题、柱体扭转等，可以引进应力函数，此时应力法更具有极大的方便。

10.6.1 应力变分方程

对于处于平衡状态的变形体应用变分原理时，取虚位移 δu_i，即对位移分量进行变分，这些位移的变分必须是几何上可能的。为此，引入虚应力概念。所谓虚应力是满足平衡方程及指定的应力边界条件的、任意的、微小的应力。虚应力记为 $\delta\sigma_{ij}$，即对应力分量进行变分，

这些应力的变分必须是静力上可能的，即经变分后，新的应力分量必须满足平衡方程和应力边界条件。

设 σ_{ij} 为实际存在于变形体内的应力分量，则它应该满足平衡方程、应力边界条件和应力协调条件。现让这些应力分量发生静力许可的微小变化，得到新的应力分量为 $\sigma'_x=\sigma_x+\delta\sigma_x,\cdots,\tau'_{yz}=\tau_{yz}+\delta\tau_{yz},\cdots$，即

$$\sigma'_{ij}=\sigma_{ij}+\delta\sigma_{ij} \tag{10-63}$$

它们必须满足平衡方程和应力边界条件，于是新的平衡方程为

$$\frac{\partial(\sigma_{ij}+\delta\sigma_{ij})}{\partial x_j}+f_i=0 \tag{10-64}$$

式中，f_i 为给定的体力，设想没有改变。将式(10-64)与发生应力变分前的平衡方程相减，得

$$\begin{cases}\dfrac{\partial}{\partial x}(\delta\sigma_x)+\dfrac{\partial}{\partial y}(\delta\tau_{xy})+\dfrac{\partial}{\partial z}(\delta\tau_{xz})=0\\ \dfrac{\partial}{\partial x}(\delta\tau_{yx})+\dfrac{\partial}{\partial y}(\delta\sigma_y)+\dfrac{\partial}{\partial z}(\delta\tau_{yz})=0\\ \dfrac{\partial}{\partial x}(\delta\tau_{zx})+\dfrac{\partial}{\partial y}(\delta\tau_{zy})+\dfrac{\partial}{\partial z}(\delta\sigma_z)=0\end{cases} \tag{10-65a}$$

或

$$\frac{\partial}{\partial x_j}(\delta\sigma_{ij})=0 \tag{10-65b}$$

变形体的表面分为两部分，即给定面力的部分表面 S_σ 和给定位移部分的表面 S_u。在表面力没有给定的边界 S_u 上，由于应力分量的变化，表面力也发生相应的变化，即 $\delta\bar{f_i}$。新的表面力变成 $\bar{f_i}+\delta\bar{f_i}$。因此，新的应力分量在此边界面上应满足边界条件，即

$$(\sigma_{ij}+\delta\sigma_{ij})n_j=\bar{f_i}+\delta\bar{f_i} \tag{10-66}$$

将式(10-66)与原边界条件式相减，得

$$n_j\delta\sigma_{ij}=\delta\bar{f_i} \tag{10-67}$$

此外，对于表面力已给定的边界 S_σ 上，表面力不能变化，即

$$\delta\bar{f_i}=0$$

故应力变分在该边界上应满足的条件为

$$n_j\delta\sigma_{ij}=0 \tag{10-68}$$

因此，为了使应力变分是静力许可的，它必须满足式(10-65)、式(10-67)和式(10-68)。于是，应变余能的变分，参照(10-27a)可写为

$$\delta V_c=\iiint_V(\varepsilon_{ij}\delta\sigma_{ij})\mathrm{d}V \tag{10-69}$$

将几何方程代入上式，得

$$\delta V_c=\iiint_V\left[\frac{\partial u}{\partial x}\delta\sigma_x+\cdots+\left(\frac{\partial u}{\partial y}+\frac{\partial v}{\partial x}\right)\delta\tau_{xy}+\cdots\right]\mathrm{d}V \tag{10-70}$$

将上式内各项进行分部积分并利用格林公式，得如下形式的三个关系式(另外两个已略去)

$$\begin{aligned}\iiint_V\left(\frac{\partial u}{\partial x}\delta\sigma_x\right)\mathrm{d}V&=\iiint_V\frac{\partial}{\partial x}(u\delta\sigma_x)\mathrm{d}V-\iiint_V u\frac{\partial}{\partial x}(\delta\sigma_x)\mathrm{d}V\\&=\iint_S ul\delta\sigma_x\mathrm{d}S-\iiint_V u\frac{\partial}{\partial x}(\delta\sigma_x)\mathrm{d}V\end{aligned} \tag{10-71}$$

和如下形式的另外三个关系式(另两个已略去):

$$\iiint_V\left(\frac{\partial v}{\partial x}+\frac{\partial u}{\partial y}\right)\delta\tau_{xy}\mathrm{d}V=\iint_s(vl+um)\delta\tau_{xy}\mathrm{d}S-\iiint_V\left[v\frac{\partial}{\partial x}(\delta\tau_{xy})+u\frac{\partial}{\partial y}(\delta\tau_{xy})\mathrm{d}V\right] \tag{10-72}$$

将式(10-71)、式(10-72)代入式(10-69),得

$$\begin{aligned}\delta V_c=&\iint_S[u(l\delta\sigma_x+m\delta\tau_{xy}+n\delta\tau_{xz})+v(l\delta\tau_{yx}+m\delta\sigma_y+n\delta\tau_{yz})+\\&w(l\delta\tau_{zx}+m\delta\tau_{zy}+n\delta\sigma_z)]\mathrm{d}S-\iiint_V\left\{u\left[\frac{\partial}{\partial x}(\delta\sigma_x)+\frac{\partial}{\partial y}(\delta\tau_{xy})+\frac{\partial}{\partial z}(\delta\tau_{xz})\right]+\right.\\&\left.v\left[\frac{\partial}{\partial x}(\delta\tau_{yx})+\frac{\partial}{\partial y}(\delta\sigma_y)+\frac{\partial}{\partial}(\delta\tau_{yz})\right]+w\left[\frac{\partial}{\partial x}(\delta\tau_{zx})+\frac{\partial}{\partial y}(\delta\tau_{zy})+\frac{\partial}{\partial z}(\delta\sigma_z)\right]\right\}\mathrm{d}V\end{aligned} \tag{10-73}$$

由式(10-65)知,上式中对体积的积分项为零;并注意在已知表面力的边界 S_σ 上,应满足式(10-68),而在已知位移的边界 S_u 上,因虚应力产生的附加面力应满足式(10-67)。因此,由式(10-67)可知,上式可简化为

$$\delta V_c=\iint_{S_u}(u_i\delta\bar{f_i})\mathrm{d}S \tag{10-74}$$

该变分方程等式的右边部分表示表面外力的增量 $\delta\bar{f_i}$ 与实际位移 u_i 所做的功,同时注意式(10-69),因而式(10-74)可写为

$$\begin{aligned}&\iiint_V(\varepsilon_x\delta\sigma_x+\varepsilon_y\delta\sigma_y+\varepsilon_z\delta\sigma_z+\gamma_{xy}\delta\tau_{xy}+\gamma_{yz}\delta\tau_{yz}+\gamma_{zx}\delta\tau_{zx})\mathrm{d}V\\=&\iint_{S_u}(u\delta\bar{f_x}+v\delta\bar{f_y}+w\delta\bar{f_z})\mathrm{d}S\end{aligned} \tag{10-75a}$$

或

$$\iiint_V(\varepsilon_{ij}\delta\sigma_{ij})\mathrm{d}V=\iint_{S_u}(u_i\delta\bar{f_i})\mathrm{d}S \tag{10-75b}$$

式(10-75)为应力变分方程,表述为:当物体在已知体力和面力作用下处于平衡状态时,微小虚面力在实际位移所做的虚功,等于虚应力在真实应变所产生的虚应变余能。显然,式(10-75)成立的附加条件为式(10-65)和式(10-68)。该两式可简写为

$$\begin{cases}(\delta\sigma_{ij})_{,j}=0 & (\text{在 } V \text{ 内})\\ n_j\delta\sigma_{ij}=0 & (\text{在 } S_\sigma \text{ 上})\end{cases}$$

与位移变分方程一样,应力变分方程的成立也与材料的本构关系无关。

应当指出,在位移变分方程中包含了实际的外力和内力,因而可理解为位移变分方程是对系统平衡的要求;而应力变分方程则包含有实际的位移和应变,所以可把应力变分方程看作对物体变形协调的要求。实际上,由应力变分方程(10-75)不难导出变形协调方程,这就是说式(10-75)等价于应变协调条件。于是,按式(10-75)解题时,对于所设解答,不必预先满足变形协调条件,只需使虚应力 $\delta\sigma_{ij}$ 满足物体的平衡方程和应力边界条件。

10.6.2 最小余能原理

由应力变分方程可直接导出最小余能原理。为避免混乱,今后把用应变表示的弹性应变能函数 $V_\varepsilon(\varepsilon_{ij})$ 称为应变能函数,或应变能;而把用应力表示的应变余能函数称为余应变能

函数,或余应变能(或应力能),记为 $V_c(\sigma_{ij})$。在应力变分方程中引进广义胡克定律,并认为应变状态是有势的,应变分量可由余应变能函数导出,即 $\varepsilon_{ij}=\dfrac{\partial v_c(\sigma_{ij})}{\partial \sigma_{ij}}$,而 $\delta v_c=\varepsilon_{ij}\delta\sigma_{ij}$,于是由上式可知,总的应变余能的变分为

$$\delta V_c=\iiint_V \delta v_c(\sigma_{ij})\mathrm{d}V=\iiint_V \varepsilon_{ij}\delta\sigma_{ij}\mathrm{d}V$$

因此,式(10-75)可化为

$$\iiint_V \delta v_c(\sigma_{ij})\mathrm{d}V-\iint_{S_u}(u\delta\bar{f}_x+v\delta\bar{f}_y+w\delta\bar{f}_z)\mathrm{d}S=0 \tag{10-76a}$$

如果存在虚应力时,在边界 S_u 上,位移分量应保持不变。于是可将上式中的变分符号置于积分号外,即

$$\delta\left[\iiint_V v_c(\sigma_{ij})\mathrm{d}V-\iint_{S_u}(u_i\bar{f}_i)\mathrm{d}S\right]=0 \tag{10-76b}$$

其中,$\bar{f}_i$是在已知位移边界由虚应力引起的附加表面面力。显然,在此情况下附加条件为

$$\begin{cases}\sigma_{ij,j}+f_i=0 & (\text{在 } V \text{ 内})\\ \sigma_{ij}n_j-\bar{f}_i=0 & (\text{在 } S_\sigma \text{ 上})\end{cases} \tag{10-77}$$

如果令变形体的总余能为

$$\Pi_c=\iiint_V v_c(\sigma_{ij})\mathrm{d}V-\iint_{S_u}u_i\bar{f}_i\mathrm{d}S$$

则有

$$\delta\Pi_c=0$$

上式说明,在所有满足平衡方程和应力边界条件的静力许可的应力场中,真实的应力场使总余能取极值。进一步还可证明

$$\delta^2\Pi_c\geqslant 0$$

因此,最小余能原理可表述为:在所有满足平衡方程和应力边界条件的静力许可的应力场中,真实的应力场使总余能取最小值。

由于真实的应力场既满足平衡方程、应力边界条件,又满足变形协调条件。可见,最小余能原理因真实的应力场满足平衡方程、应力边界条件,以及使总余能取最小值的条件,所以最小余能原理与变形协调条件等价。

下面指出最小余能原理的特殊情形。当物体全部表面力给定,则面力的变分为零,由式(10-76)得

$$\delta\Pi_c=\delta V_c=0 \tag{10-78}$$

式(10-78)称为最小功原理。该原理可表述为:若物体的面力给定,则在所有满足平衡方程和边界条件的应力场中,真实的应力场必使应变余能取最小值。对于线弹性体,因应变余能与应变能相等,因此又称式(10-78)为最小应变能原理。当最小应变余能原理用于线弹性力学问题可导出熟知的卡氏第二定理。

§10.7 应力变分法与应用

基于与位移变分法类似的思想,通过应力变分方程,以应力分量作为基本未知量,可得变形物体的近似解答。

10.7.1 应力变分法

应力变分法是设定应力分量表达式,其中包含了若干待定常数,使其满足平衡方程和应力边界条件,然后通过应力变分方程决定这些常数。

帕普考维奇(Папкович,П. Φ)建议取应力分量为

$$\begin{cases}\sigma_x = (\sigma_x)_0 + \sum_{m=1}^{n} A_m(\sigma_x)_m, & \tau_{xy} = (\tau_{xy})_0 + \sum_{m=1}^{n} A_m(\tau_{xy})_m \\ \sigma_y = (\sigma_y)_0 + \sum_{m=1}^{n} A_m(\sigma_y)_m, & \tau_{yz} = (\tau_{yz})_0 + \sum_{m=1}^{n} A_m(\tau_{yz})_m \\ \sigma_z = (\sigma_z)_0 + \sum_{m=1}^{n} A_m(\sigma_z)_m, & \tau_{zx} = (\tau_{zx})_0 + \sum_{m=1}^{n} A_m(\tau_{zx})_m\end{cases} \tag{10-79}$$

其中,$(\sigma_x)_0,\cdots,(\tau_{xy})_0,\cdots$是选定的满足平衡方程和应力边界条件的设定函数;$(\sigma_x)_m,\cdots,(\tau_{xy})_m,\cdots$是选定的满足体力为零的平衡方程和面力为零的应力边界条件的设定函数;A_m 是 n 个独立的待求系数。

于是,不论常数 A_m 取何值,式(10-79)中的应力分量 $\sigma_x,\cdots,\tau_{xy},\cdots$总能满足平衡方程和应力边界条件。如前所述,像对位移的变分一样,对式(10-79)应力分量的变分也是通过对待定常数 A_m 变分来实现。至于各个设定的函数,则仅是给定坐标位置 x,y,z 的函数,与应力的变分无关。因此,有

$$\begin{cases}\delta\sigma_x = \sum_{m=1}^{n} (\sigma_x)_m\delta A_m, & \delta\tau_{xy} = \sum_{m=1}^{n} (\tau_{xy})_m\delta A_m \\ \delta\sigma_y = \sum_{m=1}^{n} (\sigma_y)_m\delta A_m, & \delta\tau_{yz} = \sum_{m=1}^{n} (\tau_{yz})_m\delta A_m \\ \delta\sigma_z = \sum_{m=1}^{n} (\sigma_z)_m\delta A_m, & \delta\tau_{zx} = \sum_{m=1}^{n} (\tau_{zx})_m\delta A_m\end{cases} \tag{10-80}$$

对于应力变分方程(10-75)和(10-76),有两种可能情况。

(1)当给定面力或给定位移为零时,由最小功原理,有

$$\delta V_c = 0$$

$$\delta V_c = \frac{\partial V_c}{\partial A_1}\delta A_1 + \frac{\partial V_c}{\partial A_2}\delta A_2 + \cdots + \frac{\partial V_c}{\partial A_n}\delta A_n = 0$$

根据 $\delta A_1,\delta A_2,\cdots,\delta A_n$ 的任意性,可得

$$\frac{\partial V_c}{\partial A_m} = 0 \quad (m = 1,2,\cdots,n) \tag{10-81}$$

式(10-81)即为确定待定常数 A_m 的线性方程组。求得 A_m 后,则可获得问题的解。

(2)当给定位移不为零时,应力变分方程为

$$\delta V_c = \iint_{S_u} (u_i\delta\overline{f_i})\,\mathrm{d}S \tag{10-82}$$

式中 u_i 是已知的表面位移,上述积分只在这部分边界进行。而这部分边界上,面力和应力两者的变分应服从式(10-67),即

$$n_j\delta\sigma_{ij} = \delta\overline{f_i} \tag{10-83}$$

将式(10-80)代入上式,并计算式(10-82)的积分,可求得

$$\iint_{S_u}(u_i\delta \bar{f_i})\mathrm{d}S = \sum_{m=1}^{n} D_m \delta A_m \tag{10-84}$$

式中 D_m 为常数,由下式计算

$$D_m = \iint_{S_u}\{u[(\sigma_x)_m l + (\tau_{xy})_m m + (\tau_{xz})_m n] + v[(\tau_{yx})_m l + (\sigma_y)_m m + (\tau_{yz})_m n] + w[(\tau_{zx})_m l + (\tau_{zy})_m m + (\sigma_z)_m n]\}\mathrm{d}S \tag{10-85}$$

另一方面,有

$$\delta V_c = \sum_{m=1}^{n}\frac{\partial V_c}{\partial A_m}\delta A_m \tag{10-86}$$

将式(10-84)和式(10-86)代入式(10-82),并考虑到 δA_m 的任意性,得

$$\frac{\partial V_c}{\partial A_m} = D_m \quad (m = 1,2,\cdots,n) \tag{10-87}$$

式(10-87)仍是待定常数 A_m 的线性代数方程组。求得 A_m 后,则可获得问题的解。

由以上分析可知,对于所选定的应力分量同时满足平衡方程和应力边界条件往往是十分困难。但在已经讨论过的问题中,如平面问题、柱体的扭转,应力分量是以应力函数表示。此时,用应力函数表示应力分量已经满足了平衡方程,余下的问题就是应力边界条件了。对于这类问题,求解时困难就少了,从而扩大了应力变分方程的应用范围。

10.7.2 应力变分法在平面问题中的应用

在平面问题中,应力分量 $\sigma_x,\sigma_y,\tau_{xy}$ 仅是 x,y 的函数,并不随坐标 z 变化。对于平面应力问题,如果在 z 方向取单位长度,由式(10-24)知弹性体的应变余能表达式为

$$V_c = \frac{1}{2E}\iint_A[\sigma_x^2 + \sigma_y^2 - 2\upsilon\sigma_x\sigma_y + 2(1+\upsilon)\tau_{xy}^2]\mathrm{d}x\mathrm{d}y \tag{10-88}$$

对于平面应变问题,以 $\frac{E}{1-\upsilon^2}$ 代替 E,以 $\frac{\upsilon}{1-\upsilon}$ 代替 υ,可得

$$V_c = \frac{1+\upsilon}{2E}\iint_A[(1-\upsilon)(\sigma_x^2 + \sigma_y^2) - 2\upsilon\sigma_x\sigma_y + 2\tau_{xy}^2]\mathrm{d}x\mathrm{d}y \tag{10-89}$$

如果弹性体是单连体,体力为常数,且是应力边界问题,则应力分布与材料的弹性常数无关。此时,为了计算方便,可在式(10-88)和式(10-89)中取 $\upsilon = 0$,于是对于平面应力和平面应变两种情况下弹性体的应变余能,可统一写成

$$V_c = \frac{1}{2E}\iint_A(\sigma_x^2 + \sigma_y^2 + 2\tau_{xy}^2)\mathrm{d}x\mathrm{d}y \tag{10-90}$$

根据式(6-32),应力分量用应力函数 Φ 可表示为

$$\begin{cases}\sigma_x = \dfrac{\partial^2\Phi}{\partial y^2} - f_x x \\ \sigma_y = \dfrac{\partial^2\Phi}{\partial x^2} - f_y y \\ \tau_{xy} = -\dfrac{\partial^2\Phi}{\partial x\partial y}\end{cases} \tag{10-91}$$

将式(10-91)代入式(10-90),则有

$$V_c = \frac{1}{2E}\iint_A\left[\left(\frac{\partial^2\Phi}{\partial x^2} - f_x x\right)^2 + \left(\frac{\partial^2\Phi}{\partial y^2} - f_y y\right)^2 + 2\left(\frac{\partial^2\Phi}{\partial x\partial y}\right)\right]\mathrm{d}x\mathrm{d}y \tag{10-92}$$

设应力函数为

$$\Phi(x,y) = \Phi_0(x,y) + \sum_{m=1}^{n} A_m\Phi_m(x,y) \quad (m = 1,2,\cdots,n) \tag{10-93}$$

式中，Φ_0 给出的应力分量满足实际的应力边界条件；Φ_m 给出的应力分量满足面力为零时的应力边界条件；A_m 为 n 个互相独立的待定常数。

如用线性代数方程组(10-87)求解，则可将式(10-93)代入式(10-92)后，对 A_m 求偏导，并使其为零，即得

$$\iint_A\left[\left(\frac{\partial^2\Phi}{\partial y^2} - f_x x\right)\frac{\partial}{\partial A_m}\left(\frac{\partial^2\Phi}{\partial y^2}\right) + \left(\frac{\partial^2\Phi}{\partial x^2} - f_y y\right)\frac{\partial}{\partial A_m}\left(\frac{\partial^2\Phi}{\partial x^2}\right) + 2\frac{\partial^2\Phi}{\partial x\partial y}\frac{\partial}{\partial A_m}\left(\frac{\partial^2\Phi}{\partial x\partial y}\right)\right]\mathrm{d}x\mathrm{d}y = 0 \tag{10-94}$$

解上述方程，则可确定待定常数 A_m。

例题4 矩形薄板在 $x = \pm a$ 的边界上受到抛物线分布的拉力作用，其最大集度为 q，如图10-7所示。不计体力，试用应力变分法确定板内的应力分量。

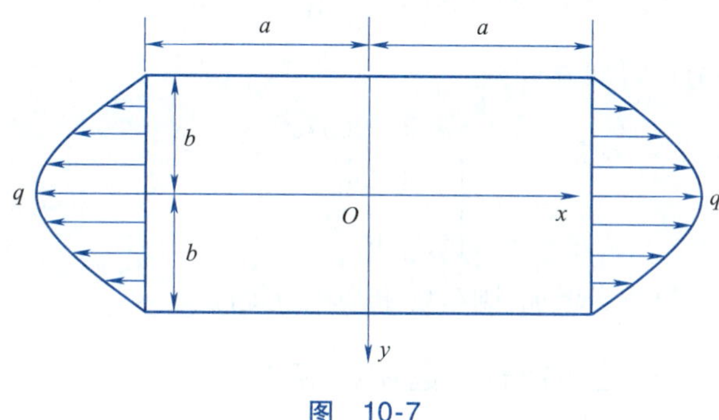

图 10-7

解 边界条件为

$$\begin{cases}(\sigma_x)_{x=\pm a} = \left(1 - \dfrac{y^2}{b^2}\right)q, \quad (\tau_{xy})_{x=\pm a} = 0 \\ (\sigma_y)_{y=\pm b} = 0, \quad (\tau_{yx})_{y=\pm b} = 0\end{cases} \tag{10-95}$$

由式(10-93)和式(10-95)，并考虑到结构与载荷的对称性，选应力函数 $\Phi(x,y)$ 为

$$\Phi(x,y) = \Phi_0(x,y) + \sum_{m=1}^{n} A_m\Phi_m(x,y) = \frac{1}{2}qy^2\left(1 - \frac{y^2}{6b^2}\right) + qb^2\left(1 - \frac{x^2}{a^2}\right)^2\left(1 - \frac{y^2}{b^2}\right)^2 \times$$

$$\left(A_1 + A_2\frac{x^2}{a^2} + A_3\frac{y^2}{b^2} + A_4\frac{x^4}{a^4} + A_5\frac{x^2y^2}{a^2b^2} + A_6\frac{y^4}{b^4} + \cdots\right) \tag{10-96}$$

显然，$\Phi_0(x,y) = \dfrac{1}{2}qy^2\left(1 - \dfrac{y^2}{6b^2}\right)$满足应力边界条件式(10-95)。

现进行一次近似计算，即取应力函数为

$$\Phi(x,y) = \frac{1}{2}qy^2\left(1 - \frac{y^2}{6b^2}\right) + A_1qb^2\left(1 - \frac{x^2}{a^2}\right)^2\left(1 - \frac{y^2}{b^2}\right)^2 \tag{10-97}$$

注意到 Φ 为 x,y 的偶函数，于是式(10-94)化简为

$$4\int_0^a\int_0^b\left[\frac{\partial^2\Phi}{\partial y^2}\frac{\partial}{\partial A_1}\left(\frac{\partial^2\Phi}{\partial y^2}\right) + \frac{\partial^2\Phi}{\partial x^2}\frac{\partial}{\partial A_1}\left(\frac{\partial^2\Phi}{\partial x^2}\right) + 2\frac{\partial^2\Phi}{\partial x\partial y}\frac{\partial}{\partial A_1}\left(\frac{\partial^2\Phi}{\partial x\partial y}\right)\right]\mathrm{d}x\mathrm{d}y = 0$$

将式(10-97)代入上式,积分并整理后得

$$A_1\left(\frac{64}{7}+\frac{256b^2}{49a^2}+\frac{64b^4}{7a^4}\right)=1$$

对于 $a=2b$ 的矩形板,由上式得

$$A_1=0.091$$

将 A_1 代入式(10-97),则应力函数为

$$\Phi(x,y)=\frac{1}{2}qy^2\left(1-\frac{y^2}{6b^2}\right)+0.091qb^2\left(1-\frac{x^2}{a^2}\right)^2\left(1-\frac{y^2}{b^2}\right)^2$$

相应的应力分量为

$$\begin{cases}\sigma_x=q\left(1-\dfrac{y^2}{b^2}\right)-0.362\,96q\left(1-\dfrac{x^2}{a^2}\right)^2\left(1-\dfrac{3y^2}{b^2}\right)\\ \sigma_y=-0.362\,96q\left(1-\dfrac{3x^2}{a^2}\right)\left(1-\dfrac{y^2}{b^2}\right)^2\\ \tau_{xy}=-1.451\,84q\left(1-\dfrac{x^2}{a^2}\right)\left(1-\dfrac{y^2}{b^2}\right)\dfrac{xy}{a^2}\end{cases}$$

在板中心点处($x=y=0$),得到应力为

$$\begin{cases}\sigma_x=0.637q\\ \sigma_y=-0.363q\\ \tau_{xy}=0\end{cases}$$

如果所选应力函数的项数适当增加,则精度也会相应提高。

10.7.3 应力变分法在柱体扭转问题中的应用

对于实心等截面直杆,在两端受到等值反向的扭矩作用时,每一横截面上将产生相同的剪应力 τ_{zx},τ_{zy},而其他的应力分量 $\sigma_x=\sigma_y=\sigma_z=\tau_{xy}=0$,故应变余能的表达式可写为

$$V_c=\frac{1+\upsilon}{E}\iiint_V(\tau_{zx}^2+\tau_{zy}^2)\,\mathrm{d}x\mathrm{d}y\mathrm{d}z \tag{10-98}$$

由式(9-13)知,式中 τ_{zx},τ_{zy} 可用应力函数表示为

$$\tau_{zx}=\frac{\partial\Phi}{\partial y},\quad \tau_{zy}=-\frac{\partial\Phi}{\partial x} \tag{10-99}$$

由于各个横截面具有相同的剪应力分量,令杆长度为 l,则上式的积分只需在横截面内进行,因此应变余能可改写成

$$V_c=\frac{(1+\upsilon)l}{E}\iint_A\left[\left(\frac{\partial\Phi}{\partial x}\right)^2+\left(\frac{\partial\Phi}{\partial y}\right)^2\right]\mathrm{d}x\mathrm{d}y \tag{10-100}$$

于是,应变余能的变分为

$$\delta V_c=\frac{(1+\upsilon)l}{E}\delta\iint_A\left[\left(\frac{\partial\Phi}{\partial x}\right)^2+\left(\frac{\partial\Phi}{\partial y}\right)^2\right]\mathrm{d}x\mathrm{d}y \tag{10-101}$$

对于虚面力在位移上所做的功,由于杆的侧面没有面力作用,不存在面力的变分,因此只需计算端部虚面力所做的功。端部上的面力不管它们分布如何,只要其合成后等于扭矩 M,就满足了圣维南原理的条件。因此,可以认为它们不是给定的,可以允许变分。令杆单位长度的相对扭转角为 α,则两端面的相对扭转角为 $l\alpha$。因此,虚面力在实际位移上所做的功

为 $l\alpha\delta M$。利用式(9-23),并注意到 $G=\dfrac{E}{2(1+\upsilon)}$,于是有

$$\iint_A (u\delta\bar{f}_x + v\delta\bar{f}_y + w\delta\bar{f}_z)\mathrm{d}x\mathrm{d}y = 2l\alpha\delta\iint_A \Phi\mathrm{d}x\mathrm{d}y \tag{10-102}$$

将式(10-101)和式(10-102)代入应力变分方程(10-76a),则可得

$$\delta\iint_A\left\{\frac{1}{2}\left[\left(\frac{\partial\Phi}{\partial x}\right)^2+\left(\frac{\partial\Phi}{\partial y}\right)^2\right]-2G\alpha\Phi\right\}\mathrm{d}x\mathrm{d}y = 0 \tag{10-103}$$

式(10-103)即为应用于柱体扭转时的应力变分方程。

在求解柱体扭转问题时,设应力函数为

$$\Phi(x,y) = \sum_{m=1}^{n} A_m\Phi_m(x,y) \tag{10-104}$$

式中,A_m 为互相独立的 n 个待定常数。为使应力函数 $\Phi(x,y)$ 在横截面的周边上均等于零,就必须使设定的函数 $\Phi_m(x,y)$ 在截面的周边上为零。现令式(10-103)中的积分为

$$\Pi_c = \iint_A\left\{\frac{1}{2}\left[\left(\frac{\partial\Phi}{\partial x}\right)^2+\left(\frac{\partial\Phi}{\partial y}\right)^2\right]-2G\alpha\Phi\right\}\mathrm{d}x\mathrm{d}y \tag{10-105}$$

将式(10-104)代入上式,并经变分后,可得

$$\delta\Pi_c = \sum_{m=1}^{n}\frac{\partial\Pi_c}{\partial A_m}\delta A_m = 0$$

注意到 δA_m 的任意性,于是可得

$$\frac{\partial\Pi_c}{\partial A_m}=0 \quad (m=1,2,\cdots,n)$$

将式(10-105)代入上式,并求导后,可得

$$\iint_A\left[\frac{\partial\Phi}{\partial x}\frac{\partial}{\partial A_m}\left(\frac{\partial\Phi}{\partial x}\right)+\frac{\partial\Phi}{\partial y}\frac{\partial}{\partial A_m}\left(\frac{\partial\Phi}{\partial y}\right)-2G\alpha\frac{\partial\Phi}{\partial A_m}\right]\mathrm{d}x\mathrm{d}y = 0 \tag{10-106}$$

于是由上式即可求得 A_m。

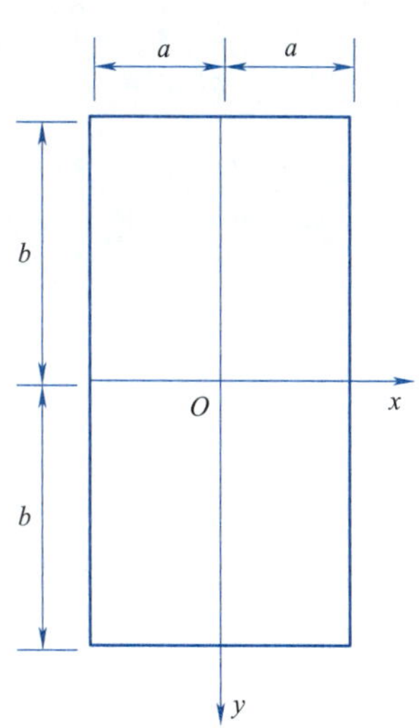

图 10-8

例题 5 横截面尺寸为 $2a\times 2b$ 的矩形截面杆如图 10-8 所示,受自由扭转,试用应力变分法计算单位扭转角和最大切应力。

解 矩形截面的边界 $x=\pm a, y=\pm b$ 处,扭转应力函数 Φ 为零,并考虑到应力函数应对称于 x 轴和 y 轴,因此可选取应力函数为

$$\Phi(x,y)=(x^2-a^2)(y^2-b^2)(A_1+A_2x^2+A_3y^2+\cdots) \tag{10-107}$$

作为第一次近似计算,取应力函数为

$$\Phi(x,y)=A_1(x^2-a^2)(y^2-b^2) \tag{10-108}$$

将式(10-107)代入式(10-106),得

$$\int_{-a}^{a}\int_{-b}^{b}[4A_1x^2(y^2-b^2)^2+4A_1y^2(x^2-a^2)^2-2G\alpha(x^2-a^2)(y^2-b^2)]\mathrm{d}x\mathrm{d}y = 0$$

将上式积分后,解得

$$A_1=\frac{5G\alpha}{4(a^2+b^2)}$$

将它代入式(10-108),则第一次近似的应力函数为

$$\Phi(x,y)=\frac{5G\alpha}{4(a^2+b^2)}(x^2-a^2)(y^2-b^2)$$

于是,根据式(9-23)和上式,则有

$$M=2\int_{-a}^{a}\int_{-b}^{b}\Phi\mathrm{d}x\mathrm{d}y=\frac{40}{9}\frac{\left(\frac{b}{a}\right)^3}{1+\left(\frac{b}{a}\right)^2}a^4G\alpha \tag{10-109}$$

由式(10-109)求得单位长度扭转角为

$$\alpha=\frac{9M\left[1+\left(\frac{b}{a}\right)^2\right]}{40ab^2G} \tag{10-110}$$

根据式(9-13)可求得切应力分量,而最大切应力发生在长边($b>a$)中点处,其值为

$$\tau_{\max}=(\tau_{zy})_{x=\pm a,y=0}=\frac{9M}{16a^2b} \tag{10-111}$$

当受扭棱柱体为正方形($a=b$)时,有

$$A_1=\frac{5G\alpha}{8a^2},\quad M=\frac{20}{9}G\alpha a^4=2.222G\alpha a^4,\quad \tau_{\max}=\frac{9M}{16a^3}=0.563\frac{M}{a^3} \tag{10-112}$$

正方形截面杆的精确值为:$M=2.25G\alpha a^4$,$\tau_{\max}=0.601\dfrac{M}{a^3}$,与式(10-112)比较,误差分别为$-1.2\%$和$-6.3\%$。

如在式(10-107)所示应力函数取待定系数A_1,A_2,A_3,对正方形截面柱体扭转作第二次近似计算,则经类似运算,可得

$$\begin{cases}A_1=\dfrac{1\,295}{2\,216}\cdot\dfrac{G\alpha}{a^2}\\ A_2=A_3=\dfrac{525}{4\,432}\cdot\dfrac{G\alpha}{a^4}\end{cases}$$

求得扭矩和最大剪应力分别为

$$M=2.246G\alpha a^4,\quad \tau_{\max}=0.626\frac{M}{a^3}$$

与精确值相比较,误差分别为-0.18%和4.2%。由此可见,其精度有所提高,但计算量也增大很多。

习 题 10

10-1 试根据弹性力学中应变能的表达式,导出材料力学中拉伸和弯曲问题用位移表示的应变能表达式。

10-2 试说明里兹法和伽辽金法的近似性是如何表现的。

10-3 试证明最小势能原理等价于弹性体的平衡微分方程和应力边界条件。

10-4 铅直平面内的正方形薄板,边长为$2a$,四边固定,如图10-9所示,薄板只受重力的作用。设$\upsilon=0$,试取位移分量的表达式为

$$u=\left(1-\frac{x^2}{a^2}\right)\left(1-\frac{y^2}{a^2}\right)\frac{x}{a}\frac{y}{a}\left(A_1+A_2\frac{x^2}{a^2}+A_3\frac{y^2}{a^2}+\cdots\right)$$

$$v=\left(1-\frac{x^2}{a^2}\right)\left(1-\frac{y^2}{a^2}\right)\left(B_1+B_2\frac{x^2}{a^2}+B_3\frac{y^2}{a^2}+\cdots\right)$$

用里兹法或伽辽金法求解(在 u 的表达式中,布置了因子 x 和 y,因为按照问题的对称条件,u 应为 x 和 y 的奇函数)。

10-5 正方形薄板,边长为 $2a$,在左右两边受按抛物线分布的拉力作用 $(\sigma_x)_{x=\pm a}=q\left(\frac{y}{a}\right)^2$,如图 10-10 所示。试用应力变分法按如下的应力函数求解

$$\Phi=\frac{qy^4}{12a^2}+qa^2\left(1-\frac{x^2}{a^2}\right)^2\left(1-\frac{y^2}{a^2}\right)^2\left(A_1+A_2\frac{x^2}{a^2}+A_3\frac{y^2}{a^2}+\cdots\right)$$

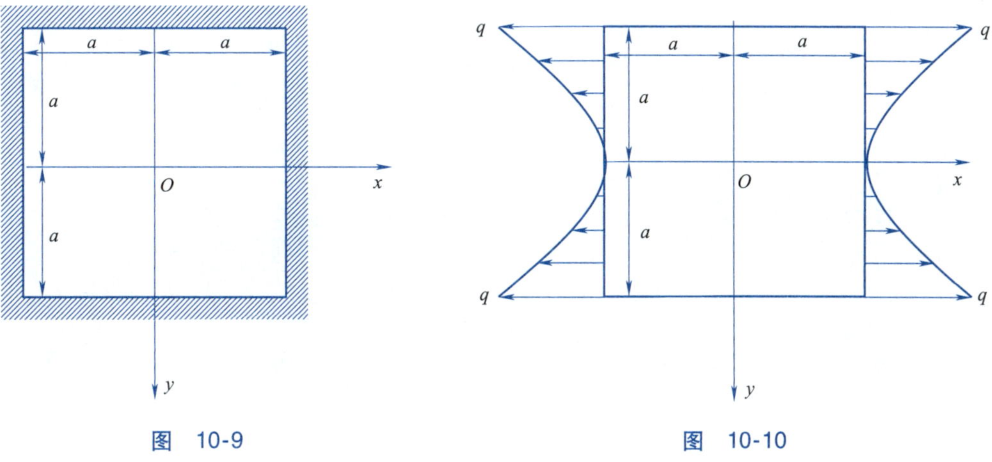

图 10-9　　图 10-10

10-6 矩形薄板,三边固定,一边受有均布压力 q,如图 10-11 所示,试用应力变分法按如下的应力函数求解(取 $\upsilon=0$)

$$\Phi=-\frac{qx^2}{2}+\frac{qa^2}{2}\left(A_1\frac{x^2y^2}{a^2b^2}+A_2\frac{y^3}{b^3}\right)$$

10-7 扭杆的横截面为一个象限圆,如图 10-12 所示。试取 $\Phi=Axy(a^2-x^2-y^2)$,用变分法求出扭杆每单位长度内的扭角。

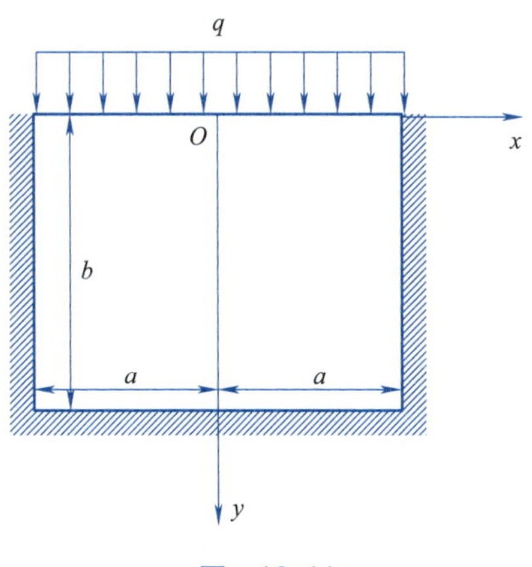

图 10-11

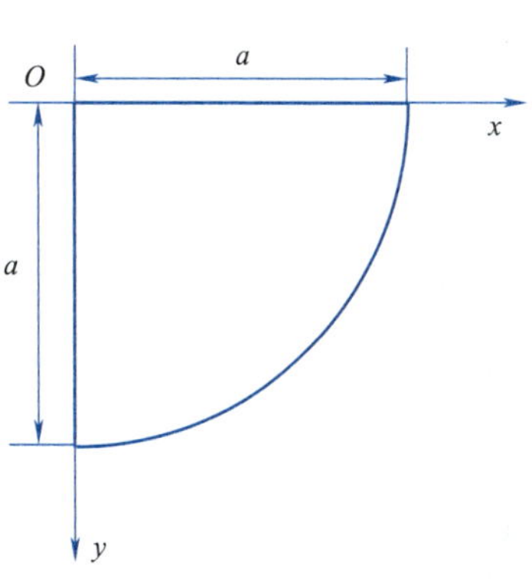

图 10-12

10-8　超静定梁受集中力 F 作用，如图 10-13 所示。已知梁的抗弯刚度为 EI，试用最小势能原理求梁的最大挠度。

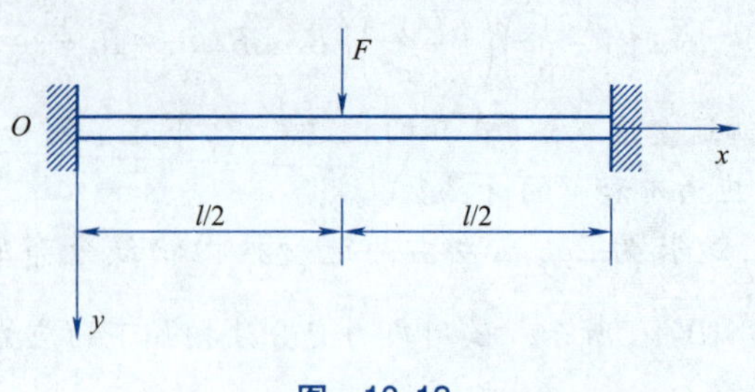

图 10-13

弹性力学常用专业名词中英文对照表

Chapter 1 Introduction
第 1 章 绪论

1. elasticity 弹性力学
2. solid mechanics 固体力学
3. elastic body 弹性体
4. basic assumptions 基本假设
5. elastic body 弹性体
6. micro element 微元
7. method of section 截面法
8. internal forces 内力
9. cross-section 横截面
10. generalized Hooke's law 广义胡克定律
11. inverse method 逆解法
12. semi-inverse method 半逆解法
13. Saint-Venant's principle 圣维南原理
14. Cartesian tensor 笛卡尔张量
15. indicator symbol 指标符号
16. dummy index 哑指标
17. Einstein summation convention 爱因斯坦求和约定
18. free index 自由指标
19. Kronecker symbol 克罗内克尔符号
20. permutation (substitution) symbol 排列(置换)符号
21. Cartesian coordinate system 笛卡尔坐标系
22. rectangular coordinate system 直角坐标系
23. unit base vector 单位基矢量
24. second-order tensor 二阶张量
25. tensor invariants 张量不变量
26. gradient 梯度
27. divergence 散度
28. curl 旋度
29. orthogonal curvilinear coordinate system 正交曲线坐标系
30. Lamé coefficient 拉梅系数
31. Laplace operator 拉普拉斯算子
32. Hamilton operator 哈密顿算子
33. cylindrical coordinate system 柱坐标系
34. spherical coordinate system 球坐标系

Chapter 2 Stress Theory
第 2 章 应力理论

1. statically indeterminate problem 超静定问题
2. differential equation of equilibrium 平衡微分方程
3. stress boundary conditions 应力边界条件

4. continuum mechanics 连续介质力学
5. external forces 外力
6. body forces 体力
7. normal stress 正应力
8. shearing stress 切应力
9. surface forces 面力
10. gravitational forces 重力
11. inertial forces 惯性力
12. volume element 体元
13. differential hexahedral element 微分六面体元
14. body force components 体力分量
15. surface force components 面力分量
16. internal forces 内力
17. stress tensor 应力张量
18. inclined section 斜截面
19. differential element bodies 微元体
20. Taylor series 泰勒级数
21. Navier equations 纳维方程
22. reciprocal theorem of shear stress 切应力互等定理
23. entity form 实体形式
24. Cauchy formula 柯西公式
25. rotation axis formula of the stress tensor 应力张量转轴公式
26. outward normal 外法线
27. principal stress 主应力
28. principal direction 主方向
29. principal direction of stress 应力主向
30. principal plane 主平面
31. stress tensor invariants 应力张量不变量

Chapter 3　Strain Theory
第 3 章　应变理论

1. geometrical equations 几何方程
2. strain compatibility equations 应变协调方程
3. rigid body displacement 刚体位移
4. normal strain 正应变
5. shearing strain 切应变
6. Cauchy equation 柯西方程
7. Cauchy strain tensor 柯西应变张量
8. principal strain 主应变
9. principal direction of strain 应变主向
10. strain tensor invariants 应变张量不变量
11. principal shearing strains 主切应变
12. volume strain 体应变
13. Saint-Venant equation 圣维南方程
14. simply connected domain 单连通域
15. multiply connected domain 多连通域
16. simply connected body 单连通体
17. multiply connected body 多连通体
18. displacement boundary conditions 位移边界条件

Chapter 4　Elastic Constitutive Relation
第 4 章　弹性本构关系

1. constitutive equations 本构方程
2. physical equations 物理方程
3. generalized Hooke's Law 广义胡克定理

4. law of conservation of energy 能量守恒定律

5. elastic strain energy 弹性应变能

6. strain energy density 应变能密度

7. Green's Formula 格林公式

8. anisotropic elastic bodies 各向异性弹性体

9. elastic constants 弹性常数

10. elastic principal direction 弹性主方向

11. elastic symmetry plane 弹性对称面

12. orthotropic elastic bodies 正交各向异性弹性体

13. tension or compression 拉伸或压缩变形

14. shearing 剪切变形

15. transversely isotropic elastic bodies 横观各向同性弹性体

16. axis of elastic symmetry 弹性对称轴

17. isotropic elastic bodies 各向同性弹性体

18. Lamé constants 拉梅常数

19. average normal stress 平均正应力

20. average normal strain 平均正应变

21. volume strain Hooke's law 体应变胡克定律

22. bulk modulus 体积模量

23. stress- strain relationship 应力-应变关系

24. pure shear 纯剪切

25. Young's modulus 杨氏模量

26. modulus of elasticity 弹性模量

27. shear modulus 切变模量

28. hydrostatic pressure 静水压力

Chapter 5 Establishment and General Principles of Elasticity Problems

第 5 章 弹性力学问题的建立和一般原理

1. displacement method 位移解法

2. stress method 应力解法

3. uniqueness of solutions principle 解的唯一性原理

4. superposition principle 叠加原理

5. Saint-Venant's principle 圣维南原理

6. governing equations 控制方程

7. displacement boundary condition 位移边界条件

8. mixed boundary conditions 混合边界条件

9. boundary value problem 边值问题

10. mixed boundary value problems 混合边值问题

11. Navier- Lamé equation 纳维-拉梅方程

12. Beltrami-Michell equation 贝尔特拉米-米切尔方程

13. stress compatibility equation 应力协调方程

14. spatial axisymmetric problem 空间轴对称问题

15. stress function method 应力函数解法

16. biharmonic equation 双调和方程

17. spherical symmetry problem 球对称问题

18. rigid body displacement 刚体位移

19. tangential normal stress 切向正应力

20. tangential normal strain 切向正应变

21. circumferential displacement 环向位移

22. cantilever beam 悬臂梁

23. statically equivalent force system 静力等效力系

24. equilibrium force system 平衡力系

25. resultant force 合力

Chapter 6 Right-angle Coordinate Solutions to Plane Problems
第 6 章 平面问题的直角坐标解答

1. plane stress problem 平面应力问题
2. plane strain problem 平面应变问题
3. equal cross-section 等截面
4. constant body forces 常体力
5. Lévy equation 莱维方程
6. distortion 畸变
7. homogeneous equation 齐次方程
8. nonhomogeneous equation 非齐次方程
9. particular solution 特解
10. Airy stress function 艾里应力函数
11. condition of single-valued displacements 位移单值条件
12. pure bending 纯弯曲
13. self-weight 自重
14. concentrated load 集中力
15. crushing stress 挤压应力
16. simple equation 一次方程
17. ordinary differential equation 常微分方程
18. moment of inertia 惯性矩
19. first moment of the area 静矩
20. triangular Dam 三角形水坝
21. method of dimensional analysis 量纲分析法
22. expansion joint 伸缩缝

Chapter 7 Solutions of Plane Problems in Polar Coordinates
第 7 章 平面问题的极坐标解答

1. polar coordinate system 极坐标系
2. method of coordinate transformation 坐标变换法
3. axisymmetrical stress problem 轴对称应力问题
4. axisymmetrical displacement problem 轴对称位移问题
5. thick-Walled Cylinder 厚壁圆筒
6. uniform pressure 均布压力
7. Lamé solutions 拉梅解答
8. curved beam 曲梁
9. circumferential normal stress 环向正应力
10. Golovin solutions 郭洛文解答
11. annular displacement 环向位移
12. uniform Tension 均匀拉伸
13. stress concentration at the hole 孔口应力集中
14. stress concentration coefficient 应力集中系数
15. fatigue crack 疲劳裂纹
16. brittle fracture 脆性断裂
17. Kirsch solutions 基尔斯解答
18. Inglis solutions 英格利斯解答
19. Flamant problem 符拉芒问题
20. concentrated normal force 法向集中力

Chapter 8　Solutions to Simple Spatial Problems
第 8 章　简单空间问题的解答

1. spatial problems 空间问题
2. torsion of circular shaft 圆轴扭转
3. pure bending 纯弯曲
4. force couple 力偶
5. torsional rigidity 抗扭刚度
6. principal centroidal axes 形心主轴
7. neutral axis 中性轴
8. deflection curve 挠曲线
9. semi-infinite body 半无限体

Chapter 9　Torsion and Bending of Cylindrical Bars
第 9 章　柱形杆的扭转和弯曲

1. prismatical bar 柱形杆
2. plane section hypothesis 平面假设
3. free torsion 自由扭转
4. restrained torsion 约束扭转
5. twist per unit length 单位长度的扭转角
6. warping function 翘曲函数
7. torsional rigidity 扭转刚度
8. Neumann problem 诺伊曼问题
9. Prandtl stress function 普朗特应力函数
10. Poisson equation 泊松方程
11. resultant shearing stress 合切应力
12. method of separation variables 分离变量法
13. Fourier series 傅里叶级数
14. analogy method 比拟法
15. membrane analogy 薄膜比拟
16. bending center 弯曲中心
17. cantilever beam 悬臂梁

Chapter 10　Energy Principle and Variational Method
第 10 章　能量原理及变分法

1. energy principle 能量原理
2. variational method 变分法
3. energy method 能量法
4. functional variation 泛函的变分
5. functional stationary conditions 泛函的驻值条件
6. complementary Strain Energy 应变余能
7. strain energy density 应变能密度
8. density of complementary strain energy 应变余能密度
9. principle of conservation of energy 能量守恒定理
10. virtual displacements 虚位移
11. deformed body 变形体
12. virtual displacements 虚应变
13. equation of displacement variation 位移变分方程

14. Lagrange variation equation 拉格朗日变分方程

15. virtual work equation 虚功方程

16. principle of minimum potential energy 最小势能原理

17. potential energy of external force 外力势能

18. Galerkin variational equation 伽辽金变分方程

19. method of displacement variation 位移变分法

20. the Rayleigh-Ritz method 瑞利-里兹法

21. the Galerkin method 伽辽金法

22. flexural rigidity 弯曲刚度

23. bending moment 弯矩

24. equation of stress variation 应力变分方程

25. principle of minimum complementary energy 最小余能原理

26. virtual stress 虚应力

27. principle of minimum work 最小功原理

28. principle of minimum strain energy 最小应变能原理

29. method of stress variation 应力变分法

参 考 文 献

[1] 吴家龙. 弹性力学[M]. 3 版. 北京:高等教育出版社,2016.

[2] 徐芝纶. 弹性力学[M]. 4 版. 北京:高等教育出版社,2006.

[3] 铁摩辛柯,古地尔. 弹性理论[M]. 徐芝纶. 译. 北京:高等教育出版社,1990.

[4] 谢贻权,林钟祥,丁皓江. 弹性力学[M]. 杭州:浙江大学出版社,1988.

[5] 陆明万,罗学富. 弹性理论基础[M]. 2 版. 北京:清华大学出版社,2001.

[6] 王光钦,丁桂保,杨杰. 弹性力学[M]. 3 版. 北京:清华大学出版社,2015.

[7] 武际可,王敏中,王炜. 弹性力学引论(修订版)[M]. 北京:北京大学出版社,2001.

[8] 王敏中,王炜,武际可. 弹性力学教程(修订版)[M]. 北京:北京大学出版社,2011.

[9] 杨桂通. 弹塑性力学引论[M]. 北京:清华大学出版社,2004.

[10] 杨桂通. 弹性力学 [M]. 3 版. 北京:高等教育出版社,2018.

[11] 杜庆华,余寿文,姚振汉. 弹性力学[M]. 北京:科学出版社,1986.

[12] 薛强. 弹性力学[M]. 北京:北京大学出版社,2006.

[13] 徐秉业,黄炎,刘信声,等. 弹性力学与塑性力学解题指导及习题集[M]. 北京:高等教育出版社,1999.

[14] 刘章军,吴勃,卢海林. 弹性力学与有限元基础[M]. 北京:高等教育出版社,2019.

[15] 王龙甫. 弹性理论[M]. 北京:科学出版社,1978.

[16] 蒋玉川,张建海. 弹性力学简明教程[M]. 北京:化学工业出版社,2020.

[17] 李刚. 弹性力学[M]. 北京:科学出版社,2021.

General Higher Education Mechanics Basic Course Series Textbooks of the 14th Five-Year Plan

A Concise Course of Theory of Elasticity

(Chinese and English Version)

Feng Wenjie Liu Lingling

中国铁道出版社有限公司
CHINA RAILWAY PUBLISHING HOUSE CO., LTD.

CONTENTS

Chapter 1 Introduction ·· 1

§ 1. 1 Tasks of Elasticity ·· 1

§ 1. 2 Basic assumptions of Elasticity ·· 3

§ 1. 3 Research Methods of Elasticity ·· 5

§ 1. 4 A Brief History of the Development of Elasticity ·· 6

§ 1. 5 Introduction to Cartesian Tensor ·· 7

§ 1. 6 Orthogonal Curvilinear Coordinate System ·· 18

Worksheet 1 ·· 22

Chapter 2 Stress Theory ·· 23

§ 2. 1 External Forces and Stresses ·· 23

§ 2. 2 Stress States and Stress Tensors ·· 25

§ 2. 3 Differential Equations of Equilibrium ·· 27

§ 2. 4 Stress of Inclined Plane and Stress Boundary Conditions ·· 29

§ 2. 5 Coordinate Transformation of Stress Components ·· 31

§ 2. 6 Principal Stress and Stress Tensor Invariants ·· 32

§ 2. 7 Maximum Shearing Stress ·· 35

§ 2. 8 Equilibrium Equations in Orthogonal Curvilinear Coordinate Systems ·· 37

Worksheet 2 ·· 39

Chapter 3 Strain Theory ·· 42

§ 3. 1 Displacement Component and Strain Component ·· 42

§ 3. 2 Geometrical Equations ·· 44

§ 3. 3 Strain State at One Point ·· 46

§ 3. 4 Strain Compatibility Equations ·· 49

§ 3. 5 Calculate Displacement from Strain ·· 51

§ 3. 6 Geometrical Equations in Orthogonal Curvilinear Coordinate Systems ·· 54

Worksheet 3 ······ 55

Chapter 4 Elastic Constitutive Relation ······ 57

§4.1 Generalized Hooke's Law ······ 57
§4.2 Elastic Strain Energy ······ 58
§4.3 Anisotropic Elastic Bodies ······ 61
§4.4 Isotropic Elastic Bodies ······ 65
§4.5 Relationships between Elastic Constants ······ 67
Worksheet 4 ······ 69

Chapter 5 Establishment of Elasticity Problems and General Principles ······ 71

§5.1 Basic Equations and Boundary Conditions ······ 71
§5.2 Methods of Solving Elasticity Problems ······ 72
§5.3 Basic Equations and Solutions of Axisymmetrical Problems ······ 77
§5.4 Basic Equations and Solutions of Spherical Symmetry Problems ······ 79
§5.5 General Principles of Elasticity ······ 80
Worksheet 5 ······ 84

Chapter 6 Rectangular Coordinate Solutions to Plane Problems ······ 87

§6.1 Plane Stress Problem and Plane Strain Problem ······ 87
§6.2 Basic Equations and Solution Methods for Plane Problems ······ 88
§6.3 Stress Function Method for Plane Problems ······ 92
§6.4 Polynomial Solving Plane Problems ······ 93
§6.5 Bending of Cantilever Beam ······ 96
§6.6 Bending of Simply Supported Beam ······ 100
§6.7 Triangular Dam ······ 103
Worksheet 6 ······ 105

Chapter 7 Solutions of Plane Problems in Polar Coordinates ······ 108

§7.1 Basic Equations in Polar Coordinates for Plane Problems ······ 108
§7.2 Solution to Axisymmetrical Stress Problem ······ 111
§7.3 Thick-Walled Cylinder Subjected to Uniform Pressure ······ 114
§7.4 Pure Bending of Curved Beam ······ 116

§7.5 Uniform Tension of a Plate with a Small Circular Hole …… 118
§7.6 The Wedge Loaded at the Vertex or the Edges …… 121
§7.7 Concentrated Normal Load on the Boundary of a Semi-infinite Plane …… 126
§7.8 A Normal Distributed Load on the Boundary of a Semi-infinite Plane …… 128
Worksheet 7 …… 129

Chapter 8 Solutions to Simple Spatial Problems …… 132

§8.1 Solutions to Several Simple Spatial Problems …… 132
§8.2 Stress on the Solid of Revolution during the Rotation at Constant Speed …… 140
§8.3 Semi-infinite Body Subjected to Gravity and Uniform Pressure …… 142
§8.4 Solution of a Hollow Sphere Subjected to Uniform Pressure …… 144
Worksheet 8 …… 145

Chapter 9 Torsion and Bending of Prismatical Bars …… 146

§9.1 Basic Theory of Torsion of a Prismatical Bar with Arbitrary Section …… 146
§9.2 Stress Function Solution of Torsion Problems …… 149
§9.3 Some General Properties of Torsion Problems …… 152
§9.4 Torsion of a Bar with Elliptical Section …… 155
§9.5 Torsion of a Circular Shaft with a Semicircular Groove …… 157
§9.6 Torsion of Concentric Tubes …… 158
§9.7 Torsion of a Bar with Rectangular Section …… 159
§9.8 Membrane Analogy for Torsion Problems …… 162
§9.9 Bending of a Cantilevered Prismatical Bar of Equal Section …… 164
§9.10 Bending of a Cantilever Beam with Circular Section …… 168
§9.11 Bending of a Cantilever Beam with Elliptical Section …… 169
§9.12 Bending of a Cantilever Beam with Rectangular Section …… 170
Worksheet 9 …… 172

Chapter 10 Energy Principle and Variational Method …… 174

§10.1 Basic Knowledge of Functional, Variation and Calculus of Variations …… 174
§10.2 Strain Energy and Complementary Strain Energy of Elastic body …… 177
§10.3 Equation of Displacement Variation and Principle of Minimum Potential Energy …… 180
§10.4 Method of Displacement Variation …… 184

§ 10. 5 Application of Method of Displacement Variation ········ 188

§ 10. 6 Equation of Stress Variation and Principle of Minimum Complementary Energy ··· 194

§ 10. 7 Method of Stress Variation and Application ········ 198

Worksheet 10 ········ 205

Chapter 1

Introduction

Human beings use the elasticity of objects for production activities can be traced back for a very long time, but elasticity as a science was born from the rise of large-scale industry. Elasticity, also known as the theory of elasticity, is an important branch of solid mechanics. Elasticity has been developed for more than 300 years, and it is widely used in civil engineering, mechanical engineering, hydraulic engineering, transportation engineering, aerospace engineering and other fields. This book mainly introduces the basic theories, methods, and typical problems of elasticity. Students can master the analytical methods of stress distribution, deformation and bearing capacity of general engineering structures under the action of external forces. Students can also lay a solid theoretical foundation for further research on mechanical problems such as strength, stiffness, stability, vibration, and other mechanical problems of engineering structures.

§ 1.1 Tasks of Elasticity

The main task of elasticity is to study the stress, strain, and displacement of elastic bodies under external factors such as external forces, boundary constraints or temperature changes, so as to solve the strength, stiffness and stability problems proposed in various projects. The elastic body studied refers to an object that can completely recover its original state after the external factors that cause its deformation are eliminated.

The course of elasticity is a continuation of the course of mechanics of materials. Compared with mechanics of materials, there are both similarities and differences in research tasks, research objects, basic assumptions, and research methods.

From the perspective of research tasks and objects, elasticity and mechanics of materials belong to the scope of deformation mechanics, and the research tasks are basically the same. But the research objects of elasticity are much broader than mechanics of materials. Mechanics of material basically studies the stress and deformation of rod members under tensile compression, shear, torsion and bending, while elasticity studies rod members as well as solid structures such as deep beams, plates and shells, retaining walls, embankments and foundations.

From perspective of basic assumptions, in order to highlight the mechanical nature of the problem and grasp the main contradiction of the problem, it is necessary to introduce some simplifications and assumptions in mechanics of materials and elasticity, so as to establish an idealized mechanical model that replaces the object of study in engineering. However, some assumptions used in solving practical problems are different, so the results obtained are also different. For example, when studying the bending problem of a straight beam under transverse load, in addition to the necessary basic assumptions, mechanics of materials also introduces an additional assumptions, which has not been proved, called "Plane section hypothesis", which concludes that the bending normal stress on the cross section of a beam is linear distribution along the beam height. However, when elasticity solves this problem, this additional assumption is no longer used. The bending normal stress is not linear when the height and span of a beam are of the same order magnitude. This result is more accurate than the result obtained by mechanics of materials, so it can be used to check the accuracy of plane assumptions in mechanics of materials, so as to determine the conditionality and limitations of this assumption.

From the perspective of research methods, when studying specific problems in elasticity, it is required to strictly consider the statics, geometry and physics conditions in the elastic body region, and strictly consider the force conditions and constraint conditions on the boundary. On this basis, the differential equations and boundary conditions are established and solved, and the solution obtained is more accurate. Although mechanics of materials also considers these conditions, in order to simplify the calculation, some additional assumptions will be made on the stress distribution and deformation state of components. For example, the extrusion of longitudinal fibers is ignored in the beam bending problem, and the equilibrium and boundary conditions in components are not strictly satisfied. In general, mechanics of materials establishes approximate theories, and the solutions obtained are approximate. For elongated members, the solution of mechanics of materials is accurate enough to meet the engineering requirements. For non-rod members, the solution of mechanics of materials often has a large error, so the method of elasticity should be adopted to obtain an accurate solution.

In summary, compared with mechanics of materials, elasticity has a wider range of research objects and more rigorous research methods, which can solve more complex practical problems, obtain more accurate results, and are required. From the mathematical point of view, the elasticity problem boils down to solve partial differential equations under boundary conditions, which belongs to the boundary value problem of partial differential equation. The commonly used methods include method of separation variables, series solution method, complex function solution method, integral transformation method, and so on. The solutions are close exact solutions.

Elasticity is a subdiscipline of solid mechanics and the basis of other subdisciplines of solid mechanics, such as plastic mechanics, finite element method, plate and shell mechanics, fracture mechanics, and mechanics of composite materials. Some of the conditions considered by elasticity in the region and on the boundary are also the basic conditions that must be considered by other branches of solid mechanics. Many basic solutions of elasticity are often applied or referred by other solid mechanics.

The problem of elasticity originates from production practice, which in turn serves production practice, and is closely related to the development of social production. After more than 300 years of development, elasticity has gradually formed a relatively complete set of classical theories and methods. It is an important technical basic course in the field of engineering. It is the necessary theoretical basis for learning civil engineering, water conservancy, machinery, transportation, marine engineering, aerospace and other professional courses. For engineering students, elasticity is a very important subject for engineering structural analysis.

§ 1. 2 Basic assumptions of Elasticity

Stress, strain and displacement in the elastic body are functions of position coordinates in the analysis of the problems in elasticity. In order to solve these unknown quantities with some known quantities, we need to consider three aspects: the statics, geometry and physics conditions. The basic equations and corresponding boundary conditions for these unknowns of elasticity are established. Because the practical problem is extremely complex, if we consider all aspects of the factors regardless of the primary and secondary, it is bound to cause difficulties in mathematical derivation. Because the equation is too complex, it is mathematically impossible to solve. Therefore, it is necessary to put forward some basic assumptions according to the nature of the object and the scope of the solution. We need eliminate some factors that can be ignored temporarily, so that the ideal model established on this basis not only meets the objective practice and engineering requirements, but also facilitates the effective processing by mathematical methods. This book belongs to the category of classical elasticity, and the problems discussed in this book are based on the following basic assumptions.

1. Continuity assumption

Assuming that the whole volume of the body is filled with continuous matter, without any voids. Continuity is maintained throughout the deformation process. There will be no cracking or overlapping phenomenon. The stress, strain and displacement, etc. in the object are continuous, and they can be expressed by continuous functions of coordinate in space. So that we can use the continuous and ultimate concept of mathematical analysis. In fact, all matters are composed of atoms, and molecules. There must be gaps inevitably between atoms and molecules, but this gap is very small relative to the macroscopic size of the body. The results obtained by using this assumption in engineering practice are consistent with the experimental results and will not cause obvious errors.

2. Homogeneity assumption

It is assumed that the object we study is composed of the same kind of uniform material, and all parts of the whole object have the same physical properties, which will not change due to changes in coordinate positions. According to this assumption, the elastic constants measured in one part of the body will hold for the entire object. Metal materials can generally be considered as uniform materials. If the body is composed of two or more materials, such as concrete and fiberglass, etc. , as long as the particles of each material are much smaller than the geometric size of the object, and evenly distributed in the object, it can be considered uniform in a macroscopic sense.

3. Isotropy assumption

Assuming that the object has the same physical properties in different directions, and the elastic constants of the object does not change with the change of coordinate direction. Steel is composed of countless anisotropic crystals, but because the crystals are small, their arrangement is chaotic. From a macroscopic point of view, steel can be considered isotropic. Many materials do not have this property, such as wood, bamboo, composite materials, etc. This book does not discuss such materials.

4. Complete elasticity assumption

An object deforms under the action of external factors (load, temperature change, etc.). After the external factors are removed, the original shape can be completely restored without any residual deformation, which is called complete elastic deformation. When the complete elastic deformation is occurred in the object, the stress and strain are one-to-one in the whole process of loading and unloading. This one-to-one correspondence can be linear or nonlinear, depending on the nature of the material and the size of deformation. Before the stress reaches the elastic limit, the stress-strain relationship of most engineering materials is linear, obeying Hooke's law, which is called linear elastic material. There are also a few materials whose elastic stress-strain relationship is nonlinear, called nonlinear elastic materials. Classical elasticity focuses on linear elastic materials.

An object meets the above four assumptions is called an ideal elastic body.

5. Small deformation assumption

It is assumed that the displacement of the object under the influence of external factors such as force and temperature changes is much smaller than the original size of the object. When studying the equilibrium state of the object after the force, the change in the size and position of the object caused by the deformation may not be considered, and only the geometric size and load state before the deformation need to be analyzed. In the study of strain and displacement, the terms above the second power or the second product of strain and rotation angle can be omitted. In the case of minor strain, the basic equations of elasticity are linear partial differential equations, which greatly simplify the solution.

6. No initial stress assumption

It is assumed that the object is in a natural state, that is, there is no stresses inside the object before the loading action or temperature change. The stress obtained by elasticity is only due to the load or temperature change. If there is an initial stress in the object, the actual stress in the body is the stress obtained by elasticity plus the initial stress. In welded structures, the initial stress is generally harmful, while in civil engineering, some prestressed structures are often used to make full use of materials.

Elasticity based on the above basic assumptions, is called mathematical elasticity, also known as linear elasticity, which is also the content of this book. If some additional assumptions are made for the deformation or stress distribution of the object, such as the plane assumptions when the beam is bent and the straight normal assumption when the plate and shell are bent, the problem will be further simplified with the accuracy meeting the engineering requirements, and it will be more convenient to solve and apply, which is called applied elasticity. These contents have gone beyond the research scope of this book.

§ 1.3 Research Methods of Elasticity

In mechanics of materials, the method of section is often used to calculate the stress in the object. It is assumed that the object is divided into two parts, one part is removed, and the internal forces are used to replace its effect on the remaining part. Because the object of study is a continuum, it is necessary to make appropriate additional geometrical assumption on the deformation state of the section according to the experimental results in the analysis of stress. Combining the physical relationship between stress and strain, these geometrical relationships are expressed by stress. Finally, the stress on the cross-section is obtained by using the static equilibrium condition. The method of solving the problem of mechanics of materials needs to be analyzed by the relationship between statics, geometry, and physics.

Elasticity also takes these three aspects into account when solving problems, but the specific treatment methods are different. In elasticity, an imaginary object is composed of an infinite number of tiny hexahedral elements inside, and an infinite number of tiny tetrahedral elements on the surface. Considering the equilibrium of these elements, a set of equilibrium differential equations can be obtained, but the number of unknown stresses is always more than the number of differential equations. All problems in elasticity are always hyperstatic, so the deformation conditions must be considered. Since the object remains continuous after deformation, the deformation between the micro elements must be coordinated. A set of differential equations representing deformation continuity can be obtained, and the relationship between stress and strain can also be expressed by generalized Hooke's law. It is necessary to consider the balance between the internal stress and the external load on the surface of the object. The additional constraints on the deformation of the object are called boundary conditions. This gives us enough differential equations to solve for unknown stresses, strains, and displacements. The equilibrium condition, strain continuity condition, and Hooke's law must be considered to solve the problems of elasticity, that is, the relationships between statics, geometry, and physics as well as the boundary conditions should be considered.

The above equations can be simplified to the differential equations with displacements as the fundamental unknown functions, or the differential equations with stress as the basic unknown functions. These equations are partial differential equations, which often cannot find the general solution. The common methods are inverse method and semi-inverse method. The inverse method is to set up a solution first. If the solution satisfies all the partial differential equations and the boundary conditions, this solution is the correct solution, and it is the only one solution. The semi-inverse method is to set one part of the solution first, and the other part is solved in the process of solving the problem. Due to the complexity of actual structures and loads, the elastic problems that can be solved by strict mathematical methods are very limited. For complex practical engineering problems, approximate numerical methods such as difference method, variational method, and finite element method are often used to solve them.

§ 1.4 A Brief History of the Development of Elasticity

Elasticity is developed in the process of continuously solving practical engineering problems, which can be roughly divided into the following four periods.

1. The embryonic period of elasticity (circa 1678-1820)

In the early stage, the relationship between force and deformation was mainly explored through experiments. In 1678, the British scientist R. Hooke (1635-1703) revealed the law of the proportional relationship between deformation and force of elastic body based on a large number of experiments, which was called Hooke's law by later generations. In 1686, E. Mariotte (1620-1684) discussed the stress distribution of beams, and believed that the stresses distribution on the cross-section of beams were linear along the height direction. In 1687, I. Newton (1643-1727) published his classic magnum opus *The Mathematical Principles of Natural Philofophy*, which established the three laws of motion. At the end of the 17th century, J. Bernoulli (1654-1705) established the bending theory of beams. In the mid-18th century, L. Euler (1707-1783) discussed the stability of the column and established the differential equations of the column and the formula of the critical value of instability. The development of deformation mechanics in the embryonic period basically belongs to the category of mechanics of materials, but the concept of stress and the rapid development of mathematical theory have laid a solid foundation for the establishment of elasticity.

2. The foundation period of elasticity (circa 1821-1852)

In the middle and late 18th century, the Industrial Revolution ended. With the rapid development of manufacturing industry and transportation industry, more various complicated strength and stress analysis problems were put forward in engineering, such as stress concentration problems, stress analysis of plane plates, torsion of non-circular section bars, etc. The theory and method based on mechanics of materials are no longer applicable, and it is urgent to develop a new mechanical theory. Elasticity was first constructed by three people from the French Bridge and Road Institute. Among them, the engineer C. Navier (1785- 1836) was the first to establish the equilibrium differential equations of isotropic elastic body by using the molecular theory. Navier's research attracted the attention of mathematician A. Cauchy (1789-1857). He published a series of papers, gave a strict definition of stress and strain at one point from the perspective of mathematics, introduced the concepts of stress tensor and principal stress, and established all basic equations of elasticity. Saint-Venant (1797-1886), a student of Navier, revised the mechanics lecture *The application of mechanics in structure and machinery* prepared by Navier, which increased the length of the original book by nine times. He was the first to verify the accuracy of the basic assumptions of bending and proposed and developed the semi-inverse method for solving elasticity. Since Navier, there has been a long-term debate on the number of independent elastic coefficients of isotropic materials. Navier thought that there was only one independent parameter, and Cauchy believed that there were two. However, the mechanical meaning of these parameters is not clear. The French mathematician G. Lamé (1795-1870) confirmed that the elastic constants of isotropic materials were two by the experimental method, which were called Lamé constants. In 1852, he published the first book of elasticity, *Mathematical Theory of Solid Elasticity Course*, which marked the formation of the theoretical framework of elasticity.

3. The mature period of elasticity (circa 1853-1906)

During this period, mathematicians and mechanics used the established elasticity to put forward various analytical and numerical solutions, which were widely used to solve practical engineering problems, and were more perfect in theory. In 1850, G. R. Kirchhoff (1824-1887) solved the problem of balance and vibration of flat plates. In 1855, Saint-Venant solved the problem of free torsion and bending of columns and put forward Saint-Venant's principle. In 1862, the British scientist G. B. Airy (1801-1892) proposed the stress function method for solving plane problems. In 1873, the Italian engineer A. Castigliano (1847-1884) proposed the Castigliano's first and second theorem. In 1882, H. R. Hertz (1857-1894) solved the contact problem. In 1898, G. Kirsch (1841-1901) of Germany solved the problem of stress concentration on the edge of the hole. In 1877 and 1908, Britain's L. Rayleigh (1842-1919) and Switzerland's W. Ritz (1878-1909) proposed a direct solution to the variational problem, which was later called the Rayleigh-Ritz method, based on the virtual work principle and the minimum potential energy principle of elastic bodies. During this period, elasticity developed by leaps and bounds.

4. The deepening period of elasticity's development (circa 1907-present)

During this period, elasticity developed from linear theory to nonlinear theory. American aerospace engineer Theodore von Kármán (1881-1963) proposed the problem of large deflection of thin plates. In 1939, he and Qian Xuesen (1911-2009) proposed the problem of nonlinear stability of thin shells. From 1948 to 1957, Qian Weichang (1912-2010) solved the large deflection problem of thin plates by the perturbation method. The work of these mechanics has made important contributions to the development of nonlinear elasticity. At the same time, the linear theory of thin-walled components and thin shells has made great progress, and many branches and marginal disciplines have emerged, such as the theory of thick plates and thick shells, thin shell mechanics, thermoelastic mechanics, viscoelastic mechanics, and elasticity of anisotropic and non-uniform bodies. During this period, numerical methods were also widely used in elasticity, and approximate calculation methods such as the difference method, finite element method, boundary element method, semi-analytical numerical method, and weighted residual value method appeared successively. Especially with the advent of the electronic computers, the finite element method based on the variational principle has become an indispensable technical means to solve engineering problems and carry out scientific research. Although elasticity is an ancient discipline, the development of modern science and technology has raised more and more theoretical problems and engineering application problems for elasticity. As the continuous emergence of new and cross disciplines, it not only enriches the content of elasticity but also reflects its role in understanding the laws of nature.

§1.5 Introduction to Cartesian Tensor

Physical laws can be described by different mathematical methods, but the laws themselves should not depend on the coordinate system selected by researchers to describe a physical phenomenon. Tensor analysis provides a mathematical tool for people. The physical quantities expressed by tensors and the basic equations they satisfy have the characteristics of concise and unified form and clear physical meaning, which can clearly reflect the objectivity of physical laws, that is, the independence of coordinate system selection. Therefore, tensor representation has been widely used in the field of mechanics. It is essential for mechanics and engineering technicians to master the basic knowledge of tensors. This chapter is only limited to introducing Cartesian tensor in the three-dimensional space rectangular coordinate system. The formulas and equations obtained by using Cartesian tensor notation are only applicable to rectangular coordinate system.

1.5.1 Indicator symbols and summation conventions

n variables or numbers x_1, x_2, $\cdots$, x_n can be recorded as $x_i(i=1,2,\cdots,n)$. When x_i appear alone and are not marked $i=1,2,\cdots,n$, they represent any one of $x_1,x_2,\cdots,x_n$, and the set of i from 1 to n must be specified. This symbol is called an indicator. The indicator i in Cartesian coordinate system usually adopts the lower indicator. In Cartesian coordinate system, the coordinate x_1, x_2, x_3 of a point can be expressed as $x_i(i=1,2,3)$. A symbol system using the same letter and different indicators is called indicator symbol.

The sum

$$S=a_1x_1+a_2x_2+\cdots+a_nx_n \tag{1-1}$$

It can be written by a summation symbol

$$S=\sum_{i=1}^{n}a_ix_i \tag{1-2}$$

In order to further simplify the notation of the above formula, it is agreed here: In the indicator symbol, an indicator that appears twice in the same item is called a dummy index, and it is limited that the same subscript cannot appear three or more times in the same item. For a dummy indicator, the indicator should traverse its entire set and be summed, which is called a summation convention or Einstein summation convention. Therefore, Eq. (1-2) can be written as

$$S=a_ix_i \tag{1-3}$$

Another example

$$x_{ii}=x_{11}+x_{22}+x_{33}\quad(i=1,2,3) \tag{1-4}$$

System of equations

$$\begin{cases}p_1=a_{11}x_1+a_{12}x_2+a_{13}x_3\\p_2=a_{21}x_1+a_{22}x_2+a_{23}x_3\\p_3=a_{31}x_1+a_{32}x_2+a_{33}x_3\end{cases} \tag{1-5}$$

The above equations can be written as

$$p_i=a_{ij}x_j \tag{1-6}$$

where, i is called a free indicator, which appears only once in the same term, and the free indicators of each item in the same equation should be the same; j is a dummy index, which indicates summation and is repeated once in the same term. Therefore, the indicator symbol is a concise notation system, which acts as an abbreviation for summation through a dummy index and abbreviates the set of equations into an indicator equation through free indicators. The dummy index is only used to indicate the traversal of the set for summation, and it is irrelevant which specific letter is used to indicate it. For example

$$A_iB_i \equiv A_kB_k = A_1B_1 + A_2B_2 + A_3B_3 \tag{1-7}$$

$$\frac{\partial f_i}{\partial x_i} \equiv \frac{\partial f_k}{\partial x_k} = f_{ii} = \frac{\partial f_1}{\partial x_1} + \frac{\partial f_2}{\partial x_2} + \frac{\partial f_3}{\partial x_3} \tag{1-8}$$

1.5.2 Kronecker symbol and permutation (substitution) symbol

The Kronecker symbol δ_{ij} is a common symbol in indicator symbols which is defined as

$$\delta_{ij} = \delta_{ji} = \begin{cases} 1, & i=j \\ 0, & i \neq j \end{cases} \tag{1-9}$$

The symbol δ_{ij} plays the role of indicator substitution in the operation. When an indicator in δ_{ij} and an indicator of any indicator symbol form a dummy index, the role is to replace this indicator with another indicator in δ_{ij}, so the symbol δ_{ij} is also called the name change operator. For example

$$\delta_{ij}a_j = a_i, \quad \delta_{ij}a_{jk} = a_{ik} \tag{1-10}$$

In combination with the summation convention, the following properties of δ_{ij} can be introduced

$$\begin{cases} \delta_{ii} = \delta_{11} + \delta_{22} + \delta_{33} = 3 \\ \delta_{ik}\delta_{kj} = \delta_{ij} \\ \delta_{ij}\delta_{ij} = \delta_{ii} = \delta_{jj} = 3 \\ \delta_{ij}\delta_{jk}\delta_{kl} = \delta_{il} \\ a_{ij}\delta_{ij} = a_{ii} = a_{11} + a_{22} + a_{33} \\ \boldsymbol{e}_i \cdot \boldsymbol{e}_j = \delta_{ij} \end{cases} \tag{1-11}$$

where, $\boldsymbol{e}_i$ are the unit base vector of the rectangular coordinate system.

The permutation symbol e_{ijk} (or substitution symbol) is also a commonly used symbol for a specific indicator. When $i,j,k = 1,2,3$, it had 27 components, and could be defined as

$$e_{ijk} = \begin{cases} 1, & i,j,k, \text{even arrangement} \\ -1, & i,j,k, \text{odd alignment} \\ 0, & \text{two or three indicators are equal} \end{cases} \tag{1-12}$$

An indicator is called a sequential arrangement such as 123. When any two numbers are exchanged once, such as 12 for 21, or 23 for 32, it is called a substitution. The result of an odd number of permutations by sequential permutations is called an odd permutation, e. g. , 213 is an odd permutation. The result of an even number of permutations by sequential permutations is called an even permutation, e. g. , 312 is an even permutation. The sign of permutations is 1 for even alignment, −1 for odd permutations, and zero when two or three of the three indicators are equal.

Using Kronecker symbol δ_{ij}, permutation symbol e_{ijk} and summation conventions, many lengthy formulas can be written very concisely. For example, the expansion of a third-order determinant can be abbreviated as

$$\det|(a_{mn})| = e_{ijk}a_{1i}a_{2j}a_{3k} \tag{1-13}$$

1.5.3 Coordinate transformation of vectors

To describe exactly the shape, position of an object and the physical phenomena occurring in space, people often resort to reference coordinate systems. The most common of which is the Cartesian coordinate system, also known as the rectangular coordinate system. Let the vector diameter $\boldsymbol{r}$ of any point P in space, as shown in Fig. 1-1, be decomposed in the Cartesian coordinate system as

$$\boldsymbol{r}(x_1, x_2, x_3) = x_1\boldsymbol{e}_1 + x_2\boldsymbol{e}_2 + x_3\boldsymbol{e}_3 = x_i\boldsymbol{e}_i \tag{1-14}$$

where $x_i(i=1,2,3)$ are the three coordinates of point P, $\boldsymbol{e}_1, \boldsymbol{e}_2, \boldsymbol{e}_3$ are the unit base vector of the original coordinate system $Ox_1x_2x_3$.

Although the vector itself is independent of the choice of the coordinate system, its components will vary from different coordinate systems. In general, the same vector will be represented by different components in different coordinate systems. Fix the origin O, and turn the original coordinate system to a new position to a new coordinate system $Ox_{1'}x_{2'}x_{3'}$, and its corresponding unit base vector $\boldsymbol{e}_{1'}, \boldsymbol{e}_{2'}, \boldsymbol{e}_{3'}$, the vector diameter $\boldsymbol{r}(x_{1'}, x_{2'}, x_{3'}) = x_{i'}\boldsymbol{e}_{i'}$.

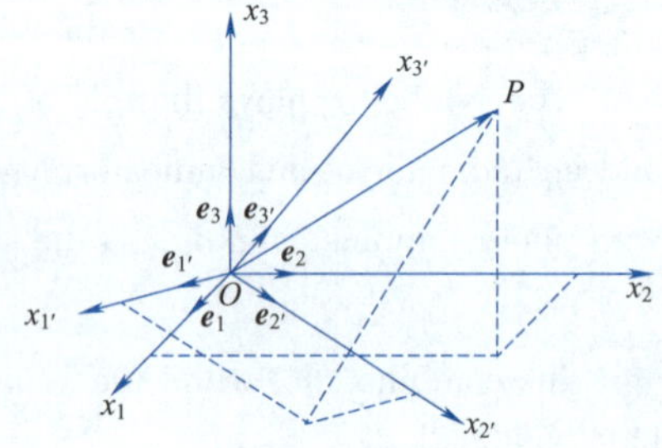

Fig. 1-1

The basis vectors in the old and new coordinate systems can be expressed in terms of each other

$$\boldsymbol{e}_{i'} = \beta_{i'k}\boldsymbol{e}_k, \quad \boldsymbol{e}_i = \beta_{j'i}\boldsymbol{e}_{j'} \tag{1-15}$$

Using $\boldsymbol{e}_j$ dot product the first equation of Eq. (1-15), we get $\beta_{i'j} = \boldsymbol{e}_{i'} \cdot \boldsymbol{e}_j$, $\beta_{i'j}$ is the cosine of the angle between $\boldsymbol{e}_{i'}$ and $\boldsymbol{e}_j$, called the transformation factor. Any vector diameter $\boldsymbol{r} = x_i\boldsymbol{e}_i = x_{i'}\boldsymbol{e}_{i'}$, dot product $\boldsymbol{e}_{k'}$ of the two sides of the equation, yields

$$x_{k'} = x_i\beta_{ik'} \tag{1-16a}$$

Eq. (1-16a) is the formula for transforming the components x_i of the vector diameter $\boldsymbol{r}$ from the original coordinate system to the new coordinate system, and similarly, the formula for transforming from the new coordinate system to the original coordinate system can be derived as follows:

$$x_k = x_{i'}\beta_{i'k} \tag{1-16b}$$

where $\beta_{i'k} = \boldsymbol{e}_{i'} \cdot \boldsymbol{e}_k = \cos(\boldsymbol{e}_{i'}, \boldsymbol{e}_k) = \beta_{ki'}$.

When the coordinate system is selected, a vector is completely determined by its three components x_i, and when the coordinates are transformed, these components must be transformed according to Eq. (1-16), so a new definition of a vector can be given: In a given coordinate system, there are three numbers x_i $(i=1,2,3)$, which are transformed into three new numbers according to Eq. (1-16a) when the coordinates are transformed, then these three numbers as an ordered whole are called a vector.

1.5.4 Cartesian tensor

The concept of vector from the previous section is generalized to give the definition of a tensor. Define a mathematical object $\boldsymbol{T}$ in three-dimensional space using the following transformation rules, which has nine components T_{ij}, represented by two subscripts. When the rectangular coordinate system is rotated and transformed, the components T_{ij} follow the following transformation rules

$$\begin{cases} T_{i'j'} = \beta_{i'i}\beta_{j'j}T_{ij} \\ T_{ij} = \beta_{ii'}\beta_{jj'}T_{i'j'} \end{cases} \tag{1-17}$$

We define the whole $\boldsymbol{T}$ of this set of nine components as a second-order tensor. We call the set consisting of several ordered numbers that satisfy the coordinate transformation relationship when the coordinate system is changed a tensor. The number of indicators in the tensor is called the order, the range of subscripts is called the dimension, and the number of components of the tensor is 3^n in three-dimensional space and 2^n in two-dimensional space. Eq. (1-17) can be further extended to obtain a higher-order tensor, and the scalar and vector are known as the zero-order and first-order tensor, respectively, as shown in Table 1-1.

Table 1-1 The order of the Cartesian tensor

Order of the tensor n	Number of components 3^n (Three-dimensional space)	Transformation rules
0	1	$T' = T$
1	3	$T_{i'} = \beta_{i'i}T_i$
2	9	$T_{i'j'} = \beta_{i'i}\beta_{j'j}T_{ij}$
3	27	$T_{i'j'k'} = \beta_{i'i}\beta_{j'j}\beta_{k'k}T_{ijk}$
4	81	$T_{i'j'k'l'} = \beta_{i'i}\beta_{j'j}\beta_{k'k}\beta_{l'l}T_{ijkl}$
…	…	…

Based on the definition of Eq. (1-17), it can be shown that the Kronecker symbol δ_{ij} is a second-order tensor and the permutation symbol e_{ijk} is a third-order tensor.

Defining a tensor in terms of coordinate transformation rules can bring many conveniences to the study of mechanics and physics. An equation in which each term consists of a tensor is called a tensor equation. Tensor equations have important properties independent of the choice of coordinates and can be used to describe the inherent properties and universal laws of objective physical phenomena. This property of tensor equations is very useful for the study of mechanics and physics. Many works usually give only a specific expression of the physical laws in Cartesian coordinates, and when another reference coordinate system is chosen (e. g., column, sphere, etc.), a lengthy derivation is repeated, and the result is still dependent on the specific expression of the new reference coordinate system. With the introduction of the tools of tensor analysis, it is possible to rewrite a specific equation in a Cartesian coordinate system into the universal form of the tensor equations applicable to any coordinate system, and then use the coordinate transformation laws to directly write the specific expression form of that equation in other coordinate systems.

A tensor $S_{ijk\ldots}$ of second order or higher satisfies $S_{ijk\ldots} = S_{jik\ldots}$. It is said to be symmetric with respect to indicators i,j, i. e., if indicators i,j are swapped, the corresponding component values remain unchanged.

A tensor $A_{ijk\ldots}$ of second order or higher is said to be antisymmetric with respect to the indicators i, j if the tensor satisfies $A_{ijk\ldots} = -A_{jik\ldots}$. In the Cartesian coordinate system, Kronecker symbol δ_{ij} is second-order symmetric tensor, and permutation symbol e_{ijk} is third-order antisymmetric tensor.

A tensor that is symmetric (or antisymmetric) in some coordinate systems is also symmetric (or antisymmetric) in other coordinate systems. Let the second-order tensor T_{ij} be symmetric in some coordinate system, i. e. $T_{ij} = T_{ji}$, then

$$T_{i'j'} = \beta_{i'i}\beta_{j'j}T_{ij} = \beta_{i'i}\beta_{j'j}T_{ji} = \beta_{j'j}\beta_{i'i}T_{ji} = T_{j'i'}$$

There is another class of tensor that is independent of the rotation of the coordinate system in three dimensions, i. e., the components of the tensor remain constant when the coordinate system is rotated in any direction

$$T_{ij} = T_{i'j'}, \quad T_{ijk} = T_{i'j'k'} \tag{1-18}$$

This tensor is called the isotropic tensor. The zero-order tensor is the simplest type of isotropic tensor. The vector is not an isotropic tensor, δ_{ij} is a second-order isotropic tensor, and the permutation symbol e_{ijk} is a third-order isotropic tensor. Many physical quantities in elasticity are tensors. Stress and strain are second-order tensors, and the modulus of elasticity is a fourth-order tensor.

There are three notations for the tensor:

(1) Entity notation: The whole physical entity of the vector or tensor is represented by a bold letter. For example, the displacement vector is denoted as $\boldsymbol{u}$, and the stress tensor is denoted as $\boldsymbol{\sigma}$, etc.

(2) Decomposition notation: Simultaneously write the component of the vector or tensor and the basis vector of the corresponding decomposition direction. For example, the displacement vector is denoted as $\sum_i u_i \boldsymbol{e}_i$, and the stress tensor is denoted as $\sum_{i,j} \sigma_{ij}\boldsymbol{e}_i\boldsymbol{e}_j$.

(3) Component notation: The vector or tensor is represented by the set of all its components, and the corresponding basis vector is omitted. For example, the displacement component is denoted as $u_i (i = 1,2,3)$, and the stress component is denoted as $\sigma_{ij} (i,j = 1,2,3)$.

1.5.5 Operation of tensors

1. Addition (subtraction) of tensors

Two tensors of the same order can be added and subtracted to obtain a tensor of the same order as the original, whose components are equal to the algebraic sum (difference) of the components in the original additive (subtractive) tensor with the same label, such as the sum of the second-order tensor A_{ij} and B_{ij} is C_{ij}, then

$$C_{ij} = A_{ij} + B_{ij} \tag{1-19}$$

Tensor addition satisfies the law of exchange and the law of union

$$A_{ij} + B_{ij} + C_{ij} = (A_{ij} + C_{ij}) + B_{ij} \tag{1-20}$$

2. Parallel multiplication of tensors

The concurrent product of two tensors is defined as the set of each component of the first tensor multiplied by each component in the second tensor, called the concurrent product or exterior product of these two tensors, whose order is equal to the sum of the orders of the two multiplied tensors.

$$C_{ijkl} = A_{ij}B_{kl} \tag{1-21}$$

The parallel multiplication of tensors does not obey the commutative law, such as $C_{ijkl} = A_{ij}B_{kl} \neq C_{klij} = A_{kl}B_{ij}$, but obeys the distributive law and associative law.

$$\begin{cases}(A_{ij} + B_{ij})C_k = A_{ij}C_k + B_{ij}C_k \\ A_{ij}B_{ij}C_k = (A_{ij}B_{ij})C_k = A_{ij}(B_{ij}C_k)\end{cases} \tag{1-22}$$

3. Contraction of tensors

If we make two indicators in a tensor of order n ($n \geqslant 2$) identical (they become dummy indexes), we call it a dummy tensor. Then we sum it according to the summation convention, and this operation is called tensor contraction or contraction. After the tensor is reduced and merged, the tensor remains a tensor of order $n-2$.

Let the tensor A_{ijk} be a third-order tensor, then we have

$$A_{i'j'k'} = \beta_{i'i}\beta_{j'j}\beta_{k'k}A_{ijk} \tag{1-23}$$

Summing the first two indicators, making $i' = j'$, then

$$A_{i'i'k'} = \beta_{i'i}\beta_{i'j}\beta_{k'k}A_{ijk} = \delta_{ij}\beta_{k'k}A_{ijk} = \beta_{k'k}A_{jjk} \tag{1-24}$$

In the above equations, $A_{i'j'k'}$ follow the law of vector transformation, i. e., the third-order tensor is reduced to a vector. Only the tensor greater than the second order can be incorporated, and the tensor of order greater than four can be indented again after being incorporated. Therefore, if the tensor of even order is successively reduced, a scalar can be obtained at the end, while the tensor of odd order will be obtained as a vector.

4. Inner product of tensors

Two tensors are multiplied first, and then the two tensors that are multiplied before and after are each taken an index to be combined, i. e., the operation of multiplication followed by scaling is called the inner product or dot product of tensors. Let T_{ijk} be a third-order tensor and S_{lm} be a second-order tensor, and their concurrent multiplication is $U_{ijklm} = T_{ijk}S_{lm}$. Their concurrent multiplication by $l = j$ is $V_{ikm} = T_{ijk}S_{jm}$, and their concurrent multiplication by $l = k$ is $V_{ijm} = T_{ijk}S_{km}$. If the order of two tensors are m and n, then the new tensor is $m + n - 2$ after dot product. The inner product of the tensor has the characteristics of both concurrent multiplication and reduction. In the operation, it is necessary to distinguish the order of the two tensors before and after, and to pay attention to which pair of indicators is reduced and merged. The inner product obtained by taking the indices at different locations and reducing them is in general different, i. e., $A_{ijk}B_{jm} \neq A_{ijk}B_{im}$.

In the inner product operation of a tensor, the concurrent multiplication can be followed by two or more indentations, and performing two reductions is called a double dot product, and there are two special cases:

Double dot product

$$T_{ijk}S_{jk} = U_i \quad \text{or recorded as} \quad \boldsymbol{T} : \boldsymbol{S} = \boldsymbol{U} \tag{1-25}$$

String double dot product

$$T_{ijk}S_{kj} = V_i \quad \text{or recorded as} \quad \boldsymbol{T} \cdot\cdot \boldsymbol{S} = \boldsymbol{V} \tag{1-26}$$

1.5.6 Second-order tensor

The second-order tensor, also known as the affine tensor, is the most frequently encountered tensor in elasticity. The dot product of the second-order tensor $\boldsymbol{T}$ and the vector $\boldsymbol{u}$ is a vector $\boldsymbol{v} = \boldsymbol{T} \cdot \boldsymbol{u}$, and the second-order tensor can be thought of as a linear transformation that transforms one vector into another. Some properties of the second-order tensor are discussed below.

1. A second-order tensor expressed by a matrix

In three dimensions, any second-order tensor $\boldsymbol{T}$ can be expressed in matrix form as

$$\boldsymbol{T} = \begin{pmatrix} T_{11} & T_{12} & T_{13} \\ T_{21} & T_{22} & T_{23} \\ T_{31} & T_{32} & T_{33} \end{pmatrix} \tag{1-27}$$

It has nine independent components, and if the components of the second-order tensor $\boldsymbol{T}$ satisfy $T_{ij} = T_{ji}$, then $\boldsymbol{T}$ is a second-order symmetric tensor, which has only six independent components. The symmetry matrix can be expressed as

$$\boldsymbol{T} = \begin{pmatrix} T_{11} & T_{12} & T_{13} \\ T_{12} & T_{22} & T_{23} \\ T_{13} & T_{23} & T_{33} \end{pmatrix} \tag{1-28}$$

If the components of the second-order tensor $\boldsymbol{T}$ satisfy $T_{ij} = -T_{ji}$, then $\boldsymbol{T}$ is the second-order antisymmetric tensor, which has only three independent components. The antisymmetric matrix can be expressed as

$$\boldsymbol{T} = \begin{pmatrix} 0 & T_{12} & T_{13} \\ -T_{12} & 0 & T_{23} \\ -T_{13} & -T_{23} & 0 \end{pmatrix} \tag{1-29}$$

2. Decomposition of the second-order tensor

The first decomposition: any second-order tensor can be decomposed into the sum of a second-order symmetric tensor and a second-order antisymmetric tensor. According to the tensor addition method, there is

$$T_{ij} = \frac{1}{2}(T_{ij} + T_{ji}) + \frac{1}{2}(T_{ij} - T_{ji}) = A_{ij} + B_{ij} \tag{1-30}$$

where, $A_{ij} = \frac{1}{2}(T_{ij} + T_{ji}) = A_{ji}$ is a second-order symmetric tensor; $B_{ij} = \frac{1}{2}(T_{ij} - T_{ji}) = -B_{ji}$ is a second-order antisymmetric tensor.

The second decomposition: any second-order tensor can be decomposed into the sum of a spherical tensor and a partial tensor. Let the second-order tensor $\boldsymbol{T}$ be expressed as

$$\boldsymbol{T}+\boldsymbol{B}+\boldsymbol{D}$$

$$T_{ij}=B_{ij}+D_{ij} \qquad (i,j=1,2,\cdots) \tag{1-31}$$

where

$$B_{ij}=\frac{1}{3}T_{kk}\delta_{ij} \qquad (i,j,k=1,2,\cdots) \tag{1-32}$$

$\boldsymbol{B}$ is called the spherical tensor of the tensor $\boldsymbol{T}$. The tensor $\boldsymbol{D}$ is the difference between the original tensor $\boldsymbol{T}$ and the spherical tensor $\boldsymbol{B}$, i. e.

$$D_{ij}=T_{ij}-\frac{1}{3}T_{kk}\delta_{ij} \qquad (i,j,k=1,2,\cdots) \tag{1-33}$$

$\boldsymbol{D}$ is called the partial tensor of the tensor $\boldsymbol{T}$.

3. Principal directions and principal values of the second-order tensor

Let any real second-order tensor $\boldsymbol{T}$ and any vector $\boldsymbol{a}$ whose components are a_i, then the mapping of $\boldsymbol{a}$ after the linear transformation represented by $\boldsymbol{T}$ is $\boldsymbol{b}=\boldsymbol{T}\cdot\boldsymbol{a}$ or $b_i=T_{ij}a_j$. In general, vectors $\boldsymbol{b}$ and vectors $\boldsymbol{a}$ are not oriented. Question is: Can a given second-order tensor $\boldsymbol{T}$ that can we find a vector $\boldsymbol{v}$ that keeps the same direction after a linear transformation and only changes its magnitude? That is

$$\boldsymbol{T}\cdot\boldsymbol{v}=\lambda\boldsymbol{v} \text{ or } T_{ij}v_j=\lambda v_i \tag{1-34}$$

or write as

$$(T_{ij}-\lambda\delta_{ij})v_j=\boldsymbol{0} \quad (i,j=1,2,3) \tag{1-35}$$

In the above equations, λ is a scalar quantity that characterizes the magnification of the vector $\boldsymbol{v}$ and is called the principal or eigenvalue of the tensor $\boldsymbol{T}$. The vector $\boldsymbol{v}$ is called the eigenvector of the tensor $\boldsymbol{T}$, and its direction is called the principal direction of the tensor $\boldsymbol{T}$. Eq. (1-35) is a system of linear chi-squared algebraic equations in order to calculate v_j, and after expansion, three equations are obtained

$$\begin{cases}(T_{11}-\lambda)v_1+T_{12}v_1+T_{13}v_3=0\\ T_{21}v_1+(T_{22}-\lambda)v_2+T_{23}v_3=0\\ T_{31}v_1+T_{32}v_2+(T_{33}-\lambda)v_3=0\end{cases} \tag{1-36}$$

The condition for the existence of a non-zero solution to this system of equations is that the coefficient determinant is zero, i. e.

$$\begin{vmatrix}T_{11}-\lambda & T_{12} & T_{13}\\ T_{21} & T_{22}-\lambda & T_{23}\\ T_{31} & T_{32} & T_{33}-\lambda\end{vmatrix}=0 \tag{1-37}$$

The Eq. (1-37) is called the characteristic equation of the tensor T_{ij}, which is a cubic equation of unity about λ. Assuming that T_{ij} is a symmetric Cartesian tensor, the characteristic Eq. (1-37) must have three real roots, i. e., the principal values of any real symmetric tensor are real. Therefore, any real symmetric tensor has at least three real eigenvectors and three principal directions. It can be further proved that if three principal values $\lambda_1\neq\lambda_2\neq\lambda_3$, then the three principal directions are perpendicular to each other; for the case of a dual root case, for example $\lambda_1=\lambda_2\neq\lambda_3$, then any direction perpendicular to the eigenvector $\boldsymbol{v}_3$ is the principal direction; if a triple root occurs, $\lambda_1 = \lambda_2 = \lambda_3$, then any direction is the principal direction and any vector can be used as the eigenvector.

The characteristic Eq. (1-37) of the second-order tensor T_{ij} is expanded to obtain the cubic equation about λ

$$\lambda^3 - (T_{11} + T_{22} + T_{33})\lambda^2 + \left(\begin{vmatrix} T_{22} & T_{23} \\ T_{32} & T_{33} \end{vmatrix} + \begin{vmatrix} T_{11} & T_{12} \\ T_{21} & T_{22} \end{vmatrix} + \begin{vmatrix} T_{11} & T_{13} \\ T_{31} & T_{33} \end{vmatrix} \right)\lambda - \begin{vmatrix} T_{11} & T_{12} & T_{13} \\ T_{21} & T_{22} & T_{23} \\ T_{31} & T_{32} & T_{33} \end{vmatrix} = 0 \tag{1-38}$$

Solving this equation yields three real roots λ_1, λ_2, λ_3. The characteristic equation is a universal equation independent of the choice of coordinates, and its three coefficients I_1, I_2, I_3 are called the first, second, and third invariants of the tensor $\boldsymbol{T}$, respectively. According to the relationship between the roots and coefficients of the equation, we know

$$\begin{cases} I_1 = T_{11} + T_{22} + T_{33} = \lambda_1 + \lambda_2 + \lambda_3 \\ I_2 = \begin{vmatrix} T_{22} & T_{23} \\ T_{32} & T_{33} \end{vmatrix} + \begin{vmatrix} T_{11} & T_{12} \\ T_{21} & T_{22} \end{vmatrix} + \begin{vmatrix} T_{11} & T_{13} \\ T_{31} & T_{33} \end{vmatrix} = \lambda_1\lambda_2 + \lambda_1\lambda_3 + \lambda_2\lambda_3 \\ I_3 = \begin{vmatrix} T_{11} & T_{12} & T_{13} \\ T_{21} & T_{22} & T_{23} \\ T_{31} & T_{32} & T_{33} \end{vmatrix} = \lambda_1\lambda_2\lambda_3 \end{cases} \tag{1-39}$$

The three invariants remain unchanged during the coordinate transformation, and the second-order tensor has three independent invariants, from which an infinite number of invariants can also be combined, such as $I_1^2 = T_{ii}^2$, $I_1^2 - 2I_2 = T_{ik}T_{ik}$ etc.

1.5.7 Foundation of field theory

(1) Scalar field: Every point $M(x_1, x_2, x_3)$ in three-dimensional space D uniquely corresponds to a scalar value $\varphi(x_1, x_2, x_3)$, which constitutes a scalar field on space region D, expressed by the scalar function $\varphi(x_1, x_2, x_3)$ of point M. For example, temperature field $T(x_1, x_2, x_3)$, density field $\rho(x_1, x_2, x_3)$, potential field $e(x_1, x_2, x_3)$ are all scalar fields.

(2) Vector field: Every point $M(x_1, x_2, x_3)$ in three-dimensional space D uniquely corresponds to a vector value $\boldsymbol{R}(x_1, x_2, x_3)$, which constitutes a vector field in the space region D, expressed by the vector function $\boldsymbol{R}(x_1, x_2, x_3)$ of point M. For example, velocity field $\boldsymbol{v}(x_1, x_2, x_3)$, electric field $\boldsymbol{E}(x_1, x_2, x_3)$, magnetic field $\boldsymbol{H}(x_1, x_2, x_3)$ are vector fields.

(3) Tensor field: Every point $M(x_1, x_2, x_3)$ in three-dimensional space D uniquely corresponds to a tensor value $\boldsymbol{T}(x_1, x_2, x_3)$, which forms a tensor field on the space region D. For example, stress and strain in a solid medium are second-order tensor fields.

The three basic concepts in field theory are gradient, divergence, and curl, and definitions of each are given below.

Let $\varphi(x_1, x_2, x_3)$ be a scalar field in three-dimensional space D, and define the gradient at the continuously differentiable points of this function as

$$\text{grad } \varphi = \nabla\varphi = \boldsymbol{e}_1 \frac{\partial\varphi}{\partial x_1} + \boldsymbol{e}_2 \frac{\partial\varphi}{\partial x_2} + \boldsymbol{e}_3 \frac{\partial\varphi}{\partial x_3} = \boldsymbol{e}_i \varphi_{,i} \tag{1-40}$$

where $\boldsymbol{e}_1$, $\boldsymbol{e}_2$, $\boldsymbol{e}_3$ is the basis vector in Cartesian coordinates. The operator of the gradient is

$$\nabla = \boldsymbol{e}_i \frac{\partial}{\partial x_i} = \boldsymbol{e}_1 \frac{\partial}{\partial x_1} + \boldsymbol{e}_2 \frac{\partial}{\partial x_2} + \boldsymbol{e}_3 \frac{\partial}{\partial x_3} \tag{1-41}$$

this is called the Hamilton operator, and known as the Nabla operator. The gradient gradφ of a scalar field is a vector field, whose direction coincides with the normal direction of isosurface $\varphi = C$ passing through M and points towards the increasing side of φ.

Let $\boldsymbol{R}(x_1, x_2, x_3)$ be a vector field in three-dimensional space D, and define the divergence at the continuous differentiable points of this function as

$$\text{div } \boldsymbol{R} = \nabla \cdot \boldsymbol{R} = \left(\boldsymbol{e}_i \frac{\partial}{\partial x_i}\right) \cdot (\boldsymbol{e}_k R_k) = \frac{\partial R_i}{\partial x_i} = R_{i,i} \tag{1-42}$$

The divergence div$\boldsymbol{R}$ of a vector field is a scalar field.

Define the curl of a vector field $\boldsymbol{R}(x_1, x_2, x_3)$ as

$$\text{curl } \boldsymbol{R} = \text{rot } \boldsymbol{R} = \nabla \times \boldsymbol{R} = \left(\boldsymbol{e}_i \frac{\partial}{\partial x_i}\right) \times (\boldsymbol{e}_k R_k)$$

$$= \begin{vmatrix} \boldsymbol{e}_1 & \boldsymbol{e}_2 & \boldsymbol{e}_3 \\ \dfrac{\partial}{\partial x_1} & \dfrac{\partial}{\partial x_2} & \dfrac{\partial}{\partial x_3} \\ R_1 & R_2 & R_3 \end{vmatrix} = e_{ijk} R_{k,j} \boldsymbol{e}_i \tag{1-43}$$

The curl of a vector field is still a vector field. From the above analysis, we can see that the Hamilton operator can be used as a vector in the dot product or cross-product operation, only it must be placed in front of the action.

Another commonly used operator is the Laplace operator, which can be obtained from Eqs. (1-40) and (1-42)

$$\text{divgrad } \varphi = \nabla^2\varphi = \nabla \cdot \nabla\varphi = \boldsymbol{e}_i \frac{\partial}{\partial x_i} \cdot \boldsymbol{e}_k \frac{\partial}{\partial x_k}\varphi = \frac{\partial^2\varphi}{\partial x_i \partial x_i} \tag{1-44}$$

The two basic formulas in field theory are the Gauss formula and the Stokes formula.

(1) Gauss formula: also known as divergence theorem or Green theorem. If there is a vector field $\boldsymbol{R}$ in a three-dimensional domain D, the closed boundary surface of the domain is S, $\boldsymbol{n}$ is the unit external normal vector of the surface S, and the vector has continuous partial derivatives in the domain D and boundary surface S, then the following integral formula is established

$$\int_D \nabla \cdot \boldsymbol{R} \mathrm{d}V = \int_S \boldsymbol{R} \cdot \boldsymbol{n} \mathrm{d}S \tag{1-45a}$$

or as the component quantity form

$$\int_D R_{ii} \mathrm{d}V = \int_S R_i n_i \mathrm{d}S \tag{1-45b}$$

Gauss formula gives the transformation relationship between volume integral and surface integral, which has important applications in spatial problems and energy principles of elasticity.

(2) Stokes formula: Given a surface S, $\boldsymbol{n}$ is the unit external normal vector of the surface S, the surface S has a closed boundary curve L, and the positive direction of L and the positive

direction of $\boldsymbol{n}$ are related by the right-hand rule. $\boldsymbol{R}$ is a single-valued vector function on a surface S, and $\boldsymbol{R}$ has a continuous partial derivative at a point close enough to S, then the following integral is valid

$$\int_S (\nabla\times \boldsymbol{R}) \cdot \boldsymbol{n}\mathrm{d}S = \oint_L \boldsymbol{R} \cdot \mathrm{d}\boldsymbol{L} \tag{1-46a}$$

or as the component quantity form

$$\int_S e_{ijk} R_{k,j} n_i \mathrm{d}S = \oint_L R_i \mathrm{d}x_i \tag{1-46b}$$

§ 1.6 Orthogonal Curvilinear Coordinate System

The discussion in the previous section uses Cartesian coordinates, but it is often more convenient to use orthogonal curvilinear coordinates than Cartesian coordinates when solving elastic problems with curve or surface boundaries. We introduce some basic concepts and formulas of the orthogonal curvilinear coordinate system in the following.

1.6.1 Orthogonal curvilinear coordinate system

The position of a point P in three-dimensional space can be represented by Cartesian coordinate x_j, or three arbitrary independent parameters α_i can be selected as reference coordinates. The conversion relationship between the two groups of coordinates is

$$x_j = x_j(\alpha_i) \tag{1-47a}$$

or

$$\alpha_i = \alpha_i(x_j) \tag{1-47b}$$

The corresponding Jacobian determinant satisfies the conditions

$$J = \left| \frac{\partial \alpha_i}{\partial x_j} \right| \neq 0 \tag{1-48}$$

Then there is a reciprocal relation of one-to-one correspondence between the two sets of coordinates.

As shown in Fig. 1-2, starting from space point P, let the coordinates α_1 change arbitrarily while α_2 and α_3 remain unchanged. According to Eq. (1-47a), the trajectory of a series of space points can be obtained, and a space curve can be traced, which is called the coordinate line α_1 of point P. Similarly, coordinate lines α_2 and α_3 can be obtained. If α_1 and α_2 change arbitrarily while α_3 remains unchanged, the trajectory of corresponding space points constitutes coordinate plane $\alpha_1\alpha_2$, and the coordinate planes $\alpha_2\alpha_3$ and $\alpha_1\alpha_3$ can be obtained. The intersection lines of adjacent coordinate planes are coordinate lines. There are three coordinate planes and three coordinate lines through each space

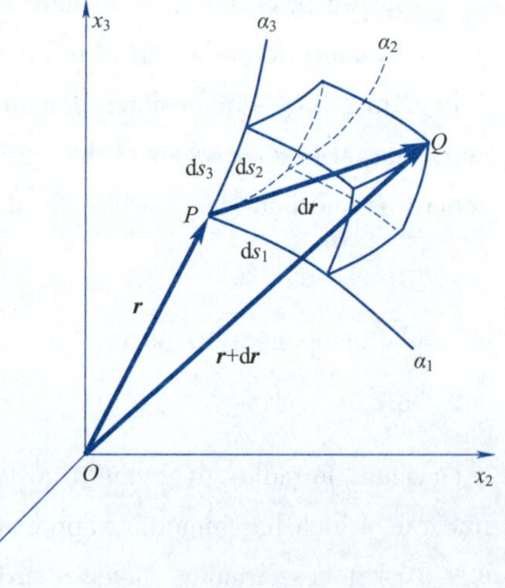

Fig. 1-2

point. Many curvilinear coordinate systems are named according to the shape and properties of coordinate planes (coordinate lines), such as spherical coordinates, cylindrical coordinates, polar coordinates, etc. In this section, we discuss the orthogonal curved coordinate system with three coordinate planes (coordinate lines) orthogonal everywhere, and the common cartesian coordinates, cylindrical coordinates, spherical coordinates, and polar coordinates are its special cases.

Considering the adjacent two points $P(\alpha_1,\alpha_2,\alpha_3)$ and $Q(\alpha_1+\mathrm{d}\alpha_1,\alpha_2+\mathrm{d}\alpha_2,\alpha_3+\mathrm{d}\alpha_3)$ in Fig. 1-2, their radius vectors are $\boldsymbol{r}$ and $\boldsymbol{r}+\mathrm{d}\boldsymbol{r}$, among them

$$\mathrm{d}\boldsymbol{r}=\frac{\partial \boldsymbol{r}}{\partial \alpha_1}\mathrm{d}\alpha_1+\frac{\partial \boldsymbol{r}}{\partial \alpha_2}\mathrm{d}\alpha_2+\frac{\partial \boldsymbol{r}}{\partial \alpha_3}\mathrm{d}\alpha_3 \tag{1-49}$$

In the above equation, the three partial derivatives of the radius vector with respect to curvilinear coordinates are denoted as

$$\boldsymbol{g}_i=\frac{\partial \boldsymbol{r}}{\partial \alpha_i}\quad (i=1,2,3) \tag{1-50}$$

They are vectors along the tangent direction of the coordinate line α_i and pointing towards the increasing side of the coordinate value, and are called the base vector of the curve coordinate. From the above two equations, it can be seen that

$$\mathrm{d}\boldsymbol{r}=\boldsymbol{g}_i\mathrm{d}\alpha_i \tag{1-51}$$

Eq. (1-51) indicates that the component obtained from the decomposition of the basis vector $\boldsymbol{g}_i$ by the vector derivative is the derivative $\mathrm{d}\alpha_i$ of the curve coordinate. However, it should be pointed out that, unlike Cartesian coordinates, the components obtained by decomposing the vector to the base vector $\boldsymbol{g}_i$ in curved coordinates are not corresponding to the corresponding curved coordinates α_i.

In the orthogonal system, the three base vectors $\boldsymbol{g}_i$ are perpendicular to each other, but not necessarily unit vectors. Their lengths are

$$h_i=|\boldsymbol{g}_i|=\sqrt{\boldsymbol{g}_i\cdot\boldsymbol{g}_i}\quad (\text{unsum for } i) \tag{1-52}$$

where, h_i is called the Lamé coefficient, and its geometric meaning is the ratio of the arc length increment of α_i line to the increment coordinate α_i when the coordinates α_i change. It can be proven that the calculation formula for the Lamé coefficients can also be written as

$$h_i=\sqrt{\left(\frac{\partial x_1}{\partial \alpha_i}\right)^2+\left(\frac{\partial x_2}{\partial \alpha_i}\right)^2+\left(\frac{\partial x_3}{\partial \alpha_i}\right)^2}\quad (i=1,2,3) \tag{1-53}$$

Dividing the base vector by its length, we can obtain a set of unit base vectors along the coordinate line direction

$$\boldsymbol{e}_i=\frac{\boldsymbol{g}_i}{h_i}\quad (\text{unsum for } i) \tag{1-54}$$

The length of the unit basis vector in an orthogonal curvilinear coordinate system is always 1. But unlike the Cartesian coordinate system, its direction changes with the position of the point and satisfies the following relationship

$$\boldsymbol{e}_i\cdot\boldsymbol{e}_j=\delta_{ij} \tag{1-55a}$$

$$\boldsymbol{e}_i\times\boldsymbol{e}_j=e_{ijk}\boldsymbol{e}_k \tag{1-55b}$$

Substituting Eq. (1-54) into Eq. (1-51) yields

$$\mathrm{d}\boldsymbol{r} = h_i \mathrm{d}\alpha_i \, \boldsymbol{e}_i = \mathrm{d}s_i \, \boldsymbol{e}_i \tag{1-56a}$$

where

$$\mathrm{d}s_i = h_i \mathrm{d}\alpha_i \quad (\text{not sum with } i) \tag{1-56b}$$

$\mathrm{d}s_i$ is the component of the vector differential decomposition of the unit basis vector $\boldsymbol{e}_i$, representing the length of the line element corresponding to the coordinate increment $\mathrm{d}\alpha_i$ on the coordinate line α_i. When the length of a line element $\mathrm{d}s_i$ can be directly determined geometrically, it is very convenient to calculate the Lame coefficient using Eq. (1-56b). For example, in the Cartesian coordinate system, $\mathrm{d}s_i$ equals to the coordinate increment $\mathrm{d}x_i$, so $h_i = 1 (i = 1,2,3)$. The length of radial and circumferential line elements in a planar polar coordinate system is $\mathrm{d}s_1 = \mathrm{d}r, \mathrm{d}s_2 = r\mathrm{d}\theta$, respectively, with corresponding coordinate increments $\mathrm{d}\alpha_1 = \mathrm{d}r$, $\mathrm{d}\alpha_2 = \mathrm{d}\theta$. Therefore, the Lame coefficients are $h_1 = 1, h_2 = r$.

1.6.2 The field theory foundation of orthogonal curvilinear coordinate system

The Hamilton operator in an orthogonal system is defined as

$$\nabla(\ ) = \boldsymbol{e}_i \frac{1}{h_i} \frac{\partial}{\partial \alpha_i} \tag{1-57a}$$

$$(\ )\nabla = \frac{1}{h_i} \frac{\partial}{\partial \alpha_i} \boldsymbol{e}_i \tag{1-57b}$$

The above formula is called the left gradient and the right gradient of the physical quantity respectively. The left and right gradients of the scalar field are equal, but for the vector field and tensor field, the left and right gradients are not equal due to the different order of the basis vectors.

Gradient of scalar field φ

$$\nabla \varphi = \boldsymbol{e}_i \varphi_i = \boldsymbol{e}_1 \frac{1}{h_1} \frac{\partial \varphi}{\partial \alpha_1} + \boldsymbol{e}_2 \frac{1}{h_2} \frac{\partial \varphi}{\partial \alpha_2} + \boldsymbol{e}_3 \frac{1}{h_3} \frac{\partial \varphi}{\partial \alpha_3} \tag{1-58}$$

Gradient of vector field $\boldsymbol{v}$

$$\nabla \boldsymbol{v} = \boldsymbol{e}_i \boldsymbol{v}_i = \boldsymbol{e}_1 \frac{1}{h_1} \frac{\partial \boldsymbol{v}}{\partial \alpha_1} + \boldsymbol{e}_2 \frac{1}{h_2} \frac{\partial \boldsymbol{v}}{\partial \alpha_2} + \boldsymbol{e}_3 \frac{1}{h_3} \frac{\partial \boldsymbol{v}}{\partial \alpha_3} \tag{1-59}$$

Divergence of vector field $\boldsymbol{v}$

$$\nabla \cdot \boldsymbol{v} = \boldsymbol{e}_i \cdot \frac{1}{h_i} \frac{\partial \boldsymbol{v}}{\partial \alpha_i} = \frac{1}{h_1 h_2 h_3} \left[\frac{\partial (v_1 h_2 h_3)}{\partial \alpha_1} + \frac{\partial (v_2 h_1 h_3)}{\partial \alpha_2} + \frac{\partial (v_3 h_2 h_1)}{\partial \alpha_3} \right] \tag{1-60}$$

If we substitute $\boldsymbol{v} = \nabla \varphi$ into the divergence Eq. (1-60), the expression of the Laplace operator in the orthogonal curvilinear coordinate system can be obtained

$$\nabla \cdot \nabla \varphi = \frac{1}{h_1 h_2 h_3} \left[\frac{\partial}{\partial \alpha_1} \left(\frac{h_2 h_3}{h_1} \frac{\partial \varphi}{\partial \alpha_1} \right) + \frac{\partial}{\partial \alpha_2} \left(\frac{h_1 h_3}{h_2} \frac{\partial \varphi}{\partial \alpha_2} \right) + \frac{\partial}{\partial \alpha_3} \left(\frac{h_1 h_2}{h_3} \frac{\partial \varphi}{\partial \alpha_3} \right) \right] \tag{1-61}$$

Curl of vector field $\boldsymbol{v}$

$$\nabla \times \boldsymbol{v} = \boldsymbol{e}_i \times \frac{1}{h_i} \frac{\partial \boldsymbol{v}}{\partial \alpha_i} = \frac{1}{h_1 h_2 h_3} \begin{vmatrix} h_1 \boldsymbol{e}_1 & h_2 \boldsymbol{e}_2 & h_3 \boldsymbol{e}_3 \\ \dfrac{\partial}{\partial \alpha_1} & \dfrac{\partial}{\partial \alpha_2} & \dfrac{\partial}{\partial \alpha_3} \\ h_1 v_1 & h_2 v_2 & h_3 v_3 \end{vmatrix} \tag{1-62}$$

Gradient of tensor field $\boldsymbol{T}$

$$\nabla \boldsymbol{T} = \boldsymbol{e}_i \boldsymbol{T}_{,i} = \boldsymbol{e}_1 \frac{1}{h_1} \frac{\partial \boldsymbol{T}}{\partial \alpha_1} + \boldsymbol{e}_2 \frac{1}{h_2} \frac{\partial \boldsymbol{T}}{\partial \alpha_2} + \boldsymbol{e}_3 \frac{1}{h_3} \frac{\partial \boldsymbol{T}}{\partial \alpha_3} \tag{1-63}$$

Divergence of tensor field $\boldsymbol{T}$

$$\nabla \cdot \boldsymbol{T} = \boldsymbol{e}_i \cdot \frac{1}{h_i} \frac{\partial \boldsymbol{T}}{\partial \alpha_i} = \boldsymbol{e}_i \cdot \boldsymbol{T}_{,i} \tag{1-64}$$

Curl of tensor field $\boldsymbol{T}$

$$\nabla \times \boldsymbol{T} = \boldsymbol{e}_i \times \frac{1}{h_i} \frac{\partial \boldsymbol{T}}{\partial \alpha_i} = \boldsymbol{e}_i \times \boldsymbol{T}_{,i} \tag{1-65}$$

1.6.3 Formulas for cylindrical and spherical coordinates

The cylindrical coordinates are shown in Fig. 1-3, and the coordinates and base vectors are

$$\begin{aligned} &\alpha_1 = r, \quad \alpha_2 = \theta, \quad \alpha_3 = z \\ &\boldsymbol{e}_1 = \boldsymbol{e}_r, \quad \boldsymbol{e}_2 = \boldsymbol{e}_\theta, \quad \boldsymbol{e}_3 = \boldsymbol{e}_z \end{aligned} \tag{1-66}$$

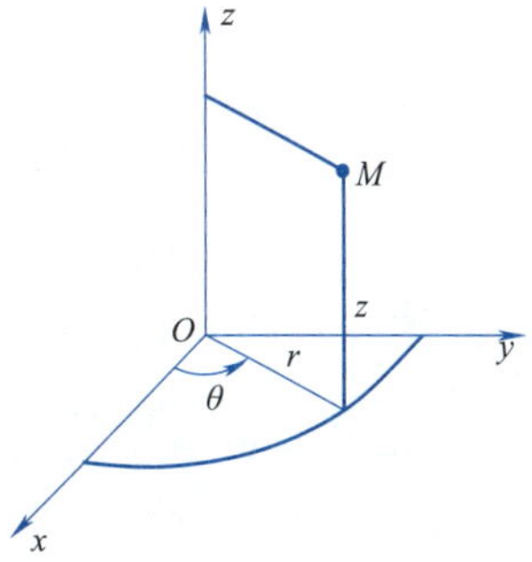

Fig. 1-3

The Lamé coefficients are

$$h_1 = 1, \quad h_2 = r, \quad h_3 = 1 \tag{1-67}$$

The vector decomposition equation is

$$\boldsymbol{v} = v_i \boldsymbol{e}_i = v_r \boldsymbol{e}_r + v_\theta \boldsymbol{e}_\theta + v_z \boldsymbol{e}_z \tag{1-68}$$

The Hamilton operator is

$$\nabla = \boldsymbol{e}_i \frac{1}{h_i} \frac{\partial}{\partial \alpha_i} = \boldsymbol{e}_r \frac{\partial}{\partial r} + \boldsymbol{e}_\theta \frac{1}{r} \frac{\partial}{\partial \theta} + \boldsymbol{e}_z \frac{\partial}{\partial z} \tag{1-69}$$

The gradient is

$$\nabla \varphi = \boldsymbol{e}_r \frac{\partial \varphi}{\partial r} + \boldsymbol{e}_\theta \frac{1}{r} \frac{\partial \varphi}{\partial \theta} + \boldsymbol{e}_z \frac{\partial \varphi}{\partial z} \tag{1-70}$$

The divergence is

$$\nabla \cdot \boldsymbol{v} = \frac{1}{r} \frac{\partial}{\partial r}(r v_r) + \frac{1}{r} \frac{\partial v_\theta}{\partial \theta} + \frac{\partial v_z}{\partial z} \tag{1-71}$$

The curl is

$$\nabla \times \boldsymbol{v} = \boldsymbol{e}_r \left(\frac{1}{r} \frac{\partial v_z}{\partial \theta} - \frac{\partial v_\theta}{\partial \theta} \right) + \boldsymbol{e}_\theta \left(\frac{\partial v_r}{\partial z} - \frac{\partial v_z}{\partial r} \right) + \boldsymbol{e}_z \left[\frac{1}{r} \frac{\partial (r v_\theta)}{\partial r} - \frac{1}{r} \frac{\partial v_r}{\partial \theta} \right] \tag{1-72}$$

The Laplace operator is

$$\nabla \cdot \nabla \varphi = \frac{1}{r} \frac{\partial}{\partial r}\left(r \frac{\partial \varphi}{\partial r} \right) + \frac{1}{r^2} \frac{\partial^2 \varphi}{\partial \theta^2} + \frac{\partial^2 \varphi}{\partial z^2} \tag{1-73a}$$

or expressed as

$$\nabla \cdot \nabla \varphi = \frac{\partial^2 \varphi}{\partial r^2} + \frac{1}{r} \frac{\partial \varphi}{\partial r} + \frac{1}{r^2} \frac{\partial^2 \varphi}{\partial \theta^2} + \frac{\partial^2 \varphi}{\partial z^2} \tag{1-73b}$$

The spherical coordinates are shown in Fig. 1-4, and the coordinates and base vectors are

$$\begin{cases} \alpha_1 = r, \quad \alpha_2 = \theta, \quad \alpha_3 = \varphi \\ \boldsymbol{e}_1 = \boldsymbol{e}_r, \quad \boldsymbol{e}_2 = \boldsymbol{e}_\theta, \quad \boldsymbol{e}_3 = \boldsymbol{e}_\varphi \end{cases} \tag{1-74}$$

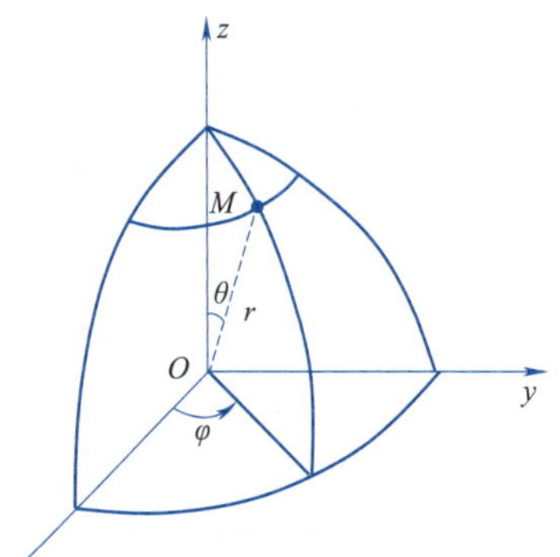

Fig. 1-4

The Lamé coefficients are

$$h_1 = 1, \quad h_2 = r, \quad h_3 = r\sin\theta \tag{1-75}$$

The vector decomposition equation is

$$\boldsymbol{v} = v_i\,\boldsymbol{e}_i = v_r\boldsymbol{e}_r + v_\theta\boldsymbol{e}_\theta + v_\varphi\boldsymbol{e}_\varphi \tag{1-76}$$

The Hamilton operator is

$$\nabla = \boldsymbol{e}_i\frac{1}{h_i}\frac{\partial}{\partial\alpha_i} = \boldsymbol{e}_r\frac{\partial}{\partial r} + \boldsymbol{e}_\theta\frac{1}{r}\frac{\partial}{\partial\theta} + \boldsymbol{e}_\varphi\frac{1}{r\sin\theta\partial\varphi}\partial \tag{1-77}$$

The gradient is

$$\nabla\Phi = \boldsymbol{e}_r\frac{\partial\Phi}{\partial r} + \boldsymbol{e}_\theta\frac{1}{r}\frac{\partial\Phi}{\partial\theta} + \boldsymbol{e}_z\frac{1}{r\sin\theta}\frac{\partial\Phi}{\partial\varphi} \tag{1-78}$$

The divergence is

$$\nabla\cdot\boldsymbol{v} = \frac{1}{r^2}\frac{\partial}{\partial r}(r^2v_r) + \frac{1}{r\sin\theta}\frac{\partial(v_\theta\sin\theta)}{\partial\theta} + \frac{1}{r\sin\theta}\frac{\partial v_\varphi}{\partial\varphi} \tag{1-79}$$

The curl is

$$\nabla\times\boldsymbol{v} = \frac{\boldsymbol{e}_r}{r\sin\theta}\left(\frac{\partial(v_\varphi\sin\theta)}{\partial\theta} - \frac{\partial v_\theta}{\partial\varphi}\right) + \frac{\boldsymbol{e}_\theta}{r}\left(\frac{1}{\sin\theta}\frac{\partial v_r}{\partial\varphi} - \frac{\partial(rv_\varphi)}{\partial r}\right) + \frac{\boldsymbol{e}_z}{r}\left[\frac{\partial(rv_\theta)}{\partial r} - \frac{\partial v_r}{\partial\theta}\right] \tag{1-80}$$

The Laplace operator is

$$\nabla\cdot\nabla\Phi = \frac{1}{r^2}\frac{\partial}{\partial r}\left(r^2\frac{\partial\Phi}{\partial r}\right) + \frac{1}{r^2\sin\theta\partial\theta}\left(\frac{\partial\Phi}{\partial\theta}\sin\theta\right)\partial + \frac{1}{r^2\sin^2\theta}\frac{\partial^2\Phi}{\partial\varphi^2} \tag{1-81a}$$

Or expressed as

$$\nabla\cdot\nabla\Phi = \frac{\partial^2\Phi}{\partial r^2} + \frac{2}{r}\frac{\partial\Phi}{\partial r} + \frac{1}{r^2}\frac{\partial^2\Phi}{\partial\theta^2} + \frac{\cot\theta}{r^2}\frac{\partial\Phi}{\partial\theta} + \frac{1}{r^2\sin^2\theta}\frac{\partial^2\Phi}{\partial\varphi^2} \tag{1-81b}$$

Worksheet 1

1-1 What is the difference between the object of study and the method of study of the elasticity compared to mechanics of materials?

1-2 What is the basic task of elasticity?

1-3 Why introduce some basic assumptions? What would happen if any one of these assumptions were abandon?

1-4 Why is the "assuming that solid materials are continuous media" is one of the most fundamental assumptions of solid mechanics? What is the significance of this basic hypothesis?

1-5 Within the scope of the study of elasticity, is it permissible for a continuous object before deformation to overlap or create cracks after deformation?

1-6 What are the known conditions and quantities to be found for an engineering elasticity problem?

1-7 What is a free subscript? What is a dummy index? What is a Kronecker symbol?

1-8 What do I need to pay attention to in the basic operations of tensors (addition, subtraction, multiplication, and derivation)?

1-9 Find the Lame coefficient in the cylindrical and spherical coordinate systems.

1-10 Known $\boldsymbol{\sigma}$ as a second order tensor and $\boldsymbol{f}$ as a vector, write the component form of the tensor equation $\nabla\cdot\boldsymbol{\sigma} + \boldsymbol{f} = 0$ in Cartesian coordinate system and cylindrical coordinates.

Chapter 2

Stress Theory

Elasticity focuses on the effects of elastic body under the action of external forces, i. e. , stresses and deformations, and the studied contents are all statically indeterminate problems. To solve such problems, it is necessary to analyze them from three aspects: statics, geometry, and physics. In this chapter, we analyze the stress state at a point within an elastic body from the perspective of statics and establish the differential equations of equilibrium and stress boundary conditions that are generally applicable to continuum mechanics. The derivation in this chapter will ignore the deformation of the body, which does not cause significant errors for small deformation bodies. In addition, the physical properties of the material are not involved in the analysis, and the conclusions obtained are applicable to any small-deformation continuum medium.

This chapter takes the three-dimensional body as the object of study, and the Cartesian coordinate system is used except for the last section. Many physical quantities of elasticity have the nature of tensors. The use of the tensor indicator symbolic method to deduce the equation has the characteristics of simplicity, convenience, law to follow, not easy to make mistakes, etc. , but the tensor analysis is relatively abstract, and not easy to understand. Scalar representation is relatively intuitive, and easy to understand, but the derivation of the formula is complicated. So, from this chapter, the derivation of the formula will use a combination of scalar form and tensor form, to lay a solid foundation for future studies.

§ 2. 1 External Forces and Stresses

2. 1. 1 External forces

Depending on how the external force acts, there are two kinds of external forces which may act on bodies, namely the body forces and the surface forces.

Body forces are forces distributed over the volume of the body, such as gravitational forces, inertial forces, centrifugal forces, electromagnetic forces, etc. The body force applied to each point inside the body is generally different, and the body force is a function of coordinates. To represent the magnitude and direction of the body force at a point inside the body, a micro-element containing point M point can be taken, as shown in Fig. 2-1(a). The volume of the micro-element is ΔV, assuming that the combined force acting on all the masses in the volume element is $\Delta \boldsymbol{F}$, the average intensity of the body force is $\dfrac{\Delta \boldsymbol{F}}{\Delta V}$, so that the infinite reduction ΔV tends to point M, then

$\dfrac{\Delta \boldsymbol{F}}{\Delta V}$ will tend to a certain limit, that is

$$\boldsymbol{f} = \lim_{\Delta V \to 0} \frac{\Delta \boldsymbol{F}}{\Delta V} \tag{2-1}$$

The limit vector $\boldsymbol{f}$ is the intensity of body force at point M. The direction of the body force vector $\boldsymbol{f}$ is the same as the limiting direction of $\Delta \boldsymbol{F}$. The projections f_i on the rectangular coordinate axes x_i are called the body force components at point M. The components pointing to the positive direction of the coordinate axis are defined as positive, and the opposite is negative. The international unit of body force is $\mathrm{N/m^3}$.

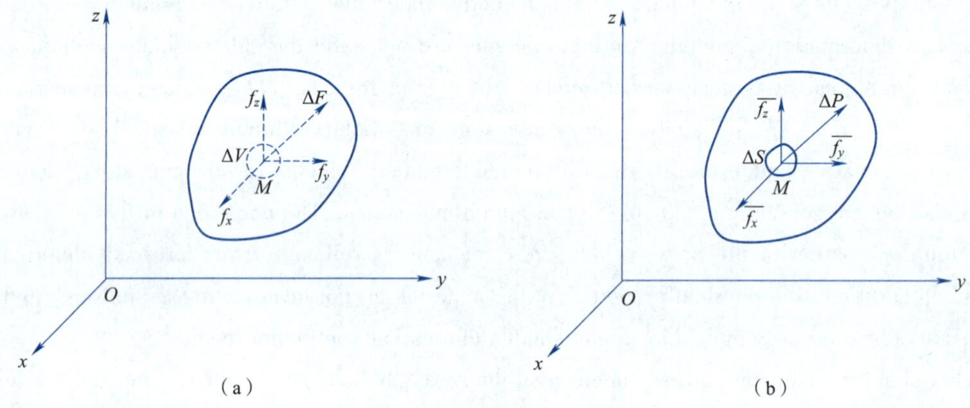

Fig. 2-1

Surface forces refer to the forces acting on the surface of a body, such as wind, liquid pressure, contact forces, etc. The surface forces on the surface of a body are also generally different with each point. In order to represent the magnitude and direction of the surface force at any point M on the surface of a body, a micro- area ΔS containing the point M is taken in the neighborhood of the point M, as shown in Fig. 2-1(b). Let the surface force acting on ΔS be $\Delta \boldsymbol{P}$, so the average intensity of the surface force will be $\dfrac{\Delta \boldsymbol{P}}{\Delta S}$. We assume ΔS contract toward point M, then $\dfrac{\Delta \boldsymbol{P}}{\Delta S}$ will tend to a certain limit, that is

$$\bar{\boldsymbol{f}} = \lim_{\Delta S \to 0} \frac{\Delta \boldsymbol{P}}{\Delta S} \tag{2-2}$$

The limit vector $\bar{\boldsymbol{f}}$ is the intensity of surface forces at point M. The direction of the surface force vector $\bar{\boldsymbol{f}}$ is the same as the limit direction of $\Delta \boldsymbol{P}$. The projections $\bar{f}_i$ on the rectangular coordinate axes x_i are called the surface force components at point M. The components pointing to the positive direction of the coordinate axis are defined as positive, and the opposite is negative. The international unit of the surface force is $\mathrm{N/m^2}$ or Pa.

2.1.2 Stresses

After the body is subjected to the action of external forces, its internal will cause additional internal forces, referred to as internal forces. The method to determine internal forces is the method of section. As shown in Fig. 2-2, in order to study the internal force at a point P inside the body, we suppose that the body is truncated by a plane MN and divided into two parts A, B. These two parts will have internal forces interacting on the MN surface. Removing part A, the action of part A on part B is expressed as an internal force. According to the continuity assumption, the internal force on the cross-section MN is continuously distributed, but in general, it is not uniformly distributed. Taking the micro area ΔS around the point P, the internal force acting on is $\Delta \boldsymbol{Q}$, and its outward normal is $\boldsymbol{n}$, then the average intensity of the internal force is $\frac{\Delta \boldsymbol{Q}}{\Delta S}$. Let ΔS shrink indefinitely and tend to the point P, then $\frac{\Delta \boldsymbol{Q}}{\Delta S}$ will tend to a certain limit, that is

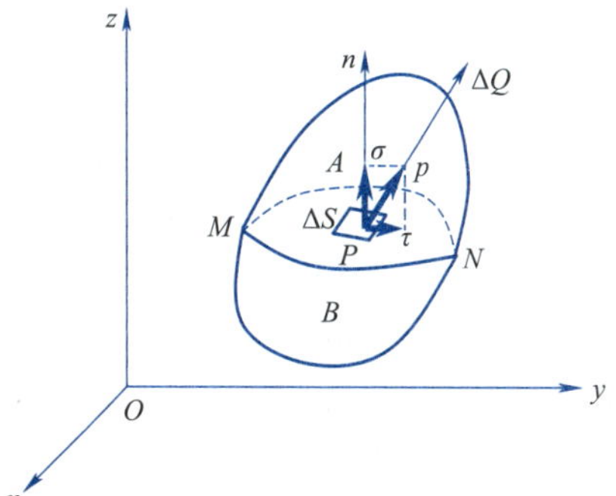

Fig. 2-2

$$\boldsymbol{p} = \lim_{\Delta S \to 0} \frac{\Delta \boldsymbol{Q}}{\Delta S} \tag{2-3}$$

The limit vector $\boldsymbol{p}$ is called the stress vector at point P on cross-section MN, also known as the total stress, and the international unit is $\mathrm{N/m^2}$ or Pa. The direction of $\boldsymbol{p}$ is the same as the limiting direction of $\Delta \boldsymbol{Q}$. Considering the convenience of application, the total stress is usually decomposed into components along the normal direction and tangent direction of the section where it is located. The stress component along the normal direction of the section is called the normal stress and denoted by $\boldsymbol{\sigma}$; The stress component along the tangent direction of the section is called shearing stress and denoted by $\boldsymbol{\tau}$.

Obviously,

$$\boldsymbol{p}^2 = \boldsymbol{\sigma}^2 + \boldsymbol{\tau}^2 \tag{2-4}$$

Comparing Eqs. (2-2) and (2-3) show that the mathematical definition and physical unit of the surface force vector and the stress vector are the same. The difference is that the surface force is the known external force acting on the outer surface of the body, while the stress is the unknown internal force acting on the section inside the body.

§ 2. 2 Stress States and Stress Tensors

Generally speaking, the stresses acting on different sections passing through the same point in a body are different, and the overall stress on the section of different directions through the same point is called the stress state of the point. The cross-section of MN through P mentioned in the previous section is arbitrary, and there are infinitely many such planes, so how do you describe the stress state at a point? This issue is discussed below.

In order to represent the stress state of a point, a differential hexahedral element is cut around point M in the body with three pairs of parallel surfaces in parallel coordinate planes, as shown in

Fig. 2-3. The side lengths of the volume element are dx, dy and dz. When the side lengths are infinitely reduced, the volume element tends to the M point.

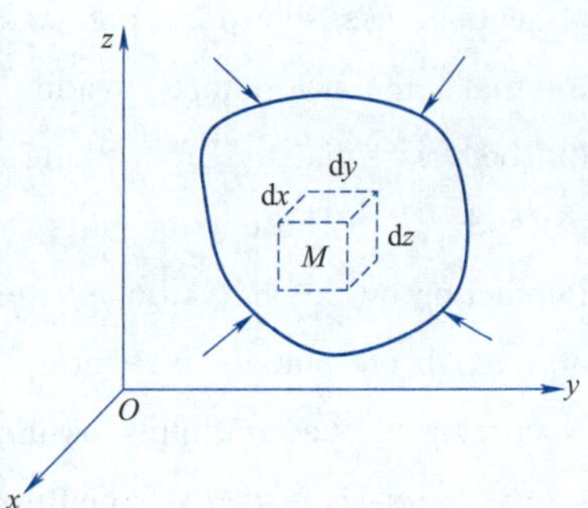

Fig. 2-3

Now, the stress on the surface of the volume element is investigated. Since each surface of the differential hexahedral element is infinitesimally small, the stress acting on each section of the volume element can be regarded as uniformly distributed. Each stress vector can be decomposed into one normal stress and two shearing stresses. Obviously, there are nine stress components on the six surfaces of the volume element, that is, $\sigma_x, \tau_{xy}, \tau_{xz}, \tau_{yx}, \sigma_y, \tau_{yz}, \tau_{zx}, \tau_{zy}, \sigma_z$ as shown in Fig. 2-4(a). When the coordinates are transformed, these nine stress components follow a certain coordinate transformation, and they are called the stress tensor. Each stress component is an element of the stress tensor, and the stress tensor is usually denoted by $\boldsymbol{\sigma}$. It's a symmetric tensor of second order. It can be proved later that the stress on any inclined section passing the M point can be expressed by these nine stress components. $\boldsymbol{\sigma}$ give a comprehensive description of the stress state of a point in the body. According to the properties of second- order tensors, the stress tensor can be written as a matrix form

$$\boldsymbol{\sigma} = \begin{pmatrix} \sigma_{11} & \sigma_{12} & \sigma_{13} \\ \sigma_{21} & \sigma_{22} & \sigma_{23} \\ \sigma_{31} & \sigma_{32} & \sigma_{33} \end{pmatrix} \tag{2-5}$$

In the stress tensor σ_{ij}, the first subscript represents the normal direction of the action plane, and the second subscript represents the direction of the stress component itself, as shown in Fig. 2-4(b). The stress component with the same two subscripts is the normal stress, such as $\sigma_{11}, \sigma_{22}, \sigma_{33}$, and the others with different subscripts are the shearing stress, such as $\sigma_{12}, \sigma_{23}, \sigma_{13}, \cdots$. The positive and negative sign of the stress component stipulates: When the outward normal of the stress component on the action plane is consistent with the positive direction of the coordinate axis, this plane is called positive plane, and the stress component acting on the positive plane is positive along the positive direction of coordinate axis, and on the contrary is negative. When the outward normal of the stress component is consistent with the negative direction of the coordinate axis, this plane is called negative plane. The stress component acting on the negative plane is positive along the negative direction of coordinate axis, and on the contrary is negative. According to the above stipulations, all the stress components in Fig. 2-4 are positive. Note that the positive and negative signs of the normal stress obtained in accordance with the above provisions are the same as those in the mechanics of materials, that is, the tension is positive, and the pressure is negative. However, the shearing stress is not completely consistent with the stipulations in the mechanics of materials.

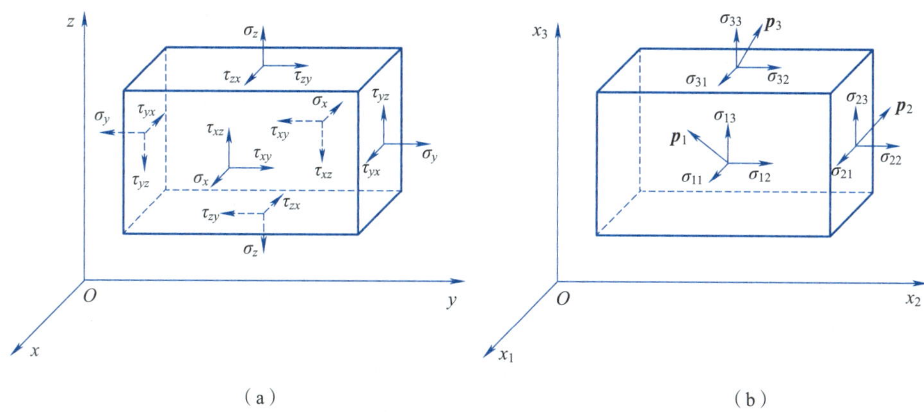

(a) (b)

Fig. 2-4

§ 2. 3 Differential Equations of Equilibrium

If a body is in equilibrium under an external force, it is divided into several arbitrarily shaped differential element bodies, each of them will also remain balanced. Suppose that using three coordinate planes, a tiny parallelepiped is truncated inside the body, and the lengths of the three edges are dx_1, dx_2, and dx_3, as shown in Fig. 2-5.

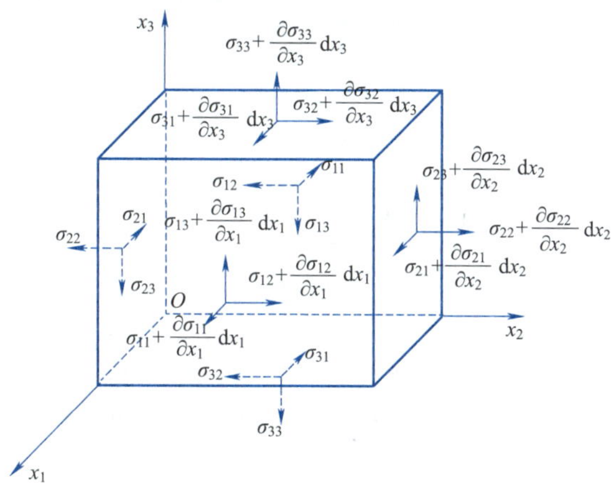

Fig. 2-5

The force acting on the element is divided into two parts, one is the force acting on each surface of the volume element by the adjacent part, and the other is the body force acting on each particle of the element. Since the volume element is small, it can be considered that the stress acting on each differential plane element is uniformly distributed, and the body force is also uniformly distributed inside the volume element. Generally speaking, the stress components are functions of position coordinates, and the stress components acting on the front, back, left, right, or upper and lower differential surfaces are not exactly the same. For example, suppose that the normal stress acting on the back differential plane is $\sigma_{11} = f(x_1, x_2, x_3)$, and the coordinate x_1 on the front differential plane has the increment dx_1. The normal stress on this plane is $\sigma'_{11} = f(x_1 + dx_1, x_2, x_3)$, expanded by the Taylor series of multivariate functions, and obtained

$$f(x_1 + dx_1, y, z) = f(x_1, x_2, x_3) + \frac{\partial f(x_1, x_2, x_3)}{\partial x_1} dx_1 + \frac{1}{2!} \frac{\partial^2 f(x_1, x_2, x_3)}{\partial x_1^2} (dx_1)^2 + \cdots$$

By omitting the terms of second and higher orders, we obtain

$$\sigma'_{11} = \sigma_{11} + \frac{\partial \sigma_{11}}{\partial x_1} dx_1$$

All other stresses can be deduced in the same way. The three components of the body force acting on the volume element are denoted by $f_i (i = 1, 2, 3)$. Since the volume element is balanced, the following six static equilibrium equations should be satisfied

$$\sum F_{x_1} = 0, \quad \sum F_{x_2} = 0, \quad \sum F_{x_3} = 0$$

$$\sum M_{x_1} = 0, \quad \sum M_{x_2} = 0, \quad \sum M_{x_3} = 0$$

Using the equilibrium equation $\sum F_{x_1} = 0$, the formula is as follows

$$\left(\sigma_{11} + \frac{\partial \sigma_{11}}{\partial x_1} dx_1\right) dx_2 dx_3 - \sigma_{11} dx_2 dx_3 + \left(\sigma_{21} + \frac{\partial \sigma_{21}}{\partial x_2} dx_2\right) dx_1 dx_3 - \sigma_{21} dx_1 dx_3 +$$

$$\left(\sigma_{31} + \frac{\partial \sigma_{31}}{\partial x_3} dx_3\right) dx_1 dx_2 - \sigma_{31} dx_1 dx_2 + f_1 dx_1 dx_2 dx_3 = 0$$

The above equation is simplified and then divided by the volume $dx_1 dx_2 dx_3$ of the volume element to obtain the following equations (the latter two equations are derived from $\sum F_{x_2} = 0$, $\sum F_{x_3} = 0$)

$$\begin{cases} \dfrac{\partial \sigma_{11}}{\partial x_1} + \dfrac{\partial \sigma_{21}}{\partial x_2} + \dfrac{\partial \sigma_{31}}{\partial x_3} + f_1 = 0 \\[2ex] \dfrac{\partial \sigma_{12}}{\partial x_1} + \dfrac{\partial \sigma_{22}}{\partial x_2} + \dfrac{\partial \sigma_{32}}{\partial x_3} + f_2 = 0 \\[2ex] \dfrac{\partial \sigma_{13}}{\partial x_1} + \dfrac{\partial \sigma_{23}}{\partial x_2} + \dfrac{\partial \sigma_{33}}{\partial x_3} + f_3 = 0 \end{cases} \tag{2-6}$$

Eq. (2-6) gives the relationship between the stress components and the body force components, which are called the differential equations of equilibrium, also known as the Navier equations. If the body is in motion, according to D' Alembert's principle, the inertia forces $-\rho \dfrac{\partial^2 u_i}{\partial t^2}$ can be introduced into the body forces term. Here ρ is the material density, t is the time, $u_i (i = 1, 2, 3)$ are the components of the displacement vector at any point in the body on the three coordinate axes, and then the differential equations of motion are obtained

$$\begin{cases} \dfrac{\partial \sigma_{11}}{\partial x_1} + \dfrac{\partial \sigma_{21}}{\partial x_2} + \dfrac{\partial \sigma_{31}}{\partial x_3} + f_1 = \rho \dfrac{\partial^2 u_1}{\partial t^2} \\[2ex] \dfrac{\partial \sigma_{12}}{\partial x_1} + \dfrac{\partial \sigma_{22}}{\partial x_2} + \dfrac{\partial \sigma_{32}}{\partial x_3} + f_2 = \rho \dfrac{\partial^2 u_2}{\partial t^2} \\[2ex] \dfrac{\partial \sigma_{13}}{\partial x_1} + \dfrac{\partial \sigma_{23}}{\partial x_2} + \dfrac{\partial \sigma_{33}}{\partial x_3} + f_3 = \rho \dfrac{\partial^2 u_3}{\partial t^2} \end{cases} \tag{2-7a}$$

Eqs. (2-6) and (2-7a) can be written as tensor equations

$$\sigma_{ji,j} + f_i = 0\left(=\rho \frac{\partial^2 u_i}{\partial t^2}\right) \tag{2-7b}$$

Change the dummy index in the equation to a dot product and introduce the Hamilton operator to obtain the entity form of the above equations as follows

$$\nabla \cdot \boldsymbol{\sigma} + \boldsymbol{f} = \boldsymbol{0}(=\rho \boldsymbol{a}) \tag{2-7c}$$

In the following, the moment balance of the volume element is considered and utilized $\sum M_{x_1} = 0$, $\sum M_{x_2} = 0$, $\sum M_{x_3} = 0$. After sorting out and ignoring the fourth-order trace, the following can be obtained

$$\tau_{23} = \tau_{32}, \quad \tau_{31} = \tau_{13}, \quad \tau_{12} = \tau_{21} \tag{2-8a}$$

or write as

$$\sigma_{ij} = \sigma_{ji} \tag{2-8b}$$

It can be seen from the above equations that shearing stresses occur in pairs, and only six of the nine stress components are independent. The above equations are called the reciprocal theorem of shearing stresses, which is independent of body forces and still holds in the state of motion. Six stress components are included in the three differential equations of Eq. (2-6), so the elasticity problem is statically indeterminate, and supplementary equations must be found from geometry and physical properties. When deriving the differential equations of equilibrium, the pre-deformation and post-deformation are not distinguished. Because the assumption of small deformation is used, Eqs. (2-6), (2-7), (2-8) are only applicable to the case of small deformation.

§ 2.4 Stress of Inclined Plane and Stress Boundary Conditions

To study the stress state of a point is to study the stress situation on any inclined plane at that point. Take out a micro tetrahedral *Mabc* through point *M* inside the body (assuming that point *M* coincides with the coordinate origin *O*), as shown in Fig. 2-6. The tetrahedron is composed of three coordinate negative planes and an inclined plane. The nine stress components σ_{ij} are known on the coordinate negative planes, and now the stress acting on the inclined plane through the point *M* is considered.

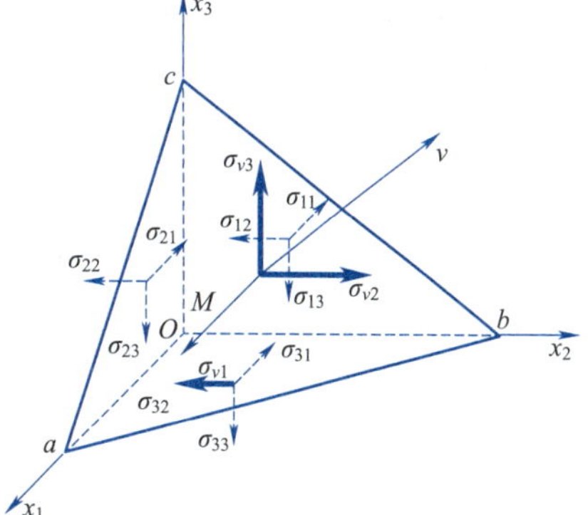

Fig. 2-6

Let the stress vector on the inclined section *abc* be $\boldsymbol{\sigma}_v$, and the direction cosine of the outward normal $\boldsymbol{v}$ of each coordinate axis are

$$n_i = \cos(\boldsymbol{v}, \boldsymbol{e}_i) = \boldsymbol{v} \cdot \boldsymbol{e}_i$$

Now we establish the relationship between the stress on the inclined plane and the nine stress components σ_{ij} at the same point, so it is necessary to study the equilibrium of the tetrahedron. Let the area of the inclined plane *abc* be d*A*, then the areas of the three coordinate negative planes are

$n_1 dA$, $n_2 dA$ and $n_3 dA$, respectively. The vertical distance Δh from point M to the inclined plane abc is a small quantity. The volume of the tetrahedron is $dV = \frac{1}{3}\Delta h dA$. The loads on the tetrahedron are the surface forces on four differential surfaces and body forces. Because each of the differential surfaces has a small area, the stress acting on them can be regarded as uniformly distributed. The whole body is in equilibrium, and the tetrahedron should meet the equilibrium conditions. Using σ_{vi} to represent the stress vector $\boldsymbol{\sigma}_v$ as a component along the coordinate axis, from the equilibrium condition $\sum F_{x_1} = 0$ we obtain

$$\sigma_{v1} dA - \sigma_{11} n_1 dA - \sigma_{21} n_2 dA - \sigma_{31} n_3 dA + f_1 \times \frac{1}{3}\Delta h dA = 0$$

Divide the above equation by dA, and note that when the inclined plane abc approaches M indefinitely, $\Delta h \to 0$, the following formulas can be obtained (where the last two expressions are derived from $\sum F_{x_2} = 0$, $\sum F_{x_3} = 0$)

$$\begin{cases} \sigma_{v1} = \sigma_{11} n_1 + \sigma_{21} n_2 + \sigma_{31} n_3 \\ \sigma_{v2} = \sigma_{12} n_1 + \sigma_{22} n_2 + \sigma_{32} n_3 \\ \sigma_{v3} = \sigma_{13} n_1 + \sigma_{23} n_2 + \sigma_{33} n_3 \end{cases} \tag{2-9a}$$

The above equations are written as a tensor component in the form of

$$\sigma_{vi} = \sigma_{ji} n_j \quad (i, j = 1, 2, 3) \tag{2-9b}$$

written in entity form as

$$\boldsymbol{\sigma}_v = \boldsymbol{v} \cdot \boldsymbol{\sigma} \tag{2-9c}$$

The stress tensor $\boldsymbol{\sigma}$ can be expressed as $\boldsymbol{\sigma} = \sigma_{ij} \boldsymbol{e}_i \boldsymbol{e}_j$.

Eqs. (2-9) gives the relationship between the nine stress components of a point in the body and the stresses on all differential planes passing through the same point, which is called the stress formula of inclined plane, also known as the Cauchy formula. By projecting σ_{vi} onto the outward normal $\boldsymbol{v}$, the normal stress on the inclined plane can be obtained as follows

$$\begin{aligned} \sigma_n &= n_1 \sigma_{v1} + n_2 \sigma_{v2} + n_3 \sigma_{v3} \\ &= n_1^2 \sigma_{11} + n_2^2 \sigma_{22} + n_3^2 \sigma_{33} + 2 n_2 n_3 \sigma_{23} + 2 n_1 n_3 \sigma_{13} + 2 n_1 n_2 \sigma_{12} \end{aligned} \tag{2-10a}$$

The component form written as a tensor in the above equation is

$$\sigma_n = \sigma_{ij} n_j n_i \tag{2-10b}$$

written in entity form as

$$\boldsymbol{\sigma}_n = \boldsymbol{\sigma}_v \cdot \boldsymbol{v} \tag{2-10c}$$

The total stress on the inclined plane is

$$\sigma_v^2 = \sigma_{v1}^2 + \sigma_{v2}^2 + \sigma_{v3}^2 \tag{2-11}$$

The shearing stress on the inclined plane can be obtained from the following formula

$$\tau_v^2 = f_v^2 - \sigma_v^2 \tag{2-12}$$

If the inclined plane abc is taken as the boundary surface of the body, then the stress components σ_{vi} on the inclined plane are the surface force components $\bar{f}_i$ acting on the boundary surface. Therefore, Eq. (2-9) establishes the equilibrium relationship between the surface force acting on point M on the boundary surface of the body and the internal stress components of the body immediately adjacent to it, namely

$$\begin{cases}\overline{f_1} = \sigma_{11}n_1 + \sigma_{21}n_2 + \sigma_{31}n_3 \\ \overline{f_2} = \sigma_{12}n_1 + \sigma_{22}n_2 + \sigma_{32}n_3 \\ \overline{f_3} = \sigma_{13}n_1 + \sigma_{23}n_2 + \sigma_{33}n_3\end{cases} \tag{2-13a}$$

The above equations are written as a tensor equation in the form

$$\overline{f_i} = \sigma_{ji}n_j \tag{2-13b}$$

Here $\overline{f_i}$ are the components of the surface forces along the axes, and n_j are the direction cosines of the outward normal on the body surface. Eq. (2-13) is called stress boundary condition, which is one of the important equations in elasticity.

§ 2.5 Coordinate Transformation of Stress Components

The stress state of a point in the body can be expressed by six stress components on the three orthogonal cartesian coordinate planes of the point. When the coordinate system rotates around the point and transforms into another coordinate system, the stress state of the point will not change, but the six stress components representing the stress state of the point in the new coordinate system will change.

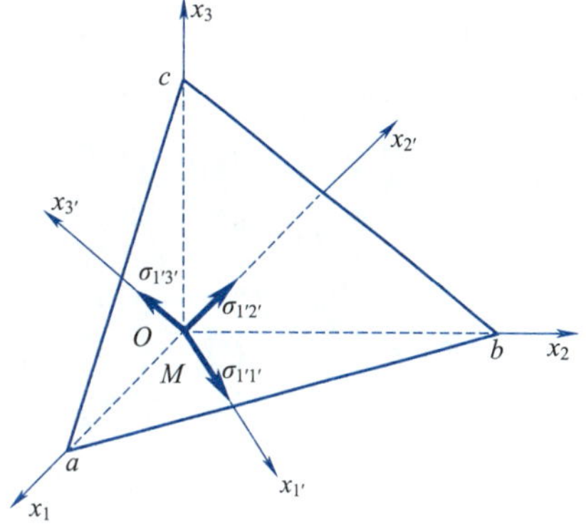

Fig. 2-7

Let the stress components of any point M in the body in coordinate system $Ox_1x_2x_3$ be σ_{ij}. Point M coincides with the origin of coordinates, and the coordinate system is rotated around the origin O to obtain a new coordinate system $Ox_{1'}x_{2'}x_{3'}$, as shown in Fig. 2-7. Try to find the six stress components $\sigma_{i'j'}$ in the new coordinate system.

The direction cosine between the old and new coordinate systems is shown in Table 2-1.

Table 2-1 The direction cosine between the old and new coordinate systems

coordinate	x_1	x_2	x_3
$x_{1'}$	$n_{1'1} = \cos(x_{1'}, x_1)$	$n_{1'2} = \cos(x_{1'}, x_2)$	$n_{1'3} = \cos(x_{1'}, x_3)$
$x_{2'}$	$n_{2'1} = \cos(x_{2'}, x_1)$	$n_{2'2} = \cos(x_{2'}, x_2)$	$n_{2'3} = \cos(x_{2'}, x_3)$
$x_{3'}$	$n_{3'1} = \cos(x_{3'}, x_1)$	$n_{3'2} = \cos(x_{3'}, x_2)$	$n_{3'3} = \cos(x_{3'}, x_3)$

The subscripts $i' = 1', 2', 3'$ of $n_{i'j}$ in the above table correspond to the new coordinate system $x_{1'}, x_{2'}, x_{3'}$, and the subscripts $j = 1, 2, 3$ correspond to the old coordinate system x_1, x_2, x_3. Obviously, each coordinate plane in the new coordinate system can be regarded as the inclined plane of the old coordinate system. For example, section *abc* shown in Fig. 2-7 can be regarded as the inclined plane with the outward normal as the axis $x_{1'}$. According to Eq. (2-9), the three stress components of the total stress on this section along the original coordinate axis are

$$\begin{cases} f_{1'1} = \sigma_{11} n_{1'1} + \sigma_{21} n_{1'2} + \sigma_{31} n_{1'3} \\ f_{1'2} = \sigma_{12} n_{1'1} + \sigma_{22} n_{1'2} + \sigma_{32} n_{1'3} \\ f_{1'3} = \sigma_{13} n_{1'1} + \sigma_{23} n_{1'2} + \sigma_{33} n_{1'3} \end{cases} \tag{2-14}$$

By projecting $f_{1'1}$, $f_{1'2}$, $f_{1'3}$ to the coordinate axis $x_{1'}$ and substituting Eq. (2-14) into Eq. (2-10), the normal stress $\sigma_{1'1'}$ along the axis $x_{1'}$ can be obtained

$$\sigma_{1'1'} = n_{1'1}^2 \sigma_{11} + n_{1'2}^2 \sigma_{22} + n_{1'3}^2 \sigma_{33} + 2(n_{1'1} n_{1'2} \sigma_{12} + n_{1'2} n_{1'3} \sigma_{23} + n_{1'3} n_{1'1} \sigma_{31})$$

Similarly, the shearing stress $\sigma_{1'2'}$, $\sigma_{1'3'}$ can be obtained by projecting $f_{1'1}$, $f_{1'2}$, $f_{1'3}$ to the coordinate axes $x_{2'}$, $x_{3'}$

$$\sigma_{1'2'} = n_{1'1} n_{2'1} \sigma_{11} + n_{1'2} n_{2'2} \sigma_{22} + n_{1'3} n_{2'3} \sigma_{33} + (n_{1'1} n_{2'2} + n_{2'1} n_{1'2}) \sigma_{12} + (n_{1'2} n_{2'3} + n_{2'2} n_{1'3}) \sigma_{23} + (n_{1'1} n_{2'3} + n_{2'1} n_{1'3}) \sigma_{13}$$

$$\sigma_{1'3'} = n_{3'1} n_{1'1} \sigma_{11} + n_{3'2} n_{1'2} \sigma_{22} + n_{3'3} n_{1'3} \sigma_{33} + (n_{3'1} n_{1'2} + n_{1'1} n_{3'2}) \sigma_{12} + (n_{3'2} n_{1'3} + n_{1'2} n_{3'3}) \sigma_{23} + (n_{3'1} n_{1'3} + n_{1'1} n_{3'3}) \sigma_{13}$$

Similarly, the normal stress and shearing stress on the differential surface taking $x_{2'}$, $x_{3'}$ as the outward normal can be obtained

$$\sigma_{2'2'} = n_{2'1}^2 \sigma_{11} + n_{2'2}^2 \sigma_{22} + n_{2'3}^2 \sigma_{33} + 2(n_{2'1} n_{2'2} \sigma_{12} + n_{2'2} n_{2'3} \sigma_{23} + n_{2'3} n_{2'1} \sigma_{31})$$

$$\sigma_{3'3'} = n_{3'1}^2 \sigma_{11} + n_{3'2}^2 \sigma_{22} + n_{3'3}^2 \sigma_{33} + 2(n_{3'1} n_{3'2} \sigma_{12} + n_{3'2} n_{3'3} \sigma_{23} + n_{3'3} n_{3'1} \sigma_{31})$$

$$\sigma_{2'3'} = n_{2'1} n_{3'1} \sigma_{11} + n_{2'2} n_{3'2} \sigma_{22} + n_{2'3} n_{3'3} \sigma_{33} + (n_{2'1} n_{3'2} + n_{3'1} n_{2'2}) \sigma_{12} + (n_{2'2} n_{3'3} + n_{3'2} n_{2'3}) \sigma_{23} + (n_{2'1} n_{3'3} + n_{3'1} n_{2'3}) \sigma_{13}$$

$$\sigma_{2'1'} = \sigma_{1'2'}, \sigma_{3'1'} = \sigma_{1'3'}, \sigma_{2'3'} = \sigma_{3'2'}$$

The above equations can be uniformly expressed as tensor form

$$\sigma_{i'j'} = n_{i'i} n_{j'j} \sigma_{ij} \tag{2-15}$$

According to Eq. (2-15), when the coordinates are transformed by the rotating axis, the stress components follow the transformation rule of the second-order tensor, Eq. (1-17), which proves again that stress is a second-order tensor. Eq. (2-15) is called the rotation axis formula of the stress tensor. Given the stress components in the old coordinate system through three mutually perpendicular differential planes of a point in the body, the stress components in the new coordinate system can be obtained by Eq. (2-15) about the rotation axis formula of the stress tensor.

§ 2.6 Principal Stress and Stress Tensor Invariants

Known from the analysis of the previous, the stress vector of an arbitrary cross-section through bodies is not only related to the components of the stress tensor, but also depends on the direction of the cross-section. So, whether there is such a cross-section, the stress vector is along the normal direction of the section, that is the stress vector is normal stress acting on the cross-section, and the shearing stress is zero? This problem is the principal value problem for second-order tensors discussed in Sections 1-1—1-5 of Chapter 1. We call the normal stress with the above characteristics principal stress, which is the principal value of the stress tensor, and the acting section is called the principal plane. The normal direction of the principal plane is the principal direction of the stress tensor.

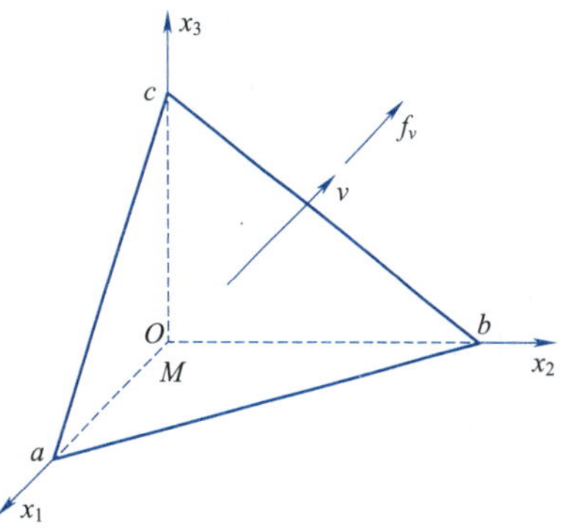

Fig. 2-8

According to the definition of principal stress and principal direction, we establish the equations to be satisfied. As shown in Fig. 2-8, we set the differential surface of *abc* inclined to coordinate axis passing *M* point (*M* point as the origin of coordinates) as the principal plane. The principal stress on this surface records as σ, and three direction cosines of normal direction $\boldsymbol{v}$(i. e., the main direction) record as n_1, n_2, n_3. Three components of the stress vector $\boldsymbol{f}_v$ along the coordinate axis of are f_{v1}, f_{v2}, f_{v3}, then we obtain

$$f_{v1}=n_1\sigma,\quad f_{v2}=n_2\sigma,\quad f_{v3}=n_3\sigma\quad \text{or}\quad f_{vi}=\sigma n_i \tag{2-16}$$

On the other hand, the Cauchy formula (2-9) is used to combine with Eq. (2-16) and shift the term to obtain

$$\begin{cases}(\sigma_{11}-\sigma)n_1+\sigma_{21}n_2+\sigma_{31}n_3=0\\ \sigma_{12}n_1+(\sigma_{22}-\sigma)n_2+\sigma_{32}n_3=0\\ \sigma_{13}n_1+\sigma_{23}n_2+(\sigma_{33}-\sigma)n_3=0\end{cases} \tag{2-17a}$$

or expressed by tensor symbol as

$$(\sigma_{ji}-\delta_{ij}\sigma)n_j=0 \tag{2-17b}$$

The above equations are linear homogeneous algebraic equations to be satisfied by the principal direction of stress. At the same time, according to the characteristics of the direction cosine $n_1^2+n_2^2+n_3^2=1$, there must be a non- zero solution to the direction cosine, and its coefficient determinant must be zero, that is

$$\begin{vmatrix}\sigma_{11}-\sigma & \sigma_{21} & \sigma_{31}\\ \sigma_{12} & \sigma_{22}-\sigma & \sigma_{32}\\ \sigma_{13} & \sigma_{23} & \sigma_{33}-\sigma\end{vmatrix}=0 \tag{2-18}$$

Expanding the above formula, we obtain

$$\sigma^3-I_1\sigma^2+I_2\sigma-I_3=0 \tag{2-19}$$

among

$$\begin{cases}I_1=\sigma_{11}+\sigma_{22}+\sigma_{33}=\sigma_{ii}\\ I_2=\sigma_{11}\sigma_{22}+\sigma_{22}\sigma_{33}+\sigma_{33}\sigma_{11}-(\sigma_{12}^2+\sigma_{23}^2+\sigma_{13}^2)=\dfrac{1}{2}(I_1^2-\sigma_{ij}\sigma_{ij})\\ I_3=\begin{vmatrix}\sigma_{11} & \sigma_{12} & \sigma_{13}\\ \sigma_{21} & \sigma_{22} & \sigma_{23}\\ \sigma_{31} & \sigma_{32} & \sigma_{33}\end{vmatrix}=\sigma_{11}\sigma_{22}\sigma_{33}+2\sigma_{12}\sigma_{23}\sigma_{13}-(\sigma_{11}\sigma_{23}^2+\sigma_{22}\sigma_{13}^2+\sigma_{33}\sigma_{12}^2)\\ \quad =e_{ijk}\sigma_{1i}\sigma_{2j}\sigma_{3k}\end{cases} \tag{2-20}$$

Eq. (2-19) is called the characteristic equation of the stress state, and the coefficients I_1, I_2, I_3 are called the first, second and third invariants of the stress tensor. Invariant means that when the coordinate system rotates, each stress component will change, but these three quantities remain unchanged. Because the root of the characteristic equation represents the principal stress, the principal stress is only determined by the stress state at this point and is independent of the reference coordinate system describing the stress components. The root of Eq. (2-19) remains unchanged, and its coefficient should also remain unchanged.

It can be proved that Eq. (2-19) has three real roots, which σ_i represent the three principal stresses at this point. Assuming that the directions of the principal stresses σ_i are $\overset{i}{n}_j$, respectively, and they all satisfy Eq. (2-17), we can get

$$\begin{cases}(\sigma_{11}-\sigma_1)\overset{1}{n}_1+\sigma_{21}\overset{1}{n}_2+\sigma_{31}\overset{1}{n}_3=0\\ \sigma_{12}\overset{1}{n}_1+(\sigma_{22}-\sigma_1)\overset{1}{n}_2+\sigma_{32}\overset{1}{n}_3=0\\ \sigma_{13}\overset{1}{n}_1+\sigma_{23}\overset{1}{n}_2+(\sigma_{33}-\sigma_1)\overset{1}{n}_3=0\end{cases} \tag{2-21a}$$

$$\begin{cases}(\sigma_{11}-\sigma_2)\overset{2}{n}_1+\sigma_{21}\overset{2}{n}_2+\sigma_{31}\overset{2}{n}_3=0\\ \sigma_{12}\overset{2}{n}_1+(\sigma_{22}-\sigma_2)\overset{2}{n}_2+\sigma_{32}\overset{2}{n}_3=0\\ \sigma_{13}\overset{2}{n}_1+\sigma_{23}\overset{2}{n}_2+(\sigma_{33}-\sigma_2)\overset{2}{n}_3=0\end{cases} \tag{2-21b}$$

$$\begin{cases}(\sigma_{11}-\sigma_3)\overset{3}{n}_1+\sigma_{21}\overset{3}{n}_2+\sigma_{31}\overset{3}{n}_3=0\\ \sigma_{12}\overset{3}{n}_1+(\sigma_{22}-\sigma_3)\overset{3}{n}_2+\sigma_{32}\overset{3}{n}_3=0\\ \sigma_{13}\overset{3}{n}_1+\sigma_{23}\overset{3}{n}_2+(\sigma_{33}-\sigma_3)\overset{3}{n}_3=0\end{cases} \tag{2-21c}$$

The above three equations are uniformly represented in tensor symbols as follows

$$(\sigma_{ji}-\delta_{ij}\sigma_k)\overset{k}{n}_j=0 \quad (\text{unsum for } k) \tag{2-21d}$$

Only two of the above set of equations are independent, and the simultaneous geometrical relationship $n_i n_i = 1$ can determine the principal direction corresponding to each principal stress. Multiply $(\overset{2}{n}_1, \overset{2}{n}_2, \overset{2}{n}_3)$ to Eq. (2-21a) and $(-\overset{1}{n}_1, -\overset{1}{n}_2, -\overset{1}{n}_3)$ to Eq. (2-21b) respectively, and then add the six equations to get

$$(\sigma_1-\sigma_2)(\overset{1}{n}_1\overset{2}{n}_1+\overset{1}{n}_2\overset{2}{n}_2+\overset{1}{n}_3\overset{2}{n}_3)=0 \tag{2-22}$$

In the same way, we can get

$$(\sigma_1-\sigma_3)(\overset{1}{n}_1\overset{3}{n}_1+\overset{1}{n}_2\overset{3}{n}_2+\overset{1}{n}_3\overset{3}{n}_3)=0 \tag{2-23}$$

$$(\sigma_2-\sigma_3)(\overset{2}{n}_1\overset{3}{n}_1+\overset{2}{n}_2\overset{3}{n}_2+\overset{2}{n}_3\overset{3}{n}_3)=0 \tag{2-24}$$

If $\sigma_1 \neq \sigma_2 \neq \sigma_3$, we have

$$\begin{cases}\overset{1}{n}_1\overset{2}{n}_1+\overset{1}{n}_2\overset{2}{n}_2+\overset{1}{n}_3\overset{2}{n}_3=0\\ \overset{1}{n}_1\overset{3}{n}_1+\overset{1}{n}_2\overset{3}{n}_2+\overset{1}{n}_3\overset{3}{n}_3=0\\ \overset{2}{n}_1\overset{3}{n}_1+\overset{2}{n}_2\overset{3}{n}_2+\overset{2}{n}_3\overset{3}{n}_3=0\end{cases} \tag{2-25}$$

According to the knowledge of analytic geometry, the three principal directions are perpendicular to each other. If $\sigma_1 = \sigma_2 \neq \sigma_3$, the last two equations of Eq. (2-25) must be satisfied, while the first equation can or cannot be satisfied. The direction of σ_3 is perpendicular to the direction of σ_1, σ_2, and the direction of σ_1 can or cannot be perpendicular to the direction of σ_2, that is, the directions perpendicular to the direction of σ_3 are both principal directions. If $\sigma_1 = \sigma_2 = \sigma_3$, Eq. (2-25) can be satisfied or not, indicating that the three main directions can be perpendicular to each other or not, that is, any direction is the principal direction.

After the principal stress and principal direction are known, the geometrical space is established with the principal direction of the stress as the coordinate axis. This coordinate space is called the principal space. The straight line along the principal direction of the stress at a point is called the stress principal axis of the point, as shown in Fig. 2-9. The x_1, x_2, x_3 axes in the figure are the stress principal axes.

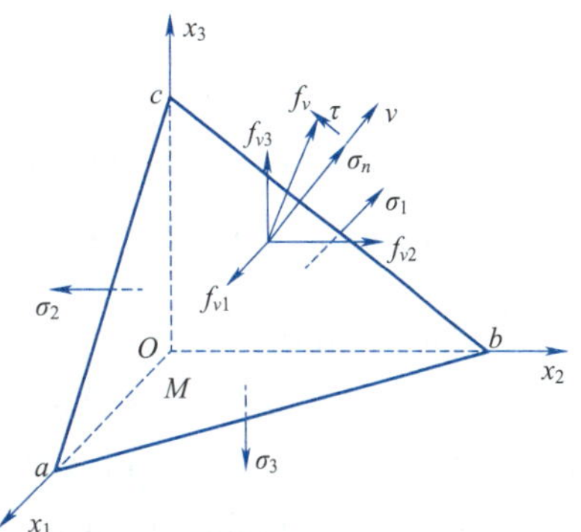

Fig. 2-9

The cosine of the outward normal direction of a certain inclined section $\boldsymbol{v}$ in the principal direction space is n_i, and the normal stress on the inclined section obtained from Eq. (2-10) is $\sigma_n = \sigma_i n_i^2$. In addition, according to $n_i n_i = 1$, the normal stress can be written as

$$\sigma_n = \sigma_1 - (\sigma_1 - \sigma_2) n_2^2 - (\sigma_1 - \sigma_3) n_3^2 \tag{2-26}$$

or

$$\sigma_n = (\sigma_1 - \sigma_3) n_1^2 + (\sigma_2 - \sigma_3) n_2^2 + \sigma_3 \tag{2-27}$$

Assuming that $\sigma_1 \geqslant \sigma_2 \geqslant \sigma_3$, the last two terms of Eq. (2-26) are non-positive numbers, and the first two terms of Eq. (2-27) are non-negative numbers, there is $\sigma_1 \geqslant \sigma_n \geqslant \sigma_3$. That is, the maximum and minimum principal stresses are the maximum and minimum values of the normal stresses on all sections passing through a point.

§ 2.7 Maximum Shearing Stress

The following is to investigate the maximum shearing stress and its action surface of point M in the body. We take the principal space, as shown in Fig. 2-9. The stress vector of the inclined plane abc is $\boldsymbol{f}_v$, and the stress components are f_{vi}, then

$$f_{vi} = \sigma_i n_i \tag{2-28}$$

Normal stress on the cross-section is

$$\sigma_n = \sigma_1 n_1^2 + \sigma_2 n_2^2 + \sigma_3 n_3^2 \tag{2-29}$$

Substituted into the formula (2-12) for the shearing stress on the inclined plane

$$\tau^2 = \sigma_1^2 n_1^2 + \sigma_2^2 n_2^2 + \sigma_3^2 n_3^2 - (\sigma_1 n_1^2 + \sigma_2 n_2^2 + \sigma_3 n_3^2)^2 \tag{2-30}$$

Using the geometrical relationship $n_i n_i = 1$, we eliminate one of the cosines in three directions, such as n_1, and get

$$\tau^2 = (1 - n_2^2 - n_3^2)\sigma_1^2 + n_2^2\sigma_2^2 + n_3^2\sigma_3^2 - [(1 - n_2^2 - n_3^2)\sigma_1 + n_2^2\sigma_2 + n_3^2\sigma_3]^2 \tag{2-31}$$

In order to find the extreme value, we let $\dfrac{\partial \tau^2}{\partial n_2} = 0, \dfrac{\partial \tau^2}{\partial n_3} = 0$, and get

$$\begin{cases} n_2(\sigma_2^2 - \sigma_1^2) - 2n_2[n_2^2(\sigma_2 - \sigma_1) + n_3^2(\sigma_3 - \sigma_1) + \sigma_1](\sigma_2 - \sigma_1) = 0 \\ n_3(\sigma_3^2 - \sigma_1^2) - 2n_3[n_2^2(\sigma_2 - \sigma_1) + n_3^2(\sigma_3 - \sigma_1) + \sigma_1](\sigma_3 - \sigma_1) = 0 \end{cases} \tag{2-32}$$

The following three cases are discussed:

(1) If $\sigma_1 \neq \sigma_2 \neq \sigma_3$, the first formula of Eq. (2-32) is divided by $(\sigma_2 - \sigma_1)$ and the second formula is divided by $(\sigma_3 - \sigma_1)$, we can obtain the following formula

$$\begin{cases} n_2\{(\sigma_2 - \sigma_1) - 2[n_2^2(\sigma_2 - \sigma_1) + n_3^2(\sigma_3 - \sigma_1)]\} = 0 \\ n_3\{(\sigma_3 - \sigma_1) - 2[n_2^2(\sigma_2 - \sigma_1) + n_3^2(\sigma_3 - \sigma_1)]\} = 0 \end{cases} \tag{2-33}$$

Eq. (2-33) has three solutions

① $n_2 = 0, n_3 = 0$; ② $n_2 = 0, n_3 = \pm\frac{1}{\sqrt{2}}$; ③ $n_2 = \pm\frac{1}{\sqrt{2}}, n_3 = 0$.

When we obtain n_2, n_3, n_1 can be obtained from $n_i n_i = 1$, and then τ can be obtained from Eq. (2-31). Similarly, Eqs. (2-30) and (2-31) can be used to eliminate n_2, n_3 respectively, and the above steps are repeated to obtain six groups of solutions, of which three groups are duplicates, and there are six groups of independent solutions, as shown in Table 2-2.

Table 2-2 Standing value solution of shearing stress

	1	2	3	4	5	6
n_1	0	0	± 1	0	$\pm\frac{1}{\sqrt{2}}$	$\pm\frac{1}{\sqrt{2}}$
n_2	0	± 1	0	$\pm\frac{1}{\sqrt{2}}$	0	$\pm\frac{1}{\sqrt{2}}$
n_3	± 1	0	0	$\pm\frac{1}{\sqrt{2}}$	$\pm\frac{1}{\sqrt{2}}$	0
τ_v	0	0	0	$\pm\frac{\sigma_2 - \sigma_3}{2}$	$\pm\frac{\sigma_3 - \sigma_1}{2}$	$\pm\frac{\sigma_1 - \sigma_2}{2}$
σ_v	σ_3	σ_2	σ_1	$\frac{\sigma_2 + \sigma_3}{2}$	$\frac{\sigma_3 + \sigma_1}{2}$	$\frac{\sigma_1 + \sigma_2}{2}$

The first three groups of solutions in the above table correspond to the principal plane, where the shearing stress is zero. The last three groups of solutions correspond to the plane passing through one of the principal axes and bisecting the angle between the other two principal axes. The shearing stress on these planes is called the primary shearing stress, as shown in Fig. 2-10.

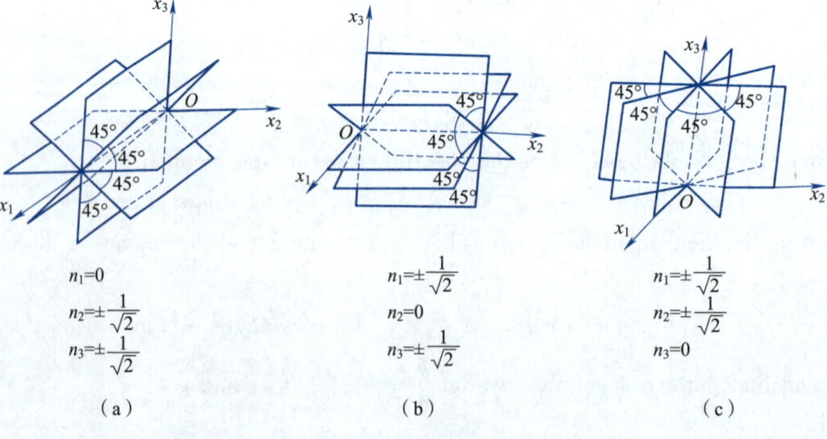

Fig. 2-10

If $\sigma_1 > \sigma_2 > \sigma_3$, the maximum shearing stress is

$$\tau_{\max} = \frac{\sigma_1 - \sigma_3}{2} \tag{2-34}$$

(2) If two principal stresses are equal, as $\sigma_1 = \sigma_2 > \sigma_3$, the first equation of Eq. (2-32) has been satisfied. The second equation can be obtained as $n_3(1 - 2n_3^2) = 0$, and the solution is $n_3 = 0$, $n_3 = \pm\frac{1}{\sqrt{2}}$. The first solution $n_3 = 0$ indicates that the plane passes through the Ox_3 axis. Substituting into Eq. (2-31), we can obtain $\tau = 0$. That is, the planes passing through the Ox_3 axis are all principal planes. Substituting the second solution $n_3 = \pm\frac{1}{\sqrt{2}}$ into Eq. (2-30), we obtain $n_1^2 + n_2^2 = \frac{1}{2}$. In this equation, n_1 can change from 0 to $\pm\frac{1}{\sqrt{2}}$, and n_2 can change from $\pm\frac{1}{\sqrt{2}}$ to 0, indicating that the maximum shearing stress occurs on a differential surface tangent to the conical surface, as shown in Fig. 2-11. The conical surface is at a 45-degree angle to the x_2 axis. The value of the maximum shearing stress is $\tau_{\max} = \frac{\sigma_1 - \sigma_3}{2}$.

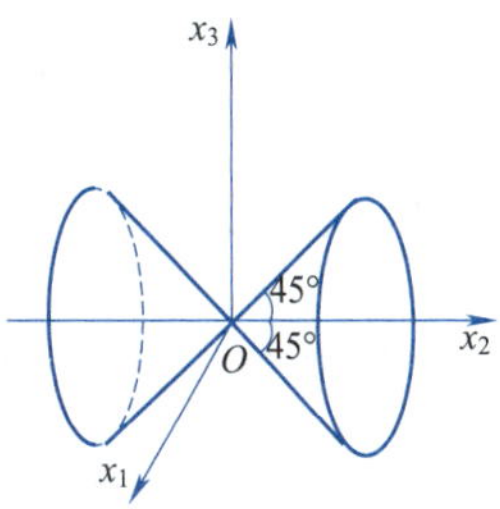

Fig. 2-11

(3) If the three principal stresses are equal, that is $\sigma_1 = \sigma_2 = \sigma_3$, it can be known from Eq. (2-31) that any direction we obtain $\tau = 0$. That is, any plane is the principal plane.

§ 2.8 Equilibrium Equations in Orthogonal Curvilinear Coordinate Systems

The previous sections all used the Cartesian coordinate system, but many bodies in engineering practice have curved boundaries. For bodies of this shape, using a curved coordinate system is more convenient. To solve such problems, we need to use a universal tensor. The main difference between a universal tensor and a Cartesian tensor is that the base vector of a universal tensor is not necessarily a unit vector. The size and direction of a universal tensor may vary with the position of a point and may not be orthogonal. Therefore, the base vector cannot be taken as a constant in derivation, which makes the problem very complicated. This section only provides the equilibrium equations in the orthogonal curvilinear coordinate system, thus deriving the equilibrium equations in the cylindrical and spherical coordinate systems.

Use $\alpha_i, \boldsymbol{e}_i, h_i$ $(i = 1,2,3)$ to represent the curve coordinate, unit basis vector, and Lamé coefficients of the orthogonal coordinate system respectively. Fig. 2-12 shows the orthogonal hexahedron infinitesimal element taken from six adjacent coordinate planes. Different from the Cartesian coordinate system, the sides of the current hexahedron are surface infinitesimal elements. The relative positive and negative plane elements are no longer parallel. The area is not equal, and the side length of the infinitesimal element is also changed. Below, we establish the force equilibrium conditions for the microelement. Let's first consider a pair of positive and negative surfaces which normal is along the coordinate line α_1. The negative force is $-\boldsymbol{\sigma}_{v1}h_2h_3\mathrm{d}\alpha_2\mathrm{d}\alpha_3$. Since the Lamé coefficients in an orthogonal system vary with points, the positive force is $\left[\boldsymbol{\sigma}_{v1}h_2h_3+\frac{\partial}{\partial\alpha_1}(\boldsymbol{\sigma}_{v1}h_2h_3)\mathrm{d}\alpha_1\right]\mathrm{d}\alpha_2\mathrm{d}\alpha_3$.

The combined force of the above two is $\frac{\partial}{\partial\alpha_1}\boldsymbol{\sigma}_{v1}(h_2h_3)\mathrm{d}\alpha_1\mathrm{d}\alpha_2\mathrm{d}\alpha_3$. Similarly, we can derive the combined forces $\frac{\partial}{\partial\alpha_2}(\boldsymbol{\sigma}_{v2}h_1h_3)\mathrm{d}\alpha_2\mathrm{d}\alpha_3\mathrm{d}\alpha_1$, $\frac{\partial}{\partial\alpha_3}(\boldsymbol{\sigma}_{v3}h_2h_1)\mathrm{d}\alpha_3\mathrm{d}\alpha_1\mathrm{d}\alpha_2$ which normal is along the coordinate line α_2 and α_3, respectively. The combined force of body forces is $\boldsymbol{f}h_1h_2h_3\mathrm{d}\alpha_2\mathrm{d}\alpha_3\mathrm{d}\alpha_1$.

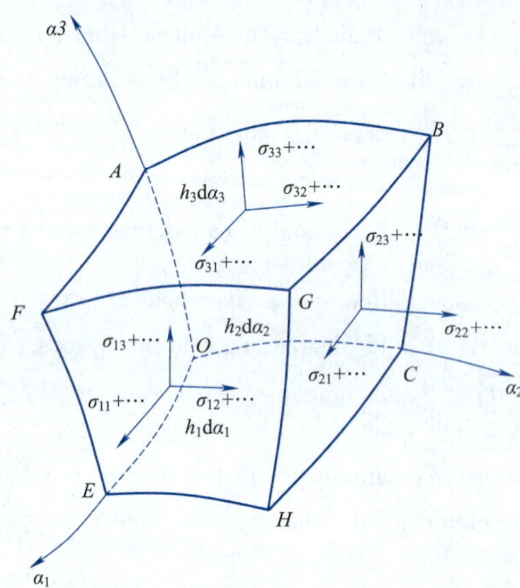

Fig. 2-12

The sum of the above four terms is required to be zero for the equilibrium of the microelement. Divided by the volume of the microelement $h_1h_2h_3\mathrm{d}\alpha_2\mathrm{d}\alpha_3\mathrm{d}\alpha_1$, we obtain the vector form equilibrium equation in the orthogonal system

$$\frac{1}{h_1h_2h_3}\left[\frac{\partial}{\partial\alpha_1}(h_2h_3\boldsymbol{\sigma}_{v1})+\frac{\partial}{\partial\alpha_2}(h_3h_1\boldsymbol{\sigma}_{v2})+\frac{\partial}{\partial\alpha_3}(h_1h_2\boldsymbol{\sigma}_{v3})\right]+\boldsymbol{f}=\boldsymbol{0} \tag{2-35}$$

Substitute $\boldsymbol{\sigma}_{vi}=\sigma_{ij}\boldsymbol{e}_j$, $\boldsymbol{f}=f_i\,\boldsymbol{e}_j$ into the above equation and use the derivative formula of the unit basis vector as follows

$$\frac{\partial\boldsymbol{e}_i}{\partial\alpha_j}=\frac{1}{h_i}\frac{\partial h_j}{\partial\alpha_i}\boldsymbol{e}_j \tag{2-36}$$

$$\frac{\partial\boldsymbol{e}_i}{\partial\alpha_i}=-\frac{1}{h_k}\frac{\partial h_i}{\partial\alpha_k}\boldsymbol{e}_k-\frac{1}{h_j}\frac{\partial h_i}{\partial\alpha_j}\boldsymbol{e}_j \tag{2-37}$$

In the above two equations, i, j, and k represent three indicators with different values, and the summation convention is cancelled. Further, the equilibrium equations in the orthogonal curvilinear coordinate system in the form of components can be obtained

$$\frac{1}{h_1h_2h_3}\left[\frac{\partial}{\partial\alpha_1}(h_2h_3\sigma_{11})+\frac{\partial}{\partial\alpha_2}(h_1h_3\sigma_{21})+\frac{\partial}{\partial\alpha_3}(h_1h_2\sigma_{31})+h_2\frac{\partial h_1}{\partial\alpha_3}\sigma_{13}+h_3\frac{\partial h_1}{\partial\alpha_2}\sigma_{12}-h_3\frac{\partial h_2}{\partial\alpha_1}\sigma_{22}-h_2\frac{\partial h_3}{\partial\alpha_1}\sigma_{33}\right]+f_1=0 \tag{2-38a}$$

$$\frac{1}{h_1h_2h_3}\left[\frac{\partial}{\partial\alpha_2}(h_3h_1\sigma_{22})+\frac{\partial}{\partial\alpha_3}(h_1h_2\sigma_{32})+\frac{\partial}{\partial\alpha_1}(h_2h_3\sigma_{12})+h_3\frac{\partial h_2}{\partial\alpha_1}\sigma_{21}+h_1\frac{\partial h_2}{\partial\alpha_3}\sigma_{23}-h_1\frac{\partial h_3}{\partial\alpha_2}\sigma_{33}-h_3\frac{\partial h_1}{\partial\alpha_2}\sigma_{11}\right]+f_2=0 \tag{2-38b}$$

$$\frac{1}{h_1h_2h_3}\left[\frac{\partial}{\partial\alpha_3}(h_1h_2\sigma_{33})+\frac{\partial}{\partial\alpha_1}(h_2h_3\sigma_{13})+\frac{\partial}{\partial\alpha_2}(h_3h_1\sigma_{23})+h_1\frac{\partial h_3}{\partial\alpha_2}\sigma_{32}+h_2\frac{\partial h_3}{\partial\alpha_1}\sigma_{31}-h_2\frac{\partial h_1}{\partial\alpha_3}\sigma_{11}-h_1\frac{\partial h_2}{\partial\alpha_3}\sigma_{22}\right]+f_3=0 \tag{2-38c}$$

In cylindrical coordinates we have $\alpha_1=r,\alpha_2=\theta,\alpha_3=z,h_1=1,h_2=r,h_3=1$. By substituting into Eqs. (2-38a, b, c), the equilibrium equations of the cylindrical coordinate system can be obtained

$$\begin{cases}\dfrac{\partial\sigma_r}{\partial r}+\dfrac{1}{r}\dfrac{\partial\tau_{\theta r}}{\partial\theta}+\dfrac{\partial\tau_{zr}}{\partial z}+\dfrac{\sigma_r-\sigma_\theta}{r}+f_r=0\\[2ex]\dfrac{\partial\tau_{r\theta}}{\partial r}+\dfrac{1}{r}\dfrac{\partial\sigma_\theta}{\partial\theta}+\dfrac{\partial\tau_{z\theta}}{\partial z}+\dfrac{2\tau_{r\theta}}{r}+f_\theta=0\\[2ex]\dfrac{\partial\tau_{rz}}{\partial r}+\dfrac{1}{r}\dfrac{\partial\tau_{\theta z}}{\partial\theta}+\dfrac{\partial\sigma_z}{\partial z}+\dfrac{\tau_{rz}}{r}+f_z=0\end{cases} \tag{2-39}$$

In the spherical coordinate system, we have $\alpha_1=r,\alpha_2=\theta,\alpha_3=\varphi$, $h_1=1,h_2=r,h_3=r\sin\theta$. Substituting into Eqs. (2-38a,b,c), the equilibrium equations of the spherical coordinate system can be obtained

$$\begin{cases}\dfrac{\partial\sigma_r}{\partial r}+\dfrac{1}{r}\dfrac{\partial\tau_{\theta r}}{\partial\theta}+\dfrac{1}{r\sin\theta}\dfrac{\partial\tau_{\varphi r}}{\partial\varphi}+\dfrac{1}{r}(2\sigma_r-\sigma_\theta-\sigma_\varphi+\tau_{r\theta}\cot\theta)+f_r=0\\[2ex]\dfrac{\partial\tau_{r\theta}}{\partial r}+\dfrac{1}{r}\dfrac{\partial\sigma_\theta}{\partial\theta}+\dfrac{1}{r\sin\theta}\dfrac{\partial\tau_{\varphi\theta}}{\partial\varphi}+\dfrac{1}{r}[(\sigma_\theta-\sigma_\varphi)\cot\theta+3\tau_{r\theta}]+f_\theta=0\\[2ex]\dfrac{\partial\tau_{r\varphi}}{\partial r}+\dfrac{1}{r}\dfrac{\partial\tau_{\theta\varphi}}{\partial\theta}+\dfrac{1}{r\sin\theta}\dfrac{\partial\sigma_\varphi}{\partial\varphi}+\dfrac{1}{r}(3\tau_{r\varphi}+2\tau_{\theta\varphi}\cot\theta)+f_\varphi=0\end{cases} \tag{2-40}$$

Worksheet 2

2-1 Try to describe the physical meaning of equilibrium differential equations and static boundary conditions. Are the stresses that satisfy the equilibrium differential equations and the static boundary conditions actual stresses? Why is that?

2-2 How to understand "after the rotating axis, the stress components of the same point are changed, but the stress state of the point described by them as a whole is unchanged"?

2-3 What does "invariant" mean in the notion of invariants of stress tensors?

2-4 It is known that the stress tensor matrix (unit MPa) of a point in the body is $\boldsymbol{\sigma}=\begin{pmatrix}3&1&1\\1&0&2\\1&2&0\end{pmatrix}$, try to find the principal stress and its corresponding principal direction.

2-5 Suppose that in the elastic body with respect to the six stress components of the rectangular coordinate system $Oxyz$, $\sigma_z=\tau_{zx}=\tau_{zy}=0$ (plane stress state), try to find the expression of stress components expression with respect to the new coordinate system $Ox'y'z'$, and derive the principal stress formula. The new coordinate system is obtained by rotating the angle θ of the x and y axes counterclockwise around the z axis, as shown in Fig. 2-13.

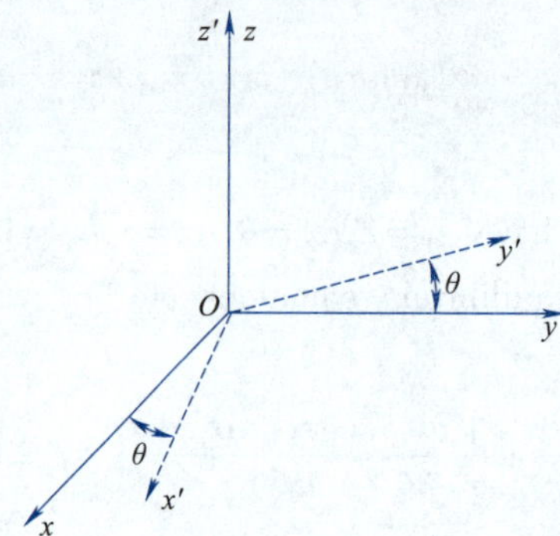

Fig. 2-13

2-6 The stress distribution law in a stressed body is determined by the stress component function. The stress component function (unit MPa) is written as the stress tensor: $\boldsymbol{\sigma}=$

$$\begin{pmatrix} \sigma_x & \tau_{yx} & \tau_{zx} \\ \tau_{xy} & \sigma_y & \tau_{zy} \\ \tau_{xz} & \tau_{yz} & \sigma_z \end{pmatrix} = \begin{pmatrix} x^2 y & (1-y^2)x & 0 \\ (1-y^2)x & \dfrac{(y^3-3y)}{3} & 0 \\ 0 & 0 & 2z^2 \end{pmatrix}$$

Try to find:

(1) If the stress field satisfies the differential equations of equilibrium, how is the body forces distributed?

(2) What is the magnitude of the principal stress at a point $P(x,y,z)=P(a,0,2\sqrt{a})$ in the body (a is a constant greater than zero)?

2-7 It is known that the stress state of a point in the stressed object is: $\boldsymbol{\sigma}=$ $\begin{pmatrix} 0 & a & 2a \\ a & 2a & 0 \\ 2a & 0 & a \end{pmatrix}$ (unit MPa), try to find the stress components along the coordinate axis and the normal stress and shearing stress on the micro-section acting on the point. The plane equation of this section is $x+3y+z=1$.

2-8 It is known that the stress components are $\sigma_x=-Axy^2+C_1x^3$, $\sigma_y=-\dfrac{3}{2}C_2xy^2$, $\tau_{xy}=-C_2y^3-C_3x^2y$, and the other stress components and body force components are zero. Where A is the known quantity and C_1, C_2, C_3 are the undetermined coefficients. Use the differential equations of equilibrium to determine the coefficients C_1, C_2, C_3.

2-9 A thin plate cantilever beam with span l is shown in Fig. 2-14. The upper surface of the beam is subjected to triangular distributed loads. Try to determine the boundary conditions of this problem.

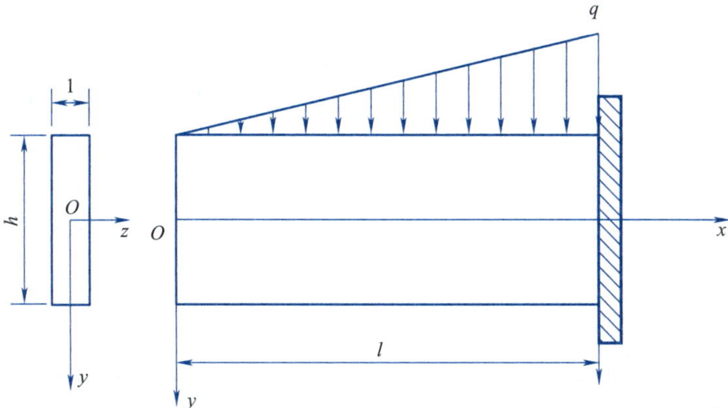

Fig. 2-14

2-10 The dam body shown in Fig. 2-15 is isosceles trapezoid in cross-section, and the z length is much larger than its cross-section size. The left side is subject to hydrostatic pressure $p=\rho gy$, and the right side is free. The dam crest acts with uniform load, and each unit area is q. Try to list the stress boundary conditions of the two sides and the upper surface.

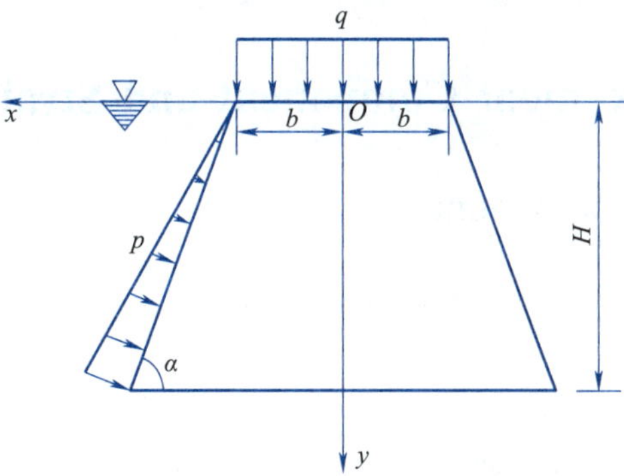

Fig. 2-15

Chapter 3

Strain Theory

Elastic body in external force, temperature change, or other factors, the distance between the internal points of the body has changed, forming the deformation of the object. Determining the deformation of an elastic body is another important topic of elasticity. This chapter will analyze the deformation of bodies from the perspective of geometry, aiming to establish equations that describe the deformation characteristics of a continuum, such as geometrical equations describing the relationship between displacement and strain, strain compatibility equations, etc. Since this chapter only studies deformation from the view of geometry and does not involve the physical properties of materials and the causes of deformation, the results obtained can be applied to all mechanical problems of continuous media.

§ 3.1 Displacement Component and Strain Component

3.1.1 Displacement component

Due to the external force or the change of temperature, the position of each point in the body in space will change, that is, the displacement will occur. The displacement of each point in the body can be divided into two kinds: one is that after the displacement occurs, the relative position of each point in the body remains unchanged in the initial state. This kind of displacement is caused by the rigid body movement of the body in space, which is called rigid body displacement. Another kind of displacement occurs when the relative positions of points in the body are changed. This is the displacement caused by the deformation of the body. Generally speaking, these two displacements are always present together when an body is displaced, but elasticity is more concerned with the latter displacement because it is related to the stress in the body.

The displacement of each point in the body is generally different, and the displacement of each point is a function of the coordinates x, y, and z. In the coordinate system $Oxyz$, any point $M(x, y, z)$ is taken in the body and moved to $M_1(x_1, y_1, z_1)$ after deformation, as shown in Fig. 3-1. The vector $\overrightarrow{MM_1}$ is the displacement vector of point M during deformation of the body. u, v, w represent the components of the displacement vector along the three coordinate directions, called the displacement

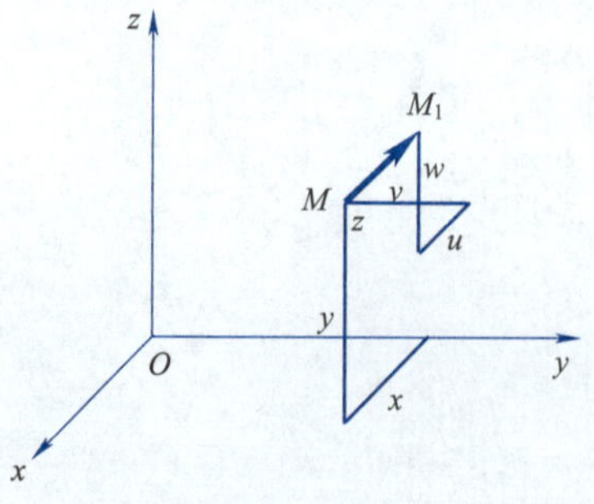

Fig. 3-1

components. The displacement components along the positive coordinate axis are positive and are negative along negative direction. According to the continuity assumption, the displacement vectors and components should be single-valued continuous functions of coordinates x, y, and z, namely

$$\begin{cases} u = x_1 - x = u(x,y,z) \\ v = y_1 - y = v(x,y,z) \\ w = z_1 - z = w(x,y,z) \end{cases} \tag{3-1a}$$

In terms of tensor components, the above equations are

$$u_i = u_i(x_j), \quad i,j = 1,2,3 \tag{3-1b}$$

3.1.2 Strain components

The change of the relative position between particles can be expressed by the relative elongation of the line element connected with the adjacent point and the change of the angle between the two-line elements at that point. During deformation analysis, orthogonal line elements dx, dy and dz parallel to the three coordinate axes are often taken for study. After deformation, the length of each line element is dx', dy', dz', the angles between dx' and dy', dy' and dz', dx' and dz' become α,β,γ, as shown in Fig. 3-2.

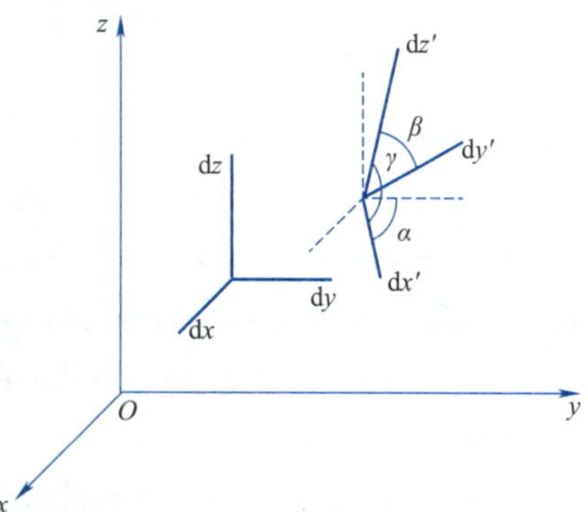

Fig. 3-2

The relative elongation of line elements is called the normal strain. The normal strain of line elements dx, dy and dz along the x, y and z directions are respectively expressed as $\varepsilon_x, \varepsilon_y, \varepsilon_z$

$$\begin{cases} \varepsilon_x = \dfrac{\mathrm{d}x' - \mathrm{d}x}{\mathrm{d}x} \\ \varepsilon_y = \dfrac{\mathrm{d}y' - \mathrm{d}y}{\mathrm{d}y} \\ \varepsilon_z = \dfrac{\mathrm{d}z' - \mathrm{d}z}{\mathrm{d}z} \end{cases} \tag{3-2}$$

The right angle change of the orthogonal line element is called shearing strain. The right angle change of three orthogonal line elements dx, dy, and dz along x, y and z directions are respectively expressed as $\gamma_{xy}, \gamma_{yz}, \gamma_{zx}$

$$\begin{cases} \gamma_{xy} = \dfrac{\pi}{2} - \alpha \\ \gamma_{yz} = \dfrac{\pi}{2} - \beta \\ \gamma_{zx} = \dfrac{\pi}{2} - \gamma \end{cases} \tag{3-3}$$

The above six strains are called strain components. For positive strains, elongation is positive and shortening is negative. The shearing strain becomes positive when it decreases at right angles and negative when it increases. According to the definition of strain, both normal strain and shearing strain are dimensionless quantities. Generally speaking, the line elements dx, dy and dz parallel to the coordinate axes before deformation should rotate by an angle respectively after deformation. However, it is very difficult to calculate the strain by using the spatial geometry of the line elements after deformation. Under the assumption of small deformation, the problem can be simplified. Assuming that the displacement of each point within a body does not include the movement of the rigid body, that is, the displacement of each point is completely caused by the changes in the size and shape of the line element itself. The rotation angle of the above line elements is extremely small. In future research on deformation, only the geometric relationship of the line element projection along the coordinate axis or plane needs to be considered. This will not cause significant errors but will greatly simplify the problem.

§ 3. 2 Geometrical Equations

In the previous section, displacement and strain were introduced to describe the motion and deformation of bodies and the relationship between them will be studied in this section. From the previous discussion, in order to simplify the calculation, the orthogonal line elements dx, dy and dz, which were originally parallel to the coordinate axes, will be used to establish the relationship between displacement and strain through the deformation analysis of the projection on the coordinate plane after deformation.

As shown in Fig. 3-3, considering the deformation projected on the Oxy coordinate plane, the orthogonal line elements MA and MB are parallel to the x and y axes respectively before the deformation, and their lengths are dx and dy. After the deformation, they are moved to the positions of $M'A'$ and $M'B'$. Let the coordinates of point M be (x, y), and the displacement of point M after deformation be $u(x, y)$, $v(x, y)$. The coordinates of points A and B are $(x+dx, y)$, $(x, y+dy)$, respectively. The displacements of points A and B are expanded at point M according to the Taylor series of multivariate functions, and the infinitesimal quantities above the second order are omitted. The following results are obtained

$$\text{Point } A:\ u+\frac{\partial u}{\partial x}dx,\ v+\frac{\partial v}{\partial x}dx \quad \text{Point } B:\ u+\frac{\partial u}{\partial y}dy,\ v+\frac{\partial v}{\partial y}dy$$

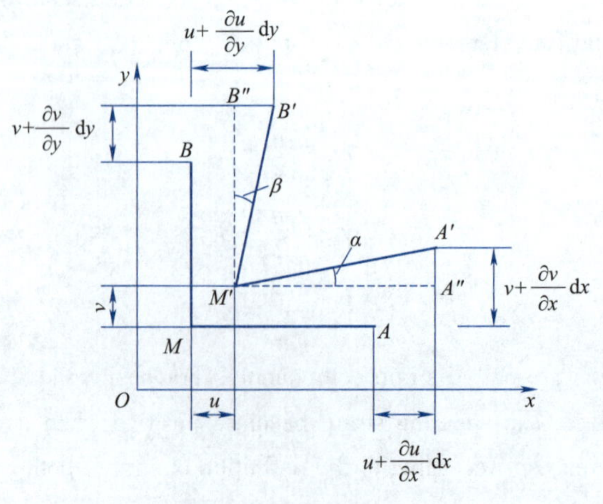

Fig. 3-3

Considering the small deformation assumption, in Fig. 3-3, the angle α of horizontal line element MA turning to the y-axis and the angle β of vertical line element MB turning to the x-axis are very small, and $M'A'$ and $M'B'$ can be considered to be approximately equal to the projections $M'A''$ and $M'B''$ on the x and y axes respectively. According to the definition of strain, the normal strain of line elements MA and MB are obtained as follows

$$\varepsilon_x = \frac{M'A' - MA}{MA} \approx \frac{M'A'' - MA}{MA} = \frac{\left[\left(\mathrm{d}x + u + \frac{\partial u}{\partial x}\mathrm{d}x\right) - u\right] - \mathrm{d}x}{\mathrm{d}x} = \frac{\partial u}{\partial x} \tag{3-4}$$

$$\varepsilon_y = \frac{M'B' - MB}{MB} \approx \frac{M'B'' - MB}{MB} = \frac{\left[\left(\mathrm{d}y + v + \frac{\partial v}{\partial y}\mathrm{d}y\right) - v\right] - \mathrm{d}y}{\mathrm{d}y} = \frac{\partial v}{\partial y} \tag{3-5}$$

Shearing strain is

$$\gamma_{xy} = \alpha + \beta \tag{3-6}$$

where

$$\alpha \approx \tan\alpha = \frac{\frac{\partial v}{\partial x}\mathrm{d}x}{\mathrm{d}x + \frac{\partial u}{\partial x}\mathrm{d}x} = \frac{\frac{\partial v}{\partial x}}{1 + \frac{\partial u}{\partial x}} \approx \frac{\partial v}{\partial x} \tag{3-7}$$

$$\beta \approx \tan\beta = \frac{\frac{\partial u}{\partial y}\mathrm{d}y}{\mathrm{d}y + \frac{\partial v}{\partial y}\mathrm{d}y} = \frac{\frac{\partial u}{\partial y}}{1 + \frac{\partial v}{\partial y}} \approx \frac{\partial u}{\partial y} \tag{3-8}$$

Under the assumption of small deformation, in Eqs. (3-7) and (3-8), $\frac{\partial u}{\partial x} = \varepsilon_x \ll 1$, $\frac{\partial v}{\partial y} = \varepsilon_y \ll 1$ can be ignored. Substitute Eqs. (3-7) and (3-8) into Eq. (3-6) to get

$$\gamma_{xy} = \alpha + \beta = \frac{\partial v}{\partial x} + \frac{\partial u}{\partial y} \tag{3-9}$$

Using the same method to analyze the deformation of the projection line element on the Oyz and Oxz coordinate planes, three different relations can be obtained. In a word, the relationship between displacements and strains can be described by the following six equations

$$\begin{cases} \varepsilon_x = \frac{\partial u}{\partial x}, & \gamma_{xy} = \frac{\partial v}{\partial x} + \frac{\partial u}{\partial y} \\ \varepsilon_y = \frac{\partial v}{\partial y}, & \gamma_{yz} = \frac{\partial w}{\partial y} + \frac{\partial v}{\partial z} \\ \varepsilon_z = \frac{\partial w}{\partial z}, & \gamma_{zx} = \frac{\partial u}{\partial z} + \frac{\partial w}{\partial x} \end{cases} \tag{3-10a}$$

Eqs. (3-10a) is called the geometrical equations, also known as the Cauchy equations. They give the relationship between six strain components and three displacement components. They are the basic equations of linear elasticity and are widely used in solid mechanics. These equations are the result obtained from geometrical deformation analysis and are applicable to all continuum mechanics problems. If the displacement components are known, the strain components can be obtained through the partial derivative of the above equations. If the displacement components are calculated from the known strain components, the integral operation is required. The given strain components must meet certain conditions, and the calculation is relatively complex. This problem will be discussed in later chapters.

Using tensor symbols, Eqs. (3-10a) can be abbreviated as

$$\varepsilon_{ij} = \frac{1}{2}(u_{ij} + u_{ji}) \quad (i,j = x,y,z) \tag{3-10b}$$

The entity form of the above equations can be expressed as follows

$$\boldsymbol{\varepsilon} = \frac{1}{2}(\boldsymbol{u}\nabla + \nabla\boldsymbol{u}) \tag{3-10c}$$

In the above formula, $\boldsymbol{\varepsilon}$ is called strain tensor or Cauchy strain tensor. It is a second-order symmetric tensor, expressed in matrix form as

$$\boldsymbol{\varepsilon} = \begin{pmatrix} \varepsilon_{11} & \varepsilon_{12} & \varepsilon_{13} \\ \varepsilon_{21} & \varepsilon_{22} & \varepsilon_{23} \\ \varepsilon_{31} & \varepsilon_{32} & \varepsilon_{33} \end{pmatrix} \tag{3-11}$$

The corresponding relationship between the expansion form of Eq. (3-10b) and Eq. (3-10a) is as follows

$$\begin{cases} \varepsilon_{11} = \varepsilon_x = \dfrac{\partial u}{\partial x}, & \varepsilon_{12} = \varepsilon_{21} = \dfrac{1}{2}\gamma_{xy} = \dfrac{1}{2}\left(\dfrac{\partial v}{\partial x} + \dfrac{\partial u}{\partial y}\right) \\ \varepsilon_{22} = \varepsilon_y = \dfrac{\partial v}{\partial y}, & \varepsilon_{23} = \varepsilon_{32} = \dfrac{1}{2}\gamma_{yz} = \dfrac{1}{2}\left(\dfrac{\partial w}{\partial y} + \dfrac{\partial v}{\partial z}\right) \\ \varepsilon_{33} = \varepsilon_z = \dfrac{\partial w}{\partial z}, & \varepsilon_{13} = \varepsilon_{31} = \dfrac{1}{2}\gamma_{zx} = \dfrac{1}{2}\left(\dfrac{\partial u}{\partial z} + \dfrac{\partial w}{\partial x}\right) \end{cases} \tag{3-12}$$

$\varepsilon_x, \varepsilon_y, \varepsilon_z$ are called the engineering normal strain and $\gamma_{xy}, \gamma_{yz}, \gamma_{zx}$ are called the engineering shearing strain customarily. It should be noted that the corresponding components of strain tensor and engineering normal strain are the same, and the engineering shearing strain is twice the corresponding components of the strain tensor.

§ 3. 3 Strain State at One Point

Similar to the stress state expressed by the stress tensor, the strain tensor can express the deformation state of a point. If the components of the strain tensor are known, the deformation state near a point can be completely determined. A point in a stressed body can take an infinite number of directions, and there is a normal strain of the point along the direction in any direction. The change of the right angle between any two mutually perpendicular directions represents a shearing strain of the point. The following definition is given: the sum of normal strain and shearing strain in infinite directions at a certain point in the stressed body is called the strain state of a point.

3. 3. 1 Coordinate transformation

The strain tensor is a second-order tensor. According to the general meaning of the second-order tensor, the conclusions established for the stress tensor in the previous chapter are all applicable to the strain tensor, and they follow the same coordinate transformation rule. As shown in Fig. 3-4, there are two sets of Cartesian coordinate systems $Ox_1x_2x_3$ and $Ox_{1'}x_{2'}x_{3'}$ at point O in the body, and the latter has turned an arbitrary angle relative to the former.

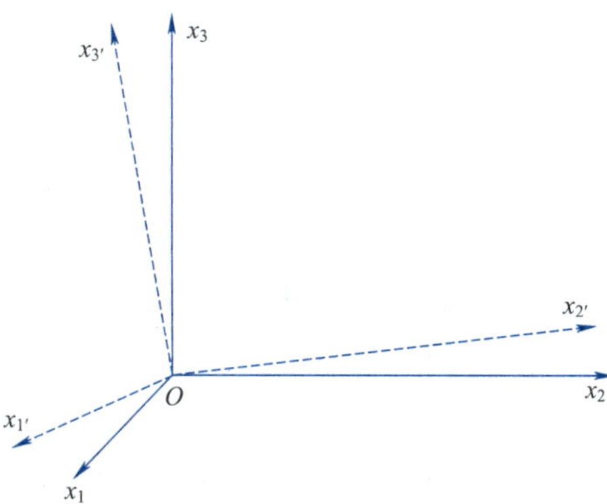

Fig. 3-4

The strain tensor is ε_{ij} in the given coordinate system $Ox_1x_2x_3$. According to the coordinate conversion Eq. (2-15) of stress components, the strain components $\varepsilon_{i'j'}$ in the new coordinate system $Ox_{1'}x_{2'}x_{3'}$ can be expressed as

$$\varepsilon_{i'j'} = n_{i'i}n_{j'j}\varepsilon_{ij} \tag{3-13}$$

In the above equations, the direction cosine $n_{i'i}$ between the coordinate axes in the new and old coordinate systems can also be expressed in Table 2-1. The common formula of strain component coordinate transformation is obtained by expanding Eq. (3-13):

$$\begin{cases}
\varepsilon_{1'1'} = n_{1'1}^2\varepsilon_{11} + n_{1'2}^2\varepsilon_{22} + n_{1'3}^2\varepsilon_{33} + 2(n_{1'1}n_{1'2}\varepsilon_{12} + n_{1'2}n_{1'3}\varepsilon_{23} + n_{1'3}n_{1'1}\varepsilon_{31}) \\
\varepsilon_{2'2'} = n_{2'1}^2\varepsilon_{11} + n_{2'2}^2\varepsilon_{22} + n_{2'3}^2\varepsilon_{22} + 2(n_{2'1}n_{2'2}\varepsilon_{12} + n_{2'2}n_{2'3}\varepsilon_{23} + n_{2'3}n_{2'1}\varepsilon_{31}) \\
\varepsilon_{3'3'} = n_{3'1}^2\varepsilon_{11} + n_{3'2}^2\varepsilon_{22} + n_{3'3}^2\varepsilon_{33} + 2(n_{3'1}n_{3'2}\varepsilon_{12} + n_{3'2}n_{3'3}\varepsilon_{23} + n_{3'3}n_{3'1}\varepsilon_{31}) \\
\varepsilon_{1'2'} = (n_{1'1}n_{2'1}\varepsilon_{11} + n_{1'2}n_{2'2}\varepsilon_{22} + n_{1'3}n_{2'3}\varepsilon_{33}) + (n_{1'1}n_{2'2} + n_{2'1}n_{1'2})\varepsilon_{12} + \\
\qquad (n_{1'2}n_{2'3} + n_{2'2}n_{1'3})\varepsilon_{23} + (n_{1'1}n_{2'3} + n_{2'1}n_{1'3})\varepsilon_{31} \\
\varepsilon_{1'3'} = (n_{3'1}n_{1'1}\varepsilon_{11} + n_{3'2}n_{1'2}\varepsilon_{22} + n_{3'3}n_{1'3}\varepsilon_{33}) + (n_{3'1}n_{1'2} + n_{1'1}n_{3'2})\varepsilon_{12} + \\
\qquad (n_{3'2}n_{1'3} + n_{1'2}n_{3'3})\varepsilon_{23} + (n_{3'1}n_{1'3} + n_{1'1}n_{3'3})\varepsilon_{31} \\
\varepsilon_{2'3'} = (n_{2'1}n_{3'1}\varepsilon_{11} + n_{2'2}n_{3'2}\varepsilon_{22} + n_{2'3}n_{3'3}\varepsilon_{33}) + (n_{2'1}n_{3'2} + n_{3'1}n_{2'2})\varepsilon_{12} + \\
\qquad (n_{2'2}n_{3'3} + n_{3'2}n_{2'3})\varepsilon_{23} + (n_{2'1}n_{3'3} + n_{3'1}n_{2'3})\varepsilon_{31}
\end{cases} \tag{3-14}$$

It can be seen from Eq. (3-14) that when six strain components of any point in the body are given, a new coordinate system can be appropriately selected, and the normal strain on any inclined section passing through the point, as well as the shearing strain between any two mutually perpendicular directions at the point can be obtained by correlation formula. That is, the six independent components of the strain tensor completely determine the strain state of a point. It can be seen from the above analysis that although the individual components of each strain tensor has changed after rotating the axis, the deformation state of a point described by them as a "whole" is unchanged.

3.3.2 Principal strain and principal direction of strain

At least three mutually perpendicular directions exist at each point in the body. In these directions, there are only normal strains and no shearing strains. These three directions are called the principal direction of the strain of the point, and the corresponding three normal strains are called principal strains. The three principal strains are sorted by the algebraic values, $\varepsilon_1 \geqslant \varepsilon_2 \geqslant \varepsilon_3$, where ε_1 is the maximum normal strain of the point and ε_3 is the minimum normal strain of the point. The three principal strains are the three real roots of the characteristic equation of the strain tensor. The characteristic equation is as follows

$$\varepsilon^3 - J_1\varepsilon^2 + J_2\varepsilon - J_3 = 0 \tag{3-15}$$

In order to determine the principal direction of the strain tensor at a certain point in the body, the principal strains ε_1, ε_2, ε_3 can be substituted into the following equations one by one

$$(\varepsilon_{ij} - \delta_{ij}\varepsilon) n_j = 0 \tag{3-16}$$

The relationship $n_i n_i = 1$ can be used to determine the direction cosine n_j of the principal direction of strain. If there are no multiple roots in the above formula, the three principal directions of strain are perpendicular to each other and unique. If there are multiple roots, such as $\varepsilon_1 = \varepsilon_2 \neq \varepsilon_3$, the directions of ε_1 and ε_2 are perpendicular to the corresponding direction of ε_3, but the direction of ε_1 may or may not be perpendicular to the corresponding direction of ε_2. That is, the directions perpendicular to the corresponding direction of ε_3 are all the principal direction of strain. If the three principal strains are equal, the three principal strains can be vertical or not. That is, any direction is the principal direction of strain. For isotropic materials, the principal directions of strain and stress at any point in the body are consistent.

3.3.3 Invariant of strain tensor and principal shearing strain

Under a certain strain state, the principal strain of any point in the body is independent of the selection of the coordinate system, so the three coefficients J_1, J_2, J_3 in Eq. (3-15) remain unchanged, called the first, second and third invariants of the strain tensor. Regardless of how the coordinate system of the point rotates, these three quantities remain unchanged, and their values are

$$\begin{cases} J_1 = \varepsilon_1 + \varepsilon_2 + \varepsilon_3 = \varepsilon_x + \varepsilon_y + \varepsilon_z = \varepsilon_{ii} \\ J_2 = \varepsilon_1\varepsilon_2 + \varepsilon_2\varepsilon_3 + \varepsilon_3\varepsilon_1 = \varepsilon_x\varepsilon_y + \varepsilon_y\varepsilon_z + \varepsilon_z\varepsilon_x - \dfrac{1}{4}(\gamma_{xy}^2 + \gamma_{yz}^2 + \gamma_{zx}^2) \\ \quad = \dfrac{1}{2}(\varepsilon_{ii}\varepsilon_{jj} - \varepsilon_{ij}\varepsilon_{ij}) \\ J_3 = \varepsilon_1\varepsilon_2\varepsilon_3 = \varepsilon_x\varepsilon_y\varepsilon_z + \dfrac{1}{4}\gamma_{xy}\gamma_{yz}\gamma_{zx} - \dfrac{1}{4}(\varepsilon_x\gamma_{yz}^2 + \varepsilon_y\gamma_{zz}^2 + \varepsilon_z\gamma_{xy}^2) \\ \quad = e_{ijk}\varepsilon_{1i}\varepsilon_{2j}\varepsilon_{3k} \end{cases} \tag{3-17}$$

Similar to the stress analysis theory, the principal shearing strains γ_i at a point can be calculated as

$$\begin{cases}\gamma_1 = \pm(\varepsilon_2 - \varepsilon_3) \\ \gamma_2 = \pm(\varepsilon_3 - \varepsilon_1) \\ \gamma_3 = \pm(\varepsilon_1 - \varepsilon_2)\end{cases} \tag{3-18}$$

They respectively represent the change of the angle between the line segments perpendicular to one principal direction and bisecting the other two principal directions. The maximum shearing strain is $\gamma_{max} = |\gamma_2| = \varepsilon_1 - \varepsilon_3$.

3.3.4 Volume strain

In general, when elastic deformation occurs, the volume of the body will change. The volume change per unit volume is called volume strain, which is expressed by θ. A differential hexahedral element is intercepted near any point in the body, and its edge lengths are dx, dy, and dz respectively. The volume of the micro element before deformation is $dV = dxdydz$. After the body is deformed, each edge of the micro element will be elongated or shortened, but under the linear deformation, the shearing strain will not cause a change of the edge length. The volume change caused by the shearing strain is a high-order trace, which can be omitted. Therefore, the analysis of the volume change only needs to consider the impact of the normal strain. The volume of the micro element after deformation is

$$dV' = dx(1+\varepsilon_x)dy(1+\varepsilon_y)dz(1+\varepsilon_z)$$

The volume strain is

$$\theta = \frac{dV' - dV}{dV} = (1+\varepsilon_x)(1+\varepsilon_y)(1+\varepsilon_z) - 1$$

Expand the above formula and omit the trace above the second order to obtain

$$\theta = \varepsilon_x + \varepsilon_y + \varepsilon_z = \varepsilon_{ii} \tag{3-19}$$

From the above equation, it can be seen that the volume strain at a point is numerically equal to the first invariant J_1 of the strain tensor; θ greater than zero means the micro element expansion, and θ less than zero means the micro element shrinkage.

§3.4 Strain Compatibility Equations

According to the continuity assumption, the medium in the body is continuous before deformation and should remain continuous after deformation. That is, the displacement is required to be a single-valued continuous function in the domain. The body is supposed to be composed of innumerable tiny parallelepiped and tetrahedron. When the body deforms, all the micro elements will have different degrees of deformation. The deformation of each adjacent micro element should be related to each other, and their deformation should be coordinated to avoid overlapping or cracking due to deformation. The body should be a continuum after deformation. The relationship between three displacement components and six strain components at a point in the body is given in Section 3-2, that is, the geometrical equations. A set of unique strain components can be obtained by calculating the strain components from the known displacement components. However, when calculating the displacement components from the strain components, six partial differential equations containing only three unknown functions must be integrated. Since the number of equations is greater than the number of unknown functions, the equations may be contradictory. In order to ensure that the equations have continuous single-valued solutions, the six strain components must meet certain conditions.

First, we remove the displacement component from Eq. (3-10a), and calculate the second-order partial derivative with respect to y and x respectively from the first and second equations in the left column of Eqs. (3-10a), then add them together and use the first equation in the right column to have

$$\frac{\partial^2 \varepsilon_y}{\partial x^2}+\frac{\partial^2 \varepsilon_x}{\partial y^2}=\frac{\partial^2}{\partial x \partial y}\left(\frac{\partial v}{\partial x}+\frac{\partial u}{\partial y}\right)=\frac{\partial^2 \gamma_{xy}}{\partial x \partial y} \tag{3-20}$$

Calculate the partial derivatives of $\gamma_{xy}, \gamma_{yz}, \gamma_{zx}$ with respect to z, x and y respectively in Eqs. (3-10a) to obtain

$$\left\{\begin{aligned}
\frac{\partial \gamma_{xy}}{\partial z}&=\frac{\partial^2 u}{\partial y \partial z}+\frac{\partial^2 v}{\partial x \partial z}\\
\frac{\partial \gamma_{yz}}{\partial x}&=\frac{\partial^2 v}{\partial z \partial x}+\frac{\partial^2 w}{\partial y \partial x}\\
\frac{\partial \gamma_{zx}}{\partial y}&=\frac{\partial^2 w}{\partial x \partial y}+\frac{\partial^2 u}{\partial z \partial y}
\end{aligned}\right. \tag{3-21}$$

Add the first equation and the third equation of Eqs. (3-21) and subtract the second equation to get

$$-\frac{\partial \gamma_{yz}}{\partial x}+\frac{\partial \gamma_{zx}}{\partial y}+\frac{\partial \gamma_{xy}}{\partial z}=2\frac{\partial^2 u}{\partial z \partial y} \tag{3-22}$$

Then calculate the partial derivative of Eq. (3-22) with respect to x, and use the first equation of Eqs. (3-10) to obtain

$$\frac{\partial}{\partial x}\left(-\frac{\partial \gamma_{yz}}{\partial x}+\frac{\partial \gamma_{zx}}{\partial y}+\frac{\partial \gamma_{xy}}{\partial z}\right)=2\frac{\partial^2 \varepsilon_x}{\partial z \partial y} \tag{3-23}$$

Rotate x, y, z to get the other two equations corresponding to Eqs. (3-20) and (3-23), and get six relations

$$\left\{\begin{aligned}
&\frac{\partial^2 \varepsilon_y}{\partial x^2}+\frac{\partial^2 \varepsilon_x}{\partial y^2}=\frac{\partial^2 \gamma_{xy}}{\partial x \partial y}\\
&\frac{\partial^2 \varepsilon_z}{\partial y^2}+\frac{\partial^2 \varepsilon_y}{\partial z^2}=\frac{\partial^2 \gamma_{zy}}{\partial y \partial z}\\
&\frac{\partial^2 \varepsilon_x}{\partial z^2}+\frac{\partial^2 \varepsilon_z}{\partial x^2}=\frac{\partial^2 \gamma_{xz}}{\partial x \partial z}\\
&\frac{\partial}{\partial x}\left(-\frac{\partial \gamma_{yz}}{\partial x}+\frac{\partial \gamma_{zx}}{\partial y}+\frac{\partial \gamma_{xy}}{\partial z}\right)=2\frac{\partial^2 \varepsilon_x}{\partial z \partial y}\\
&\frac{\partial}{\partial y}\left(-\frac{\partial \gamma_{xz}}{\partial y}+\frac{\partial \gamma_{yz}}{\partial x}+\frac{\partial \gamma_{xy}}{\partial z}\right)=2\frac{\partial^2 \varepsilon_y}{\partial x \partial z}\\
&\frac{\partial}{\partial z}\left(-\frac{\partial \gamma_{xy}}{\partial z}+\frac{\partial \gamma_{yz}}{\partial x}+\frac{\partial \gamma_{xz}}{\partial y}\right)=2\frac{\partial^2 \varepsilon_z}{\partial x \partial y}
\end{aligned}\right. \tag{3-24a}$$

Eq. (3-24a) is called the strain compatibility equations, also called Saint Venant equations. The above six equations can be divided into two groups. The first three equations are the compatibility relationship between the three strain components in the *xy*, *yz* and *zx* planes, and the last three equations are the compatibility relationship between the normal strain $\varepsilon_x, \varepsilon_y, \varepsilon_z$ and the three shearing strains $\gamma_{xy}, \gamma_{yz}, \gamma_{zx}$. In order to make the six geometrical equations with displacement components as unknown functions not contradictory, the six strain components must satisfy the strain compatibility equations. After the strain components satisfy the strain compatibility equations, it ensures that the body will not be torn or overlapped after deformation, and the single value and continuity of the displacement solution are guaranteed.

Eq. (3-24a) can be expressed in tensor form as follows

$$\varepsilon_{ij,kl} e_{ikm} e_{jln} = 0 \tag{3-24b}$$

Eq. (3-24b) has only two free indicators m and n and nine equations. It can be further proven that these equations are symmetric for m and n, so the number of compatibility equations is reduced to six.

The entity form is represented as

$$\nabla \times \boldsymbol{\varepsilon} \times \nabla = \mathbf{0} \tag{3-24c}$$

If the domain occupied by the body is a simply connected domain, and the strain components satisfy the strain compatibility equations, it is a necessary and sufficient condition to ensure the continuity of the body. If the investigated domain is a multiply connected domain, it is a necessary condition for the strain components to satisfy the strain compatibility equations to be a single-value displacement, while the displacement may still be multi-value, and additional conditions are required. For multiply connected body, it is always possible to cut them appropriately and turn them into simply connected body. As shown in Fig. 3-5, a body with two cavities is cut off at *ab* and *cd*, and the body becomes simply connected domain. If the strain components satisfy the strain compatibility equations, a single-valued continuous displacement function can be obtained in the cut domain. However, when a point approaches a certain point on the section from both sides, the displacement function will tend to different values, represented by u_i^+, u_i^-. In order to maintain the multiply connected body as a continuum after deformation, the following additional conditions need to be added

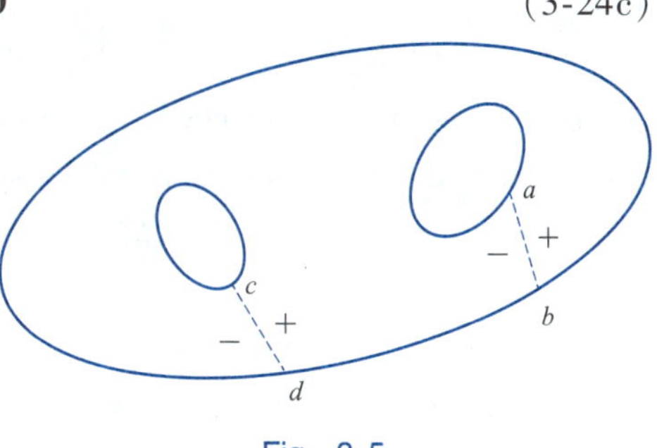

Fig. 3-5

$$u^+ = u^-, v^+ = v^-, w^+ = w^- \quad \text{or} \quad u_i^+ = u_i^- \tag{3-25}$$

§ 3.5 Calculate Displacement from Strain

The following describes how to determine the displacement from the geometrical equations based on the known strains that satisfy the strain compatibility equations. The strain components can only determine the relative position between the points in the body, while the rigid body displacement is not included in the strain components, that is, the displacement cannot be uniquely determined by strain alone. Firstly, the rigid body displacement of the body in the unstrained state is investigated. Let $\varepsilon_x=0, \varepsilon_y=0, \varepsilon_z=0$ in geometrical Eq. (3-10a) be zero, then

$$\begin{cases} \dfrac{\partial u}{\partial x}=0, & \dfrac{\partial v}{\partial x}+\dfrac{\partial u}{\partial y}=0 \\ \dfrac{\partial v}{\partial y}=0, & \dfrac{\partial w}{\partial y}+\dfrac{\partial v}{\partial z}=0 \\ \dfrac{\partial w}{\partial z}=0, & \dfrac{\partial u}{\partial z}+\dfrac{\partial w}{\partial x}=0 \end{cases} \tag{3-26}$$

Integrate the three equations in the left column of Eq. (3-26) to get

$$u=f_1(y,z), \quad v=f_2(z,x), \quad w=f_3(x,y) \tag{3-27}$$

Here f_1, f_2, f_3 are arbitrary functions. Substitute the above equations into the three equations on the right column of Eq. (3-26) to get

$$\begin{cases} \dfrac{\partial f_2(z,x)}{\partial x}+\dfrac{\partial f_1(y,z)}{\partial y}=0 \\ \dfrac{\partial f_3(x,y)}{\partial y}+\dfrac{\partial f_2(z,x)}{\partial z}=0 \\ \dfrac{\partial f_1(y,z)}{\partial z}+\dfrac{\partial f_3(x,y)}{\partial x}=0 \end{cases} \tag{3-28}$$

In order to find the function f_1, we take the derivative of the first and third equation in the above equations with respect to y and z respectively and obtain

$$\frac{\partial^2 f_1(y,z)}{\partial y^2}=0, \quad \frac{\partial^2 f_1(y,z)}{\partial z^2}=0 \tag{3-29}$$

From the above formula, we can see that the function f_1 can only contain constant terms, the first-order terms of z, y and zy terms. Let $f_1(y,z)=a_1+a_2y+a_3z+a_4yz$, where a_1, a_2, a_3, a_4 are constants. Similarly, we can obtain $f_2(z,x)=b_1+b_2z+b_3x+b_4xz$, $f_3(x,y)=c_1+c_2x+c_3y+c_4xy$.

Substitute the obtained functions f_1, f_2, f_3 into Eq. (3-28) to obtain

$$\begin{cases} (a_2+b_3)+(a_4+b_4)z=0 \\ (b_2+c_3)+(b_4+c_4)x=0 \\ (a_3+c_2)+(a_4+c_4)y=0 \end{cases} \tag{3-30}$$

For any x, y, z, Eq. (3-30) must be satisfied these conditions, then

$$\begin{aligned} b_3&=-a_2, & b_4&=-a_4 \\ c_3&=-b_2, & c_4&=-b_4 \\ a_3&=-c_2, & a_4&=-c_4 \end{aligned} \tag{3-31}$$

It can be seen from the three equations in the right column of the above equations that $a_4=b_4=c_4=0$, the function expressions about f_1, f_2, f_3 can be obtained by using the three equations in the left column

$$\begin{cases} f_1(y,z)=a_1-b_3y+a_3z \\ f_2(z,x)=b_1-c_3z+b_3x \\ f_3(x,y)=c_1-a_3x+c_3y \end{cases} \tag{3-32}$$

Substitute Eq. (3-32) into Eq. (3-27) and replace the constants $a_1, b_1, c_1, a_3, b_3, c_3$ using u_0, $v_0, w_0, \omega_y, \omega_z, \omega_x$ to obtain the expressions of displacement components

$$\begin{cases} u = u_0 - \omega_z y + \omega_y z \\ v = v_0 - \omega_x z + \omega_z x \\ w = w_0 - \omega_y x + \omega_x y \end{cases} \tag{3-33}$$

The displacements shown in the above equations are the displacements when the strain is zero, that is, the rigid body displacement of the body. u_0, v_0, w_0 represent the rigid body translation of the body along the coordinate axis, and $\omega_x, \omega_y, \omega_z$ represent the rigid body rotation of the body around the coordinate axis. The rigid body displacement is arbitrary, and it does not affect the strain. In general, the overall rigid body displacement of a body with displacement boundary conditions can be determined. For all stress boundary conditions or partial displacement boundary conditions that cannot completely determine all rigid body displacements, the rigid body displacement must be determined by giving the body appropriate constraints.

The above is the calculation of rigid body displacement without strain. When each strain component is not zero, more terms related to strain integral should be added in solving. In order to obtain the displacement components, the first partial derivatives of these components with respect to x, y and z need to be obtained. The displacement component u can be obtained by the following equation

$$u = \int_c \left(\frac{\partial u}{\partial x}\mathrm{d}x + \frac{\partial u}{\partial y}\mathrm{d}y + \frac{\partial u}{\partial z}\mathrm{d}z \right) + u_0 \tag{3-34}$$

where u_0 is the integral constant to be determined.

The three partial derivatives in Eq. (3-34) can be expressed by the known strain by means of geometrical Eq. (3-10) as follows

$$\frac{\partial u}{\partial x} = \varepsilon_x, \quad \frac{\partial u}{\partial y} = \gamma_{xy} - \frac{\partial v}{\partial x}, \quad \frac{\partial u}{\partial z} = \gamma_{zx} - \frac{\partial w}{\partial x} \tag{3-35}$$

Taking the partial derivative of the second equation above with respect to y, we get $\frac{\partial}{\partial y}\left(\frac{\partial u}{\partial y}\right) = \frac{\partial \gamma_{xy}}{\partial y} - \frac{\partial \varepsilon_y}{\partial x}$. Taking the partial derivative with respect to x, we get $\frac{\partial}{\partial x}\left(\frac{\partial u}{\partial y}\right) = \frac{\partial \varepsilon_x}{\partial y}$. Taking the partial derivative with respect to z, we get

$$\begin{aligned} \frac{\partial}{\partial z}\left(\frac{\partial u}{\partial y}\right) &= \frac{1}{2}\left[\frac{\partial}{\partial z}\left(\frac{\partial u}{\partial y}\right) + \frac{\partial}{\partial y}\left(\frac{\partial u}{\partial z}\right)\right] \\ &= \frac{1}{2}\left[\frac{\partial}{\partial z}\left(\gamma_{xy} - \frac{\partial v}{\partial x}\right) + \frac{\partial}{\partial y}\left(\gamma_{zx} - \frac{\partial w}{\partial x}\right)\right] \\ &= \frac{1}{2}\left(\frac{\partial \gamma_{xy}}{\partial z} + \frac{\partial \gamma_{zx}}{\partial y} - \frac{\partial \gamma_{yz}}{\partial x}\right) \end{aligned}$$

Then

$$\frac{\partial u}{\partial y} = \int_c \left[\frac{\partial}{\partial x}\left(\frac{\partial u}{\partial y}\right)\mathrm{d}x + \frac{\partial}{\partial y}\left(\frac{\partial u}{\partial y}\right)\mathrm{d}y + \frac{\partial}{\partial z}\left(\frac{\partial u}{\partial y}\right)\mathrm{d}z\right] + c_1$$

Using the same method, we can obtain $\frac{\partial u}{\partial z}$. The three first-order partial derivatives of u with respect to x, y and z are expressed as the integral of the strain components, and the displacement component u can be obtained by Eq. (3-34). The displacement components v and w can be obtained by the same method, which will not be repeated here.

§ 3.6 Geometrical Equations in Orthogonal Curvilinear Coordinate Systems

In this section, the geometrical equations and strain compatibility equations derived previously under the condition of small deformation in the Cartesian coordinate system are transformed into the corresponding equations in the orthogonal curvilinear coordinate system.

The geometrical equations $\boldsymbol{\varepsilon} = \frac{1}{2}(\boldsymbol{u}\nabla + \nabla\boldsymbol{u})$ in entity form hold true in any coordinate system. By using the definition Eq. (1-57) of the Hamilton operator in the orthogonal system and the derivative formula of the unit basis vector (2-36) and (2-37), the component expression of the geometrical equations under small deformation in the orthogonal curve coordinate system can be derived.

Let $\boldsymbol{u} = u_i\boldsymbol{e}_i$, then

$$\boldsymbol{\varepsilon} = \frac{1}{2}(\boldsymbol{u}\nabla + \nabla\boldsymbol{u}) = \frac{1}{2}\sum_{i,j}\left(\frac{1}{h_j}\frac{\partial u_i}{\partial x_j}\boldsymbol{e}_i\boldsymbol{e}_j + \frac{1}{h_j}\frac{\partial u_i}{\partial x_j}\boldsymbol{e}_j\boldsymbol{e}_i + \frac{u_i}{h_j}\frac{\partial \boldsymbol{e}_i}{\partial x_j}\boldsymbol{e}_j + \frac{u_i}{h_j}\boldsymbol{e}_j\frac{\partial \boldsymbol{e}_i}{\partial x_j}\right) \tag{3-36}$$

By using $\boldsymbol{e}_r$ and $\boldsymbol{e}_s$ to multiply left and right respectively, and further simplifying, the normal strain ($r = s$) is obtained as

$$\varepsilon_{rr} = \frac{1}{h_r}\frac{\partial u_r}{\partial x_r} + \frac{u_k}{h_r h_k}\frac{\partial h_r}{\partial x_k} + \frac{u_l}{h_r h_l}\frac{\partial h_r}{\partial x_l} \quad (r, k, l \text{ are not equal to each other}) \tag{3-37a}$$

Shearing strain ($r \neq s$) is obtained as

$$\varepsilon_{rs} = \frac{1}{2}\left(\frac{1}{h_s}\frac{\partial u_r}{\partial x_s} + \frac{1}{h_r}\frac{\partial u_s}{\partial x_r} - \frac{u_s}{h_s h_r}\frac{\partial h_s}{\partial x_r} - \frac{u_r}{h_s h_r}\frac{\partial h_r}{\partial x_s}\right) \tag{3-37b}$$

The summation convention is cancelled in Eq. (3-37). These equations are expanded for r, $s = 1, 2, 3$ to obtain the geometrical equations for the orthogonal curve coordinate system with small deformation as follows

$$\begin{cases} \varepsilon_{11} = \dfrac{1}{h_1}\dfrac{\partial u_1}{\partial x_1} + \dfrac{u_2}{h_1 h_2}\dfrac{\partial h_1}{\partial x_2} + \dfrac{u_3}{h_1 h_3}\dfrac{\partial h_1}{\partial x_3} \\ \varepsilon_{22} = \dfrac{1}{h_2}\dfrac{\partial u_2}{\partial x_2} + \dfrac{u_3}{h_2 h_3}\dfrac{\partial h_2}{\partial x_3} + \dfrac{u_1}{h_2 h_1}\dfrac{\partial h_2}{\partial x_1} \\ \varepsilon_{33} = \dfrac{1}{h_3}\dfrac{\partial u_3}{\partial x_3} + \dfrac{u_1}{h_3 h_1}\dfrac{\partial h_3}{\partial x_1} + \dfrac{u_2}{h_3 h_2}\dfrac{\partial h_3}{\partial x_2} \\ \varepsilon_{12} = \varepsilon_{21} = \dfrac{1}{2}\left(\dfrac{1}{h_2}\dfrac{\partial u_1}{\partial x_2} + \dfrac{1}{h_1}\dfrac{\partial u_2}{\partial x_1} - \dfrac{u_1}{h_1 h_2}\dfrac{\partial h_1}{\partial x_2} - \dfrac{u_2}{h_2 h_1}\dfrac{\partial h_2}{\partial x_1}\right) \\ \varepsilon_{23} = \varepsilon_{32} = \dfrac{1}{2}\left(\dfrac{1}{h_3}\dfrac{\partial u_2}{\partial x_3} + \dfrac{1}{h_2}\dfrac{\partial u_3}{\partial x_2} - \dfrac{u_2}{h_2 h_3}\dfrac{\partial h_2}{\partial x_3} - \dfrac{u_3}{h_3 h_2}\dfrac{\partial h_3}{\partial x_2}\right) \\ \varepsilon_{31} = \varepsilon_{13} = \dfrac{1}{2}\left(\dfrac{1}{h_1}\dfrac{\partial u_3}{\partial x_1} + \dfrac{1}{h_3}\dfrac{\partial u_1}{\partial x_3} - \dfrac{u_3}{h_3 h_1}\dfrac{\partial h_3}{\partial x_1} - \dfrac{u_1}{h_1 h_3}\dfrac{\partial h_1}{\partial x_3}\right) \end{cases} \tag{3-38}$$

In the cylindrical coordinate system, $x_1 = r, x_2 = \theta, x_3 = z, h_1 = 1, h_2 = r, h_3 = 1$, $u_1 = u_r, u_2 = u_\theta, u_3 = u_z$. The above values can be substituted into Eq. (3-38) to obtain the geometrical equations in the cylindrical coordinate system as follows

$$\begin{cases} \varepsilon_r = \dfrac{\partial u_r}{\partial r}, \quad \varepsilon_\theta = \dfrac{1}{r}\dfrac{\partial u_\theta}{\partial \theta} + \dfrac{u_r}{r}, \quad \varepsilon_z = \dfrac{\partial u_z}{\partial z} \\ \gamma_{r\theta} = \dfrac{1}{r}\dfrac{\partial u_r}{\partial \theta} + \dfrac{\partial u_\theta}{\partial r} - \dfrac{u_\theta}{r}, \quad \gamma_{\theta z} = \dfrac{\partial u_\theta}{\partial z} + \dfrac{1}{r}\dfrac{\partial u_z}{\partial \theta} \\ \gamma_{zr} = \dfrac{\partial u_z}{\partial r} + \dfrac{\partial u_r}{\partial z} \end{cases} \tag{3-39}$$

In the spherical coordinate system, $x_1 = r, x_2 = \theta, x_3 = \varphi, h_1 = 1, h_2 = r, h_3 = r\sin\theta, u_1 = u_r$, $u_2 = u_\theta, u_3 = u_\varphi$. The above values can be substituted into Eq. (3-38) to obtain the geometrical equations in the spherical coordinate system as follows

$$\begin{cases} \varepsilon_r = \dfrac{\partial u_r}{\partial r}, \quad \varepsilon_\theta = \dfrac{1}{r}\dfrac{\partial u_\theta}{\partial \theta} + \dfrac{u_r}{r}, \quad \varepsilon_\varphi = \dfrac{1}{r\sin\theta}\dfrac{\partial u_\varphi}{\partial \varphi} + \dfrac{u_\theta}{r}\cot\theta + \dfrac{u_r}{r} \\ \gamma_{r\theta} = \dfrac{1}{r}\dfrac{\partial u_r}{\partial \theta} + \dfrac{\partial u_\theta}{\partial r} - \dfrac{u_\theta}{r}, \quad \gamma_{r\varphi} = \dfrac{1}{r\sin\theta}\dfrac{\partial u_r}{\partial \varphi} + \dfrac{\partial u_\varphi}{\partial r} - \dfrac{u_\varphi}{r} \\ \gamma_{\theta\varphi} = \dfrac{1}{r}\left(\dfrac{\partial u_\varphi}{\partial \theta} - u_\varphi \cot\theta\right) + \dfrac{1}{r\sin\theta}\dfrac{\partial u_\theta}{\partial \varphi} \end{cases} \tag{3-40}$$

Worksheet 3

3-1 How to describe the deformation near a point?

3-2 What approximations are made in the derivation of geometrical equations? Why can we make such approximations?

3-3 Try to describe the physical significance of the strain compatibility equations and its use. Why is it said that it is only a necessary but not sufficient condition to obtain the continuous displacement of a single value for a multiply connected body?

3-4 The displacement field of the body are $u = x^2 + y^2 + 2, v = 3x + 4y^2, w = 2x^3 + 4z$, try to calculate:

(1) The new position after the deformation of the point (1,2,3) before the deformation of the body;

(2) The value of strain ε_{ij} at point (1,2,3).

3-5 It is known that the displacement components of a body after deformation are $u = \dfrac{z^2 + \upsilon(x^2 - y^2)}{2a}$, $v = \dfrac{\upsilon xy}{a}$, $w = -\dfrac{xz}{a}$, where a is a constant. Try to find out the strain components and point out whether they satisfy the strain compatibility equations.

3-6 The strain tensor of a point in a body is $\boldsymbol{\varepsilon} = \begin{pmatrix} 4 & 1 & 0 \\ 1 & 0 & -2 \\ 0 & -2 & 6 \end{pmatrix} \times 10^{-6}$, and try to find

(1) Strain tensor invariants;

(2) Volume strain;

(3) Principal strain;

(4) The direction of the maximum normal strain.

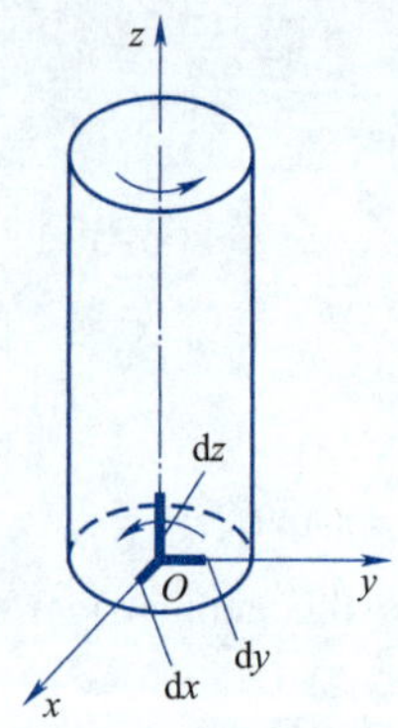

Fig. 3-6

3-7 As shown in Fig. 3-6, the displacement components of a circular cross-section bar during torsion are $u = -\theta yz + ay + bz + c$, $v = \theta xz + ez - ax + f$, $w = -bx - ey + k$. The coefficients are determined according to the following boundary conditions, respectively: point O is fixed; The micro-segment dz of the bar cannot rotate in the xOz and yOz planes; The micro-segment dx and dy in the cross-section $z=0$ cannot rotate in the xOy plane.

3-8 It is known that the strain components of a body are $\varepsilon_x = \varepsilon_y = -\upsilon\dfrac{\rho z}{E}$, $\varepsilon_z = \dfrac{\rho z}{E}$, $\gamma_{xy} = \gamma_{yz} = \gamma_{xz} = 0$. In the equations, E and υ are the elastic modulus and Poisson's ratio of the material respectively, and ρ is the density of the body. Try to find the displacement components u, v, and w. (Any constant does not need to be given)

3-9 In the simply connected domain, try to explain whether the following strain components may occur:

(1) $\varepsilon_x = k(x^2+y^2)$, $\varepsilon_y = ky^2z$, $\varepsilon_z = 0$, $\gamma_{xy} = 2kxyz$, $\gamma_{yz} = \gamma_{xz} = 0$, where k is a constant;

(2) $\varepsilon_x = k(x^2+y^2)$, $\varepsilon_y = ky^2$, $\varepsilon_z = 0$, $\gamma_{xy} = 2kxy$, $\gamma_{yz} = \gamma_{xz} = 0$;

(3) $\varepsilon_x = axy^2$, $\varepsilon_y = ax^2y$, $\varepsilon_z = axy$, $\gamma_{xy} = 0$, $\gamma_{yz} = az^2 + by$, $\gamma_{xz} = ax^2 + by^2$.

3-10 Try to write out the strain tensor invariants and the expression of the principal strain under the condition of plane strain ($\varepsilon_z = \gamma_{yz} = \gamma_{xz} = 0$).

3-11 The Fig. 3-7 shows a parallelepiped. The displacement components are $u = c_1xyz$, $v = c_2xyz$, $w = c_3xyz$, the coordinate of point E before deformation is (1.5, 1.0, 2.0) and the coordinate of point E after deformation is (1.503, 1.001, 1.997). The unit is cm. Try to determine:

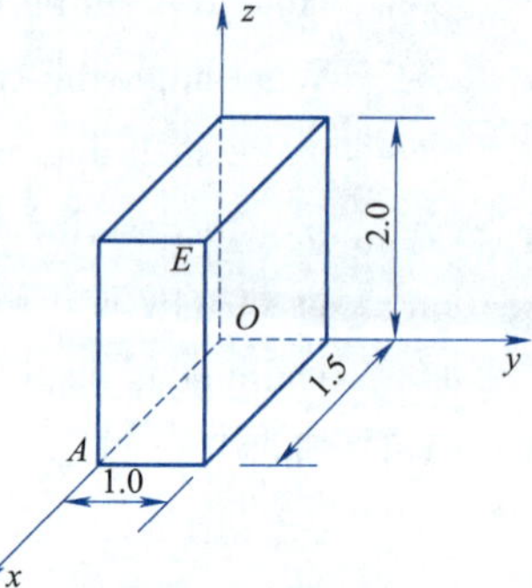

Fig. 3-7

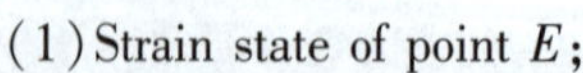

(1) Strain state of point E;

(2) The normal strain of point E along the EA direction.

Chapter 4

Elastic Constitutive Relation

Previously, we obtained the differential equations of equilibrium and geometrical equations of continuous media from the static and geometrical perspectives, respectively. These equations only reflect the mechanical laws of motion and continuity requirements followed during the deformation of the body and do not involve the physical properties of the material, which are applicable to all continuous bodies. These equations alone are not enough to solve the problem. A set of equations linking stress, deformation, and temperature changes must also be established which reflect the inherent physical properties of the material, called the constitutive equations. The state of stress at a point in a body is determined by six stress components, while the state of deformation near the same point is determined by six strain components. Stress and strain are complementary, and for each material, at a certain temperature, there is a definite relationship between them. The purpose of this chapter is to establish the physical relationship between stress and strain in the elastic stage.

§ 4.1 Generalized Hooke's Law

The most general physical relationship between stress and strain can be expressed as a function of the following analytical form

$$\begin{cases}\sigma_x = f_1(\varepsilon_x,\varepsilon_y,\varepsilon_z,\gamma_{xy},\gamma_{xz},\gamma_{yz})\\ \sigma_y = f_2(\varepsilon_x,\varepsilon_y,\varepsilon_z,\gamma_{xy},\gamma_{xz},\gamma_{yz})\\ \sigma_z = f_3(\varepsilon_x,\varepsilon_y,\varepsilon_z,\gamma_{xy},\gamma_{xz},\gamma_{yz})\\ \tau_{xy} = f_4(\varepsilon_x,\varepsilon_y,\varepsilon_z,\gamma_{xy},\gamma_{xz},\gamma_{yz})\\ \tau_{yz} = f_5(\varepsilon_x,\varepsilon_y,\varepsilon_z,\gamma_{xy},\gamma_{xz},\gamma_{yz})\\ \tau_{zx} = f_6(\varepsilon_x,\varepsilon_y,\varepsilon_z,\gamma_{xy},\gamma_{xz},\gamma_{yz})\end{cases} \tag{4-1}$$

It can be seen that each stress component is a multivariate function of six strain components, the function $f_i(i=1,2,3,\cdots,6)$ depends on the physical properties of the material itself. Under the elastic small deformation conditions, Eq. (4-1) can be expanded to the Taylor series. Omitting small quantities above the second order, the first equation is expanded as

$$\sigma_x = (f_1)_0 + \left(\frac{\partial f_1}{\partial \varepsilon_x}\right)_0 \varepsilon_x + \left(\frac{\partial f_1}{\partial \varepsilon_y}\right)_0 \varepsilon_y + \left(\frac{\partial f_1}{\partial \varepsilon_z}\right)_0 \varepsilon_z + \left(\frac{\partial f_1}{\partial \gamma_{yz}}\right)_0 \gamma_{yz} + \left(\frac{\partial f_1}{\partial \gamma_{xz}}\right)_0 \gamma_{xz} + \left(\frac{\partial f_1}{\partial \gamma_{xy}}\right)_0 \gamma_{xy}$$

Where $(f_1)_0$ is the value of the function f_1 when each strain component is zero, that is the initial stress. From the assumption of no initial stress, $(f_1)_0$ should be zero. $\left(\frac{\partial f_1}{\partial \varepsilon_{ij}}\right)_0$ indicates that the *function* f_1 of the first-order partial derivative of the strain component in the strain component is zero. In the initial state, each first-order partial derivative should be a constant. After the above analysis, the Eq. (4-1) under small deformation can be simplified as follows

$$\begin{cases}\sigma_x = c_{11}\varepsilon_x + c_{12}\varepsilon_y + c_{13}\varepsilon_z + c_{14}\gamma_{yz} + c_{15}\gamma_{xz} + c_{16}\gamma_{xy} \\ \sigma_y = c_{21}\varepsilon_x + c_{22}\varepsilon_y + c_{23}\varepsilon_z + c_{24}\gamma_{yz} + c_{25}\gamma_{xz} + c_{26}\gamma_{xy} \\ \sigma_z = c_{31}\varepsilon_x + c_{32}\varepsilon_y + c_{33}\varepsilon_z + c_{34}\gamma_{yz} + c_{35}\gamma_{xz} + c_{36}\gamma_{xy} \\ \tau_{yz} = c_{41}\varepsilon_x + c_{42}\varepsilon_y + c_{43}\varepsilon_z + c_{44}\gamma_{yz} + c_{45}\gamma_{xz} + c_{46}\gamma_{xy} \\ \tau_{xz} = c_{51}\varepsilon_x + c_{52}\varepsilon_y + c_{53}\varepsilon_z + c_{54}\gamma_{yz} + c_{55}\gamma_{xz} + c_{56}\gamma_{xy} \\ \tau_{xy} = c_{61}\varepsilon_x + c_{62}\varepsilon_y + c_{63}\varepsilon_z + c_{64}\gamma_{yz} + c_{65}\gamma_{xz} + c_{66}\gamma_{xy}\end{cases} \tag{4-2a}$$

where the coefficients $c_{mn}(m,n=1,2,\cdots,6)$ are the elastic constants of the material, a total of 36. If the body is composed of non-uniform material, c_{mn} are the functions of the position coordinates. If the body is a uniform material, for each point in the body, subjected to the same stress, must produce the same strain. If the strain at each point is the same, must be subjected to the same stress, reflected in Eq. (4-2a), the coefficients c_{mn} should be constants.

If a tensor representation is used, Eq. (4-2a) can be written as

$$\sigma_{ij} = C_{ijkl}\varepsilon_{kl} \quad (i,j,k,l=1,2,3) \tag{4-2b}$$

where $c_{11}=C_{1111}$; $c_{12}=C_{1122}$; $c_{14}=C_{1112}$.... That is the subscripts 1, 2, 3, 4, 5, and 6 of c correspond to the dual indicators 11, 22, 33, 12, 23, and 31 of C. The relationship between stress and strain established by Eq. (4-2) is called the generalized Hooke's law or elastic constitutive equations. The relationship between stress and strain is still linear under complex stress state.

§ 4.2 Elastic Strain Energy

Assuming that an elastic body is in equilibrium under the action of the external forces, work is done on the displacement of the external forces along its line of action in the process of elastic deformation. If the loss of energy (including kinetic energy and heat) can be ignored in the process of elastic deformation of the body under static load, according to the law of conservation of energy: the work done by the external forces in the process of loading will be accumulated in the body in the form of energy called elastic strain energy, which is numerically equal to the work of the external forces. The elastic strain energy is denoted by V_ε and the external work is denoted by W_e, then we have

$$W_e = V_\varepsilon \tag{4-3}$$

During the loading process, both the external and internal forces of the elastic body have to work. Under the condition of small deformation, according to the law of conservation of mechanical energy, the sum of external and internal work (W_i) in this process is zero, i. e.

$$W_i + W_e = 0 \tag{4-4}$$

Hence

$$V_\varepsilon = W_e = -W_i \tag{4-5}$$

The internal force here actually refers to the stresses within the body, i. e., the stresses acting on each section of the micro element body. Obviously, the internal work of the whole body is equal to the sum of the internal work done at each point (micro element) of the body due to the deformation stress. When taking a point in the body (micro element) as the research object, the stresses acting on each section of the micro element should be regarded as the external force of the micro element, as shown in Fig. 4-1. When each side length dx, dy, dz of the micro element is deformed to produce displacement components δ_u, δ_v, δ_w, stress components σ_{ij} and strain components ε_{ij} should also have corresponding increments, so that the work done by the stress on the micro element can be calculated.

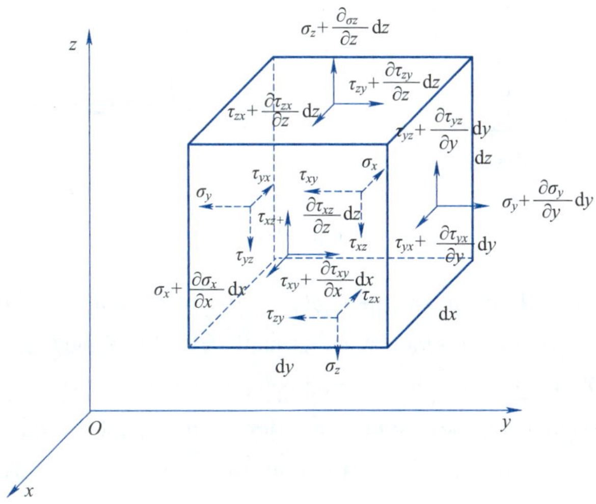

Fig. 4-1

Consider the work done by the tensile force (or pressure) on the micro section of the micro element with the outer normal parallel to the x-axis, as shown in Fig. 4-2(a). When there is an increment of strain $\delta\varepsilon_x$, the relative displacement between the two parallel micro sections is $\delta\varepsilon_x dx$. By omitting one positive stress increment $\frac{\partial\sigma_x}{\partial x}dx$ in the right cross-section (because the work done by this force is a higher-order differential), the work done by the tensile force (or pressure) $\sigma_x dydz$ in the x-direction of the micro element is the first term of Eq. (4-6). Similarly, the work done by the tensile force (or pressure) in the y and z directions of the micro element is the last two terms of Eq. (4-6)

$$\sigma_x dxdydz\delta\varepsilon_x, \quad \sigma_y dxdydz\delta\varepsilon_y, \quad \sigma_z dxdydz\delta\varepsilon_z \tag{4-6}$$

Then consider the work done by the shear force on the shear deformation in the xOy plane of the micro element. As shown in Fig. 4-2(b), when there is a shearing strain increment $\delta\gamma_{xy}$, the effect of shearing stress increment $\frac{\partial\tau_{xy}}{\partial x}dx$ is omitted similarly. The shear forces $\tau_{xy}dydz$ acting on both sides of the micro element form a force couple $\tau_{xy}dydzdx$ and the work done by this force couple is the first term of Eq. (4-7). In the same way, considering the work done by the shear force on the micro element cross sections yOz and xOz, the last two terms of Eq. (4-7) can be obtained

$$\tau_{xy}\mathrm{d}x\mathrm{d}y\mathrm{d}z\delta\gamma_{xy},\quad \tau_{yz}\mathrm{d}x\mathrm{d}y\mathrm{d}z\delta\gamma_{yz},\quad \tau_{zx}\mathrm{d}x\mathrm{d}y\mathrm{d}z\delta\gamma_{zx} \tag{4-7}$$

In summary, the work done by the entire external forces on each cross-section of the micro element at a point within the body at a small deformation increment is

$$(\sigma_x\delta\varepsilon_x+\sigma_y\delta\varepsilon_y+\sigma_z\delta\varepsilon_z+\tau_{xy}\delta\gamma_{xy}+\tau_{xz}\delta\gamma_{xz}+\tau_{yz}\delta\gamma_{yz})\mathrm{d}x\mathrm{d}y\mathrm{d}z \tag{4-8}$$

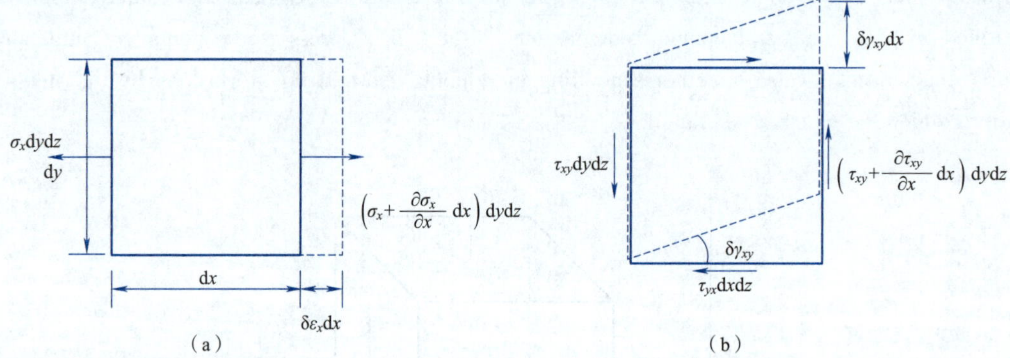

Fig. 4-2

$\mathrm{d}x\mathrm{d}y\mathrm{d}z$ is the volume of the micro element, so the work done by the internal and external forces per unit volume in the micro element on a small strain increment is

$$\delta W=\sigma_x\delta\varepsilon_x+\sigma_y\delta\varepsilon_y+\sigma_z\delta\varepsilon_z+\tau_{xy}\delta\gamma_{xy}+\tau_{xz}\delta\gamma_{xz}+\tau_{yz}\delta\gamma_{yz} \tag{4-9}$$

According to the relationship between external force work and the strain energy, the work done by the internal and external forces on the small strain increment per unit volume should be equal to the entire increment of strain energy per unit volume δv_ε, i. e.

$$\delta v_\varepsilon=\delta W=\sigma_x\delta\varepsilon_x+\sigma_y\delta\varepsilon_y+\sigma_z\delta\varepsilon_z+\tau_{xy}\delta\gamma_{xy}+\tau_{xz}\delta\gamma_{xz}+\tau_{yz}\delta\gamma_{yz}=\sigma_{ij}\delta\varepsilon_{ij} \tag{4-10}$$

During the process of reaching a certain strain state ε_{ij} from a zero strain state, the strain energy stored per unit volume of the elastic body is called the strain energy density or strain specific energy, which is denoted as v_ε, then

$$v_\varepsilon=\int_0^{\varepsilon_{ij}}\delta v_\varepsilon=\int_0^{\varepsilon_{ij}}\sigma_{ij}\delta\varepsilon_{ij} \tag{4-11}$$

Thus, the strain energy within the entire elastic body is

$$V_\varepsilon=\int_V v_\varepsilon\mathrm{d}V=\int_V\int_0^{\varepsilon_{ij}}\delta v_\varepsilon\mathrm{d}V==\int_V\int_0^{\varepsilon_{ij}}\sigma_{ij}\delta\varepsilon_{ij}\mathrm{d}V \tag{4-12}$$

From Eq. (4-10), δv_ε is the incremental strain energy per unit volume, and thus from Eq. (4-11), the strain energy density v_ε is a function of the strain state, i. e., $v_\varepsilon=v_\varepsilon(\varepsilon_{ij})$. The fully differentiated form of this function can be expressed as

$$\delta v_\varepsilon=\frac{\partial v_\varepsilon}{\partial\varepsilon_x}\delta\varepsilon_x+\frac{\partial v_\varepsilon}{\partial\varepsilon_y}\delta\varepsilon_y+\frac{\partial v_\varepsilon}{\partial\varepsilon_z}\delta\varepsilon_z+\frac{\partial v_\varepsilon}{\partial\gamma_{xy}}\delta\gamma_{xy}+\frac{\partial v_\varepsilon}{\partial\gamma_{xz}}\delta\gamma_{xz}+\frac{\partial v_\varepsilon}{\partial\gamma_{yz}}\delta\gamma_{yz} \tag{4-13}$$

Comparing with Eq. (4-10), we can get

$$\sigma_x=\frac{\partial v_\varepsilon}{\partial\varepsilon_x},\quad \sigma_y=\frac{\partial v_\varepsilon}{\partial\varepsilon_y},\quad \sigma_z=\frac{\partial v_\varepsilon}{\partial\varepsilon_z},\quad \tau_{xy}=\frac{\partial v_\varepsilon}{\partial\gamma_{xy}},\quad \tau_{xz}=\frac{\partial v_\varepsilon}{\partial\gamma_{xz}},\quad \tau_{yz}=\frac{\partial v_\varepsilon}{\partial\gamma_{yz}} \tag{4-14a}$$

The above equations can be abbreviated as

$$\sigma_{ij}=\frac{\partial v_\varepsilon(\varepsilon_{ij})}{\partial\varepsilon_{ij}} \tag{4-14b}$$

Eq. (4-14) shows that the stress components are equal to the first-order partial derivative of the elastic strain energy density versus the corresponding strain components, and these equations are applicable to general elastic bodies, which are called Green's Formulas.

§ 4.3 Anisotropic Elastic Bodies

This section will establish the relationship between the stress-strain for several common anisotropic elastic bodies.

4.3.1 Extremely anisotropic elastic bodies

If the elastic properties of any point within a body are different in any two different directions, the body is called an extremely anisotropic body. Now it has been proved that because of the existence of strain energy, the extreme anisotropic body has only 21 elastic constants. By combining the σ_y in the Eqs. (4-14a) with the second equation of Eqs. (4-2), we obtain

$$\frac{\partial v_\varepsilon}{\partial \varepsilon_y} = c_{21}\varepsilon_x + c_{22}\varepsilon_y + c_{23}\varepsilon_z + c_{24}\gamma_{yz} + c_{25}\gamma_{xz} + c_{26}\gamma_{xy}$$

Both sides of the above equation take the first order partial derivatives of the strain components, e.g., for γ_{xz}, as a result

$$\frac{\partial^2 v_\varepsilon}{\partial \varepsilon_y \partial \gamma_{xz}} = c_{25} \tag{4-15}$$

Then, combining τ_{xz} of Eq. (4-14a) with the fifth equation of Eq. (4-2), we can get

$$\frac{\partial v_\varepsilon}{\partial \gamma_{xz}} = c_{51}\varepsilon_x + c_{52}\varepsilon_y + c_{53}\varepsilon_z + c_{54}\gamma_{yz} + c_{55}\gamma_{xz} + c_{56}\gamma_{xy}$$

The partial derivative of ε_y on both sides of the above equation is

$$\frac{\partial^2 v_\varepsilon}{\partial \gamma_{xz} \partial \varepsilon_y} = c_{52} \tag{4-16}$$

Comparing Eqs. (4-15) and (4-16), since the order of partial derivatives can be exchanged, we obtain $c_{25} = c_{52}$. Similarly, it can be proved that $c_{mn} = c_{nm}$. Therefore, for extremely anisotropic elastic bodies, the independent elastic constants are 21.

4.3.2 Anisotropic elastomer with an elastically symmetrical plane

If there exists such a plane at every point in the body, with the same elasticity in two directions symmetrical to the plane, the plane is called the elastic symmetry plane of the body, and the direction perpendicular to the elastic symmetry plane is called the elastic principal direction of the body. According to the symmetry property of the elasticity (i.e., when the direction of the main direction of the elasticity is changed to the opposite, the elasticity constant should remain constant), the independence of the elasticity constant can be discussed.

As shown in Fig. 4-3, assuming that the yOz plane is the elastic symmetry plane, i.e., the x-axis is the elastic principal direction, the stress and strain relationship should remain unchanged after the coordinate transformation shown in the figure.

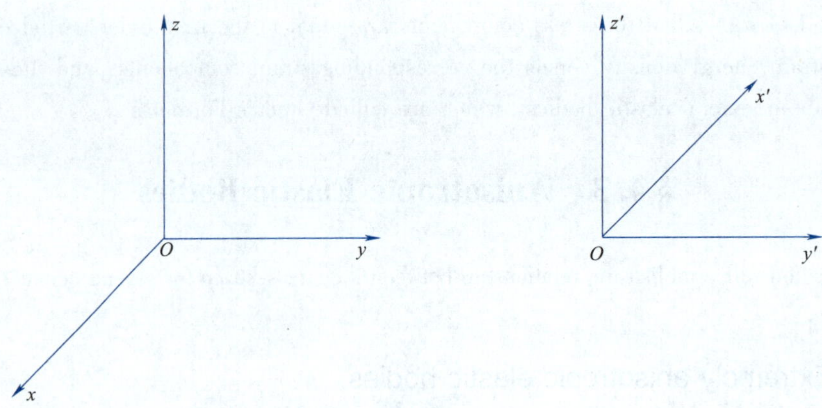

Fig. 4-3

Using the stress rotation Eq. (2-15) and the strain rotation Eq. (3-13), the stress components and strain components can be obtained after the above coordinate transformation

$$\begin{cases}\sigma_{x'}=\sigma_x,\sigma_{y'}=\sigma_y,\sigma_{z'}=\sigma_z\\ \tau_{y'z'}=\tau_{yz},\tau_{x'z'}=-\tau_{xz},\tau_{x'y'}=-\tau_{xy}\\ \varepsilon_{x'}=\varepsilon_x,\varepsilon_{y'}=\varepsilon_y,\varepsilon_{z'}=\varepsilon_z\\ \gamma_{y'z'}=\gamma_{yz},\gamma_{x'z'}=-\gamma_{xz},\gamma_{x'y'}=-\gamma_{xy}\end{cases}\tag{4-17}$$

Substituting the above equations into Eq. (4-2), we get

$$\begin{cases}\sigma_{x'}=c_{11}\varepsilon_{x'}+c_{12}\varepsilon_{y'}+c_{13}\varepsilon_{z'}+c_{14}\gamma_{y'z'}-c_{15}\gamma_{x'z'}-c_{16}\gamma_{x'y'}\\ \sigma_{y'}=c_{21}\varepsilon_{x'}+c_{22}\varepsilon_{y'}+c_{23}\varepsilon_{z'}+c_{24}\gamma_{y'z'}-c_{25}\gamma_{x'z'}-c_{26}\gamma_{x'y'}\\ \sigma_{z'}=c_{31}\varepsilon_{x'}+c_{32}\varepsilon_{y'}+c_{33}\varepsilon_{z'}+c_{34}\gamma_{y'z'}-c_{35}\gamma_{x'z'}-c_{36}\gamma_{x'y'}\\ \tau_{y'z'}=c_{41}\varepsilon_{x'}+c_{42}\varepsilon_{y'}+c_{43}\varepsilon_{z'}+c_{44}\gamma_{y'z'}-c_{45}\gamma_{x'z'}-c_{46}\gamma_{x'y'}\\ -\tau_{x'z'}=c_{51}\varepsilon_{x'}+c_{52}\varepsilon_{y'}+c_{53}\varepsilon_{z'}+c_{54}\gamma_{y'z'}-c_{55}\gamma_{x'z'}-c_{56}\gamma_{x'y'}\\ -\tau_{x'y'}=c_{61}\varepsilon_{x'}+c_{62}\varepsilon_{y'}+c_{63}\varepsilon_{z'}+c_{64}\gamma_{y'z'}-c_{65}\gamma_{x'z'}-c_{66}\gamma_{x'y'}\end{cases}\tag{4-18}$$

Comparing Eq. (4-18) with Eq. (4-2), in order to maintain the stress-strain relationship after the above transformation, there are

$$c_{15}=c_{16}=c_{25}=c_{26}=c_{35}=c_{36}=c_{45}=c_{46}=0$$

This reduces the number of elastic constants from 21 to 13, and Eq. (4-2) is simplified to

$$\begin{cases}\sigma_x=c_{11}\varepsilon_x+c_{12}\varepsilon_y+c_{13}\varepsilon_z+c_{14}\gamma_{yz}\\ \sigma_y=c_{21}\varepsilon_x+c_{22}\varepsilon_y+c_{23}\varepsilon_z+c_{24}\gamma_{yz}\\ \sigma_z=c_{31}\varepsilon_x+c_{32}\varepsilon_y+c_{33}\varepsilon_z+c_{34}\gamma_{yz}\\ \tau_{yz}=c_{41}\varepsilon_x+c_{42}\varepsilon_y+c_{43}\varepsilon_z+c_{44}\gamma_{yz}\\ \tau_{xz}=c_{55}\gamma_{xz}+c_{56}\gamma_{xy}\\ \tau_{xy}=c_{65}\gamma_{xz}+c_{66}\gamma_{xy}\end{cases}\tag{4-19}$$

4.3.3 Orthotropic elastic bodies

If the xOz plane is also the elastic symmetry plane, that is, the y-axis is the elastic principal direction, as shown in Fig. 4-4. After the coordinate transformation, the stress-strain relationship should remain unchanged.

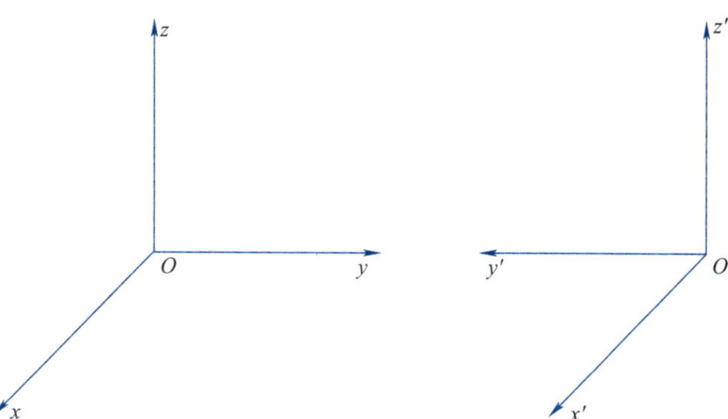

Fig. 4-4

After the coordinate transformation, like Eq. (4-17), we obtain

$$\begin{cases}\sigma_{x'}=\sigma_x, & \sigma_{y'}=\sigma_y, & \sigma_{z'}=\sigma_z\\ \tau_{y'z'}=-\tau_{yz}, & \tau_{x'z'}=\tau_{xz}, & \tau_{x'y'}=-\tau_{xy}\\ \varepsilon_{x'}=\varepsilon_x, & \varepsilon_{y'}=\varepsilon_y, & \varepsilon_{z'}=\varepsilon_z\\ \gamma_{y'z'}=-\gamma_{yz}, & \gamma_{x'z'}=\gamma_{xz}, & \gamma_{x'y'}=-\gamma_{xy}\end{cases} \tag{4-20}$$

Substituting Eq. (4-20) into Eq. (4-19), in order to maintain the stress-strain relationship after the above transformation, there are

$$c_{14}=c_{24}=c_{34}=c_{56}=0$$

Eq. (4-19) is simplified to

$$\begin{cases}\sigma_x=c_{11}\varepsilon_x+c_{12}\varepsilon_y+c_{13}\varepsilon_z\\ \sigma_y=c_{21}\varepsilon_x+c_{22}\varepsilon_y+c_{23}\varepsilon_z\\ \sigma_z=c_{31}\varepsilon_x+c_{32}\varepsilon_y+c_{33}\varepsilon_z\\ \tau_{yz}=c_{44}\gamma_{yz}\\ \tau_{xz}=c_{55}\gamma_{xz}\\ \tau_{xy}=c_{65}\gamma_{xy}\end{cases} \tag{4-21}$$

Then assume that the xOy plane is the elastic symmetry plane, and at this time the z-axis is the elastic principal direction, then after the same deduction as above, no new result will be obtained. This shows that if two of the three planes perpendicular to each other are elastic symmetry planes, the third plane must also be an elastic symmetry plane, when the elastic constants are only 9. This elastic body is called the orthotropic elastic bodies. Eq. (4-21) shows that when the direction of the coordinate axis is the same as the elastic principal direction, the normal stress is only related to the normal strain, and the shearing stress is only related to the corresponding shearing strain, so there is no coupling between tension or compression and shearing, and between shearing stress and shearing strain in different planes, and various reinforced fiber composites and wood, etc. belong to this kind of elastic body.

4.3.4 Transversely isotropic elastic bodies

If each point within a body has an axis of elastic symmetry, that is, every point has an isotropic plane within which it has the same elasticity in all directions. This type of elastic bodies is called a transversely isotropic elastic body. Let xOy plane be an isotropic plane, i. e., the z-axis is the axis of elastic symmetry. From Eq. (4-21), let the coordinate system rotate 90° around the z-axis first, as shown in Fig. 4-5.

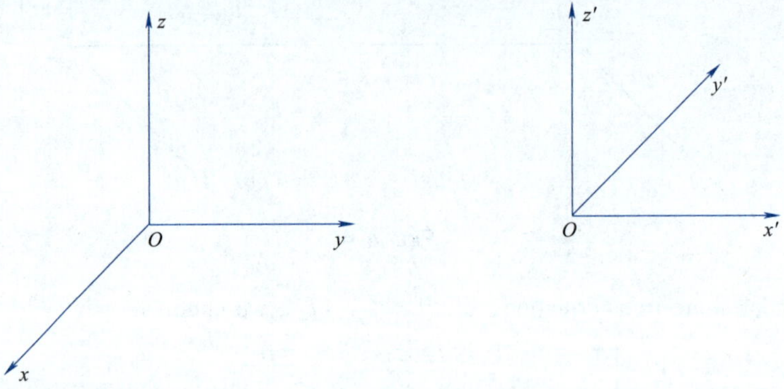

Fig. 4-5

From the stress rotation Eq. (2-15) and the strain rotation Eq. (3-13), we get

$$\begin{cases} \sigma_{x'} = \sigma_y, \quad \sigma_{y'} = \sigma_x, \quad \sigma_{z'} = \sigma_z \\ \tau_{y'z'} = -\tau_{xz}, \quad \tau_{x'z'} = \tau_{yz}, \quad \tau_{x'y'} = -\tau_{xy} \\ \varepsilon_{x'} = \varepsilon_y, \quad \varepsilon_{y'} = \varepsilon_x, \quad \varepsilon_{z'} = \varepsilon_z \\ \gamma_{y'z'} = -\gamma_{xz}, \quad \gamma_{x'z'} = \gamma_{yz}, \quad \gamma_{x'y'} = -\gamma_{xy} \end{cases} \tag{4-22}$$

Substituting Eq. (4-22) into Eq. (4-21), we get

$$\begin{cases} \sigma_{y'} = c_{11}\varepsilon_{y'} + c_{12}\varepsilon_{x'} + c_{13}\varepsilon_{z'} \\ \sigma_{x'} = c_{12}\varepsilon_{y'} + c_{22}\varepsilon_{x'} + c_{23}\varepsilon_{z'} \\ \sigma_{z'} = c_{13}\varepsilon_{y'} + c_{23}\varepsilon_{x'} + c_{33}\varepsilon_{z'} \\ \tau_{x'z'} = c_{44}\gamma_{x'z'} \\ -\tau_{y'z'} = -c_{55}\gamma_{y'z'} \\ -\tau_{x'y'} = -c_{66}\gamma_{x'y'} \end{cases} \tag{4-23}$$

Comparing Eq. (4-23) and Eq. (4-21), in order to maintain the stress-strain relationship after the above transformation, there are

$$c_{11} = c_{22}, \quad c_{13} = c_{23}, \quad c_{44} = c_{55}$$

The elastic constants are reduced to six and Eq. (4-21) is simplified to

$$\begin{cases} \sigma_x = c_{11}\varepsilon_x + c_{12}\varepsilon_y + c_{13}\varepsilon_z \\ \sigma_y = c_{12}\varepsilon_x + c_{11}\varepsilon_y + c_{13}\varepsilon_z \\ \sigma_z = c_{13}\varepsilon_x + c_{13}\varepsilon_y + c_{33}\varepsilon_z \\ \tau_{yz} = c_{44}\gamma_{yz} \\ \tau_{xz} = c_{44}\gamma_{xz} \\ \tau_{xy} = c_{66}\gamma_{xy} \end{cases} \tag{4-24}$$

Then rotate the axis around the z-axis by any angle φ, as shown in Fig. 4-6.

From Eq. (2-15) and Eq. (3-13), we get

$$\begin{cases} \tau_{x'y'} = \dfrac{1}{2}(\sigma_y - \sigma_x)\sin 2\varphi + \tau_{xy}\cos 2\varphi \\ \gamma_{x'y'} = (\varepsilon_y - \varepsilon_x)\sin 2\varphi + \gamma_{xy}\cos 2\varphi \end{cases} \tag{4-25}$$

After the above transformation, the sixth relationship of Eq. (4-24) should still hold, i. e.

$$\tau_{x'y'} = c_{66}\gamma_{x'y'} \tag{4-26}$$

After further simplification, we get

$$2c_{66} = c_{11} - c_{12} \tag{4-27}$$

It is known that the transversely isotropic elastic bodies have five elastic constants. The relationship between the stress and strain is as follows

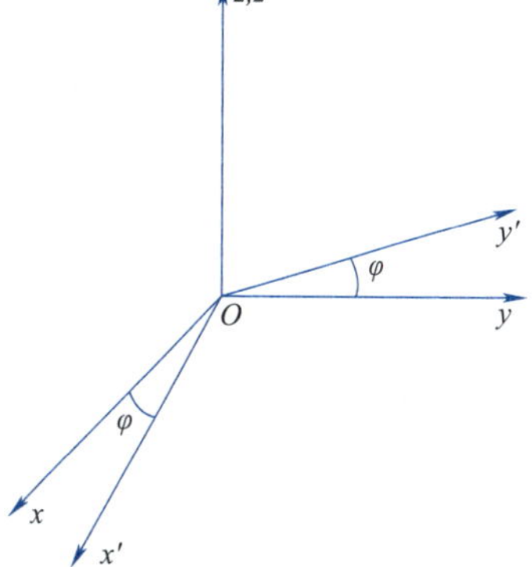

Fig. 4-6

$$\begin{cases} \sigma_x = c_{11}\varepsilon_x + c_{12}\varepsilon_y + c_{13}\varepsilon_z \\ \sigma_y = c_{12}\varepsilon_x + c_{11}\varepsilon_y + c_{13}\varepsilon_z \\ \sigma_z = c_{13}\varepsilon_x + c_{13}\varepsilon_y + c_{33}\varepsilon_z \\ \tau_{yz} = c_{44}\gamma_{yz} \\ \tau_{xz} = c_{44}\gamma_{xz} \\ \tau_{xy} = \dfrac{1}{2}(c_{11} - c_{12})\gamma_{xy} \end{cases} \tag{4-28}$$

§ 4. 4 Isotropic Elastic Bodies

A body is said to be an isotropic elastic body if the elastic properties within it are the same in all directions. This property of complete physical symmetry is reflected mathematically by the fact that the relationship between stress and strain is the same in all coordinate systems with different orientations. In the following, the relationship between stress and strain for an isotropic elastic body is established from Eq. (4-28) after further simplification.

Eq. (4-28) reflects such an elastic body that the xOy plane is both its isotropic plane and its elastic symmetry plane, so that it is guaranteed to have the same elasticity along either direction in the xOy plane and along the z-axis in both positive and negative directions. However, the elastic properties in the xOy plane and the elastic properties in the z-axis direction are different for an orthotropic body. They should be the same for an isotropic body. For this reason, the Eq. (4-28) is used as the basis, and then the coordinate transformation shown in Fig. 4-7 is made. If the stress-strain relationship remains the same under such transformation, it is guaranteed to be isotropic.

After the coordinate transformation of the above figure, the transformation relationship between the stress components and the strain components is as follows

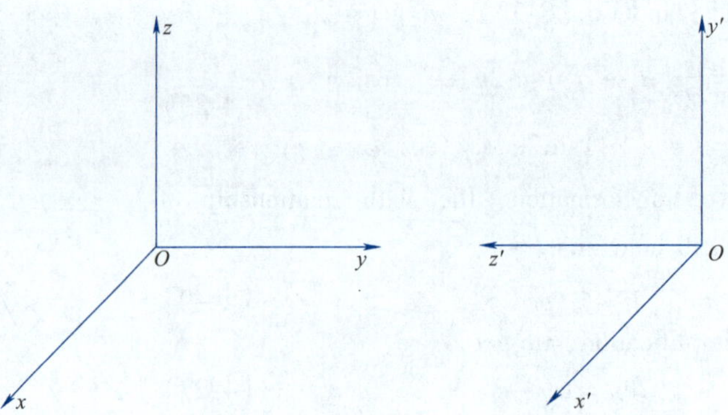

Fig. 4-7

$$\begin{cases} \sigma_{x'} = \sigma_x, \quad \sigma_{y'} = \sigma_z, \quad \sigma_{z'} = \sigma_y \\ \tau_{y'z'} = -\tau_{yz}, \quad \tau_{x'z'} = -\tau_{xy}, \quad \tau_{x'y'} = \tau_{xz} \\ \varepsilon_{x'} = \varepsilon_x, \quad \varepsilon_{y'} = \varepsilon_z, \quad \varepsilon_{z'} = \varepsilon_y \\ \gamma_{y'z'} = -\gamma_{yz}, \quad \gamma_{x'z'} = -\gamma_{xy}, \quad \gamma_{x'y'} = \gamma_{xz} \end{cases} \tag{4-29}$$

Substituting Eq. (4-29) into Eq. (4-28), we get

$$\begin{cases} \sigma_{x'} = c_{11}\varepsilon_{x'} + c_{12}\varepsilon_{z'} + c_{13}\varepsilon_{y'} \\ \sigma_{z'} = c_{12}\varepsilon_{x'} + c_{11}\varepsilon_{z'} + c_{13}\varepsilon_{y'} \\ \sigma_{y'} = c_{13}\varepsilon_{x'} + c_{13}\varepsilon_{z'} + c_{33}\varepsilon_{y'} \\ -\tau_{y'z'} = -c_{44}\gamma_{y'z'} \\ \tau_{x'y'} = c_{44}\gamma_{x'y'} \\ -\tau_{x'z'} = -\dfrac{1}{2}(c_{11} - c_{12})\gamma_{x'z'} \end{cases} \tag{4-30}$$

Comparing Eq. (4-30) with Eq. (4-28), it is required that the stress-strain relationship remains unchanged after the above transformation, thus obtaining

$$c_{12} = c_{13}, \quad c_{11} = c_{33}, \quad c_{44} = \frac{1}{2}(c_{11} - c_{12}) \tag{4-31}$$

From the above derivation, for an isotropic elastic body, there are only two independent elastic constants. Substituting Eq. (4-31) into Eq. (4-28), we get

$$\begin{cases} \sigma_x = c_{12}\theta + (c_{11} - c_{12})\varepsilon_x \\ \sigma_y = c_{12}\theta + (c_{11} - c_{12})\varepsilon_y \\ \sigma_z = c_{12}\theta + (c_{11} - c_{12})\varepsilon_z \\ \tau_{xy} = \dfrac{1}{2}(c_{11} - c_{12})\gamma_{xy} \\ \tau_{xz} = \dfrac{1}{2}(c_{11} - c_{12})\gamma_{xz} \\ \tau_{yz} = \dfrac{1}{2}(c_{11} - c_{12})\gamma_{yz} \end{cases} \tag{4-32}$$

Here $\theta = \varepsilon_x + \varepsilon_y + \varepsilon_z$ is called volume strain, $c_{12} = \lambda$, $c_{11} - c_{12} = 2\mu$, then Eq. (4-32) can be expressed as

$$\begin{cases}\sigma_x = \lambda\theta + 2\mu\varepsilon_x \\ \sigma_y = \lambda\theta + 2\mu\varepsilon_y \\ \sigma_z = \lambda\theta + 2\mu\varepsilon_z \\ \tau_{xy} = \mu\gamma_{xy} \\ \tau_{xz} = \mu\gamma_{xz} \\ \tau_{yz} = \mu\gamma_{yz}\end{cases} \tag{4-33a}$$

The above equations are simplified to tensor form and expressed as follows

$$\sigma_{ij} = \lambda\varepsilon_{kk}\delta_{ij} + 2\mu\varepsilon_{ij} \tag{4-33b}$$

Eq. (4-33) is called the generalized Hooke's law for an isotropic elastic body, and λ, μ are called the Lamé constants. From Eq. (4-33), it is easy to see that the principal direction of stress and the principal direction of strain are the same at each point in the isotropic body. Let $\Theta = \sigma_x + \sigma_y + \sigma_z$, Eq. (4-33) can also be rewritten in the following form

$$\begin{cases}\varepsilon_x = \dfrac{\sigma_x}{2\mu} - \dfrac{\lambda}{2\mu(3\lambda+2\mu)}\Theta, & \gamma_{yz} = \dfrac{1}{\mu}\tau_{yz} \\ \varepsilon_y = \dfrac{\sigma_y}{2\mu} - \dfrac{\lambda}{2\mu(3\lambda+2\mu)}\Theta, & \gamma_{xz} = \dfrac{1}{\mu}\tau_{xz} \\ \varepsilon_z = \dfrac{\sigma_z}{2\mu} - \dfrac{\lambda}{2\mu(3\lambda+2\mu)}\Theta, & \gamma_{xy} = \dfrac{1}{\mu}\tau_{xy}\end{cases} \tag{4-34a}$$

The above equations can be abbreviated in tensor form as

$$\varepsilon_{ij} = \frac{\sigma_{ij}}{2\mu} - \frac{\lambda}{2\mu(3\lambda+2\mu)}\sigma_{kk}\delta_{ij} \tag{4-34b}$$

Eqs. (4-33) and (4-34) are the constitutive relations of two different forms (stress in terms of strain and strain in terms of stress, respectively) of isotropic elastic bodies, which are important basic equations of elasticity.

The following derivation of the volume strain variation law for an isotropic body is obtained by adding the first three equations of Eq. (4-33)

$$\Theta = (3\lambda + 2\mu)\theta \tag{4-35}$$

Here, $\Theta = \sigma_x + \sigma_y + \sigma_z = 3\sigma_m$, σ_m is the average normal stress, $\theta = \varepsilon_x + \varepsilon_y + \varepsilon_z = 3\varepsilon_m$, ε_m is the average normal strain. Let $K = \dfrac{3\lambda + 2\mu}{3}$, then Eq. (4-35) can be rewritten as

$$\sigma_m = K\theta = 3K\varepsilon_m \tag{4-36}$$

Eq. (4-35) or Eq. (4-36) is called the volume strain Hooke's law, from which the volume strain is proportional to the mean stress, and the scale factor K is called the bulk modulus.

Since the cylindrical coordinate system, spherical coordinate system, and Cartesian coordinate system are orthogonal systems, the physical equations under these two coordinate systems and the Cartesian coordinate system have the same form. We need to replace the coordinates of each stress and strain component in Eq. (4-33) with r, θ, z or r, θ, φ, and the corresponding volume strain is expressed as $\theta = \varepsilon_r + \varepsilon_\theta + \varepsilon_z$ or $\theta = \varepsilon_r + \varepsilon_\theta + \varepsilon_\varphi$.

§ 4.5 Relationships between Elastic Constants

The previous section proved that an isotropic elastic body has only two independent elastic constants λ, μ. Other elastic constants can also be used in engineering to represent the relationship between stress and strain, although there is a definite relationship between these constants and the two fundamental constants mentioned above. The physical meaning of these elastic constants and their interrelationships are discussed below.

The stress- strain relationship Eq. (4- 33) or (4- 34) given in the previous section must include the special cases of simple tension and pure shear so that the elastic constants λ and μ can be determined with the help of simple tension and pure shear experiments of the same material.

4. 5. 1 Uniaxial tension

In the case of simple tension, taking the specimen stretching direction as the x-axis direction, we have

$$\sigma_y = \sigma_z = \tau_{yz} = \tau_{xz} = \tau_{xy} = 0$$

Substituting the above equation into Eq. (4-34)

$$\begin{cases} \varepsilon_x = \dfrac{\lambda + \mu}{\mu(3\lambda + 2\mu)}\sigma_x \\ \varepsilon_y = \varepsilon_z = -\dfrac{\lambda}{2\mu(3\lambda + 2\mu)}\sigma_x \\ \gamma_{yz} = \gamma_{xz} = \gamma_{xy} = 0 \end{cases} \tag{4-37}$$

On the other hand, according to the results of the simple tensile experiment, there is the following relationship

$$\begin{cases} \varepsilon_x = \dfrac{\sigma_x}{E} \\ \varepsilon_y = \varepsilon_z = -\dfrac{v}{E}\sigma_x \\ \gamma_{yz} = \gamma_{xz} = \gamma_{xy} = 0 \end{cases} \tag{4-38}$$

Here E and v are Young's modulus and Poisson's ratio used in engineering. Comparing Eqs. (4-38) and (4-37), we have

$$E = \frac{\mu(3\lambda + 2\mu)}{\lambda + \mu}, \quad v = \frac{\lambda}{2(\lambda + \mu)} \tag{4-39}$$

or

$$\lambda = \frac{Ev}{(1 + v)(1 - 2v)}, \quad \mu = \frac{E}{2(1 + v)} \tag{4-40}$$

4. 5. 2 Pure shear

Assuming that the shearing stress acts in the xOy plane, we have

$$\sigma_x = \sigma_y = \sigma_z = \tau_{yz} = \tau_{xz} = 0$$

Substituting the above equation into Eq. (4-34)

$$\begin{cases} \varepsilon_x = \varepsilon_y = \varepsilon_z = \gamma_{yz} = \gamma_{xz} = 0 \\ \gamma_{xy} = \dfrac{\tau_{xy}}{\mu} \end{cases} \tag{4-41}$$

According to the pure shear experiment, it is known that

$$\begin{cases} \varepsilon_x = \varepsilon_y = \varepsilon_z = \gamma_{yz} = \gamma_{xz} = 0 \\ \gamma_{xy} = \dfrac{\tau_{xy}}{G} \end{cases} \tag{4-42}$$

G is the shear modulus of the material and comparing Eqs. (4-41) and (4-42), we can get

$$\mu = G \tag{4-43}$$

Substituting Eq. (4-40) into Eq. (4-34a), after sorting, the generalized Hooke's law for isotropic bodies can again be expressed in the following form

$$\begin{cases} \varepsilon_x = \dfrac{1}{E}[\sigma_x - v(\sigma_y + \sigma_z)], & \gamma_{yz} = \dfrac{2(1+v)}{E}\tau_{yz} \\ \varepsilon_y = \dfrac{1}{E}[\sigma_y - v(\sigma_x + \sigma_z)], & \gamma_{xz} = \dfrac{2(1+v)}{E}\tau_{xz} \\ \varepsilon_z = \dfrac{1}{E}[\sigma_z - v(\sigma_x + \sigma_y)], & \gamma_{xy} = \dfrac{2(1+v)}{E}\tau_{xy} \end{cases} \tag{4-44a}$$

or abbreviated as

$$\varepsilon_{ij} = \frac{1}{E}[(1+v)\sigma_{ij} - v\sigma_{kk}\delta_{ij}] \tag{4-44b}$$

From Eqs. (4-45) and (4-40), another expression of the volume strain Hooke's law can be obtained

$$\Theta = \frac{E}{1-2v}\theta \tag{4-45}$$

The bulk modulus of elasticity can be represented by Young's modulus and Poisson's ratio as $K = \dfrac{E}{3(1-2v)}$.

From the above discussion, five elastic constants λ, μ, E, v, K are introduced for isotropic bodies, of which only two are independent. Regardless of which two are used, they can be used as independent constants to fully express the generalized Hooke's law for isotropic bodies.

Worksheet 4

4-1 Try to prove that for isotropic elastic bodies, the principal direction of stress and the principal direction of strain coincide with each other.

4-2 How many independent elastic constants are there for orthotropic, transverse isotropic, and isotropic bodies, respectively?

4-3 Try to prove the relationship between the elastic constants E, G and v is $G = E/2(1+v)$.

4-4 The ratio between the principal strains at a point in the elastic body is $\varepsilon_1 : \varepsilon_2 : \varepsilon_3 = 3:4:5$. The maximum principal stress is $\sigma_1 = 140$ MPa. Try to find the ratio $\sigma_1 : \sigma_2 : \sigma_3$ of the principal stresses and the value of σ_2, σ_3. Take the modulus of elasticity $E = 200$ GPa, Poisson's ratio $v = 0.3$.

4-5 A small body is placed in a high-pressure container under hydrostatic pressure (three-way equal pressure) $p = 0.45$ N/mm^2, and the volume strain is measured as $\theta = -3.6 \times 10^{-5}$. If the Poisson's ratio of the body is $v = 0.3$. Try to find the modulus of elasticity of the body E.

4-6 The stress field in an elastic body is known to be $\begin{pmatrix} ky^2 & 0 \\ 0 & -kx^2 \end{pmatrix}$, where k is a constant and the elastic constants of the material are E, υ. Try to derive the expressions for the displacement components $u(x,y), v(x,y)$ in the body.

4-7 The density of a thin plate of equal cross-section is ρ, and the upper edge is suspended in the vertical plane, as shown in Fig. 4-8. The displacement field due to the self-weight is $u(x,y) = \dfrac{\rho g(2xa - x^2 - \upsilon y^2)}{2E}$, $v(x,y) = -\dfrac{\upsilon \rho g}{E}(a-x)y$. If the displacement and stress in the z-direction are omitted, you try to find the stress and strain in the plate, and check whether the obtained stress satisfies the boundary conditions.

Fig. 4-8

4-8 It is known that the modulus of elasticity and Poisson's ratio of steel are $E = 200$ GPa, $G = 80$ GPa, respectively. In this material:

(1) Given that the strain tensor at a point is $\begin{pmatrix} 0.002 & 0.001 & 0 \\ 0.001 & 0.003 & 0.004 \\ 0 & 0.004 & 0 \end{pmatrix}$, try to determine the corresponding components of the stress tensor;

(2) Given that the stress tensor at a certain point is $\begin{pmatrix} 20 & -4 & 5 \\ -4 & 0 & 10 \\ 5 & 10 & 15 \end{pmatrix}$ MPa, try to determine the corresponding components of the strain tensor.

4-9 By means of the relation for the stress components expressed as the strain components

$$\sigma_x = \lambda\theta + 2\mu\varepsilon_x, \quad \tau_{xy} = \mu\gamma_{xy}$$
$$\sigma_y = \lambda\theta + 2\mu\varepsilon_y, \quad \tau_{xz} = \mu\gamma_{xz}$$
$$\sigma_z = \lambda\theta + 2\mu\varepsilon_z, \quad \tau_{yz} = \mu\gamma_{yz}$$

try to derive the relationship for the strain components expressed as the stress components. Noting that: the elastic constants E, υ are used to represent the relationship.

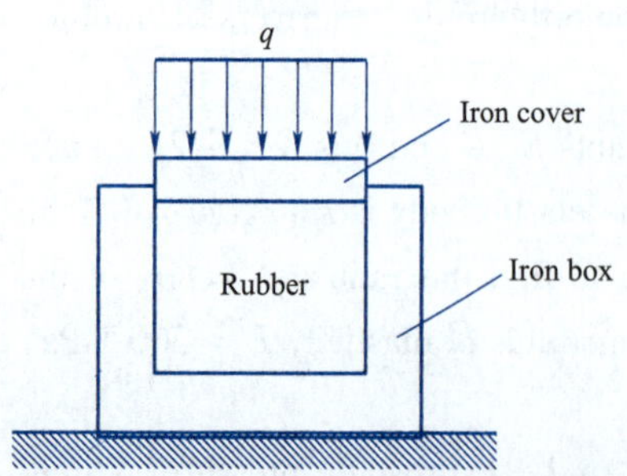

Fig. 4-9

4-10 The rubber cube is placed in the same volume as it in the iron box, on the top with the iron cover closed. The iron cover is above the uniform pressure q action, as shown in Fig. 4-9. The iron box and iron cover can be treated as rigid bodies, and there is no friction between the rubber and iron box. Try to find the pressure on the inner side of the iron box and the volume strain of the rubber block. If the rubber cube is replaced by a rigid body, how does the volume strain change?

Chapter 5

Establishment of Elasticity Problems and General Principles

The previous three chapters derive the basic equations of elasticity and some common formulas. This chapter mainly focuses on how to correctly describe the problems of elasticity as a mathematical problem and gives a principled description of the methods and approaches to solve these problems. The main tasks include: (1) to classify the problems according to the nature of boundary conditions by combining the basic equations of elasticity; (2) to give two common methods for solving the problems of elasticity: displacement method and stress method, and to give the corresponding equations; (3) to discuss the forms of basic equations in cylindrical and spherical coordinate systems, and to give the basic equations and their solutions for axisymmetric and spherical symmetry problems in space; (4) to introduce three principles with general significance, namely, the uniqueness of solutions principle, the superposition principle and Saint-Venant's principle, which are important for solving specific problems and extending the application of solutions.

§ 5.1 Basic Equations and Boundary Conditions

5.1.1 Basic equations

The task of elasticity is to study the stress and deformation of an elastic body under the external factors. In solving this task, we set three requirements or premises, namely: (1) the body is geometrically always a continuum during deformation; (2) the deformation of the body is mechanically a macroscopic mechanical motion; (3) the body is physically an ideal elastic body. With these premises in mind, we established earlier three sets of equations. In the case of small deformation, isotropic, linear elasticity, and using a rectangular coordinate system, they can be expressed as:

Differential equations of equilibrium (motion)

$$\sigma_{ij,j} + f_i = 0\left(= \rho \frac{\partial^2 u_i}{\partial t^2}\right) \tag{5-1}$$

Geometrical equations-the relationship between strains and displacements

$$\varepsilon_{ij} = \frac{1}{2}(u_{i,j} + u_{j,i}) \tag{5-2}$$

Physical equations-the relationship between stresses and strains

$$\varepsilon_{ij} = \frac{1}{E}[(1+v)\sigma_{ij} - v\sigma_{kk}\delta_{ij}] \quad \text{(strains expressed in terms of stresses)} \tag{5-3}$$

or

$$\sigma_{ij} = \lambda\varepsilon_{kk}\delta_{ij} + 2\mu\varepsilon_{ij} \quad \text{(stresses expressed in terms of strains)} \tag{5-4}$$

These sets of equations represent the laws of variation of each relevant physical quantity inside the body that satisfy the three requirements mentioned above. When we describe the elasticity problem as a mathematical problem, these sets of equations constitute the governing equations of the mathematical elasticity theory.

5.1.2 Boundary conditions

The above basic equations are 15 in total and contain 6 stress components, 6 strain components and 3 displacement components, for a total of 15 variables. To solve these equations, boundary conditions must also be given. The boundary conditions of elasticity can be summarized into the following three types according to the possible cases of practical engineering problems:

(1) On the full boundary, the surface forces are known to be $\overline{f}_i$. If the boundary is denoted as S, the boundary condition is

$$\sigma_{ij}n_j = \overline{f}_i \quad (\text{on } S) \tag{5-5}$$

Eq. (5-5) is called the stress boundary condition.

(2) The known boundary displacements on the full boundary S are $\overline{u}_i$, the boundary condition is

$$u_i = \overline{u}_i \quad (\text{on } S) \tag{5-6}$$

Eq. (5-6) is called the displacement boundary condition.

(3) With known surface forces on part of the boundary S_σ and known boundary displacements on the other part of the boundary S_u, the boundary conditions are

$$\sigma_{ij}n_j = \overline{f}_i \quad (\text{on } S_\sigma) \tag{5-7a}$$

$$u_i = \overline{u}_i \quad (\text{on } S_u) \tag{5-7b}$$

Eq. (5-7) is called mixed boundary conditions.

The problem of solving a system of partial differential equations under a given boundary condition is called a boundary value problem for a system of partial differential equations. The basic equations of elasticity which solved under the above three boundary conditions are called the first, second and third type of boundary value problems of elasticity in order. The third type of boundary value problems is also called mixed boundary value problems.

§ 5.2 Methods of Solving Elasticity Problems

The set of equations given in the previous section contains three types of variables, namely displacements u_i, strains ε_{ij}, stresses σ_{ij}, which are all the unknowns of the elasticity problems. The region occupied by the elastic body is the field of these unknowns, and the basic equations are the corresponding field equations. According to the mathematical formulation, the problem of elasticity boils down to solving 15 unknown quantities from these 15 field equations so that they satisfy the known fixed solution conditions. Generally speaking, it is a very difficult problem to find all the unknowns at the same time, so in the specific solution, a certain type of variable is usually selected as the basic unknown quantity, and its solution is found first, and then the remaining last known quantity is obtained. According to the selection of the basic unknown quantity, there are following two basic methods: the displacement method and the stress method, which will be described separately below.

5.2.1 Displacement method

In the displacement method, we take the displacement components u_i as the first required basic unknown quantity, which generally contains three independent components. In this case, the strain and stress components must be eliminated from the above 15 basic equations, and finally, three equations containing only the displacement components are obtained, and the boundary conditions are also expressed in terms of displacement components. For this purpose, the geometrical Eq. (5-2) is first substituted into the physical Eq. (5-4) to obtain the relationship between displacement and stress

$$\begin{cases} \sigma_x = \lambda\theta + 2\mu\dfrac{\partial u}{\partial x}, & \tau_{xy} = \mu\left(\dfrac{\partial u}{\partial y} + \dfrac{\partial v}{\partial x}\right) \\ \sigma_y = \lambda\theta + 2\mu\dfrac{\partial v}{\partial y}, & \tau_{yz} = \mu\left(\dfrac{\partial w}{\partial y} + \dfrac{\partial v}{\partial z}\right) \\ \sigma_z = \lambda\theta + 2\mu\dfrac{\partial w}{\partial z}, & \tau_{xz} = \mu\left(\dfrac{\partial u}{\partial z} + \dfrac{\partial w}{\partial x}\right) \end{cases} \tag{5-8a}$$

or expressed as the form of tensor components

$$\sigma_{ij} = \lambda u_{k,k}\delta_{ij} + \mu(u_{i,j} + u_{j,i}) \tag{5-8b}$$

Substituting Eq. (5-8) into Eq. (5-1), after organizing we get

$$\begin{cases} (\lambda + \mu)\dfrac{\partial\theta}{\partial x} + \mu\nabla^2 u + f_x = 0\left(= \rho\dfrac{\partial^2 u}{\partial t^2}\right) \\ (\lambda + \mu)\dfrac{\partial\theta}{\partial y} + \mu\nabla^2 v + f_y = 0\left(= \rho\dfrac{\partial^2 v}{\partial t^2}\right) \\ (\lambda + \mu)\dfrac{\partial\theta}{\partial z} + \mu\nabla^2 w + f_z = 0\left(= \rho\dfrac{\partial^2 w}{\partial t^2}\right) \end{cases} \tag{5-9a}$$

or abbreviated as

$$(\lambda + \mu)u_{j,ji} + \mu\nabla^2 u_i + f_i = 0(= \rho\ddot{u}_i) \tag{5-9b}$$

here, $\nabla^2(\ )$ is the Laplace operator, $\nabla^2(\ ) = \left(\dfrac{\partial^2}{\partial x^2} + \dfrac{\partial^2}{\partial y^2} + \dfrac{\partial^2}{\partial z^2}\right)(\ ) = (\ )_{,jj}$.

Eqs. (5-9) are differential equations of equilibrium expressed in terms of displacement, also known as the Navier-Lamé equations. It is abbreviated as the N-L equations.

For the boundary conditions, if the displacement at the surface of the body is given, it is given directly through the form of displacement, as shown in Eq. (5-6). If the surface force at the surface of the body is given, the stress on the left of the equal sign should be represented by displacement using Eq. (5-5). For this purpose, Eq. (5-8) is substituted into Eq. (5-5), and the stress boundary conditions represented by displacement components are obtained after sorting:

$$\begin{cases}\lambda\theta l+\mu\left(\dfrac{\partial u}{\partial x}l+\dfrac{\partial u}{\partial y}m+\dfrac{\partial u}{\partial z}n\right)+\mu\left(\dfrac{\partial u}{\partial x}l+\dfrac{\partial v}{\partial x}m+\dfrac{\partial w}{\partial x}n\right)=\overline{f}_x\\ \lambda\theta m+\mu\left(\dfrac{\partial v}{\partial x}l+\dfrac{\partial v}{\partial y}m+\dfrac{\partial v}{\partial z}n\right)+\mu\left(\dfrac{\partial u}{\partial y}l+\dfrac{\partial v}{\partial y}m+\dfrac{\partial w}{\partial y}n\right)=\overline{f}_y\\ \lambda\theta n+\mu\left(\dfrac{\partial w}{\partial x}l+\dfrac{\partial w}{\partial y}m+\dfrac{\partial w}{\partial z}n\right)+\mu\left(\dfrac{\partial u}{\partial z}l+\dfrac{\partial v}{\partial z}m+\dfrac{\partial w}{\partial z}n\right)=\overline{f}_z\end{cases}\tag{5-10a}$$

or abbreviated as

$$\lambda u_{k,k}n_i+\mu(u_{i,j}+u_{j,i})n_j=\overline{f}_i\tag{5-10b}$$

When solving with displacement as the basic variable, it attributes to solving the N-L equations under the given boundary conditions. After obtaining the displacement components, the strain components and stress components can be determined using Eqs. (5-2) and (5-4).

5.2.2 Stress method

In the stress method, the stress components σ_{ij} are taken as the basic unknown quantities, which generally contain six independent components. Displacements and strains are eliminated from the basic equations to obtain the set of partial differential equations about stress. Stress as a basic variable to be solved, the stress components to be solved should satisfy the differential equations of equilibrium, which is not sufficient to solve the stress components and must establish a supplementary equation for the stress. To do this, the displacements u_i are eliminated from the strain-displacement relationship, which is the strain compatibility Eq. (3-24) derived in Chapter 3.

$$\begin{cases}\dfrac{\partial^2\varepsilon_y}{\partial x^2}+\dfrac{\partial^2\varepsilon_x}{\partial y^2}=\dfrac{\partial^2\gamma_{xy}}{\partial x\partial y}\\ \dfrac{\partial^2\varepsilon_z}{\partial y^2}+\dfrac{\partial^2\varepsilon_y}{\partial z^2}=\dfrac{\partial^2\gamma_{zy}}{\partial y\partial z}\\ \dfrac{\partial^2\varepsilon_x}{\partial z^2}+\dfrac{\partial^2\varepsilon_z}{\partial x^2}=\dfrac{\partial^2\gamma_{xz}}{\partial x\partial z}\\ \dfrac{\partial}{\partial x}\left(-\dfrac{\partial\gamma_{yz}}{\partial x}+\dfrac{\partial\gamma_{zx}}{\partial y}+\dfrac{\partial\gamma_{xy}}{\partial z}\right)=2\dfrac{\partial^2\varepsilon_x}{\partial z\partial y}\\ \dfrac{\partial}{\partial y}\left(-\dfrac{\partial\gamma_{xz}}{\partial y}+\dfrac{\partial\gamma_{yz}}{\partial x}+\dfrac{\partial\gamma_{xy}}{\partial z}\right)=2\dfrac{\partial^2\varepsilon_y}{\partial x\partial z}\\ \dfrac{\partial}{\partial z}\left(-\dfrac{\partial\gamma_{xy}}{\partial z}+\dfrac{\partial\gamma_{yz}}{\partial x}+\dfrac{\partial\gamma_{xz}}{\partial y}\right)=2\dfrac{\partial^2\varepsilon_z}{\partial x\partial y}\end{cases}\tag{5-11}$$

Now it is necessary to eliminate the strain components from the physical Eq. (5-3) and the deformation compatibility Eq. (5-11). Firstly, Eq. (5-3) is rewritten in the following form

$$\begin{cases}\varepsilon_x=\dfrac{1+v}{E}\sigma_x-\dfrac{v}{E}\Theta, & \gamma_{xy}=\dfrac{2(1+v)}{E}\tau_{xy}\\ \varepsilon_y=\dfrac{1+v}{E}\sigma_y-\dfrac{v}{E}\Theta, & \gamma_{xz}=\dfrac{2(1+v)}{E}\tau_{xz}\\ \varepsilon_z=\dfrac{1+v}{E}\sigma_z-\dfrac{v}{E}\Theta, & \gamma_{yz}=\dfrac{2(1+v)}{E}\tau_{yz}\end{cases}\tag{5-12}$$

Substituting Eq. (5-12) into the second and fourth equations of Eq. (5-11), we obtain

$$\frac{\partial^2 \sigma_z}{\partial y^2}+\frac{\partial^2 \sigma_y}{\partial z^2}-\frac{\upsilon}{1+\upsilon}\left(\frac{\partial^2 \Theta}{\partial y^2}+\frac{\partial^2 \Theta}{\partial z^2}\right)=2\frac{\partial^2 \tau_{yz}}{\partial y \partial z} \tag{5-13}$$

$$\frac{\partial^2 \sigma_x}{\partial y \partial z}-\frac{\upsilon}{1+\upsilon}\frac{\partial^2 \Theta}{\partial y \partial z}=\frac{\partial}{\partial x}\left(-\frac{\partial \tau_{yz}}{\partial x}+\frac{\partial \tau_{zx}}{\partial y}+\frac{\partial \tau_{xy}}{\partial z}\right) \tag{5-14}$$

In order to give the above two equations a simpler form, the equilibrium differential Eq. (5-1) can be used to simplify them again. Calculate the first order partial derivative of y and z respectively from the second and third equations of Eq. (5-1) and add them together, then use the first equation to get

$$2\frac{\partial^2 \tau_{yz}}{\partial y \partial z}=\frac{\partial^2 \sigma_x}{\partial x^2}-\frac{\partial^2 \sigma_y}{\partial y^2}-\frac{\partial^2 \sigma_z}{\partial z^2}-\left(\frac{\partial f_x}{\partial x}+\frac{\partial f_y}{\partial y}+\frac{\partial f_z}{\partial z}\right)+2\frac{\partial f_x}{\partial x} \tag{5-15}$$

Using $\sigma_y+\sigma_z=\Theta-\sigma_x$, substitute Eq. (5-15) into the right side of Eq. (5-13) and simplify to obtain

$$\frac{1}{1+\upsilon}\nabla^2\Theta-\nabla^2\sigma_x-\frac{1}{1+\upsilon}\frac{\partial^2 \Theta}{\partial x^2}=-\left(\frac{\partial f_x}{\partial x}+\frac{\partial f_y}{\partial y}+\frac{\partial f_z}{\partial z}\right)+2\frac{\partial f_x}{\partial x} \tag{5-16}$$

Alternating x, y, and z obtains two similar relations, and adding Eq. (5-16) to the other two equations after rotation, we get

$$\nabla^2\Theta=-\frac{1+\upsilon}{1-\upsilon}\left(\frac{\partial f_x}{\partial x}+\frac{\partial f_y}{\partial y}+\frac{\partial f_z}{\partial z}\right) \tag{5-17}$$

Substituting Eq. (5-17) into Eq. (5-16), we have

$$\nabla^2\sigma_x+\frac{1}{1+\upsilon}\frac{\partial^2 \Theta}{\partial x^2}=-\frac{\upsilon}{1-\upsilon}\left(\frac{\partial f_x}{\partial x}+\frac{\partial f_y}{\partial y}+\frac{\partial f_z}{\partial z}\right)-2\frac{\partial f_x}{\partial x} \tag{5-18}$$

Alternating x, y, and z gives similar other two relations. In the following simplified Eq. (5-14) Taking the first partial derivatives of the second and third equations of Eq. (5-1) with respect to z and y, respectively, and then adding them, we get

$$\frac{\partial^2 \tau_{xy}}{\partial x \partial z}+\frac{\partial^2 \sigma_y}{\partial y \partial z}+\frac{\partial^2 \tau_{yz}}{\partial z^2}+\frac{\partial^2 \tau_{xz}}{\partial x \partial y}+\frac{\partial^2 \tau_{yz}}{\partial y^2}+\frac{\partial^2 \sigma_z}{\partial y \partial z}=-\left(\frac{\partial f_y}{\partial z}+\frac{\partial f_z}{\partial y}\right) \tag{5-19}$$

Adding Eq. (5-19) and Eq. (5-14) together, we obtain

$$\nabla^2\tau_{yz}+\frac{1}{1+\upsilon}\frac{\partial^2 \Theta}{\partial y \partial z}=-\left(\frac{\partial f_y}{\partial z}+\frac{\partial f_z}{\partial y}\right) \tag{5-20}$$

Alternating x, y, and z obtains two other similar relations. In summary, a total of six relations are obtained as follows

$$\left\{\begin{aligned}
\nabla^2\sigma_x+\frac{1}{1+\upsilon}\frac{\partial^2 \Theta}{\partial x^2}&=-\frac{\upsilon}{1-\upsilon}\left(\frac{\partial f_x}{\partial x}+\frac{\partial f_y}{\partial y}+\frac{\partial f_z}{\partial z}\right)-2\frac{\partial f_x}{\partial x}\\
\nabla^2\sigma_y+\frac{1}{1+\upsilon}\frac{\partial^2 \Theta}{\partial y^2}&=-\frac{\upsilon}{1-\upsilon}\left(\frac{\partial f_x}{\partial x}+\frac{\partial f_y}{\partial y}+\frac{\partial f_z}{\partial z}\right)-2\frac{\partial f_y}{\partial y}\\
\nabla^2\sigma_z+\frac{1}{1+\upsilon}\frac{\partial^2 \Theta}{\partial z^2}&=-\frac{\upsilon}{1-\upsilon}\left(\frac{\partial f_x}{\partial x}+\frac{\partial f_y}{\partial y}+\frac{\partial f_z}{\partial z}\right)-2\frac{\partial f_z}{\partial z}\\
\nabla^2\tau_{yz}+\frac{1}{1+\upsilon}\frac{\partial^2 \Theta}{\partial y \partial z}&=-\left(\frac{\partial f_y}{\partial z}+\frac{\partial f_z}{\partial y}\right)\\
\nabla^2\tau_{xz}+\frac{1}{1+\upsilon}\frac{\partial^2 \Theta}{\partial x \partial z}&=-\left(\frac{\partial f_x}{\partial z}+\frac{\partial f_z}{\partial x}\right)\\
\nabla^2\tau_{xy}+\frac{1}{1+\upsilon}\frac{\partial^2 \Theta}{\partial x \partial y}&=-\left(\frac{\partial f_y}{\partial x}+\frac{\partial f_x}{\partial y}\right)
\end{aligned}\right. \tag{5-21a}$$

or abbreviated as

$$\nabla^2\sigma_{ij}+\frac{1}{1+v}\Theta_{,ij}=-\frac{v}{1-v}f_{k,k}\delta_{ij}-(f_{i,j}+f_{j,i}) \tag{5-21b}$$

Eq. (5-21) is the governing differential equations of the stress method, commonly known as the Beltrami-Michell equations. It is abbreviated as the B-M equations. If the body forces are negligible or constants, the above equations can be simplified to

$$\begin{cases}\nabla^2\sigma_x+\dfrac{1}{1+v}\dfrac{\partial^2\Theta}{\partial x^2}=0, & \nabla^2\tau_{xy}+\dfrac{1}{1+v}\dfrac{\partial^2\Theta}{\partial x\partial y}=0\\ \nabla^2\sigma_y+\dfrac{1}{1+v}\dfrac{\partial^2\Theta}{\partial y^2}=0, & \nabla^2\tau_{yz}+\dfrac{1}{1+v}\dfrac{\partial^2\Theta}{\partial y\partial z}=0\\ \nabla^2\sigma_z+\dfrac{1}{1+v}\dfrac{\partial^2\Theta}{\partial z^2}=0, & \nabla^2\tau_{xz}+\dfrac{1}{1+v}\dfrac{\partial^2\Theta}{\partial x\partial z}=0\end{cases} \tag{5-22a}$$

or abbreviated as

$$\sigma_{ij,kk}+\frac{1}{1+v}\sigma_{kk,ij}=0 \tag{5-22b}$$

The essence of the B-M equations is the same as the strain compatibility equations, so it is also known as the stress compatibility equations. Similar to the strain compatibility equations, the six stress compatibility equations may not be completely independent. Therefore, when solving stress as the basic variable, it is usually required to simultaneously satisfy six B-M Eqs. (5-21) and three equilibrium Eqs. (5-1) within the domain, and to satisfy stress boundary conditions (5-5) on the boundary.

In the above, we have derived two types of basic solutions for the governing differential equations. In principle, it is always possible to obtain all the unknown quantities in the end, regardless of the solution method used. However, practice shows that the mathematical difficulty of a specific problem with different solutions may vary greatly, depending on the number of unknowns and the complexity of the governing differential equations and boundary conditions. Therefore, when solving the problem, a method with fewer unknowns and as simple as possible governing equations and boundary conditions should be chosen according to the requirements of the problem.

5.2.3 Solution paths

After selecting the solution method, you should also consider the specific solution path. Generally speaking, there are three paths as follows:

(1) Direct integration method: directly solve the integral of the governing differential equations, which is usually very mathematically difficult and therefore only applicable to a few simple problems.

(2) Inverse method: select certain known functions to represent the unknown quantity to be solved and determine what external actions corresponds to base the field equations and boundary conditions. This method is relatively simple in mathematics, but it is not highly targeted and difficult to solve practical problems.

(3) Semi-inverse method: firstly, based on experimental results or other analyses, a portion of the unknown quantities are determined. Then, based on the basic equations and boundary

conditions, the remaining unknown quantities are calculated using the direct integration method, which is widely used in practice.

§ 5.3 Basic Equations and Solutions of Axisymmetrical Problems

5.3.1 Basic equations for spatial axisymmetric problems

In spatial problems, if the geometry of an elastic body and the load are symmetric to an axis (e.g., the z-axis, through which any plane is a plane of symmetry), the stresses and strains are symmetric to that axis, and such problems are called spatial axisymmetric problems. After proper exclusion of the rigid body displacement (including axisymmetric geometric constraints), the displacement is also axisymmetric. In axisymmetric problems, all quantities are independent of coordinate θ, and shearing stress $\tau_{\theta z}=\tau_{z\theta}=0, \tau_{\theta r}=\tau_{r\theta}=0$. The stress components to be solved are $\sigma_r, \sigma_\theta, \sigma_z, \tau_{rz}$, the strain components are $\varepsilon_r, \varepsilon_\theta, \varepsilon_z, \gamma_{rz}$, and the displacement components are u_r, u_z, all of which are functions of r and z, resulting in many simplifications of the basic equations.

1. Differential equations of equilibrium

By omitting terms related to θ in the Eq. (2-39), the differential equations of equilibrium for the spatial axisymmetric problem can be obtained

$$\begin{cases} \dfrac{\partial \sigma_r}{\partial r}+\dfrac{\partial \tau_{zr}}{\partial z}+\dfrac{\sigma_r-\sigma_\theta}{r}+f_r=0 \\ \dfrac{\partial \sigma_z}{\partial z}+\dfrac{\partial \tau_{rz}}{\partial r}+\dfrac{\tau_{rz}}{r}+f_z=0 \end{cases} \tag{5-23}$$

2. Geometrical equations

For the spatial axisymmetric problem, under the condition of displacement symmetry, the displacement is independent of θ, and the circumferential displacement $u_\theta=0$ and shearing strains are $\gamma_{\theta z}=0, \gamma_{\theta r}=0$. Omitting the relevant terms about θ in Eq. (3-39), the geometrical equations of the spatial axisymmetric problem are obtained

$$\begin{cases} \varepsilon_r=\dfrac{\partial u_r}{\partial r},\ \varepsilon_\theta=\dfrac{u_r}{r},\ \varepsilon_z=\dfrac{\partial u_z}{\partial z} \\ \gamma_{zr}=\dfrac{\partial u_z}{\partial r}+\dfrac{\partial u_r}{\partial z} \end{cases} \tag{5-24}$$

3. Physical equations

The constitutive relationship of stress expressed by strain in spatial axisymmetric problems is

$$\begin{cases} \sigma_r=\dfrac{E}{1+v}\left(\dfrac{v}{1-2v}\theta+\varepsilon_r\right) \\ \sigma_\theta=\dfrac{E}{1+v}\left(\dfrac{v}{1-2v}\theta+\varepsilon_\theta\right) \\ \sigma_z=\dfrac{E}{1+v}\left(\dfrac{v}{1-2v}\theta+\varepsilon_z\right) \\ \tau_{rz}=\dfrac{E}{2(1+v)}\gamma_{rz} \end{cases} \tag{5-25}$$

The constitutive relationship of strain expressed by stress can also be obtained

$$\begin{cases}\varepsilon_r = \dfrac{1}{E}[\sigma_r - \upsilon(\sigma_\theta + \sigma_z)] \\ \varepsilon_\theta = \dfrac{1}{E}[\sigma_\theta - \upsilon(\sigma_r + \sigma_z)] \\ \varepsilon_z = \dfrac{1}{E}[\sigma_z - \upsilon(\sigma_r + \sigma_\theta)] \\ \gamma_{zr} = \dfrac{2(1+\upsilon)}{E}\tau_{zr}\end{cases} \tag{5-26}$$

5.3.2 Stress function method

The compatibility equations are required to be given when solving by the stress method. Similar to the treatment of the stress method in section 5.2.2 for rectangular coordinate system, the compatibility equations expressed in terms of strain are obtained by eliminating the displacement from the geometrical equations. Substituting the constitutive relationship of strain expressed by stress into it, we can obtain the compatibility equations expressed by stress. Omitting the relevant derivation process, the stress compatibility equations for spatial axisymmetric problems in cylindrical coordinates without considering body force are expressed as follows

$$\begin{cases}\nabla^2\sigma_r - \dfrac{2}{r^2}(\sigma_r - \sigma_\theta) + \dfrac{1}{1+\upsilon}\dfrac{\partial^2\Theta}{\partial r^2} = 0 \\ \nabla^2\sigma_\theta + \dfrac{2}{r^2}(\sigma_r - \sigma_\theta) + \dfrac{1}{1+\upsilon}\dfrac{1}{r}\dfrac{\partial\Theta}{\partial r} = 0 \\ \nabla^2\sigma_z + \dfrac{1}{1+\upsilon}\dfrac{\partial^2\Theta}{\partial z^2} = 0 \\ \nabla^2\tau_{zr} - \dfrac{\tau_{zr}}{r^2} + \dfrac{1}{1+\upsilon}\dfrac{\partial^2\Theta}{\partial r\partial z} = 0\end{cases} \tag{5-27}$$

where $\Theta = \sigma_r + \sigma_\theta + \sigma_z$.

Introducing the stress function $\Phi(r,z)$, so that

$$\begin{cases}\sigma_r = \dfrac{E}{2(1-\upsilon^2)}\dfrac{\partial}{\partial z}\left(\upsilon\nabla^2 - \dfrac{\partial^2}{\partial r^2}\right)\Phi \\ \sigma_\theta = \dfrac{E}{2(1-\upsilon^2)}\dfrac{\partial}{\partial z}\left(\upsilon\nabla^2 - \dfrac{1}{r}\dfrac{\partial}{\partial r}\right)\Phi \\ \sigma_z = \dfrac{E}{2(1-\upsilon^2)}\dfrac{\partial}{\partial z}\left[(2-\upsilon)\nabla^2 - \dfrac{\partial^2}{\partial z^2}\right]\Phi \\ \tau_{rz} = \dfrac{E}{2(1-\upsilon^2)}\dfrac{\partial}{\partial r}\left[(1-\upsilon)\nabla^2 - \dfrac{\partial^2}{\partial z^2}\right]\Phi\end{cases} \tag{5-28}$$

Then the first equation of the equilibrium Eqs. (5-23) is automatically satisfied. Substituting Eqs. (5-28) into the second equation of Eqs. (5-23) and the stress compatibility Eqs. (5-27), it is jointly required to satisfy the biharmonic equation

$$\nabla^2\nabla^2\Phi = 0 \tag{5-29}$$

where $\nabla^2 = \dfrac{\partial^2}{\partial r^2} + \dfrac{1}{r}\dfrac{\partial}{\partial r} + \dfrac{\partial^2}{\partial z^2}$.

5. 3. 3 Displacement method

Substituting the geometrical Eqs. (5-24) into the physical Eqs. (5-25), we obtain

$$\begin{cases}\sigma_r=\dfrac{E}{1+\upsilon}\left(\dfrac{\upsilon}{1-2\upsilon}\theta+\dfrac{\partial u_r}{\partial r}\right)\\ \sigma_\theta=\dfrac{E}{1+\upsilon}\left(\dfrac{\upsilon}{1-2\upsilon}\theta+\dfrac{u_r}{r}\right)\\ \sigma_z=\dfrac{E}{1+\upsilon}\left(\dfrac{\upsilon}{1-2\upsilon}\theta+\dfrac{\partial u_z}{\partial z}\right)\\ \tau_{rz}=\dfrac{E}{2(1+\upsilon)}\left(\dfrac{\partial u_z}{\partial r}+\dfrac{\partial u_r}{\partial z}\right)\end{cases} \tag{5-30}$$

where $\theta=\dfrac{\partial u_r}{\partial r}+\dfrac{u_r}{r}+\dfrac{\partial u_z}{\partial z}$. Then substitute Eqs. (5-30) into the equilibrium differential Eqs. (5-23) to obtain

$$\begin{cases}\dfrac{E}{2(1+\upsilon)}\left(\dfrac{1}{1-2\upsilon}\dfrac{\partial\theta}{\partial r}+\nabla^2u_r-\dfrac{u_r}{r^2}\right)+f_r=0\\ \dfrac{E}{2(1+\upsilon)}\left(\dfrac{1}{1-2\upsilon}\dfrac{\partial\theta}{\partial z}+\nabla^2u_z\right)+f_z=0\end{cases} \tag{5-31}$$

The above equations are the basic differential equations required to solve the spatial axisymmetric problem based on displacement.

§ 5. 4 Basic Equations and Solutions of Spherical Symmetry Problems

In spatial problems, if the geometry of the elastic body and the load are symmetrical to a certain point, all the stresses and strains should also be symmetric to this point, and they are all just functions of the radial coordinate r, independent of φ and θ. Such problems are called spherical symmetry problems, also known as point symmetry problems. After properly excluding the rigid body displacement (including spherically symmetric geometric constraints), the displacement is also spherically symmetric. Obviously, spherical symmetry problems can only occur in hollow or solid circular spheres.

In spherical symmetry problems, due to symmetry, the tangential normal stress $\sigma_\varphi=\sigma_\theta$ on the radial plane is uniformly represented by σ_T, and the tangential normal strain $\varepsilon_\varphi=\varepsilon_\theta$ is uniformly represented by ε_T. There are no shearing stresses, i. e., $\tau_{r\theta}=\tau_{\theta\varphi}=\tau_{\varphi r}=0$. For the displacement spherical symmetry problem, the displacement is also independent of φ and θ, and the circumferential displacements $u_\theta=u_\varphi=0$. The unknown quantities of the spherical symmetry problem are $\sigma_T,\sigma_r,\varepsilon_T,\varepsilon_r,u_r$.

1. Differential equations of equilibrium

By omitting the terms related to φ and θ in Eq. (2-40), the differential equation of equilibrium for the spherical symmetry problem can be obtained

$$\frac{d\sigma_r}{dr}+\frac{2}{r}(\sigma_r-\sigma_T)+f_r=0 \tag{5-32}$$

2. Geometrical equations

If the displacement is spherically symmetric, independent of φ and θ, and the circumferential displacements $u_\theta=u_\varphi=0$, omitting the terms related to φ and θ in Eq. (3-4). We can obtain the geometrical equations for the spherical symmetry problem

$$\varepsilon_r=\frac{du_r}{dr},\quad \varepsilon_T=\frac{u_r}{r} \tag{5-33}$$

3. Physical equations

By using the symmetry of stress and strain, the constitutive relationships of spherical symmetry problems are expressed as

$$\begin{cases}\sigma_r=\dfrac{E}{1+v}\left(\dfrac{v}{1-2v}\theta+\varepsilon_r\right)\\ \sigma_T=\dfrac{E}{1+v}\left(\dfrac{v}{1-2v}\theta+\varepsilon_T\right)\end{cases} \tag{5-34a}$$

where $\theta=\varepsilon_r+2\varepsilon_T$. Eq. (5-34a) can be further written as

$$\begin{cases}\sigma_r=\dfrac{E}{(1+v)(1-2v)}[(1-v)\varepsilon_r+2v\varepsilon_T]\\ \sigma_T=\dfrac{E}{(1+v)(1-2v)}(\varepsilon_T+v\varepsilon_r)\end{cases} \tag{5-34b}$$

Similarly, the constitutive relationship of the strain components expressed by the stress components can also be obtained

$$\begin{cases}\varepsilon_r=\dfrac{1}{E}(\sigma_r-2v\sigma_T)\\ \varepsilon_T=\dfrac{1}{E}[(1-v)\sigma_T-v\sigma_r]\end{cases} \tag{5-34c}$$

Assuming that body forces are not considered, the Eqs. (5-33) are substituted into Eqs. (5-34b) and then into Eq. (5-32), we can obtain the differential equation of equilibrium for the spherical symmetry problem expressed in terms of displacement, i. e., the governing differential equation for the displacement method of the spherical symmetry problem.

$$\frac{d^2u_r}{dr^2}+\frac{2}{r}\frac{du_r}{dr}-\frac{2}{r^2}u_r=0 \tag{5-35}$$

The solution of this ordinary differential equation is

$$u_r=Ar+\frac{B}{r^2} \tag{5-36}$$

where A and B are the integration constants, determined by the boundary conditions.

§ 5.5 General Principles of Elasticity

This section introduces three principles of universal meaning: Saint-Venant's principle, the superposition principle, and the uniqueness of solutions principle. These principles are extremely important for solving specific problems and extending the application of the solutions.

5.5.1 Saint-Venant's principle

In solving specific problems of elasticity, it is necessary to know the distribution of external forces on the surface of a body in order to write its boundary conditions precisely. However, in practice, two difficulties are often encountered. One is to know only the resultant force of surface forces on a part of the body, but not its distribution. For example, the support reaction force of a beam can usually be obtained from the static equilibrium condition, but the distribution law of the support reaction force at the support is very difficult to give accurately. Secondly, if the boundary conditions are given by the real distribution of external forces, the problem is often so complex that it is mathematically difficult to solve.

To overcome these difficulties, Saint-Venant proposed the following hypothesis: If a force system acting in a small area on a body is replaced by another statically equivalent force system acting in the same area, the effect on stress and deformation will be limited to the vicinity of the area, which is known as Saint-Venant's principle. This principle states that the external force system acting on the local surface of the body, regardless of its distribution, can be replaced with its statically equivalent force system. For example, in the case of the four cantilever beams shown in Fig. 5-1, assuming that the height of the beam is much less than the length of the beam, these statically equivalent external forces are essentially the same in terms of stress and deformation, except for a small area near the end surfaces where there is a significant difference, and the four cases in the figure are interchangeable. The application of Saint-Venant's principle means that the restrictions of the boundary conditions can be relaxed, i. e., the statically equivalent force system can be allowed to replace the actual distributed external forces on the boundary, thus making the solution of many specific problems possible.

From the rigid body statics, it is known that the difference between two statically equivalent force systems is only one equilibrium force system, therefore, the use of relaxed boundary conditions on the local boundary is equivalent to the effect of increasing or decreasing an equilibrium force system on this local boundary. According to the St. Venant's principle, it is known that this effect is localized. Therefore, Saint-Venant's principle can be stated as follows: If a self-equilibrium force system is acting in a small area of the body, it will cause stress and deformation only in the vicinity of the area, while a little farther away from the area, almost unaffected. For example, using pliers to cut steel wire (see Fig. 5-2), even if the external force is large enough to cut the wire, but the stress and deformation are limited to the vicinity of the jaws, as the distance from the jaws increases, the stress and deformation quickly tend to zero.

Saint-Venant's principle cannot be strictly proved theoretically yet, but a large number of experimental and numerical solutions show that the principle is correct. According to the research of Goodier and others, the area of influence referred to by Saint-Venant's principle is approximately the same size as the area of action of the external force.

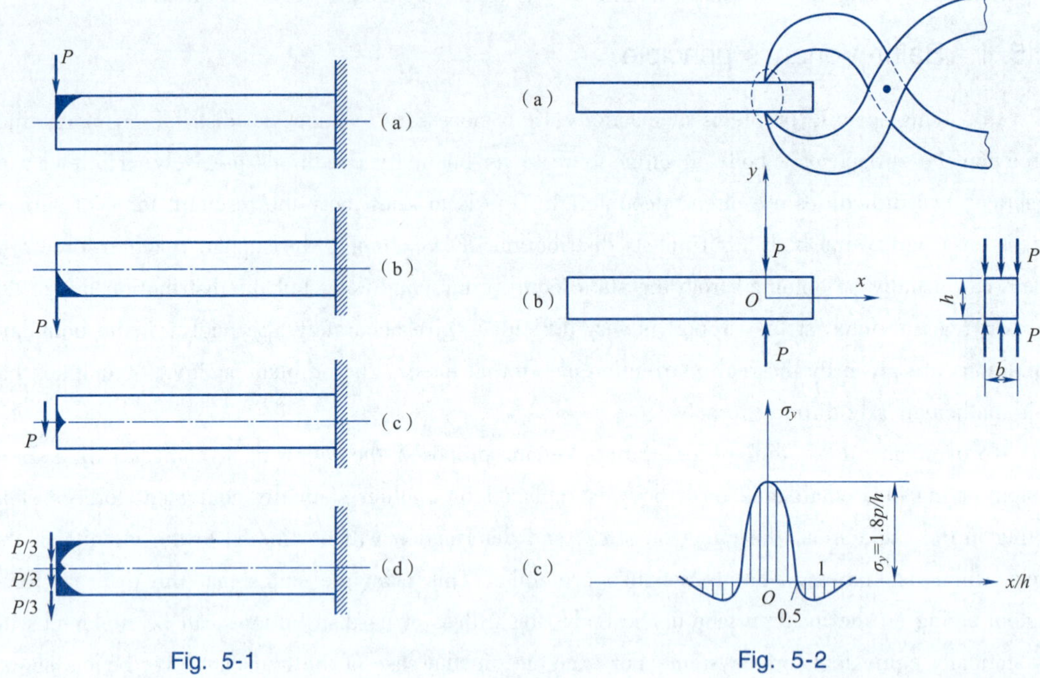

Fig. 5-1

Fig. 5-2

5.5.2 Superposition principle

Practical structural elements are often subjected to several loads at the same time, and it may be complicated to find the solution of an elasticity problem under all loads directly, while it is generally much simpler to find the solution under a single load. The superposition principle is given below and proved: in the case of small deformation and linear elasticity, the total effect (stress and deformation) produced by several groups of loads acting on the body is equal to the sum of the effects of each group of loads acting individually. A simple proof of this principle is given below as an example of two sets of loads.

Assuming that the first set of loads includes the body forces f'_i, the surface forces $\overline{f'_i}$ (on S_σ) and the fixed restraints $u'_i = 0$ (on S_u), which induces the stresses σ'_{ij}, the strains ε'_{ij}, and the displacements u'_i. The second set of loads includes the body forces f''_i, the surface forces $\overline{f''_i}$ (on S_σ) and the fixed restraints $u''_i = 0$ (on S_u), which induces stresses, strains, and displacements of σ''_{ij}, ε''_{ij}, u''_i, respectively, in the body. All these quantities should satisfy the basic equations and boundary conditions of elasticity, for the first group of loads are

$$\left.\begin{aligned} &\sigma'_{ij,j} + f'_i = 0 \\ &\varepsilon'_{ij} = \frac{1}{E}[(1+v)\sigma'_{ij} - v\sigma'_{kk}\delta_{ij}] \\ &\varepsilon'_{ij} = \frac{1}{2}(u'_{i,j} + u'_{j,i}) \end{aligned}\right\}(\text{in } V)$$

$$\sigma'_{ij}n_j = \overline{f'_i} \quad (\text{on } S_\sigma)$$

$$u'_i = 0 \quad (\text{on } S_u)$$

Similarly, for the second set of loads

$$\left.\begin{aligned}&\sigma''_{ij,j}+f''_i=0\\&\varepsilon''_{ij}=\frac{1}{E}[(1+v)\sigma''_{ij}-v\sigma''_{kk}\delta_{ij}]\\&\varepsilon''_{ij}=\frac{1}{2}(u''_{i,j}+u''_{j,i})\end{aligned}\right\}(\text{in } V)$$

$$\sigma''_{ij}n_j=\overline{f}''_i\quad(\text{on } S_\sigma)$$

$$u''_i=0\quad(\text{on } S_u)$$

All of the above equations are linear, and adding the two sets of equations to obtain

$$\left.\begin{aligned}&(\sigma'_i+\sigma''_{ij})_{,j}+(f'_i+f''_i)=0\\&\varepsilon'_{ij}+\varepsilon''_{ij}=\frac{1}{E}[(1+v)(\sigma'_i+\sigma''_{ij})-v(\sigma'_{kk}+\sigma''_{kk})\delta_{ij}]\\&\varepsilon'_{ij}+\varepsilon''_{ij}=\frac{1}{2}[(u'_{i,j}+u''_{i,j})+(u'_{j,i}+u''_{j,i})]\end{aligned}\right\}(\text{in } V)$$

$$(\sigma'_i+\sigma''_{ij})n_j=\overline{f}'_i+\overline{f}''_i\quad(\text{on } S_\sigma)$$

$$u'_i+u''_i=0\quad(\text{on } S_u)$$

From the above analysis, the sum of stresses, strains and displacements generated by the two sets of loads acting individually together with the total load satisfies all the equations and boundary conditions of elasticity, i. e. , the former is the total effect generated by the latter, thus proving the superposition principle. From the above proof process, the superposition principle can only hold if all equations and boundary conditions are linear, i. e. , the material must be linearly elastic and the deformation must be small, which is not applicable to nonlinear elastic materials or large deformation. In addition, it requires that the action of a load does not cause the action of another load to change in nature, otherwise, this principle is not applicable. For example, for the longitudinal and transverse bending of the rod, the bending deformation caused by the transverse load will cause an additional bending effect of the axial load, while the superposition principle does not consider this effect.

5. 5. 3 Uniqueness of solutions principle

In solving specific problems of elasticity, to overcome the mathematical difficulties, the inverse or semi-inverse method is often used, which raises the question of whether the solution found according to this trial-and-error method is unique and whether it is possible to obtain two solutions, both of which satisfy the same elasticity equations and boundary conditions, the following principle denies this possibility. The uniqueness of solutions principle: the solution of the stress and strain of each point inside an elastic body in equilibrium under a given load is unique, and the solution of the displacement is also unique if the rigid body displacement of the body is constrained.

The proof of this principle can be done by the converse method, assuming that the solution of the problem is not unique, i. e. , there exist two different sets of solutions under the same boundary conditions and body forces, denoted as $\sigma'_{ij},\varepsilon'_{ij},u'_i$ and $\sigma''_{ij},\varepsilon''_{ij},u''_i$. These solutions should satisfy the same basic equations and boundary conditions

$$\left.\begin{aligned} &\sigma'_{ij,j} + f'_i = 0, && \sigma''_{ij,j} + f''_i = 0 \\ &\varepsilon'_{ij} = \frac{1}{E}[(1+v)\sigma'_{ij} - v\sigma'_{kk}\delta_{ij}], && \varepsilon''_{ij} = \frac{1}{E}[(1+v)\sigma''_{ij} - v\sigma''_{kk}\delta_{ij}] \\ &\varepsilon'_{ij} = \frac{1}{2}(u'_{i,j} + u'_{j,i}), && \varepsilon''_{ij} = \frac{1}{2}(u''_{i,j} + u''_{j,i}) \end{aligned}\right\} (\text{in } V)$$

$$\sigma'_{ij}n_j = \overline{f'_i}, \qquad \sigma''_{ij}n_j = \overline{f''_i} \quad (\text{on } S_\sigma)$$

$$u'_i = 0, \qquad u''_i = 0 \quad (\text{on } S_u)$$

According to the superposition principle, the difference between the above two sets of solutions are given as: $\sigma_{ij} = \sigma'_{ij} - \sigma''_{ij}$, $\varepsilon_{ij} = \varepsilon'_{ij} - \varepsilon''_{ij}$, $u_i = u'_i - u''_i$, which can be regarded as the solution of some elasticity problem. By subtracting the equations corresponding to each other in the above two sets of equations, the equation that the difference solution of the set should satisfy is given as

$$\left.\begin{aligned} &\sigma_{ij,j} = 0 \\ &\varepsilon_{ij} = \frac{1}{E}[(1+v)\sigma_{ij} - v\sigma_{kk}\delta_{ij}] \\ &\varepsilon_{ij} = \frac{1}{2}(u_{i,j} + u_{j,i}) \end{aligned}\right\} (\text{in } V)$$

$$\sigma_{ij}n_j = 0 \quad (\text{on } S_\sigma)$$

$$u_i = 0 \quad (\text{on } S_u)$$

The differential solution corresponds to the natural state of no surface force and no body force, and the natural state without surface force and no physical force action is the state of no stress and no strain, and the uniqueness of solutions principle is proved.

Worksheet 5

5-1 Usually solves an elasticity problem: What are the known conditions? What are the unknown pending conditions?

5-2 How many types of edge- value problems are often classified in elasticity which depending on the type of boundary conditions of the specific problem? What solutions are proposed to these types of problems?

5-3 What is the Saint-Venant's principle? What is the main function of this principle? What are the basic principles that must be satisfied when applying the principle?

5-4 What are the conditions that the stress solution of elasticity should satisfy inside the body and at the boundary?

5-5 Known stress tensor $\boldsymbol{\sigma} = \begin{pmatrix} \sigma_x(x,y) & \tau_{xy}(x,y) & 0 \\ \tau_{xy}(x,y) & \sigma_y(x,y) & 0 \\ 0 & 0 & 0 \end{pmatrix}$.

(1) Write out the equilibrium equations that needs to be satisfied between each stress component;

(2) Introducing a scalar function $\Phi(x,y)$, assuming that $\sigma_x = \frac{\partial^2 \Phi}{\partial y^2}$, $\sigma_y = \frac{\partial^2 \Phi}{\partial x^2}$, $\tau_{xy} = -\frac{\partial^2 \Phi}{\partial x \partial y}$. Proves the above stress components expressed as $\Phi(x, y)$ satisfy the equilibrium equations in the absence of body force.

5-6 When the body forces are zero, the stress components inside the isotropic elastic body are

$$\sigma_x = A[y^2 + v(x^2 - y^2)], \quad \tau_{yz} = 0$$
$$\sigma_y = A[x^2 + v(y^2 - x^2)], \quad \tau_{xz} = 0$$
$$\sigma_z = Av(x^2 + y^2), \quad \tau_{xy} = -2Avxy$$

Where, $A \neq 0$, try to check if they are likely to occur.

5-7 As shown in Fig. 5-3, a flat plate of thickness 1, with uniform pressure p acting at both ends and rigid constraints on the upper and lower boundary surfaces, regardless of body forces. Try to calculate the stress components and displacement components of the plate by the displacement method.

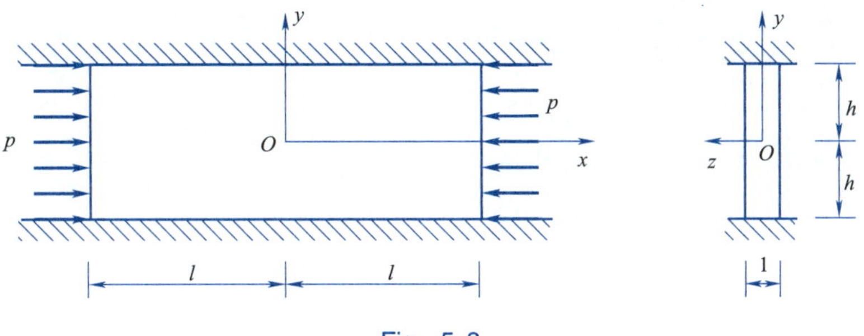

Fig. 5-3

5-8 Fig. 5-4 shows a rectangular flat plate. It is known that only AB, AD, and BC three sides acting on the external force, and the tangential stress in the AB side is equal to zero. The stress components can be expressed as

$$\sigma_x = qx^2y - \frac{2}{3}qy^3, \quad \sigma_y = \frac{1}{3}qy^3 - C_1y + C_2, \quad \tau_{xy} = -qxy^2 + C_1x$$

If the body forces can be ignored, try to determine the constants C_1 and C_2 and explain how the stress corresponds to the external action.

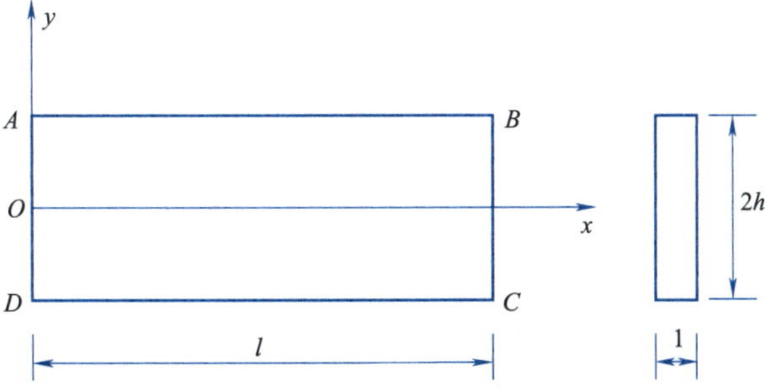

Fig. 5-4

5-9 As shown in Fig. 5-5, a narrow rectangular plate of cross-sectional width 1 is subjected to a bending moment M at both ends. The stress components are known to be

$$\sigma_x = \frac{M}{I}y, \quad \sigma_y = 0, \quad \tau_{xy} = 0$$

Try to prove that when there is no body force, no surface force acts on the upper and lower sides, the given stress components are the solutions of the problem.

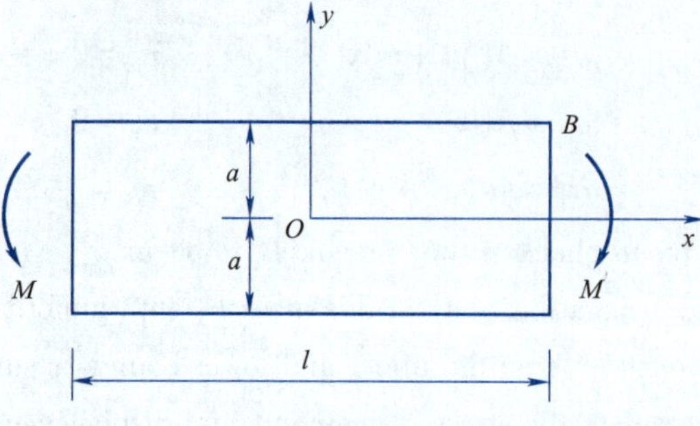

Fig. 5-5

Chapter 6

Rectangular Coordinate Solutions to Plane Problems

The actual engineering component is a spatial structure and the loads subjected to are generally spatial force systems, which lead the elasticity problem to be a three- dimensional problem. In Chapter 5, the problems of elasticity are reduced to the boundary value problems containing 15 equations and corresponding boundary conditions. It's usually quite difficult to solve such a mathematical problem, and some of them are not even possible. However, there are many practical problems in engineering where deformation and stress can be approximated as occurring only in a plane parallel to a coordinate plane, but they remain constant or equal to zero in the direction perpendicular to the plane. These problems are called plane problems and belong to mathematically two- dimensional problems. In this chapter, the basic equations and solution conditions of such problems are first derived, and then the solution methods are illustrated by some typical cases.

§ 6. 1 Plane Stress Problem and Plane Strain Problem

Some of the engineering components, such as high-pressure pipelines (Fig. 6-1a), long roller columns of rolling bearings (Fig. 6-1b), dams, retaining walls (Fig. 6-1c), etc., whose geometry is basically a long column of equal cross- section, and the loads and constraints, which are perpendicular to it, are uniformly distributed along the axis. For this kind of problem, if the column is assumed to be cut into many thin slices, the load on each slice and the stress and deformation can be the same. In particular, if the two ends of the column are subject to rigid constraints (such as the ends of the dam are limited by the rock layer), which means there is no axial displacement, then it can be assumed that each point in the column has no axial displacement. Therefore, the deformation of each cross- section only occurs in its own plane. This kind of problem is called the plane strain problem.

Another class of components, such as impellers and grinding wheels of turbine rotors [see Fig. 6-2(a)], thin plate beams [see Fig. 6-2(b)], etc., whose geometry is a thin plate, subjected to a load and restraint parallel to the middle plane of the plate and uniformly distributed along the thickness direction. The two bottom surfaces of the plate are free surfaces without stress, and the load is uniformly distributed along the thickness. Therefore, if the thickness of the plate is small enough, it can be assumed that the stress components perpendicular to the middle surface are zero, while the rest of the stress components remain constant along the thickness. In this way, there are only stresses parallel to the midplane in the plate, and this type of problem is called the plane stress problem.

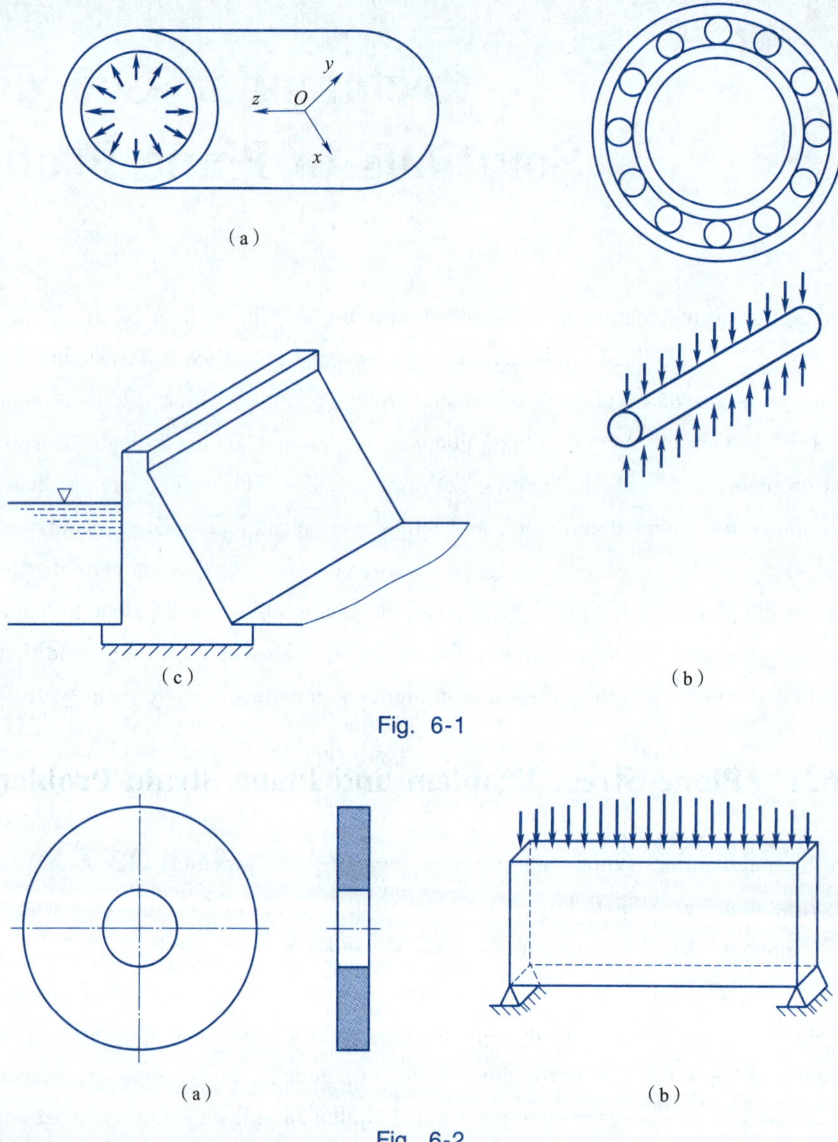

Fig. 6-1

Fig. 6-2

§ 6.2 Basic Equations and Solution Methods for Plane Problems

6.2.1 Plane strain problem

Consider a long column whose generatrix is parallel to the z-axis. The external forces it subjected are perpendicular to the z-axis and distributed uniformly along the coordinate z, as shown in Fig. 6-1(a). The length of the column is assumed to be infinite. If a cross-section is taken out from it arbitrarily, the shape of the column and the loading are symmetrical to this cross-section. Therefore, when the column is deformed, the points on the cross-section can only move in their own plane (xOy plane), while the displacement along the Oz axis direction is zero. In addition, since different cross-sections are equally in the position of the symmetry plane, they have exactly the same displacement as long as they have the same x and y coordinates on them, so we have

$$u = u(x, y), \quad v = v(x, y), \quad w = 0 \tag{6-1}$$

Substituting the above equations into the geometrical Eq. (5-2) yields

$$\begin{cases} \varepsilon_x = \dfrac{\partial u}{\partial x} = f_1(x, y), & \varepsilon_y = \dfrac{\partial v}{\partial y} = f_2(x, y), \quad \varepsilon_z = 0 \\ \gamma_{xy} = \dfrac{\partial v}{\partial x} + \dfrac{\partial u}{\partial y} = f_3(x, y), & \gamma_{yz} = 0, \quad \gamma_{xz} = 0 \end{cases} \tag{6-2}$$

It is clear that all these strain components are independent of the coordinate z. Substituting Eq. (6-2) into the third equation in the left column of Eq. (4-44a) yields

$$\sigma_z = v(\sigma_x + \sigma_y) \tag{6-3}$$

Substituting Eq. (6-3) into the first and second equations in the left column of Eq. (4-44a), and let

$$E_1 = \frac{E}{1 - v^2}, \quad v_1 = \frac{v}{1 - v} \tag{6-4}$$

Therefore

$$\varepsilon_x = \frac{1}{E_1}(\sigma_x - v_1 \sigma_y), \quad \varepsilon_y = \frac{1}{E_1}(\sigma_y - v_1 \sigma_x) \tag{6-5}$$

The third equation in the right column of Eq. (4-44) can be written as

$$\gamma_{xy} = \frac{2(1 + v_1)}{E_1} \tau_{xy} \tag{6-6}$$

In the plane strain cases, only $\sigma_x, \sigma_y, \sigma_z = v(\sigma_x + \sigma_y), \tau_{xy}$ are nonzero, and these stresses are only dependent on x and y. Based on the above analysis, the basic equations of plane strain are written as

Differential equations of equilibrium

$$\begin{cases} \dfrac{\partial \sigma_x}{\partial x} + \dfrac{\partial \tau_{xy}}{\partial y} + f_x = 0 \\ \dfrac{\partial \tau_{yx}}{\partial x} + \dfrac{\partial \sigma_y}{\partial y} + f_y = 0 \end{cases} \tag{6-7a}$$

or expressed in tensor form as

$$\sigma_{\alpha\beta,\beta} + f_\alpha = 0 \tag{6-7b}$$

In the future, for plane problems, tensor subscripts are expressed by α, β, ζ, and are 1 or 2.

Geometrical equations

$$\varepsilon_x = \frac{\partial u}{\partial x}, \quad \varepsilon_y = \frac{\partial v}{\partial y}, \quad \gamma_{xy} = \frac{\partial v}{\partial x} + \frac{\partial u}{\partial y} \tag{6-8a}$$

or expressed in tensor form as

$$\varepsilon_{\alpha\beta} = \frac{1}{2}(u_{\alpha,\beta} + u_{\beta,\alpha}) \tag{6-8b}$$

Physical equations

$$\varepsilon_x = \frac{1}{E_1}(\sigma_x - v_1\sigma_y), \quad \varepsilon_y = \frac{1}{E_1}(\sigma_y - v_1\sigma_x), \quad \gamma_{xy} = \frac{2(1+v_1)}{E_1}\tau_{xy} \tag{6-9a}$$

or expressed in tensor form as

$$\varepsilon_{\alpha\beta} = \frac{1}{E_1}[(1+v_1)\sigma_{\alpha\beta} - v_1\sigma_{\zeta\zeta}\delta_{\alpha\beta}] \tag{6-9b}$$

Stress boundary conditions

$$l\sigma_x + m\tau_{yx} = \overline{f}_x, \quad l\tau_{xy} + m\sigma_y = \overline{f}_y \tag{6-10a}$$

or expressed in tensor form as

$$\sigma_{\alpha\beta}n_\beta = \overline{f}_\alpha \tag{6-10b}$$

Using Eqs. (6-7) to (6-10), the plane strain problem can be solved.

The strain compatibility Eq. (3-24) is simplified to

$$\frac{\partial^2 \varepsilon_y}{\partial x^2} + \frac{\partial^2 \varepsilon_x}{\partial y^2} = \frac{\partial^2 \gamma_{xy}}{\partial x \partial y} \tag{6-11}$$

Substituting Eq. (6-9) into Eq. (6-11), the compatibility equation expressed by stress is obtained by collation

$$\frac{\partial^2 \sigma_y}{\partial x^2} + \frac{\partial^2 \sigma_x}{\partial y^2} - \frac{2\partial^2 \tau_{xy}}{\partial x \partial y} = v_1\left(\frac{\partial^2 \sigma_x}{\partial x^2} + \frac{\partial^2 \sigma_y}{\partial y^2} + \frac{2\partial^2 \tau_{xy}}{\partial x \partial y}\right) \tag{6-12}$$

Eq. (6-7) can be written as

$$\begin{cases} \dfrac{\partial \tau_{xy}}{\partial y} = -\dfrac{\partial \sigma_x}{\partial x} - f_x \\ \dfrac{\partial \tau_{yx}}{\partial x} = -\dfrac{\partial \sigma_y}{\partial y} - f_y \end{cases}$$

The sum of the derivative of the above two equations with respect to x and y, respectively, can be expressed as

$$\frac{2\partial^2 \tau_{xy}}{\partial x \partial y} = -\frac{\partial^2 \sigma_x}{\partial x^2} - \frac{\partial^2 \sigma_y}{\partial y^2} - \frac{\partial f_x}{\partial x} - \frac{\partial f_y}{\partial y}$$

Substituting the above equation into Eq. (6-12) and using the second equation of Eq. (6-4), the compatibility equation for stress representation in plane strain problem is obtained by simplification

$$\nabla^2(\sigma_x + \sigma_y) = -\frac{1}{1-v}\left(\frac{\partial f_x}{\partial x} + \frac{\partial f_y}{\partial y}\right) \tag{6-13}$$

where $\nabla^2(\,) = \left(\frac{\partial^2}{\partial x^2} + \frac{\partial^2}{\partial y^2}\right)(\,) = (\,)_{,\alpha\alpha}$ represents the Laplace operator of the plane problem. When the body forces are constants, Eq. (6-13) has a more concise form

$$\nabla^2(\sigma_x + \sigma_y) = 0 \tag{6-14}$$

Eq. (6-14) is the stress compatibility equation for the plane strain problem of elasticity under constant body forces, also known as the compatibility equation or Lévy Equation. Eqs. (6-13) and (6-14) can also be degenerated from the Beltrami-Michell Eqs. (5-21) and (5-22).

6.2.2 Planar stress problem

Consider a thin plate, which is subjected to external forces (including body forces and surface forces acting on the edges of the plate) are parallel to the plane of the plate (xOy plane) and keeping the same along the thickness direction. There are no external forces on the two surfaces of the plate, as shown in Fig. 6-3.

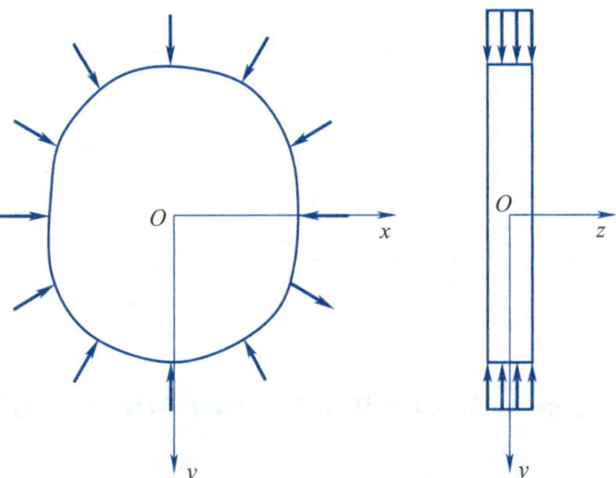

Fig. 6-3

Since the plate is thin enough, the stress components in the plate can be expressed as

$$\begin{cases} \sigma_z = 0, \quad \tau_{yz} = 0, \quad \tau_{xz} = 0 \\ \sigma_x = f_1(x,y), \quad \sigma_y = f_2(x,y), \quad \tau_{xy} = f_3(x,y) \end{cases} \tag{6-15}$$

From Eq. (4-44), each strain component of the plane stress problem has the following characteristics

$$\begin{cases} \varepsilon_x = \varphi_1(x,y), \quad \varepsilon_y = \varphi_2(x,y), \quad \varepsilon_z = -\dfrac{v}{E}(\sigma_x + \sigma_y) \\ \gamma_{xy} = \varphi_3(x,y), \quad \gamma_{xz} = 0, \quad \gamma_{yz} = 0 \end{cases} \tag{6-16}$$

The difference compared to plane strain is that $\varepsilon_z \neq 0$, which indicates the distortion will occur on both bottom surfaces when the thin plate is deformed. But because the plate is so thin, this distortion is minimal.

Based on the above analysis, the basic equations of elasticity for the plane stress problem can be summarized as follows.

Differential equations of equilibrium

$$\begin{cases} \dfrac{\partial \sigma_x}{\partial x} + \dfrac{\partial \tau_{xy}}{\partial y} + f_x = 0 \\ \dfrac{\partial \tau_{yx}}{\partial x} + \dfrac{\partial \sigma_y}{\partial y} + f_y = 0 \end{cases} \tag{6-17}$$

Geometrical equations

$$\varepsilon_x = \frac{\partial u}{\partial x}, \quad \varepsilon_y = \frac{\partial v}{\partial y}, \quad \gamma_{xy} = \frac{\partial v}{\partial x} + \frac{\partial u}{\partial y} \tag{6-18}$$

Physical equations

$$\varepsilon_x = \frac{1}{E}(\sigma_x - v\sigma_y), \quad \varepsilon_y = \frac{1}{E}(\sigma_y - v\sigma_x), \quad \gamma_{xy} = \frac{2(1+v)}{E}\tau_{xy} \tag{6-19}$$

Strain compatibility equation

$$\frac{\partial^2 \varepsilon_y}{\partial x^2}+\frac{\partial^2 \varepsilon_x}{\partial y^2}=\frac{\partial^2 \gamma_{xy}}{\partial x \partial y} \tag{6-20}$$

Substitute Eq. (6-19) into Eq. (6-20) and simplify it using differential equations of equilibrium (6-17), we obtain the compatibility equation expressed by stress in plane stress problems

$$\nabla^2(\sigma_x+\sigma_y)=-(1+\upsilon)\left(\frac{\partial f_x}{\partial x}+\frac{\partial f_y}{\partial y}\right) \tag{6-21}$$

When the body forces are constants, Eq. (6-21) is further simplified to obtain the compatibility equation for the plane stress problem under constant body forces

$$\nabla^2(\sigma_x+\sigma_y)=0 \tag{6-22}$$

Similarly, Eqs. (6-21) and (6-22) can also be degenerated from the Beltrami-Mitchell Eqs. (5-21) and (5-22). From Eqs. (6-14) and (6-22), the compatibility equations for plane strain problems and plane stress problems are the same under constant body force conditions.

§ 6.3 Stress Function Method for Plane Problems

When the body force is a constant and the stress is the basic variable, the plane problems of elasticity are equal to solving a system of partial differential equations consisting of equilibrium and compatibility equation under given boundary conditions

$$\begin{cases}\dfrac{\partial \sigma_x}{\partial x}+\dfrac{\partial \tau_{xy}}{\partial y}+f_x=0\\[2ex]\dfrac{\partial \tau_{yx}}{\partial x}+\dfrac{\partial \sigma_y}{\partial y}+f_y=0\end{cases} \tag{6-23}$$

$$\nabla^2(\sigma_x+\sigma_y)=0 \tag{6-24}$$

Eqs. (6-23) are the linear nonhomogeneous equations which general solution is the sum of the general solution of the corresponding homogeneous equations and the particular solution of Eq. (6-23). And the particular solution of Eq. (6-23) can be taken as

$$\sigma_x=-f_x x,\quad \sigma_y=-f_y y,\quad \tau_{xy}=0 \tag{6-25}$$

The corresponding homogeneous equations are

$$\sigma_{\alpha\beta,\beta}=0 \tag{6-26}$$

In order to find the general solution of Eq. (6-26), introducing an arbitrary function $A(x,y)$ and using the compatibility of partial derivatives

$$\sigma_x=\frac{\partial A}{\partial y},\quad \tau_{xy}=-\frac{\partial A}{\partial x} \tag{6-27}$$

Similarly, introducing an arbitrary function $B(x,y)$, let

$$\tau_{xy}=\frac{\partial B}{\partial y},\quad \sigma_y=-\frac{\partial B}{\partial x} \tag{6-28}$$

From the second equation of Eq. (6-27) and the first equation of Eq. (6-28), the following relationship should exist between the functions A and B as follows

$$\frac{\partial A}{\partial x}+\frac{\partial B}{\partial y}=0 \tag{6-29}$$

Then introduce the arbitrary function $\Phi(x,y)$, let

$$A=\frac{\partial \Phi}{\partial y},\quad B=-\frac{\partial \Phi}{\partial x} \tag{6-30}$$

Substituting Eq. (6-30) into Eq. (6-27) and Eq. (6-28), the general solution of the homogeneous equations can be obtained

$$\sigma_x=\frac{\partial^2 \Phi}{\partial y^2},\quad \sigma_y=\frac{\partial^2 \Phi}{\partial x^2},\quad \tau_{xy}=-\frac{\partial^2 \Phi}{\partial x \partial y} \tag{6-31}$$

Superposition the general solution (6-31) and the particular solution (6-25) to obtain the general solution of Eq. (6-23)

$$\sigma_x=\frac{\partial^2 \Phi}{\partial y^2}-f_x x,\quad \sigma_y=\frac{\partial^2 \Phi}{\partial x^2}-f_y y,\quad \tau_{xy}=-\frac{\partial^2 \Phi}{\partial x \partial y} \tag{6-32}$$

Regardless of the form of the function $\Phi(x,y)$, the stress components (6-32) always satisfy the differential equations of equilibrium. Function $\Phi(x,y)$ is called the stress function of the plane problem, also known as the Airy stress function. The stress components (6-32) must simultaneously satisfy the compatibility Eq. (6-24) by substituting Eq. (6-32) into Eq. (6-24). Meanwhile f_x, f_y are constants, and we obtain

$$\left(\frac{\partial^2}{\partial x^2}+\frac{\partial^2}{\partial y^2}\right)\left(\frac{\partial^2 \Phi}{\partial x^2}+\frac{\partial^2 \Phi}{\partial y^2}\right)=0$$

Further expand the above equation to obtain

$$\frac{\partial^4 \Phi}{\partial x^4}+2\frac{\partial^4 \Phi}{\partial x^2 \partial y^2}+\frac{\partial^4 \Phi}{\partial y^4}=0 \tag{6-33a}$$

Eq. (6-33a) can also be abbreviated as

$$\nabla^2\nabla^2\Phi=\nabla^4\Phi=0 \tag{6-33b}$$

Eq. (6-33) is called the compatibility equation expressed by the stress function, which is a biharmonic equation, and the stress function $\Phi(x,y)$ should be a biharmonic function.

When the stress function satisfies the biharmonic Eq. (6-33), the stress components given by Eq. (6-32), satisfy both the equilibrium and compatibility equations. Therefore, when solving the stress boundary problem by stress, if the body forces are constants, it is only necessary to solve the stress function by the differential Eq. (6-33), and then use Eq. (6-32) to find out each stress component. The stress components should satisfy the stress boundary conditions. Strain components can be obtained by using Eq. (6-9) (plane strain problem) or Eq. (6-19) (plane stress problem) after solving the stress components. Displacement components can be obtained by integrating the geometrical equations.

§ 6.4 Polynomial Solving Plane Problems

The solution of partial differential Eq. (6-33) is generally impossible to solve directly. It can only be solved by using the inverse method or the semi-inverse method in solving the specific problem. The former method is to set up a biharmonic function first, and then examine the boundary conditions it can satisfy. If the boundary conditions are the same as the problem under investigation, the function is the required solution; otherwise, the function should be modified until the boundary conditions can be satisfied. The latter method is to assume that part or the entire stress components are the functions of some form based on the boundary conditions of the body and rough analysis of the internal stress, then derive the possible stress function, and then investigate whether the function satisfies the compatibility equation. If so, it is selected as the stress function. It is also necessary to investigate whether the assumed stress component and the other stress components obtained from this stress function satisfy the stress boundary conditions and the condition of single-valued displacements. If all the conditions can be met, the results obtained are the correct answer. If a certain aspect of the conditions cannot be met, it is necessary to make another assumption, re-examining the boundary condition.

The simplest form of the stress function is polynomial. In this section, the inverse method is used to give polynomial solutions to several plane problems (rectangular plates or beams) of rectangular boundaries with the body forces ignored. The basic idea is in a given coordinate system, the algebraic polynomial stress function satisfying Eq. (6-33) of different powers is given. The stress components are obtained, then examining what kind of surface forces these stresses correspond to on the boundary. Then, this tells us what problem the stress function can solve.

(1) Take a linear polynomial

$$\Phi = a + bx + cy \tag{6-34}$$

Eq. (6-33) is satisfied regardless of the value of the coefficients. The corresponding stress components can be obtained from Eq. (6-32)

$$\sigma_x = 0, \quad \sigma_y = 0, \quad \tau_{xy} = 0$$

The stress components above correspond to the no stress state. Regardless of the shape of the elastic body and the choice of the coordinate system, the stress boundary conditions always result in $\bar{f}_x = 0$, $\bar{f}_y = 0$. Thus, the linear stress function corresponds to the state of no surface force, no body force. In other words, the addition or subtraction of a linear function from the stress function of any plane problem does not affect the value of the stress components.

(2) Take a quadratic polynomial

$$\Phi = ax^2 + bxy + cy^2 \tag{6-35}$$

Eq. (6-33) is satisfied regardless of the value of the coefficients. The corresponding stress components are

$$\sigma_x = \frac{\partial^2 \Phi}{\partial y^2} = 2c, \quad \sigma_y = \frac{\partial^2 \Phi}{\partial x^2} = 2a, \quad \tau_{xy} = -\frac{\partial^2 \Phi}{\partial x \partial y} = -b$$

Fig. 6-4 represents a uniform stress state. In particular, if $b = 0$, it represents a bi-directional uniform tension; if $a = c = 0$, it represents a pure shear.

(3) Take a cubic polynomial

$$\Phi = ax^3 + bx^2y + cxy^2 + dy^3 \tag{6-36}$$

Eq. (6-33) is satisfied regardless of the value of the coefficients. Consider the case of $\Phi =$

dy^3, and the corresponding stress components are

$$\sigma_x = \frac{\partial^2 \Phi}{\partial y^2} = 6dy,\quad \sigma_y = \frac{\partial^2 \Phi}{\partial x^2} = 0,\quad \tau_{xy} = -\frac{\partial^2 \Phi}{\partial x \partial y} = 0$$

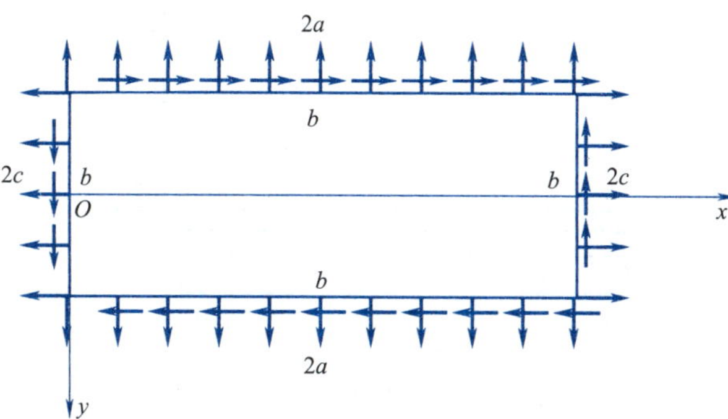

Fig. 6-4

Consider a rectangular narrow beam subjected to bending moment M at both ends, as shown in Fig. 6-5. Then $d = \frac{2M}{h^3}$ can be obtained from $M = \int_{-\frac{h}{2}}^{\frac{h}{2}} y\sigma_x \mathrm{d}y$. The stress function $\Phi = dy^3$ can solve the problem of rectangular beams subjected to pure bending.

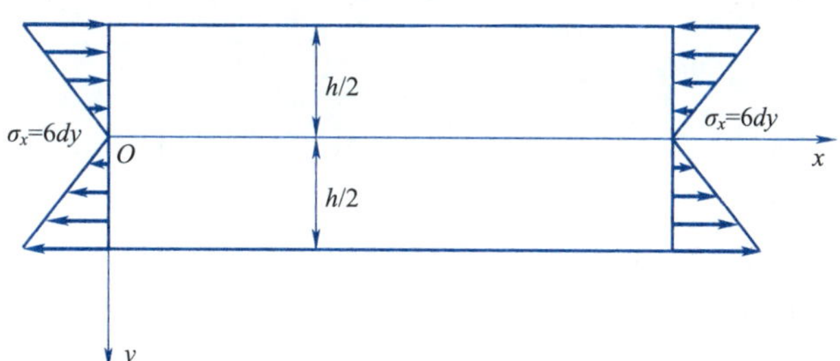

Fig. 6-5

(4) Take a fourth polynomial

$$\Phi = ax^4 + bx^3y + cx^2y^2 + dxy^3 + ey^4 \tag{6-37}$$

If the above equation satisfies Eq. (6-33), the coefficients must satisfy a certain relationship. $3a + c + 3e = 0$ is obtained by substituting Eq. (6-37) into Eq. (6-33). Consider the special case $a = b = c = e = 0$ when $\Phi = dxy^3$, the corresponding stress components are

$$\sigma_x = \frac{\partial^2 \Phi}{\partial y^2} = 6dxy,\quad \sigma_y = \frac{\partial^2 \Phi}{\partial x^2} = 0,\quad \tau_{xy} = -\frac{\partial^2 \Phi}{\partial x \partial y} = -3dy^2$$

This stress state is generated by the following three external forces acting on the boundary of the rectangular beam: ① a uniform tangential force $\tau_{yx} = -\frac{3}{4}dh^2$ at the boundary $y = \pm\frac{h}{2}$; ② a parabolic tangential stress $\tau_{xy} = -3dy^2$ at the boundary $x = 0$; ③ a parabolic tangential stress $\tau_{xy} = -3dy^2$ at the boundary $x = L$ (L is the length of the beam) and a normal stress equivalent to the bending moment in the static force, as shown in Fig. 6-6.

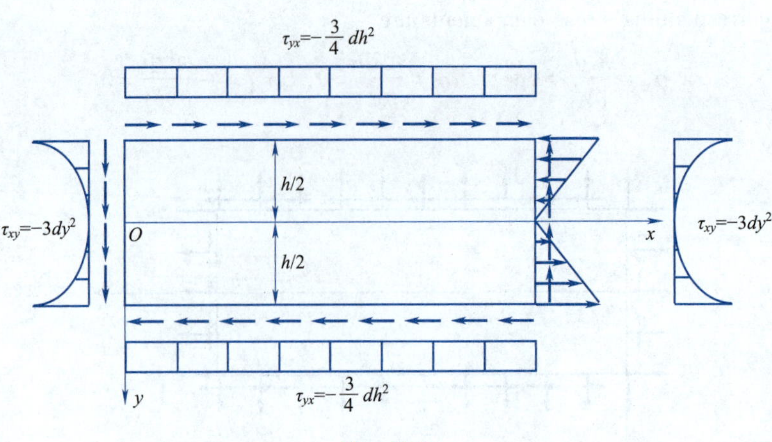

Fig. 6-6

§ 6. 5 Bending of Cantilever Beam

Fig. 6-7 shows a thin plate cantilever beam of a rectangular section, which is fixed at the right end and bent at the left end by a concentrated load F. The length of the beam is L, the height is h, the unit thickness, and the self-weight be negligible. Try to analyze the stress and deformation of the beam.

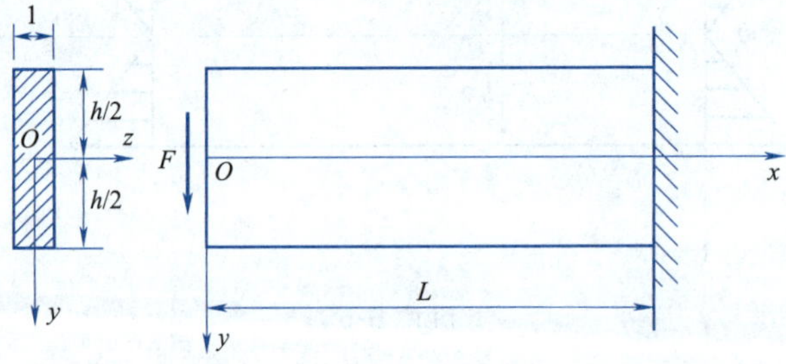

Fig. 6-7

The boundary conditions for this problem can be expressed as follows

$$(\sigma_y)_{y=\pm\frac{h}{2}}=0, \quad (\tau_{xy})_{y=\pm\frac{h}{2}}=0 \tag{6-38}$$

$$(\sigma_x)_{x=0}=0, \quad \int_{-\frac{h}{2}}^{\frac{h}{2}}(\tau_{xy})_{x=0}\mathrm{d}y=-F \tag{6-39}$$

$$(u)_{x=L}=0, \quad (v)_{x=L}=0 \tag{6-40}$$

It is very difficult to strictly satisfy all the conditions listed above, but a careful analysis shows that if the beam is relatively slender ($L\gg h$), the main boundary conditions on the upper and lower surfaces must be precisely satisfied; while the boundary conditions on the two ends can be replaced by the statically equivalent stress distribution according to Saint-Venant's principle, which has no substantial effect on the stress distribution slightly away from the end. Therefore, the boundary conditions for both end faces can be relaxed as statically equivalent conditions. Furthermore, since the beam under investigation is externally stationary, the reaction force of the fixed end can be fully determined by the loads on the other three faces. In this way, when calculating the stress function, as long as the boundary conditions of the other three faces are satisfied, it is sufficient to determine the solution. Therefore, in finding the stress function, the boundary conditions on the other three faces are sufficient to fix the solution. While the constraint conditions on the fixed end are only used in determining the displacement. The key to the problem is to choose the appropriate stress function so that the above boundary conditions can be satisfied.

6. 5. 1 Determination of stress function

The plane stress problem can be analyzed by a semi- inverse method. There are no surface forces acting on the main boundary. Especially in the y-direction, the surface force component is $\bar{f}_y = 0$. Since the crushing stress σ_y is mainly caused by the surface forces, it can be assumed that the stress component $\sigma_y = 0$. According to the relationship between the stress component and the stress function $\sigma_y = \dfrac{\partial^2 \Phi}{\partial x^2}$, we get

$$\Phi(x,y) = xf_1(y) + f_2(y) \tag{6-41}$$

Substituting Eq. (6-41) into the compatibility Eq. (6-33), the following equation can be obtained

$$xf_1^{(4)}(y) + f_2^{(4)}(y) = 0$$

This is a simple equation with respect to x. Its coefficients and free terms must be equal to zero, i. e.

$$\frac{\mathrm{d}^4 f_1(y)}{\mathrm{d}y^4} = 0, \quad \frac{\mathrm{d}^4 f_2(y)}{\mathrm{d}y^4} = 0$$

The solutions of the above two ordinary differential equations are

$$f_1(y) = \frac{A}{6}y^3 + \frac{B}{2}y^2 + Cy, \quad f_2(y) = \frac{D}{6}y^3 + \frac{E}{2}y^2 \tag{6-42}$$

where both the primary and constant terms are ignored (because they do not affect the stress components). Substituting Eq. (6-42) into Eq. (6-41), the stress function is obtained

$$\Phi(x,y) = x\left(\frac{A}{6}y^3 + \frac{B}{2}y^2 + Cy\right) + \frac{D}{6}y^3 + \frac{E}{2}y^2 \tag{6-43}$$

6. 5. 2 Stress components

Substituting Eq. (6-43) into Eq. (6-32), the expression of each stress component is obtained

$$\begin{cases} \sigma_x = \dfrac{\partial^2 \Phi}{\partial y^2} = Axy + By + Dy + E \\ \sigma_y = \dfrac{\partial^2 \Phi}{\partial x^2} = 0 \\ \tau_{xy} = \dfrac{\partial^2 \Phi}{\partial x \partial y} = -\dfrac{A}{2}y^2 - By - C \end{cases} \tag{6-44}$$

These stress components satisfy the differential equations of equilibrium and the compatibility equation. If the values of the undetermined coefficient A, B, C, D, and E are chosen appropriately, all the boundary conditions can be satisfied. Then Eq. (6-44) is the correct solution of the stress components.

6.5.3 The undetermined coefficients are determined by boundary conditions

Substituting the first equation of Eq. (6-44) into the first equation of the boundary condition Eq. (6-39), the values of D and E can be obtained

$$D = E = 0$$

Substituting the third equation of Eq. (6-44) into the second equation of boundary condition Eq. (6-38), we can obtain

$$\begin{cases} -\dfrac{Ah^2}{8} - \dfrac{Bh}{2} - C = 0 \\ -\dfrac{Ah^2}{8} + \dfrac{Bh}{2} - C = 0 \end{cases} \tag{6-45}$$

Substituting the third equation of Eq. (6-44) into the second equation of boundary condition Eq. (6-39), we can obtain

$$\frac{Ah^3}{24} + Ch = F \tag{6-46}$$

In combination with Eqs. (6-45) and (6-46), we can obtain

$$A = -\frac{12F}{h^3}, \quad B = 0, \quad C = \frac{3F}{2h}$$

Thus, each stress component can be expressed as

$$\sigma_x = -\frac{12F}{h^3}xy, \quad \sigma_y = 0, \quad \tau_{xy} = \frac{6F}{h^3}y^2 - \frac{3F}{2h} \tag{6-47}$$

The moment of inertia of the beam section is $I_z = \frac{h^3}{12}$. The bending moment of force F on any section is $M = -Fx$, and the first moment of the area is $S_z^* = \frac{h^2}{8} - \frac{y^2}{2}$. Thus, each stress component can be expressed as

$$\sigma_x = \frac{My}{I_z}, \quad \sigma_y = 0, \quad \tau_{xy} = -\frac{FS_z^*}{I_z} \tag{6-48}$$

The above solution is in complete agreement with the result of mechanics of materials.

6.5.4 Displacement components

The strain components are first obtained from the physical Eq. (6-19). Using the geometrical Eq. (6-18), we obtain

$$\begin{cases} \dfrac{\partial u}{\partial x} = -\dfrac{F}{EI_z}xy \\ \dfrac{\partial v}{\partial y} = \dfrac{\upsilon F}{EI_z}xy \\ \dfrac{\partial v}{\partial x} + \dfrac{\partial u}{\partial y} = \dfrac{F}{\mu I_z}\left(\dfrac{y^2}{2} - \dfrac{h^2}{8}\right) \end{cases} \tag{6-49}$$

Integrating the first and second equations of Eq. (6-49), respectively, yields

$$\begin{cases} u = -\dfrac{F}{2EI_z}x^2y + f_1(y) \\ v = \dfrac{\upsilon F}{2EI_z}xy^2 + f_2(x) \end{cases} \tag{6-50}$$

where $f_1(y)$, $f_2(x)$ are the functions to be determined and substituting Eq. (6-50) into the third equation of Eq. (6-49), the following equation can be obtained

$$\left[\frac{\mathrm{d}f_2(x)}{\mathrm{d}x} - \frac{F}{2EI_z}x^2\right] + \left[\frac{\mathrm{d}f_1(y)}{\mathrm{d}y} + \frac{\upsilon F}{2EI_z}y^2 - \frac{F}{2\mu I_z}y^2\right] = -\frac{Fh^2}{8\mu I_z}$$

To make the above equation always hold, only

$$\begin{cases} \dfrac{\mathrm{d}f_2(x)}{\mathrm{d}x} - \dfrac{F}{2EI_z}x^2 = a \\ \dfrac{\mathrm{d}f_1(y)}{\mathrm{d}y} + \dfrac{\upsilon F}{2EI_z}y^2 - \dfrac{F}{2\mu I_z}y^2 = b \end{cases} \tag{6-51}$$

Here, a and b are constants, and they satisfy

$$a + b = -\frac{Fh^2}{8\mu I_z} \tag{6-52}$$

Integrating Eq. (6-51), we obtain

$$f_2(x) = \frac{Fx^3}{6EI_z} + ax + c, \quad f_1(y) = \frac{Fy^3}{6\mu I_z} - \frac{\upsilon Fy^3}{6EI_z} + by + d \tag{6-53}$$

where c and d are arbitrary constants. Substituting Eq. (6-53) into Eq. (6-50), we can obtain

$$\begin{cases} u = -\dfrac{F}{2EI_z}x^2y + \dfrac{Fy^3}{6\mu I_z} - \dfrac{\upsilon Fy^3}{6EI_z} + by + d \\ v = \dfrac{\upsilon F}{2EI_z}xy^2 + \dfrac{Fx^3}{6EI_z} + ax + c \end{cases} \tag{6-54}$$

The arbitrary constants a, b, c, and d are determined by the constraints of the cantilever beam. Eq. (6-40) is the strict displacement boundary condition of the right end of the beam. But in polynomial solutions, this condition is often unsatisfied. And in engineering practice, this completely fixed constraint condition is unlikely to be achieved. As in mechanics of materials, assuming that the midpoint of the right end face does not move and the horizontal line segment passing this point does not rotate. The constraint conditions can be relaxed as follows

$$(u)_{x=L,y=0} = (v)_{x=L,y=0} = 0, \quad \left(\frac{\partial v}{\partial x}\right)_{x=L,y=0} = 0 \tag{6-55}$$

Substituting Eq. (6-54) into Eq. (6-55), using Eq. (6-52), the solutions of a, b, c and d can be obtained

$$a = -\frac{FL^2}{2EI_z}, \quad b = \frac{FL^2}{2EI_z} - \frac{Fh^2}{8\mu I_z}, \quad c = \frac{FL^3}{3EI_z}, \quad d = 0$$

The displacement components are

$$\begin{cases} u = -\dfrac{F}{2EI_z}x^2y + \dfrac{Fy^3}{6\mu I_z} - \dfrac{\upsilon Fy^3}{6EI_z} + \left(\dfrac{FL^2}{2EI_z} - \dfrac{Fh^2}{8\mu I_z}\right)y \\ v = \dfrac{\upsilon F}{2EI_z}xy^2 + \dfrac{Fx^3}{6EI_z} - \dfrac{FL^2}{2EI_z}x + \dfrac{FL^3}{3EI_z} \end{cases} \tag{6-56}$$

When $y=0$, the deflection equation of the beam axis is obtained

$$v(x,0)=\frac{Fx^3}{6EI_z}-\frac{FL^2}{2EI_z}x+\frac{FL^3}{3EI_z}$$

The deflection of the free end of the cantilever beam is $f=\frac{FL^3}{3EI_z}$. The above results are consistent with those of mechanics of materials.

The boundary condition of the cantilever beam can be given in another form. That is, assuming the midpoint of the right end section does not move and the lead line segment through that point does not rotate, the constraints become

$$(u)_{x=L,y=0}=(v)_{x=L,y=0}=0,\quad \left(\frac{\partial u}{\partial y}\right)_{x=L,y=0}=0 \tag{6-57}$$

Similarly, the displacement components can be obtained as follows

$$\begin{cases} u=-\dfrac{Fx^2y}{2EI_z}+\dfrac{Fy^3}{6\mu I_z}-\dfrac{\nu Fy^3}{6EI_z}+\dfrac{FL^2y}{2EI_z} \\ v=\dfrac{\nu Fxy^2}{2EI_z}+\dfrac{Fx^3}{6EI_z}-\left(\dfrac{FL^2}{2EI_z}+\dfrac{Fh^2}{8\mu I_z}\right)x+\dfrac{Fh^2L}{8\mu I_z}+\dfrac{FL^3}{3EI_z} \end{cases} \tag{6-58}$$

And the deflection equation of the beam axis becomes

$$v(x,0)=\frac{Fx^3}{6EI_z}-\left(\frac{FL^2}{2EI_z}+\frac{Fh^2}{8\mu I_z}\right)x+\frac{Fh^2L}{8\mu I_z}+\frac{FL^3}{3EI_z}$$

The deflection of the free end is

$$f=\frac{FL^3}{3EI_z}+\frac{Fh^2L}{8\mu I_z}$$

§ 6.6 Bending of Simply Supported Beam

As shown in Fig. 6-8, consider a simply supported thin plate beam subjected to a uniform load q. The span of the beam is $2L$, the height of cross-section is $h(L\gg h)$, the thickness is one unit, and self-weight is negligible. Determine the stress and deformation of the beam.

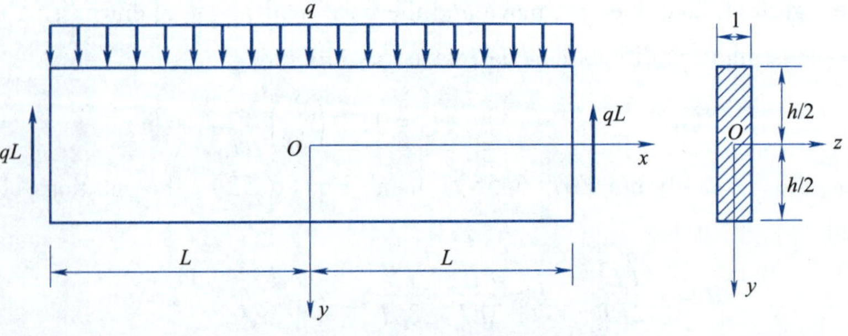

Fig. 6-8

6.6.1 Determination of stress function

This problem can be solved by the semi-inverse method. According to the knowledge of mechanics of materials, the bending normal stress σ_x is mainly caused by the bending moment, the shearing stress τ_{xy} is mainly caused by the shear force, and the crushing stress is mainly caused by the load q. q is a constant that does not change with x, so it can be assumed that σ_y does not change with x. Its expression is a function of y

$$\sigma_y = \frac{\partial^2 \Phi}{\partial x^2} = f(y) \tag{6-59}$$

Integrate Eq. (6-59) twice with respect to x to obtain

$$\Phi = \frac{x^2}{2} f(y) + x f_1(y) + f_2(y) \tag{6-60}$$

In which $f(y)$, $f_1(y)$, $f_2(y)$ are unknown functions.

Substitute Eq. (6-60) into the compatibility Eq. (6-33) to obtain

$$\frac{1}{2}\frac{\mathrm{d}^4 f(y)}{\mathrm{d}y^4}x^2 + \frac{\mathrm{d}^4 f_1(y)}{\mathrm{d}y^4}x + \frac{\mathrm{d}^4 f_2(y)}{\mathrm{d}y^4} + 2\frac{\mathrm{d}^2 f(y)}{\mathrm{d}y^2} = 0$$

This is a quadratic equation of x, which should be true for any x in the domain, so both the coefficients and the free terms of this quadratic equation must be equal to zero, i. e.

$$\frac{\mathrm{d}^4 f(y)}{\mathrm{d}y^4} = 0, \quad \frac{\mathrm{d}^4 f_1(y)}{\mathrm{d}y^4} = 0, \quad \frac{\mathrm{d}^4 f_2(y)}{\mathrm{d}y^4} + 2\frac{\mathrm{d}^2 f(y)}{\mathrm{d}y^2} = 0 \tag{6-61}$$

The solutions of the first two equations are

$$f(y) = Ay^3 + By^2 + Cy + D, \quad f_1(y) = Ey^3 + Fy^2 + Gy \tag{6-62}$$

Substitute the first equation of Eq. (6-62) into the third equation of Eq. (6-61), and integrate the obtained equation to obtain

$$f_2(y) = -\frac{A}{10}y^5 - \frac{B}{6}y^4 + Hy^3 + Ky^2 \tag{6-63}$$

The terms unrelated to stress have been omitted from Eqs. (6-62) and (6-63), and the above two expressions are substituted into Eq. (6-60) to obtain the expression of stress function as follows

$$\Phi = \frac{x^2}{2}(Ay^3 + By^2 + Cy + D) + x(Ey^3 + Fy^2 + Gy) - \frac{A}{10}y^5 - \frac{B}{6}y^4 + Hy^3 + Ky^2 \tag{6-64}$$

6. 6. 2 Stress components

Substitute Eq. (6-64) into Eq. (6-32) to obtain the expression of each stress component

$$\begin{cases} \sigma_x = \dfrac{x^2}{2}(6Ay + 2B) + x(6Ey + 2F) - 2Ay^3 - 2By^2 + 6Hy + 2K \\ \sigma_y = Ay^3 + By^2 + Cy + D \\ \tau_{xy} = -x(3Ay^2 + 2By + C) - (3Ey^2 + 2Fy + G) \end{cases} \tag{6-65}$$

6-6-3 Symmetry and stress boundary conditions are used to determine the undetermined coefficients

The symmetry of the problem can often reduce some computational workload. In this problem, the geometrical shape and external load of the beam are symmetric to the yOz plane, and the stress distribution in the beam should also be symmetric to the yOz plane. The normal stress should be an even function of x, and the shearing stress is an odd function of x

$$E = F = G = 0$$

The upper and lower boundary conditions are

$$(\sigma_y)_{y=-\frac{h}{2}} = -q, \quad (\sigma_y)_{y=\frac{h}{2}} = 0, \quad (\tau_{xy})_{y=\pm\frac{h}{2}} = 0 \tag{6-66}$$

The second and third expressions of the stress components Eqs. (6-65) were substituted into Eq. (6-66). Using $E = F = G = 0$, it is obtained by simultaneous solution

$$A = -\frac{2q}{h^3}, \quad B = 0, \quad C = \frac{3q}{2h}, \quad D = -\frac{q}{2}$$

Substituting the determined coefficients into Eq. (6-65), each stress component can be obtained as

$$\begin{cases} \sigma_x = -\dfrac{6q}{h^3}x^2y + \dfrac{4q}{h^3}y^3 + 6Hy + 2K \\ \sigma_y = -\dfrac{2q}{h^3}y^3 + \dfrac{3q}{2h}y - \dfrac{q}{2} \\ \tau_{xy} = \dfrac{6q}{h^3}xy^2 - \dfrac{3q}{2h}x \end{cases} \tag{6-67}$$

In the following, the boundary conditions on the left and right sides are considered (secondary boundary conditions). Due to the symmetry of the problem, the analysis of one is enough, such as the right side. There is no horizontal surface force on the right side of the beam, which requires $(\sigma_x)_{x=L} = 0$. However, the first equation of Eq. (6-67) shows that σ_x is a cubic function of y, which cannot satisfy this condition. At the same time, the shear surface force distribution at the end is unknown, so it can only be solved by using Saint-Venant's principle

$$\begin{cases} \int_{-\frac{h}{2}}^{\frac{h}{2}} (\sigma_x)_{x=L} \mathrm{d}y = 0 \\ \int_{-\frac{h}{2}}^{\frac{h}{2}} y(\sigma_x)_{x=L} \mathrm{d}y = 0 \\ \int_{-\frac{h}{2}}^{\frac{h}{2}} (\tau_{xy})_{x=L} \mathrm{d}y = -qL \end{cases} \tag{6-68}$$

Substituting the third equation of Eq. (6-67) into the third equation of Eqs. (6-68), this condition is automatically satisfied. Substituting the first equation of Eqs. (6-67) into the first and second equations of Eq. (6-68), the solution can be obtained simultaneously

$$K = 0, \quad H = \frac{ql^2}{h^3} - \frac{q}{10h}$$

The final solution for each stress component is as follows

$$\begin{cases} \sigma_x = \dfrac{M}{I_z}y + \dfrac{q}{h}y\left(\dfrac{4}{h^2}y^2 - \dfrac{3}{5}\right) \\ \sigma_y = -\dfrac{q}{2}\left(1 + \dfrac{y}{h}\right)\left(1 - \dfrac{2y}{h}\right)^2 \\ \tau_{xy} = \dfrac{F_s S_z^*}{I_z b} \end{cases} \tag{6-69}$$

where $M=\frac{q}{2}(l^2-x^2)$ is the bending moment on any section of the beam, $F_s=-qx$ is the shear force on any section, $b=1$, $I_z=\frac{h^3}{12}$ is the moment of inertia, and $S_z^*=\frac{h^2}{8}-\frac{y^2}{2}$ is the first moment of the area.

The variations of stress components along the height are shown in Fig. 6-9.

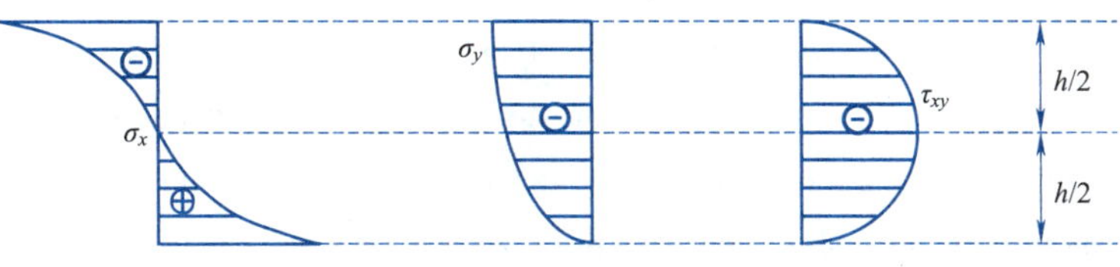

Fig. 6-9

According to Eq. (6-69), the first term in the expression of normal stress is the main term, which is the same as the solution of the mechanics of materials. The second term is the correction term proposed by elasticity. For the long and low beams, the correction term is small and can be ignored. For short and high beams, attention should be paid to the correction term. The stress component σ_y is the crushing stress between the fibers of the beam, and its maximum absolute value is q. It occurs at the top of the beam, decreases gradually downward, and is equal to zero on the lower surface. Generally, this stress component is not considered in the mechanics of materials, and the expression of shearing stress is completely consistent with the results of the mechanics of material.

§ 6.7 Triangular Dam

The common dam section in engineering is triangular, and the left side is straight. The angle between the right side and the plumb surface is α. The lower end can be considered to extend to infinity to bear the self-weight of the dam and water pressure. The density of the dam and water are ρ and γ. The coordinates are selected as shown in Fig. 6-10(a). Try to find the stress components.

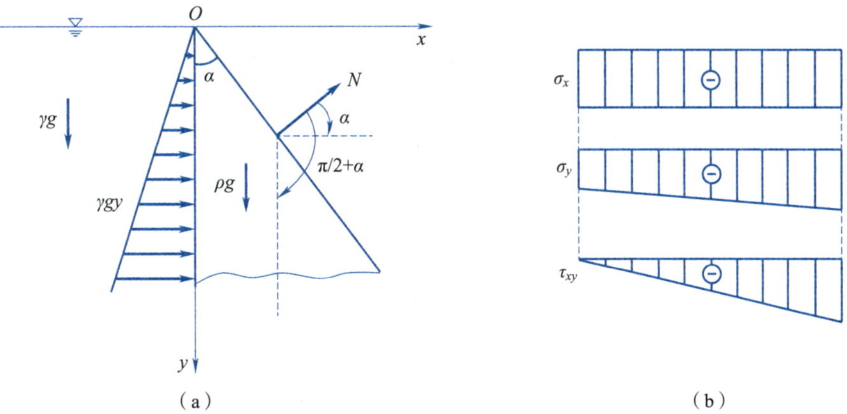

Fig. 6-10

6.7.1 Determination of stress function

This problem can be considered as a plane strain problem. By the method of dimensional analysis, at any point in the dam, each stress component should be composed of two parts: the first part is generated by gravity and is proportional to ρg; the second part is generated by the water pressure and is proportional to γg. And each additional part is related to the geometry of the dam α and the coordinates x, y of that point. Since the stress components have dimensions $L^{-1}MT^{-2}$, ρg and γg have dimensions $L^{-2}MT^{-2}$, α has the unit dimension, and x and y have dimensions L. If the stress components have polynomial solutions, in order to ensure dimensional homogeneity, then they can be expressed as the linear combinations $N_1(\alpha)\gamma gx$, $N_2(\alpha)\gamma gy$, $N_3(\alpha)\rho gx$ and $N_4(\alpha)\rho gy$. The expression of each stress component can only be a pure order expression of x and y.

According to the relationship between the stress function and the stress components Eq. (6-32), the stress function is two degrees higher than the length dimension of the stress components, that is, the stress function can be expressed in the pure cubic form of coordinates. The stress function is assumed to be

$$\Phi = Ax^3 + Bx^2y + Cxy^2 + Dy^3 \tag{6-70}$$

where the coefficients A, B, C, and D are determined by boundary conditions. In addition, the above stress function always satisfies the compatibility equation $\nabla^4\Phi = 0$.

6.7.2 Stress components

Substituting Eq. (6-70) into Eq. (6-32), the body forces in this problem are $f_x = 0$, $f_y = \rho g$, the stress components can be obtained

$$\begin{cases} \sigma_x = 2Cx + 6Dy \\ \sigma_y = 6Ax + 2By - \rho gy \\ \tau_{xy} = -2Bx - 2Cy \end{cases} \tag{6-71}$$

6.7.3 The unknown coefficients are determined by boundary conditions

On the left side

$$(\sigma_x)_{x=0} = -\gamma gy, \quad (\tau_{xy})_{x=0} = 0 \tag{6-72}$$

The inclined plane ($x = y\tan\alpha$)

$$l = \cos\alpha, \quad m = \cos\left(\alpha + \frac{\pi}{2}\right) = -\sin\alpha, \quad \bar{f}_x = \bar{f}_y = 0 \tag{6-73}$$

Substitute Eq. (6-73) into the stress boundary condition Eq. (6-10) to obtain

$$\begin{cases} (\sigma_x)_{x=y\tan\alpha}\cos\alpha - (\tau_{xy})_{x=y\tan\alpha}\sin\alpha = 0 \\ (\tau_{xy})_{x=y\tan\alpha}\cos\alpha - (\sigma_y)_{x=y\tan\alpha}\sin\alpha = 0 \end{cases} \tag{6-74}$$

Substituting Eq. (6-71) into Eqs. (6-72) and (6-74), the undetermined coefficients can be obtained as

$$A = \frac{\rho g}{6}\cot\alpha - \frac{\gamma g}{3}\cot^3\alpha, \quad B = \frac{\gamma g}{2}\cot^2\alpha, \quad C = 0, \quad D = -\frac{\gamma g}{6}$$

Substitute the above coefficients back into Eq. (6-71) to obtain the expressions of each stress component

$$\begin{cases}\sigma_x = -\gamma g y \\ \sigma_y = (\rho g \cot\alpha - 2\gamma g \cot^3\alpha)x + (\gamma g \cot^2\alpha - \rho g)y \\ \tau_{xy} = -\gamma g x \cot^2\alpha\end{cases} \tag{6-75}$$

The stress variation along any horizontal section is shown in Fig. 6-10(b). The stress σ_x is constant, which cannot be obtained by the formula in mechanics of materials. The stress σ_y varies linearly and is equal to the left and right faces, respectively

$$(\sigma_y)_{x=0} = (\gamma g \cot^2\alpha - \rho g)y, \quad (\sigma_y)_{x=y\tan\alpha} = -\gamma g y \cot^2\alpha$$

The above results are the same as those obtained by the eccentric compression formula in mechanics of materials. The stress τ_{xy} also varies linearly, and the stresses on the left and the right are

$$(\tau_{xy})_{x=0} = 0, \quad (\tau_{xy})_{x=y\tan\alpha} = -\gamma g y \cot\alpha$$

The above solution is the basic solution of stress in triangular dams, and it is effective under the following conditions:

(1) Along the dam axis, the dam body often has different cross-sections, and the dam body is not infinite in length. Strictly speaking, this is not a plane problem. If some expansion joints are set along the dam axis, the section of the dam body in each section can be considered unchanged and τ_{zx}, τ_{zy} equal to zero, and the problem can be treated as a plane problem when calculating.

(2) This problem assumes that the lower end of the dam is infinite in length and can deform freely, but the actual dam body is of finite height. The bottom of the dam is connected to the foundation, and the deformation of the bottom is constrained by the foundation. The solution obtained above the bottom of the dam is not accurate.

(3) In actual engineering, the top of the dam will not be a spire, it will always have a certain width, and the top will be subject to other loads, so the above solution is not applicable near the top of the dam.

Worksheet 6

6-1 What are the geometrical and mechanical characteristics of the plane strain problem and plane stress problem? Try to make a brief analysis.

6-2 What is a stress function? What are the basic equations of the stress function method?

6-3 Why do the solutions to the same problem of the mechanics of materials often not satisfy the compatibility condition of elasticity?

6-4 List the boundary conditions of the illustrated cantilever beam (see Fig. 6-11).

6-5 Given the stress function $\Phi = a(x^4 - y^4)$, can it be used as a stress function? If yes, write the stress components and give the surface forces on the boundary of the rectangular thin plate (see Fig. 6-12).

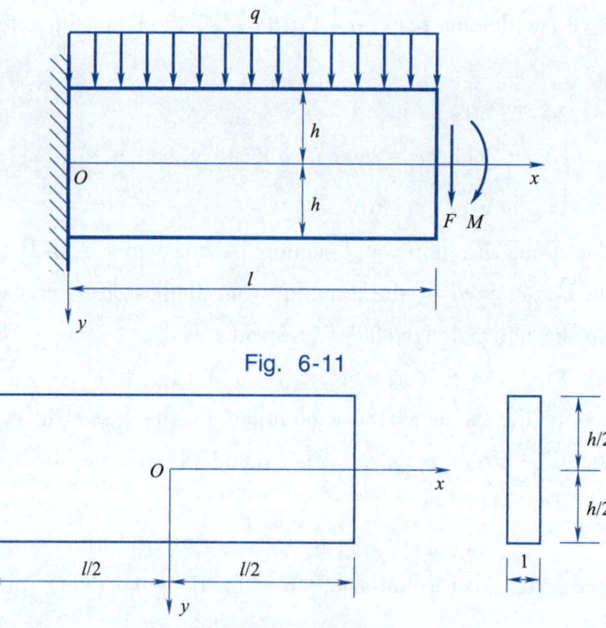

Fig. 6-11

Fig. 6-12

6-6 As shown in Fig. 6-13, considering a rectangular thin plate with a length of 3 cm and a width of 2 cm, point O is the fixed hinge support, point C is the horizontal chain rod, and the strain components in the plate are known as

$$\varepsilon_x = (1+2x+y)\times 10^{-4},\quad \varepsilon_y = (1+2x-2y)\times 10^{-4},\quad \gamma_{xy} = (3+3x)\times 10^{-4}$$

Find the displacements of A and B.

6-7 As shown in Fig. 6-14, the column with a slender rectangular section has a density of ρ and is subjected to uniformly distributed lateral force q on the left side. Try to calculate the stress components in the column.

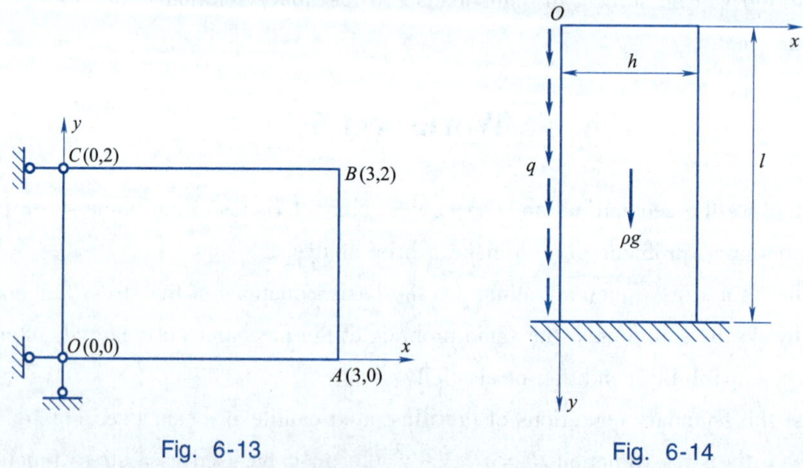

Fig. 6-13 Fig. 6-14

6-8 A very long rectangular hexahedron is placed on a rigid and smooth basis under uniform pressure q, and the stress function is taken as $\Phi = ay^2$. As shown in Fig. 6-15, try to determine its stress and displacement components.

6-9 A triangular dam with a thickness of 1 and an infinite length at the bottom is shown in Fig. 6-16. The pressure of the liquid is exerted on the left side of the dam. The density of the liquid is ρ_1 and the density of the dam material is ρ_2. Try to determine the stress components using the pure cubic expressions of x and y.

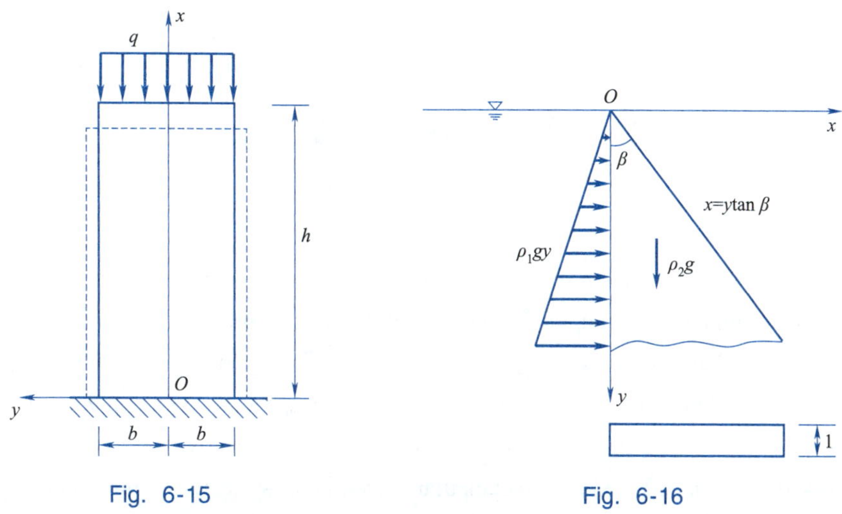

Fig. 6-15　　Fig. 6-16

6-10 The Fig. 6-17 shows a cylindrical body with a rectangular section under eccentric pressure P. Try to find the stress components and displacement components and the displacement equation of the axis. The self-weight is ignored and the horizontal line element at O of the centroid of the bottom surface cannot rotate.

6-11 The right end of the rectangular section beam is fixed, and the left end is acted by the force couple M. The O point is the hinge support, shown in Fig. 6-18. The self-weight is ignored. Try to calculate the stress components by using the stress function $\Phi = Ay^3 + Bxy + Cxy^3$.

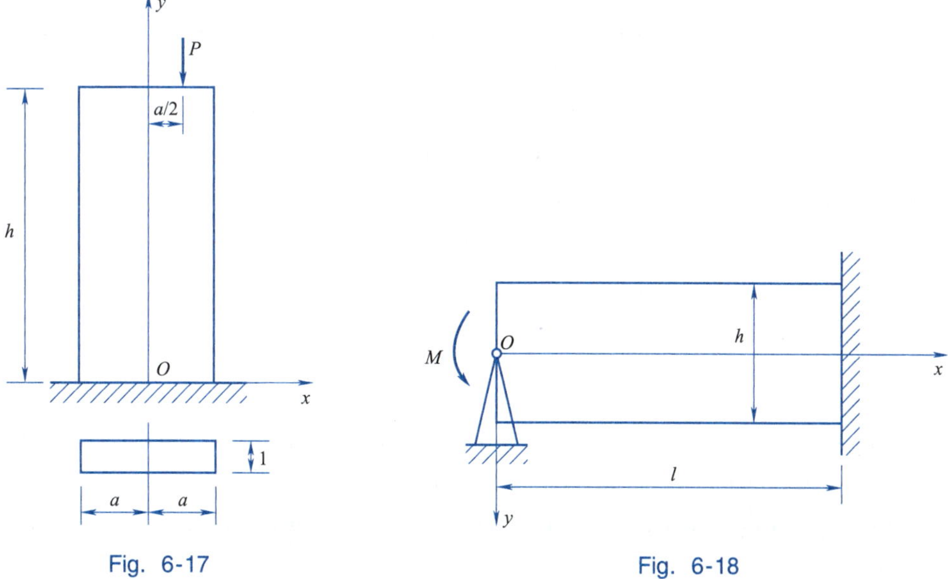

Fig. 6-17　　Fig. 6-18

Chapter 7

Solutions of Plane Problems in Polar Coordinates

When dealing with problems of elasticity, the form of the coordinate system does not affect the description of the problem but may influence the difficulty in solving it. For problems such as rectangular beams, dams with rectangular cross- section and triangular dams, a rectangular coordinate system is appropriate. However, for common engineering components such as discs, cylinders, sharp splits, and sector plates, it would be more convenient to use a cylindrical coordinate system (r, θ, z) than a rectangular coordinate system. If the main stresses and deformations occur in the $r\theta$ plane, then the cylindrical coordinates can be replaced by the plane polar coordinates. In this chapter, the basic equations of the plane problem in polar coordinates will be listed first, and then it will be used to solve several specific problems.

§ 7. 1 Basic Equations in Polar Coordinates for Plane Problems

7. 1. 1 The basic equations in polar coordinates

Previously, we discussed the equilibrium equations and geometrical equations in the orthogonal curved coordinate system in Section 2-8 and Section 3-6 respectively. The polar coordinate system is a special case of the three-dimensional cylindrical coordinate system, and its basic equations can be directly simplified from the basic equations of the cylindrical coordinate system, which can be obtained by eliminating the components along the z axis from the basic equations of cylindrical coordinate system and assuming that the remaining components are independent of the coordinate z.

1. Differential equations of equilibrium

Omitting the terms related to z in Eq. (2-39) gets

$$\begin{cases} \dfrac{\partial \sigma_r}{\partial r} + \dfrac{1}{r}\dfrac{\partial \tau_{r\theta}}{\partial \theta} + \dfrac{\sigma_r - \sigma_\theta}{r} + f_r = 0 \\ \dfrac{1}{r}\dfrac{\partial \sigma_\theta}{\partial \theta} + \dfrac{\partial \tau_{r\theta}}{\partial r} + \dfrac{2\tau_{r\theta}}{r} + f_\theta = 0 \end{cases} \tag{7-1}$$

The above equations are the differential equations of equilibrium of the plane problem in polar coordinates, which contains three unknown functions σ_r, σ_θ and $\tau_{r\theta}$. It is a primary statically indeterminate problem. In order to solve the problem, we must also consider the deformation and displacement.

2. Geometrical equations

Omitting the terms related to z in Eq. (3-39), we get

$$\begin{cases} \varepsilon_r = \dfrac{\partial u_r}{\partial r} \\ \varepsilon_\theta = \dfrac{u_r}{r} + \dfrac{1}{r}\dfrac{\partial u_\theta}{\partial \theta} \\ \gamma_{r\theta} = \dfrac{1}{r}\dfrac{\partial u_r}{\partial \theta} + \dfrac{\partial u_\theta}{\partial r} - \dfrac{u_\theta}{r} \end{cases} \tag{7-2}$$

The above equations are the geometrical equations of the plane problem in polar coordinates, u_r and u_θ are the radial and circumferential displacements in polar coordinates.

3. Physical equations

Since both polar coordinates and Cartesian coordinates are orthogonal coordinate systems, the physical equations of polar coordinates and Cartesian coordinates have the same form. It is only necessary to replace the x and y with r and θ. In the case of plane stress, the physical equations are

$$\begin{cases} \varepsilon_r = \dfrac{1}{E}(\sigma_r - \upsilon\sigma_\theta) \\ \varepsilon_\theta = \dfrac{1}{E}(\sigma_\theta - \upsilon\sigma_r) \\ \gamma_{r\theta} = \dfrac{2(1+\upsilon)}{E}\tau_{r\theta} \end{cases} \tag{7-3}$$

In the case of plane strain, it is sufficient to replace E and υ in the Eq. (7-3) with $\dfrac{E}{1-\upsilon^2}$ and $\dfrac{\upsilon}{1-\upsilon}$, respectively.

4. Boundary conditions

The stress boundary conditions are:

$$\left.\begin{aligned} \sigma_r l + \tau_{r\theta} m = \bar{f}_r \\ \tau_{r\theta} l + \sigma_\theta m = \bar{f}_\theta \end{aligned}\right\} (\text{On } S_\sigma) \tag{7-4}$$

where l, m are the direction cosines of the outer normal, and $\bar{f}_r$, $\bar{f}_\theta$ represent the given surface force components along r, θ directions.

Displacement boundary conditions are

$$\left.\begin{aligned} u_r = \bar{u}_r \\ u_\theta = \bar{u}_\theta \end{aligned}\right\} (\text{On } S_u) \tag{7-5}$$

7.1.2 Stress function and compatibility equation in polar coordinates

In the solution method of stress function, it is necessary to define a stress function $\Phi(r,\theta)$ to represent the three stress components and satisfy the differential equations of equilibrium (7-1) at the same time. However, the form of this equation in the polar coordinate system is more complex than that in the Cartesian coordinate system. It is difficult to define the stress function directly according to the equilibrium equations. In order to derive the compatibility equation in polar coordinates, the rectangular coordinates form of the relevant equation is transformed into polar coordinates form by the method of coordinate transformation.

As shown in Fig. 7-1, the polar coordinates (r, θ) are taken, and the relationship between rectangular coordinates and polar coordinates is as follows

$$x = r\cos\theta, \quad y = r\sin\theta$$

$$r = \sqrt{x^2 + y^2}, \quad \theta = \arctan\frac{y}{x}$$

Take partial derivatives of r and θ with respect to x and y, respectively, and get

$$\frac{\partial r}{\partial x} = \frac{x}{r} = \cos\theta, \quad \frac{\partial r}{\partial y} = \frac{y}{r} = \sin\theta$$

$$\frac{\partial\theta}{\partial x} = -\frac{y}{r^2} = -\frac{\sin\theta}{r}, \quad \frac{\partial\theta}{\partial y} = \frac{x}{r^2} = \frac{\cos\theta}{r}$$

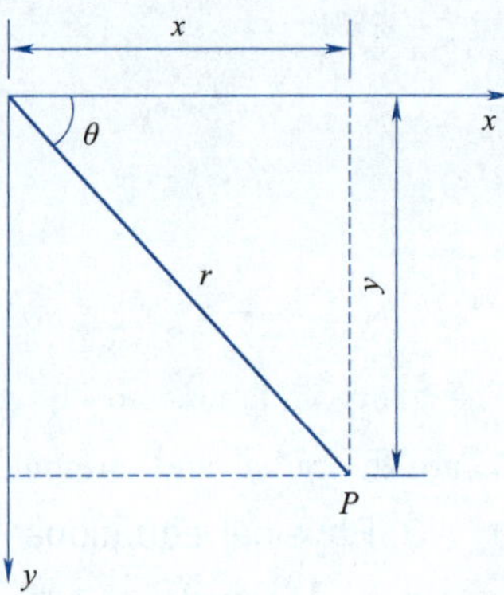

Fig. 7-1

Introduce the stress function Φ, note that it is a function of x, y, and r, θ. It is obtained by the chain rule of derivatives of composite functions:

$$\begin{cases} \dfrac{\partial\Phi}{\partial x} = \dfrac{\partial\Phi}{\partial r}\dfrac{\partial r}{\partial x} + \dfrac{\partial\Phi}{\partial\theta}\dfrac{\partial\theta}{\partial x} = \cos\theta\dfrac{\partial\Phi}{\partial r} - \dfrac{\sin\theta}{r}\dfrac{\partial\Phi}{\partial\theta} \\ \dfrac{\partial\Phi}{\partial y} = \dfrac{\partial\Phi}{\partial r}\dfrac{\partial r}{\partial y} + \dfrac{\partial\Phi}{\partial\theta}\dfrac{\partial\theta}{\partial y} = \sin\theta\dfrac{\partial\Phi}{\partial r} + \dfrac{\cos\theta}{r}\dfrac{\partial\Phi}{\partial\theta} \end{cases} \tag{7-6}$$

Using the above equations, the second partial derivative of coordinates x and y can be derived as follows

$$\begin{cases} \dfrac{\partial^2}{\partial x^2} = \left(\cos\theta\dfrac{\partial}{\partial r} - \dfrac{\sin\theta}{r}\dfrac{\partial}{\partial\theta}\right)\left(\cos\theta\dfrac{\partial}{\partial r} - \dfrac{\sin\theta}{r}\dfrac{\partial}{\partial\theta}\right) \\ \quad = \cos^2\theta\dfrac{\partial^2}{\partial r^2} - \dfrac{2\sin\theta\cos\theta}{r}\dfrac{\partial^2}{\partial r\partial\theta} + \dfrac{\sin^2\theta}{r}\dfrac{\partial}{\partial r} + \\ \quad \dfrac{2\sin\theta\cos\theta}{r^2}\dfrac{\partial}{\partial\theta} + \dfrac{\sin^2\theta}{r^2}\dfrac{\partial^2}{\partial\theta^2} \\ \dfrac{\partial^2}{\partial y^2} = \left(\sin\theta\dfrac{\partial}{\partial r} + \dfrac{\cos\theta}{r}\dfrac{\partial}{\partial\theta}\right)\left(\sin\theta\dfrac{\partial}{\partial r} + \dfrac{\cos\theta}{r}\dfrac{\partial}{\partial\theta}\right) \\ \quad = \sin^2\theta\dfrac{\partial^2}{\partial r^2} + \dfrac{2\sin\theta\cos\theta}{r}\dfrac{\partial^2}{\partial r\partial\theta} + \dfrac{\cos^2\theta}{r}\dfrac{\partial}{\partial r} - \\ \quad \dfrac{2\sin\theta\cos\theta}{r^2}\dfrac{\partial}{\partial\theta} + \dfrac{\cos^2\theta}{r^2}\dfrac{\partial^2}{\partial\theta^2} \\ \dfrac{\partial^2}{\partial x\partial y} = \left(\cos\theta\dfrac{\partial}{\partial r} - \dfrac{\sin\theta}{r}\dfrac{\partial}{\partial\theta}\right)\left(\sin\theta\dfrac{\partial}{\partial r} + \dfrac{\cos\theta}{r}\dfrac{\partial}{\partial\theta}\right) \\ \quad = \sin\theta\cos\theta\dfrac{\partial^2}{\partial r^2} + \dfrac{\cos^2\theta - \sin^2\theta}{r}\dfrac{\partial^2}{\partial r\partial\theta} - \dfrac{\sin\theta\cos\theta}{r}\dfrac{\partial}{\partial r} - \\ \quad \dfrac{\cos^2\theta - \sin^2\theta}{r^2}\dfrac{\partial}{\partial\theta} - \dfrac{\sin\theta\cos\theta}{r^2}\dfrac{\partial^2}{\partial\theta^2} \end{cases} \tag{7-7}$$

Adding $\dfrac{\partial^2}{\partial x^2}$ and $\dfrac{\partial^2}{\partial y^2}$, the Laplace operator in polar coordinates is obtained

$$\nabla^2 = \frac{\partial^2}{\partial x^2} + \frac{\partial^2}{\partial y^2} = \frac{\partial^2}{\partial r^2} + \frac{1}{r}\frac{\partial}{\partial r} + \frac{1}{r^2}\frac{\partial^2}{\partial \theta^2} \tag{7-8}$$

Substituting in the compatibility equation $\nabla^4 \Phi = 0$, the compatibility equation expressed by the stress function in the polar coordinate system under constant body forces can be obtained as follows

$$\left(\frac{\partial^2}{\partial r^2} + \frac{1}{r}\frac{\partial}{\partial r} + \frac{1}{r^2}\frac{\partial^2}{\partial \theta^2}\right)^2 \Phi = 0 \tag{7-9}$$

As shown in Fig. 7-1, if the x and y axes are rotated to the directions of r and θ respectively, and θ becomes zero, σ_x, σ_y and τ_{xy} become σ_r, σ_θ and $\tau_{r\theta}$ respectively. When the body forces are ignored, the relationship between stress and stress function in polar coordinates can be obtained by means of the Eq. (7-7)

$$\begin{cases} \sigma_r = (\sigma_x)_{\theta=0} = \left(\dfrac{\partial^2 \Phi}{\partial y^2}\right)_{\theta=0} = \dfrac{1}{r}\dfrac{\partial \Phi}{\partial r} + \dfrac{1}{r^2}\dfrac{\partial^2 \Phi}{\partial \theta^2} \\ \sigma_\theta = (\sigma_y)_{\theta=0} = \left(\dfrac{\partial^2 \Phi}{\partial x^2}\right)_{\theta=0} = \dfrac{\partial^2 \Phi}{\partial r^2} \\ \tau_{r\theta} = (\tau_{xy})_{\theta=0} = \left(-\dfrac{\partial^2 \Phi}{\partial x \partial y}\right)_{\theta=0} = -\dfrac{1}{r}\dfrac{\partial^2 \Phi}{\partial r \partial \theta} + \dfrac{1}{r^2}\dfrac{\partial \Phi}{\partial \theta} = -\dfrac{\partial}{\partial r}\left(\dfrac{1}{r}\dfrac{\partial \Phi}{\partial \theta}\right) \end{cases} \tag{7-10}$$

Here $\Phi(r,\theta)$ is the Airy stress function in polar coordinates, which is assumed to have continuous partial derivatives up to the fourth order. The constant body forces plane problem in polar coordinates is to find the solution of the differential Eq. (7-9) satisfying the boundary conditions using the stress function method. The stress components can be obtained from Eq. (7-10) after the stress function is obtained, and the strain components and displacement components can be obtained from Eqs. (7-3) and (7-2).

§ 7.2 Solution to Axisymmetrical Stress Problem

Axisymmetry means that the shape of a body or a physical quantity is symmetrical around an axis, and any surface through the axis of symmetry is a plane of symmetry. The geometry and force of the structure are symmetrical to its central axis, and the stress is only related to r, not θ. It can be seen from Eq. (7-10) that there are only normal stresses but no shearing stress on the body. This kind of problem is called the axisymmetrical stress problem. In the axisymmetrical stress problem, if the geometry and force (or geometrical constraints) of the body are also axisymmetrical, and there is only radial displacement but no circumferential displacement at each point in the body, the displacement of the problem is also axisymmetrical. This kind of problem is called the axisymmetrical displacement problem.

The axisymmetrical stress problem is analyzed by the inverse method. Supposing the stress function is only a function of radial coordinate r, its form is $\Phi = \Phi(r)$, then the compatibility Eq. (7-9) is simplified as

$$\left(\frac{\mathrm{d}^2}{\mathrm{d}r^2} + \frac{1}{r}\frac{\mathrm{d}}{\mathrm{d}r}\right)^2 \Phi = 0 \tag{7-11}$$

When the above equation is expanded, we can get

$$r^4\frac{\mathrm{d}^4\Phi}{\mathrm{d}r^4}+2r^3\frac{\mathrm{d}^3\Phi}{\mathrm{d}r^3}-r^2\frac{\mathrm{d}^2\Phi}{\mathrm{d}r^2}+r\frac{\mathrm{d}\Phi}{\mathrm{d}r}=0$$

This is a variable coefficient Euler equation, the general solution of which is

$$\Phi = A\ln r + Br^2\ln r + Cr^2 + D \tag{7-12}$$

where A, B, C, and D are undetermined coefficients. Substitute Eq. (7-12) into Eq. (7-10) to obtain each stress component

$$\begin{cases}\sigma_r = \dfrac{1}{r}\dfrac{\mathrm{d}\Phi}{\mathrm{d}r} = \dfrac{A}{r^2} + B(1+2\ln r) + 2C \\ \sigma_\theta = \dfrac{\mathrm{d}^2\Phi}{\mathrm{d}r^2} = -\dfrac{A}{r^2} + B(3+2\ln r) + 2C \\ \tau_{r\theta} = 0\end{cases} \tag{7-13}$$

It can be seen from the above equations, the normal stress components are only a function of r, and the shearing stress component does not exist. Therefore, the stress state is symmetrical to any plane passing through the z-axis, and this stress is axisymmetrical stress.

Substitute Eq. (7-13) into Eq. (7-3) to obtain the strain components under plane stress

$$\begin{cases}\varepsilon_r = \dfrac{1}{E}\left[(1+\upsilon)\dfrac{A}{r^2} + (1-3\upsilon)B + 2(1-\upsilon)B\ln r + 2(1-\upsilon)C\right] \\ \varepsilon_\theta = \dfrac{1}{E}\left[-(1+\upsilon)\dfrac{A}{r^2} + (3-\upsilon)B + 2(1-\upsilon)B\ln r + 2(1-\upsilon)C\right] \\ \gamma_{r\theta} = 0\end{cases} \tag{7-14}$$

By substituting Eq. (7-14) into the first and second equations of geometrical Eqs. (7-2), and integrating them, we can obtain

$$u_r = \frac{1}{E}\left[-(1+\upsilon)\frac{A}{r} + (1-3\upsilon)Br + 2(1-\upsilon)Br(\ln r - 1) + 2(1-\upsilon)Cr\right] + f(\theta) \tag{7-15}$$

$$u_\theta = \frac{4Br\theta}{E} - \int f(\theta)\,\mathrm{d}\theta + g(r) \tag{7-16}$$

Here, $f(\theta)$ is an arbitrary function of θ, and $g(r)$ is an arbitrary function of r. By substituting Eqs. (7-15) and (7-16) into the third equation of geometrical Eqs. (7-2), we can obtain

$$g(r) - r\frac{\mathrm{d}g(r)}{\mathrm{d}r} = \frac{\mathrm{d}f(\theta)}{\mathrm{d}\theta} + \int f(\theta)\,\mathrm{d}\theta \tag{7-17}$$

To make the above equation true for all r and θ, it is only possible that both sides of the equation are equal to some constant, namely

$$\begin{cases} g(r) - r\dfrac{\mathrm{d}g(r)}{\mathrm{d}r} = F \\ \dfrac{\mathrm{d}f(\theta)}{\mathrm{d}\theta} + \displaystyle\int f(\theta)\,\mathrm{d}\theta = F\end{cases} \tag{7-18}$$

The first equation of Eq. (7-18) can be solved as follows

$$g(r) = Hr + F \tag{7-19}$$

Taking the derivative of both sides of the second equation of Eqs. (7-18) with respect to θ, we obtain

$$\frac{\mathrm{d}^2 f(\theta)}{\mathrm{d}\theta^2}+f(\theta)=0 \tag{7-20}$$

The solution of the above equation is

$$f(\theta)=I\cos\theta+K\sin\theta \tag{7-21}$$

Substituting Eqs. (7-19) and (7-21) into Eqs. (7-15) and (7-16), the displacement components of the axisymmetrical stress problem can be obtained as follows

$$\begin{cases} u_r=\dfrac{1}{E}\left[-(1+v)\dfrac{A}{r}+(1-3v)Br+2(1-v)Br(\ln r-1)+2(1-v)Cr\right]+ \\ I\cos\theta+K\sin\theta \\ u_\theta=\dfrac{4Br\theta}{E}+Hr-I\sin\theta+K\cos\theta \end{cases} \tag{7-22}$$

where, A,B,C,H,K, and I are undetermined coefficients, which are determined by boundary conditions and constraints. According to Eq. (7-13), the undetermined coefficients H,K, and I are independent of stress and represent rigid body displacements whose values depend on constraint conditions. Therefore, the displacements corresponding to the no stress state are

$$\begin{cases} u_r=I\cos\theta+K\sin\theta \\ u_\theta=Hr-I\sin\theta+K\cos\theta \end{cases} \tag{7-23}$$

The relationship between the displacements in Cartesian coordinates and the displacements in polar coordinates is:

$$\begin{cases} u=u_r\cos\theta-u_\theta\sin\theta \\ v=u_r\sin\theta+u_\theta\cos\theta \end{cases} \tag{7-24}$$

Substitute Eq. (7-23) into Eq. (7-24) to obtain rigid body displacements in the Cartesian coordinates

$$\begin{cases} u=I-Hr\sin\theta \\ v=K+Hr\cos\theta \end{cases} \tag{7-25}$$

It can be seen that I and K represent the rigid body displacements of the body along the x and y directions, respectively. H represents the rigid body rotation around the axis of symmetry.

Eq. (7-22) shows that axial symmetry of stress does not mean axial symmetry of displacement. But in the case of axisymmetrical stress, if the geometry of the body and the force (or geometrical constraints) are also axisymmetrical, the displacements are also axisymmetrical. At this time, there will be no circular displacement at any point in the body, that is $u_\theta=0$, no matter what value r and θ take. It can be obtained $B=H=I=K=0$ from the second equation of Eq. (7-22), where Eq. (7-13) is simplified to

$$\begin{cases} \sigma_r=\dfrac{A}{r^2}+2C \\ \sigma_\theta=-\dfrac{A}{r^2}+2C \\ \tau_{r\theta}=0 \end{cases} \tag{7-26}$$

Eq. (7-22) is simplified to

$$\begin{cases} u_r = \dfrac{1}{E}\left[-(1+v)\dfrac{A}{r} + 2(1-v)Cr\right] \\ u_\theta = 0 \end{cases} \tag{7-27}$$

If the above discussion is applied to the calculation of strain and displacement in the case of plane strain, it is only necessary to replace the E, v respectively in the equation with $\dfrac{E}{1-v^2}, \dfrac{v}{1-v}$.

§ 7.3 Thick-Walled Cylinder Subjected to Uniform Pressure

The chemical reaction tower, high-pressure oil and gas pipeline, cylinder, and barrel in the project are all cylindrical components, which bear uniform pressure along the inner or outer wall, so they can be simplified into the same mechanical model. Since the geometrical shape and load of this kind of component are symmetrical to its central axis, its stress, and deformation must be axisymmetrical, which belongs to the axisymmetrical displacement problem. The relevant results obtained in the previous section can be directly used.

The inner and outer radius of a thick-walled cylinder are set as a and b, and the inner and outer walls are subjected to uniform pressures q_1 and q_2 respectively, as shown in Fig. 7-2. Rigid body displacement is not considered, and the two end faces of the cylinder are assumed to be rigid constraints, that is, the axial displacement is zero, and the radial displacement is not restricted. This problem belongs to plane strain. Try to analyze the stress and displacement in the cylinder.

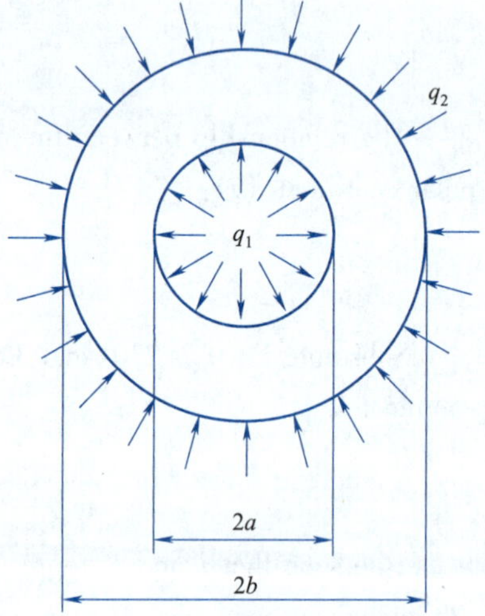

Fig. 7-2

The stress boundary conditions on the inner and outer boundaries are

$$\begin{aligned} (\sigma_r)_{r=a} &= -q_1, \quad (\tau_{r\theta})_{r=a} = 0 \\ (\sigma_r)_{r=b} &= -q_2, \quad (\tau_{r\theta})_{r=b} = 0 \end{aligned} \tag{7-28}$$

The boundary conditions of shearing stress have been automatically satisfied. By substituting the first formula of Eq. (7-26) into Eq. (7-28), we can obtain

$$\frac{A}{a^2} + 2C = -q_1$$

$$\frac{A}{b^2} + 2C = -q_2$$

We can obtain

$$A = \frac{a^2 b^2 (q_2 - q_1)}{b^2 - a^2}, \quad C = \frac{q_1 a^2 - q_2 b^2}{2(b^2 - a^2)} \tag{7-29}$$

Substituting the above coefficients into Eq. (7-26), Lamé solutions of the stress components are obtained after sorting

$$
\begin{cases}
\sigma_r = -\dfrac{\dfrac{b^2}{r^2}-1}{\dfrac{b^2}{a^2}-1}q_1 - \dfrac{1-\dfrac{a^2}{r^2}}{1-\dfrac{a^2}{b^2}}q_2 \\
\sigma_\theta = \dfrac{\dfrac{b^2}{r^2}+1}{\dfrac{b^2}{a^2}-1}q_1 - \dfrac{1+\dfrac{a^2}{r^2}}{1-\dfrac{a^2}{b^2}}q_2 \\
\tau_{r\theta} = 0
\end{cases}
\tag{7-30}
$$

Substituting the values of coefficients A and C into Eq. (7-27), and noting that E,v need to be replaced by $\frac{E}{1-v^2},\frac{v}{1-v}$ for plane strain problem, the expressions of displacement components can be obtained as follows

$$
\begin{cases}
u_r = \dfrac{1+v}{E}\dfrac{(q_1-q_2)a^2b^2}{(b^2-a^2)r} + \dfrac{(1+v)(1-2v)}{E}\dfrac{(q_1a^2-q_2b^2)}{b^2-a^2}r \\
u_\theta = 0
\end{cases}
\tag{7-31}
$$

If the cylinder is only subjected to the internal pressure q_1, the corresponding stresses and displacement are

$$
\sigma_r = -\frac{\dfrac{b^2}{r^2}-1}{\dfrac{b^2}{a^2}-1}q_1, \quad \sigma_\theta = \frac{\dfrac{b^2}{r^2}+1}{\dfrac{b^2}{a^2}-1}q_1 \tag{7-32}
$$

$$
u_r = \frac{1+v}{E}\frac{q_1a^2b^2}{(b^2-a^2)r} + \frac{(1+v)(1-2v)}{E}\frac{q_1a^2}{b^2-a^2}r \tag{7-33}
$$

Obviously σ_r is always compressive stress and σ_θ is always tensile stress. The maximum values of both occur in the inner wall of the cylinder, and the maximum circumferential tensile stress is $(\sigma_\theta)_{\max} = \frac{a^2+b^2}{b^2-a^2}q_1$. The distributions of stress along the thickness in this case are shown in Fig. 7-3(a).

If the cylinder is only subjected to the external pressure q_2, the corresponding stresses and displacement are

$$
\sigma_r = -\frac{1-\dfrac{a^2}{r^2}}{1-\dfrac{a^2}{b^2}}q_2, \quad \sigma_\theta = -\frac{1+\dfrac{a^2}{r^2}}{1-\dfrac{a^2}{b^2}}q_2 \tag{7-34}
$$

$$
u_r = -\frac{1+v}{E}\frac{q_2a^2b^2}{(b^2-a^2)r} - \frac{(1+v)(1-2v)}{E}\frac{q_2b^2}{b^2-a^2}r \tag{7-35}
$$

In this case, σ_r and σ_θ are compressive stresses, and the maximum values of them occur in the outer wall and inner wall respectively. The distributions of stress along the thickness in this case are shown in Fig. 7-3(b).

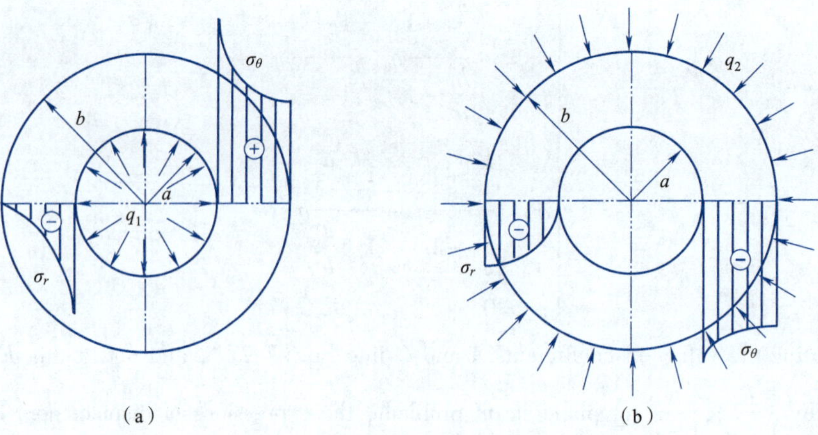

Fig. 7-3

§ 7.4 Pure Bending of Curved Beam

A circular curved beam of rectangular section has inner radius a and outer radius b is provided, and its two ends bear the same torque M in opposite directions in unit thickness, as shown in Fig. 7-4(a). Try to calculate the stress components and displacement components in the curved beam.

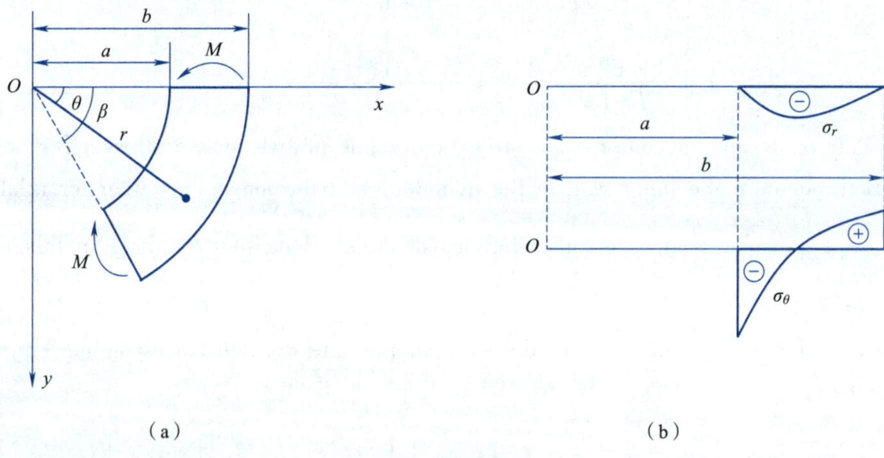

Fig. 7-4

According to the equilibrium condition, the bending moment on any radial section is equal to M, so it can be assumed that the stress distribution on each section is the same. Therefore, the pure bending of the curved beam belongs to the axisymmetrical stress problem. However, since the geometrical structure does not satisfy the axisymmetrical condition, the stress components and displacement components should adopt Eqs. (7-13) and (7-22). The undetermined coefficients A, B, and C are determined by boundary conditions. The boundary conditions of this problem are

$$\begin{aligned}(\sigma_r)_{r=a}=0,\quad (\tau_{r\theta})_{r=a}=0\\(\sigma_r)_{r=b}=0,\quad (\tau_{r\theta})_{r=b}=0\end{aligned}\tag{7-36}$$

Obviously, the condition for $(\tau_{r\theta})_{r=a,b}=0$ is naturally satisfied. Substitute the first equation of Eq. (7-13) into the other two conditions

$$\begin{cases}\dfrac{A}{a^2}+B(1+2\ln a)+2C=0\\[2ex]\dfrac{A}{b^2}+B(1+2\ln b)+2C=0\end{cases}\tag{7-37}$$

At either end of the beam, the circumferential normal stress σ_θ should be combined into bending moment M, therefore it is required that

$$\begin{cases}\displaystyle\int_a^b(\sigma_\theta)_{\theta=0}\mathrm{d}r=0\\[2ex]\displaystyle\int_a^b r(\sigma_\theta)_{\theta=0}\mathrm{d}r=M\end{cases}\tag{7-38}$$

Substitute the second equation of Eq. (7-13) into Eq. (7-38)

$$\begin{cases}b\left[\dfrac{A}{b^2}+B(1+2\ln b)+2C\right]-a\left[\dfrac{A}{a^2}+B(1+2\ln a)+2C\right]=0\\[2ex]A\ln\dfrac{b}{a}+B(b^2\ln b-a^2\ln a)+C(b^2-a^2)=-M\end{cases}\tag{7-39}$$

Eqs. (7-37) and (7-39) are solved simultaneously to obtain

$$\begin{cases}A=\dfrac{4M}{N}a^2b^2\ln\dfrac{b}{a},\quad B=\dfrac{2M}{N}(b^2-a^2)\\[2ex]C=-\dfrac{M}{N}[b^2-a^2+2(b^2\ln b-a^2\ln a)]\\[2ex]N=(b^2-a^2)^2-4a^2b^2\left(\ln\dfrac{b}{a}\right)^2\end{cases}\tag{7-40}$$

Substitute Eq. (7-40) into Eq. (7-13) to obtain the stress components as follows

$$\begin{cases}\sigma_r=\dfrac{4M}{N}\left(\dfrac{a^2b^2}{r^2}\ln\dfrac{b}{a}+b^2\ln\dfrac{r}{b}+a^2\ln\dfrac{a}{r}\right)\\[2ex]\sigma_\theta=\dfrac{4M}{N}\left(-\dfrac{a^2b^2}{r^2}\ln\dfrac{b}{a}+b^2\ln\dfrac{r}{b}+a^2\ln\dfrac{a}{r}+b^2-a^2\right)\\[2ex]\tau_{r\theta}=0\end{cases}\tag{7-41}$$

The solution was first given by Golovin. The distribution of stress along the radial section is roughly shown in Fig. 7-4(b). It is different from a pure bending of a straight beam. The bending stress σ_θ along the height of cross-section is no longer a linear distribution. The maximum value happens in the inner boundary, and the neutral layer ($\sigma_\theta=0$) moves to the inner side. In addition to the internal and external boundary surface, there is crushing stress σ_r, and its maximum value occurs on the location closer to the inner boundary than the neutral axis.

The undetermined coefficients H, K, and I can be obtained by applying appropriate constraints to one end of the curved beam to eliminate the rigid body motion. The displacement components of the curved beam can be obtained when the beam is pure bending. For example, assuming that at the midpoint $\left(\frac{a+b}{2},0\right)$ of the upper surface of the beam, the displacement constraint condition is

$$u_r=0,\quad u_\theta=0,\quad \frac{\partial u_\theta}{\partial r}=0 \tag{7-42}$$

Substituting the obtained A, B, and C into Eq. (7-22), and applying Eq. (7-42) at the same time, the integral constants H, K, and I can be calculated, and the displacement component can be obtained. Here, the complicated calculation is omitted, and only the annular displacement is given

$$u_\theta=\frac{4Br\theta}{E}-I\sin\theta \tag{7-43}$$

When the curved beam is pure bending, the angle of any radial line segment dr in the section of the curved beam is $\alpha=\frac{\partial u_\theta}{\partial r}$. Substituting the second formula of Eq. (7-22), we can get $\alpha=\frac{4B\theta}{E}+H$. It can be seen that for a certain section of the curved beam (θ is constant), the angle α is constant. This indicated that all the radial line elements in the cross-section have the same angle of rotation, and the cross-section of the curved beam remains plane.

§ 7.5 Uniform Tension of a Plate with a Small Circular Hole

It is common to open holes in engineering structures to meet certain engineering requirements, such as connectors in mechanical structures, tunnel excavation, flood discharge outlets in hydraulic engineering, etc. Due to the existence of holes, the continuity of the material is destroyed, and the stress in the area near the edge of the hole will be much greater than the stress without holes or the stress far away from the hole. This phenomenon is called stress concentration at the hole. Stress concentration coefficient $k=\frac{\sigma_{\max}}{\sigma_0}$ is usually used to represent its severity, where $\sigma_{\max}$ is the maximum local stress and σ_0 is the calculated stress at the corresponding point without considering the local effect, which is called the nominal stress. Local stress needs to be analyzed by elasticity. Because local high stress is the root causing of fatigue cracks or brittle fractures, the calculation of stress concentration has important practical significance.

Consider a rectangular thin plate with a circular hole in it and a small circular hole of radius a far away from the boundary. Compared to the circular hole, the plate can be regarded as infinitely large, and both ends of the plate are subjected to uniform tension q. The origin of coordinates is set at the center of the circular hole, and the coordinate axes are parallel to the boundary, as shown in Fig. 7-5.

In this problem, the outer boundary is a straight-line boundary, so Cartesian coordinates should be used. The inner boundary is a circular curve boundary and polar coordinates should be used. Because the stress near the circular hole is mainly investigated here, polar coordinates are chosen to solve the problem, and the straight boundary needs to be transformed into a circular boundary. To this end, a large circle, which is concentric with the circular hole and has radius b, $b\gg a$, is taken. In this case, the stress components at each point on the large circle is determined

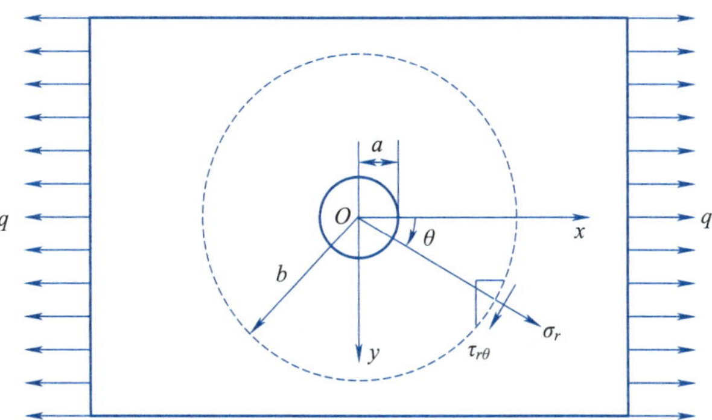

Fig. 7-5

by the stress field of the no-hole plate under unidirectional uniform tension, that is, $\sigma_x = q, \sigma_y = 0, \tau_{xy} = 0$ is on the boundary of the large circle. The stress transformation equations in Cartesian coordinates and polar coordinates are used

$$\begin{cases} \sigma_r = \sigma_x \cos^2\theta + \sigma_y \sin^2\theta + 2\tau_{xy}\sin\theta\cos\theta \\ \sigma_\theta = \sigma_x \sin^2\theta + \sigma_y \cos^2\theta - 2\tau_{xy}\sin\theta\cos\theta \\ \tau_{r\theta} = (\sigma_y - \sigma_x)\sin\theta\cos\theta + \tau_{xy}(\cos^2\theta - \sin^2\theta) \end{cases} \tag{7-44}$$

The stress components in polar coordinates on the boundary of the large circle are obtained as follows

$$\begin{cases} \sigma_r = \dfrac{q}{2} + \dfrac{q}{2}\cos 2\theta \\ \tau_{r\theta} = -\dfrac{q}{2}\sin 2\theta \end{cases} \tag{7-45}$$

The original problem is changed into the following new problem: a ring or cylinder with inner radius a and outer radius b, and the outer boundary is subject to the surface forces shown in Eq. (7-45). The surface forces can be divided into two parts, the first part is

$$(\sigma_r)^{(1)}_{r=b} = \frac{q}{2}, \quad (\tau_{r\theta})^{(1)}_{r=b} = 0 \tag{7-46}$$

The second part is

$$(\sigma_r)^{(2)}_{r=b} = \frac{q}{2}\cos 2\theta, \quad (\tau_{r\theta})^{(2)}_{r=b} = -\frac{q}{2}\sin 2\theta \tag{7-47}$$

The problem corresponding to the surface forces in the first part is that the outer boundary of the ring is subjected to uniform tension. By applying the solution (7-34), let $q_2 = -\dfrac{q}{2}$ and approximate $\dfrac{a}{b} = 0$, we can obtain

$$\sigma_r^{(1)} = \frac{q}{2}\left(1 - \frac{a^2}{r^2}\right), \quad \sigma_\theta^{(1)} = \frac{q}{2}\left(1 + \frac{a^2}{r^2}\right), \quad \tau_{r\theta}^{(1)} = 0 \tag{7-48}$$

The stresses caused by the second part of surface forces can be solved by the semi-inverse method. According to the relationship between stress function and stress components

$$\sigma_r = \frac{1}{r}\frac{\partial \Phi}{\partial r} + \frac{1}{r^2}\frac{\partial^2 \Phi}{\partial \theta^2}, \quad \sigma_\theta = \frac{\partial^2 \Phi}{\partial r^2}, \quad \tau_{r\theta} = -\frac{\partial}{\partial r}\left(\frac{1}{r}\frac{\partial \Phi}{\partial \theta}\right) \tag{7-49}$$

It can be seen that to satisfy the outer boundary condition (7-47d), the stress function Φ should contain factor $\cos 2\theta$. σ_r and $\tau_{r\theta}$ vary from the inner boundary to the outer boundary, that is, σ_r and $\tau_{r\theta}$ are related to r and Φ is a function of r. Thus, the stress function can be assumed as follows:

$$\Phi = f(r)\cos 2\theta \tag{7-50}$$

Φ must satisfy the compatibility equation $\left(\frac{\partial^2}{\partial r^2}+\frac{1}{r}\frac{\partial}{\partial r}+\frac{1}{r^2}\frac{\partial^2}{\partial \theta^2}\right)^2 \Phi = 0$, from which we can obtain:

$$\left[\frac{\mathrm{d}^4 f(r)}{\mathrm{d}r^4}+\frac{2}{r}\frac{\mathrm{d}^3 f(r)}{\mathrm{d}r^3}-\frac{9}{r^2}\frac{\mathrm{d}^2 f(r)}{\mathrm{d}r^2}+\frac{9}{r^3}\frac{\mathrm{d}f(r)}{\mathrm{d}r}\right]\cos 2\theta = 0$$

This is an ordinary differential equation of the Euler type. The following equation can be obtained by solving it

$$f(r) = Ar^4 + Br^2 + C + \frac{D}{r^2}$$

The stress function can be expressed as

$$\Phi = \left(Ar^4 + Br^2 + C + \frac{D}{r^2}\right)\cos 2\theta \tag{7-51}$$

Substitute Eq. (7-51) into Eq. (7-49) to obtain the expression of each stress component

$$\begin{cases} \sigma_r^{(2)} = -\left(2B + \dfrac{4C}{r^2} + \dfrac{6D}{r^4}\right)\cos 2\theta \\ \sigma_\theta^{(2)} = \left(12Ar^2 + 2B + \dfrac{6D}{r^4}\right)\cos 2\theta \\ \tau_{r\theta}^{(2)} = \left(6Ar^2 + 2B - \dfrac{2C}{r^2} - \dfrac{6D}{r^4}\right)\sin 2\theta \end{cases} \tag{7-52}$$

Substituting the boundary condition Eq. (7-47) into Eq. (7-52), each undetermined coefficient can be obtained as follows

$$A = 0,\quad B = -\frac{q}{4},\quad C = \frac{qa^2}{2},\quad D = -\frac{qa^4}{4}$$

Substituting the above coefficients back into Eq. (7-52), we can get

$$\begin{cases} \sigma_r^{(2)} = \dfrac{q}{2}\left(1 - \dfrac{4a^2}{r^2} + \dfrac{3a^4}{r^4}\right)\cos 2\theta \\ \sigma_\theta^{(2)} = -\dfrac{q}{2}\left(1 + \dfrac{3a^4}{r^4}\right)\cos 2\theta \\ \tau_{r\theta}^{(2)} = -\dfrac{q}{2}\left(1 + \dfrac{2a^2}{r^2} - \dfrac{3a^4}{r^4}\right)\sin 2\theta \end{cases} \tag{7-53}$$

According to the superposition principle, two sets of solutions correspond to the two sets of surface forces, namely Eqs. (7-48) and (7-53) are added together, and the Kirsch solution to the problem is obtained

$$\begin{cases} \sigma_r = \sigma_r^{(1)} + \sigma_r^{(2)} = \dfrac{q}{2}\left(1 - \dfrac{a^2}{r^2}\right) + \dfrac{q}{2}\left(1 - \dfrac{4a^2}{r^2} + \dfrac{3a^4}{r^4}\right)\cos 2\theta \\ \sigma_\theta = \sigma_\theta^{(1)} + \sigma_\theta^{(2)} = \dfrac{q}{2}\left(1 + \dfrac{a^2}{r^2}\right) - \dfrac{q}{2}\left(1 + \dfrac{3a^4}{r^4}\right)\cos 2\theta \\ \tau_{r\theta} = \tau_{r\theta}^{(1)} + \tau_{r\theta}^{(2)} = -\dfrac{q}{2}\left(1 + \dfrac{2a^2}{r^2} - \dfrac{3a^4}{r^4}\right)\sin 2\theta \end{cases} \tag{7-54}$$

The following focuses on the distribution characteristics of the circumferential normal stress.

(1) Along the radial direction

When $\theta = \frac{\pi}{2}$, $\theta = \frac{3\pi}{2}$, the circumferential normal stress is $\sigma_\theta = q\left(1 + \frac{a^2}{2r^2} + \frac{3a^4}{2r^4}\right)$. $r = a$, $\sigma_\theta = 3q$. When $\theta = 0$, $\theta = \pi$, the circumferential normal stress is $\sigma_\theta = -\frac{qa^2}{2r^2}\left(\frac{3a^2}{r^2} - 1\right)$. When $r = a$, $\sigma_\theta = -q$, $r = \sqrt{3}a$, $\sigma_\theta = 0$. The specific distribution is shown in Fig. 7-6(a).

(2) Circumferential along the edge of the hole

Along the edge of the hole, $r = a$, and the circumferential normal stress is $\sigma_\theta = q(1 - \cos 2\theta)$. The specific distribution is shown in Fig. 7-6 (b).

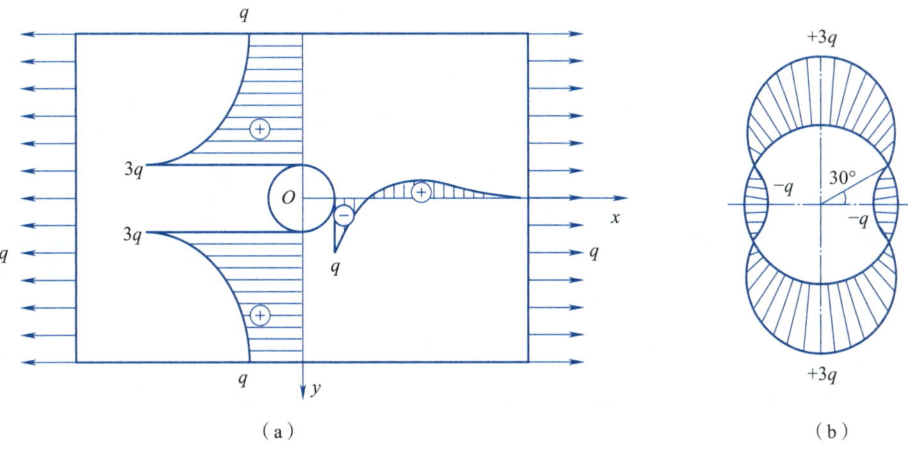

Fig. 7-6

From the above analysis, it can be seen that the maximum circumferential stress occurs at the edge of the hole, and its value is $3q$. With the increase of the distance from the hole edge, the circumferential normal stress rapidly decays to the stress q in the non- hole state. The stress concentration coefficient is 3 when the thin rectangular plate is uniformly strained. The stress concentration at the hole edge is a local phenomenon. At $r \geqslant 5a$, the stress is no longer affected by the hole, which also verifies the Saint-Venant's principle numerically. Finally, it should be pointed out that the solution of tension or compression in two vertical directions can be obtained by using the above results and the superposition principle. When both vertical directions are subjected to tensile stress σ, the stress concentration coefficient is 2. In two vertical directions, one direction is subjected to tensile stress σ and the other direction is subjected to compressive stress σ (i. e., pure shear), then the stress concentration coefficient is 4.

§ 7.6 The Wedge Loaded at the Vertex or the Edges

Wedge is an important mechanical model, and the stress analysis of this model is the basis for accurate analysis of the stress of some components in engineering structures. The wedge can bear various load forms. This section mainly investigates the wedge under three conditions: a concentrated force on the top, a concentrated force couple on the top, and uniform shear on the side. Their solutions have many similarities, and their solutions are widely used.

7.6.1 A concentrated force at the vertex of a wedge

Considering a wedge, its apex angle is α, and the lower end can be considered to extend to infinity, regardless of body forces. The unit thickness is considered, and the force on the unit thickness is set as F, and the force forms an angle of β with the center line of the wedge. The coordinates are selected as shown in Fig. 7-7(a).

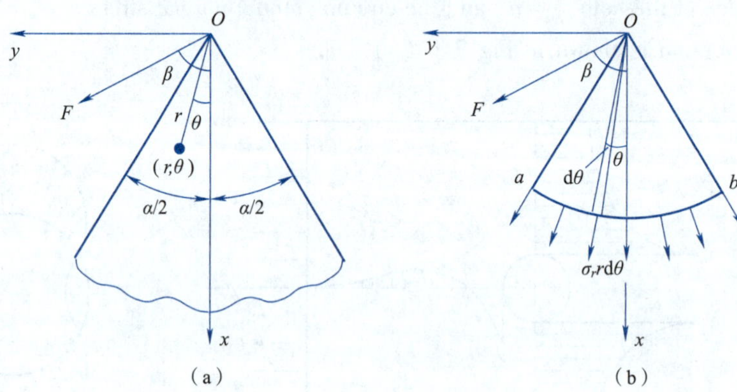

Fig. 7-7

The method of dimensional analysis is used to find the stress function of the problem. The stress components at any point in the wedge depend on $F, \alpha, \beta, r, \theta$. Since the dimension of F is MT^{-2}, the dimension of r is L. α, β, θ are the quantities of unit dimension, and the dimension of each stress component is $\mathrm{L}^{-1}\mathrm{MT}^{-2}$. Therefore, the stress expressions can only take the form of $\frac{F}{r}N(\alpha,\beta,\theta)$, where $N(\alpha,\beta,\theta)$ is a dimensionless function. Considering the relationship between the stress components and the stress function (7-10), it can be seen that the power of r in the stress function is twice higher than the power of r in each stress component. The stress function can only contain the first term of r, so the stress function of this problem should be in the following form

$$\Phi = rf(\theta) \tag{7-55}$$

Substituting it into the compatibility equation $\left(\frac{\partial^2}{\partial r^2}+\frac{1}{r}\frac{\partial}{\partial r}+\frac{1}{r^2}\frac{\partial^2}{\partial \theta^2}\right)^2\Phi = 0$, and after simplification, we can get

$$\frac{\mathrm{d}^4 f(\theta)}{\mathrm{d}\theta^4}+2\frac{\mathrm{d}^2 f(\theta)}{\mathrm{d}\theta^2}+f(\theta)=0 \tag{7-56}$$

This is an ordinary differential equation with constant coefficients, which solution is as follows.

$$f(\theta) = A\cos\theta + B\sin\theta + \theta(C\cos\theta + D\sin\theta) \tag{7-57}$$

Substituting Eq. (7-57) into Eq. (7-55), it is noted that the first two terms $Ar\cos\theta + Br\sin\theta = Ax + By$ in the equation are first-order terms of coordinates and have no influence on stress, so they can be deleted, and the stress function can be simplified to

$$\Phi = \theta r(C\cos\theta + D\sin\theta) \tag{7-58}$$

According to Eq. (7-10), each stress component is

$$\sigma_r = \frac{2}{r}(D\cos\theta - C\sin\theta), \quad \sigma_\theta = 0, \quad \tau_{r\theta} = 0 \tag{7-59}$$

The undetermined coefficients C and D in the above equations are determined by boundary conditions.

The stress boundary condition $(\sigma_\theta)_{\theta=\pm\frac{\alpha}{2}} = 0, (\tau_{r\theta})_{\theta=\pm\frac{\alpha}{2}} = 0$ on the left and right sides of the wedge has been satisfied automatically. There is a set of surface forces on a small part of the boundary near the top of the wedge, whose distribution is not given. It is synthesized as F per unit width, which needs to be relaxed by applying the Saint-Venant's principle. For any section, such as a cylindrical surface ab [see Fig. 7-7(b)], the stress on this section must be combined with the above-mentioned surface forces into an equilibrium force system, and therefore must be combined with force F into an equilibrium force system. Thus, the equilibrium conditions transformed from stress boundary conditions can be obtained

$$\begin{aligned} &\sum F_x = 0, \quad \int_{-\frac{\alpha}{2}}^{\frac{\alpha}{2}} \sigma_r r\mathrm{d}\theta\cos\theta + F\cos\beta = 0 \\ &\sum F_y = 0, \quad \int_{-\frac{\alpha}{2}}^{\frac{\alpha}{2}} \sigma_r r\mathrm{d}\theta\sin\theta + F\sin\beta = 0 \end{aligned} \tag{7-60}$$

Substitute the first equation in Eq. (7-59) into Eq. (7-60) and integrate to obtain

$$D(\sin\alpha + \alpha) + F\cos\beta = 0$$
$$C(\sin\alpha - \alpha) + F\sin\beta = 0$$

From this, we can get

$$C = \frac{F\sin\beta}{\alpha - \sin\alpha}, \quad D = -\frac{F\cos\beta}{\alpha + \sin\alpha}$$

Substitute into Eq. (7-59), and obtain the Michell solution of this problem

$$\begin{cases} \sigma_r = -\dfrac{2F}{r}\left(\dfrac{\cos\beta\cos\theta}{\alpha+\sin\alpha} + \dfrac{\sin\beta\sin\theta}{\alpha-\sin\alpha}\right) \\ \sigma_\theta = 0 \\ \tau_{r\theta} = 0 \end{cases} \tag{7-61}$$

7.6.2 A couple at the vertex of a wedge

Suppose that the wedge is acted by a couple at the vertex, as shown in Fig. 7-8(a). Similarly, the stress function is found from dimensional analysis. Here, the couple is the force couple moment M per unit thickness, its dimension is LMT^{-2}, and the dimension of each stress component is $\mathrm{L}^{-1}\mathrm{MT}^{-2}$. Therefore, the stress expression can only take the form of $\frac{M}{r^2}N(\alpha,\theta)$, while the stress function should be independent of r, and its form is

$$\Phi = f(\theta) \tag{7-62}$$

Substitute Eq. (7-62) into the compatibility Eq. (7-9), and after simplification, we can get

$$\frac{\mathrm{d}^4 f(\theta)}{\mathrm{d}\theta^4} + 4\frac{\mathrm{d}^2 f(\theta)}{\mathrm{d}\theta^2} = 0 \tag{7-63}$$

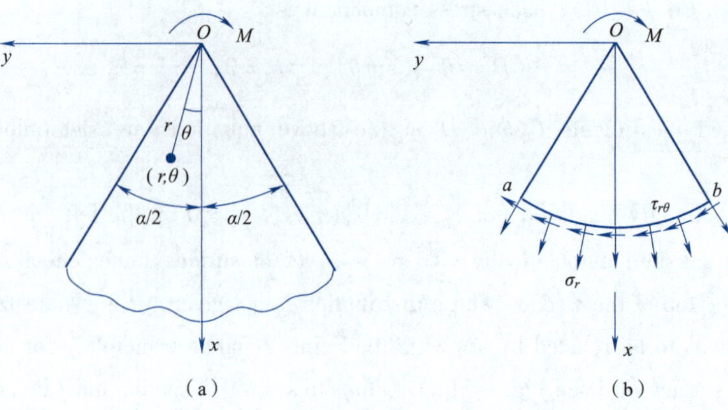

Fig. 7-8

Solving this ordinary differential equation leads to

$$\Phi = f(\theta) = A\cos 2\theta + B\sin 2\theta + C\theta + D \tag{7-64}$$

The problem is an antisymmetrical problem, where σ_r, σ_θ are odd functions of θ, and $\tau_{r\theta}$ is an even function of θ. According to the relationship between the stress components and the stress function, the stress function Φ should be an odd function of θ. $A = D = 0$ in Eq. (7-64) and the stress function is simplified to

$$\Phi = B\sin 2\theta + C\theta \tag{7-65}$$

According to Eq. (7-10), each stress component is

$$\begin{cases} \sigma_r = -\dfrac{4B\sin 2\theta}{r} \\ \sigma_\theta = 0 \\ \tau_{r\theta} = \dfrac{2B\cos 2\theta + C}{r^2} \end{cases} \tag{7-66}$$

where the undetermined coefficients B and C are determined by boundary conditions.

On the left and right sides of the wedge, the boundary conditions are $(\sigma_\theta)_{\theta=\pm\frac{\alpha}{2}} = 0$, $(\tau_{r\theta})_{\theta=\pm\frac{\alpha}{2}} = 0$. Obviously, the first equation is automatically satisfied. Substituting the third formula of Eq. (7-66) into the second equation, we can obtain

$$C = -2B\cos\alpha \tag{7-67}$$

At the vertex of the wedge, the solution is similar to the previous problem. At the end of the wedge, a small sector Oab [see Fig. 7-8(b)] is cut off. To determine the constant B, we consider the equilibrium condition of the sector above section ab and the following equation can be obtained

$$\sum M_O = 0,\quad \int_{-\frac{\alpha}{2}}^{\frac{\alpha}{2}} (\tau_{r\theta} r\mathrm{d}\theta) r + M = 0 \tag{7-68}$$

Substituting the third equation of Eq. (7-66) into Eq. (7-68) and simultaneity with Eq. (7-67) yield the solution

$$B = -\frac{M}{2(\sin\alpha - \alpha\cos\alpha)},\quad C = -\frac{M\cos\alpha}{\sin\alpha - \alpha\cos\alpha}$$

Substituting the values of B and C back into Eq. (7-66), the Inglis solution can be obtained as follows

$$\begin{cases}\sigma_r = -\dfrac{2M\sin 2\theta}{(\sin\alpha - \alpha\cos\alpha)r^2} \\ \sigma_\theta = 0 \\ \tau_{r\theta} = -\dfrac{M(\cos 2\theta - \cos\alpha)}{(\sin\alpha - \alpha\cos\alpha)r^2}\end{cases} \tag{7-69}$$

7.6.3 The edges of wedge subjected to uniform shear force

As shown in Fig. 7-9, we assume that the wedge is subjected to uniform shear force q on both sides. The method of dimensional analysis is adopted. q is the uniform shear force acting on unit thickness, and its dimension is $L^{-1}MT^{-2}$, which is the same as the stress dimension. Therefore, the stress expression can only take the form of $qN(\alpha,\theta)$, while the stress function should be related to r^2, and its form is

$$\Phi = r^2 f(\theta) \tag{7-70}$$

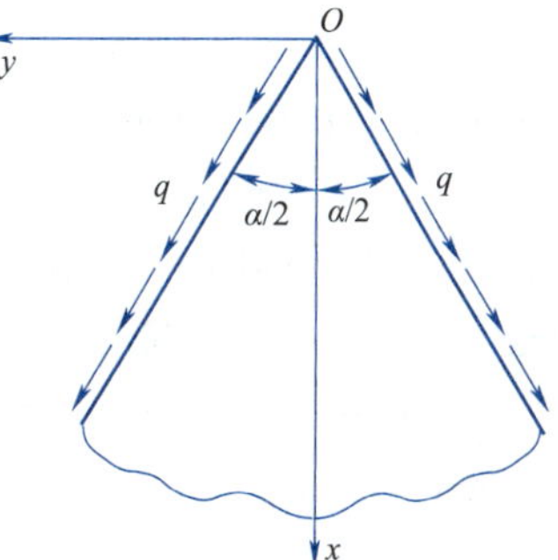

Fig. 7-9

Substituting Eq. (7-70) into the compatibility equation, and after simplification, we can get

$$\frac{d^4 f(\theta)}{d\theta^4} + 4\frac{d^2 f(\theta)}{d\theta^2} = 0 \tag{7-71}$$

Solving the ordinary differential equation and substituting the result into Eq. (7-70), we can obtain the expression of stress function

$$\Phi = r^2(A\cos 2\theta + B\sin 2\theta + C\theta + D) \tag{7-72}$$

Each stress component is

$$\begin{cases}\sigma_r = -2A\cos 2\theta - 2B\sin 2\theta + 2C\theta + 2D \\ \sigma_\theta = 2A\cos 2\theta + 2B\sin 2\theta + 2C\theta + 2D \\ \tau_{r\theta} = 2A\sin 2\theta - 2B\cos 2\theta - C\end{cases} \tag{7-73}$$

The boundary conditions are

$$(\sigma_\theta)_{\theta=\pm\frac{\alpha}{2}} = 0, \quad (\tau_{r\theta})_{\theta=\frac{\alpha}{2}} = q, \quad (\tau_{r\theta})_{\theta=-\frac{\alpha}{2}} = -q \tag{7-74}$$

Substituting Eq. (7-73) into Eq. (7-74), each undetermined coefficient can be solved as follows

$$A = \frac{q}{2\sin\alpha}, \quad B = C = 0, \quad D = -\frac{q}{2\tan\alpha}$$

Substituting the above-undetermined coefficients into Eq. (7-73), we obtain the expressions of the stress components

$$\begin{cases}\sigma_r = -q\left(\dfrac{\cos 2\theta}{\sin\alpha} + \cot\alpha\right) \\ \sigma_\theta = q\left(\dfrac{\cos 2\theta}{\sin\alpha} - \cot\alpha\right) \\ \tau_{r\theta} = q\dfrac{\sin 2\theta}{\sin\alpha}\end{cases} \tag{7-75}$$

§ 7.7 Concentrated Normal Load on the Boundary of a Semi-infinite Plane

Now it is considered that a concentrated vertical force F acting on the horizontal straight boundary of the semi-infinite plate, as shown in Fig. 7-10. Along with the thickness of the plate, the load distribution is uniform. The thickness of the plate is taken as a unit, and F is the load on the unit thickness. This problem can be regarded as a special case of the concentrated force on the top of the wedge, and the solution to this problem can be obtained simply by letting $\alpha = \pi$, $\beta = 0$, which is the famous Flamant problem.

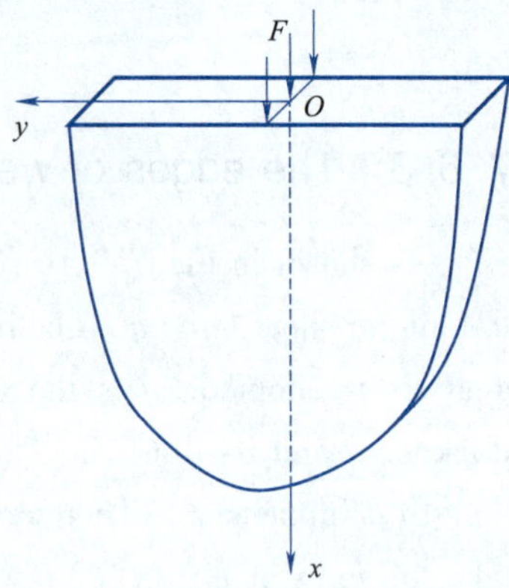

Fig. 7-10

Substituting $\alpha = \pi$, $\beta = 0$ into Eq. (7-61), the stress components are

$$\begin{cases} \sigma_r = -\dfrac{2F}{\pi}\dfrac{\cos\theta}{r} \\ \sigma_\theta = 0 \\ \tau_{r\theta} = 0 \end{cases} \tag{7-76}$$

Using the stress transformation formulas in Cartesian and polar coordinates

$$\begin{cases} \sigma_x = \sigma_r\cos^2\theta + \sigma_\theta\sin^2\theta - 2\tau_{r\theta}\sin\theta\cos\theta \\ \sigma_y = \sigma_r\sin^2\theta + \sigma_\theta\cos^2\theta + 2\tau_{r\theta}\sin\theta\cos\theta \\ \tau_{xy} = (\sigma_r - \sigma_\theta)\sin\theta\cos\theta + \tau_{r\theta}(\cos^2\theta - \sin^2\theta) \end{cases} \tag{7-77}$$

Each stress component in Cartesian coordinates can be obtained as follows

$$\begin{cases} \sigma_x = -\dfrac{2F}{\pi}\dfrac{x^3}{(x^2+y^2)^2} \\ \sigma_y = -\dfrac{2F}{\pi}\dfrac{xy^2}{(x^2+y^2)^2} \\ \tau_{xy} = -\dfrac{2F}{\pi}\dfrac{x^2y}{(x^2+y^2)^2} \end{cases} \tag{7-78}$$

Eq. (7-78) is an important equation for soil mechanics and elastic foundation stress calculation.

The vertical displacement on the boundary of a semi-infinite plane under the action of the concentrated normal force is of great application value in engineering, so the displacement at any point is calculated next. This problem belongs to the case of plane stress. By substituting Eq. (7-76) into the physical Eq. (7-3), the strain components can be obtained

$$\begin{cases} \varepsilon_r = -\dfrac{2F}{\pi E}\dfrac{\cos\theta}{r} \\ \varepsilon_\theta = \dfrac{2\upsilon F}{\pi E}\dfrac{\cos\theta}{r} \\ \gamma_{r\theta} = 0 \end{cases} \tag{7-79}$$

Using the geometrical Eq. (7-2), we can obtain

$$\begin{cases} \dfrac{\partial u_r}{\partial r} = -\dfrac{2F}{\pi E}\dfrac{\cos\theta}{r} \\ \dfrac{u_r}{r} + \dfrac{1}{r}\dfrac{\partial u_\theta}{\partial \theta} = \dfrac{2vF}{\pi E}\dfrac{\cos\theta}{r} \\ \dfrac{1}{r}\dfrac{\partial u_r}{\partial \theta} + \dfrac{\partial u_\theta}{\partial r} - \dfrac{u_\theta}{r} = 0 \end{cases}$$

The integral operation is carried out, and the symmetry condition $(u_\theta)_{\theta=0} = 0$ is considered. Finally, the displacement components are

$$\begin{cases} u_r = -\dfrac{2F}{\pi E}\cos\theta\ln r - \dfrac{(1-v)F}{\pi E}\theta\sin\theta + I\cos\theta \\ u_\theta = \dfrac{2F}{\pi E}\sin\theta\ln r - \dfrac{(1-v)F}{\pi E}\theta\cos\theta + \dfrac{(1+v)F}{\pi E}\sin\theta - I\sin\theta \end{cases} \tag{7-80}$$

In the formulas, the constant I represents the rigid body displacement in the vertical direction. If the half- plane body is not constrained along the vertical direction, the constant I cannot be determined.

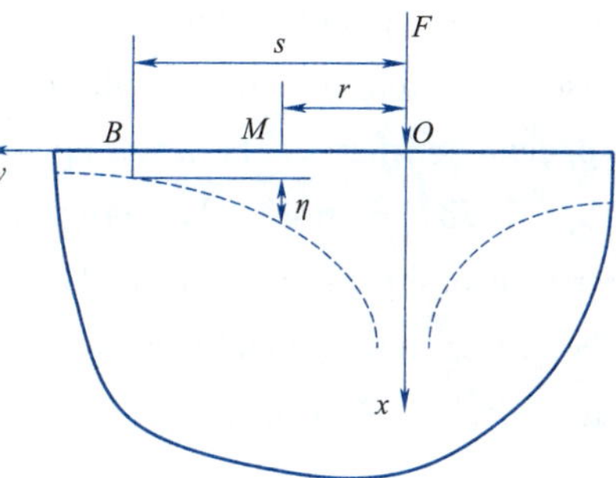

Fig. 7-11

As shown in Fig. 7- 11, the second equation of Eq. (7-80) can be applied in order to obtain the sinking displacement of any point M downward on the boundary. Noting that the displacement u_θ is positive along the positive direction, the subsidence of M point is

$$-(u_\theta)^M_{\theta=\frac{\pi}{2}} = -\frac{2F}{\pi E}\ln r - \frac{(1+v)F}{\pi E} + I \tag{7-81}$$

When the half- plane is not subjected to plumb constraints, I cannot be determined, and therefore the subsidence cannot be determined. At this time, we can only find relative subsidence. Take a fixed base point B on the boundary, and its distance from the loading point is s. The relative subsidence of any point M on the boundary to base point B is

$$\eta = -(u_\theta)^M_{\theta=\frac{\pi}{2}} - [-(u_\theta)^B_{\theta=\frac{\pi}{2}}] = -\frac{2F}{\pi E}\ln r + \frac{2F}{\pi E}\ln s$$

After simplification, the Flamant answer to this problem is obtained as follows

$$\eta = \frac{2F}{\pi E}\ln\frac{s}{r} \tag{7-82}$$

If several concentrated forces act simultaneously on the boundary of the elastic half-plane, the stress at any point in the body and the surface subsidence can be calculated by superposition.

For plane strain problems, E and v must be replaced by $\dfrac{E}{1-v^2}$, $\dfrac{v}{1-v}$ in the above equations for strain or displacement, respectively.

§ 7. 8 A Normal Distributed Load on the Boundary of a Semi-infinite Plane

Based on the stress formula and subsidence formula of the half-plane body under the concentrated normal force on the boundary in the above section, the stress and subsidence under the normal distributed force can be obtained by superposition. This section considers the case of normal continuously distributed load on section AB of the elastic half-plane. We set the density of load as $q(y)$, as shown in Fig. 7-12.

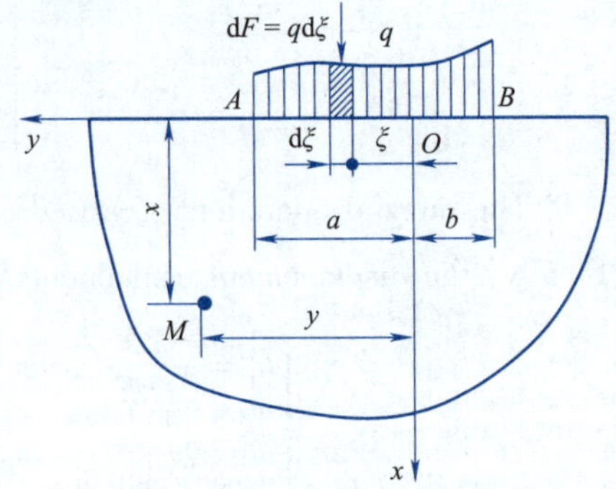

Fig. 7-12

In order to find the stress at a point M in the elastic half-plane, a differential line $d\xi$ is taken on AB at a distance ξ from the origin of the coordinates, and the force $dF = qd\xi$ can be regarded as a small, concentrated force. The resulting stress can be obtained by Eq. (7-78). It is noted that x and y in Eq. (7-78) represent the vertical distance and horizontal distance between the point where the stress is desired and the point where the concentrated force is applied. As can be seen from Fig. 7-12, the vertical distance and horizontal distance between point M and the small, concentrated force dF are x and $y-\xi$, respectively. Thus, the stresses caused by dF at point M are

$$d\sigma_x = -\frac{2qd\xi}{\pi}\frac{x^3}{[x^2+(y-\xi)^2]^2}$$

$$d\sigma_y = -\frac{2qd\xi}{\pi}\frac{x(y-\xi)^2}{[x^2+(y-\xi)^2]^2}$$

$$d\tau_{xy} = -\frac{2qd\xi}{\pi}\frac{x^2(y-\xi)}{[x^2+(y-\xi)^2]^2}$$

To obtain the stresses due to all distributed forces, the stresses due to all small, concentrated forces are simply superimposed

$$\begin{cases}\sigma_x = -\dfrac{2}{\pi}\displaystyle\int_{-b}^{a}\frac{qx^3 d\xi}{[x^2+(y-\xi)^2]^2}\\ \sigma_y = -\dfrac{2}{\pi}\displaystyle\int_{-b}^{a}\frac{qx(y-\xi)^2 d\xi}{[x^2+(y-\xi)^2]^2}\\ \tau_{xy} = -\dfrac{2}{\pi}\displaystyle\int_{-b}^{a}\frac{qx^2(y-\xi) d\xi}{[x^2+(y-\xi)^2]^2}\end{cases} \tag{7-83}$$

In applying the above formulas, the load q must be expressed as a function of ξ and then integrated.

The settlement formula for a half-plane body under uniformly distributed unit force at the boundary is derived below. The unit force is uniformly distributed on the length c of the boundary of the half-plane body, that is the concentration of the distributed force is $1/c$, as shown in Fig. 7-13.

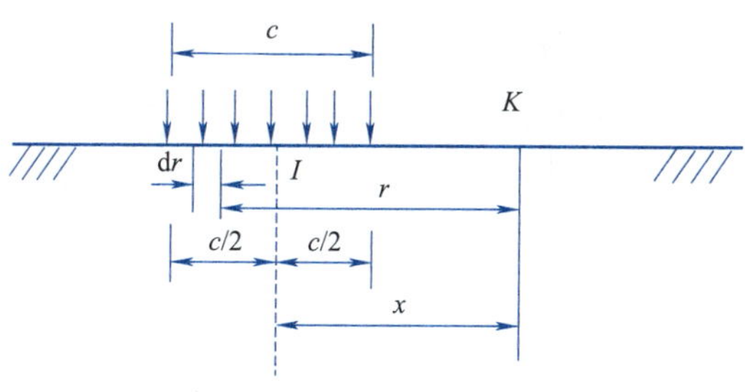

Fig. 7-13

In order to obtain the settlement η_{ki} of a point K at a distance of x from the midpoint I of the uniformly distributed force, the force is divided into countless differential forces $\mathrm{d}F = \frac{1}{c}\mathrm{d}r$, where r is the distance from the differential force to point K. By using the settlement Eq. (7-82), the differential settlement of point K caused by the action of $\mathrm{d}F$ is obtained

$$\mathrm{d}\eta_{ki} = \frac{2\mathrm{d}F}{\pi E}\ln\frac{s}{r} = \frac{2}{\pi Ec}\ln\frac{s}{r}\mathrm{d}r$$

By integrating r, the settlement η_{ki} can be obtained. If point K is outside the uniformly distributed force, the settlement is

$$\eta_{ki} = \frac{2}{\pi Ec}\int_{x-c/2}^{x+c/2}\ln\frac{s}{r}\mathrm{d}r$$

For simplicity, assuming that the base point of the settlement is far away, s can be taken as a constant during integration. The integration result of the above equation is

$$\eta_{ki} = \frac{1}{Ec}(C + F_{ki}) \tag{7-84}$$

where $C = 2\left(\ln\frac{s}{c} + 1 + \ln 2\right)$, $F_{ki} = -2\frac{x}{c}\ln\left(\frac{2\frac{x}{c}+1}{2\frac{x}{c}-1}\right) - \ln\left(4\frac{x^2}{c^2}-1\right)$

If point K is at the middle point I of the uniform force, the integral result of the settlement $\eta_{ki} = \frac{2}{\pi Ec}2\int_0^{c/2}\ln\frac{s}{r}\mathrm{d}r$ can still be written in the form of Eq. (7-84), with constant C unchanged and $F_{ki} = 0$. For a half-plane under plane strain, E in Eq. (7-84) should be replaced by $\frac{E}{1-\upsilon^2}$.

Worksheet 7

7-1 Why is it not enough to satisfy only the stress boundary conditions in the process of solving the stress solution of the thick-walled cylinder? What other conditions must be satisfied? What is the mechanical significance of satisfying this condition?

7-2 The forces on the curved beam $\left(\text{force } F \text{ acts on } \frac{a+b}{2}\right)$ and the cantilever beam are shown in Fig. 7-14. Try to list the stress boundary conditions separately (the fixed end need not be listed).

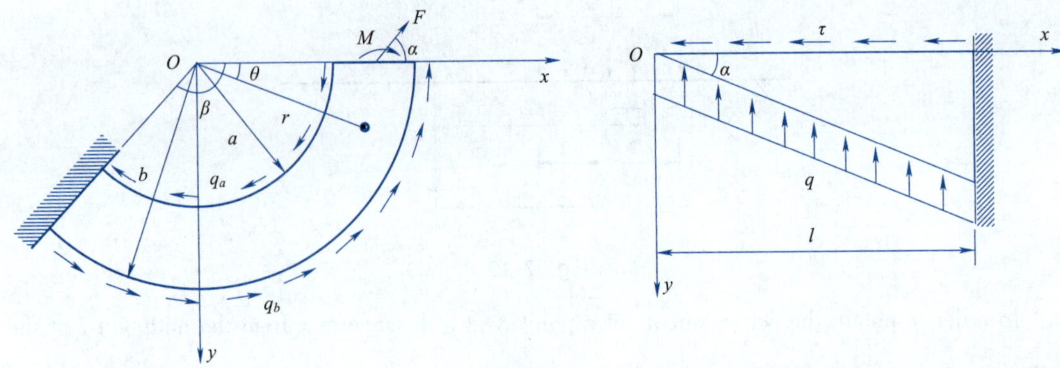

Fig. 7-14

7-3 As shown in Fig. 7-15, the inner radius of the cylinder is a, and the outer radius is b. The cylinder is placed in a rigid cylindrical channel of radius b. The cylinder is under the action of internal pressure q, and the end of the cylinder is constrained by rigidity. Try to calculate the stress components and displacements of the cylinder.

7-4 As shown in Fig. 7-16, weld the two ends of the open ring together, and try to find the assembly stress after welding.

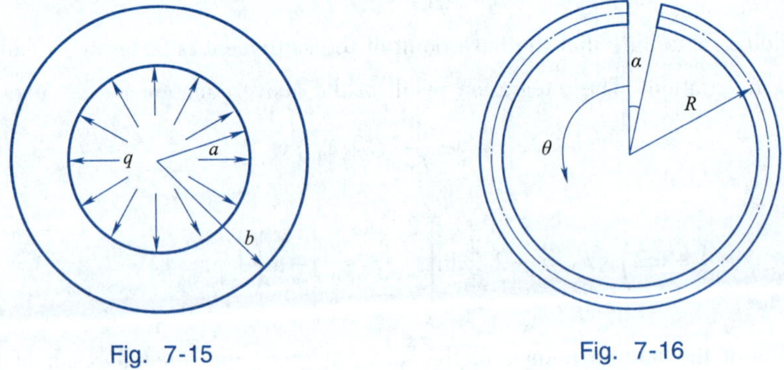

Fig. 7-15　　Fig. 7-16

7-5 As shown in Fig. 7-17, the cylinder is subjected to internal and external pressure. Try to find the change in its wall thickness.

7-6 As shown in Fig. 7-18, the wedge with a top angle of 2α is subjected to a linearly distributed shear force qr on the side. Try to calculate the stress components in the wedge body.

7-7 As shown in Fig. 7-19, the upper surface of the triangular cantilever beam bears uniform pressure q. If solved by polar coordinates, the stress function can be set as $\Phi = C[r^2(\alpha - \theta) + r^2\sin\theta\cos\theta - r^2\cos^2\theta\tan\theta]$. Try to find : (1) determine the constant C according to the boundary conditions; (2) Find the normal stress σ_x and shearing stress τ_{xy} on the $m-n$ section, and calculate the values of σ_x and τ_{xy} at $\theta = 0°, 5°, 10°, 15°, 20°$.

7-8 As shown in Fig. 7-20, the upper end of the curved bar (quarter ring) is subjected to horizontal force p. Try to find the stress and displacement in the curved bar.

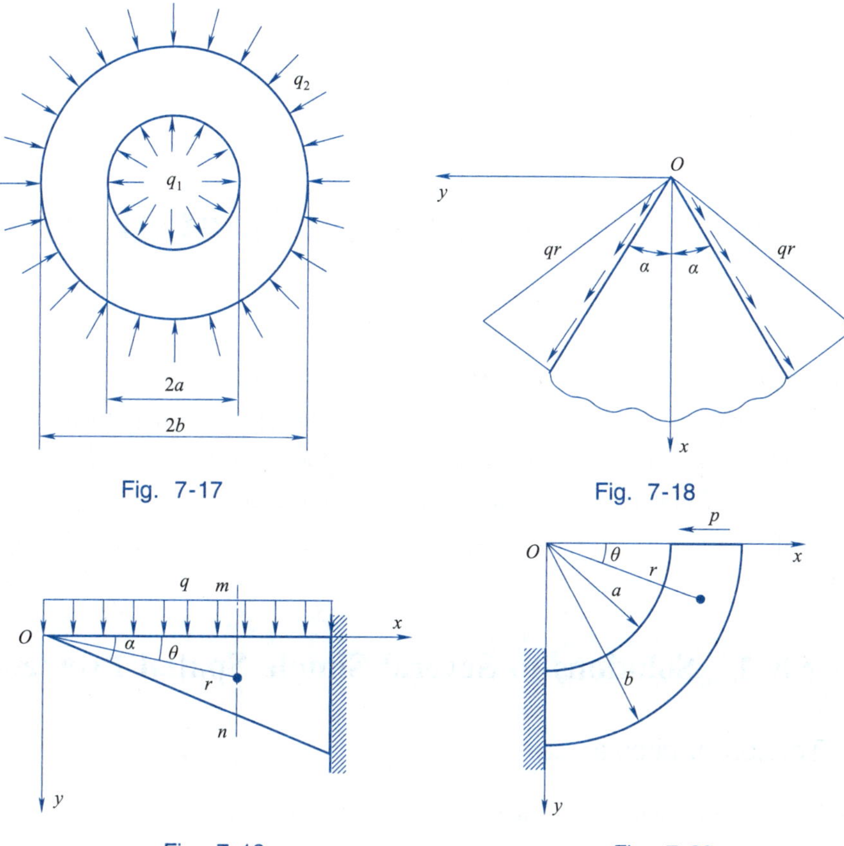

Fig. 7-17

Fig. 7-18

Fig. 7-19

Fig. 7-20

7-9 As shown in Fig. 7-21, supposing a thin ring with inner radius a and outer radius b, the inner ring is fixed, and the outer ring is subjected to uniformly distributed shear force q. Using the stress function $\Phi = C\theta$, try to calculate the stress and displacement components.

7-10 As shown in Fig. 7-22, the curved beam (half ring) is subjected to a concentrated force p and a concentrated couple M at the free end, where the coordinate of the point of the concentrated force is $\left(\frac{a+b}{2}, 0\right)$. The stress function can be set as $\Phi = \left(Ar^3 + B\frac{1}{r} + Cr + Dr\ln r\right)\cos\theta$. Calculate the stress of the curved beam.

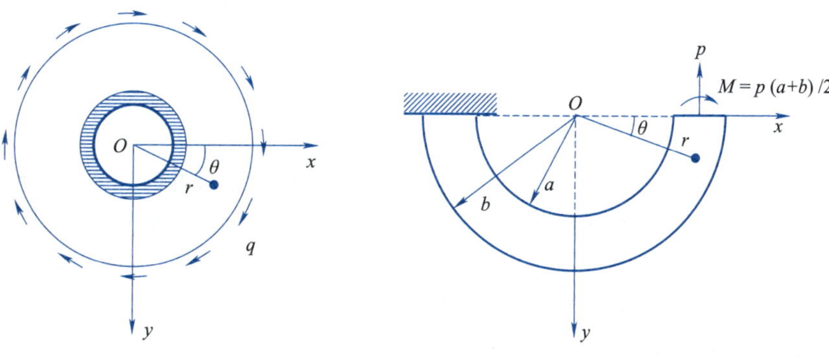

Fig. 7-21

Fig. 7-22

Chapter 8

Solutions to Simple Spatial Problems

In the previous chapters, we discussed the basic equations and methods for solving elasticity problems. In this chapter, we will provide solutions to some typical spatial problems, including the torsion of circular shaft, the deformation of a cylinder under its self-weight, the pure bending of a beam, the problem of uniform rotation of a disk, gravity and uniform pressure on a semi-infinite body, and uniform pressure on a hollow sphere, etc. These problems have wide applications in engineering.

§ 8.1 Solutions to Several Simple Spatial Problems

8.1.1 Torsion of circular bar

A solid circular section bar with a radius of R and a length of L, regardless of body forces, is torsioned by a pair of force couple M of equal magnitude and opposite direction in both end faces, as shown in Fig. 8-1(a).

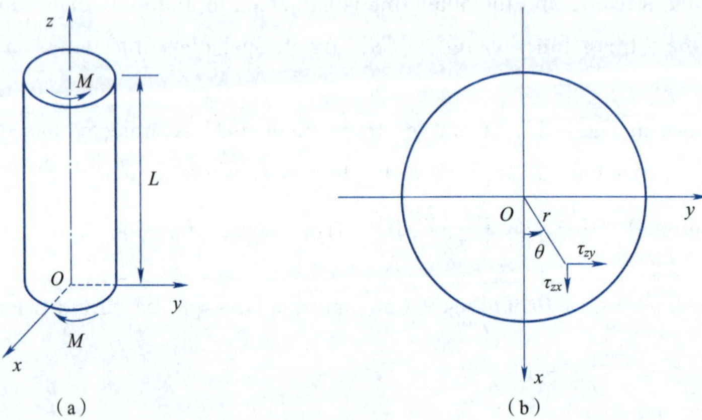

Fig. 8-1

According to the elementary solution of mechanics of materials, there are only τ_{zx}, τ_{zy} which the stress components on the cross-section inside the bar, as shown in Fig. 8-1(b), and their values are

$$\sigma_x = \sigma_y = \sigma_z = \tau_{xy} = 0, \quad \tau_{zx} = -\alpha G y, \quad \tau_{zy} = \alpha G x \tag{8-1}$$

Where α denotes the twist per unit length. Obviously, the above stress components have satisfied the differential equations of equilibrium (5-1) and the stress compatibility equations (5-22) without body forces, and it is enough to verify that it satisfies the stress boundary conditions. Omitting the zero items in Eq. (5-5), and the boundary conditions can be written as

$$\tau_{zx} n = \bar{f}_x, \quad \tau_{zy} n = \bar{f}_y, \quad \tau_{zx} l + \tau_{zy} m = \bar{f}_z \tag{8-2}$$

On the side of the circular bar, the following equations are available: $\bar{f}_x = \bar{f}_y = \bar{f}_z = 0$, $l = \cos\theta = \frac{x}{r}$, $m = \sin\theta = \frac{y}{r}$, $n = 0$, substitute into Eq. (8-2), and obviously the boundary condition at the side is satisfied.

On the upper-end face of the circular bar, as shown in Fig. 8-1 (a), since the exact distribution of the external forces is not clear, and it is only known that they are statically equivalent to the torque M, so only its relaxed boundary conditions can be written using St. Venant's principle

$$\iint \tau_{zx} \mathrm{d}x\mathrm{d}y = 0, \quad \iint \tau_{zy} \mathrm{d}x\mathrm{d}y = 0, \quad M = \iint (x\tau_{zy} - y\tau_{zx}) \mathrm{d}x\mathrm{d}y \tag{8-3}$$

Substituting Eq. (8-1) into the above equations, since the coordinate origin is located in the center of the cross-section, the first and second equations of Eq. (8-3) are naturally satisfied and according to the third equation we get

$$M = \alpha G \iint (x^2 + y^2) \mathrm{d}x\mathrm{d}y = \alpha G I_{\mathrm{P}} \tag{8-4}$$

Therefore, the distributed forces on the end face constitute an in-plane force couple, and $\alpha = \frac{M}{GI_{\mathrm{P}}}$ is obtained, where GI_{P} is the torsional rigidity of the cross-section. It can be seen that the initial solution of the stress solved by the method of mechanics of materials is also the accurate solution of elasticity.

After solving the stress components, the displacement components can be found using geometrical and physical equations. Substitute Eq. (8-1) into Eq. (5-3) to obtain the strain components, and then use Eq. (5-2) to obtain

$$\begin{cases} \dfrac{\partial u}{\partial x} = 0, \quad \dfrac{\partial v}{\partial y} = 0, \quad \dfrac{\partial w}{\partial z} = 0 \\ \dfrac{\partial w}{\partial y} + \dfrac{\partial v}{\partial z} = \alpha x \\ \dfrac{\partial u}{\partial z} + \dfrac{\partial w}{\partial x} = -\alpha y \\ \dfrac{\partial v}{\partial x} + \dfrac{\partial u}{\partial y} = 0 \end{cases} \tag{8-5}$$

From the first three equations of Eq. (8-5), we get

$$u = f(y,z), \quad v = \varphi(x,z), \quad w = \psi(x,y) \tag{8-6}$$

f, φ, ψ are arbitrary functions, substituting Eq. (8-6) into the last three equations of Eq. (8-5), through further calculation, the final solution is

$$\begin{cases} u = f(y,z) = -\alpha yz - dy + bz + c \\ v = \varphi(x,z) = \alpha xz + dx - iz + g \\ w = \psi(x,y) = -bx + iy + k \end{cases} \tag{8-7}$$

where, one-order term coefficients and constant terms are determined by constraints. In order to prevent the bar from moving freely, the displacements at the origin of the coordinate of the lower end face of the bar can be set to zero, that is $(u)_{x=y=z=0}=(v)_{x=y=z=0}=(w)_{x=y=z=0}=0$. In order to prevent the bar from rotating freely, it is only necessary to specify that any two of the three microline segments dx, dy, and dz that pass through the coordinate origin and are parallel to the coordinate axis remain stationary. If dz is keeps stationary, that is $\left(\frac{\partial u}{\partial z}\right)_{x=y=z=0}=\left(\frac{\partial v}{\partial z}\right)_{x=y=z=0}=0$, and d$y$ is specified to remain stationary in the xOy plane, then $\left(\frac{\partial u}{\partial y}\right)_{x=y=z=0}=0$. By utilizing the above conditions, it can be obtained that

$$c=g=k=b=d=i=0 \tag{8-8}$$

At this point, the expressions for the displacement components are

$$u=-\alpha yz,\quad v=\alpha xz,\quad w=0 \tag{8-9}$$

Here, $w=0$ indicates that the cross-section remains flat when the circular bar is torsioned. It is only rotated by an angle αz around the z-axis.

8.1.2 Self-weight tension of the cylinder

Investigating a cylinder, the length is L, with the upper face suspended and all the other faces free. The action of its self-weight, using Cartesian coordinate system, the coordinates are chosen as shown in Fig. 8-2 (a). The density of the cylinder material is ρ, try to analyze the stress components and displacement components in the cylinder.

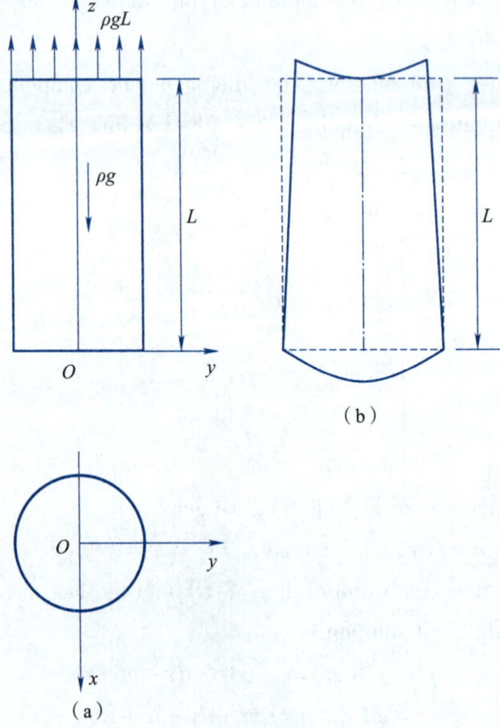

Fig. 8-2

In this case, the three components of the body forces are $f_x = f_y = 0$, $f_z = -\rho g$. The stress on each section of the cylinder is generated by the weight of the cylinder below the section. According to the elementary solution of the mechanics of materials, if the stresses are uniformly distributed in the cross-section, then there are

$$\sigma_z = \rho g z, \quad \sigma_x = \sigma_y = 0, \quad \tau_{xy} = \tau_{xz} = \tau_{yz} = 0 \tag{8-10}$$

These stress components obviously satisfy the differential equations of equilibrium (5-1) and the stress compatibility equations (5-22), and satisfy the boundary conditions at the side and lower end faces. On the upper-end face, as $n_x = 0, n_y = 0, n_z = 1, \sigma_z = \rho g L$, $\overline{f}_x = 0, \overline{f}_y = 0, \overline{f}_z = \rho g L$ canobtain from Eq. (5-5). It is shown that the surface forces at the suspension face of the cylinder must be uniformly distributed so that the assumed stress components (8-10) are the exact solutions to the problem.

To find the displacement components, substituting equation (8-10) into Eq. (5-3) and Eq. (5-2), we obtain

$$\begin{cases} \dfrac{\partial u}{\partial x} = -\dfrac{\upsilon \rho g z}{E}, & \dfrac{\partial w}{\partial y} + \dfrac{\partial v}{\partial z} = 0 \\ \dfrac{\partial v}{\partial y} = -\dfrac{\upsilon \rho g z}{E}, & \dfrac{\partial u}{\partial z} + \dfrac{\partial w}{\partial x} = 0 \\ \dfrac{\partial w}{\partial z} = \dfrac{\rho g z}{E}, & \dfrac{\partial v}{\partial x} + \dfrac{\partial u}{\partial y} = 0 \end{cases} \tag{8-11}$$

Integrating the three equations in the left column of Eq. (8-11), we get

$$\begin{cases} u = -\dfrac{\upsilon \rho g}{E} xz + f(y,z) \\ v = -\dfrac{\upsilon \rho g}{E} yz + \varphi(x,z) \\ w = \dfrac{\upsilon \rho g}{2E} z^2 + \psi(x,y) \end{cases} \tag{8-12}$$

Substituting Eq. (8-12) into the three equations in the right column of Eq. (8-11), we get

$$\begin{cases} \dfrac{\partial \psi}{\partial y} + \dfrac{\partial \varphi}{\partial z} = \dfrac{\upsilon \rho g}{E} y \\ \dfrac{\partial f}{\partial z} + \dfrac{\partial \psi}{\partial x} = \dfrac{\upsilon \rho g}{E} x \\ \dfrac{\partial \varphi}{\partial x} + \dfrac{\partial f}{\partial y} = 0 \end{cases} \tag{8-13}$$

The following equations system is obtained by increasing the order

$$\begin{cases} \dfrac{\partial^2 f}{\partial y^2} = 0, & \dfrac{\partial^2 f}{\partial y \partial z} = 0, & \dfrac{\partial^2 f}{\partial z^2} = 0 \\ \dfrac{\partial^2 \varphi}{\partial x^2} = 0, & \dfrac{\partial^2 \varphi}{\partial x \partial z} = 0, & \dfrac{\partial^2 \varphi}{\partial z^2} = 0 \\ \dfrac{\partial^2 \psi}{\partial x^2} = \dfrac{\upsilon \rho g}{E}, & \dfrac{\partial^2 \psi}{\partial x \partial y} = 0, & \dfrac{\partial^2 \psi}{\partial y^2} = \dfrac{\upsilon \rho g}{E} \end{cases} \tag{8-14}$$

The result is

$$\begin{cases} f(y,z) = ay + bz + c \\ \varphi(x,z) = dx + ez + g \\ \psi(x,y) = \dfrac{\upsilon\rho g}{2E}(x^2 + y^2) + hx + iy + k \end{cases} \tag{8-15}$$

Substituting Eq. (8-15) into Eq. (8-13) yields $e + i = 0, h + b = 0, a + d = 0$, so the displacement expressions become

$$\begin{cases} u = -\dfrac{\upsilon\rho g}{E}xz - dy + bz + c \\ v = -\dfrac{\upsilon\rho g}{E}yz + dx - iz + g \\ w = \dfrac{\rho g}{2E}[z^2 + \upsilon(x^2 + y^2)] - bx + iy + k \end{cases} \tag{8-16}$$

The linear part of Eq. (8-16) is strain-independent and corresponds to the rigid body displacement, which can be eliminated by imposing appropriate constraints to the cylinder. Since the rigid body has three degrees of freedom of movement and three degrees of rotation freedom in space, six constraints must be given, from which exactly six constants to be determined can be determined. According to the problem, the upper end of the cylinder is suspended, so it can be assumed that the body element at the center of the upper face does not move or rotate, when $x = y = 0, z = L$,

$$\begin{cases} u = v = w = 0 \\ \dfrac{\partial u}{\partial z} = \dfrac{\partial v}{\partial z} = \dfrac{\partial v}{\partial x} = 0 \end{cases} \tag{8-17}$$

Substituting Eq. (8-16) into Eq. (8-17), we get $b = c = d = g = i = 0, k = -\dfrac{\rho g L^2}{2E}$, then substituting into Eq. (8-16), the displacement components can be finally expressed as

$$\begin{cases} u = -\dfrac{\upsilon\rho g}{E}xz \\ v = -\dfrac{\upsilon\rho g}{E}yz \\ w = \dfrac{\rho g}{2E}[z^2 + \upsilon(x^2 + y^2) - L^2] \end{cases} \tag{8-18}$$

The point on the axis $x = y = 0$, the displacements are $u = 0$, $v = 0$, $w = \dfrac{\rho g}{2E}(z^2 - L^2)$. When $z = L$, $w = 0$; when $z = 0$, $w = -\dfrac{\rho g L^2}{2E}$. It can be seen that the axis is still straight after the deformation but elongated by $\dfrac{\rho g L^2}{2E}$.

At the point on the cross-section $z = c$, the displacements are

$$\begin{cases} u = -\dfrac{\upsilon\rho g}{E}cx \\ v = -\dfrac{\upsilon\rho g}{E}cy \\ w = \dfrac{\rho g}{2E}[c^2 + \upsilon(x^2 + y^2) - L^2] \end{cases}$$

It can be seen that the cross-section shrinks after the deformation, and the more it shrinks to the upper part, the more it shrinks, and the shape of the deformed cylinder is shown in Fig. 8-2(b). At the same time, the points on the cross- section move downward and concave into the paraboloid represented by the following equation

$$z' = c + w = c + \frac{\rho g}{2E}[c^2 + v(x^2 + y^2) - L^2]$$

8. 1. 3 Pure bending of beams

Investigate a straight bar of equal cross-section with negligible body forces, bent at its ends by a pair of force couple M of equal magnitude and opposite direction, the forces and coordinate system as shown in Fig. 8-3(a), the Oz axis passes through the centroid of the cross-section, and the Ox and Oy axis are the principal centroidal axes of the cross-section.

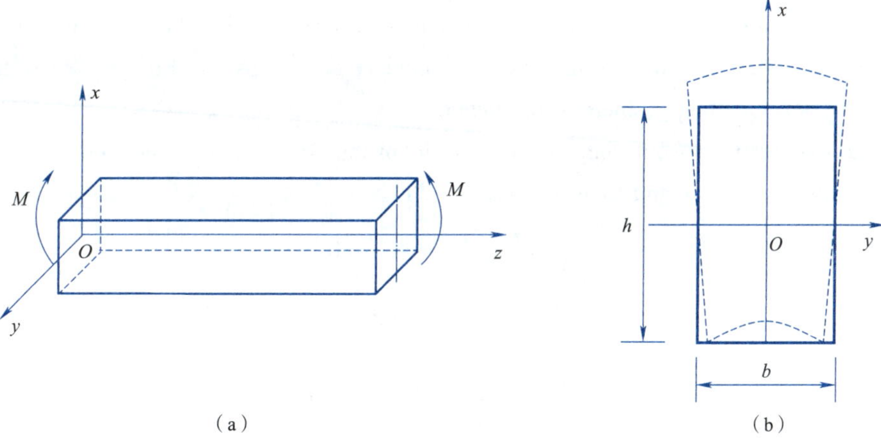

Fig. 8-3

According to the elementary solution of mechanics of materials, assuming that the longitudinal fibers of the beam are in a unidirectional stress state, the magnitude of the stress is proportional to the distance from the point to the neutral layer, and the stress components can be expressed as

$$\sigma_z = -\frac{Ex}{\rho}, \quad \sigma_x = \sigma_y = 0, \quad \tau_{xy} = \tau_{xz} = \tau_{yz} = 0 \tag{8-19}$$

Here ρ denotes the radius of curvature of the neutral layer after bending. These stress components already satisfy the differential equations of equilibrium (5-1) and the stress compatibility Eqs. (5-22), so it is only necessary to check whether it satisfies the stress boundary conditions.

On the side of the beam, due to $\overline{f}_x = \overline{f}_y = \overline{f}_z = 0, n_z = 0$, it is clear that the boundary condition Eq. (5-5) is satisfied.

At the two end faces of the beam, as long as the stresses acting on the end faces of the beam can be reduced to the moments parallel to the Oy axis, the stress components given by Eq. (8-19) are the solutions to this problem. Since the Oz axis passes through the centroid of the section and the Ox axis and Oy axis are principal centroidal axes, the main vector of the stress at each point on the end face of the beam is

$$\iint_{\Omega} \sigma_z \mathrm{d}x\mathrm{d}y = -\frac{E}{\rho}\iint_{\Omega} x\mathrm{d}x\mathrm{d}y = 0$$

The component of the main couple moment on the Ox axis is

$$\iint_{\Omega} \sigma_z y\mathrm{d}x\mathrm{d}y = -\frac{E}{\rho}\iint_{\Omega} xy\mathrm{d}x\mathrm{d}y = 0$$

The component of the main couple moment on the Oy axis is

$$M = -\iint_{\Omega} \sigma_z x\mathrm{d}x\mathrm{d}y = \frac{E}{\rho}\iint_{\Omega} x^2\mathrm{d}x\mathrm{d}y = \frac{E}{\rho}I_y$$

The result is

$$\frac{1}{\rho} = \frac{M}{EI_y} \tag{8-20}$$

I_y denotes the moment of inertia of the cross-section to the neutral axis y.

Summarizing the above results, it can be seen that if the external forces are distributed on the end surfaces according to a linear law, the elementary solution of Eq. (8-19) of mechanics of materials can satisfy all the stress equations and boundary conditions, so Eq. (8-19) is the exact solution to the pure bending problem of the beam.

To obtain the displacement components, the following equations are obtained by substituting Eq. (8-19) into Eq. (5-3) and then into Eq. (5-2)

$$\begin{cases} \dfrac{\partial u}{\partial x} = \dfrac{\upsilon x}{\rho}, & \dfrac{\partial w}{\partial y} + \dfrac{\partial v}{\partial z} = 0 \\ \dfrac{\partial v}{\partial y} = \dfrac{\upsilon x}{\rho}, & \dfrac{\partial u}{\partial z} + \dfrac{\partial w}{\partial x} = 0 \\ \dfrac{\partial w}{\partial z} = -\dfrac{x}{\rho}, & \dfrac{\partial v}{\partial x} + \dfrac{\partial u}{\partial y} = 0 \end{cases} \tag{8-21}$$

Integrating the first column of Eq. (8-21) once for x, y, and z, respectively, we obtain

$$\begin{cases} u = \dfrac{\upsilon x^2}{2\rho} + f(y,z) \\ v = \dfrac{\upsilon xy}{\rho} + \varphi(x,z) \\ w = -\dfrac{xz}{\rho} + \psi(x,y) \end{cases} \tag{8-22}$$

Substituting Eq. (8-22) into the right column of Eq. (8-21), we get

$$\begin{cases} \dfrac{\partial \psi}{\partial y} + \dfrac{\partial \varphi}{\partial z} = 0 \\ \dfrac{\partial f}{\partial z} + \dfrac{\partial \psi}{\partial x} = \dfrac{z}{\rho} \\ \dfrac{\partial \varphi}{\partial x} + \dfrac{\partial f}{\partial y} = -\dfrac{\upsilon y}{\rho} \end{cases} \tag{8-23}$$

To separate the unknown functions in the above equations, by increasing the order, Eq. (8-23) is reduced to

$$\begin{cases}\dfrac{\partial^2 f}{\partial y^2}=-\dfrac{\upsilon}{\rho}, & \dfrac{\partial^2 f}{\partial y\partial z}=0, & \dfrac{\partial^2 f}{\partial z^2}=\dfrac{1}{\rho}\\ \dfrac{\partial^2 \varphi}{\partial x^2}=0, & \dfrac{\partial^2 \varphi}{\partial x\partial z}=0, & \dfrac{\partial^2 \varphi}{\partial z^2}=0\\ \dfrac{\partial^2 \psi}{\partial x^2}=0, & \dfrac{\partial^2 \psi}{\partial x\partial y}=0, & \dfrac{\partial^2 \psi}{\partial y^2}=0\end{cases} \tag{8-24}$$

from which we can get

$$\begin{cases}f(y,z)=-\dfrac{\upsilon y^2}{2\rho}+\dfrac{z^2}{2\rho}+ay+bz+c\\ \varphi(x,z)=dx+ez+g\\ \psi(x,y)=hx+iy+k\end{cases} \tag{8-25}$$

Substituting Eq. (8-25) into Eq. (8-23)

$$i+e=0,\quad b+h=0,\quad a+d=0 \tag{8-26}$$

Substituting Eq. (8-25) into Eq. (8-22), and using Eq. (8-26), we obtain

$$\begin{cases}u=\dfrac{z^2}{2\rho}+\dfrac{\upsilon(x^2-y^2)}{2\rho}-dy+bz+c\\ v=\dfrac{\upsilon xy}{\rho}+dx-iz+g\\ w=-\dfrac{xz}{\rho}-bx+iy+k\end{cases} \tag{8-27}$$

The linear part of the above equations is independent of the strain, and the primary and constant terms represent the rigid body rotation and translation of the beam, respectively. In order that the beam cannot translate and rotate randomly, it is assumed that constraints are applied so that the micro elements at the coordinate origin do not move or rotate, i. e., when $x=y=z=0$:

$$\begin{cases}u=v=w=0\\ \dfrac{\partial u}{\partial z}=\dfrac{\partial v}{\partial z}=\dfrac{\partial v}{\partial x}=0\end{cases} \tag{8-28}$$

Substituting Eq. (8-27) into Eq. (8-28), we obtain $c=g=k=b=d=i=0$.

Thus the final expressions for the displacement components are obtained

$$\begin{cases}u=\dfrac{z^2+\upsilon(x^2-y^2)}{2\rho}\\ v=\dfrac{\upsilon xy}{\rho}\\ w=-\dfrac{xz}{\rho}\end{cases} \tag{8-29}$$

For each point on the axis, i. e., at $x=y=0$, we have

$$u=\frac{z^2}{2\rho}=\frac{Mz^2}{2EI_y},\quad v=0,\quad w=0 \tag{8-30}$$

Eq. (8-30) is the equation of the deflection curve of the beam, and this result is the same as that of the mechanics of materials.

The deformation form of the beam in pure bending can be further analyzed according to the displacement solution Eq. (8-29): if the bending deformation is small and the beam is very thin, the cross-section remains flat after deformation and is still perpendicular to the deflection curve after deformation, but the shape around the cross-section will be changed. For a rectangular section beam the deformed shape of the section is shown in Fig. 8-3(b), and the upper and lower sides become parabolic. That is, the displacement analysis can prove that the plane assumption of mechanics of materials is correct in pure bending, but mechanics of materials cannot give a comprehensive description of the deformation morphology of the beam.

§ 8.2 Stress on the Solid of Revolution during the Rotation at Constant Speed

The impeller of a steam turbine and the grinding wheel of a grinder are the solid of revolution at high speed, which will cause great stresses due to inertia forces during operation and require special attention in strength design. A solid of revolution (we supposed) with radius a and thinkness $c(c \ll a)$ as shown in Fig. 8-4, rotates with equal angular velocity ω around its symmetry axis z. The centrifugal force per unit volume is $\rho\omega^2 r$, where ρ is the density of the solid of revolution, try to calculate the stress components in the solid of revolution.

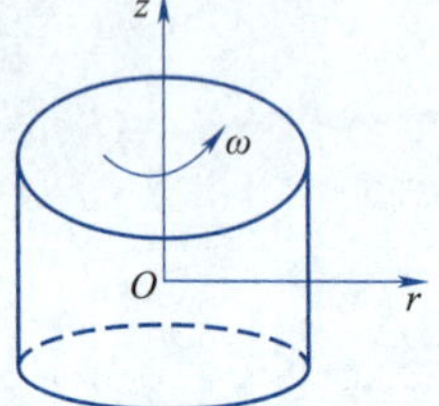

Fig. 8-4

The rotating solid of revolution is originally an elastic dynamics problem. But according to D'Alembert's principle, the original problem can be transformed into a statics problem, and the body forces on the solid of revolution are

$$f_r = \rho\omega^2 r, \quad f_z = 0 \tag{8-31}$$

Substituting Eq. (8-31) into the differential equations of equilibrium (5-23) of the spatial axisymmetric problem, we can get

$$\begin{cases} \dfrac{\partial \sigma_r}{\partial r} + \dfrac{\partial \tau_{zr}}{\partial z} + \dfrac{\sigma_r - \sigma_\theta}{r} + \rho\omega^2 r = 0 \\ \dfrac{\partial \sigma_z}{\partial z} + \dfrac{\partial \tau_{rz}}{\partial r} + \dfrac{\tau_{rz}}{r} = 0 \end{cases} \tag{8-32}$$

Substituting Eq. (8-31) into the stress compatibility Eqs. (5-27) of the spatial axisymmetric problem, we obtain

$$\begin{cases} \nabla^2 \sigma_r - \dfrac{2}{r^2}(\sigma_r - \sigma_\theta) + \dfrac{1}{1+\upsilon}\dfrac{\partial^2 \Theta}{\partial r^2} + \dfrac{2\rho\omega^2}{1-\upsilon} = 0 \\ \nabla^2 \sigma_\theta + \dfrac{2}{r^2}(\sigma_r - \sigma_\theta) + \dfrac{1}{1+\upsilon}\dfrac{1}{r}\dfrac{\partial \Theta}{\partial r} + \dfrac{2\rho\omega^2}{1-\upsilon} = 0 \\ \nabla^2 \sigma_z + \dfrac{1}{1+\upsilon}\dfrac{\partial^2 \Theta}{\partial z^2} + \dfrac{2\rho\omega^2}{1-\upsilon} = 0 \\ \nabla^2 \tau_{zr} - \dfrac{\tau_{zr}}{r^2} + \dfrac{1}{1+\upsilon}\dfrac{\partial^2 \Theta}{\partial r \partial z} = 0 \end{cases} \tag{8-33}$$

The solution of the Eq. (8-32) and (8-33) is a particular solution of the system, and then superimposed on the general solution of the homogeneous equation, and satisfies the specified boundary conditions.

Let each stress component be a quadratic power polynomial of r and z

$$\begin{cases}\sigma_r = A_1 r^2 + B_1 z^2, & \sigma_\theta = A_2 r^2 + B_2 z^2 \\ \sigma_z = A_3 r^2 + B_3 z^2, & \tau_{zr} = A_4 r^2 + B_4 z^2\end{cases} \tag{8-34}$$

By substituting Eq. (8-34) into Eq. (8-32) and (8-33), the values of each coefficient can be obtained, and the following set of special solutions can be obtained

$$\begin{cases}\sigma_r = -\dfrac{\rho\omega^2}{3}r^2 - \dfrac{\rho\omega^2(1+2v)(1+v)}{6v(1-v)}z^2, & \sigma_\theta = -\dfrac{\rho\omega^2(1+2v)(1+v)}{6v(1-v)}z^2 \\ \sigma_z = \dfrac{\rho\omega^2(1+2v)}{6v}r^2, & \tau_{zr} = 0\end{cases} \tag{8-35}$$

This set of particular solutions is suitable for the rotation body of any shape. Under normal circumstances, the special solution cannot meet the boundary conditions of the problem, but whether the particular solution satisfies the boundary conditions is not important, because the boundary values of stress and displacement are determined by the particular solution and the general solution corresponding to homogeneous equation. The functional form of the solution can provide a reference for the general solution form. The general solution of homogeneous equations that meets the boundary conditions is discussed below.

The main boundary conditions of the disk are

$$(\sigma_z)_{z=\pm c} = 0, \quad (\tau_{zr})_{z=\pm c} = 0 \tag{8-36}$$

From the last two equations of Eq. (8-35), we can see that the second equation of the boundary condition (8-36) has been satisfied, while the first equation cannot be satisfied. It is necessary to seek a supplementary solution satisfying the homogeneous equation, which requires $(\tau_{zr})_{z=\pm c} = 0$ and σ_z equals the negative value of the solution on the boundary surface. Using the stress function method, it can be seen from Section 5-3 that the stress function of the axisymmetric problem should satisfy the two-harmonic equation, that is, the stress function is a two-harmonic sum function. The particular solution (8-35) contains the quadratic power terms of r and z. It can be seen from Eq. (5-28) that the stress function Φ should be a fifth power function of r and z and satisfies the boundary condition Eq. (8-36). The stress function Φ should contain two undetermined constants

$$\Phi = A_5 r^2 z(3r^2 - 4z^2) + B_5 z^3(5r^2 - 2z^2) \tag{8-37}$$

Substituting Φ into Eq. (5-28), we obtain the corresponding stress components and superimpose it with Eq. (8-35). Then, the boundary conditions (8-36) are used to calculate the constants A_5 and B_5, thus stress components after superposition can be obtained

$$\sigma_r = -\rho\omega^2\left[\frac{3+v}{8}r^2 + \frac{v(1+v)}{2(1-v)}z^2\right], \quad \sigma_\theta = -\rho\omega^2\left[\frac{1+3v}{8}r^2 + \frac{v(1+v)}{2(1-v)}z^2\right] \tag{8-38}$$

The boundary conditions of the secondary boundary are

$$(\sigma_r)_{r=a} = 0 \tag{8-39}$$

To approximate satisfy this boundary condition, the following set of general solutions of the homogeneous equation are superimposed on Eq. (8-38)

$$\sigma_r = A_6, \quad \sigma_\theta = A_6, \quad \sigma_z = 0, \quad \tau_{rz} = 0 \tag{8-40}$$

Make the stress field after superposition meets the following relaxed boundary conditions

$$\int_{-c}^{c}(\sigma_r)_{r=a}\mathrm{d}z = 0 \tag{8-41}$$

The constant A_6 can be obtained, and then Eq. (8-38) and Eq. (8-40) are superimposed to get the solution to this problem

$$\begin{cases} \sigma_r = \rho\omega^2 a^2\left[\dfrac{3+v}{8}\left(1-\dfrac{r^2}{a^2}\right)+\dfrac{v(1+v)}{6(1-v)}\left(\dfrac{c^2}{a^2}-\dfrac{3z^2}{a^2}\right)\right] \\ \sigma_\theta = \rho\omega^2 a^2\left[\dfrac{3+v}{8}-\dfrac{1+3v}{8}\cdot\dfrac{r^2}{a^2}+\dfrac{v(1+v)}{6(1-v)}\left(\dfrac{c^2}{a^2}-\dfrac{3z^2}{a^2}\right)\right] \\ \sigma_z = 0, \quad \tau_{zr} = 0 \end{cases} \tag{8-42}$$

The maximum normal stress occurs in the center of the disk

$$\sigma_{\max} = (\sigma_r)_{r=0,z=0} = (\sigma_\theta)_{r=0,z=0} = \rho\omega^2 a^2\left[\frac{3+v}{8}+\frac{v(1+v)}{6(1-v)}\frac{c^2}{a^2}\right] \tag{8-43}$$

§ 8.3 Semi-infinite Body Subjected to Gravity and Uniform Pressure

There is a semi-infinite body, its density is ρ. In the upper boundary by the action of the uniform pressure q, as shown in Fig. 8-5, the upper boundary is the xy surface and the z axis is plumb down, try to find the stress and displacement solution of this problem.

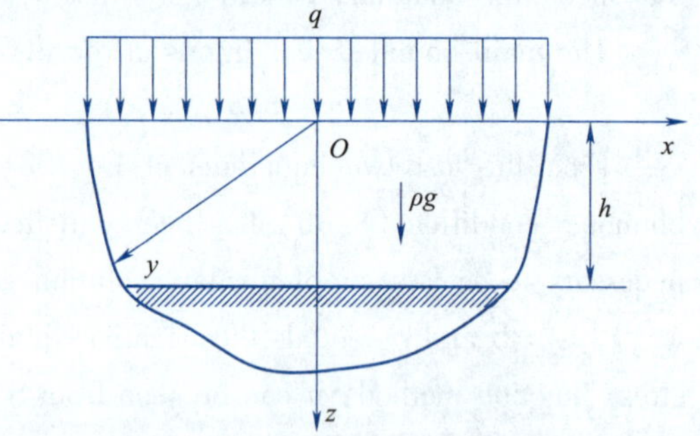

Fig. 8-5

The body force components of the problem are $f_x = f_y = 0$, $f_z = \rho g$. Due to the symmetry of geometry and loading, any plumb face is a symmetric surface, so it is assumed that

$$u = 0, \quad v = 0, \quad w = w(z) \tag{8-44}$$

Thus we get $\theta = \dfrac{\partial u}{\partial x}+\dfrac{\partial v}{\partial y}+\dfrac{\partial w}{\partial z} = \dfrac{\mathrm{d}w}{\mathrm{d}z}$, $\dfrac{\partial \theta}{\partial x} = 0$, $\dfrac{\partial \theta}{\partial y} = 0$, $\dfrac{\partial \theta}{\partial z} = \dfrac{\mathrm{d}^2 w}{\mathrm{d}z^2}$. Substituting them into the Navier-Lamé Eq. (5-9), it is known that: the first two equations are automatically satisfied and the third equation becomes

$$(\lambda+2\mu)\frac{\mathrm{d}^2 w}{\mathrm{d}z^2}+\rho g = 0 \tag{8-45}$$

after integrating

$$\begin{cases} \theta = \dfrac{\mathrm{d}w}{\mathrm{d}z} = -\dfrac{\rho g}{\lambda+2\mu}(z+A) & (8\text{-}46) \\ w = -\dfrac{\rho g}{2(\lambda+2\mu)}(z+A)^2 + B & (8\text{-}47) \end{cases}$$

In the above equations, A and B are arbitrary constants, determined by the boundary conditions.

Substituting the above results into Eq. (5-8), we get

$$\begin{cases}\sigma_x=\sigma_y=-\dfrac{\rho g\lambda}{\lambda+2\mu}(z+A)\\ \sigma_z=-\rho g(z+A)\\ \tau_{xy}=\tau_{xz}=\tau_{yz}=0\end{cases}\tag{8-48}$$

The stress boundary conditions are

$$(\sigma_z)_{z=0}=-q,\quad(\tau_{zx})_{z=0}=0,\quad(\tau_{zy})_{z=0}=0\tag{8-49}$$

The last two conditions have been automatically satisfied. Substituting the second equation of Eq. (8-48) into the first equation of Eq. (8-49), we get $A=\frac{q}{\rho g}$. Substituting back to Eq. (8-48), the solution for the stress components is obtained

$$\begin{cases}\sigma_x=\sigma_y=-\dfrac{v}{1-v}(q+\rho gz)\\ \sigma_z=-(q+\rho gz)\\ \tau_{xy}=\tau_{xz}=\tau_{yz}=0\end{cases}\tag{8-50}$$

and the plumb displacement is obtained from Eq. (8-47):

$$w=-\frac{\rho g}{2(\lambda+2\mu)}\left(z+\frac{q}{\rho g}\right)^2+B\tag{8-51}$$

To determine the constant B, the displacement boundary condition must be utilized. Assuming that the half- space body has no displacement at a sufficient depth h from the surface, the displacement boundary condition is

$$(w)_{z=h}=0\tag{8-52}$$

Substituting Eq. (8-51) into Eq. (8-52), we get $B=\frac{\rho g}{2(\lambda+2\mu)}\left(h+\frac{q}{\rho g}\right)^2$, then substituting it into Eq. (8-51), the solution for the displacement component is obtained after simplification

$$\begin{aligned}w&=\frac{1}{2(\lambda+2\mu)}[\rho g(h^2-z^2)+2q(h-z)]\\&=\frac{(1+v)(1-2v)}{2E(1-v)}[\rho g(h^2-z^2)+2q(h-z)]\end{aligned}\tag{8-53}$$

From the solution process, it can be seen that the stress and displacement solutions have satisfied the governing Eq. (5-9) and all the boundary conditions, so it is the correct solution to the problem.

Obviously, the maximum displacement occurs on the surface. From Eq. (8-53), we have

$$w=\frac{(1+v)(1-2v)}{2E(1-v)}(\rho gh^2+2qh)\tag{8-54}$$

In geotechnics, the ratio of the normal stress in the vertical plane to the normal stress on the horizontal plane is called the lateral pressure coefficient. From Eq. (8-50), this ratio is

$$\frac{\sigma_x}{\sigma_z}=\frac{\sigma_y}{\sigma_z}=\frac{v}{1-v}\tag{8-55}$$

The above equation shows that when $v\to0$, σ_x and σ_y tend to zero, it means that the soil is very soft and will produce a large amount of foundation subsidence, which should be avoided as much as possible in engineering, but can be used when needed.

§ 8.4 Solution of a Hollow Sphere Subjected to Uniform Pressure

Suppose there is a hollow sphere with inner radius a and outer radius b. It is subjected to uniform pressure q_a, q_b on the inner and outer surfaces respectively, with negligible body forces. Try to find the stress components and the displacement components inside this sphere.

Assuming that the displacement is spherically symmetric, it can be solved directly using Eq. (5-36). Substituting Eq. (5-36) into the geometrical Eq. (5-33), the strain components are found and then substituted into the physical Eq. (5-34b), the stress components are obtained as

$$\begin{cases} \sigma_r = \dfrac{E}{1-2v}A - \dfrac{2E}{1+v}\dfrac{B}{r^3} \\ \sigma_T = \dfrac{E}{1-2v}A + \dfrac{E}{1+v}\dfrac{B}{r^3} \end{cases} \tag{8-56}$$

The boundary conditions for the sphere are

$$(\sigma_r)_{r=a} = -q_a, \quad (\sigma_r)_{r=b} = -q_b \tag{8-57}$$

Substituting Eq. (8-56) into Eq. (8-57), we get

$$A = \frac{1-2v}{E}\frac{a^3 q_a - b^3 q_b}{b^3 - a^3}, \quad B = \frac{1+v}{2E}\frac{a^3 b^3 (q_a - q_b)}{b^3 - a^3} \tag{8-58}$$

Substituting Eq. (8-58) into Eq. (8-56), the stress components of the sphere are obtained as

$$\begin{cases} \sigma_r = -\dfrac{\dfrac{b^3}{r^3} - 1}{\dfrac{b^3}{a^3} - 1}q_a - \dfrac{1 - \dfrac{a^3}{r^3}}{1 - \dfrac{a^3}{b^3}}q_b \\ \sigma_T = \dfrac{\dfrac{b^3}{2r^3} + 1}{\dfrac{b^3}{a^3} - 1}q_a - \dfrac{1 + \dfrac{a^3}{2r^3}}{1 - \dfrac{a^3}{b^3}}q_b \end{cases} \tag{8-59}$$

Substitute Eq. (8-58) into Eq. (5-36) to obtain the radial displacement of the sphere

$$u_r = \frac{(1+v)r}{E}\left(\frac{\dfrac{b^3}{2r^3} + \dfrac{1-2v}{1+v}}{\dfrac{b^3}{a^3} - 1}q_a - \frac{\dfrac{a^3}{2r^3} + \dfrac{1-2v}{1+v}}{1 - \dfrac{a^3}{b^3}}q_b \right) \tag{8-60}$$

For a thick-walled sphere: $b \gg a$, subject to internal pressure only, at which point, make $b \to \infty$, Eq. (8-59) and Eq. (8-60) are simplified as

$$\sigma_r = -\frac{a^3}{r^3}q_a, \quad \sigma_T = \frac{a^3}{2r^3}q_a, \quad u_r = \frac{(1+v)a^3}{2Er^2}q_a \tag{8-61}$$

As can be seen from Eq. (8-61), the spherical stress and radial displacement decay at the rate of r^3 and r^2 respectively. Particular attention should be paid to the fact that a tangential tensile stress of $q/2$ will occur at the edge of the hole, which may cause cracking of brittle materials.

Worksheet 8

8-1 Are the following stress fields present in the elastic body without body forces? If they exist, under what conditions do they establish?

(1) $\sigma_x = ax + by, \sigma_y = cx + dy, \sigma_z = 0, \tau_{xy} = fx + gy, \tau_{zx} = \tau_{zy} = 0$.

(2) $\sigma_x = ax^2y^2 + bx, \sigma_y = cy^2, \sigma_z = 0, \tau_{xy} = dxy, \tau_{zx} = \tau_{zy} = 0$.

(3) $\sigma_x = a[y^2 + b(x^2 - y^2)], \sigma_y = a[x^2 + b(y^2 - x^2)], \sigma_z = ab(x^2 + y^2), \tau_{xy} = 2abxy$, $\tau_{zx} = \tau_{zy} = 0$.

8-2 Try to prove that for axisymmetric problems in space without body forces, if taking $u_r = \frac{1}{2G}\frac{\partial \Phi}{\partial r}, u_z = \frac{1}{2G}\frac{\partial \Phi}{\partial z}$, here $\Phi = \Phi(r,z)$, and $\nabla^2 = \frac{\partial^2}{\partial r^2} + \frac{1}{r}\frac{\partial}{\partial r} + \frac{\partial^2}{\partial z^2}$ are constants, the corresponding stress components satisfy the differential equations of equilibrium.

8-3 The isotropic elastic rectangular plate shown in Fig. 8-6 is subjected to uniform tension on one pair of edges and uniform compression on the other pair of edges. The body forces are not taken into account. Try to find the stress components and displacement components in the plate.

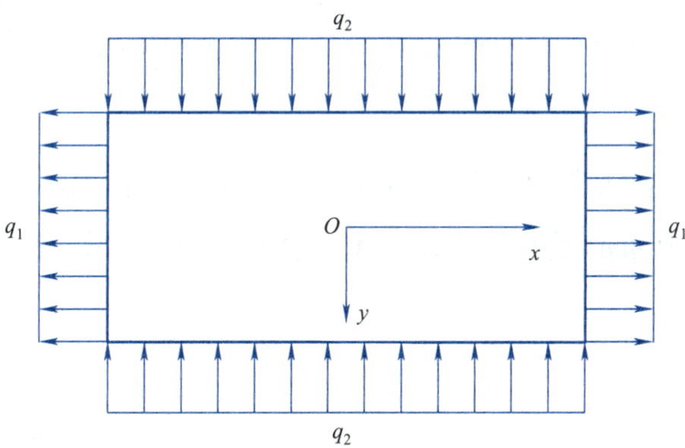

Fig. 8-6

8-4 A hollow sphere of inner radius a and outer radius b, with the outer surface held in place and the inner surface subject to a uniform pressure q. Try to find the maximum radial displacement and the maximum circumferential tensile stress.

Chapter 9

Torsion and Bending of Prismatical Bars

In this chapter, the torsion and bending problems of prismatical bars will be studied. It should be pointed out that it is very difficult to solve such problems accurately. On the one hand, in practical problems, the distribution of external forces on the two ends of a prismatical bar is often unclear, and only the principal vector and principal moment of its static equivalent are known. On the other hand, even if we know the distribution of the external forces at the end, it is difficult to obtain an accurate solution that can strictly satisfy the boundary condition of this part. However, if the bar is long enough, the problem can be solved by relaxing the boundary conditions according to Saint-Venant's principle. In a certain sense, this solution can still be regarded as an exact solution. The torsion and bending problems of the prismatical bars to be studied in this chapter are typical problems of the above conditions. And the semi-inverse method will be used to solve these two problems.

§9.1 Basic Theory of Torsion of a Prismatical Bar with Arbitrary Section

The torsion problem of a prismatical bar is a practical problem widely existing in engineering. In the mechanics of materials, the torsion of the circular section bar is studied, and simple and satisfactory results are obtained by using the plane section hypothesis. However, for the torsion of non-circular cross-section prismatical bars, generally speaking, the cross-section is no longer maintained as a plane. The axial displacements of different points in the same cross-section will be different. This phenomenon is called warping. Currently, the plane section hypothesis is no longer valid. For a straight bar with an equal cross-section bearing torsional moment at both ends, if the section warping is unrestricted, this torsion is called free torsion; If the warping of the section is limited, additional normal stress is generated, which is called restrained torsion. This chapter is limited to the free torsion problem of a straight bar with an arbitrary shape and equal cross-section.

Consider a prismatical bar with an arbitrary cross-section. Regardless of its body forces, the two ends are subjected to equal and opposite torque M, as shown in Fig. 9-1 (a). One end face of the bar is the xOy plane, and the z-axis is along the axial direction of the bar.

It can be observed from the torsion test that the generatrix on the surface of the deformed bar becomes a helix. The boundary line of the cross-section originally perpendicular to the generatrix rotates around the axis of the prism. This result generally does not remain a plane curve, and warping happens along the axis. At the same time, it can be observed that the boundary lines of all cross-sections have the same degree of warping. According to the above experimental phenomena, it can be considered that during the torsion process, the rotation inside the section is rigid, while the warping outside the section is independent of the section position z. So a semi-inverse method of displacement can be adopted, and the displacement field is assumed as

$$\begin{cases} u = -\alpha yz \\ v = \alpha xz \\ w = \alpha\varphi(x,y) \end{cases} \tag{9-1}$$

where, α is a constant, which represents the relative angle between two cross-sections of unit length. It is called the twist per unit length. w represents the warping of the cross-section, and function $\varphi(x,y)$ is called the warping function.

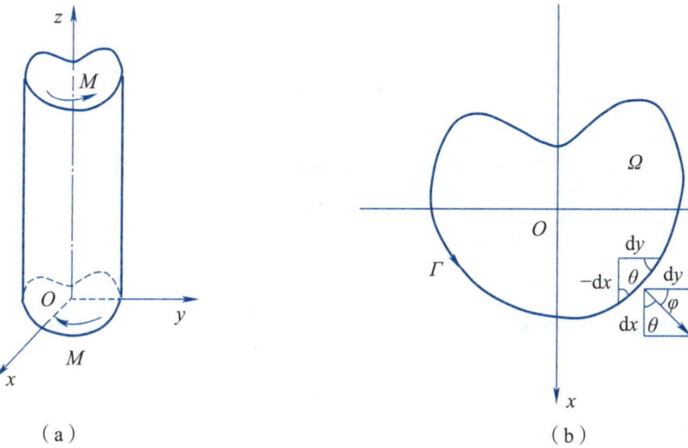

Fig. 9-1

Using geometrical Eq. (5-2), the strain components can be obtained as follows

$$\begin{cases} \varepsilon_x = \varepsilon_y = \varepsilon_z = \gamma_{xy} = 0 \\ \gamma_{xz} = \alpha\left(\dfrac{\partial\varphi}{\partial x} - y\right) \\ \gamma_{yz} = \alpha\left(\dfrac{\partial\varphi}{\partial y} + x\right) \end{cases} \tag{9-2}$$

Substitute Eq. (9-2) into physical Eq. (5-4) to obtain the stress components as follows

$$\begin{cases} \sigma_x = \sigma_y = \sigma_z = \tau_{xy} = 0 \\ \tau_{zx} = G\alpha\left(\dfrac{\partial\varphi}{\partial x} - y\right) \\ \tau_{zy} = G\alpha\left(\dfrac{\partial\varphi}{\partial y} + x\right) \end{cases} \tag{9-3}$$

According to the above hypothesis, it can be seen from the above equations that only two shearing stress components acting on the cross-section are not equal to zero, and are independent of the coordinate z. The distribution of shearing stress on all cross-sections is the same.

The equation satisfied by the warping function $\varphi(x,y)$ is derived. Eq. (9-1) is substituted into the differential equations of equilibrium (5-9) expressed by displacement. It is obvious that the first two equations of this equation group have been satisfied, and the last one requires

$$\nabla^2\varphi = \frac{\partial^2\varphi}{\partial x^2} + \frac{\partial^2\varphi}{\partial y^2} = 0 \quad (\text{in } \Omega) \tag{9-4}$$

Here, Ω is the area occupied by the cross-section of the bar, as shown in Fig. 9-1 (b). Eq. (9-4) is the governing equation for torsion problems solved by the displacement method, indicating that the warping function must be a harmonic function to make the displacement components satisfy the differential equations of equilibrium.

Next, the boundary conditions of the prismatical bar are investigated. The side of the bar is free of external forces, so $\overline{f}_x = \overline{f}_y = \overline{f}_z = 0$. The cosine of the outer normal of the side with respect to the z-axis is $n_z = 0$. The direction cosine of the x and y axes is $n_x = \frac{\mathrm{d}y}{\mathrm{d}s}, n_y = -\frac{\mathrm{d}x}{\mathrm{d}s}$. Eq. (9-3) is substituted into the stress boundary conditions Eq. (5-5). The first two equations are always valid, while the third equation is

$$\left(\frac{\partial\varphi}{\partial x} - y\right)n_x + \left(\frac{\partial\varphi}{\partial y} + x\right)n_y = 0 \quad (\text{in } \Gamma) \tag{9-5}$$

where, $\frac{\partial\varphi}{\partial x}n_x + \frac{\partial\varphi}{\partial y}n_y = \frac{\mathrm{d}\varphi}{\mathrm{d}v}$, Eq. (9-5) can be written as

$$\frac{\mathrm{d}\varphi}{\mathrm{d}v} = yn_x - xn_y \quad (\text{in } \Gamma) \tag{9-6}$$

where Γ represents the boundary of the cross-section, and $\frac{\mathrm{d}\varphi}{\mathrm{d}\nu}$ represents the directional derivative of the warping function $\varphi(x,y)$ with respect to the outer normal ν of boundary Γ. Eq. (9-6) is the boundary condition that warping function φ must satisfy on the boundary of cross-section.

It can be seen from the above analysis that the solution domain of governing Eq. (9-4) has degenerated into a plane domain occupied by the cross-section, and the corresponding definite condition is the boundary condition around the cross-section. Therefore, under the given boundary condition Eq. (9-5) or (9-6), the warping function $\varphi(x,y)$ of the prism in free torsion can be obtained by solving the differential Eq. (9-4). But this is not the whole problem. There is an unknown parameter α in the displacement solution (9-1) that needs to be determined.

The boundary conditions at the end face are considered below. It is extremely difficult to strictly satisfy the boundary conditions for the distribution of external forces on the two ends, but the conditions of the end faces can be relaxed according to Saint-Venant's principle and changed to satisfy the conditions of the resultant force and resultant moment. The resultant forces of the stress distributed on the end faces in the x and y directions are equal to zero, while the resultant moment of the z-axis is equal to the moment M

$$\begin{cases} \iint_{\Omega} \tau_{zx}\mathrm{d}x\mathrm{d}y = 0 \\ \iint_{\Omega} \tau_{zy}\mathrm{d}x\mathrm{d}y = 0 \\ \iint_{\Omega} (x\tau_{zy} - y\tau_{zx})\mathrm{d}x\mathrm{d}y = M \end{cases} \tag{9-7}$$

It can be proved that the first two equations in Eq. (9-7) have been uniformly satisfied. It is certified as follows

$$\begin{aligned}\iint_{\Omega}\tau_{zx}\mathrm{d}x\mathrm{d}y &= G\alpha\iint_{\Omega}\left(\frac{\partial\varphi}{\partial x}-y\right)\mathrm{d}x\mathrm{d}y\\ &= G\alpha\iint_{\Omega}\left\{\frac{\partial}{\partial x}\left[x\left(\frac{\partial\varphi}{\partial x}-y\right)\right]+\frac{\partial}{\partial y}\left[x\left(\frac{\partial\varphi}{\partial y}+x\right)\right]\right\}\mathrm{d}x\mathrm{d}y\end{aligned}$$

In the last step of the above equation, Eq. (9-4) is used. According to Stokes formula and boundary condition Eq. (9-5), the above equation can be converted into

$$\iint_{\Omega}\tau_{zx}\mathrm{d}x\mathrm{d}y = G\alpha\oint_{\Gamma}\left[x\left(\frac{\partial\varphi}{\partial x}-y\right)n_x+x\left(\frac{\partial\varphi}{\partial y}+x\right)n_y\right]\mathrm{d}s = 0$$

Similarly, it can be concluded that $\iint_{\Omega}\tau_{zy}\mathrm{d}x\mathrm{d}y = 0$.

Substitute Eq. (9-3) into the final formula of Eq. (9-7) to get

$$M = G\alpha\iint_{\Omega}\left(x^2+y^2+x\frac{\partial\varphi}{\partial y}-y\frac{\partial\varphi}{\partial x}\right)\mathrm{d}x\mathrm{d}y = G\alpha D \tag{9-8}$$

where

$$D = \iint_{\Omega}\left(x^2+y^2+x\frac{\partial\varphi}{\partial y}-y\frac{\partial\varphi}{\partial x}\right)\mathrm{d}x\mathrm{d}y \tag{9-9}$$

is called torsional rigidity, which represents the geometrical characteristics of the torsion resistance of the section of prismatical bar. Eq. (9-8) gives the relationship between the twist per unit length α and the torque. For a given prismatical bar, G and D are known, so α can be obtained as long as the torque is known; If α is obtained, the M can be solved.

To sum up, the displacement method for torsion of prismatical bars can be summarized as follows: first, under the boundary condition Eq. (9-5), the warping function $\varphi(x,y)$ is solved by Laplace Eq. (9-4); Then calculate D by Eq. (9-9) and calculate α by Eq. (9-8); Finally, the displacement components, strain components, and stress components are calculated from Eq. (9-1), Eq. (9-2) and Eq. (9-3) respectively. The above differential equation definite solution problem for the warping function $\varphi(x,y)$ is mathematically called the Neumann problem.

§ 9.2 Stress Function Solution of Torsion Problems

The free torsion problem of the prismatical bars can also be solved according to the stress, using the semi-inverse method. Referring to the solution to mechanics of materials for the torsion of the bar with circular section, it can also be assumed that: except for the shearing stresses τ_{zx} and τ_{zy} on the cross-section, the rest of the stress components are zero, namely

$$\sigma_x=\sigma_y=\sigma_z=\tau_{xy}=0 \tag{9-10}$$

Note that each body force component is zero, so the equilibrium Eqs. (5-1) and the compatibility Eqs. (5-22) are simplified to

$$\frac{\partial\tau_{zx}}{\partial z}=0,\quad \frac{\partial\tau_{zy}}{\partial z}=0,\quad \frac{\partial\tau_{zx}}{\partial x}+\frac{\partial\tau_{zy}}{\partial y}=0 \tag{9-11}$$

$$\nabla^2\tau_{zx}=0,\quad \nabla^2\tau_{zy}=0 \tag{9-12}$$

The first two Eqs. of Eqs. (9-11) show that the non-zero shearing stresses τ_{zx} and τ_{zy} are only functions of x and y, namely $\tau_{zx} = \tau_{zx}(x,y)$, $\tau_{zy} = \tau_{zy}(x,y)$. According to the theory of differential equations, the third equation states that there must exist a function $\Phi = \Phi(x,y)$ satisfying

$$\tau_{zx} = \frac{\partial \Phi}{\partial y}, \quad \tau_{zy} = -\frac{\partial \Phi}{\partial x} \tag{9-13}$$

Substitute Eq. (9-13) into Eq. (9-12) to get

$$\frac{\partial}{\partial y}\nabla^2 \Phi = 0, \quad \frac{\partial}{\partial x}\nabla^2 \Phi = 0 \tag{9-14}$$

which means that $\nabla^2 \Phi$ should be a constant

$$\nabla^2 \Phi = C \tag{9-15}$$

The function $\Phi = \Phi(x,y)$ satisfying Eq. (9-15) is called the Prandtl stress function, or stress function for short.

In order to determine the constant C, combining the last two equations of Eqs. (9-3) and (9-13), the relationship between the stress function and the warping function is obtained as follows

$$\begin{cases} -\dfrac{\partial \Phi}{\partial x} = G\alpha\left(\dfrac{\partial \varphi}{\partial y} + x\right) \\ \dfrac{\partial \Phi}{\partial y} = G\alpha\left(\dfrac{\partial \varphi}{\partial x} - y\right) \end{cases} \tag{9-16}$$

Taking the first partial derivatives of the above two equations with respect to x and y respectively, and then subtracting the first equation from the second equation, we get

$$\nabla^2 \Phi = -2G\alpha \quad (\text{in } \Omega) \tag{9-17}$$

Compared with Eq. (9-15), it can be obtained $C = -2G\alpha$.

Eq. (9-17) is the governing equation solved by the stress function method. Physically it is a coordination relationship, and mathematically it is the so-called Poisson equation. The solution domain of the equation is the area Ω enclosed by the boundary line Γ of the cross-section of the prismatical bar.

The boundary conditions to be satisfied by the stress function $\Phi(x,y)$ on the boundary of the region are deduced below. Since there is no external forces on the side of the bar, $\bar{f}_x = \bar{f}_y = \bar{f}_z = 0$. And the cosine of the outer normal of the side with respect to the z-axis is $n_z = 0$. So the first two equations of the stress boundary condition Eqs. (5-5) are constant, and $n_x = \frac{\mathrm{d}y}{\mathrm{d}s}$, $n_y = -\frac{\mathrm{d}x}{\mathrm{d}s}$. Then the third equation becomes

$$\frac{\partial \Phi}{\partial y}\frac{\mathrm{d}y}{\mathrm{d}s} + \frac{\partial \Phi}{\partial x}\frac{\mathrm{d}x}{\mathrm{d}s} = 0 \quad \text{that is} \quad \frac{\mathrm{d}\Phi}{\mathrm{d}s} = 0 \tag{9-18}$$

Then the boundary condition is

$$\Phi = k = \text{const} \quad (\text{in } \Gamma) \tag{9-19}$$

where k is a constant. Noting that in Eq. (9-13), the constant has no effect on the magnitude of the stress and can be selected arbitrarily. In a simply connected domain, $k = 0$ is usually taken on the outer boundary. Therefore, solving the torsion problem of a prismatical bar with a simply connected section becomes the problem of finding the definite solution of the stress function $\Phi(x,y)$

$$\nabla^2 \Phi = -2G\alpha \quad (\text{in } \Omega) \tag{9-20}$$

$$\Phi = 0 \quad (\text{in } \Gamma) \tag{9-21}$$

Next, the relationship between the moment M and α is established by using the end boundary condition Eq. (9-7). In the case of a simply connected section, the first two equations of Eqs. (9-7) are automatically satisfied. The proof is as follows: Substituting Eqs. (9-13) into the first equation of Eqs. (9-7), using the Stokes formula, $\Phi = 0$ on the boundary, it can be obtained that the resultant force in the x direction on the end face is equal to zero, namely

$$\iint_{\Omega} \tau_{zx} \mathrm{d}x\mathrm{d}y = \iint_{\Omega} \frac{\partial \Phi}{\partial y} \mathrm{d}x\mathrm{d}y = \oint_{\Gamma} \Phi n_y \mathrm{d}s = 0$$

Similarly, the resultant force in the y direction can be proved $\iint_{\Omega} \tau_{zy} \mathrm{d}x\mathrm{d}y = 0$.

The resultant moment on the z-axis is obtained from the third equation of Eqs. (9-7)

$$\begin{aligned} M &= \iint_{\Omega} (x\tau_{zy} - y\tau_{zx}) \mathrm{d}x\mathrm{d}y \\ &= -\iint_{\Omega} \left(x \frac{\partial \Phi}{\partial x} + y \frac{\partial \Phi}{\partial y} \right) \mathrm{d}x\mathrm{d}y \\ &= -\iint_{\Omega} \left[(x\Phi) \frac{\partial \Phi}{\partial x} + (y\Phi) \frac{\partial \Phi}{\partial y} - 2\Phi \right] \mathrm{d}x\mathrm{d}y \\ &= -\oint_{\Gamma} \Phi (xn_x + yn_y) \mathrm{d}s + 2\iint_{\Omega} \Phi \mathrm{d}x\mathrm{d}y \end{aligned} \tag{9-22}$$

For a simply connected domain, $\Phi = 0$ on the boundary, so

$$M = 2\iint_{\Omega} \Phi(x, y; \alpha) \mathrm{d}x\mathrm{d}y \tag{9-23}$$

From Eq. (9-8), we can know that the relationship between torsional rigidity and stress function is

$$D = \frac{M}{G\alpha} = \frac{2}{G\alpha} \iint_{\Omega} \Phi(x, y; \alpha) \mathrm{d}x\mathrm{d}y \tag{9-24}$$

For the multiply connected case, as shown in Fig. 9-2, Γ_0 is the outer boundary, $\Gamma_i (i = 1, 2, 3, \dots, n)$ is the inner boundary, and Γ_i is positive in a clockwise direction.

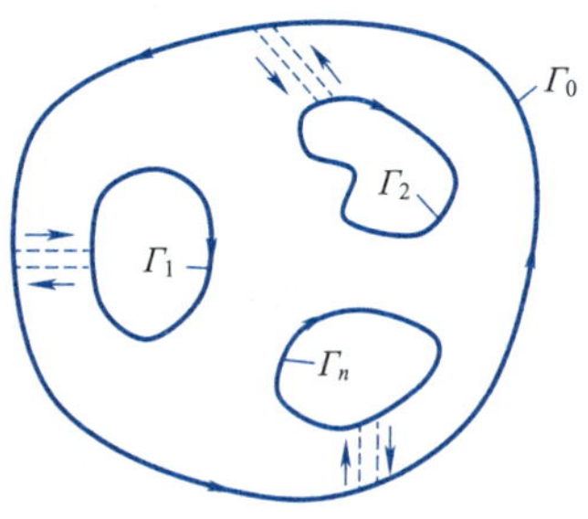

Fig. 9-2

Because the function Φ is a constant on the same boundary, the values of different boundaries are generally unequal. In this case, one of the boundaries can only be set equal to zero. For example, $k_0 = 0$ is taken on the outer boundary, and all the other boundaries are not equal to zero. They are denoted as $k_i (i = 1, 2, 3, \dots, n)$, respectively. By using Green's formula and considering that Γ_i is in the clockwise direction, the integral of the first term at the right end of Eq. (9-22) is

$$\begin{aligned} \oint_{\Gamma} \Phi (xn_x + yn_y) \mathrm{d}s &= \sum_{i=1}^{n} \oint_{\Gamma_i} k_i (xn_x + yn_y) \mathrm{d}s \\ &= \sum_{i=1}^{n} \oint_{\Gamma_i} k_i (x\mathrm{d}y - y\mathrm{d}x) \\ &= -2\sum_{i=1}^{n} k_i \Omega_i \end{aligned}$$

where Ω_i is the area enclosed by the inner boundary Γ_i. So the moment expression in the case of multiply connectivity is

$$M = 2\iint_{\Omega} \Phi \mathrm{d}x\mathrm{d}y + 2\sum_{i=1}^{n} k_i \Omega_i \tag{9-25}$$

The equation for calculating D is the same as in the case of a simply connected section, namely

$$D = \frac{1}{G\alpha}\left(2\iint_{\Omega} \Phi \mathrm{d}x\mathrm{d}y + 2\sum_{i=1}^{n} k_i \Omega_i\right) \tag{9-26}$$

The value k_i of the stress function on the inner boundary in the above equation can be determined by establishing n supplementary equations under the condition of single-value displacements, which will not be repeated here.

To sum up, to solve the free torsion problem of straight bars of equal cross-section by the stress function method, first we use the boundary conditions (9-19) to solve the Eq. (9-17). Stress components are obtained by substituting the stress function into the Eq. (9-13). Then we determine the twist per unit length of the bar using equation (9-23) or (9-25).

§ 9.3 Some General Properties of Torsion Problems

9.3.1 Stationary positive of the torsional rigidity D

The torsional rigidity represented by the warping function is

$$D = \iint_{\Omega}\left(x^2 + y^2 + x\frac{\partial \varphi}{\partial y} - y\frac{\partial \varphi}{\partial x}\right)\mathrm{d}x\mathrm{d}y \tag{9-27}$$

The integrand function can be expressed as

$$x^2 + y^2 + x\frac{\partial \varphi}{\partial y} - y\frac{\partial \varphi}{\partial x} = \left(x + \frac{\partial \varphi}{\partial y}\right)^2 + \left(y - \frac{\partial \varphi}{\partial x}\right)^2 - \left[\left(\frac{\partial \varphi}{\partial x}\right)^2 + \left(\frac{\partial \varphi}{\partial y}\right)^2 + x\frac{\partial \varphi}{\partial y} - y\frac{\partial \varphi}{\partial x}\right]$$

By using Eqs. (9-4) and (9-6) and Green's integral formula, we integrate the function in square brackets in the above equation and get

$$\begin{aligned}
&\iint_{\Omega}\left[\left(\frac{\partial \varphi}{\partial x}\right)^2 + \left(\frac{\partial \varphi}{\partial y}\right)^2 + x\frac{\partial \varphi}{\partial y} - y\frac{\partial \varphi}{\partial x}\right]\mathrm{d}x\mathrm{d}y \\
&= \iint_{\Omega}\left\{\left[\frac{\partial}{\partial x}\left(\varphi\frac{\partial \varphi}{\partial x}\right) + \frac{\partial}{\partial y}\left(\varphi\frac{\partial \varphi}{\partial y}\right)\right] - \varphi\left(\frac{\partial^2 \varphi}{\partial x^2} + \frac{\partial^2 \varphi}{\partial y^2}\right) + \left[\frac{\partial}{\partial y}(x\varphi) - \frac{\partial}{\partial x}(y\varphi)\right]\right\}\mathrm{d}x\mathrm{d}y \\
&= \oint_{\Gamma}\varphi\left(\frac{\partial \varphi}{\partial v} + xn_y - yn_x\right)\mathrm{d}s = 0
\end{aligned}$$

Eq. (9-27) is simplified as

$$D = \iint_{\Omega}\left[\left(x + \frac{\partial \varphi}{\partial y}\right)^2 + \left(y - \frac{\partial \varphi}{\partial x}\right)^2\right]\mathrm{d}x\mathrm{d}y > 0 \tag{9-28}$$

The above equation cannot be equal to zero. If it is equal to zero, $\frac{\partial \varphi}{\partial y} = -x$, $\frac{\partial \varphi}{\partial y} = y$ will be obtained. From the equation $\frac{\partial \varphi}{\partial y} = -x$, $\frac{\partial^2 \varphi}{\partial x \partial y} = -1$ can be obtained, and from the equation $\frac{\partial \varphi}{\partial y} = y$, $\frac{\partial^2 \varphi}{\partial x \partial y} = 1$ can be obtained, which is inconsistent. So the torsional rigidity D is always positive.

9.3.2 Maximum shearing stress for torsional problems

The total shearing stress at a point can be obtained from the last two equations of Eq. (9-3)

$$\tau^2 = \tau_{zx}^2 + \tau_{zy}^2 = G^2\alpha^2\left[\left(\frac{\partial\varphi}{\partial x} - y\right)^2 + \left(\frac{\partial\varphi}{\partial y} + x\right)^2\right]$$

$$\nabla^2\tau^2 = 2G^2\alpha^2\left[2 + \left(\frac{\partial^2\varphi}{\partial x^2}\right)^2 + \left(\frac{\partial^2\varphi}{\partial y^2}\right)^2 + 2\left(\frac{\partial^2\varphi}{\partial x\partial y}\right)^2\right] \geqslant 4G^2\alpha^2 > 0$$

The above equation shows that τ^2 is a superharmonic function. According to the nature of the superharmonic function, the maximum value of the function occurs on the boundary, that is, the maximum shearing stress occurs on the boundary.

9.3.3 Properties related to the stress function Φ

Property 1: When the cylinder is torsional, the direction of the shearing stress at any point in the section is tangent to the isoline Φ passing through the point, and its value is equal to the normal derivative of the isoline Φ.

The cross-section of a prismatical bar is taken as the xy plane, with the z-axis perpendicular to the cross-section. Imagine creating a surface $z = \Phi(x, y)$ on the cross-section, which is called the torsion stress function surface. By intersecting a series of planes parallel to the xOy plane, a series of closed curves can be obtained. Obviously, the projections of these curves on the xy plane are the trajectories of points on the cross-section with equal Φ-values, called isoline Φ.

The point P in Fig. 9-3 is any point on the cross-section, and curve AB is a part of any closed curve on the cross-section passing through that point. The projection of the shearing stress at point P in the normal direction of curve AB is

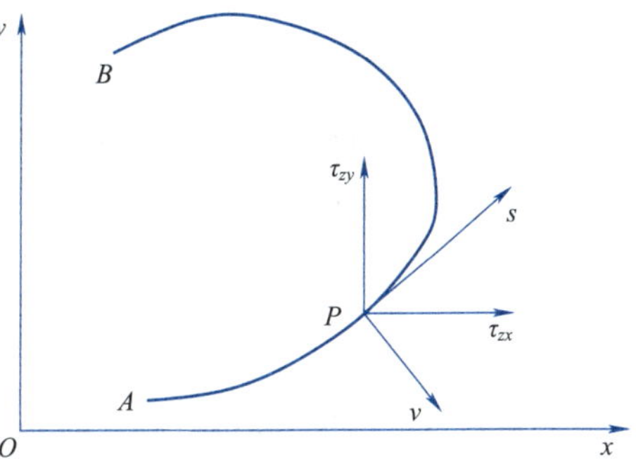

Fig. 9-3

$$\begin{aligned}\tau_{zv} &= \tau_{zx}\cos(v, x) + \tau_{zy}\cos(v, y)\\ &= \frac{\partial\Phi}{\partial y}\frac{\mathrm{d}x}{\mathrm{d}v} - \frac{\partial\Phi}{\partial x}\frac{\mathrm{d}y}{\mathrm{d}v}\\ &= \frac{\partial\Phi}{\partial y}\frac{\mathrm{d}y}{\mathrm{d}s} + \frac{\partial\Phi}{\partial x}\frac{\mathrm{d}x}{\mathrm{d}s}\\ &= \frac{\partial\Phi}{\partial s}\end{aligned} \tag{9-29}$$

The projection of the shearing stress at point P in the tangent direction of curve AB is

$$\begin{aligned}\tau_{zs} &= \tau_{zx}\cos(s, x) + \tau_{zy}\cos(s, y)\\ &= \frac{\partial\Phi}{\partial y}\frac{\mathrm{d}x}{\mathrm{d}s} - \frac{\partial\Phi}{\partial x}\frac{\mathrm{d}y}{\mathrm{d}s}\\ &= \left(\frac{\partial\Phi}{\partial y}\frac{\mathrm{d}y}{\mathrm{d}v} + \frac{\partial\Phi}{\partial x}\frac{\mathrm{d}x}{\mathrm{d}v}\right)\\ &= -\frac{\partial\Phi}{\partial v}\end{aligned} \tag{9-30}$$

If the curve AB is the isoline Φ of the section, then $\frac{\partial \Phi}{\partial s}=0$. From Eq. (9-29), it can be seen that the component of the shearing stress on the normal line of isoline Φ is zero, that is, the total shearing stress is tangent to isoline Φ. Isoline Φ is the trace line of the shearing stress. Eq. (9-30) gives the value of the total shearing stress, which is equal to the normal derivative of the isoline Φ across the P point, or equal to the maximum slope of the function Φ at P point. It is concluded that the maximum shearing stress must occur at the densest part of the isoline Φ at the boundary of the section, and its direction is tangent to the boundary.

Property 2: Theorem of shearing stress circulation

On any closed curve Γ that does not exceed the boundary on the cross-section, the integral of the shearing stress component along the tangent direction around the curve is called the shearing stress circulation. Therefore, the shearing stress circulation is equal to the product of the area Ω surrounded by the integration path Γ and the constant $2\Gamma\alpha$.

The shearing stress circulation is expressed as an integral as follows

$$
\begin{aligned}
\oint_{\Gamma} \tau_s \mathrm{d}s &= \oint_{\Gamma} [\tau_{zx}\cos(s,x) + \tau_{zy}\cos(s,y)]\,\mathrm{d}s \\
&= G\alpha\oint_{\Gamma}\left[\left(\frac{\partial \varphi}{\partial x} - y\right)\frac{\mathrm{d}x}{\mathrm{d}s} + \left(\frac{\partial \varphi}{\partial y} + x\right)\frac{\mathrm{d}y}{\mathrm{d}s}\right] \\
&= G\alpha\oint_{\Gamma}\left(\frac{\partial \varphi}{\partial x}\mathrm{d}x + \frac{\partial \varphi}{\partial y}\mathrm{d}y\right) + G\alpha\oint_{\Gamma}(x\mathrm{d}y - y\mathrm{d}x) \\
&= G\alpha\oint_{\Gamma}\mathrm{d}\varphi + 2G\alpha\Omega
\end{aligned}
$$

From the third equation of Eq. (9-1), w is a single valued function of coordinates, and $\varphi(x,y)$ should also be a single valued function. Therefore, the first term of the above equation is equal to zero, and thus

$$
\oint_{\Gamma} \tau_s \mathrm{d}s = 2G\alpha\Omega \tag{9-31}
$$

Property 3: The torque is numerically equal to twice the volume between the surface Φ and the outer boundary.

For simply connected sections

$$
M = 2\iint_{\Omega} \Phi(x,y)\,\mathrm{d}x\mathrm{d}y \tag{9-32}
$$

For multiply connected sections

$$
M = 2\left[\iint_{\Omega} \Phi(x,y)\,\mathrm{d}x\mathrm{d}y + \sum_{i=1}^{n} K_i\Omega_i\right] \tag{9-33}
$$

The first integral in square brackets to the right of the above equation is the area under the surface Φ on section Ω. The second integral is the sum of the volumes of some prisms, where the cross-sectional shape of the prism is the same as the area enclosed by each inner boundary (i. e. the holes of the cross-section), and the height of prismatical bar is equal to the value Φ on the inner boundary.

§ 9.4 Torsion of a Bar with Elliptical Section

In this section, the stress function method is used to solve the torsion problem of a prismatical bar with an elliptical section. The cross-sectional shape of the prismatical bar is shown in Fig. 9-4.

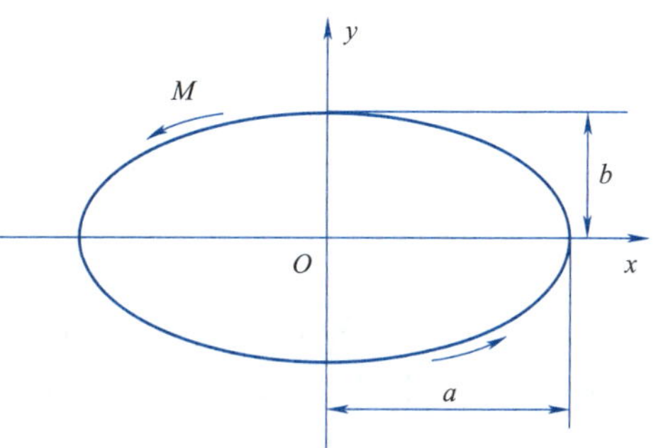

Fig. 9-4

The section of the bar is an ellipse, and the boundary equation of the section is

$$\frac{x^2}{a^2}+\frac{y^2}{b^2}-1=0 \tag{9-34}$$

The stress function should satisfy the boundary conditions (9-21), so the stress function can be taken as follows

$$\Phi=A\left(\frac{x^2}{a^2}+\frac{y^2}{b^2}-1\right) \tag{9-35}$$

where A is an undetermined constant.

Substitute Eq. (9-35) into Poisson Eq. (9-20) to obtain $A=-G\alpha\frac{a^2b^2}{a^2+b^2}$. Substituting A into Eq. (9-35), the stress function is

$$\Phi=-G\alpha\frac{a^2b^2}{a^2+b^2}\left(\frac{x^2}{a^2}+\frac{y^2}{b^2}-1\right) \tag{9-36}$$

Substitute Eq. (9-36) into Eq. (9-13) to obtain the shearing stress components

$$\begin{cases}\tau_{zx}=\dfrac{\partial\Phi}{\partial y}=-\dfrac{2G\alpha a^2}{a^2+b^2}y\\[2ex] \tau_{zy}=-\dfrac{\partial\Phi}{\partial x}=\dfrac{2G\alpha b^2}{a^2+b^2}x\end{cases} \tag{9-37}$$

The resultant shearing stress on the cross-section is

$$\tau=\sqrt{\tau_{zx}^2+\tau_{zy}^2}=\frac{2G\alpha a^2b^2}{a^2+b^2}\sqrt{\frac{x^2}{a^4}+\frac{y^2}{b^4}} \tag{9-38}$$

The shearing stress distribution at each point on the elliptical section is shown in Fig. 9-5. It is easy to prove that the maximum shearing stress occurs at both ends of the minor axis of the ellipse, and its value is

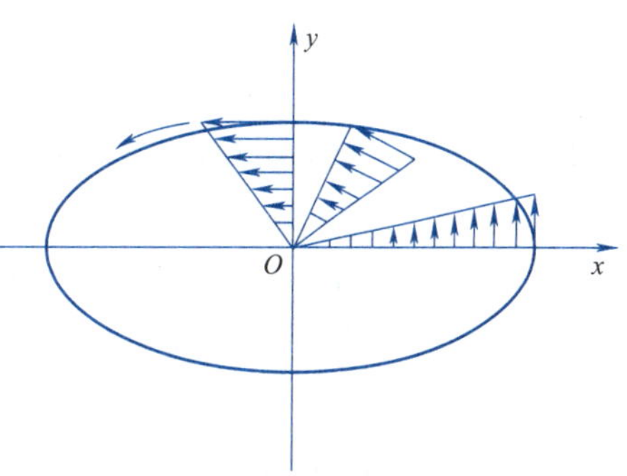

Fig. 9-5

$$\tau_{\max}=\frac{2G\alpha a^2b}{a^2+b^2} \tag{9-39}$$

The minimum shearing stress occurs at both ends of the major axis of the ellipse, and its value is

$$\tau_{\min}=\frac{2G\alpha ab^2}{a^2+b^2} \tag{9-40}$$

Substituting Eq. (9-36) into Eq. (9-23), we get

$$M = -\frac{2G\alpha a^2 b^2}{a^2 + b^2}\iint_{\Omega}\left(\frac{x^2}{a^2} + \frac{y^2}{b^2} - 1\right)\mathrm{d}x\mathrm{d}y$$

$$= -\frac{2G\alpha}{a^2 + b^2}(b^2 I_y + a^2 I_x - a^2 b^2\, \pi ab)$$

$$= \frac{G\alpha\pi a^3 b^3}{a^2 + b^2}$$

where $I_x = \iint_{\Omega} y^2\mathrm{d}x\mathrm{d}y = \frac{\pi ab^3}{4}$, $I_y = \iint_{\Omega} x^2\mathrm{d}x\mathrm{d}y = \frac{\pi a^3 b}{4}$ represent the moment of inertia with respect to the x and y axes of the ellipse section, respectively. From the above equation, the twist per unit length of the elliptical cross-section prismatical bar can be obtained as

$$\alpha = \frac{M(a^2 + b^2)}{G\pi a^3 b^3} \tag{9-41}$$

The following is the calculation of the displacement components of the free torsion of the elliptical cross-section prismatical bar. Since the twist per unit length has been obtained in the Eq. (9-41), according to the uniqueness of solutions principle, it can be directly substituted into the first two parts of the Eq. (9-1)

$$\begin{cases} u = -\dfrac{M(a^2 + b^2)}{G\pi a^3 b^3}yz \\ v = \dfrac{M(a^2 + b^2)}{G\pi a^3 b^3}xz \end{cases} \tag{9-42}$$

Substituting Eqs. (9-42) into the geometrical equations $\gamma_{zx} = \frac{\partial w}{\partial x} + \frac{\partial u}{\partial z}$, $\gamma_{zy} = \frac{\partial w}{\partial y} + \frac{\partial v}{\partial z}$ and using $\gamma_{zx} = \frac{\tau_{zx}}{G}$, $\gamma_{zy} = \frac{\tau_{zy}}{G}$ at the same time, we get

$$\frac{\partial w}{\partial x} = \frac{M(b^2 - a^2)}{G\pi a^3 b^3}y, \quad \frac{\partial w}{\partial y} = \frac{M(b^2 - a^2)}{G\pi a^3 b^3}x$$

Integrate the above two equations to get

$$\begin{cases} w = \dfrac{M(b^2 - a^2)}{G\pi a^3 b^3}xy + f_1(y) \\ w = \dfrac{M(b^2 - a^2)}{G\pi a^3 b^3}xy + f_2(x) \end{cases}$$

It can be seen from the above equations that only $f_1(y) = f_2(x) = w_0$ and w_0 is the rigid body displacement along the z-axis. If the rigid body displacement w_0 is ignored, the displacement of each cross-section of the elliptical prism along the z-axis direction is

$$w = \frac{M(b^2 - a^2)}{G\pi a^3 b^3}xy \tag{9-43}$$

This equation indicates that the cross-section of

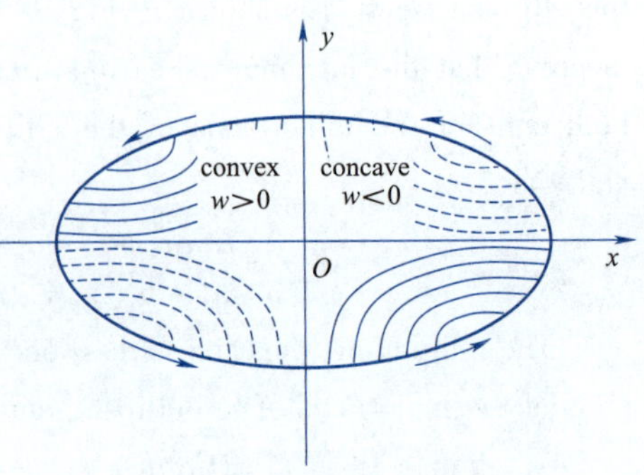

Fig. 9-6

the elliptic bar is no longer a plane after twisting, but warps into a hyperbolic paraboloid. The projection of the contour of the curved surface on the xOy plane is a hyperbola, and the asymptotes of these hyperbolas are the x-axis and the y-axis, as shown in Fig. 9-6. When $a > b$, the solid line part represents the convex surface, and the dashed line part represents the concave surface. When $a = b$ (circular section), there is only $w = 0$, that is, the cross-section remains plane.

§ 9.5 Torsion of a Circular Shaft with a Semicircular Groove

Firstly, the expressions of torsional shearing stresses in the polar coordinate system are derived. According to the coordinate transformation equations of stress tensor (2-15), we get

$$\begin{cases} \tau_{zr} = n_{zx}n_{rz}\tau_{xz} + n_{zy}n_{rz}\tau_{yz} + n_{zz}n_{rx}\tau_{zx} + n_{zz}n_{ry}\tau_{zy} \\ \quad = \cos\theta\tau_{zx} + \sin\theta\tau_{zy} \\ \tau_{z\theta} = n_{zx}n_{\theta z}\tau_{xz} + n_{zy}n_{\theta z}\tau_{yz} + n_{zz}n_{\theta x}\tau_{zx} + n_{zz}n_{\theta y}\tau_{zy} \\ \quad = -\sin\theta\tau_{zx} + \cos\theta\tau_{zy} \end{cases} \tag{9-44}$$

Substitute Eq. (9-13) into the above equations to get

$$\begin{cases} \tau_{zr} = \cos\theta\dfrac{\partial\Phi}{\partial y} - \sin\theta\dfrac{\partial\Phi}{\partial x} \\ \tau_{z\theta} = -\sin\theta\dfrac{\partial\Phi}{\partial y} - \cos\theta\dfrac{\partial\Phi}{\partial x} \end{cases} \tag{9-45}$$

Using relation (7-6) in Section 7-1

$$\begin{cases} \dfrac{\partial\Phi}{\partial x} = \cos\theta\dfrac{\partial\Phi}{\partial r} - \dfrac{\sin\theta}{r}\dfrac{\partial\Phi}{\partial\theta} \\ \dfrac{\partial\Phi}{\partial y} = \sin\theta\dfrac{\partial\Phi}{\partial r} + \dfrac{\cos\theta}{r}\dfrac{\partial\Phi}{\partial\theta} \end{cases}$$

The relationship between torsional shearing stress and stress function in the polar coordinate system is obtained

$$\begin{cases} \tau_{zr} = \dfrac{1}{r}\dfrac{\partial\Phi}{\partial\theta} \\ \tau_{z\theta} = -\dfrac{\partial\Phi}{\partial r} \end{cases} \tag{9-46}$$

A cross- section of a circular shaft with a semicircular groove is shown in Fig. 9-7. The radius of the shaft is a and the radius of the slot is b. In polar coordinates with the origin as the pole, the equation for the circular groove is

$$f_1(r,\theta) = r^2 - b^2 = 0 \tag{9-47}$$

The equation of the circular shaft is

$$f_2(r,\theta) = r - 2a\cos\theta = 0 \tag{9-48}$$

The condition of $\Phi = 0$ on the boundary is required by the stress function, and the following stress function can be assumed

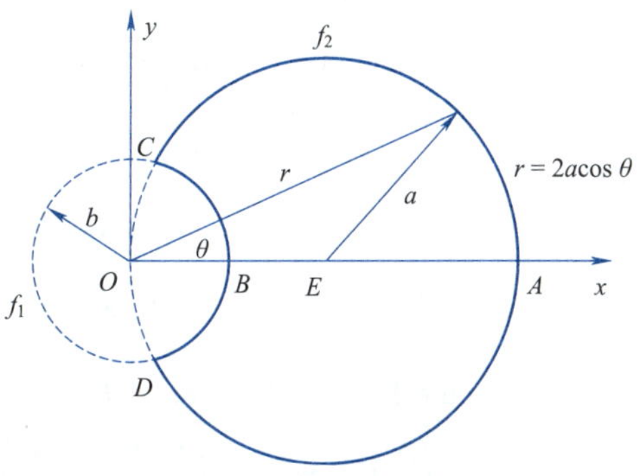

Fig. 9-7

$$\Phi = A\frac{f_1 f_2}{r} = A\left(r^2 - b^2 - 2ar\cos\theta + \frac{2ab^2}{r}\cos\theta\right) \tag{9-49}$$

The governing Eq. (9-17) of the stress function is expressed in polar coordinates as

$$\nabla^2 \Phi = \frac{\partial^2 \Phi}{\partial r^2} + \frac{1}{r}\frac{\partial \Phi}{\partial r} + \frac{1}{r^2}\frac{\partial^2 \Phi}{\partial \theta^2} = -2G\alpha \tag{9-50}$$

Substituting Eq. (9-49) into Eq. (9-50) to get $A = -\frac{1}{2}G\alpha$, the stress function is expressed as

$$\Phi = A\frac{f_1 f_2}{r} = -\frac{G\alpha}{2}\left(r^2 - b^2 - 2ar\cos\theta + \frac{2ab^2}{r}\cos\theta\right) \tag{9-51}$$

The stress components are

$$\begin{cases} \tau_{zr} = \dfrac{1}{r}\dfrac{\partial \Phi}{\partial \theta} = -G\alpha a\left(1 - \dfrac{b^2}{r^2}\right)\sin\theta \\ \tau_{z\theta} = -\dfrac{\partial \Phi}{\partial r} = G\alpha\left[r - a\left(1 + \dfrac{b^2}{r^2}\right)\cos\theta\right] \end{cases} \tag{9-52}$$

Obviously, the maximum shearing stress occurs at the groove bottom ($r = b, \theta = 0$), $\tau_{\max} = |(\tau_{z\theta})_{r=b,\theta=0}| = G\alpha(2a - b)$. When $b \ll a$, the maximum shearing stress at the groove bottom is twice the maximum shearing stress of a circular shaft of radius a without groove.

§ 9.6 Torsion of Concentric Tubes

Consider the torsion of a concentric circular tube, whose cross-section is a multiply connected domain. Let the inner radius of the circular tube be R_1, the outer radius be R_0, and it is subjected to the action of the moment M, as shown in Fig. 9-8.

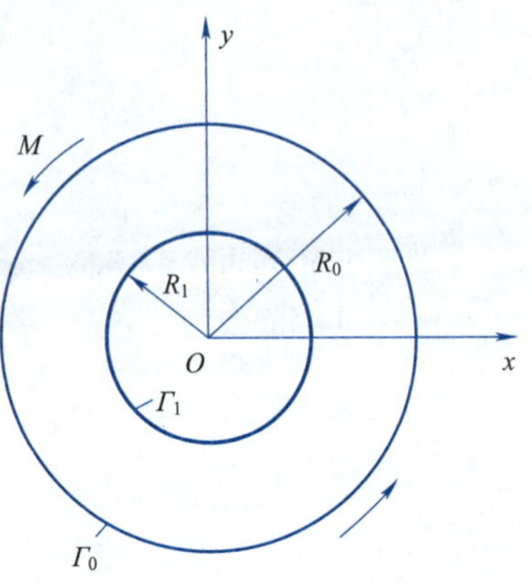

Fig. 9-8

To make the stress function of the outer circle boundary zero, we try to take the following stress function

$$\Phi = B(x^2 + y^2 - R_0^2) = B(r^2 - R_0^2) \tag{9-53}$$

Substituting Eq. (9-53) into Eq. (9-50) in Section 9.5, we can get $B = -\frac{1}{2}G\alpha$.

The stress function can be expressed as

$$\Phi = B(x^2 + y^2 - R_0^2) = -\frac{1}{2}G\alpha(r^2 - R_0^2) \tag{9-54}$$

Using the boundary conditions on the inner boundary Γ_1, we can obtain

$$k_1 = (\Phi)_{r=R_1} = -\frac{1}{2}G\alpha(R_1^2 - R_0^2) \tag{9-55}$$

Substitute Eqs. (9-54) and (9-55) into Eq. (9-26), where $n = 1, \Omega_1 = \pi R_1^2$, so

$$D = \frac{1}{G\alpha}\left(-\int_0^{2\pi}\int_{R_1}^{R_0} G\alpha(r^2 - R_0^2)r\mathrm{d}r\mathrm{d}\theta - G\alpha\pi R_1^2\right) = \frac{\pi}{2}(R_0^4 - R_1^4) \tag{9-56}$$

Therefore, the twist per unit length is

$$\alpha = \frac{M}{GD} = \frac{2M}{\pi G(R_0^4 - R_1^4)} \tag{9-57}$$

Substitute Eq. (9-54) into Eq. (9-13) to obtain the stress components in the Cartesian coordinate system

$$\begin{cases} \tau_{zx} = \dfrac{\partial \Phi}{\partial y} = -\dfrac{2M}{\pi(R_0^4 - R_1^4)}y \\ \tau_{zy} = -\dfrac{\partial \Phi}{\partial x} = \dfrac{2M}{\pi(R_0^4 - R_1^4)}x \end{cases} \tag{9-58}$$

Substituting Eq. (9-54) into Eq. (9-46), the stress components in cylindrical coordinates are obtained as

$$\begin{cases} \tau_{zr} = \dfrac{1}{r}\dfrac{\partial \Phi}{\partial \theta} = 0 \\ \tau_{z\theta} = -\dfrac{\partial \Phi}{\partial r} = G\alpha r \end{cases} \tag{9-59}$$

The above results are the same as the results of mechanics of materials.

§ 9.7 Torsion of a Bar with Rectangular Section

We consider the rectangular section bar shown in Fig. 9-9. Its side lengths are $2a$ and $2b$, and the following two cases are discussed. One is a long and narrow rectangle, and the other is a general rectangle. In both cases, the stress function Φ should satisfy the governing equation $\nabla^2 \Phi = -2G\alpha$ and the boundary conditions

$$(\Phi)_{x=\pm a} = 0, \quad (\Phi)_{y=\pm b} = 0 \tag{9-60}$$

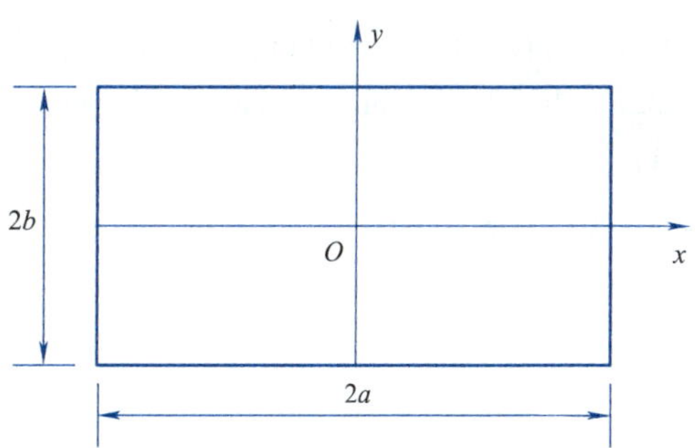

Fig. 9-9

9.7.1 Narrow rectangle case

When $a \gg b$, because the side of the bar is a free surface, the shearing stress component $\tau_{yz} = 0$ at the section boundary $y = \pm b$, due to b, and the stress changes continuously on the section. Therefore, it can be inferred the τ_{yz} which must be very small inside the section and be assumed that it equals to zero approximately. It can be inferred from Eq. (9-13) that $\dfrac{\partial \Phi}{\partial x} = 0$. Φ is independent of x on the entire section, and the governing equation is simplified to

$$\frac{d^2 \Phi}{dy^2} = -2G\alpha$$

Integrate the above equation twice

$$\Phi = -G\alpha y^2 + Ay + B$$

where A and B are integral constants. $A = 0, B = G\alpha b^2$ are obtained by using the boundary condition $(\Phi)_{y=\pm b} = 0$. The stress function can be expressed as

$$\Phi = G\alpha(b^2 - y^2) \tag{9-61}$$

Substitute the above equation into Eq. (9-13) to obtain each shearing stress component

$$\tau_{zx}=\frac{\partial \Phi}{\partial y}=-2G\alpha y,\quad \tau_{zy}=-\frac{\partial \Phi}{\partial x}=0 \tag{9-62}$$

The maximum shearing stress occurs at the boundary $y=\pm b$, and its value is

$$\tau_{\max}=2G\alpha b \tag{9-63}$$

Substituting Eq. (9-61) into Eq. (9-23), the applied torsional moment is obtained as

$$M=2\iint_{\Omega}\Phi \mathrm{d}x\mathrm{d}y=\frac{16}{3}G\alpha ab^3 \tag{9-64}$$

The twist per unit length is

$$\alpha=\frac{M}{\frac{16}{3}Gab^3}=\frac{M}{GD} \tag{9-65}$$

where torsional rigidity is

$$D=\frac{16}{3}ab^3 \tag{9-66}$$

9.7.2 General rectangular case

It can be seen from the above analysis that the stress function Eq. (9-61) cannot satisfy the boundary condition of the short side, which is permissible for narrow and long rectangular sections, but not applicable to rectangular sections whose lengths on both sides belong to the same order of magnitude. For a general rectangular section, assume $a\geqslant b$, because the governing equation is inhomogeneous, its general solution can be expressed as the sum of a particular solution and the corresponding general solution of the homogeneous equation. Now take the solution of the above narrow and long rectangular section bar as a special solution, and denote Φ as follows

$$\Phi=G\alpha(b^2-y^2)+\Phi_1(x,y) \tag{9-67}$$

Substitute into the governing equation $\nabla^2\Phi=-2G\alpha$

$$\nabla^2\Phi_1=0 \tag{9-68}$$

Therefore, the function $\Phi_1(x,y)$ is the solution of the corresponding homogeneous equation of the governing equation $\nabla^2\Phi=-2G\alpha$, and it is also the modified part of the solution for the narrow and long rectangular sections.

Substituting Eq. (9-67) into boundary condition Eq. (9-60), we obtain the boundary condition that function $\Phi_1(x,y)$ should satisfy

$$(\Phi_1)_{x=\pm a}=G\alpha(y^2-b^2),\quad (\Phi_1)_{y=\pm b}=0 \tag{9-69}$$

So the problem boils down to finding a function $\Phi_1(x,y)$ that satisfies Eq. (9-68) inside the section and boundary condition (9-69) on the section boundary. Next, the method of separation variables is used. Let the solution of Eq. (9-68) be expressed as

$$\Phi_1(x,y)=X(x)Y(y) \tag{9-70}$$

Substitute Eq. (9-70) into Eq. (9-68) to get

$$Y\frac{\mathrm{d}^2X}{\mathrm{d}x^2}+X\frac{\mathrm{d}^2Y}{\mathrm{d}y^2}=0$$

or expressed as

$$\frac{\left(\frac{d^2X}{dx^2}\right)}{X} = -\frac{\left(\frac{d^2Y}{dy^2}\right)}{Y}$$

The left side of the equal sign in the above equation can only be a function of x, and the right side can only be a function of y. To make the two sides equal, the two can only be the same constant. Setting it as λ^2, we get

$$X'' - \lambda^2 X = 0, \quad Y'' + \lambda^2 Y = 0$$

Their general solution is

$$X(x) = C_1 \cosh\lambda x + C_2 \sinh\lambda x$$

$$Y(y) = C_3 \cos\lambda y + C_4 \sin\lambda y$$

Their general solutions are known from the symmetry of the problem, X and Y should be even functions of x and y respectively, so take $C_2 = C_4 = 0$. Substituting these results into Eq. (9-70), and introducing a new constant $A = C_1 C_3$, we get

$$\Phi_1(x,y) = A\cosh\lambda x \cos\lambda y \tag{9-71}$$

Substituting Eq. (9-71) into the second equation of boundary condition Eq. (9-69), we obtain $\cos\lambda b = 0$. The values of λ that satisfies the condition are

$$\lambda_k = \frac{(2k+1)\pi}{2b} \quad (k = 0,1,2,\ldots)$$

There is a solution for $\Phi_1(x,y)$ corresponding to each value of λ, and the linear combination of these solutions is also the desired solution. Therefore, the general solution satisfying the boundary condition at $y = \pm b$ can be expressed as

$$\Phi_1(x,y) = \sum_{k=0}^{\infty} A_k \cosh\frac{(2k+1)\pi x}{2b} \cos\frac{(2k+1)\pi y}{2b} \tag{9-72}$$

where A_k is determined by the boundary conditions at $x = \pm a$. Substituting Eq. (9-72) into the first equation of boundary condition Eqs. (9-69), we get

$$\sum_{k=0}^{\infty} A_k \cosh\frac{(2k+1)\pi a}{2b} \cos\frac{(2k+1)\pi y}{2b} = G\alpha(y^2 - b^2)$$

The left side of the equation can be regarded as the Fourier series of the function on the right side, so the constants A_k are determined according to the method of finding the Fourier coefficient. Therefore, expanding the right side of the above equation into a series of $\cos\frac{(2k+1)\pi y}{2b}$ on the interval $(-b, b)$, and comparing the coefficients on both sides, we finally get

$$A_k = -G\alpha \frac{(-1)^k 32b^2}{(2k+1)^3 \pi^3 \cosh\frac{(2k+1)\pi a}{2b}}$$

Substituting the above results into Eq. (9-72) and then into Eq. (9-67), the stress function is obtained as

$$\Phi = G\alpha\left[(b^2 - y^2) - \frac{32b^2}{\pi^3}\sum_{k=0}^{\infty} \frac{(-1)^k \cosh\frac{(2k+1)\pi x}{2b}\cos\frac{(2k+1)\pi y}{2b}}{(2k+1)^3 \cosh\frac{(2k+1)\pi a}{2b}}\right] \tag{9-73}$$

Substitute Eq. (9-73) into Eq. (9-13) to obtain the shearing stress components as

$$
\begin{aligned}
\tau_{zx} &= -G\alpha\left[2y - \frac{16b}{\pi^2}\sum_{k=0}^{\infty}\frac{(-1)^k\cosh\dfrac{(2k+1)\pi x}{2b}\sin\dfrac{(2k+1)\pi y}{2b}}{(2k+1)^2\cosh\dfrac{(2k+1)\pi a}{2b}}\right] \\
\tau_{zy} &= G\alpha\left[\frac{16b^2}{\pi^2}\sum_{k=0}^{\infty}\frac{(-1)^k\sinh\dfrac{(2k+1)\pi x}{2b}\cos\dfrac{(2k+1)\pi y}{2b}}{(2k+1)^2\cosh\dfrac{(2k+1)\pi a}{2b}}\right]
\end{aligned} \tag{9-74}
$$

The maximum shearing stress occurs at the midpoint of the long side, and its value is

$$
(\tau_{zx})_{\max} = 2G\alpha b\left[1 - \frac{8}{\pi^2}\sum_{k=0}^{\infty}\frac{1}{(2k+1)^2\cosh\dfrac{(2k+1)\pi a}{2b}}\right] \tag{9-75}
$$

Substitute Eq. (9-73) into Eq. (9-23) to get

$$
M = 2\iint_{\Omega}\Phi\,\mathrm{d}x\mathrm{d}y = G\alpha(2a)(2b)^3\left[\frac{1}{3} - \frac{64}{\pi^5}\frac{b}{a}\sum_{k=0}^{\infty}\frac{\tanh\dfrac{(2k+1)\pi a}{2b}}{(2k+1)^5}\right] \tag{9-76}
$$

where the torsional rigidity of the section is

$$
D = (2a)(2b)^3\left[\frac{1}{3} - \frac{64}{\pi^5}\frac{b}{a}\sum_{k=0}^{\infty}\frac{\tanh\dfrac{(2k+1)\pi a}{2b}}{(2k+1)^5}\right] \tag{9-77}
$$

From this, the relative twist per unit length can be obtained $\alpha = \dfrac{M}{GD}$.

§ 9.8 Membrane Analogy for Torsion Problems

It can be seen from the previous discussion that even with a simple cross- section like a rectangle, it is not easy to obtain an analytical solution to the torsion problem, let alone a cross-section with a more complex shape. However, there are some fundamentally different physical phenomena in nature that can be described by the same mathematical laws. In this way, if we obtain the relevant quantity of one of the physical phenomena by means of some experimental or approximate method, we can derive the corresponding quantity of the other physical phenomenon. This method is called the analogy method. In order to solve the torsion problem, Prandtl (1903) proposed the famous membrane analogy, which has been proven to be very effective for approximately solving the torsion problem of complex section bars in engineering.

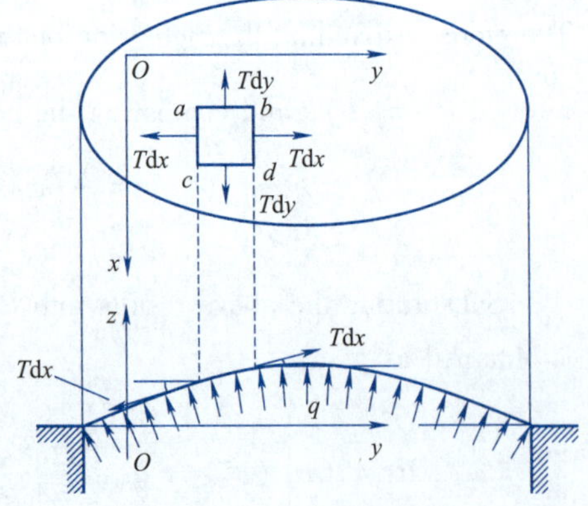

Fig. 9-10

First, the basic principle of membrane analogy is introduced. There is a homogeneous membrane tensioned on the border of a horizontal hole with the same cross-sectional shape as the torsion bar (see Fig. 9-10). The unit area of the membrane is subjected to a small vertical uniform pressure q, then each point of the membrane will have a small sag along the z direction. Due to the flexibility of the membrane, it cannot withstand bending moments, torques, shear forces, and pressures, but only a uniform tension T.

Taking a rectangular microelement *abcd* from the flexure membrane, the balance problem of the micro element under the action of tension (T) and lateral pressure (q) is studied. The force on the *ac* edge of the micro element is $T\mathrm{d}x$, and the angle between it and the xy plane is $\frac{\partial z}{\partial y}$. Its projection on the z-axis is $-T\mathrm{d}x\frac{\partial z}{\partial y}$. The force on the *bd* side is $T\mathrm{d}x$, and the angle with the xy plane is $\frac{\partial z}{\partial y}+\frac{\partial}{\partial y}\left(\frac{\partial z}{\partial y}\right)\mathrm{d}y$, and its projection on the z-axis is $T\mathrm{d}x\left(\frac{\partial z}{\partial y}+\frac{\partial^2 z}{\partial y^2}\mathrm{d}y\right)$. Similarly, the projection of the force on the *ab* side and the *cd* side in the z direction can be written as $-T\mathrm{d}y\frac{\partial z}{\partial x}$ and $T\mathrm{d}y\left(\frac{\partial z}{\partial x}+\frac{\partial^2 z}{\partial x^2}\mathrm{d}x\right)$. In addition, there is upward pressure $q\mathrm{d}x\mathrm{d}y$ on the *abcd* plane. According to the equilibrium equation of the membrane $\sum F_z = 0$

$$-T\mathrm{d}x\frac{\partial z}{\partial y}+T\mathrm{d}x\left(\frac{\partial z}{\partial y}+\frac{\partial^2 z}{\partial y^2}\mathrm{d}y\right)-T\mathrm{d}y\frac{\partial z}{\partial x}+T\mathrm{d}y\left(\frac{\partial z}{\partial x}+\frac{\partial^2 z}{\partial x^2}\mathrm{d}x\right)+q\mathrm{d}x\mathrm{d}y=0$$

The above equation can be reduced to

$$\frac{\partial^2 z}{\partial x^2}+\frac{\partial^2 z}{\partial y^2}=-\frac{q}{T} \tag{9-78}$$

The boundary condition of the membrane is that the sag should be zero at the boundary Γ, that is

$$z_\Gamma=0 \tag{9-79}$$

Comparing Eqs. (9-78) and (9-79) with Eqs. (9-20) and (9-21), it is obvious that Eqs. (9-78) and (9-20) have the same form, both are Poisson equations. The boundary conditions satisfied by the unknown function in these two equations are also the same. The relationship between the stress function Φ and the membrane sag z is as follows

$$\Phi=\left(2G\alpha\frac{T}{q}\right)z \tag{9-80}$$

Suppose the pressure q on the membrane is adjusted so that $\frac{q}{T}=2G\alpha$, then $\Phi=z$ at this time. In this case, the sag of the membrane is numerically equal to the stress function.

For a simply connected section, the torsional moment is obtained by Eq. (9-23) and using the relation $\Phi=z$ as

$$M=2\iint_\Omega \Phi\mathrm{d}x\mathrm{d}y2\iint_\Omega z\mathrm{d}x\mathrm{d}y=2V \tag{9-81}$$

That is, the torsional moment is numerically equal to twice the volume between the membrane and its boundary plane.

For multiply connected sections, the sag z of each inner boundary membrane is constant h_i. In order to ensure this requirement, it is assumed that each inner boundary of the membrane is glued with a weightless rigid plate to cover the hole. The whole section area and rigid plate are subjected to uniform pressure to obtain the sag, and each plate Ω_i moves in parallel. From Eq. (9-25), we can get

$$M = 2\left(\iint_{\Omega} z\mathrm{d}z + \sum_{i=1}^{n} h_i \Omega_i\right) = 2V \tag{9-82}$$

The above equation shows that the torque is numerically equal to twice the volume between the membrane and the plane of the adhesive plate and the outer boundary plane.

According to Eq. (9-13), we use $\Phi = z$ to get

$$\tau_{zx} = \frac{\partial \Phi}{\partial y} = \frac{\partial z}{\partial y}, \quad \tau_{zy} = -\frac{\partial \Phi}{\partial x} = -\frac{\partial z}{\partial x} \tag{9-83}$$

Obviously, $\frac{\partial z}{\partial y}$ is the slope of membrane in y direction, which means the shearing stress τ_{zx} at a point on the cross-section of the torsion bar is equal to the slope $\frac{\partial z}{\partial y}$ at the corresponding point on the membrane. Since the x-axis and y-axis can be taken in any two perpendicular directions of the cross-section, the above conclusion can be generalized as follows: the shearing stress of any direction at a certain point on the cross-section of the torsion bar is equal to the slope along the vertical direction of the membrane at the corresponding point. It can be seen that the maximum shearing stress on the cross-section of the torsion bar is equal to the maximum slope of the membrane, but it should be noted that the direction of the maximum shearing stress is perpendicular to the direction of the maximum slope.

§ 9.9 Bending of a Cantilevered Prismatical Bar of Equal Section

Now discuss the lateral bending of the cantilevered prismatical bar due to the tangential concentrated force F on the free end face (see Fig. 9-11). Assuming that the cross-section has an arbitrary shape, the centroid of the fixed end face is taken as the coordinate origin. The z-axis is the centroid axis of the bar, and the x and y axes coincide with the principal centroid axes of the cross-section. It is assumed that the concentrated force F passes through the bending center of the free end section, so the bar will not have torsional deformation. Meanwhile, the force F is parallel to the x axis, and the eccentricity of the x-axis is e.

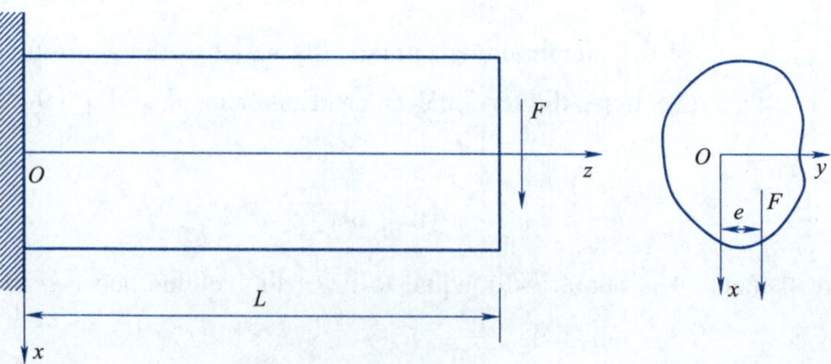

Fig. 9-11

Using the semi-inverse method and according to the analysis results of mechanics of materials, the following stress components are given

$$\sigma_x = \sigma_y = \tau_{xy} = 0$$
$$\sigma_z = -\frac{F(L-z)}{I_y}x \tag{9-84}$$

As for other stress components τ_{zx}, τ_{zy}, they should be determined according to the equilibrium equation of elasticity, stress compatibility equation and boundary conditions.

According to the above hypotheses and ignoring the body forces, we substitute the stress components into the equilibrium Eqs. (5-1) and get

$$\frac{\partial \tau_{zx}}{\partial z} = 0, \quad \frac{\partial \tau_{zy}}{\partial z} = 0 \tag{9-85}$$

$$\frac{\partial \tau_{zx}}{\partial x} + \frac{\partial \tau_{zy}}{\partial y} + \frac{Fx}{I_y} = 0 \tag{9-86}$$

Substituting Eq. (9-84) into stress compatibility Eqs. (5-22), it can be found that the first four equations become identities, and the remaining two equations are simplified to

$$\nabla^2 \tau_{yz} = 0,$$
$$\nabla^2 \tau_{xz} = -\frac{F}{(1+\upsilon)I_y} \tag{9-87}$$

From Eqs. (9-85), it can be known that τ_{zx}, τ_{zy} are only functions of x and y and have nothing to do with z. The stress function $\Phi(x,y)$ is introduced and set

$$\tau_{zy} = -\frac{\partial \Phi}{\partial x} \tag{9-88}$$

Substitute the above equation into Eq. (9-86) to get

$$\frac{\partial \tau_{zx}}{\partial x} = \frac{\partial^2 \Phi}{\partial x \partial y} - \frac{Fx}{I_y}$$

Integrating the above equation with respect to x

$$\tau_{zx} = \frac{\partial \Phi}{\partial y} - \frac{Fx^2}{2I_y} + f(y) \tag{9-89}$$

Here $f(y)$ is an arbitrary function of y, and Eqs. (9-88) and (9-89) clearly satisfy the equilibrium Eqs. (9-85) and (9-86). Substituting Eqs. (9-88) and (9-89) into Eq. (9-87) to get

$$\frac{\partial}{\partial x}\nabla^2 \Phi = 0$$
$$\frac{\partial}{\partial y}\nabla^2 \Phi = \frac{\upsilon F}{(1+\upsilon)I_y} - f''(y)$$

It can be seen from the above two equations that

$$\nabla^2 \Phi = \frac{\upsilon F}{(1+\upsilon)I_y}y - f'(y) + k \tag{9-90}$$

which k is an integral constant and has a clear physical meaning. The rigid body rotation angle $\omega_z = \frac{1}{2}\left(\frac{\partial v}{\partial x} - \frac{\partial u}{\partial y}\right)$ of any micro plane on the cross-section of the cantilever beam is shown in Fig. 9-11, and its rate of change along the z direction is

$$\frac{\partial \omega_z}{\partial z}=\frac{1}{2}\frac{\partial}{\partial z}\left(\frac{\partial v}{\partial x}-\frac{\partial u}{\partial y}\right)=\frac{1}{2}\left[\frac{\partial}{\partial x}\left(\frac{\partial w}{\partial y}+\frac{\partial v}{\partial z}\right)-\frac{\partial}{\partial y}\left(\frac{\partial u}{\partial z}+\frac{\partial w}{\partial x}\right)\right]=\frac{1}{2}\left(\frac{\partial \gamma_{yz}}{\partial x}-\frac{\partial \gamma_{xz}}{\partial y}\right)$$

By using Hooke's law, it can be obtained that:

$$\frac{\partial \omega_z}{\partial z}=\frac{1}{2G}\left(\frac{\partial \tau_{yz}}{\partial x}-\frac{\partial \tau_{xz}}{\partial y}\right)$$

Substituting Eqs. (9-88) and (9-89) into the above equation, and using Eq. (9-90) and relation $G=\frac{E}{2(1+v)}$, we obtain

$$-\frac{\partial \omega_z}{\partial z}=\frac{1}{2G}\frac{v}{1+v}\frac{Fy}{I_y}+\frac{k}{2G}=\frac{v}{E}\cdot\frac{Fy}{I_y}+C$$

From the above equation, it can be seen that the rate of change of rotation along the z direction consists of two parts: the first term of y represents the micro plane with different y coordinates on the cross-section, which will generate different axial rotation rates, thus causing distortion of the cross-section. The other constant term $C=k/2G$ indicates that the rotation rate of each micro plane on the cross-section is the same, and the cross-section only rigidly rotates through a certain angle. Therefore, this part represents the torsional deformation of the bar, and in fact, C is the twist per unit length. According to the condition of the question, there should be no torsion here, so $C=0$. Thus Eq. (9-90) becomes

$$\nabla^2 \Phi=\frac{vF}{(1+v)I_y}y-f'(y) \tag{9-91}$$

The boundary conditions are examined below. On the side of the bar, there is no external force, that is, $\overline{f}_x=\overline{f}_y=\overline{f}_z=0$, and the direction cosine $n_z=0$ is the cosine on the side. Substituting Eqs. (9-84), (9-88), and (9-89) into Eq. (5-5), the first two equations become the identities, and the third equation becomes

$$\left[\frac{\partial \Phi}{\partial y}-\frac{Fx^2}{2I_y}+f(y)\right]n_x-\frac{\partial \Phi}{\partial x}n_y=0 \quad (\text{on } \Gamma) \tag{9-92}$$

Here Γ refers to the boundary of the cross-section of the bar. On the boundary of the cross-section

$$n_x=\frac{\mathrm{d}y}{\mathrm{d}s},\quad n_y=-\frac{\mathrm{d}x}{\mathrm{d}s}$$

Substituting the above equations into Eq. (9-92)

$$\frac{\mathrm{d}\Phi}{\mathrm{d}s}=\frac{\partial \Phi}{\partial x}\frac{\mathrm{d}x}{\mathrm{d}s}+\frac{\partial \Phi}{\partial y}\frac{\mathrm{d}y}{\mathrm{d}s}=\left[\frac{Fx^2}{2I_y}-f(y)\right]\frac{\mathrm{d}y}{\mathrm{d}s} \quad (\text{on } \Gamma) \tag{9-93}$$

On the boundary perpendicular to the y axis, $\frac{\mathrm{d}y}{\mathrm{d}s}=0$, so $\frac{\mathrm{d}\Phi}{\mathrm{d}s}=0$. Therefore, the stress function is a constant. On boundaries not perpendicular to the y axis, $f(y)$ can be chosen such that

$$\frac{Fx^2}{2I_y}-f(y)=0 \tag{9-94}$$

Also, at this time $\frac{\mathrm{d}\Phi}{\mathrm{d}s}=0$, the boundary value of the stress function also becomes a constant.

Because the difference of the stress function by a constant has no effect on the required stress, the boundary value of the stress function can always be set to zero, that is

$$\Phi = 0 \quad (\text{on } \Gamma) \tag{9-95}$$

Then consider the boundary conditions on the free end face. Since the external force on this end face only gives the resultant force equivalent to the tangential force F and the distribution is unknown, the boundary conditions are relaxed according to Saint-Venant's principle to require the resultant force to satisfy the boundary conditions. Since at the free end $\sigma_z = 0$, the resultant force in the z direction and the moment with respect to the x axis and the y axis are equal to zero, so these three conditions are automatically satisfied. Now consider the resultant forces in the x and y directions, the boundary conditions can be written as

$$\iint_{\Omega} \tau_{zx} \mathrm{d}x\mathrm{d}y = F, \quad \iint_{\Omega} \tau_{zy} \mathrm{d}x\mathrm{d}y = 0 \tag{9-96}$$

Substitute Eq. (9-89) into the first equation of Eqs. (9-96) to get

$$\iint_{\Omega} \tau_{zx} \mathrm{d}x\mathrm{d}y = \iint_{\Omega} \left[\frac{\partial \Phi}{\partial y} - \frac{Fx^2}{2I_y} + f(y) \right] \mathrm{d}x\mathrm{d}y \tag{9-97}$$

For the first integral of the right-hand side of the above equation, according to Stokes formula, and using Eq. (9-95), we have

$$\iint_{\Omega} \frac{\partial \Phi}{\partial y} \mathrm{d}x\mathrm{d}y = \oint_{\Gamma} \Phi n_y \mathrm{d}s = 0 \tag{9-98}$$

In the integral of the second item $\iint_{\Omega} x^2 \mathrm{d}x\mathrm{d}y = I_y$, so

$$-\iint_{\Omega} \frac{Fx^2}{2I_y} \mathrm{d}x\mathrm{d}y = -\frac{F}{2} \tag{9-99}$$

The third integral, which is obtained by using the Stokes formula

$$\begin{aligned}
\iint_{\Omega} f(y) \mathrm{d}x\mathrm{d}y &= \iint_{\Omega} \frac{\partial}{\partial x} [xf(y)] \mathrm{d}x\mathrm{d}y \\
&= \oint_{\Gamma} xf(y) n_x \mathrm{d}s \\
&= \oint_{\Gamma} xf(y) \mathrm{d}y
\end{aligned}$$

Substituting Eq. (9-65) into the above equation, we have

$$\iint_{\Omega} f(y) \mathrm{d}x\mathrm{d}y = \oint_{\Gamma} \frac{Fx^3}{2I_y} \mathrm{d}y = \frac{3F}{2} \tag{9-100}$$

Substitute Eqs. (9-98), (9-99), (9-100) into Eq. (9-97) to get

$$\iint_{\Omega} \tau_{zx} \mathrm{d}x\mathrm{d}y = -\frac{F}{2} + \frac{3F}{2} = F$$

It can be seen that the first equation of the boundary condition (9-96) is satisfied.

Substituting Eq. (9-88) into the second condition of Eqs. (9-96), using Stokes formula and Eq. (9-95), we have

$$\iint_{\Omega} \tau_{zy} \mathrm{d}x\mathrm{d}y = -\iint_{\Omega} \frac{\partial \Phi}{\partial x} \mathrm{d}x\mathrm{d}y = -\oint_{\Gamma} \Phi n_x \mathrm{d}s = 0$$

It can be seen that the second equation of the boundary conditions (9-96) is also satisfied.

The resultant torque of the shearing stress on the section centroid in plane bending is

$$M_z = \iint_{\Omega} (\tau_{zy}x - \tau_{zx}y)\,\mathrm{d}x\mathrm{d}y$$

To ensure that the bar only bends without twisting, the above resultant torque should be balanced with the external torque Fe, and the eccentricity can be calculated as

$$e = \frac{M_z}{F} = \frac{1}{F}\iint_{\Omega} (\tau_{zy}x - \tau_{zx}y)\,\mathrm{d}x\mathrm{d}y \tag{9-101}$$

The above equation gives the position of the external force F that the beam does not produce torsion, that is, the position of the bending center. In short, for the cantilever prismatical bar, due to the lateral bending problem caused by the tangential concentrated force on the free end face, it is only necessary to select $f(y)$ according to Eq. (9-94), and then solve Eq. (9-91) under the boundary conditions (9-95) to obtain the stress function $\Phi(x,y)$. Then the stress components can be obtained from Eqs. (9-88) and (9-89). Eq. (9-91) is also a Poisson equation, which can also be solved by means of the membrane analogy.

§ 9.10 Bending of a Cantilever Beam with Circular Section

Now take a cantilever beam with a circular section. The external force acts in the x axis direction, as shown in Fig. 9-12. The section boundary equation of the beam is set as

$$x^2 + y^2 = r^2 \tag{9-102}$$

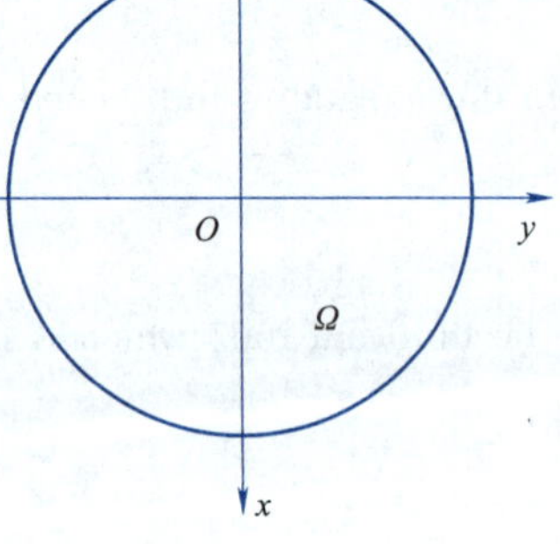

Fig. 9-12

In order to make the section boundary satisfy Eq. (9-94), $f(y)$ can be taken as the following form

$$f(y) = \frac{F}{2I_y}(r^2 - y^2) \tag{9-103}$$

So Eq. (9-91) becomes

$$\nabla^2 \Phi = \frac{(1+2v)F}{(1+v)I_y}y \tag{9-104}$$

To satisfy Eq. (9-104) and the boundary condition $\Phi = 0$ around the section, the stress function is

$$\Phi = m(x^2 + y^2 - r^2)y \tag{9-105}$$

where m is a constant. Substituting Eq. (9-105) into Eq. (9-104), we can obtain

$$m = \frac{(1+2v)F}{8(1+v)I_y} \tag{9-106}$$

Substituting Eq. (9-106) into Eq. (9-105) to get

$$\Phi = \frac{(1+2v)F}{8(1+v)I_y}(x^2 + y^2 - r^2)y \tag{9-107}$$

Substituting Eqs. (9-103) and (9-107) into Eqs. (9-88) and (9-89) to get

$$\begin{cases} \tau_{zy} = -\dfrac{(1+2v)F}{4(1+v)I_y}xy \\ \tau_{zx} = \dfrac{(3+2v)F}{8(1+v)I_y}\left(r^2 - x^2 - \dfrac{1-2v}{3+2v}y^2\right) \end{cases} \tag{9-108}$$

Let $x = 0$ in the above equations, the stress on the neutral axis is obtained as

$$\begin{cases} \tau_{zy} = 0 \\ \tau_{zx} = \dfrac{(3+2v)F}{8(1+v)I_y}\left(r^2 - \dfrac{1-2v}{3+2v}y^2\right) \end{cases} \tag{9-109}$$

It can be seen that at $x = 0$, the direction of shearing stress is perpendicular to the neutral axis. The maximum shearing stress occurs at the center of the circle, and its value is

$$(\tau_{zx})_{\max} = \frac{(3+2v)F}{8(1+v)I_y}r^2 \tag{9-110}$$

The minimum shearing stress occurs at both ends of the horizontal diameter, and its value is

$$(\tau_{zx})_{\min} = \frac{(1+2v)F}{4(1+v)I_y}r^2 \tag{9-111}$$

For general steel, take $v = 0.3$, then $(\tau_{zx})_{\max} = 1.38\dfrac{F}{A}$, $(\tau_{zx})_{\min} = 1.23\dfrac{F}{A}$, where A is the area of the circular section. In elementary theory of the mechanics of materials, it is assumed that τ_{zx} is uniformly distributed along the horizontal diameter, and its value is $\tau_{zx} = \dfrac{4}{3}\dfrac{F}{A} = 1.33\dfrac{F}{A}$. Compared with the maximum shearing stress, the error is about 4%.

§ 9.11 Bending of a Cantilever Beam with Elliptical Section

Using the same method as in the previous section, the bending problem of an elliptical section cantilever beam can be solved. As shown in Fig. 9-13, the boundary equation of the elliptical section is

$$\frac{x^2}{a^2} + \frac{y^2}{b^2} = 1 \tag{9-112}$$

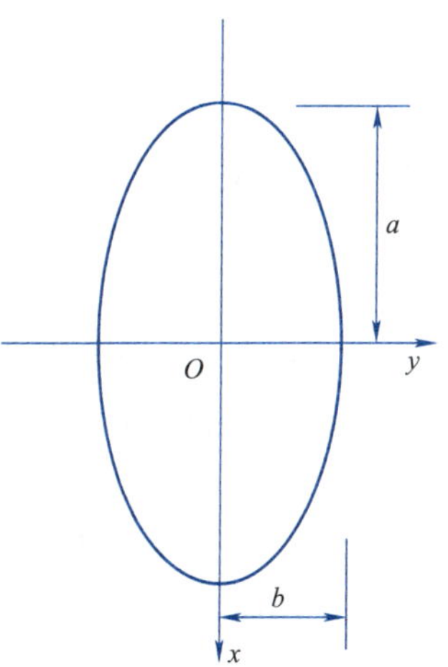

Fig. 9-13

In order to make the section boundary satisfy Eq. (9-94), $f(y)$ can be taken as the following form

$$f(y) = -\frac{F}{2I_y}\left(\frac{a^2}{b^2}y^2 - a^2\right) \tag{9-113}$$

Substituting Eq. (9-113) into Eq. (9-91) to get

$$\nabla^2 \Phi = \frac{Fy}{I_y}\left(\frac{a^2}{b^2} + \frac{v}{1+v}\right) \tag{9-114}$$

In order to satisfy Eq. (9-114) and the boundary conditions around the section $\Phi = 0$, we take the stress function as

$$\Phi = m\left(\frac{x^2}{a^2} + \frac{y^2}{b^2} - 1\right)y \tag{9-115}$$

Substituting Eq. (9-115) into Eq. (9-114) to obtain

$$m = \frac{Fa^2b^2}{2(3a^2+b^2)I_y}\left(\frac{a^2}{b^2} + \frac{v}{1+v}\right) \tag{9-116}$$

Substituting Eq. (9-115) to get the stress function as

$$\Phi = \frac{Fa^2b^2}{2(3a^2+b^2)I_y}\left(\frac{a^2}{b^2}+\frac{v}{1+v}\right)\left(\frac{x^2}{a^2}+\frac{y^2}{b^2}-1\right)y \tag{9-117}$$

Substituting Eqs. (9-113) and (9-117) into Eqs. (9-88) and (9-89) to get

$$\begin{cases} \tau_{zy} = -\dfrac{(1+v)a^2+vb^2}{(1+v)(3a^2+b^2)}\dfrac{F}{I_y}xy \\ \tau_{zx} = \dfrac{2(1+v)a^2+b^2}{2(1+v)(3a^2+b^2)}\dfrac{F}{I_y}\left[a^2-x^2-\dfrac{(1-2v)a^2}{2(1+v)a^2+b^2}y^2\right] \end{cases} \tag{9-118}$$

On the horizontal axis of the cross-section, $x=0$

$$\begin{cases} \tau_{zy} = 0 \\ \tau_{zx} = \dfrac{2(1+v)a^2+b^2}{2(1+v)(3a^2+b^2)}\dfrac{Fa^2}{I_y}\left[1-\dfrac{(1-2v)}{2(1+v)a^2+b^2}y^2\right] \end{cases} \tag{9-119}$$

The maximum shearing stress occurs at the center of the ellipse and its value is

$$(\tau_{zx})_{\max} = \frac{2(1+v)a^2+b^2}{2(1+v)(3a^2+b^2)}\frac{Fa^2}{I_y} \tag{9-120}$$

If $b \ll a$, neglect the item containing $\frac{b^2}{a^2}$, the above equation is simplified to

$$(\tau_{zx})_{\max} = \frac{Fa^2}{3I_y} = \frac{4F}{3\pi ab} \tag{9-121}$$

The above results are equal to the results obtained from the elementary theory.

If $b \gg a$, omitting the term of $\frac{a^2}{b^2}$, Eq. (9-120) is simplified to

$$(\tau_{zx})_{\max} = \frac{2}{1+v}\frac{F}{\pi ab} \tag{9-122}$$

The shearing stress at both ends of the horizontal axis is:

$$(\tau_{zx})_{\substack{x=0\\y=\pm b}} = \frac{4v}{1+v}\frac{F}{\pi ab} \tag{9-123}$$

It can be seen that in this case, the distribution of shearing stress along the horizontal axis is far from uniform and is related to the size of Poisson's ratio. Take $v=0.3$, then $(\tau_{zx})_{\max} = 1.54\frac{F}{A}$, $(\tau_{zx})_{\substack{x=0\\y=\pm b}} = 0.92\frac{F}{A}$, where A is the area of the ellipse section. The error between the maximum shearing stress and the result calculated by the elementary theory of mechanics of materials is about 14%.

§ 9.12 Bending of a Cantilever Beam with Rectangular Section

Consider the bending of the rectangular section cantilever beam shown in Fig. 9-14, on the left and right boundaries $n_x = \frac{dy}{ds} = 0$, and on the upper and lower boundaries $x^2 - a^2 = 0$.

Take $f(y)$ as the following form

$$f(y) = \frac{Fa^2}{2I_y} \tag{9-124}$$

At the boundary $x = \pm a$, $\frac{d\Phi}{ds} = \left[\frac{Fx^2}{2I_y} - \frac{Fa^2}{2I_y}\right]\frac{dy}{ds} = 0$ can be obtained from the Eq. (9-93); at the boundary $y = \pm b$, $\frac{dy}{ds} = 0$. The right part of the Eq. (9-93) is still zero. The stress function Φ on the section boundary is a constant. $\Phi = 0$ can satisfy the boundary conditional Eq. (9-95). Then Eq. (9-91) becomes

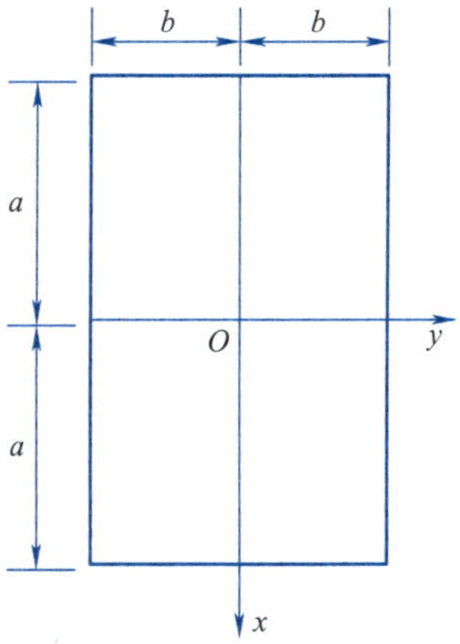

$$\nabla^2 \Phi = \frac{vF}{(1+v)I_y}y \tag{9-125}$$

Take the stress function Φ as the following series

$$\Phi = \sum_{n=1}^{\infty} f_n(x) \sin \frac{n\pi y}{b} \tag{9-126}$$

Fig. 9-14

where the function $f_n(x)$ should satisfy the boundary conditions

$$[f_n(x)]_{x=\pm a} = 0 \tag{9-127}$$

Substituting Eq. (9-126) into Eq. (9-125), we get

$$\sum_{n=1}^{\infty}\left[f_n''(x) - \frac{n^2\pi^2}{b^2}f_n(x)\right]\sin\frac{n\pi y}{b} = \frac{vF}{(1+v)I_y}y \tag{9-128}$$

Expand the right-hand side of Eq. (9-128) into a Fourier sine series

$$\frac{vF}{(1+v)I_y}y = \sum_{n=1}^{\infty}\frac{vF}{(1+v)I_y}B_n \sin\frac{n\pi y}{b} \tag{9-129}$$

where the constant B_n is

$$B_n = \frac{1}{b}\int_{-b}^{b} y \sin\frac{n\pi y}{b} dy = \frac{2b}{n\pi}(-1)^{n-1} \tag{9-130}$$

Substitute Eq. (9-130) into Eq. (9-129) and then into Eq. (9-128) to get

$$f_n''(x) - \frac{n^2\pi^2}{b^2}f_n(x) = \frac{vF}{(1+v)I_y}\frac{2b}{n\pi}(-1)^{n-1} \tag{9-131}$$

The solution of the above linear differential equation is the sum of the general solution of the homogeneous equation and the specific solution of the inhomogeneous equation, which can be taken as

$$f_n(x) = \frac{vF}{(1+v)I_y}\frac{2b^3}{(n\pi)^3}(-1)^n\left(1 + C_n\cosh\frac{n\pi x}{b} + D_n\sinh\frac{n\pi x}{b}\right) \tag{9-132}$$

Using the boundary condition Eq. (9-127), the constants D_n and C_n can be determined as

$$C_n = -\left(\cosh\frac{n\pi a}{b}\right)^{-1}, \quad D_n = 0$$

Then

$$f_n(x) = \frac{vF}{(1+v)I_y}\frac{2b^3}{(n\pi)^3}(-1)^n\left(1 - \frac{\cosh\frac{n\pi x}{b}}{\cosh\frac{n\pi a}{b}}\right) \tag{9-133}$$

Substituting Eq. (9-133) into Eq. (9-126) to obtain the expression of the stress function

$$\Phi = \frac{vF}{(1+v)I_y}\frac{2b^3}{\pi^3}\sum_{n=1}^{\infty}\frac{(-1)^n}{n^3}\left(1 - \frac{\cosh\frac{n\pi x}{b}}{\cosh\frac{n\pi a}{b}}\right)\sin\frac{n\pi y}{b} \tag{9-134}$$

Substituting Eq. (9-134) into Eqs. (9-88) and (9-89) to get

$$\tau_{zy} = -\frac{\partial \Phi}{\partial x} = \frac{vF}{(1+v)I_y}\frac{2b^2}{\pi^2}\sum_{n=1}^{\infty}\frac{(-1)^n}{n^2}\frac{\sinh\dfrac{n\pi x}{b}}{\cosh\dfrac{n\pi a}{b}}\sin\frac{n\pi y}{b} \tag{9-135}$$

$$\begin{aligned}\tau_{zx} &= \frac{\partial \Phi}{\partial y} - \frac{Fx^2}{2I_y} + \frac{Fa^2}{2I_y} \\ &= \frac{F}{2I_y}(a^2 - x^2) + \frac{vF}{(1+v)I_y}\frac{2b^2}{\pi^2}\sum_{n=1}^{\infty}\frac{(-1)^n}{n^2}\left(1 - \frac{\cosh\dfrac{n\pi x}{b}}{\cosh\dfrac{n\pi a}{b}}\right)\cos\frac{n\pi y}{b}\end{aligned} \tag{9-136}$$

According to the elementary theory of mechanics of materials, assuming that there is only τ_{zx} on the cross-section and it is independent of y, the shearing stress for a rectangular section is

$$\tau_{zx} = \frac{FS_y^*}{I_y \cdot 2b} = \frac{F(a^2 - x^2)}{2I_y} \tag{9-137}$$

Comparing Eq. (9-137) with Eq. (9-136), we can find that the first term of Eq. (9-136) is the solution of elementary theory, the second term is the correction term of the elementary solution, and τ_{zy} is completely ignored in elementary theory.

Worksheet 9

9-1 Why does a non-circular section prism warp after it is twisted?

9-2 Prove that when the prism is twisted, the direction of shearing stress on any section coincides with the tangent to the boundary. (Hint: Using free boundary conditions on the sides of the prism)

9-3 If the displacement components of the torsion bar are $u = -\alpha yz, v = \alpha xz, w = 0$, try to prove that the cross-section of the bar is circular.

9-4 Try to prove that the function $\varphi = m(r^2 - a^2)$ can be used as the torsional stress function of the circular bar or circular tube.

9-5 Prove that the warping function $\varphi = m(y^3 - 3x^2y)$ is the solution when the equilateral triangular bar (see Fig. 9-15) is twisted and find the maximum shearing stress.

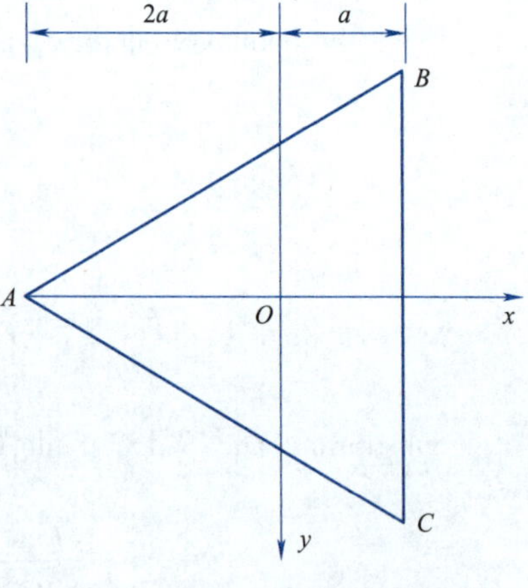

Fig. 9-15

9-6 The free end of the cantilever beam is subjected to the vertical concentrated force F. The cross-section of the bar is shown in Fig. 9-16. The left and right sides are vertical, and the upper and lower sides are hyperbolas, and equation is $(1+v)x^2 - vy^2 = a^2$. Find the maximum shearing stress.

9-7 As shown in Fig. 9-17, a cantilever beam with a

free end is subjected to a concentrated force F has a cross- section of equilateral triangle. The cross-section height is 3h, and the Poisson's ratio is 1/2.

(1) Try to prove that if $f(y)=\frac{F}{6I_y}(y+2h)^2$, the stress function $\Phi=\frac{F}{6I_y}\left[x^2-\frac{1}{3}(y^2+2h^2)^2\right](y-h)$ can satisfy all conditions;

(2) Find stress components and maximum shearing stress;

(3) Prove that the resultant force of the shearing stress on the cross- section is the vertical force passing point O.

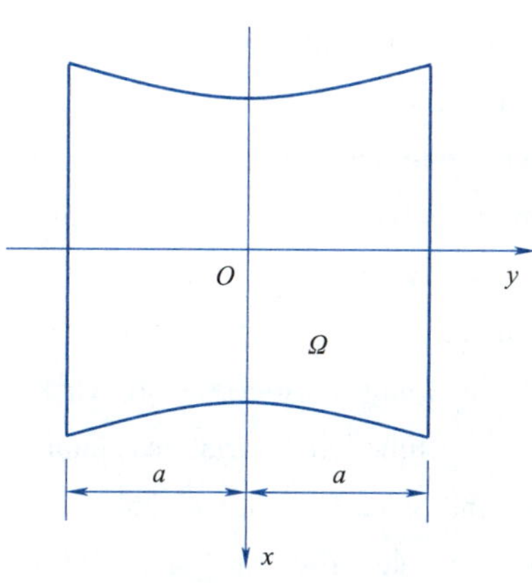

Fig. 9-16

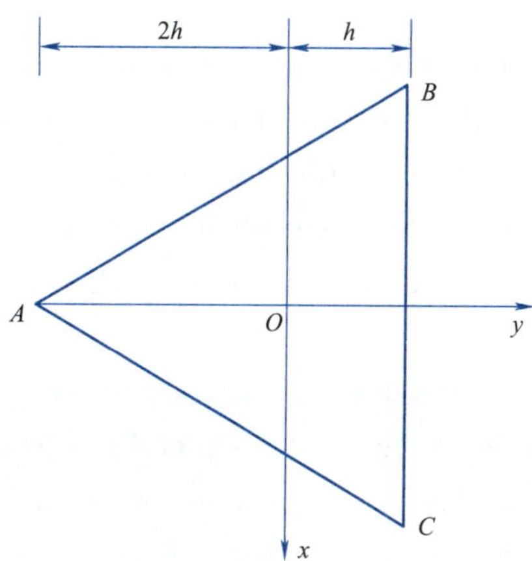

Fig. 9-17

Chapter 10

Energy Principle and Variational Method

The previous chapters discussed the differential formulations and their solutions to elasticity problems. The differential formulations start with the study of a small element in an elastic body, considering their equilibrium, deformation, and material properties, and establish a set of basic differential equations of elasticity. The elasticity problem is reduced to the boundary value problem of solving this set of partial differential equations under given boundary conditions.

This chapter will introduce the variational formulations and their solutions to elasticity problems. The variational formulations directly deal with the whole elastic system. These methods consider the energy relationship of the system, establish some functional variational equations, and reduce the elasticity problem to a variational problem of finding the functional polar (stationary) value under given constraints. Since the above function is related to the energy of the elastic system, the variational principle in elasticity is also called the energy principle. The corresponding various variational solutions are called the energy method.

§ 10.1 Basic Knowledge of Functional, Variation and Calculus of Variations

The variational method is an ancient branch of mathematics. Its research object is the extreme value problem of functional in modern mathematical terms.

10.1.1 Functional and functional variation

We already have a good understanding of functions, their continuity, and extreme values. Here, we will introduce the concept of corresponding functional.

1. Function and Functional

For each value of the independent variable x in a certain field, there is a value of the dependent variable y corresponding to it. This correspondence between the independent variable and the dependent variable is called a function and is denoted as $y = y(x)$. In other words, function is a mapping from real space to real space.

If for each function $y(x)$ in a certain class of functions, there is a value of variable I corresponding to it, then I is called a functional dependent on function $y(x)$. Denoted as

$$I = I[y(x)] \tag{10-1}$$

In other words, functional is a mapping from the function space to the real space. In brief, functional is a function of a function.

For example, there are two given points A and B in the xOy-plane. As shown in Fig. 10-1, the length of any curve connecting these two points is

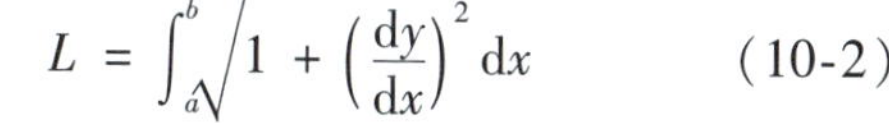

$$L = \int_a^b \sqrt{1 + \left(\frac{dy}{dx}\right)^2} dx \tag{10-2}$$

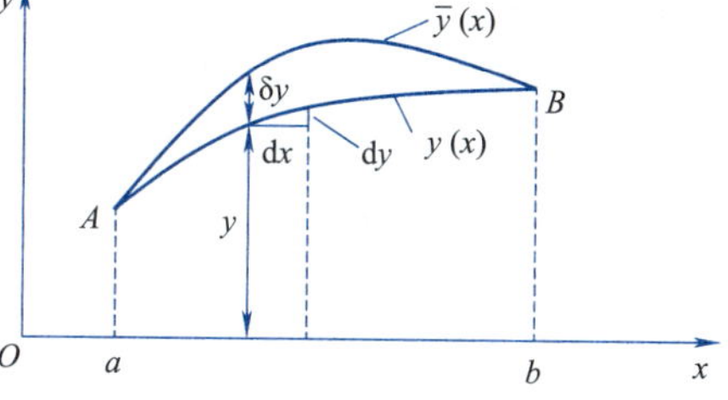

Fig. 10-1

Obviously, the length L depends on the shape of the curve, that is, on the form of the function $y(x)$. Therefore, the length L is the functional of the function $y(x)$.

In the more general case, the functional has the following form

$$I[y(x)] = \int_a^b f\left(x, y, \frac{dy}{dx}\right) dx$$

abbreviated as:

$$I = \int_a^b f(x, y, y') dx \tag{10-3}$$

That is, the integrand function is generally a composite function of the independent variable x, the function $y(x)$, and its derivative $y'(x)$.

2. The variation of a function

If the independent variable x has a small increment dx and the function $y(x)$ also has a corresponding small increment dy, the increment dy is called the differential of the function y.

$$dy = y'(x) dx$$

where $y'(x)$ is the derivative of y with respect to x. The functional relationship between y and x and its differential dy are shown by line AB in Fig. 10-1.

Now, suppose the function $y(x)$ changes form and becomes a new function $\bar{y}(x)$. The difference between the function $\bar{y}(x)$ and $y(x)$ is called the variation of the function $y(x)$, denoted as δy, that is

$$\delta y = \bar{y}(x) - y(x), \quad x \in [a, b] \tag{10-4}$$

It is clear that δy is also a function of x. A geometrical illustration of the new function $\bar{y}(x)$ and the variation δy are given in Fig. 10-1.

The function $y(x)$ usually satisfies certain boundary conditions. For example, $y(a) = y_a$, $y(b) = y_b$. Therefore, the variation of the function δy should satisfy the homogeneous boundary condition, i. e.

$$\delta y(a) = 0, \quad \delta y(b) = 0$$

When y occurs variation δy, the derivative $y'(x)$ will also produce a variation $\delta(y')$. It is equal to the difference between the derivative of the new function and the derivative of the original function, namely

$$\delta(y') = \bar{y}'(x) - y'(x)$$

From Eq. (10-4), we get

$$(\delta y)' = \bar{y}'(x) - y'(x)$$

So the relation $\delta(y') = (\delta y)'$ can then be seen. This means that the variation of the derivative is equal to the derivative of the variation.

3. Variation of functional

First, the integrand function $f(x,y,y')$ in Eq. (10-3) is investigated. When the function $y(x)$ has variation δy, the derivative y' will also have variation $\delta y'$. At this time, according to the Taylor series expansion rule, the increment of integrand f can be written as:

$$f(x,y+\delta y,y'+\delta y')-f(x,y,y')=\frac{\partial f}{\partial y}\delta y+\frac{\partial f}{\partial y'}\delta y'+(\text{higher order terms of }\delta y\text{ and }\delta y')$$

The first two terms on the right of the above equation are the main part of the increment of f, which is defined as the variation of f. Denoted as

$$\delta f=\frac{\partial f}{\partial y}\delta y+\frac{\partial f}{\partial y'}\delta y' \tag{10-5}$$

Now, let's further investigate the functional I shown in Eq. (10-3). When the function $y(x)$ and the derivative function $y'(x)$ have variation δy and $\delta y'$ respectively, the increment of functional I is

$$\begin{aligned}&\int_a^b f(x,y+\delta y,y'(x)+\delta y')\,\mathrm{d}x-\int_a^b f(x,y,y')\,\mathrm{d}x\\&=\int_a^b [f(x,y+\delta y,y'+\delta y')-f(x,y,y')]\,\mathrm{d}x\\&=\int_a^b [\delta f+(\text{higher order terms of }\delta y\text{ and }\delta y')]\,\mathrm{d}x\end{aligned}$$

The variant δI of the functional I is defined as

$$\delta I=\int_a^b(\delta f)\,\mathrm{d}x \tag{10-6}$$

Substituting Eq. (10-5) into Eq. (10-6), the expression of the functional variation is obtained

$$\delta I=\int_a^b\left(\frac{\partial f}{\partial y}\delta y+\frac{\partial f}{\partial y'}\delta y'\right)\mathrm{d}x \tag{10-7}$$

According to Eqs. (10-3) and (10-6), the relationship can be seen

$$\delta\int_a^b f\mathrm{d}x=\int_a^b(\delta f)\,\mathrm{d}x$$

That is to say, the order of calculus of variation and integration can be exchanged.

4. Extreme value problem of functional

If the value of function $y(x)$ at any point adjacent to $x=x_0$ is not greater than or less than $y(x_0)$, that is

$$y(x)-y(x_0)\leqslant 0 \text{ or } \geqslant 0$$

then the function $y(x)$ is said to reach the maximum or minimum value at $x=x_0$ and the necessary extreme value condition is $\frac{\mathrm{d}y}{\mathrm{d}x}=0$ or $\mathrm{d}y=0$.

For the functional $I[y(x)]$, a similar conclusion can be drawn analytically: if the functional $I[y(x)]$ has a value of $y(x)=y_0(x)+\delta y$ that is neither greater than nor less than $I[y_0(x)]$ in the vicinity of $y=y_0(x)$, that is

$$I[y(x)]-I[y(x_0)]\leqslant 0 \text{ or } \geqslant 0$$

then $y_0(x)$ is said to make the functional $I[y(x)]$ take the maximum or minimum, and the necessary extreme value condition is

$$\delta I = 0 \tag{10-8}$$

The curve $y = y_0(x)$ is called the extreme curve of the functional $I[y(x)]$.

All problems related to functional extremum are called variational problems, and the calculus of variations mainly studies how to find functional extremum.

The extreme value condition (10-8) of functional is also called the functional stationary conditions. Similar to the function extremum problem, to judge whether the extremum can really be taken, sufficient conditions need to be considered. In addition to satisfying the necessary conditions for taking extreme value (10-8), $\delta^2 I > 0$ is also satisfied, the functional must take the minimum value. If $\delta^2 I < 0$, the functional must take the maximum value. There $\delta^2 I$ is the second order variation of functional $I[y(x)]$, which is defined as follows

$$\delta^2 I = \frac{1}{2}\int_a^b \left[\left(\delta y \frac{\partial}{\partial y} + \delta y' \frac{\partial}{\partial y'}\right)^2 f\right] \mathrm{d}x \tag{10-9}$$

For some problems, according to the nature of the problem itself, we can know the stationary value function (satisfying the stationary value condition $\delta I = 0$) is an extreme value function, and it is even known that the obtained extreme value is the minimum value (or the maximum value). In this case, it is not necessary to make further judgment by using sufficient conditions. The problems encountered in linear elasticity belong to this kind of situation. Therefore, the most important thing in elasticity is the necessary condition for the functional extremum.

§ 10.2 Strain Energy and Complementary Strain Energy of Elastic body

10.2.1 Thermodynamic process of body deformation

To study the state of a body, we should not only know the deformation state of the body but also know the temperature of each point in the body. If the temperature of each point keeps balance with the temperature of the surrounding medium during the deformation of the body, this process is called an isothermal process. If the temperature of the body does not rise or fall during the deformation, and no heat is lost or added, this process is called an adiabatic process. The transient high-frequency vibration and high-speed deformation of a body can be regarded as adiabatic processes.

Let the kinetic energy of the body during deformation be E and the strain energy be V_ε. Then, in a tiny δt time interval, when a body transits from one state to another, according to the first law of thermodynamics, the total energy change is

$$\delta E + \delta V_\varepsilon = \delta W + \delta Q \tag{10-10}$$

where δW is the work done by the body forces and surface forces acting on the body; and δQ is the heat absorbed (or dissipated outwards) by the body from its surrounding medium and measured in equal amounts of work. Assuming that the elastic deformation process is adiabatic, for the static equilibrium problem there is

$$\delta E = 0, \quad \delta Q = 0 \tag{10-11}$$

Substitute Eq. (10-11) into Eq. (10-10), then

$$\delta V_\varepsilon = \delta W \tag{10-12}$$

10.2.2 Strain energy and complementary strain energy

For a one-dimensional stress state, in the σ_x-ε_x plane, the strain energy per unit volume (strain energy density) v_ε is actually the area enclosed by the stress-strain curve and the ε_x axis [see Fig. 10-2(a)], namely

$$V_\varepsilon = \int_0^{\varepsilon_x} \sigma_x \mathrm{d}\varepsilon_x \tag{10-13}$$

The strain energy density is a functional with the strain components as the independent variable.

The area at the upper left part of the stress-strain curve in Fig. 10-2 is noted as

$$v_c = \int_0^{\sigma_x} \varepsilon_x \mathrm{d}\sigma_x \tag{10-14}$$

where v_c represents the complementary strain energy per unit volume, also known as the density of complementary strain energy. It is a functional with the stress component as the independent variable.

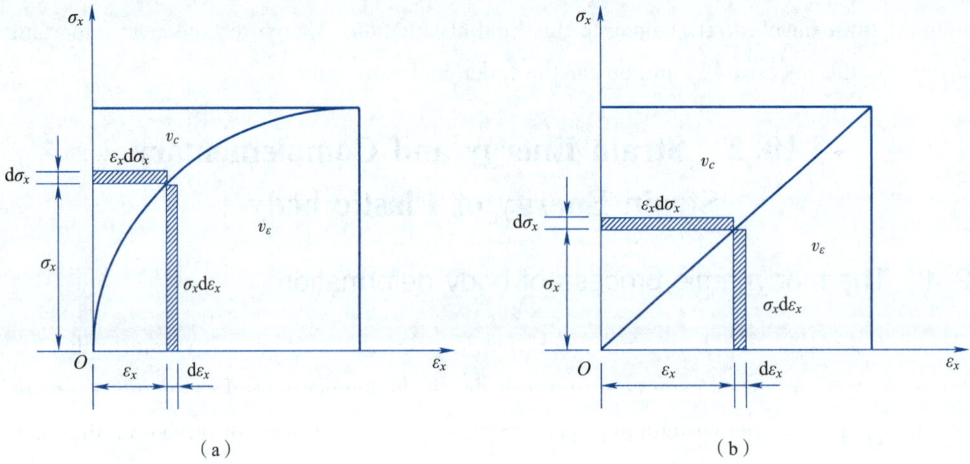

Fig. 10-2

When the stress-strain relationship of elastic body is linear, from Fig. 10-2(b), we can know

$$v_\varepsilon = \int_0^{\varepsilon_x} \sigma_x \mathrm{d}\varepsilon_x = \frac{1}{2}\sigma_x \varepsilon_x$$

$$v_c = \int_0^{\sigma_x} \varepsilon_x \mathrm{d}\sigma_x = \frac{1}{2}\sigma_x \varepsilon_x$$

In this state, although the values of strain energy density and density of complementary strain energy are equal, it should be noted that their independent variables are different.

Similarly, if the elastic body is subjected to uniform shearing stress τ_{xy} in only two mutually perpendicular directions, such as x and y directions, and the corresponding shearing strain is γ_{xy}, its strain energy density is $\tau_{xy}\gamma_{xy}/2$.

If the elastic body is subjected to all six stress components σ_{ij}, the calculation of the strain energy may seem complicated because each stress component will cause a strain component corresponding to another stress component (for example σ_x will cause ε_y, etc.). The strain energy will vary according to the order in which the elastic body is subjected to the stresses seemingly. However, according to the principle of conservation of energy, the value of strain energy is independent of the order in which the elastic body is stressed. It is determined solely by the final magnitudes of the stress and strain components. Therefore, it is assumed that the six stress components and six strain components are all increased to their final magnitudes at the same time in the same proportion, so that the strain energy density corresponding to each stress component can be easily calculated. Then they are superposed. The total strain energy density is

$$v_\varepsilon = \frac{1}{2}(\sigma_x\varepsilon_x + \sigma_y\varepsilon_y + \sigma_z\varepsilon_z + \tau_{yz}\gamma_{yz} + \tau_{zx}\gamma_{zx} + \tau_{xy}\gamma_{xy}) \tag{10-15a}$$

or

$$v_\varepsilon = \int_0^{\varepsilon_{ij}} \sigma_{ij}\mathrm{d}\varepsilon_{ij} = \frac{1}{2}\sigma_{ij}\varepsilon_{ij} \tag{10-15b}$$

In general, the forces on the elastic body are not uniform, and each stress component and strain component are generally a function of the position coordinate, so the strain energy density v_ε is generally a function of position coordinates. In order to obtain the strain energy V_ε of the entire elastic body, the strain energy density v_ε must be integrated within the volume of the entire elastic body. If the volume of the elastic body is V, then

$$V_\varepsilon = \iiint_V v_\varepsilon \mathrm{d}V \tag{10-16}$$

Strain energy is a functional with strain components as independent variables. In order to express the strain energy density and strain energy with strain components, the physical Eq. (5-4) is substituted into (10-15a). After simplification, then

$$v_\varepsilon = \frac{E}{2(1+v)}\left[\frac{v}{1-2v}\theta^2 + (\varepsilon_x^2 + \varepsilon_y^2 + \varepsilon_z^2) + \frac{1}{2}(\gamma_{xy}^2 + \gamma_{yz}^2 + \gamma_{zx}^2)\right] \tag{10-17}$$

Then Eq. (10-16) becomes

$$V_\varepsilon = \frac{E}{2(1+v)}\iiint_V\left[\frac{v}{1-2v}\theta^2 + (\varepsilon_x^2 + \varepsilon_y^2 + \varepsilon_z^2) + \frac{1}{2}(\gamma_{xy}^2 + \gamma_{yz}^2 + \gamma_{zx}^2)\right]\mathrm{d}V \tag{10-18}$$

of which $\theta = \varepsilon_x + \varepsilon_y + \varepsilon_z$.

Taking the derivative of Eq. (10-17) for each of the six strain components and combining it with Eq. (5-4), we have

$$\begin{cases} \dfrac{\partial v_\varepsilon}{\partial \varepsilon_x} = \sigma_x, & \dfrac{\partial v_\varepsilon}{\partial \varepsilon_y} = \sigma_y, & \dfrac{\partial v_\varepsilon}{\partial \varepsilon_z} = \sigma_z \\ \dfrac{\partial v_\varepsilon}{\partial \gamma_{yz}} = \tau_{yz}, & \dfrac{\partial v_\varepsilon}{\partial \gamma_{zx}} = \tau_{zx}, & \dfrac{\partial v_\varepsilon}{\partial \gamma_{xy}} = \tau_{xy} \end{cases} \tag{10-19a}$$

i. e.

$$\sigma_{ij} = \frac{\partial v_\varepsilon}{\partial \varepsilon_{ij}} \tag{10-19b}$$

The strain energy can also be expressed in terms of displacement components. Substituting geometrical Eq. (5-2) into Eq. (10-18), it can be obtained

$$V_\varepsilon = \frac{E}{2(1+v)}\iiint_V \left[\frac{v}{1-2v}\left(\frac{\partial u}{\partial x}+\frac{\partial v}{\partial y}+\frac{\partial w}{\partial z}\right)^2+\left(\frac{\partial u}{\partial x}\right)^2+\left(\frac{\partial v}{\partial y}\right)^2+\left(\frac{\partial w}{\partial z}\right)^2+\right.$$
$$\left.\frac{1}{2}\left(\frac{\partial w}{\partial y}+\frac{\partial v}{\partial z}\right)^2+\frac{1}{2}\left(\frac{\partial u}{\partial z}+\frac{\partial w}{\partial x}\right)^2+\frac{1}{2}\left(\frac{\partial v}{\partial x}+\frac{\partial u}{\partial y}\right)^2\right]\mathrm{d}V \tag{10-20}$$

The complementary strain energy of the whole elastic body can also be derived similarly

$$V_c = \iiint_V v_c \mathrm{d}V \tag{10-21}$$

When the stress-strain relationship is linear, the density of complementary strain energy v_c is also

$$v_c = \frac{1}{2}(\sigma_x\varepsilon_x+\sigma_y\varepsilon_y+\sigma_z\varepsilon_z+\tau_{yz}\gamma_{yz}+\tau_{zx}\gamma_{zx}+\tau_{xy}\gamma_{xy}) \tag{10-22a}$$

or

$$v_c = \frac{1}{2}\sigma_{ij}\varepsilon_{ij} \tag{10-22b}$$

The complementary strain energy is a functional with stress components as independent variables. In order to express the density of complementary strain energy and complementary strain energy with stress components, physical Eq. (5-3) is substituted into (10-22). And after simplification, we can obtain

$$v_c = \frac{1}{2E}[(\sigma_x^2+\sigma_y^2+\sigma_z^2)-2v(\sigma_y\sigma_z+\sigma_z\sigma_x+\sigma_x\sigma_y)+2(1+v)(\tau_{yz}^2+\tau_{zx}^2+\tau_{xy}^2)] \tag{10-23}$$

Then Eq. (10-21) becomes

$$V_c = \frac{1}{2E}\iiint_V[(\sigma_x^2+\sigma_y^2+\sigma_z^2)-2v(\sigma_y\sigma_z+\sigma_z\sigma_x+\sigma_x\sigma_y)+2(1+v)(\tau_{yz}^2+\tau_{zx}^2+\tau_{xy}^2)]\mathrm{d}V \tag{10-24}$$

Taking the derivative of Eq. (10-23) for each of the six stress components and combining it with Eq. (5-4), we have

$$\begin{cases}\dfrac{\partial v_c}{\partial\sigma_x}=\varepsilon_x, & \dfrac{\partial v_c}{\partial\sigma_y}=\varepsilon_y, & \dfrac{\partial v_c}{\partial\sigma_z}=\varepsilon_z\\[2ex] \dfrac{\partial v_c}{\partial\tau_{yz}}=\gamma_{yz}, & \dfrac{\partial v_c}{\partial\tau_{zx}}=\gamma_{zx}, & \dfrac{\partial v_c}{\partial\tau_{xy}}=\gamma_{xy}\end{cases} \tag{10-25a}$$

i. e.

$$\varepsilon_{ij} = \frac{\partial v_c}{\partial\sigma_{ij}} \tag{10-25b}$$

§ 10. 3 Equation of Displacement Variation and Principle of Minimum Potential Energy

10. 3. 1 Equation of displacement variation

Consider an elastic body that is in equilibrium under certain external forces. Here, the external forces include the force components f_i and the surface force components $\bar{f}_i$ on a part of the surface. If there is a set of displacement components u_i, it can not only satisfy the equilibrium equations expressed by displacement, but also satisfy the displacement boundary conditions and stress boundary conditions expressed by displacement components. Now it is assumed that under the conditions allowed by the geometrical constraints of the deformed body, we can give it an arbitrarily small change, namely the so-called virtual displacement or displacement variation δu_i, and get a new set of displacements $u'_i = u_i + \delta u_i$. The work done by the external forces on the virtual displacement (called the virtual work) is

$$\delta W = \iiint_V (f_x \delta u + f_y \delta v + f_z \delta w) \mathrm{d}V + \iint_{S_\sigma} (\bar{f}_x \delta u + \bar{f}_y \delta v + \bar{f}_z \delta w) \mathrm{d}S \tag{10-26a}$$

or

$$\delta W = \iiint_V f_i \delta u_i \mathrm{d}V + \iint_{S_\sigma} \bar{f}_i \delta u_i \mathrm{d}S \tag{10-26b}$$

where V is the total volume of the deformed body, S is the total surface area of the deformed body. The surface with given surface forces is marked as S_σ, and the surface with given displacements is marked as S_u (see Fig. 10-3). However, surface integration is only carried out on the part of the surface with given surface forces. For the part of the surface with given displacements, there are no virtual displacements, so it is unnecessary to consider.

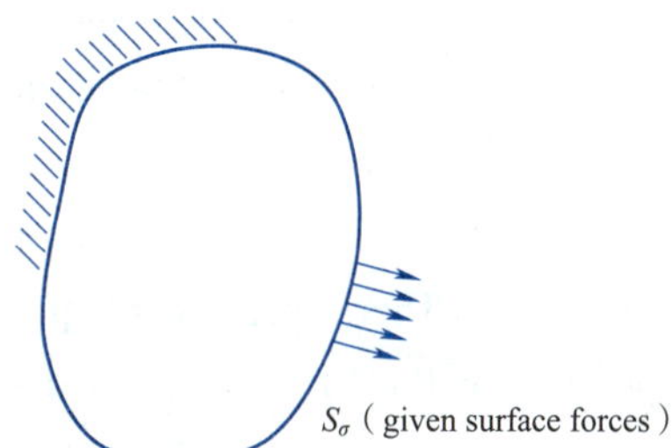

Fig. 10-3

It should be noted that the virtual displacements mentioned here are generally not caused by actual external forces, but by other factors, or are assumed for the purpose of analysis. When virtual displacements occur, the constraint forces don't work, because displacement is impossible in the constraint direction.

In the process of creating virtual displacements of a body, the body will inevitably produce small virtual deformation, so virtual strain energy will be generated in the deformed body, that is

$$\delta V_\varepsilon = \iiint_V (\sigma_x \delta \varepsilon_x + \sigma_y \delta \varepsilon_y + \sigma_z \delta \varepsilon_z + \tau_{xy} \delta \gamma_{xy} + \tau_{yz} \delta \gamma_{yz} + \tau_{zx} \delta \gamma_{zx}) \mathrm{d}V \tag{10-27a}$$

or write as

$$\delta V_\varepsilon = \iiint_V \sigma_{ij} \delta \varepsilon_{ij} \mathrm{d}V \tag{10-27b}$$

It is assumed that there is no change in temperature and velocity of the deformed body during the generation of virtual displacement, so there is no change in heat energy and kinetic energy. According to the principle of conservation of energy, the increment δv_ε of strain energy on virtual displacement should be equal to the virtual work done by the external forces on virtual displacement, so there is

$$\begin{aligned} &\iiint_V (\sigma_x \delta \varepsilon_x + \sigma_y \delta \varepsilon_y + \sigma_z \delta \varepsilon_z + \tau_{xy} \delta \gamma_{xy} + \tau_{yz} \delta \gamma_{yz} + \tau_{zx} \delta \gamma_{zx}) \mathrm{d}V \\ &= \iiint_V (f_x \delta u + f_y \delta v + f_z \delta w) \mathrm{d}V + \iint_{S_\sigma} (\bar{f}_x \delta u + \bar{f}_y \delta v + \bar{f}_z \delta w) \mathrm{d}S \end{aligned} \tag{10-28a}$$

or

$$\iiint_V \sigma_{ij} \delta \varepsilon_{ij} \mathrm{d}V = \iiint_V f_i \delta u_i \mathrm{d}V + \iint_{S_\sigma} \bar{f}_i \delta u_i \mathrm{d}S \tag{10-28b}$$

Eq. (10-28) is the equation of displacement variation, also called the Lagrange variation equation, and sometimes called the virtual work equation.

Therefore, the equation of displacement variation can be described as: a deformed body in equilibrium under the action of external forces, when a small virtual displacement is given to the body, the virtual work done by the external forces on the virtual displacement is equal to the virtual strain energy of the body.

It should be pointed out that the equation of displacement variation has nothing to do with the constitutive relationship of materials, so it is applicable to linear elastic bodies, nonlinear elastic bodies, elastoplastic bodies, ideal plastic bodies, etc.

10.3.2 Principle of minimum potential energy

From the equation of displacement variation (10-28), the principle of minimum potential energy can be derived. We assume that the body has a small virtual displacement from the equilibrium position. The change of the geometrical size of the body is omitted. The magnitude and direction of the physical forces f_i and the surface forces $\bar{f}_i$ that originally acted on the body remain unchanged. Therefore, according to the variational principle, the variational operation and integral operation in Eq. (10-28) can exchange order, so there is

$$\delta\iiint_V(\sigma_x\varepsilon_x+\sigma_y\varepsilon_y+\sigma_z\varepsilon_z+\tau_{xy}\gamma_{xy}+\tau_{yz}\gamma_{yz}+\tau_{zx}\gamma_{zx})\mathrm{d}V$$
$$=\delta\left[\iiint_V(f_xu+f_yv+f_zw)\mathrm{d}V+\iint_{S_\sigma}(\bar{f}_xu+\bar{f}_yv+\bar{f}_zw)\mathrm{d}S\right] \tag{10-29a}$$

or

$$\delta V_\varepsilon-\delta\left(\iiint_V f_iu_i\mathrm{d}V+\iint_{S_\sigma}\bar{f}_iu_i\mathrm{d}S\right)=0 \tag{10-29b}$$

So there is

$$\delta\Pi_P=\delta(V_\varepsilon-W)=0 \tag{10-30a}$$

It can also be written as

$$\delta\Pi_P=\delta(V_\varepsilon+V)=0 \tag{10-30b}$$

of which

$$\Pi_p=\iiint_V[V_\varepsilon(u_i)-f_iu_i]\mathrm{d}V-\iint_{S_\sigma}\bar{f}_iu_i\mathrm{d}S \tag{10-30c}$$

Additional conditions are

$$u_i=\bar{u}_i\quad(\text{on } S_u) \tag{10-30d}$$

where Π_p is the total potential energy, $V(=-W)$ is the potential energy of external force and V_ε is the strain energy of the elastic body. When the body is in its natural state free from external forces, the strain energy and the potential energy of external force are both zero. Eq. (10-30) shows that the actual displacement under the action of given external forces should cause the first-order variation of the total potential energy to be zero, even if the total potential energy takes a stationary value.

If the second-order variation is considered, $\delta^2\Pi_p=\delta^2(V_\varepsilon+V)\geqslant 0$ can be further obtained. It can be proved that this extreme value is a minimum for a stable equilibrium state. Therefore, the above principle is called the principle of minimum potential energy.

It has been seen before that the actual displacement, in addition to satisfying the displacement boundary conditions, should also satisfy the differential equations of equilibrium and stress boundary conditions expressed by displacement. Now we can see that the actual displacement, in addition to satisfying the displacement boundary conditions, also satisfies the equation of displacement variation (or the principle of minimum potential energy). Moreover, the differential equations of equilibrium and stress boundary conditions can also be derived from the equation of displacement variation through calculation. Therefore, the equation of displacement variation is equivalent to the differential equations of equilibrium and the stress boundary conditions.

In the following, if the displacement components satisfy not only the displacement boundary conditions, but also the stress boundary conditions. Then, from the energy point of view, what conditions should be satisfied for the displacement variation of an elastic body?

Because of the variation of the displacement components, the strain components will also have a corresponding variation. According to the geometrical equations, the variations of the strain components are

$$\begin{cases} \delta\varepsilon_x = \delta\dfrac{\partial u}{\partial x} = \dfrac{\partial}{\partial x}\delta u, & \cdots \\ \delta\gamma_{yz} = \delta\left(\dfrac{\partial w}{\partial y} + \dfrac{\partial v}{\partial z}\right) = \dfrac{\partial}{\partial y}\delta w + \dfrac{\partial}{\partial z}\delta v, & \cdots \end{cases} \tag{10-31}$$

Because of the variation of the strain components, the strain energy will also have a corresponding variation

$$\delta V_\varepsilon = \iiint_V \delta v_\varepsilon \mathrm{d}V$$

Considering the strain energy density v_ε as a function of the strain components, the above equation becomes

$$\delta V_\varepsilon = \iiint_V \left(\frac{\partial v_\varepsilon}{\partial \varepsilon_x}\delta\varepsilon_x + \cdots + \frac{\partial v_\varepsilon}{\partial \gamma_{yz}}\delta\gamma_{yz} + \cdots\right)\mathrm{d}V$$

Substitute Eqs. (10-19) and (10-31) into the above equation to get

$$\delta V_\varepsilon = \iiint_V \left[\sigma_x \frac{\partial}{\partial x}\delta u + \cdots + \tau_{yz}\left(\frac{\partial}{\partial y}\delta w + \frac{\partial}{\partial z}\delta v\right) + \cdots\right]\mathrm{d}V \tag{10-32}$$

There are 9 items on the right side of Eq. (10-32). Now let's integrate each item by parts and apply the Gaussian integral formula to convert the volume integral into the area integral. For example, for the first item

$$\begin{aligned} \iiint_V \sigma_x \frac{\partial}{\partial x}\delta u \mathrm{d}V &= \iiint_V \frac{\partial}{\partial x}(\sigma_x \delta u)\mathrm{d}V - \iiint_V \frac{\partial \sigma_x}{\partial x}\delta u \mathrm{d}V \\ &= \iint_S l\sigma_x \delta u \mathrm{d}S - \iiint_V \frac{\partial \sigma_x}{\partial x}\delta u \mathrm{d}V \end{aligned}$$

The other items are treated in the same way, so Eq. (10-32) becomes

$$\delta V_\varepsilon = \iint_S [(l\sigma_x + m\tau_{xy} + n\tau_{xz})\delta u + (l\tau_{yx} + m\sigma_y + n\tau_{yz})\delta v +$$

$$(l\tau_{zx} + m\tau_{zy} + n\sigma_z)\delta w]\mathrm{d}S - \iiint_V \left[\left(\frac{\partial \sigma_x}{\partial x} + \frac{\partial \tau_{xy}}{\partial y} + \frac{\partial \tau_{xz}}{\partial z}\right)\delta u + \left(\frac{\partial \tau_{yx}}{\partial x} + \frac{\partial \sigma_y}{\partial y} + \frac{\partial \tau_{yz}}{\partial z}\right)\delta v + \left(\frac{\partial \tau_{zx}}{\partial x} + \frac{\partial \tau_{zy}}{\partial y} + \frac{\partial \sigma_z}{\partial z}\right)\delta w\right]\mathrm{d}V$$

We substitute into the equation of displacement variation (10-28). Because on the displacement boundary S_u, the displacement variations satisfy $\delta u_i = 0$. After sorting, we can get

$$\iiint_V \left[\left(\frac{\partial \sigma_x}{\partial x} + \frac{\partial \tau_{xy}}{\partial y} + \frac{\partial \tau_{xz}}{\partial z} + f_x\right)\delta u + \left(\frac{\partial \tau_{yx}}{\partial x} + \frac{\partial \sigma_y}{\partial y} + \frac{\partial \tau_{yz}}{\partial z} + f_y\right)\delta v + \left(\frac{\partial \tau_{zx}}{\partial x} + \frac{\partial \tau_{zy}}{\partial y} + \frac{\partial \sigma_z}{\partial z} + f_z\right)\delta w\right]\mathrm{d}V - \iint_{S_\sigma}[(l\sigma_x + m\tau_{xy} + n\tau_{xz} - \bar{f}_x)\delta u + (l\tau_{yx} + m\sigma_y + n\tau_{yz} - \bar{f}_y)\delta v + (l\tau_{zx} + m\tau_{zy} + n\sigma_z - \bar{f}_z)\delta w]\mathrm{d}S = 0$$

Where the area integral still includes only the boundary S_σ for all known surface forces. If the stress boundary conditions are also satisfied, the above equation simplifies to

$$\iiint_V \left[\left(\frac{\partial \sigma_x}{\partial x} + \frac{\partial \tau_{xy}}{\partial y} + \frac{\partial \tau_{xz}}{\partial z} + f_x\right)\delta u + \left(\frac{\partial \tau_{yx}}{\partial x} + \frac{\partial \sigma_y}{\partial y} + \frac{\partial \tau_{yz}}{\partial z} + f_y\right)\delta v + \left(\frac{\partial \tau_{zx}}{\partial x} + \frac{\partial \tau_{zy}}{\partial y} + \frac{\partial \sigma_z}{\partial z} + f_z\right)\delta w\right]\mathrm{d}V = 0 \tag{10-33a}$$

or

$$\iiint_V (\sigma_{ij,j} + f_i)\delta u_i \mathrm{d}V = 0 \tag{10-33b}$$

This is the equation that displacement variations should satisfy when displacement components satisfy displacement boundary conditions and stress boundary conditions. This equation is also called Galerkin variational equation.

§ 10. 4 Method of Displacement Variation

Based on the equation of displacement variation, the approximate method for solving elasticity problems with displacement as the basic unknown is provided. Rayleigh- Ritz and Galerkin put forward their respective solutions.

10. 4. 1 The Rayleigh-Ritz method

When the surface forces and geometrical constraints are given, the equation of displacement variation can be used to solve the problem. At this time, the stress boundary conditions, and displacement boundary conditions are known, and the variational Eqs. (10-28) and (10-30a) derived from the equation of displacement variation or the principle of minimum potential energy are equivalent to the equilibrium equations and stress boundary conditions. Therefore, when Eqs. (10-28) and (10-30a) are used to solve, the selected displacement function does not need to satisfy the stress boundary conditions first, but only the displacement boundary conditions.

Let the displacement functions be

$$\begin{cases} u = u_0 + \sum_{m=1}^{n} A_{1m} u_m(x,y,z) \\ v = v_0 + \sum_{m=1}^{n} A_{2m} v_m(x,y,z) \\ w = w_0 + \sum_{m=1}^{n} A_{3m} w_m(x,y,z) \end{cases} \tag{10-34a}$$

or

$$u_i = u_{i0} + A_{im} u_{im}(x_i) \quad (i=1,2,3, m=1,2,3,\cdots,n) \tag{10-34b}$$

(i is a free index, m is a dummy index)

where, A_{im} are unknown undetermined constants, u_{i0} meet the boundary conditions, that is, on the known displacement boundary S_u, there should be

$$u_{i0} = \bar{u}_i$$

$u_{im}(x_i)$ are setting functions with linear independence of coordinates, and on the known displacement boundary S_u, they satisfy

$$u_{im}(x_i) = 0$$

In this way, no matter what value n takes, the displacement functions always satisfy the displacement boundary conditions.

Since $u_{im}(x_i)$ are setting known functions, it is only necessary to take the first-order variation of coefficients A_{im} when making the first-order variation of displacement, that is

$$\delta u_i = u_{im}(x_i)\delta A_{im} \tag{10-35}$$

And the variation of strain energy is

$$\delta V_\varepsilon = \frac{\partial V_\varepsilon}{\partial A_{im}} \delta A_{im}$$

Substituting Eq. (10-34) into the displacement variation Eq. (10-28), it can be obtained

$$\frac{\partial V_\varepsilon}{\partial A_{im}} \delta A_{im} = \iiint_V (u_{im} f_i \delta A_{im}) \mathrm{d}V + \iint_{S_\sigma} (u_{im} \bar{f}_i \delta A_{im}) \mathrm{d}S$$

The variation of the coefficients δA_{im} is completely arbitrary and independent of each other. Thus, the above equation is sorted to get

$$\begin{cases} \dfrac{\partial V_\varepsilon}{\partial A_{1m}} = \iiint_V f_x u_m \mathrm{d}V + \iint_S \bar{f}_x u_m \mathrm{d}S \\ \dfrac{\partial V_\varepsilon}{\partial A_{2m}} = \iiint_V f_y v_m \mathrm{d}V + \iint_S \bar{f}_y v_m \mathrm{d}S \quad (m=1,2,\cdots,n) \\ \dfrac{\partial V_\varepsilon}{\partial A_{3m}} = \iiint_V f_z w_m \mathrm{d}V + \iint_S \bar{f}_z w_m \mathrm{d}S \end{cases} \tag{10-36a}$$

or

$$\frac{\partial V_\varepsilon}{\partial A_{im}} = \iiint_V f_i u_{im} \mathrm{d}V + \iint_S \bar{f}_i u_{im} \mathrm{d}S \tag{10-36b}$$

From the strain energy function Eq. (10-20) and the displacement components Eq. (10-34), it can be seen that the strain energy V_ε should be a quadratic function of the undetermined coefficients

A_{im}. Eqs. (10-36) will be a linear system of equations for each undetermined coefficient, with 3n equations in total. After all, coefficients A_{im} can be solved from Eqs. (10-36), and the displacement components can be obtained from Eqs. (10-34). This method is called the Rayleigh-Ritz method, also called the Ritz method.

By choosing the appropriate u_{i0} and u_{im}, and the term n, the displacement solution can be obtained with a high degree of accuracy. Substituting the obtained displacement into the stress expression expressed in terms of displacement, it is necessary to take the derivative of the displacement when calculating the stress components. Usually, the accuracy of the approximate solution is often reduced due to the derivative, so the accuracy of the approximate solution of stress is generally inaccurate. The only way to improve accuracy is to increase the number of terms n in the displacement functions in Eq. (10-34), when the number of terms is $n\to\infty$ then the solution will converge to the exact solution.

10.4.2 The Galerkin Method

If the displacement function Eq. (10-34) is selected, it can not only meet the displacement boundary conditions, but also meet the stress boundary conditions. Then, by substituting Eq. (10-35) into Eq. (10-33), we can get

$$\sum_{m=1}^{n}\iiint_V \delta A_{1m}\left(\frac{\partial \sigma_x}{\partial x}+\frac{\partial \tau_{xy}}{\partial y}+\frac{\partial \tau_{xz}}{\partial z}+f_x\right)u_m \mathrm{d}V+\sum_{m=1}^{n}\iiint_V \delta A_{2m}\left(\frac{\partial \tau_{yx}}{\partial x}+\frac{\partial \sigma_y}{\partial y}+\frac{\partial \tau_{yz}}{\partial z}+f_y\right)v_m \mathrm{d}V+$$
$$\sum_{m=1}^{n}\iiint_V \delta A_{3m}\left(\frac{\partial \tau_{zx}}{\partial x}+\frac{\partial \tau_{zy}}{\partial y}+\frac{\partial \sigma_z}{\partial z}+f_z\right)w_m \mathrm{d}V=0 \quad (m=1,2,\cdots,n)$$

According to the arbitrariness of δA_{im}, for the above equation is true, their coefficients should be zero respectively, so that

$$\left\{\begin{aligned}&\iiint_V\left(\frac{\partial \sigma_x}{\partial x}+\frac{\partial \tau_{xy}}{\partial y}+\frac{\partial \tau_{xz}}{\partial z}+f_x\right)u_m \mathrm{d}V=0\\&\iiint_V\left(\frac{\partial \tau_{yx}}{\partial x}+\frac{\partial \sigma_y}{\partial y}+\frac{\partial \tau_{yz}}{\partial z}+f_y\right)v_m \mathrm{d}V=0\quad (m=1,2,\cdots,n)\\&\iiint_V\left(\frac{\partial \tau_{zx}}{\partial x}+\frac{\partial \tau_{zy}}{\partial y}+\frac{\partial \sigma_z}{\partial z}+f_z\right)w_m \mathrm{d}V=0\end{aligned}\right. \tag{10-37a}$$

or

$$\iiint_V(\sigma_{ij,j}+f_i)u_{im}\mathrm{d}V=0\quad (m=1,2,\cdots,n)\,(i\text{ is a free index}) \tag{10-37b}$$

For isotropic elastic body deformation, the stress components in the above three equations are transformed into displacement components by generalized Hooke's law Eqs. (5-4) and geometrical Eqs. (5-2), which can be obtained

$$\left\{\begin{aligned}&\iiint_V\left[\frac{E}{2(1+\upsilon)}\left(\frac{1}{1-2\upsilon}\frac{\partial\theta}{\partial x}+\nabla^2 u\right)+f_x\right]u_m\mathrm{d}V=0\\&\iiint_V\left[\frac{E}{2(1+\upsilon)}\left(\frac{1}{1-2\upsilon}\frac{\partial\theta}{\partial y}+\nabla^2 v\right)+f_y\right]v_m\mathrm{d}V=0\quad (m=1,2,\cdots,n)\\&\iiint_V\left[\frac{E}{2(1+\upsilon)}\left(\frac{1}{1-2\upsilon}\frac{\partial\theta}{\partial z}+\nabla^2 w\right)+f_z\right]w_m\mathrm{d}V=0\end{aligned}\right. \tag{10-38}$$

Where $\theta = u_{i,i}$. It can be seen from Eq. (10-34) that displacement components u_i are linear functions of coefficients A_{im}, so Eq. (10-37) and Eq. (10-38) will be linear equations of these coefficients. By solving the equations, $3n$ coefficients can be obtained, and the displacement components can be obtained from Eq. (10-34). This method is called the Galerkin method.

Comparing the above two approximate calculation methods based on the equation of displacement variation, it can be seen that the Galerkin method is stricter than the Rayley-Ritz method in the choice of displacement function. It must satisfy not only the displacement boundary conditions, but also the stress boundary conditions. But the Galerkin method is more convenient in application because it is not necessary to derive a functional. The Galerkin equations can be formulated from the well-known equilibrium equations alone.

10.4.3 Method of displacement variation applied to plane problems

In the plane strain problem, $w=0$, and u and v do not change with the coordinate z. Taking a unit length in z direction, the strain energy expression (10-18) expressed by the displacement components is simplified as

$$V_\varepsilon = \frac{E}{2(1+v)}\iint_A \left[\frac{v}{1-2v}\left(\frac{\partial u}{\partial x}+\frac{\partial v}{\partial y}\right)^2 + \left(\frac{\partial u}{\partial x}\right)^2 + \left(\frac{\partial v}{\partial y}\right)^2 + \frac{1}{2}\left(\frac{\partial v}{\partial x}+\frac{\partial u}{\partial y}\right)^2\right]\mathrm{d}x\mathrm{d}y \qquad (10\text{-}39)$$

where A is the area of the xOy surface of the elastic body. For the plane stress problem, E in the above equation must be replaced by $\dfrac{E(1+2v)}{(1+v)^2}$ and$v$ by $\dfrac{v}{1+v}$, which gives

$$V_\varepsilon = \frac{E}{2(1-v^2)}\iint_A \left[\left(\frac{\partial u}{\partial x}\right)^2 + \left(\frac{\partial v}{\partial y}\right)^2 + 2v\frac{\partial u}{\partial x}\frac{\partial v}{\partial y} + \frac{1-v}{2}\left(\frac{\partial v}{\partial x}+\frac{\partial u}{\partial y}\right)^2\right]\mathrm{d}x\mathrm{d}y \qquad (10\text{-}40)$$

Because it is unnecessary to consider w in two kinds of plane problems, only the first two equations need to be retained in the expression of the displacement components (10-34), namely

$$u = u_0 + \sum_{m=1}^{n} A_m u_m, \quad v = v_0 + \sum_{m=1}^{n} B_m v_m \qquad (10\text{-}41)$$

When using the Ritz method, in order to determine the coefficients A_m and B_m, only the first two equations in Eq. (10-36) must be applied. Taking a unit length in the z direction and noting that all the quantities do not vary with z, the two equations become

$$\begin{cases} \dfrac{\partial V_\varepsilon}{\partial A_{1m}} = \iint_A f_x u_m \mathrm{d}x\mathrm{d}y + \int_{S_\sigma} \overline{f}_x u_m \mathrm{d}s \\ \dfrac{\partial V_\varepsilon}{\partial A_{2m}} = \iint_A f_y v_m \mathrm{d}x\mathrm{d}y + \int_{S_\sigma} \overline{f}_y v_m \mathrm{d}s \end{cases} \qquad (10\text{-}42)$$

where the line integration proceeds along the boundary S_σ subjected to a known surface force. Accordingly, when the Galerkin method is used, only the simplified form of the first two equations in Eqs. (10-38) should be applied. For the plane strain problem, the two equations become

$$\begin{cases} \iint_A \left[\dfrac{E}{2(1+v)}\left(\dfrac{1}{1-2v}\dfrac{\partial\theta}{\partial x} + \nabla^2 u\right) + f_x\right] u_m \mathrm{d}x\mathrm{d}y = 0 \\ \iint_A \left[\dfrac{E}{2(1+v)}\left(\dfrac{1}{1-2v}\dfrac{\partial\theta}{\partial y} + \nabla^2 v\right) + f_y\right] v_m \mathrm{d}x\mathrm{d}y = 0 \end{cases} \qquad (10\text{-}43)$$

where $\theta = \frac{\partial u}{\partial x} + \frac{\partial v}{\partial y}$. For the plane stress problem, the E in the above equation must be replaced by $\frac{E(1+2v)}{(1+v)^2}$ and v by $\frac{v}{1+v}$, which gives:

$$\begin{cases} \iint_A \left[\frac{E}{1-v^2} \left(\frac{\partial^2 u}{\partial x^2} + \frac{1-v}{2} \frac{\partial^2 u}{\partial y^2} + \frac{1+v}{2} \frac{\partial^2 v}{\partial x \partial y} \right) + f_x \right] u_m \mathrm{d}x\mathrm{d}y = 0 \\ \iint_A \left[\frac{E}{1-v^2} \left(\frac{\partial^2 v}{\partial y^2} + \frac{1-v}{2} \frac{\partial^2 v}{\partial x^2} + \frac{1+v}{2} \frac{\partial^2 u}{\partial x \partial y} \right) + f_y \right] v_m \mathrm{d}x\mathrm{d}y = 0 \end{cases} \tag{10-44}$$

§ 10.5 Application of Method of Displacement Variation

The following examples illustrate the application of the Rayleigh-Ritz method and the Galerkin method. Firstly, the application of the method of displacement variation in the bending deformation of beams is introduced.

Example 1 The cantilever beam subjected to uniformly distributed load q as shown in Fig. 10-4, it has span length l and flexural rigidity EI. According to the elementary theory, the Rayleigh-Ritz method and Galerkin method are used to calculate the deflection and bending moment of the fixed end of the beam respectively. The body forces are not counted.

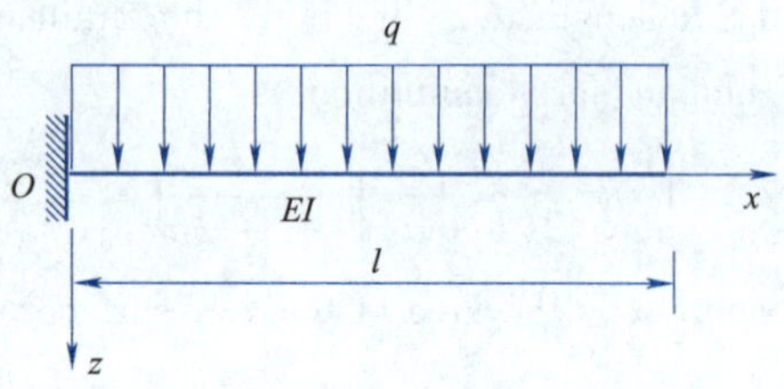

Fig. 10-4

Solution Ignoring the effect of shear on deflection, the equation of the deflection curve is set as

$$w(x) = A\left(1 - \cos\frac{\pi x}{2l}\right) \tag{10-45}$$

The above equation satisfies the fixed end condition

$$(w)_{x=0} = 0, \quad \left(\frac{\mathrm{d}w}{\mathrm{d}x}\right)_{x=0} = 0$$

According to the elementary theory, the bending moment of the beam is

$$M(x) = -EI\frac{\mathrm{d}^2 w}{\mathrm{d}x^2} = EI\left(\frac{\pi}{2l}\right)^2 A\cos\frac{\pi x}{2l}$$

The strain energy of the beam is

$$V_\varepsilon = \frac{1}{2EI}\int_0^l M^2(x)\,\mathrm{d}x = \frac{1}{2EI}\int_0^l \left(EI\frac{\pi^2}{4l^2}A\cos\frac{\pi x}{2l}\right)^2 \mathrm{d}x = \frac{EI\pi^4}{64l^3}A^2 \tag{10-46}$$

For this problem, using the Rayleigh-Ritz method, the displacement function Eq. (10-34) only retains the third equation. Since the selected displacement function Eq. (10-45) satisfies the boundary conditions, the corresponding linear Eqs. (10-36) only retain the third formula. Without regard to body forces, this equation becomes

$$\frac{\partial V_\varepsilon}{\partial A} = \int_0^l q\left(1 - \cos\frac{\pi x}{2l}\right)\mathrm{d}x \tag{10-47}$$

Substituting Eq. (10-46) into Eq. (10-47), we get

$$A = \frac{ql^4 32}{\pi^4 EI}\left(1 - \frac{2}{\pi}\right) \tag{10-48}$$

Substituting Eq. (10-48) into Eq. (10-45), the deflection curve expression of the beam is

$$w(x) = \frac{ql^4 32}{\pi^4 EI}\left(1 - \frac{2}{\pi}\right)\left(1 - \cos\frac{\pi x}{2l}\right) \tag{10-49}$$

The maximum deflection occurs at $x = l$, i. e.

$$w_{\max} = \frac{ql^4 32}{\pi^4 EI}\left(1 - \frac{2}{\pi}\right) = 0.119\frac{ql^4}{EI}$$

The error between this result and the solution of mechanics of materials $w_{\max} = \frac{ql^4}{8EI} = 0.125\frac{ql^4}{EI}$ is only 4.5%.

Using $M(x) = -EI\frac{d^2 w}{dx^2} = -\frac{8ql^2}{\pi^2}\left(1 - \frac{2}{\pi}\right)\cos\frac{\pi x}{2l}$, we can obtain

$$M_{\max} = (M)_{x=0} = -\frac{8ql^2}{\pi^2}\left(1 - \frac{2}{\pi}\right) = -0.295ql^2$$

Compared to the exact solution at $(M)_{x=0} = -0.5ql^2$, the error is 41%.

If the deflection curve function is

$$w(x) = A_1\left(1 - \cos\frac{\pi x}{2l}\right) + A_2\left(1 - \cos\frac{3\pi x}{2l}\right) \tag{10-50}$$

This equation also satisfies the boundary conditions.

$$\begin{cases} M(x) = -EI\left[\left(\frac{\pi}{2l}\right)^2 A_1\cos\frac{\pi x}{2l} + \left(\frac{3\pi}{2l}\right)^2 A_2\cos\frac{3\pi x}{2l}\right] \\ V_\varepsilon = \frac{EI}{2}\int_0^l\left[\left(\frac{\pi}{2l}\right)^2 A_1\cos\frac{\pi x}{2l} + \left(\frac{3\pi}{2l}\right)^2 A_2\cos\frac{3\pi x}{2l}\right]^2 dx = \frac{EI\pi^4}{64l^3}(A_1^2 + 81A_2^2) \end{cases}$$

According to the Rayleigh-Ritz method

$$\begin{cases} \frac{\partial V_\varepsilon}{\partial A_1} = \frac{EI\pi^4}{32l^3}A_1 = \int_0^l q\left(1 - \cos\frac{\pi x}{2l}\right)dx \\ \frac{\partial V_\varepsilon}{\partial A_2} = \frac{81EI\pi^4}{32l^3}A_2 = \int_0^l q\left(1 - \cos\frac{3\pi x}{2l}\right)dx \end{cases}$$

By solving the above simultaneous equations, the parameters are

$$A_1 = \frac{ql^4 32}{\pi^4 EI}\left(1 - \frac{2}{\pi}\right),\quad A_2 = \frac{ql^4\ 32}{\pi^4 81EI}\left(1 + \frac{2}{3\pi}\right)$$

Therefore the deflection curve is

$$w(x) = \frac{32ql^4}{\pi^4 EI}\left[\left(1 - \frac{2}{\pi}\right)\left(1 - \cos\frac{\pi x}{2l}\right) + \frac{1}{81}\left(1 + \frac{2}{3\pi}\right)\left(1 - \cos\frac{3\pi x}{2l}\right)\right] \tag{10-51}$$

Then the maximum deflection and maximum bending moment are

$$\begin{cases} w_{\max} = (w)_{x=l} = 0.124\frac{ql^4}{EI} \\ M_{\max} = (M)_{x=0} = -0.403ql^2 \end{cases}$$

From the above equations, it can be seen that both deflection and bending moment have improved their accuracy, but the improvement of bending moment is not obvious. If the number of terms of the deflection function is increased, both the deflection value and the bending moment value will approach the exact value gradually with the increase in the number of terms.

Example 2 A thin plate with width a and height b, as shown in Fig. 10-5. The left and lower sides are supported by connecting bars, and the right and upper sides are respectively subjected to uniform pressure q_1 and q_2. How to calculate the displacements of thin plates without considering the body forces.

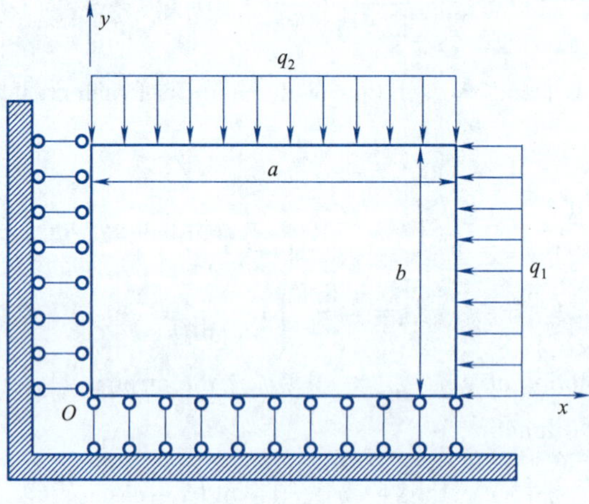

Fig. 10-5

Solution Take the coordinate axes as shown in Fig. 10-5. According to the form of Eq. (10-41), the displacement component is set as

$$\begin{cases} u = x(A_1 + A_2 x + A_3 y + \cdots) \\ v = y(B_1 + B_2 x + B_3 y + \cdots) \end{cases} \tag{10-52}$$

Regardless of the value of each coefficient, the displacement boundary conditions on the left and lower sides can be satisfied, that is

$$(u)_{x=0} = 0, \quad (v)_{y=0} = 0$$

Here, since there is no known displacement on the boundary that is not equal to zero, we take $u_0 = 0$ and $v_0 = 0$ in Eqs. (10-34).

When the coefficients in Eq. (10-52) are taken at arbitrary values, the stress boundary conditions are not necessarily satisfied, so they can only be solved by the Ritz method and not by the Galerkin method. Try to take only two undetermined coefficients A_1 and B_1 in Eq. (10-52)

$$u = A_1 u_1 = A_1 x, \quad v = B_1 v_1 = B_1 y \tag{10-53}$$

Substituting it into Eq. (10-40), we get

$$V_\varepsilon = \frac{E}{2(1-\upsilon^2)} \int_0^a \int_0^b (A_1^2 + B_1^2 + 2\upsilon A_1 B_1) \mathrm{d}x \mathrm{d}y$$

After integrating, we get

$$V_\varepsilon = \frac{Eab}{2(1-\upsilon^2)} (A_1^2 + B_1^2 + 2\upsilon A_1 B_1) \tag{10-54}$$

Since here $f_x = f_y = 0$ and $m = 1$, Eq. (10-42) is simplified to

$$\frac{\partial V_\varepsilon}{\partial A_1} = \int_{S_\sigma} \bar{f}_x u_1 \mathrm{d}s, \quad \frac{\partial V_\varepsilon}{\partial B_1} = \int_{S_\sigma} \bar{f}_y v_1 \mathrm{d}s \tag{10-55}$$

Now calculate the integral term at the right end of the first equation of the above equation. At the right boundary of the thin plate there is

$$\bar{f}_x = -q_1, \quad u_1 = x = a, \quad \mathrm{d}s = \mathrm{d}y$$

On the remaining three boundaries, all have $\int_{S_\sigma} \bar{f}_x u_1 \mathrm{d}s = 0$, which gives

$$\int \bar{f}_x u_1 \mathrm{d}s = \int_0^b (-q_1) a \mathrm{d}y = -q_1 ab$$

The integral term at the right end of the second equation in Eq. (10-55) is calculated below. At the upper boundary of the thin plate, there is

$$\bar{f}_y = -q_2, \quad v_1 = y = b, \quad \mathrm{d}s = \mathrm{d}x$$

On the remaining three boundaries, all have $\int_{S_\sigma} \bar{f}_y v_1 \mathrm{d}s = 0$, which gives

$$\int \bar{f}_y v_1 \mathrm{d}s = \int_0^a (-q_2) b \mathrm{d}x = -q_2 ab$$

Thus from Eq. (10-55) we have

$$\frac{\partial V_\varepsilon}{\partial A_1} = -q_1 ab, \quad \frac{\partial V_\varepsilon}{\partial B_1} = -q_2 ab \tag{10-56}$$

Substitute Eq. (10-54) into Eq. (10-56) to obtain the equations that determine A_1 and B_1

$$\frac{Eab}{2(1-v^2)}(2A_1 + 2vB_1) = -q_1 ab$$

$$\frac{Eab}{2(1-v^2)}(2B_1 + 2vA_1) = -q_2 ab$$

Solve A_1 and B_1 to get

$$A_1 = -\frac{q_1 - vq_2}{E}, \quad B_1 = -\frac{q_2 - vq_1}{E} \tag{10-57}$$

Thus, the solution of the displacement components can be obtained from Eq. (10-53)

$$u = -\frac{q_1 - vq_2}{E}x, \quad v = -\frac{q_2 - vq_1}{E}y \tag{10-58}$$

If we take some other coefficients in Eq. (10-52) besides A_1 and B_1, such as A_2 and B_2, and perform similar calculations as above, these coefficients will be equal to zero and A_1 and B_1 will remain as in Eq. (10-57). The solution for the displacement components remains as in Eq. (10-58).

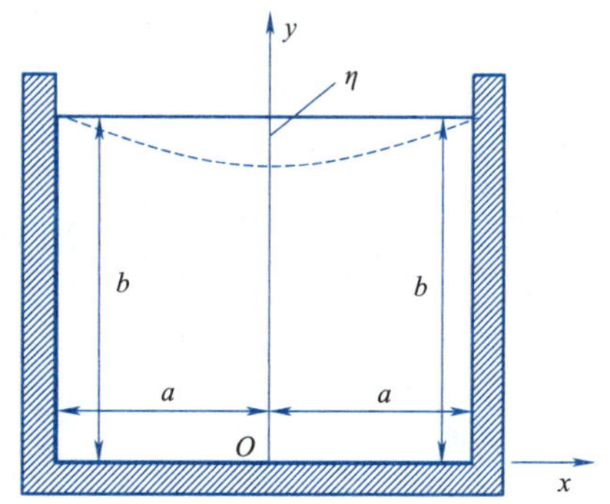

Fig. 10-6

Example 3 A thin rectangular plate with width $2a$ and height b is provided, as shown in Fig. 10-6. The left and right sides and the lower side are fixed, and the displacements of the upper side are given as

$$u = 0, \quad v = -\eta\left(1 - \frac{x^2}{a^2}\right)$$

Without regard to body forces, try to find the displacements and stresses of the thin plate.

Solution Take the coordinate axis as shown in Fig. 10-6. According to Eq. (10-41), take $m = 1$, and set the displacement components as

$$\begin{cases} u = A_1\left(1 - \dfrac{x^2}{a^2}\right)\dfrac{x}{a}\dfrac{y}{b}\left(1 - \dfrac{y}{b}\right) \\ v = -\eta\left(1 - \dfrac{x^2}{a^2}\right)\dfrac{y}{b} + B_1\left(1 - \dfrac{x^2}{a^2}\right)\dfrac{y}{b}\left(1 - \dfrac{y}{b}\right) \end{cases} \tag{10-59}$$

All displacement boundary conditions can be satisfied, namely

$$(u)_{x=\pm a} = 0, \quad (v)_{x=\pm a} = 0$$

$$(u)_{y=0} = 0, \quad (v)_{y=0} = 0$$

$$(u)_{y=b} = 0, \quad (v)_{y=b} = -\eta\left(1 - \frac{x^2}{a^2}\right)$$

Furthermore, since u is an odd function of x and v is an even function of x, the symmetry condition is also satisfied (this is also the reason for placing the factor x/a in the expression of u).

In this problem, there is no stress boundary condition, so it can be considered that since the displacement shown in Eq. (10-59) satisfies the displacement boundary conditions, it also satisfies stress boundary conditions. This can be solved by the Galerkin method, which makes the mathematical operation simpler.

Noting that $f_x = f_y = 0$ and $m = 1$, it can be seen that the Eq. (10-44) here becomes

$$\begin{cases} \displaystyle\int_{-a}^{a}\int_{0}^{b}\left(\frac{\partial^2 u}{\partial x^2} + \frac{1-v}{2}\frac{\partial^2 u}{\partial y^2} + \frac{1+v}{2}\frac{\partial^2 v}{\partial x \partial y}\right)u_1 \,\mathrm{d}x\mathrm{d}y = 0 \\ \displaystyle\int_{-a}^{a}\int_{0}^{b}\left(\frac{\partial^2 v}{\partial y^2} + \frac{1-v}{2}\frac{\partial^2 v}{\partial x^2} + \frac{1+v}{2}\frac{\partial^2 u}{\partial x \partial y}\right)v_1 \,\mathrm{d}x\mathrm{d}y = 0 \end{cases} \tag{10-60}$$

Now, each second derivative of the displacement components is calculated according to Eq. (10-59)

$$\frac{\partial^2 u}{\partial x^2} = -\frac{6A_1}{a^2}\frac{x}{a}\left(\frac{y}{b} - \frac{y^2}{b^2}\right), \quad \frac{\partial^2 u}{\partial y^2} = -\frac{2A_1}{b^2}\left(\frac{x}{a} - \frac{x^3}{a^3}\right)$$

$$\frac{\partial^2 u}{\partial x \partial y} = \frac{A_1}{ab}\left(1 - 3\frac{x^2}{a^2}\right)\left(1 - 2\frac{y}{b}\right)$$

$$\frac{\partial^2 v}{\partial x^2} = \frac{2\eta}{a^2}\frac{y}{b} - \frac{2B_1}{a^2}\left(\frac{y}{b} - \frac{y^2}{b^2}\right), \quad \frac{\partial^2 v}{\partial y^2} = -\frac{2B_1}{b^2}\left(1 - \frac{x^2}{a^2}\right)$$

$$\frac{\partial^2 v}{\partial x \partial y} = \frac{2\eta}{ab}\frac{x}{a} - \frac{2B_1}{ab}\frac{x}{a}\left(1 - 2\frac{y}{b}\right)$$

On the other hand, according to Eq. (a) we have

$$u_1 = \left(\frac{x}{a} - \frac{x^3}{a^3}\right)\left(\frac{y}{b} - \frac{y^2}{b^2}\right)$$

$$v_1 = \left(1 - \frac{x^2}{a^2}\right)\left(\frac{y}{b} - \frac{y^2}{b^2}\right)$$

Substituting the above second derivatives and expressions of u_1 and v_1 into Eq. (10-60), the two linear equations of A_1 and B_1 can be obtained after integration, to obtain

$$A_1 = \frac{35(1+\upsilon)\eta}{42\dfrac{b}{a}+20(1-\upsilon)\dfrac{a}{b}}, \quad B_1 = \frac{5(1-\upsilon)\eta}{16\dfrac{a^2}{b^2}+2(1-\upsilon)} \tag{10-61}$$

Substitute into Eq. (10-59) to obtain the solution of the displacement components

$$u = \frac{35(1+\upsilon)\eta}{42\dfrac{b}{a}+20(1-\upsilon)\dfrac{a}{b}}\left(1-\frac{x^2}{a^2}\right)\frac{x}{a}\frac{y}{b}\left(1-\frac{y}{b}\right)$$

$$v = -\eta\left(1-\frac{x^2}{a^2}\right)\frac{y}{b} + \frac{5(1-\upsilon)\eta}{16\dfrac{a^2}{b^2}+2(1-\upsilon)}\left(1-\frac{x^2}{a^2}\right)\frac{y}{b}\left(1-\frac{y}{b}\right)$$

When $b=a$ and $\upsilon=0.2$, the answers of the above solution become

$$u = 0.724\eta\left(\frac{x}{a}-\frac{x^3}{a^3}\right)\left(\frac{y}{a}-\frac{y^2}{a^2}\right), \quad v = -\eta\left(1-\frac{x^2}{a^2}\right)\left(0.773\frac{y}{a}+0.227\frac{y^2}{a^2}\right)$$

By using geometrical equations and physical equations, the stress components can be obtained from the displacement components obtained

$$\sigma_x = \frac{E}{1-\upsilon^2}\left(\frac{\partial u}{\partial x}+\upsilon\frac{\partial v}{\partial y}\right)$$

$$= -\frac{E\eta}{a}\left[\left(1-\frac{x^2}{a^2}\right)\left(0.161-0.095\frac{y}{a}\right)-0.754\left(1-3\frac{x^2}{a^2}\right)\left(\frac{y}{a}-\frac{y^2}{a^2}\right)\right]$$

$$\sigma_y = \frac{E}{1-\upsilon^2}\left(\frac{\partial v}{\partial y}+\upsilon\frac{\partial u}{\partial x}\right)$$

$$= -\frac{E\eta}{a}\left[\left(1-\frac{x^2}{a^2}\right)\left(0.805+0.473\frac{y}{a}\right)-0.302\left(1-3\frac{x^2}{a^2}\right)\left(\frac{y}{a}-\frac{y^2}{a^2}\right)\right]$$

$$\tau_{xy} = \frac{E}{2(1+\upsilon)}\left(\frac{\partial v}{\partial x}+\frac{\partial u}{\partial y}\right)$$

$$= \frac{E\eta}{a}\left[\frac{x}{a}\left(0.644\frac{y}{a}+0.189\frac{y^2}{a^2}\right)+0.302\left(\frac{x}{a}-\frac{x^3}{a^3}\right)\left(1-2\frac{y}{a}\right)\right]$$

At $y=b$, the corresponding surface forces are

$$\bar{f}_y = (\sigma_y)_{y=b} = -1.278\frac{E\eta}{a}\left(1-\frac{x^2}{a^2}\right)$$

$$\bar{f}_x = (\tau_{xy})_{y=b} = \frac{E\eta}{a}\left(0.531\frac{x}{a}+0.302\frac{x^3}{a^3}\right)$$

These are the surface forces that needs to be applied on the boundary of the thin plate to maintain a given displacement on the boundary $y=b$.

By the way, this example can also be solved by the Ritz method. Since there are no body forces and no stress boundary, Eq. (10-42) is simplified to

$$\frac{\partial V_\varepsilon}{\partial A_1}=0, \quad \frac{\partial V_\varepsilon}{\partial B_1}=0 \tag{10-62}$$

The reader can verify that the derivatives of the displacement components are obtained according to Eq. (10-59), the strain energy is obtained by substituting it into Eq. (10-40), and then two linear algebraic equations of A_1 and B_1 are obtained through Eq. (10-62). The solutions of A_1 and B_1 are the same as the solution (10-61) obtained by the Galerkin method.

§ 10.6 Equation of Stress Variation and Principle of Minimum Complementary Energy

The displacement components can be obtained directly from the displacement variation of the equation of displacement variation. However, in practical engineering problems, it is often of interest to directly obtain the stress components that represent the structural strength. The displacement components obtained by the method of displacement variation must be solved by the geometrical equations and the constitutive equations to obtain the stress components in the deformed body. In the calculation process, large errors often occur due to multiple differentiations. For this reason, the stress method which directly takes the stress components as the unknowns to solve the deformed body problem has important value. At the same time, stress functions can be introduced for some special problems, such as plane problems, cylinder torsion, etc. At this time, the stress method is more convenient.

10.6.1 Equation of stress variation

When the variational principle is applied to the deformed body in equilibrium, the virtual displacements δu_i are taken, that is, the displacement components are variational. The variation of these displacements must be geometrically possible. Therefore, the concept of virtual stress is introduced. The so-called virtual stress is an arbitrary and small stress that satisfies the equilibrium equations and the specified stress boundary conditions. The virtual stress is noted as $\delta\sigma_{ij}$, that is, the variation of stress components must be statically possible, that is, after variation, the new stress components must satisfy the equilibrium equations and stress boundary conditions.

If σ_{ij} are the stress components actually existing in the deformation body, they should satisfy the equilibrium equations, stress boundary conditions, and stress compatibility conditions. Now let these stress components occur small changes within the limits of static equilibrium, and the new stress components are $\sigma_x' = \sigma_x + \delta\sigma_x, \cdots, \tau_{yz}' = \tau_{yz} + \delta\tau_{yz}, \cdots$, i. e.

$$\sigma_{ij}' = \sigma_{ij} + \delta\sigma_{ij} \tag{10-63}$$

They must satisfy the equilibrium equations and the stress boundary conditions, so the new equilibrium equations are

$$\frac{\partial(\sigma_{ij} + \delta\sigma_{ij})}{\partial x_j} + f_i = 0 \tag{10-64}$$

where f_i are given body forces, assuming no changes. By subtracting Eq. (10-64) from the equilibrium equations before stress variation, we can obtain

$$\begin{cases} \dfrac{\partial}{\partial x}(\delta\sigma_x) + \dfrac{\partial}{\partial y}(\delta\tau_{xy}) + \dfrac{\partial}{\partial z}(\delta\tau_{xz}) = 0 \\ \dfrac{\partial}{\partial x}(\delta\tau_{yx}) + \dfrac{\partial}{\partial y}(\delta\sigma_y) + \dfrac{\partial}{\partial z}(\delta\tau_{yz}) = 0 \\ \dfrac{\partial}{\partial x}(\delta\tau_{zx}) + \dfrac{\partial}{\partial y}(\delta\tau_{zy}) + \dfrac{\partial}{\partial z}(\delta\sigma_z) = 0 \end{cases} \tag{10-65a}$$

or

$$\frac{\partial}{\partial x_j}(\delta\sigma_{ij}) = 0 \tag{10-65b}$$

The surface of the deformed body is divided into two parts, namely, the part surface S_σ with given surface forces and the part surface S_u with given displacements. On the boundary S_u where there is no given surface forces, due to the change of stress components, the surface forces also change correspondingly. They are $\delta\overline{f}_i$. The new surface forces become $\overline{f}_i + \delta\overline{f}_i$. Therefore, the new stress components should satisfy the boundary conditions on this boundary surface, namely

$$(\sigma_{ij} + \delta\sigma_{ij})n_j = \overline{f}_i + \delta\overline{f}_i \tag{10-66}$$

Subtracting Eq. (10-66) and the original boundary condition equations to get

$$n_j\delta\sigma_{ij} = \delta\overline{f}_i \tag{10-67}$$

In addition, for the boundary S_σ where the surface forces have been given, the surface forces cannot change, that is

$$\delta\overline{f}_i = 0$$

Therefore, the stress variation should satisfy the condition on this boundary as

$$n_j\delta\sigma_{ij} = 0 \tag{10-68}$$

Therefore, for the stress variation to be statically permissible, it must satisfy Eqs. (10-65), (10-67), and (10-68). Therefore, the variation of complementary strain energy, with reference to (10-27a), can be written as

$$\delta V_c = \iiint_V (\varepsilon_{ij}\delta\sigma_{ij})\mathrm{d}V \tag{10-69}$$

Substituting the geometrical equations into the above equation, we obtain

$$\delta V_c = \iiint_V \left[\frac{\partial u}{\partial x}\delta\sigma_x + \cdots + \left(\frac{\partial u}{\partial y} + \frac{\partial v}{\partial x}\right)\delta\tau_{xy} + \cdots\right]\mathrm{d}V \tag{10-70}$$

By integrating the terms in the above equation by parts and using Green's formula, three relations of the following form are obtained (The other two have been omitted)

$$\begin{aligned}\iiint_V \left(\frac{\partial u}{\partial x}\delta\sigma_x\right)\mathrm{d}V &= \iiint_V \frac{\partial}{\partial x}(u\delta\sigma_x)\mathrm{d}V - \iiint_V u\frac{\partial}{\partial x}(\delta\sigma_x)\mathrm{d}V \\ &= \iint_S ul\delta\sigma_x\mathrm{d}S - \iiint_V u\frac{\partial}{\partial x}(\delta\sigma_x)\mathrm{d}V\end{aligned} \tag{10-71}$$

Three other relationships of the form as follows (The other two have been omitted)

$$\iiint_V \left(\frac{\partial v}{\partial x} + \frac{\partial u}{\partial y}\right)\delta\tau_{xy}\mathrm{d}V = \iint_s (vl + um)\delta\tau_{xy}\mathrm{d}S - \iiint_V \left[v\frac{\partial}{\partial x}(\delta\tau_{xy}) + u\frac{\partial}{\partial y}(\delta\tau_{xy})\mathrm{d}V\right] \tag{10-72}$$

Substitute Eqs (10-71) and (10-72) into Eq. (10-69), and obtain

$$\begin{aligned}\delta V_c = &\iint_S [u(l\delta\sigma_x + m\delta\tau_{xy} + n\delta\tau_{xz}) + v(l\delta\tau_{yx} + m\delta\sigma_y + n\delta\tau_{yz}) + \\ &w(l\delta\tau_{zx} + m\delta\tau_{zy} + n\delta\sigma_z)]\mathrm{d}S - \iiint_V \left\{u\left[\frac{\partial}{\partial x}(\delta\sigma_x) + \frac{\partial}{\partial y}(\delta\tau_{xy}) + \frac{\partial}{\partial z}(\delta\tau_{xz})\right] + \right. \\ &\left. v\left[\frac{\partial}{\partial x}(\delta\tau_{yx}) + \frac{\partial}{\partial y}(\delta\sigma_y) + \frac{\partial}{\partial}(\delta\tau_{yz})\right] + w\left[\frac{\partial}{\partial x}(\delta\tau_{zx}) + \frac{\partial}{\partial y}(\delta\tau_{zy}) + \frac{\partial}{\partial z}(\delta\sigma_z)\right]\right\}\mathrm{d}V\end{aligned} \tag{10-73}$$

According to Eq. (10-65), the integral term with respect to volume in the above equation is zero. Note that on the boundary S_σ of known surface forces, Eq. (10-68) should be satisfied. On the boundary S_u of known displacements, the additional surface forces generated by virtual stress should be satisfied by Eq. (10-67). Therefore, according to Eq. (10-67), the above equation can be simplified to

$$\delta V_c = \iint_{S_u} (u_i \delta \bar{f}_i) \mathrm{d}S \tag{10-74}$$

The right part of the equation of the variational equation represents the work done by the increments $\delta \bar{f}_i$ of the external force on the surface and the actual displacements u_i. Noting Eq. (10-69), Eq. (10-74) can be written as

$$\iiint_V (\varepsilon_x \delta\sigma_x + \varepsilon_y \delta\sigma_y + \varepsilon_z \delta\sigma_z + \gamma_{xy}\delta\tau_{xy} + \gamma_{yz}\delta\tau_{yz} + \gamma_{zx}\delta\tau_{zx}) \mathrm{d}V$$
$$= \iint_{S_u} (u\delta \bar{f}_x + v\delta \bar{f}_y + w\delta \bar{f}_z) \mathrm{d}S \tag{10-75a}$$

or

$$\iiint_V (\varepsilon_{ij}\delta\sigma_{ij}) \mathrm{d}V = \iint_{S_u} (u_i \delta \bar{f}_i) \mathrm{d}S \tag{10-75b}$$

Eq. (10-75) represents the equation of stress variation, which is expressed as when a body is in equilibrium under the action of known body forces and surface forces, the virtual work done by small virtual surface forces at the actual displacements is equal to the virtual complementary strain energy generated by the virtual stresses at the real strains. Obviously, the additional conditions for Eq. (10-75) to hold are Eq. (10-65) and Eq. (10-68). The two expressions can be abbreviated as

$$\begin{cases} (\delta\sigma_{ij})_{,j} = 0 & (\text{in } V) \\ n_j \delta\sigma_{ij} = 0 & (\text{on } S_\sigma) \end{cases}$$

Like the equation of displacement variation, the equation of stress variation has nothing to do with the constitutive relation of materials.

It should be pointed out that the equation of displacement variation contains the actual external force and internal force, so it can be understood that the equation of displacement variation is the requirement for system balance. The equation of stress variation contains the actual displacement and strain, so the equation of stress variation can be regarded as the requirement of body deformation compatibility. In fact, it is not difficult to derive the deformation compatibility equation from the equation of stress variation (10-75), which means that Eq. (10-75) is equivalent to the strain compatibility condition. Therefore, when solving the problem according to Eq. (10-75), it is not necessary to satisfy the deformation compatibility condition in advance for the set solution, but only to make the virtual stress $\delta\sigma_{ij}$ satisfy the equilibrium equations and stress boundary conditions of the body.

10.6.2 Principle of minimum complementary energy

The principle of minimum complementary energy can be derived directly from the equation of stress variation. In order to avoid confusion, the elastic strain energy function $V_\varepsilon(\varepsilon_{ij})$ expressed by strain is henceforth called strain energy function or strain energy. The strain complementary energy function expressed by stress is called complementary strain energy function, or complementary strain energy (or stress energy), which is denoted as $V_c(\sigma_{ij})$. The generalized Hooke's law is introduced into the equation of stress variation and the strain state is potential. The strain components can be derived from the complementary strain energy function, that is $\varepsilon_{ij} = \frac{\partial v_c(\sigma_{ij})}{\partial \sigma_{ij}}$ and $\delta v_c = \varepsilon_{ij}\delta\sigma_{ij}$. From the above equation, the variation of the total complementary strain energy is

$$\delta V_c = \iiint_V \delta v_c(\sigma_{ij})\mathrm{d}V = \iiint_V \varepsilon_{ij}\delta\sigma_{ij}\mathrm{d}V$$

Therefore, Eq. (10-75) can be transformed into

$$\iiint_V \delta v_c(\sigma_{ij})\mathrm{d}V - \iint_{S_u}(u\delta\bar{f}_x + v\delta\bar{f}_y + w\delta\bar{f}_z)\mathrm{d}S = 0 \tag{10-76a}$$

If there is virtual stress, the displacement components on the boundary S_u should remain unchanged. Then the variation sign in the above equation can be placed outside the integral sign, namely

$$\delta\left[\iiint_V v_c(\sigma_{ij})\mathrm{d}V - \iint_{S_u}(u_i\bar{f}_i)\mathrm{d}S\right] = 0 \tag{10-76b}$$

where $\bar{f}_i$ are additional surface forces caused by virtual stress at the known displacement boundary. Obviously, in this case, the additional conditions are

$$\begin{cases} \sigma_{ij,j} + f_i = 0 & (\text{in } V) \\ \sigma_{ij}n_j - \bar{f}_i = 0 & (\text{on } S_\sigma) \end{cases} \tag{10-77}$$

If the total complementary energy of the deformed body is defined as

$$\Pi_c = \iiint_V v_c(\sigma_{ij})\mathrm{d}V - \iint_{S_u} u_i\bar{f}_i\mathrm{d}S$$

then there is

$$\delta\Pi_c = 0$$

The above equation shows that in all the statically permissible stress fields satisfying the equilibrium equations and stress boundary conditions, the real stress field makes the total complementary energy take the extreme value. Further proof can be found

$$\delta^2\Pi_c \geqslant 0$$

Therefore, the principle of minimum complementary energy can be expressed as follows: among all statically permitted stress fields satisfying the equilibrium equations and stress boundary conditions, the real stress field makes the total complementary energy to take the minimum value.

The real stress field not only satisfies the equilibrium equations, and stress boundary conditions, but also satisfies the deformation compatibility conditions. The principle of minimum complementary energy is equivalent to the deformation compatibility condition because the real stress field satisfies the equilibrium equations, stress boundary conditions, and conditions that minimize the total complementary energy.

A special case of the principle of minimum complementary energy is noted below. When all the surface forces of the body are given, the variation of the surface forces is zero, which can be obtained from Eq. (10-76)

$$\delta \Pi_c = \delta V_c = 0 \tag{10-78}$$

Eq. (10-78) is called the principle of minimum work. The principle can be expressed as: if the surface force of the body is given, the real stress field must minimize the complementary strain energy among all the stress fields that satisfy the equilibrium equations and boundary conditions. For a linear elastic body because the complementary strain energy is equal to the strain energy, it is also called (10-78) the principle of minimum strain energy. When the principle of minimum strain complementary energy is applied to linear elasticity problems, the well-known Castigliano's second theorem can be derived.

§ 10.7 Method of Stress Variation and Application

Based on the idea like the method of displacement variation, the approximate solutions of the deformed body are obtained through the equation of stress variation with the stress components as the basic unknowns.

10.7.1 Method of stress variation

The method of stress variation is to set the expression of the stress components, which contain some undetermined constants to satisfy the equilibrium equations and stress boundary conditions. These constants are determined through the equation of stress variation.

Papkovich (Папковиц, П. Ф) suggested taking the stress components as

$$\begin{cases} \sigma_x = (\sigma_x)_0 + \sum_{m=1}^{n} A_m(\sigma_x)_m, & \tau_{xy} = (\tau_{xy})_0 + \sum_{m=1}^{n} A_m(\tau_{xy})_m \\ \sigma_y = (\sigma_y)_0 + \sum_{m=1}^{n} A_m(\sigma_y)_m, & \tau_{yz} = (\tau_{yz})_0 + \sum_{m=1}^{n} A_m(\tau_{yz})_m \\ \sigma_z = (\sigma_z)_0 + \sum_{m=1}^{n} A_m(\sigma_z)_m, & \tau_{zx} = (\tau_{zx})_0 + \sum_{m=1}^{n} A_m(\tau_{zx})_m \end{cases} \tag{10-79}$$

where, $(\sigma_x)_0, \cdots, (\tau_{xy})_0, \cdots$ are the selected set functions satisfying the equilibrium equations and stress boundary conditions, $(\sigma_x)_m, \cdots, (\tau_{xy})_m, \cdots$ are the selected set functions satisfying the equilibrium equations with zero body forces and the stress boundary conditions with zero surface forces, and A_m are n independent coefficients to be solved.

Therefore, regardless of the values of constant A_m, the stress components $\sigma_x, \cdots, \tau_{xy}, \cdots$ in Eq. (10-79) can always satisfy the equilibrium equations and stress boundary conditions. As mentioned earlier, like the variation of displacement, the variations of the stress components of Eq. (10-79) are also achieved by the variation of the undetermined constant A_m. As for each set of functions, it is only a function of the given coordinate position x, y, z, independent of the variation of stress. Therefore, there are

$$\begin{cases}\delta\sigma_x = \sum_{m=1}^{n}(\sigma_x)_m\delta A_m, & \delta\tau_{xy} = \sum_{m=1}^{n}(\tau_{xy})_m\delta A_m \\ \delta\sigma_y = \sum_{m=1}^{n}(\sigma_y)_m\delta A_m, & \delta\tau_{yz} = \sum_{m=1}^{n}(\tau_{yz})_m\delta A_m \\ \delta\sigma_z = \sum_{m=1}^{n}(\sigma_z)_m\delta A_m, & \delta\tau_{zx} = \sum_{m=1}^{n}(\tau_{zx})_m\delta A_m\end{cases} \tag{10-80}$$

For the equations of stress variation (10-75) and (10-76), there are two possible cases.

(1) When the given surface forces or given displacements are zero, by the principle of minimum work, there is

$$\delta V_c = 0$$

$$\delta V_c = \frac{\partial V_c}{\partial A_1}\delta A_1 + \frac{\partial V_c}{\partial A_2}\delta A_2 + \cdots + \frac{\partial V_c}{\partial A_n}\delta A_n = 0$$

According to the arbitrariness of $\delta A_1, \delta A_2, \cdots, \delta A_n$, we can obtain

$$\frac{\partial V_c}{\partial A_m} = 0 \quad (m = 1, 2, \cdots, n) \tag{10-81}$$

Eq. (10-81) is the linear system of equations for determining the undetermined constant A_m. After obtaining A_m, the solution to the problem can be obtained.

(2) When the given displacements are not zero, the equation of stress variation is

$$\delta V_c = \iint_{S_u} (u_i \delta \bar{f}_i)\,\mathrm{d}S \tag{10-82}$$

where u_i are known surface displacements, and the above integration is only performed on this part of the boundary. On this part of the boundary, the variation of the surface forces and stresses should follow the Eq. (10-67), that is

$$n_j \delta\sigma_{ij} = \delta\bar{f}_i \tag{10-83}$$

Substituting Eqs. (10-80) into the above equations and calculating the integral of Eq. (10-82), it can be obtained

$$\iint_{S_u} (u_i \delta \bar{f}_i)\,\mathrm{d}S = \sum_{m=1}^{n} D_m \delta A_m \tag{10-84}$$

where D_m is a constant, which is calculated by the following equation

$$D_m = \iint_{S_u} \{u[(\sigma_x)_m l + (\tau_{xy})_m m + (\tau_{xz})_m n] + v[(\tau_{yx})_m l + (\sigma_y)_m m + (\tau_{yz})_m n] + w[(\tau_{zx})_m l + (\tau_{zy})_m m + (\sigma_z)_m n]\}\,\mathrm{d}S \tag{10-85}$$

On the other hand, there is

$$\delta V_c = \sum_{m=1}^{n} \frac{\partial V_c}{\partial A_m}\delta A_m \tag{10-86}$$

Substituting Eq. (10-84), Eq. (10-86) into Eq. (10-82) and considering the arbitrariness of δA_m, we get

$$\frac{\partial V_c}{\partial A_m} = D_m \quad (m = 1, 2, \cdots, n) \tag{10-87}$$

Eqs. (10-87) are still linear algebraic equations with undetermined constant A_m. After obtaining

A_m, the solution to the problem can be obtained.

It can be seen from the above analysis that it is very difficult for the selected stress components to satisfy the equilibrium equations and stress boundary conditions at the same time. But in the problems that have been discussed, such as the plane problem, and the torsion of the cylinder, the stress components are expressed by the stress function. At this point, the equilibrium equations have been satisfied by using the stress function to represent the stress component, and the remaining problem is the stress boundary condition. For this kind of problem, the difficulty in solving is less, so the application range of the equation of stress variation is expanded.

10.7.2 Method of stress variation applied to plane problems

In the plane problems, the stress components $\sigma_x, \sigma_y, \tau_{xy}$ are only functions of x and y and do not vary with the coordinate z. For the plane stress problem, if the unit length is taken in the z direction, it can be seen from Eq. (10-24) that the complementary strain energy expression of the elastic body is

$$V_c = \frac{1}{2E}\iint_A [\sigma_x^2 + \sigma_y^2 - 2\upsilon\sigma_x\sigma_y + 2(1+\upsilon)\tau_{xy}^2]\,dxdy \tag{10-88}$$

For plane strain problem, substitute $\frac{E}{1-\upsilon^2}$ for E and $\frac{\upsilon}{1-\upsilon}$ for υ, we obtain

$$V_c = \frac{1+\upsilon}{2E}\iint_A [(1-\upsilon)(\sigma_x^2 + \sigma_y^2) - 2\upsilon\sigma_x\sigma_y + 2\tau_{xy}^2]\,dxdy \tag{10-89}$$

If the elastic body is a simply connected body, the body forces are constant, and it is a stress boundary problem, the stress distribution is independent of the elastic constants of the material. At this time, for the convenience of calculation, $\upsilon = 0$ can be taken in Eqs. (10-88) and (10-89). The complementary strain energy of elastic body under two conditions of plane stress and plane strain can be uniformly written as

$$V_c = \frac{1}{2E}\iint_A (\sigma_x^2 + \sigma_y^2 + 2\tau_{xy}^2)\,dxdy \tag{10-90}$$

According to Eq. (6-32), the stress components can be expressed by the stress function Φ as

$$\begin{cases} \sigma_x = \dfrac{\partial^2\Phi}{\partial y^2} - f_x x \\ \sigma_y = \dfrac{\partial^2\Phi}{\partial x^2} - f_y y \\ \tau_{xy} = -\dfrac{\partial^2\Phi}{\partial x\partial y} \end{cases} \tag{10-91}$$

Substituting Eq. (10-91) into Eq. (10-90), we can obtain

$$V_c = \frac{1}{2E}\iint_A \left[\left(\frac{\partial^2\Phi}{\partial x^2} - f_x x\right)^2 + \left(\frac{\partial^2\Phi}{\partial y^2} - f_y y\right)^2 + 2\left(\frac{\partial^2\Phi}{\partial x\partial y}\right)^2\right]dxdy \tag{10-92}$$

Let the stress function be

$$\Phi(x,y) = \Phi_0(x,y) + \sum_{m=1}^{n} A_m\Phi_m(x,y) \quad (m = 1,2,\cdots,n) \tag{10-93}$$

where the stress components given by Φ_0 satisfy the actual stress boundary conditions. The stress components given by Φ_m satisfy the stress boundary conditions when the surface forces are zero. A_m are n independent undetermined constants.

If the linear algebraic Eq. (10-87) is used to solve the problem, Eq. (10-93) can be substituted into Eq. (10-92), and the partial derivative of A_m is calculated and set to zero, which is obtained

$$\iint_A \left[\left(\frac{\partial^2 \Phi}{\partial y^2} - f_x x \right) \frac{\partial}{\partial A_m} \left(\frac{\partial^2 \Phi}{\partial y^2} \right) + \left(\frac{\partial^2 \Phi}{\partial x^2} - f_y y \right) \frac{\partial}{\partial A_m} \left(\frac{\partial^2 \Phi}{\partial x^2} \right) + 2 \frac{\partial^2 \Phi}{\partial x \partial y} \frac{\partial}{\partial A_m} \left(\frac{\partial^2 \Phi}{\partial x \partial y} \right) \right] \mathrm{d}x\mathrm{d}y = 0 \quad (10\text{-}94)$$

By solving the above equation, the undetermined constant A_m can be obtained.

Example 4 A thin rectangular plate is subjected to the tensile forces of parabolic distribution on the boundary of $x = \pm a$ with a maximum set of q, as shown in Fig. 10-7. The stress components within the plate are determined using the method of stress variation, omitting the body forces.

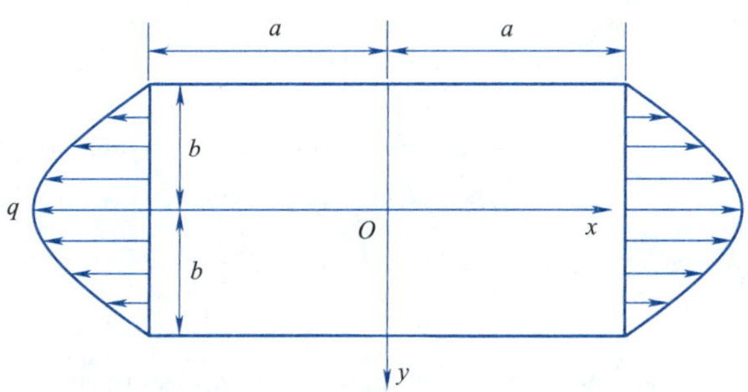

Fig. 10-7

Solution The boundary conditions are

$$\left.\begin{aligned} &(\sigma_x)_{x=\pm a} = \left(1 - \frac{y^2}{b^2}\right) q, \quad (\tau_{xy})_{x=\pm a} = 0 \\ &(\sigma_y)_{y=\pm b} = 0, \quad (\tau_{yx})_{y=\pm b} = 0 \end{aligned}\right\} \quad (10\text{-}95)$$

According to Eq. (10-93) and Eq. (10-95), and considering the symmetry of structure and load, the stress function $\Phi(x,y)$ is selected as

$$\begin{aligned} \Phi(x,y) &= \Phi_0(x,y) + \sum_{m=1}^{n} A_m \Phi_m(x,y) = \frac{1}{2} q y^2 \left(1 - \frac{y^2}{6b^2}\right) + q b^2 \left(1 - \frac{x^2}{a^2}\right)^2 \left(1 - \frac{y^2}{b^2}\right)^2 \times \\ &\left(A_1 + A_2 \frac{x^2}{a^2} + A_3 \frac{y^2}{b^2} + A_4 \frac{x^4}{a^4} + A_5 \frac{x^2 y^2}{a^2 b^2} + A_6 \frac{y^4}{b^4} + \cdots \right) \end{aligned} \quad (10\text{-}96)$$

Obviously, $\Phi_0(x,y) = \frac{1}{2} q y^2 \left(1 - \frac{y^2}{6b^2}\right)$ satisfies the stress boundary conditions Eq. (10-95).

Now an approximate calculation is carried out, that is, the stress function is

$$\Phi(x,y) = \frac{1}{2} q y^2 \left(1 - \frac{y^2}{6b^2}\right) + A_1 q b^2 \left(1 - \frac{x^2}{a^2}\right)^2 \left(1 - \frac{y^2}{b^2}\right)^2 \quad (10\text{-}97)$$

Noting that Φ is an even function of x, y, Eq. (10-94) reduces to

$$4 \int_0^a \int_0^b \left[\frac{\partial^2 \Phi}{\partial y^2} \frac{\partial}{\partial A_1} \left(\frac{\partial^2 \Phi}{\partial y^2} \right) + \frac{\partial^2 \Phi}{\partial x^2} \frac{\partial}{\partial A_1} \left(\frac{\partial^2 \Phi}{\partial x^2} \right) + 2 \frac{\partial^2 \Phi}{\partial x \partial y} \frac{\partial}{\partial A_1} \left(\frac{\partial^2 \Phi}{\partial x \partial y} \right) \right] \mathrm{d}x\mathrm{d}y = 0$$

Substituting Eq. (10-97) into the above equation, we can obtain after integration and rearrangement

$$A_1\left(\frac{64}{7}+\frac{256b^2}{49a^2}+\frac{64b^4}{7a^4}\right)=1$$

For the rectangular plate with $a=2b$, it can be obtained from the above equation

$$A_1=0.091$$

Substituting A_1 into Eq. (10-97), the stress function is

$$\Phi(x,y)=\frac{1}{2}qy^2\left(1-\frac{y^2}{6b^2}\right)+0.091qb^2\left(1-\frac{x^2}{a^2}\right)^2\left(1-\frac{y^2}{b^2}\right)^2$$

The corresponding stress components are

$$\begin{cases}\sigma_x=q\left(1-\dfrac{y^2}{b^2}\right)-0.362\,96q\left(1-\dfrac{x^2}{a^2}\right)^2\left(1-\dfrac{3y^2}{b^2}\right)\\ \sigma_y=-0.362\,96q\left(1-\dfrac{3x^2}{a^2}\right)\left(1-\dfrac{y^2}{b^2}\right)^2\\ \tau_{xy}=-1.451\,84q\left(1-\dfrac{x^2}{a^2}\right)\left(1-\dfrac{y^2}{b^2}\right)\dfrac{xy}{a^2}\end{cases}$$

At the center point of the plate $(x=y=0)$, the stress components are obtained as

$$\begin{cases}\sigma_x=0.637q\\ \sigma_y=-0.363q\\ \tau_{xy}=0\end{cases}$$

If the number of terms of the selected stress function is appropriately increased, the accuracy will also be improved accordingly.

10.7.3 Application of method stress variational to cylinder torsion problem

For a solid straight bar with an equal cross-section, when the two ends are subjected to an equivalent reverse torque, each cross-section will generate the same shearing stress τ_{zx}, τ_{zy}, while other stress components $\sigma_x=\sigma_y=\sigma_z=\tau_{xy}=0$. The expression of complementary strain energy can be written as

$$V_c=\frac{1+v}{E}\iiint_V(\tau_{zx}^2+\tau_{zy}^2)\,\mathrm{d}x\mathrm{d}y\mathrm{d}z \tag{10-98}$$

According to Eq. (9-13), τ_{zx}, τ_{zy} can be expressed by stress function as

$$\tau_{zx}=\frac{\partial\Phi}{\partial y},\quad \tau_{zy}=-\frac{\partial\Phi}{\partial x} \tag{10-99}$$

Since each cross-section has the same shearing stress components, let the length of the bar be l. The integration of the above equations must only be carried out in the cross-section, so the complementary strain energy can be rewritten as

$$V_c=\frac{(1+v)l}{E}\iint_A\left[\left(\frac{\partial\Phi}{\partial x}\right)^2+\left(\frac{\partial\Phi}{\partial y}\right)^2\right]\mathrm{d}x\mathrm{d}y \tag{10-100}$$

Therefore, the variation of complementary strain energy is

$$\delta V_c=\frac{(1+v)l}{E}\delta\iint_A\left[\left(\frac{\partial\Phi}{\partial x}\right)^2+\left(\frac{\partial\Phi}{\partial y}\right)^2\right]\mathrm{d}x\mathrm{d}y \tag{10-101}$$

For the work done by the virtual surface forces on the displacement, since there are no surface forces on the side of the bar and no variation of the surface forces, only the work done by the virtual surface forces at the end needs to be calculated. Regardless of their distribution, the surface forces at the ends satisfy the conditions of Saint Venant's principle as long as they are equal to the torque M after being combined. Therefore, it can be considered that they are not given, and that variation can be allowed. If the twist per unit length of the bar is α, the relative torsional angle of the two end faces is $l\alpha$. Therefore, the work done by the virtual surface forces on the actual displacement is $l\alpha\delta M$. Using Eq. (9-23), and noting that $G=\dfrac{E}{2(1+v)}$, we have

$$\iint_A (u\delta\bar{f}_x + v\delta\bar{f}_y + w\delta\bar{f}_z)\mathrm{d}x\mathrm{d}y = 2l\alpha\delta\iint_A \Phi\mathrm{d}x\mathrm{d}y \tag{10-102}$$

Substituting Eqs. (10-101) and (10-102) into the equation of stress variation (10-76a), it can be obtained

$$\delta\iint_A\left\{\frac{1}{2}\left[\left(\frac{\partial\Phi}{\partial x}\right)^2+\left(\frac{\partial\Phi}{\partial y}\right)^2\right]-2G\alpha\Phi\right\}\mathrm{d}x\mathrm{d}y = 0 \tag{10-103}$$

Eq. (10-103) is the equation of stress variation applied to cylinder torsion.

When solving the problem of cylinder torsion, the stress function is assumed to be

$$\Phi(x,y) = \sum_{m=1}^{n} A_m\Phi_m(x,y) \tag{10-104}$$

Where A_m are n undetermined constants independent of each other. In order to make the stress function $\Phi(x,y)$ equal to zero on the perimeter of the cross-section, the set function $\Phi_m(x,y)$ must be zero on the perimeter of the cross-section. Now let the integral in Eq. (10-103) be

$$\Pi_c = \iint_A\left\{\frac{1}{2}\left[\left(\frac{\partial\Phi}{\partial x}\right)^2+\left(\frac{\partial\Phi}{\partial y}\right)^2\right]-2G\alpha\Phi\right\}\mathrm{d}x\mathrm{d}y \tag{10-105}$$

Substituting Eq. (10-104) into the above equation, and after undergoing variation, it can be obtained

$$\delta\Pi_c = \sum_{m=1}^{n}\frac{\partial\Pi_c}{\partial A_m}\delta A_m = 0$$

Noting the arbitrariness of δA_m, it can be obtained

$$\frac{\partial\Pi_c}{\partial A_m}=0 \quad (m=1,2,\cdots,n)$$

After substituting Eq. (10-105) into the above equation and taking the derivative, it can be obtained

$$\iint_A\left[\frac{\partial\Phi}{\partial x}\frac{\partial}{\partial A_m}\left(\frac{\partial\Phi}{\partial x}\right)+\frac{\partial\Phi}{\partial y}\frac{\partial}{\partial A_m}\left(\frac{\partial\Phi}{\partial y}\right)-2G\alpha\frac{\partial\Phi}{\partial A_m}\right]\mathrm{d}x\mathrm{d}y = 0 \tag{10-106}$$

Therefore, A_m can be obtained from the above equation.

Example 5 A rectangular cross-section bar of cross-sectional dimensions $2a\times 2b$ is shown in Fig. 10-8. It is subjected to free torsion. Using the method of stress variation to calculate the twist per unit length and maximum shearing stress.

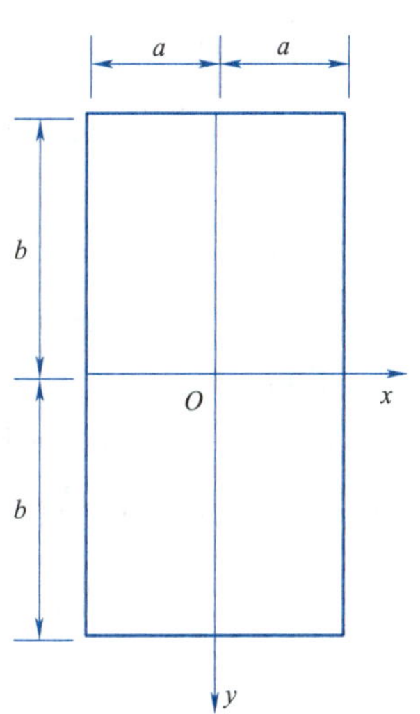

Fig. 10-8

Solution The torsional stress function Φ is zero at the boundary of the rectangular section $x = \pm a$, $y = \pm b$. Considering that the stress function should be symmetrical to the x and y axes, the stress function is

$$\Phi(x,y) = (x^2 - a^2)(y^2 - b^2)(A_1 + A_2 x^2 + A_3 y^2 + \cdots) \tag{10-107}$$

As the first approximation, the stress function is taken as

$$\Phi(x,y) = A_1(x^2 - a^2)(y^2 - b^2) \tag{10-108}$$

Substitute Eq. (10-107) into Eq. (10-106), we obtain

$$\int_{-a}^{a}\int_{-b}^{b}[4A_1 x^2 (y^2 - b^2)^2 + 4A_1 y^2 (x^2 - a^2)^2 - 2G\alpha(x^2 - a^2)(y^2 - b^2)]\mathrm{d}x\mathrm{d}y = 0$$

After integrating the above equation, the solution is

$$A_1 = \frac{5G\alpha}{4(a^2 + b^2)}$$

Substituting it into Eq. (10-108), the stress function of the first approximation is

$$\Phi(x,y) = \frac{5G\alpha}{4(a^2 + b^2)}(x^2 - a^2)(y^2 - b^2)$$

Thus, according to Eq. (9-23) and the above equation, we have

$$M = 2\int_{-a}^{a}\int_{-b}^{b}\Phi\mathrm{d}x\mathrm{d}y = \frac{40}{9}\frac{\left(\frac{b}{a}\right)^3}{1 + \left(\frac{b}{a}\right)^2}a^4 G\alpha \tag{10-109}$$

According to Eq. (10-109), the twist per unit length is obtained as

$$\alpha = \frac{9M\left[1 + \left(\frac{b}{a}\right)^2\right]}{40ab^2 G} \tag{10-110}$$

The shearing stress component can be obtained according to Eq. (9-13). The maximum shearing stress occurs at the midpoint of the long side ($b > a$), and its value is

$$\tau_{\max} = (\tau_{zy})_{x=\pm a, y=0} = \frac{9M}{16a^2 b} \tag{10-111}$$

When the cross-section of the torsional bar is square ($a = b$), there are

$$A_1 = \frac{5G\alpha}{8a^2},\quad M = \frac{20}{9}G\alpha a^4 = 2.222G\alpha a^4,\quad \tau_{\max} = \frac{9M}{16a^3} = 0.563\frac{M}{a^3} \tag{10-112}$$

The exact values of bar with square section are $M = 2.25G\alpha a^4$, $\tau_{\max} = 0.601\frac{M}{a^3}$. Compared with Eq. (10-112), the errors are -1.2% and -6.3%, respectively.

If the undetermined coefficients A_1, A_2, A_3 are taken as the stress function shown in Eq. (10-107), the second approximate calculation is made for the torsion of the square section cylinder. Through a similar calculation, we can get

$$\begin{cases} A_1 = \dfrac{1\,295}{2\,216}\cdot\dfrac{G\alpha}{a^2} \\ A_2 = A_3 = \dfrac{525}{4\,432}\cdot\dfrac{G\alpha}{a^4} \end{cases}$$

The torque and maximum shearing stress are obtained as

$$M = 2.246 G\alpha a^4, \quad \tau_{max} = 0.626 \frac{M}{a^3}$$

Compared with the exact values, the errors are -0.18% and 4.2%, respectively. It can be seen that the accuracy has been improved, but the amount of calculation has also increased a lot.

Worksheet 10

10-1 Try to derive the expressions for strain energy in terms of displacement for tensile and bending problems in mechanics of materials based on the expressions of strain energy in elasticity.

10-2 Try to explain how the similarity of the Ritz and Galerkin method is expressed.

10-3 Try to prove that the principle of minimum potential energy is equivalent to the differential equations of equilibrium and stress boundary conditions of the elastic body.

10-4 A thin square plate in the vertical plane has a side length of $2a$ and four sides are fixed, as shown in Fig. 10-9. It is only affected by gravity. Let $v = 0$, and the expression of the displacement components are

$$u = \left(1 - \frac{x^2}{a^2}\right)\left(1 - \frac{y^2}{a^2}\right)\frac{x}{a}\frac{y}{a}\left(A_1 + A_2\frac{x^2}{a^2} + A_3\frac{y^2}{a^2} + \cdots\right)$$

$$v = \left(1 - \frac{x^2}{a^2}\right)\left(1 - \frac{y^2}{a^2}\right)\left(B_1 + B_2\frac{x^2}{a^2} + B_3\frac{y^2}{a^2} + \cdots\right)$$

Solved by Ritz method or Galerkin method (in the expression of u, the factors x and y are arranged because according to the symmetric condition of the problem, u should be the odd function of x and y).

10-5 A thin square plate, with a side length of $2a$, is subject to a tensile force $(\sigma_x)_{x=\pm a} = q\left(\frac{y}{a}\right)^2$ distributed in parabola on the left and right sides, as shown in Fig. 10-10. Try the method of stress variation to solve the problem according to the following stress function

$$\Phi = \frac{qy^4}{12a^2} + qa^2\left(1 - \frac{x^2}{a^2}\right)^2\left(1 - \frac{y^2}{a^2}\right)^2\left(A_1 + A_2\frac{x^2}{a^2} + A_3\frac{y^2}{a^2} + \cdots\right)$$

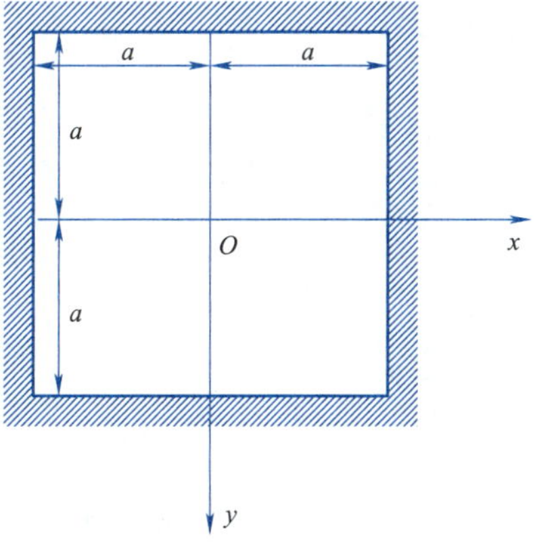

Fig. 10-9

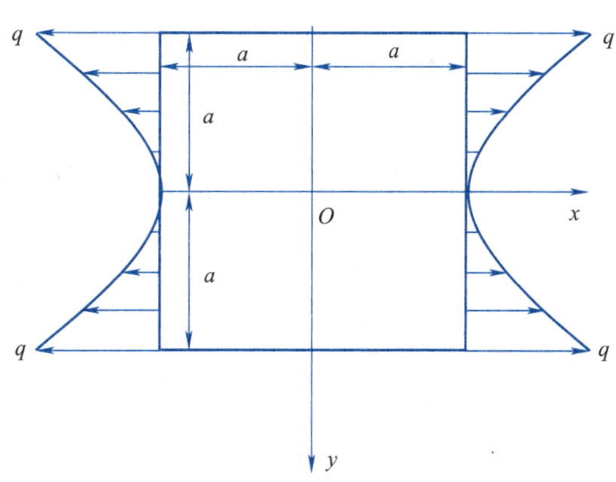

Fig. 10-10

10-6 A thin rectangular plate with three sides fixed and one side subjected to uniformly distributed pressure q, as shown in Fig. 10-11, shall be solved by the method of stress variation according to the following stress function (taking $\upsilon = 0$)

$$\Phi = -\frac{qx^2}{2} + \frac{qa^2}{2}\left(A_1\frac{x^2y^2}{a^2b^2} + A_2\frac{y^3}{b^3}\right)$$

10-7 The cross-section of a torsion bar is a quadrant circle, as shown in Fig. 10-12. Try to take $\Phi = Axy(a^2 - x^2 - y^2)$ and use the variational method to calculate the twist per unit length of the torsion bar.

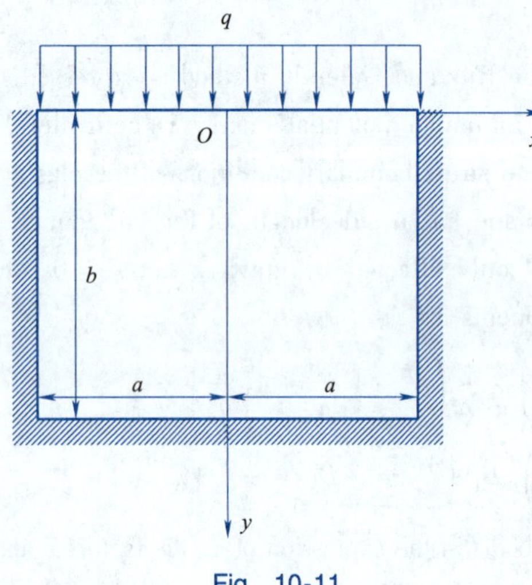

Fig. 10-11

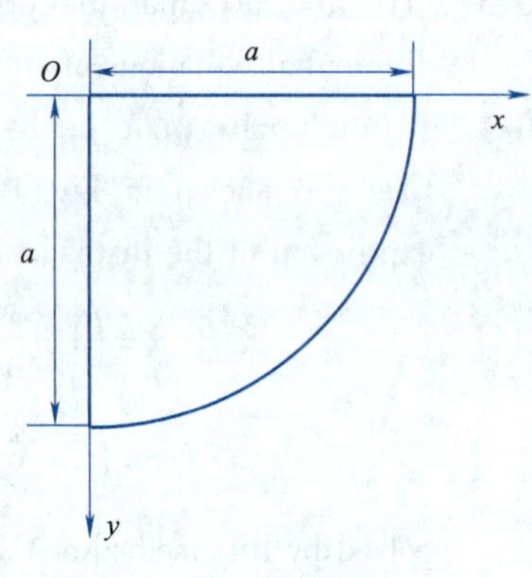

Fig. 10-12

10-8 The statically indeterminate beam is subjected to the concentrated force F, as shown in Fig. 10-13. Knowing that the flexural rigidity of the beam is EI, try to use the principle of minimum potential energy to calculate the maximum deflection of the beam.

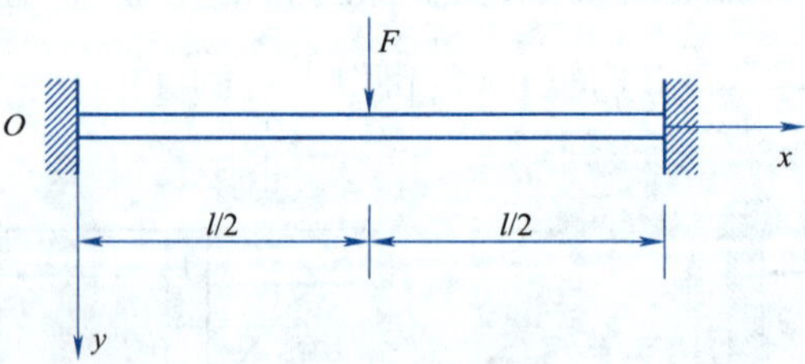

Fig. 10-13